中国国家标准汇编

383

GB 21936～21969

（2008年制定）

中国标准出版社 编

中国标准出版社

北京

图书在版编目（CIP）数据

中国国家标准汇编：2008年制定．383：GB 21936～21969/中国标准出版社编．—北京：中国标准出版社，2009

ISBN 978-7-5066-5328-2

Ⅰ．中…　Ⅱ．中…　Ⅲ．国家标准-汇编-中国-2008　Ⅳ．T-652．1

中国版本图书馆CIP数据核字（2009）第082090号

中国标准出版社出版发行
北京复兴门外三里河北街16号
邮政编码：100045
网址 www.spc.net.cn
电话：68523946　68517548
中国标准出版社秦皇岛印刷厂印刷
各地新华书店经销
*
开本 880×1230　1/16　印张 38.5　字数 1 149 千字
2009年6月第一版　2009年6月第一次印刷
*
定价 200.00 元

ISBN 978-7-5066-5328-2
9 787506 653282 >

出 版 说 明

1.《中国国家标准汇编》是一部大型综合性国家标准全集。自1983年起，按国家标准顺序号以精装本、平装本两种装帧形式陆续分册汇编出版。它在一定程度上反映了我国建国以来标准化事业发展的基本情况和主要成就，是各级标准化管理机构，工矿企事业单位，农林牧副渔系统，科研、设计、教学等部门必不可少的工具书。

2.《中国国家标准汇编》收入我国每年正式发布的全部国家标准，分为“制定”卷和“修订”卷两种编辑版本。

“制定”卷收入上一年度我国发布的、新制定的国家标准，顺延前年度标准编号分成若干分册，封面和书脊上注明“20××年制定”字样及分册号，分册号一直连续。各分册中的标准是按照标准编号顺序连续排列的，如有标准顺序号缺号的，除特殊情况注明外，暂为空号。

“修订”卷收入上一年度我国发布的、被修订的国家标准，视篇幅分设若干分册，但与“制定”卷分册号无关联，仅在封面和书脊上注明“20××年修订-1，-2，-3，……”字样。“修订”卷各分册中的标准，仍按标准编号顺序排列(但不连续)；如有遗漏的，均在当年最后一分册中补齐。需提请读者注意的是，个别非顺延前年度标准编号的新制定的国家标准没有收入在“制定”卷中，而是收入在“修订”卷中。

读者配套购买《中国国家标准汇编》“制定”卷和“修订”卷则可收齐上一年度我国制定和修订的全部国家标准。

3. 由于读者需求的变化，自1996年起，《中国国家标准汇编》仅出版精装本。

4. 2008年我国制修订国家标准共5946项。本分册为“2008年制定”卷第383分册，收入国家标准GB 21936～21969的最新版本。

中国标准出版社
2009年5月

目　录

ICS 53.100
P 97

中华人民共和国国家标准

GB/T 21936—2008/ISO 10532:1995

土方机械
安装在机器上的拖拽装置　性能要求

Earth-moving machinery—
Machine-mounted retrieval device—Performance requirements

(ISO 10532:1995,IDT)

2008-06-03 发布　　2009-01-01 实施

中华人民共和国国家质量监督检验检疫总局
中国国家标准化管理委员会　发布

前　言

本标准等同采用ISO 10532:1995《土方机械　安装在机器上的拖拽装置　性能要求》(英文版),包括其修正案ISO 10532:1995/Amd.1:2004。

本标准等同翻译ISO 10532:1995。

为了便于使用,本标准做了下列编辑性修改:

——“本国际标准”一词改为“本标准”;

——用小数点“.”代替作为小数点的“,”;

——删除了国际标准的前言;

——将国际标准参考文献中的标准列入本标准第2章,因本标准引用了这些标准。

本标准由中国机械工业联合会提出。

本标准由全国土方机械标准化技术委员会(SAC/TC 334)归口。

本标准负责起草单位:天津工程机械研究院。

本标准参加起草单位:中国龙工控股有限公司。

本标准主要起草人:吴红丽、阎堃、张寒杉。

土方机械 安装在机器上的拖拽装置 性能要求

1 范围

本标准规定了安装在GB/T 8498中列出的土方机械上的拖拽装置的性能要求，以及验证试验的要求。

直径≤40 mm钢丝绳可用于拖拽一个大型操纵失灵或陷入困境的土方机械(这是典型的人可通过手持将拖拽绳与机器连接的最大尺寸)。

本标准适用于拖拽能力不超过10^6 N的安装在机器上的拖拽装置。其值应符合GB/T 20118中规定的第3组直径为40 mm带钢芯钢丝绳的最小破断拉力。

注：按照ISO 6750的规定，使用说明书应提供拖拽装置位置和正确使用说明的信息。

2 规范性引用文件

下列文件中的条款通过本标准的引用而成为本标准的条款。凡是注日期的引用文件，其随后所有的修改单(不包括勘误的内容)或修订版均不适用于本标准，然而，鼓励根据本标准达成协议的各方研究是否可使用这些文件的最新版本。凡是不注日期的引用文件，其最新版本适用于本标准。

GB/T 7920.8 土方机械 铲运机 术语和商业规格(GB/T 7920.8—2003，ISO 7133:1994，Earth-moving machinery—Tractor-scrapers—Terminclogy and commercial specifications，MOD)

GB/T 8498 土方机械 基本类型 标识、术语和定义(GB/T 8498—2008，ISO 6165:2006，IDT)

GB/T 20118 一般用途钢丝绳(GB/T 20118—2006，ISO/DIS 2408:2002，Steel wire ropes general purposes—Minimum requirements，MOD)

GB/T 21153 土方机械 尺寸、性能和参数的单位与测量准确度(GB/T 21153—2007，ISO 9248:1992，MOD)

GB/T 21154 土方机械 整机及其工作装置和部件的质量测量方法(GB/T 21154—2007，ISO 6016:1998，IDT)

ISO 6750 土方机械 操作手册 内容和版式

ISO 7132 土方机械 自卸车 术语和商业规格

3 术语和定义

下列术语和定义适用于本标准。

3.1

安装在机器上的拖拽装置 machine-mounted retrieval device

安装在机器上的连接装置，该装置提供一种将拖拽绳、链条或拖拽杆连接在操纵失灵或陷入困境的机器上的方法。

3.2

(拖拽装置)能力 capacity(of a retrieval device)

施加到安装在机器上的拖拽装置的力，单位为牛顿，产生的应力等于用于制造拖拽装置的材料的屈服强度。

3.3

计算用机器质量　machine mass for calculation

a)　对自行式铲运机和自卸车

GB/T 21154《土方机械　整机及其工作装置和部件的质量测量方法》所定义的机器的工作质量与制造商规定的额定有效质量的和。

注：该质量是指"满载质量"(见 ISO 7132 和 GB/T 7920.8)。

b)　对所有其他机器

GB/T 21154《土方机械　整机及其工作装置和部件的质量测量方法》所定义的机器的工作质量。

3.4

最大牵引角　maximum pull angle

受机器零件的限制，拖拽绳与水平轴线所成的最大为 20°的锥角，该水平轴线通过拖拽绳与安装在机器上的拖拽装置的连接点，且平行于机器的纵轴。

4　要求

4.1　除自行式铲运机和自卸车外，安装在机器上的拖拽装置的能力(单位为牛顿)等于计算用机器质量(见 3.3)乘以重力加速度(g)的 1.5 倍。自行式铲运机和自卸车的该项能力等于计算用机器质量乘以重力加速度(g)。

注：所有机器拖拽装置的能力不应大于 10^6 N(见第 1 章)。

4.2　在最大牵引角时，安装在机器上的拖拽装置应能承受 4.1 中规定的能力。

4.3　安装在机器上的拖拽装置应由在失效(破裂)前的变形(屈服)具有明显可视迹象的材料制成，以便明显看出超负荷，从而对该装置进行修理或替换。

4.4　安装在机器上的拖拽装置应设计成可连接钢丝绳吊索或 U 型卸扣，其承受力的大小应符合 4.1 规定的能力。

4.5　如果采用牵引销式的拖拽装置，在使用过程中应保持该销就位，并且该装置不使用时应具有预防该销脱落的措施。

4.6　安装在机器上的拖拽装置可以安装在机器的前面和(或)后面。该装置应安装在易于接近的用于连接拖拽绳、链或拖拽杆的位置。

对于工作质量大于 10^5 kg 的机器，在机器的同一端处应提供另一拖拽装置。每个装置均应符合本标准的要求。

4.7　如果制造商推荐利用如钢丝绳、链条或链环的装置缠绕在结构件周围作为拖拽的方法，机器的操作手册应提供关于拖拽或牵引机器的说明。

5　验证

5.1　安装在机器上的拖拽装置及其支撑结构的性能要求应能通过试验或计算的方法验证。

5.2　如果用试验的方法验证，则应分别施加两个牵引力，一个是在水平面最大牵引角处，另一个是在垂直面最大牵引角处。试验载荷和牵引角的公差见 GB/T 21153《土方机械　尺寸、性能和参数的单位与测量准确度》。

ICS 53.100
P 97

中华人民共和国国家标准

GB/T 21937—2008/ISO 9246:1988

土方机械 履带式和轮胎式推土机的推土铲 容量标定

Earth-moving machinery—Crawler and wheel tractor dozer blades—Volumetric ratings

(ISO 9246:1988,IDT)

2008-06-03 发布

2009-01-01 实施

中华人民共和国国家质量监督检验检疫总局
中国国家标准化管理委员会 发布

前　言

本标准等同采用ISO 9246:1988《土方机械　履带式和轮胎式推土机的推土铲　容量标定》(英文版)。

本标准等同翻译ISO 9246:1988。

为便于使用,本标准做了下列编辑性修改:

——“本国际标准”一词改为“本标准”;

——用小数点“.”代替作为小数点的“,”;

——删除了国际标准前言;

——用已采用最新国际标准的我国标准,对应代替ISO 9246:1988中引用的国际标准;

——增加了公式编号。

本标准自实施之日起,JB/T 5962—1991《推土机　推土铲的容量标定》同时废止。

本标准由中国机械工业联合会提出。

本标准由全国土方机械标准化技术委员会(SAC/TC 334)归口。

本标准负责起草单位:天津工程机械研究院。

本标准参加起草单位:山推工程机械股份有限公司。

本标准主要起草人:陈树巧、吴润才、察春光、方贵龙。

土方机械 履带式和轮胎式推土机的 推土铲 容量标定

1 范围

本标准规定了推土铲容量的计算方法，目的用于在推土机（按 GB/T 8498 的定义）的商业文件中，对推土铲容量提供统一的比较方法。本标准不用于预测实际工况下的推土机生产率或可能观测到的各种特定工况下的推土机生产率，在这些场合下确定推土机的生产率，需考虑其他的参数，如推土铲效率、推土机功率、牵引力、土壤特性、地形、操作者技术水平和工作循环等。

本标准适用于 GB/T 8590 定义的推土机上安装的各类推土铲，包括直推土铲、角推土铲、半 U 形和 U 形推土铲。本标准不考虑推土铲弯曲部分包含的容量（见图 1），容量的计算是假设推土铲的表面是垂直平板（见图 1）。

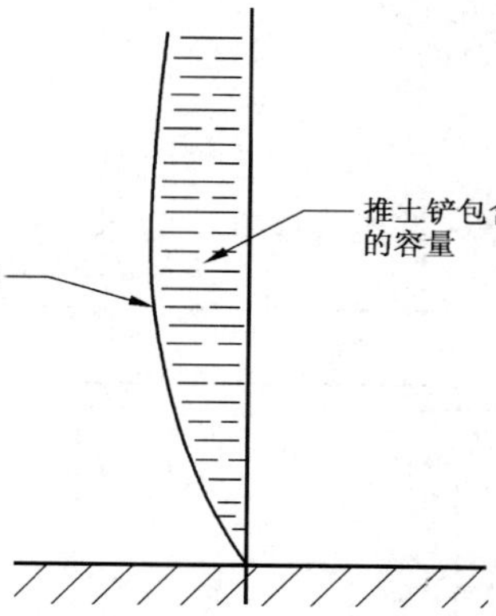

图 1 推土铲包含的容量

2 规范性引用文件

下列文件中的条款通过本标准的引用而成为本标准的条款。凡是注日期的引用文件，其随后所有的修改单（不包括勘误的内容）或修订版均不适用于本标准，然而，鼓励根据本标准达成协议的各方研究是否可使用这些文件的最新版本。凡是不注日期的引用文件，其最新版本适用于本标准。

GB/T 8498 土方机械 基本类型 识别、术语和定义（GB/T 8498—2008，ISO 6165:2006，IDT）

GB/T 8590 推土机 术语（GB/T 8590—2001，eqv ISO 6747:1998，Earth-moving machinery—Tractor-dozers—Terminology and commercial specifications）

GB/T 18577.2 土方机械 尺寸的定义和符号 第 2 部分：工作装置（GB/T 18577.2—2001，ISO/DIS 6746-2:1999，IDT）

3 术语、定义和符号

GB/T 8590 和 GB/T 18577.2 确立的以及下列术语和定义适用于本标准。

3.1

直推土铲 straight blade dozers

3.1.1

推土铲投影面积 blade projected area

A_m

推土铲处于前后倾角的中间位置，切削刃置于基准地平面(GRP)上，推土铲(不包括外伸的角刀片)向垂直于地面且过推土铲中间切削刃平行平面投影的面积(见图 2)，单位为平方米(m^2)。

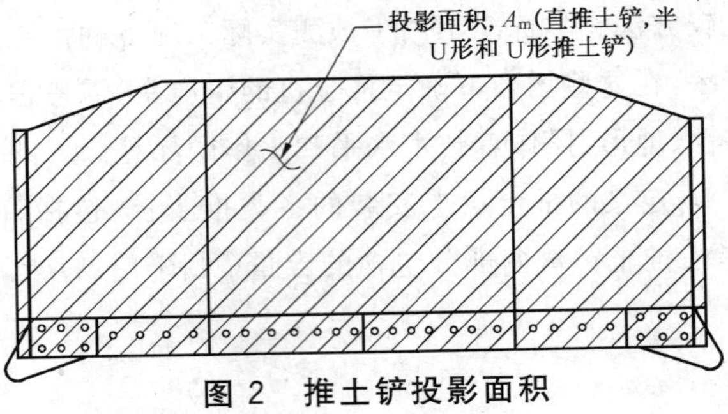

图 2 推土铲投影面积

3.1.2

推土铲宽度 blade width

W

不考虑角刀片，推土铲两侧之间的距离(见图 3)，单位为米(m)。

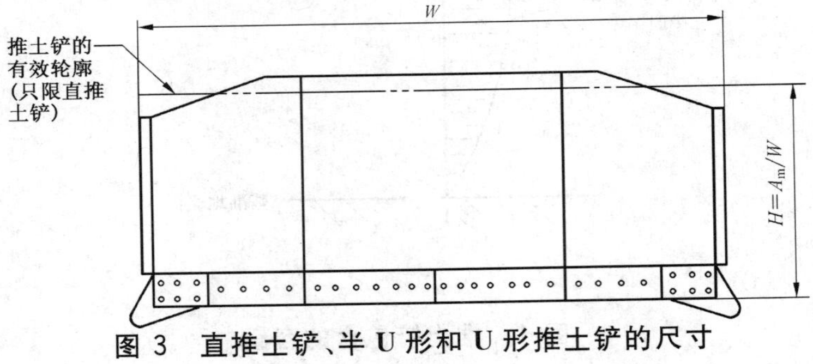

图 3 直推土铲、半 U 形和 U 形推土铲的尺寸

3.1.3

推土铲有效高度 effective blade height

H

垂直高度，单位为米(m)。它与宽度 W 的乘积等于 A_m，即 $H=A_m/W$ (见图 3)。

3.1.4

推土铲有效轮廓 effective blade contour

为了计算推土铲的容量，简化推土铲为 W 和 H 包容的垂直平面 (见图 3)。

3.2

半 U 形和 U 形推土铲 semi-U- and U-blade dozers

3.2.1

推土铲投影面积 blade projected area

A_m

与直推土铲相同(见 3.1.1)。

3.2.2

推土铲宽度　blade width

W

与直推土铲相同(见3.1.2)。

3.2.3

推土铲有效高度　effective blade height

H

与直推土铲相同(见3.1.3)。

3.2.4

推土铲有效轮廓　effective blade contour

为计算推土铲容量,简化推土铲平板,有效轮廓由置于基准地平面(GRP)的切削刃垂直延伸的几个相交平面确定。此时,推土铲处于前后倾角的中间位置,推土铲的正面尺寸为 W 和 H(见图4)。

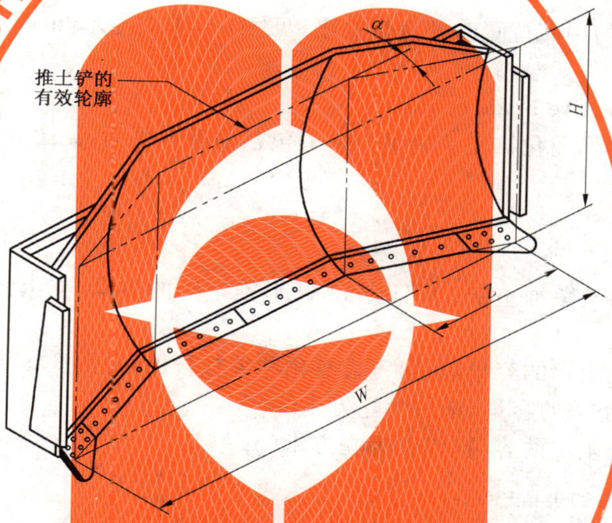

图4　半U形和U形推土铲的有效轮廓

3.2.5

翼角　wing angle

α

推土铲位于前后倾角的中间位置,切削刃位于基准地平面(GRP)上,测量切削刃之间的夹角,单位为度(°)。这个角度的方向是建立推土铲有效轮廓的相交面的方向(见图4)。

3.2.6

翼板长度　wing length

Z

平行于推土铲宽度方向上测量的翼板长,单位为米(m)(见图4)。

3.3

在直线位置的角推土铲　angling blade dozers in straight position

3.3.1

推土铲宽度　blade width

W

推土铲两侧之间的最小距离(见图5),单位为米(m)。

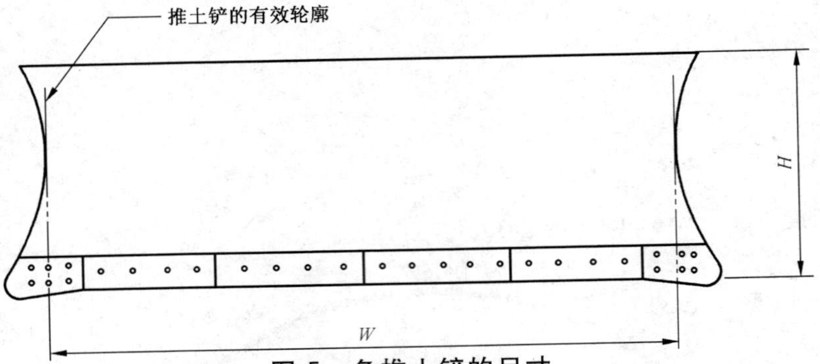

图 5 角推土铲的尺寸

3.3.2

推土铲有效高度 effective blade height

H

推土铲处于前后倾角的中间位置时的垂直高度(见图 5),单位为米(m)。

3.3.3

推土铲有效轮廓 effective blade contour

为了计算推土铲的容量,简化推土铲为 W 和 H 包容的垂直平面(见图 5)。

4 推土铲容量的计算

4.1 符号

V_S:为了计算直推土铲、角推土铲、半 U 形和 U 形推土铲的容量,推土铲简化成一个垂直平板,如图 3 和图 4 所示;

V_u:半 U 形和 U 形推土铲的容量,其应考虑翼角和翼板长度(见图 6);

V_1:直推土铲和角推土铲的容量,单位为立方米(m^3);

V_2:半 U 形和 U 形推土铲的容量,单位为立方米(m^3)。

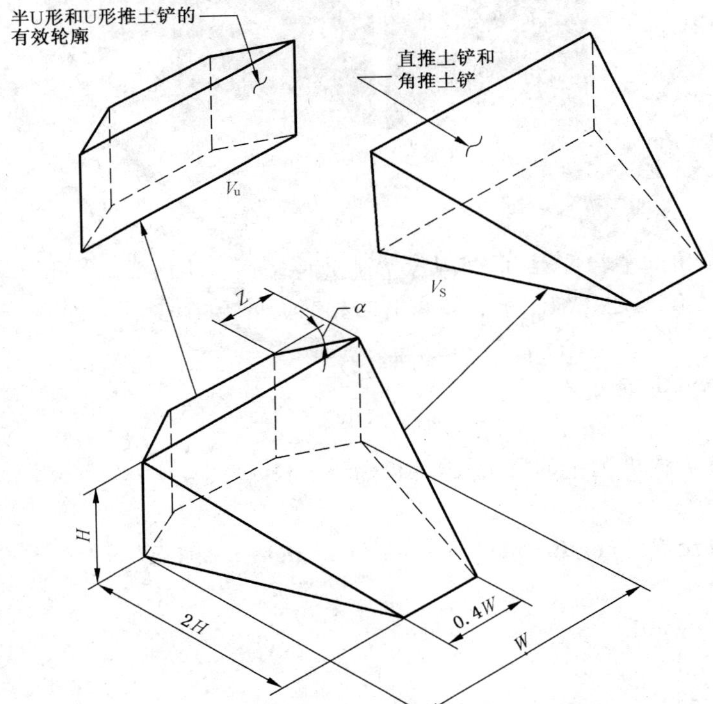

图 6 推土铲的容量

4.2 容量的计算公式

4.2.1 直推土铲和角推土铲

直推土铲和角推土铲的容量按式(1)、式(2)计算(见图6):

$$V_1 = V_S \quad \cdots\cdots(1)$$

$$V_S = 0.8WH^2 \quad \cdots\cdots(2)$$

4.2.2 半U形和U形推土铲

半U形和U形推土铲的容量按式(3)、式(4)计算(见图6):

$$V_2 = V_S + V_u \quad \cdots\cdots(3)$$

$$V_u = ZH(W - Z)\tan\alpha \quad \cdots\cdots(4)$$

ICS 53.100
P 97

中华人民共和国国家标准

GB/T 21938—2008/ISO 8643:1997

土方机械　液压挖掘机和挖掘装载机动臂下降控制装置　要求和试验

Earth-moving machinery—Hydraulic excavator and backhoe loader boom-lowering control device—Requirements and tests

(ISO 8643:1997,IDT)

2008-06-03 发布　　　　2009-01-01 实施

中华人民共和国国家质量监督检验检疫总局
中国国家标准化管理委员会　发布

前　　言

本标准等同采用 ISO 8643:1997《土方机械　液压挖掘机和挖掘装载机动臂下降控制装置　要求和试验》(英文版)。

本标准等同翻译 ISO 8643:1997。

为了便于使用，本标准做了下列编辑性修改：

——“本国际标准”一词改为“本标准”；

——删除了国际标准的前言。

本标准自实施之日起，JG/T 5084—1996《液压挖掘机和挖掘装载机动臂下降控制装置　性能要求和试验方法》同时废止。

本标准由中国机械工业联合会提出。

本标准由全国土方机械标准化技术委员会(SAC/TC 334)归口。

本标准负责起草单位：天津工程机械研究院。

本标准参加起草单位：厦门工程机械股份有限公司。

本标准主要起草人：吴红丽、阎堃、李蔚苹。

本标准为首次发布。

引　言

在使用挖掘机或挖掘装载机搬运物料时，动臂液压管路发生故障或破裂会对升起载荷下人的安全造成威胁。

使用一种控制装置可以减少这种危险，这种装置可以确保当动臂回路中的液压管路故障或破裂时，动臂载荷的下降速度得到控制。

试验方法是基于液压挖掘机和挖掘装载机反铲装置的液压系统设计特性以及使用条件制定的。

土方机械　液压挖掘机和挖掘装载机 动臂下降控制装置　要求和试验

1　范围

本标准规定了动臂下降控制装置的性能要求和试验方法，该装置安装在动臂提升液压缸上，用于在液压管路发生故障或破裂时控制动臂的下降速度。

本标准适用于液压挖掘机和挖掘装载机的反铲装置搬运和提升物料作业时的动臂下降控制装置。

2　规范性引用文件

下列文件中的条款通过本标准的引用而成为本标准的条款。凡是注日期的引用文件，其随后所有的修改单(不包括勘误的内容)或修订版均不适用于本标准，然而，鼓励根据本标准达成协议的各方研究是否可使用这些文件的最新版本。凡是不注日期的引用文件，其最新版本适用于本标准。

GB/T 8498　土方机械　基本类型　识别、术语和定义(GB/T 8498—2008,ISO 6165:2006,IDT)

3　术语和定义

GB/T 8498 中确立的以及下列术语和定义适用于本标准。

3.1

动臂控制系统　boom control system

用于提升和下降动臂的液压控制阀组(包括先导伺服阀)。

3.2

动臂下降控制装置　boom-lowering control device

用于控制动臂下降的液压控制阀组。

3.3

故障模拟装置　failure-simulating device

用于模拟动臂回路中的液压管路破裂的液压阀组。

3.4

额定起重量　rated lift capacity

额定倾翻载荷或额定液压起重量两者中的较小者。

[GB/T 13331—2005,定义 3.11]

3.5

提升点　lift point

由制造商规定的用于提升的点。由提升点高度和提升点半径确定。

3.6

提升点高度　lift point height

提升点到基准地平面(GRP)的垂直距离。

3.7

提升点半径　lift point radius

提升点到回转轴的水平距离。

4 物料搬运的要求

4.1 液压挖掘机和挖掘装载机的反铲装置部分进行物料搬运时，应提供下降控制装置，防止动臂在液压管路发生故障或破裂时失控下降。

4.2 在动臂提升液压缸被加压时，该装置应能自动运行。其性能应满足第5章规定的要求。

为试验该装置，当控制装置处于中位时，由于系统内泄漏导致的载荷下降速度不应超过10 mm/s。

该装置的运行不应削弱机器的正常反应，且任何时候都不能影响机器的稳定性。

4.3 液压缸与控制装置之间可安装保护液压缸的溢流阀。

4.4 动臂控制系统故障或动臂管路破裂，载荷的下降应尽可能不对人员造成伤害或不影响机器的稳定性。

4.5 应将以下装置牢固地连接在动臂提升液压缸上：

a) 控制装置以及控制装置与液压缸之间相关的硬管和接头；

b) 提供单独的溢流阀及相关的硬管和接头时，将其与控制装置并联连接。

用于连接控制阀和所提供的与液压缸并联的溢流阀的硬管和接头的最小破坏压力应为这部分系统工作回路压力的4倍。

4.6 在规定的工作回路压力下，并当油温为40℃～50℃时，如果试验装置上的信号油路和提升液压缸之间的补偿油路中有一处管路破裂，每个液压缸的泄漏量不得超过10 L/min。

5 试验方法

5.1 仪器

5.1.1 秒表。

5.1.2 卷尺或刻度尺。

5.1.3 温度计，测量范围0℃～100℃。

5.1.4 测量容器，容量为2 L，或流量计。

5.1.5 用于收集液压油的集油箱或油箱的回油管，二者选其一。

5.1.6 试验载荷，在规定的提升点半径处，质量为额定起重量的(50±10)%。

5.2 试验准备

5.2.1 如能确保得到相同的结果，也可使用其他试验方法，例如：有一块水平场地靠近垂直墙壁，墙上贴一张纸，载荷上装一个测针，记录在液压硬管或软管破裂时载荷的位移。

5.2.2 在因故障引起动臂下降的连接油路中，应安装故障模拟装置。用于试验的硬管不得增加连接油路的阻力。

安装示例如下：

a) 动臂提升液压缸与控制阀之间的油路，如图1所示；

b) 动臂提升液压缸与试验装置(压力表)之间的信号油路，如图2所示；

c) 动臂提升液压缸之间的补偿油路，如图3所示。

5.2.3 液压油箱中的油温应为40℃～50℃，液压油应为制造商规定的类型和级别。

5.3 控制装置的试验

5.3.1 试验载荷应在提升点半径处，其所生产的力矩等于在规定的提升点半径时的额定起重量所产生力矩的(50±10)%。

5.3.2 动臂的提升和下降动作应平稳，在试验载荷处测量，动臂下降速度应不大于200 mm/s。

5.3.3 按4.5的要求，每次试验后应将载荷下降至地面。

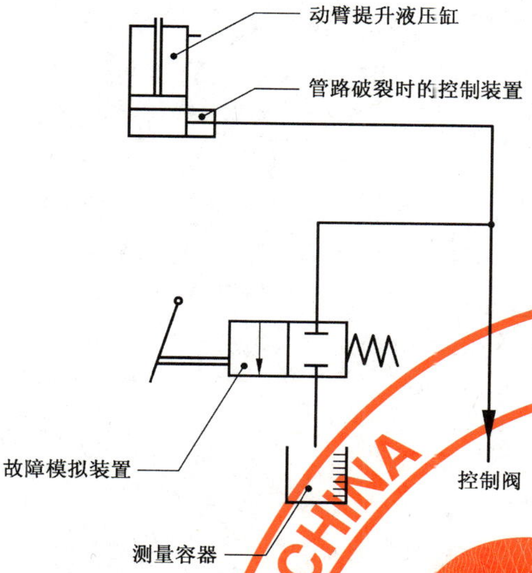

图 1

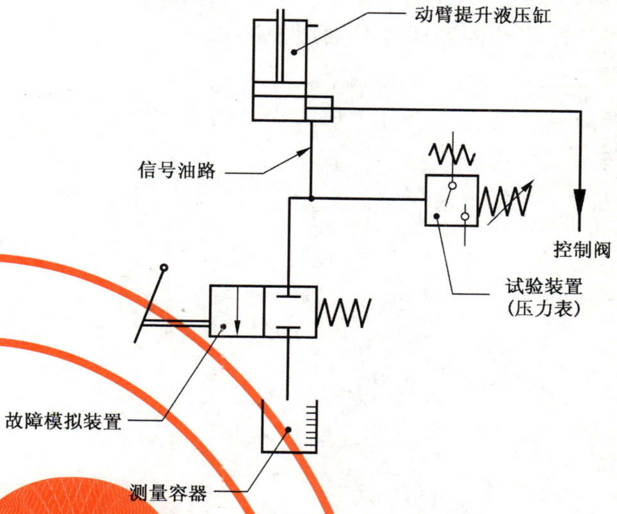

图 2

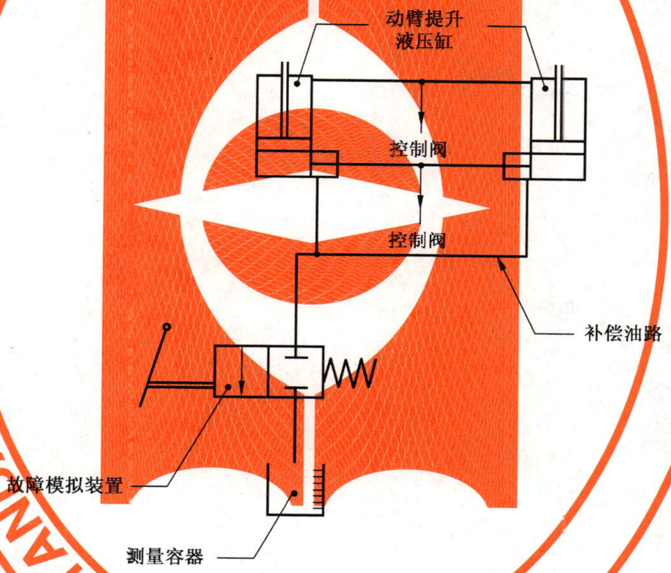

图 3

5.4　保持位置的试验

5.4.1　试验载荷应提升至离地平面大约 1 m 处，动臂控制阀处于中位。

5.4.2　打开提升液压缸与动臂控制阀之间的故障模拟装置。

5.4.3　测量初始 10 s 内载荷下降总量；该下降总量不应超过 100 mm。

5.5　提升过程试验

5.5.1　应在无冲击的情况下，平滑且连续地提升试验载荷(见 5.3.2)。

5.5.2　打开提升液压缸与动臂控制阀之间的故障模拟装置。

5.5.3　测量初始 10 s 内载荷下降总量；该下降总量不应超过 100 mm。

5.6　下降过程试验

5.6.1　应在无冲击的情况下，平滑且连续地下降试验载荷(见 5.3.2)。

5.6.2　打开提升液压缸与动臂控制阀之间的故障模拟装置。

5.6.3　试验载荷下降速度的增量应小于初始速度。将控制装置置于中位，动臂下降控制装置应能够限制动臂的移动，使初始 10 s 内载荷的下降总量不超过 100 mm。

5.7　补偿油路或信号油路的试验

5.7.1　试验应在无载下进行。

5.7.2　动臂应提升到最大提升高度，而且动臂控制阀保持在“提升”位置。

5.7.3　打开故障模拟装置。

5.7.4　每个液压缸的泄漏量不应超过 10 L/min。

ICS 53.100
P 97

中华人民共和国国家标准

GB/T 21939—2008/ISO/TR 9953:1996

土方机械　低速机器报警装置　超声波及其他系统

Earth-moving machinery—Warning devices for slow-moving machines—Ultrasonic and other systems

(ISO/IR 9953:1996,IDT)

2008-06-03 发布　　2009-01-01 实施

中华人民共和国国家质量监督检验检疫总局
中国国家标准化管理委员会　发布

前　言

本标准等同采用 ISO/TR 9953:1996《土方机械　低速机器报警装置　超声波及其他系统》(英文版)。

本标准等同翻译 ISO/TR 9953:1996。

为便于使用,本标准做了下列编辑性修改:

——“本技术报告”一词改为“本标准”;

——用小数点“.”代替作为小数点的“,”;

——删除 ISO/TR 9953:1996 的前言。

本标准的附录 A 为规范性附录。

本标准由中国机械工业联合会提出。

本标准由全国土方机械标准化技术委员会(SAC/TC 334)归口。

本标准负责起草单位:天津工程机械研究院。

本标准参加起草单位:广西柳二机械股份有限公司、三一重工股份有限公司。

本标准主要起草人:阎堃、吴红丽、林建荣、杨军、易小刚。

引　言

本标准描述了使安装在机器上的探测/报警装置合格所必需的程序和一组基准。

报警装置的目的是为了在操作者径直方向的视线被机器零部件(如发动机罩)遮挡时,防止机器倒车时人身受到严重伤害。

机器自行倒车时,该系统向司机提供机器行驶路径上有人或障碍物的视听报警信号。

在对目前所有可获得的方法评定之后,负责职业安全的专家和组织认为通过下面的方法对减少事故的发生最有效,即由连接到司机室内的视/听报警装置的超声波传感器或其他类似系统监测机器后面的区域。

用于低速机器倒车报警装置的本标准涵盖的技术要求和试验由 ISO/TC 127/SC 2 编制,该技术委员会包括设备制造商、土方机械制造商、代表司机的组织和负责职业安全的组织。要求制造商和试验机构对本标准的要求提出各自的经验。为此,应关注以下情况:

a) 按照分技术委员会专家的意见,后面的探测装置不能独立执行。只有结合相应的机型,通过优化监测区域才能试验事故预防功能。对此应有强制性的测量方案。

b) 对于倒车探测装置的安全问题一般不涉及电连接或机器锐边等防护,而是运行的可靠性(如有可能应包括自检)。要求应主要集中在这些问题上。

土方机械　低速机器报警装置　超声波及其他系统

1　范围

本标准规定了用于评价监测系统性能的方法、机器倒车时后方最小监测范围、司机的视觉和听觉信息以及系统的自检特性。

本标准适用于 GB/T 8498 中定义的倒车速度小于等于 5 km/h，且视野符合 GB/T 16937.2—1997 中的侧后视范围能见度类别Ⅲ（见 GB/T 16937.2—1997 中 4.4.3）和后视范围能见度类别Ⅲ（见 GB/T 16937.2—1997 中 4.5.3）的机器。

2　规范性引用文件

下列文件中的条款通过本标准的引用而成为本标准的条款。凡是注日期的引用文件，其随后所有的修改单（不包括勘误的内容）或修订版均不适用于本标准，然而，鼓励根据本标准达成协议的各方研究是否可使用这些文件的最新版本。凡是不注日期的引用文件，其最新版本适用于本标准。

GB 1251.1　工作场所的险情信号　险情听觉信号（GB 1251.1—1989，eqv ISO 7731:1986）

GB 4208　外壳防护等级（IP 代码）（GB 4208—2008，IEC 60529:2001，IDT）

GB/T 8498　土方机械　基本类型　识别、术语和定义（GB/T 8498—2008，ISO 6165:2006，IDT）

GB/T 10125　人造气氛腐蚀试验　盐雾试验（GB/T 10125—1997，eqv ISO 9227:1990）

GB/T 16937.2—1997　土方机械　司机视野评定方法（eqv ISO 5006-2:1993）

ISO 13766:2006　土方机械　电磁兼容性

3　术语和定义

下列术语和定义适用于本标准。

3.1

监测系统　monitoring system

在倒车时，监测车辆后方区域，通过视觉和听觉信号告知司机监测范围内物体位置的系统。监测系统包括的元件见 3.1.1～3.1.3 的定义。

3.1.1

传感器　sensor

在监测区域探测物体的元件。

3.1.2

评价装置　evaluation device

分析传感器的信号，并自检后转换成相应的信号传递给指示装置的元件。

3.1.3

指示装置　indication device

传递给司机的视/听报警信号元件，该信号与相应的距离和区域有关。

3.2

监测区域　monitoring range

在机器后方定义的三维区域，分成预警区域、主警区域和碰撞区域（见图 1）。

3.3

试验体　test body

用于试验机器报警区域几何形状和尺寸及其位置的标准测试单元。根据系统的应用情况，可由金属或塑料制成。

3.4

传感器位置　sensor location

传感器安装在机器上的位置。

3.5

听觉报警信号　audible warning signals

当人或物体在监测区域时，司机能听见的报警信号。

3.6

视觉报警信号　optical warning signals

当人或物体在监测区域时，司机能看见的报警信号。

3.7

低速机器　slow-moving machine

在作业和操纵模式下，倒车速度小于等于 5 km/h 的土方机械。

3.8

运行可靠性的监测　monitoring of operational reliability

系统的自检特性，4.8 规定了最低要求。

3.9

评价时间　evaluation time

在监测区域内从物体首次出现到信号输出的时间。

4　要求

4.1　监测区域

监测区域应从机器外缘的最后端开始测量。监测区域通过图 2～图 5 中的测试点来确定。

4.2　传感器位置

传感器应安装在机器后部，并覆盖 4.1 所规定的监测区域。对于挖掘机，传感器应安装在上部结构的后面，这样在监测区域可监控相对司机朝向的倒车。传感器的位置不能干扰机器的任何功能和操作。

4.3　系统启动

系统只能在机器倒车时才能运行。

换成倒挡时系统开始启动。

注：对挖掘机来说，若存在相对司机朝向的任何倒车，应提供系统的监测功能。当挖掘机处于静止时，报警装置不应运行。

4.4　指示装置的位置

指示装置应安装在司机室内。

4.5　听觉报警信号

4.5.1　听觉报警信号应符合 GB 1251.1 的规定。

4.5.2　与监测区域有关的至少三个报警信号应是有效的，如下所述：

a)　当物体在预警区域时，声音频率约为 2 Hz；

b)　当物体在主警区域时，声音频率约为 4 Hz；

c)　当物体在碰撞区域时为连续的声音。

4.5.3　附加的视觉信号应是有效的。它应位于司机能直接看到的地方，颜色应符合以下规定：

a)　当物体在预警区域时为间断性黄色报警灯；

b) 当物体在主警区域时为黄色报警灯；

c) 当物体在碰撞区域时为红色报警灯。

4.6 评价装置的位置

评价装置的位置应符合系统制造商的规定。如果评价装置安装在司机室内，不应干扰司机的操作或机器的运行功能。

4.7 评价时间

4.7.1 系统测试时间

在指示出现之前，监测系统所有传感器的测试时间不应超过 200 ms。该时间是通过至少 50 次测量的算术法计算得出的，在此过程中以 1 ms 的速度将试验体[5.1 a)中定义]从主警区域外部移到 1.0 m 的坐标点时作为时间测量的触发点，直到指示完成的最长测量时间不超过 300 ms。

4.7.2 系统启动时间

通过啮合倒挡，在系统启动之后，监测区域内物体第一次显示应在 600 ms 内完成。

4.8 运行可靠性的监测

4.8.1 系统检查

系统检查应控制整个系统的功能，并用小于或等于 10 ms 的短促听觉信号和紧随的绿色操作显示灯加以确认。在系统启动之后，应自动进行系统检查。

4.8.2 永久自检

监测系统的永久自检功能至少应包括以下内容：

a) 功率(电压)充足的显示。

b) 操作显示灯(绿色)。

c) 如果系统操作损坏，视觉/听觉故障信号至少包括评价装置和传感器之间电线的监测：

——电线破裂；

——短路；

——时间管理；

——信号输出和输入(脉冲和回波)；

——系统的评价。

4.9 阻止操作

不应通过简单的关闭使监测系统不显示。倒车探测装置的设计和安装应使其运行可靠，而不易于改变。

5 试验和性能要求

安装在机器上的系统应进行该试验。

5.1 试验体

用以下试验体测试监测区的几何空间：

a) 用于水平测试的试验体 H，由直径 75 mm、长 1 700 mm 的灰色管组成；

b) 用于垂直测试的试验体 V，由直径 75 mm、长 300 mm 的灰色管组成。

5.2 环境条件

在以下环境条件下进行试验：

——风速最大值为 5.4 m/s；

——温度为(23±5)℃；

——相对湿度为(60±25)%。

试验不能被来自周围墙体、辅助试验装置或其他物体反射的声音影响。

5.3 监测区域静态试验

4.1 描述的监测区域应用 5.1 规定的试验体进行验证。

5.3.1 水平试验

将试验体H垂直于地面静态固定放置在监测区域内的纵轴上，该纵轴在图2所示每个测试点的网格位置内。

5.3.2 垂直试验

将试验体V水平固定在监测区域内，其三维中心位于图3 b)中所示每个测试点规定的网格上并且高度位置如图3 a)所示。

5.4 场地试验检查过程

对场地符合性试验来说，在图4和图5所示测试点进行试验。水平和垂直试验的静态试验过程见5.3.1和5.3.2的规定。

5.5 试验结果评价

应在试验网格内静态地探测试验体H和V。通过与报警区域相适应信号的连续扫描，应清楚地显示探测到的试验体。如果在一个位置上不能探测到试验体，则按照试验体的宽度变换到左侧位置和右侧位置，且在两个位置都应能探测到试验体。

5.6 特殊环境试验条件

除在5.2中规定的环境条件下试验外，还应进行下面的试验。

5.6.1 低温试验

将监测系统所有元件冷却至−20℃，并保持至少0.5 h，然后在1.0 m处的测试点(见5.3、图2和图3)进行不少于3 min的功能试验。

5.6.2 高温试验

将监测系统所有元件加热至60℃，并保持至少0.5 h，然后在1.0 m处的测试点(见5.3、图2和图3)进行不少于3 min的功能试验。

注：如果能够证明其等效性，可以用实验室试验替代。

6 元件的要求和试验

监测系统的所有元件均应满足附录A的要求。

单位为毫米

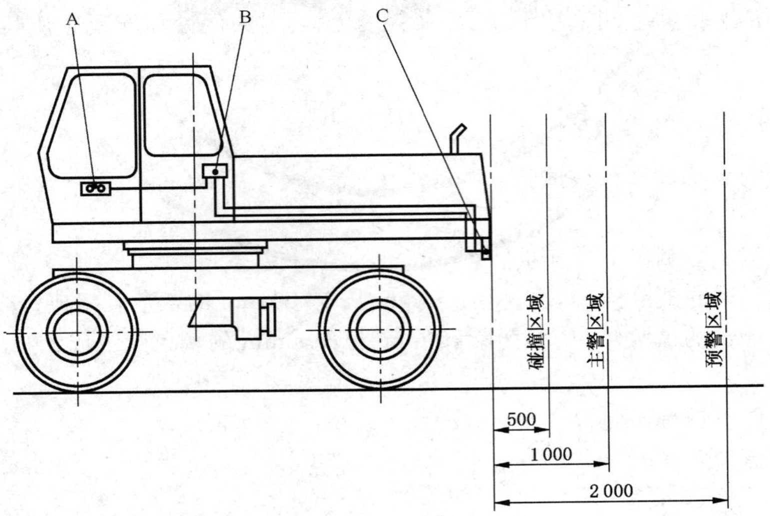

A——报警控制装置；

B——电子评价装置；

C——传感器。

图1 监测区域

单位为毫米

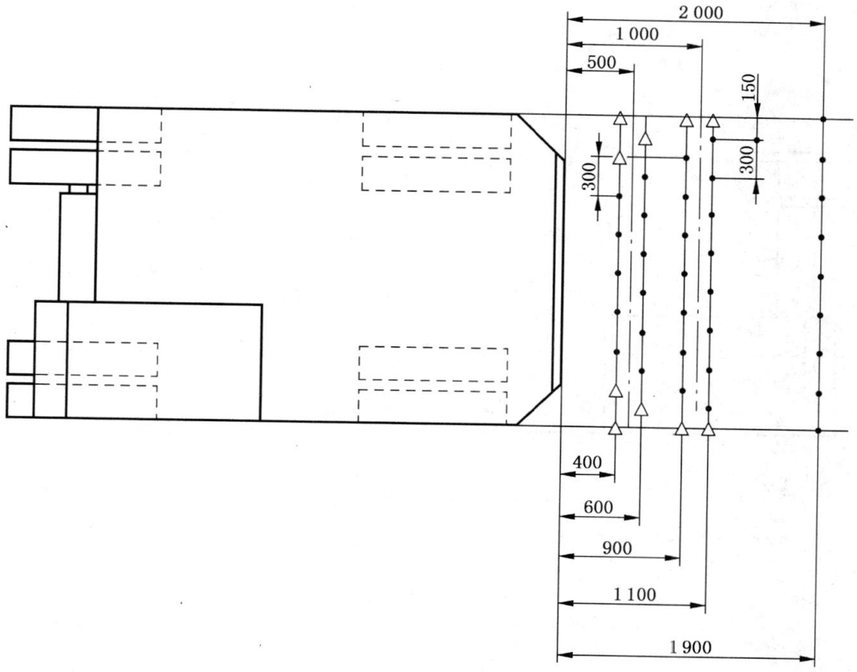

•——测试点；

△——可选测试点。

图 2 静态试验的水平报警区域和试验网格

单位为毫米

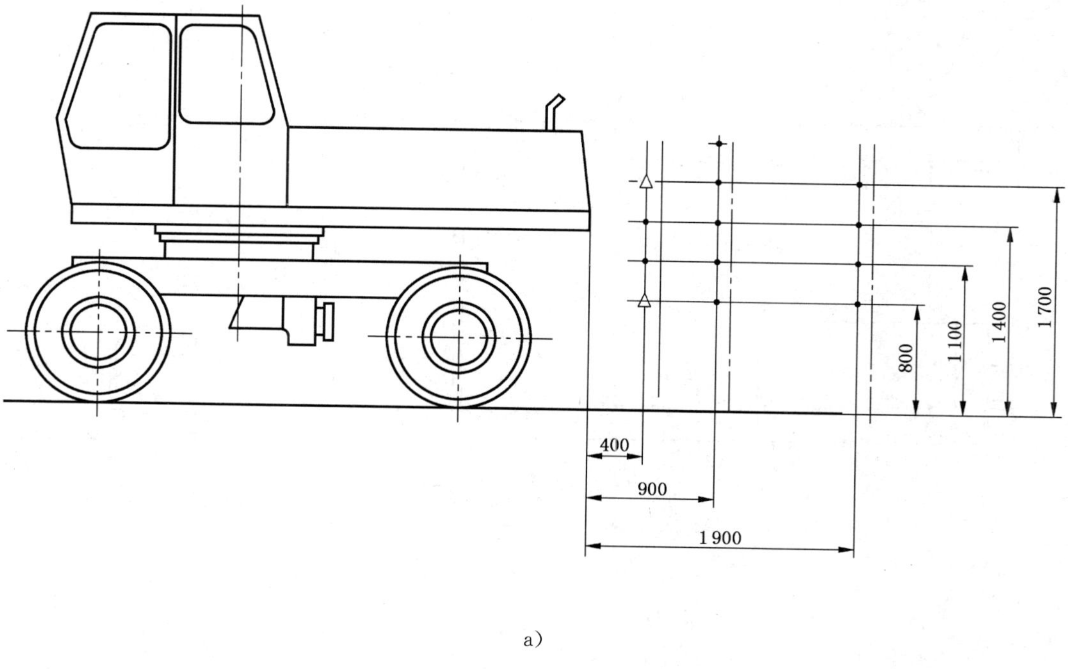

a)

图 3 静态试验的垂直试验网格

单位为毫米

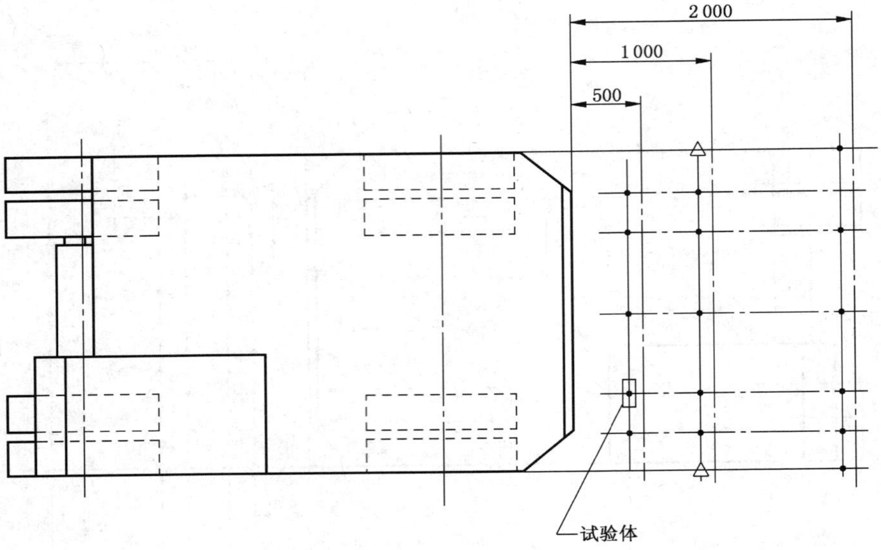

b)

• ——测试点；

△——可选测试点。

图 3（续）

单位为毫米

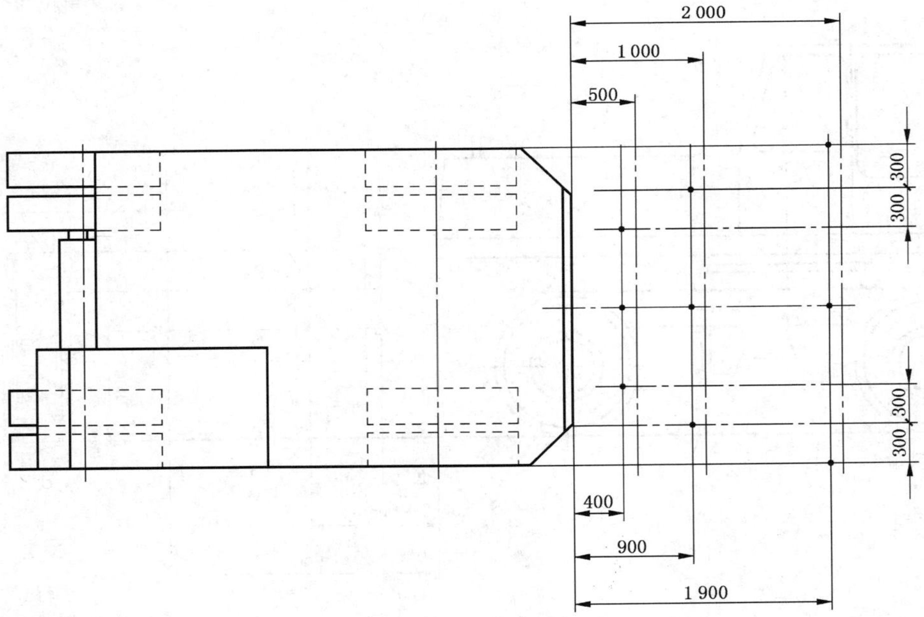

• ——测试点。

图 4 场地试验的水平试验网格

单位为毫米

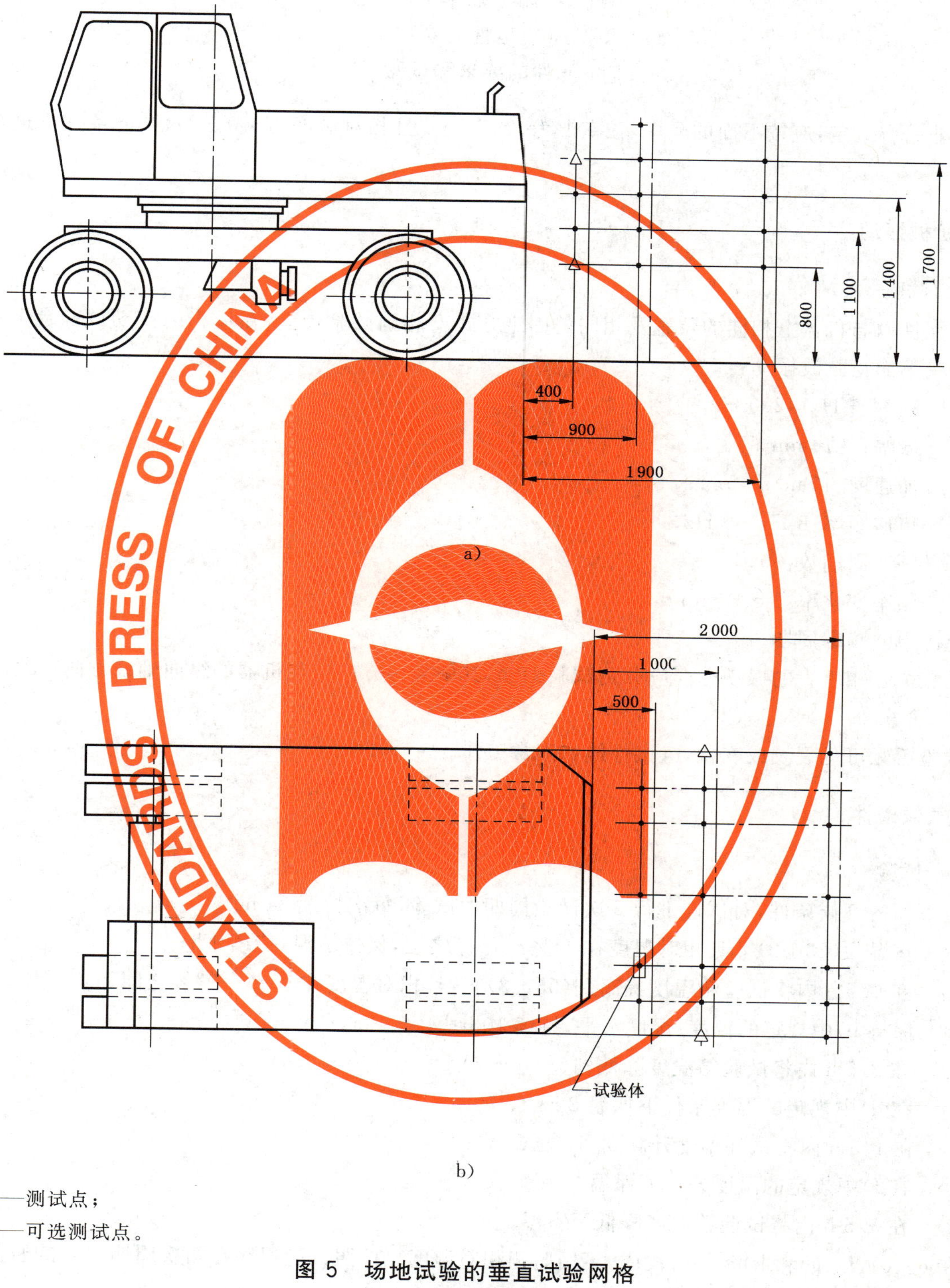

• ——测试点；

△——可选测试点。

图 5　场地试验的垂直试验网格

附 录 A
（规范性附录）
元件的要求和试验

除非另有规定，应按下面的顺序，在室温为(23±5)℃且相对湿度为(60±25)%的条件下进行元件试验。

A.1 机械振动

A.1.1 试验

将元件以与机器上相同的位置及相同的固定方式安装到试验台上，在适当的振动试验台上使受试元件承受下面正弦波振动：

——频率：5 Hz～200 Hz；

——振幅：±15 mm；

——加速度：49 m/s^2(5g)；

——传递频率：8 Hz～9 Hz；

——频率周期数：50；

——频率变化率：1 oct/min。

允许中断频率周期。

在三个互相垂直的振动方向应分别试验 16 h，其中某一方向应与机器的纵向轴线方向一致。

A.1.2 要求

试验后无可见裂纹或变化，且试件能够正常工作。

A.2 气候条件

A.2.1 试验

按下面的气候条件，对试件进行 5 次试验周期的试验，每次持续 24 h。

a) 室温为(23±2)℃且相对湿度在 45%～75%之间，保持恒温，持续 4 h；

b) 在 0.5 h 内将试验箱温度提高到(55±2)℃，且相对湿度在 95%～99%之间；

c) 保持 b)中规定的温度/湿度水平，持续 10 h；

d) 在 2.5 h 内将试验箱温度降低到(−40±2)℃；

e) 在 d)中规定的温度条件下保温 2 h；

f) 在 1.5 h 内将试件温度升高到(100±2)℃；

g) 在 f)中规定的温度条件下保温 2 h；

h) 在 1.5 h 内将试验箱温度降低至室温。

在 d)、e)、f)、g)和 h)条件阶段中，不用监测相对湿度。按照试验程序在两次周期之间的暂停期间，试件应在室温下存放。

试验周期见图 A.1。

注：本试验仅与储存条件有关。

A.2.2 要求

按 A.2.1 规定的条件试验后，检测应无明显变化，且元件能正常工作。

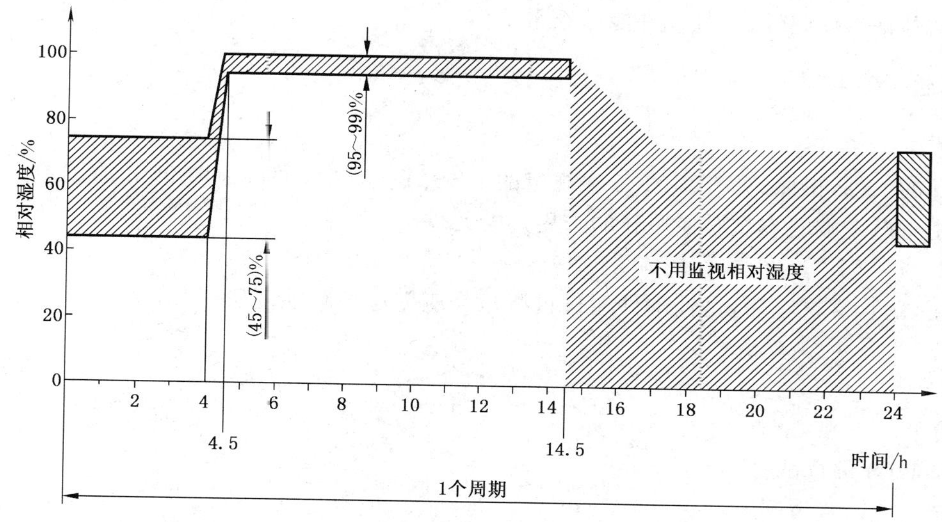

a)

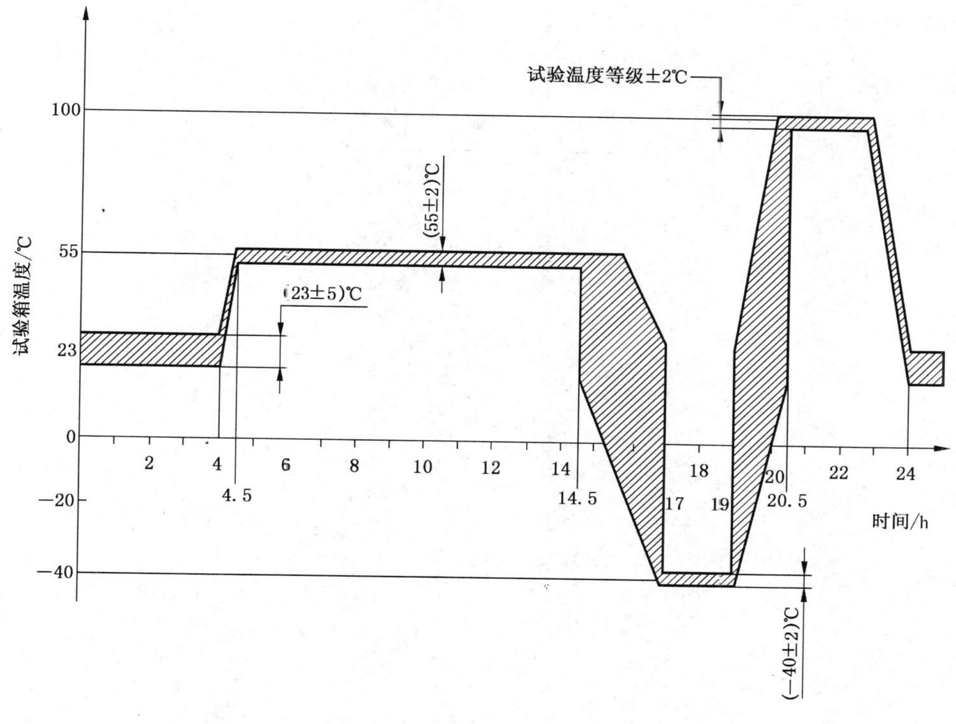

b)

注：图 A.1 a)中的阴影面积表示相对湿度的允许变化值，图 A.1 b)中的阴影面积表示试验箱温度随操作时间变化的允许值。

图 A.1 温度/湿度周期性变化

A.3 静态加载

A.3.1 试验

将外部的元件置于直径不小于 80 mm 的两个柱状金属圆盘之间，使它们承受作用在圆盘上的 50 kg的垂直载荷。将元件放在圆盘之间时应使载荷尽可能分布在较大的面积上。

A.3.2 要求

试验后无可见裂纹或变化，且试件能够正常工作。

A.4 耐盐雾性

A.4.1 试验

对于外部的元件，按照 GB/T 10125 中规定的 NSS 试验程序，进行为期 96 h 的试验。试件保持在安装位置。密封电缆端。本试验使用新的未用过的元件。

A.4.2 要求

如需校正，耐盐雾试验后，试件部件通过目测检查应无可见腐蚀现象。

A.5 IP 防护

A.5.1 试验

依据 GB 4208 进行试验。

A.5.2 要求

按照 GB 4208 规定，外部安装元件（如传感器）应达到 IP 58 等级，并且其他元件应达到 IP 54 等级。

A.6 电磁兼容性

报警装置应符合 GB/T 21939 的要求。

ICS 53.100
P 97

中华人民共和国国家标准

GB/T 21940—2008

土方机械 推土机、平地机和铲运机用刃片 主要形状和基本尺寸

Earth-moving machinery—Cutting edges used on tractor-dozers, graders and scrapers—Principal shapes and basic dimensions

(ISO 7129:1997, MOD)

2008-06-03 发布

2009-01-01 实施

中华人民共和国国家质量监督检验检疫总局
中国国家标准化管理委员会 发布

前言

本标准修改采用 ISO 7129:1997《土方机械　推土机、平地机和铲运机用刀片　主要形状和基本尺寸》(英文版)。

本标准根据 ISO 7129:1997 重新起草。

本标准根据实际应用情况及考虑到我国国情,在采用 ISO 7129:1997 时进行了一些修改。本标准与 ISO 7129:1997 存在的差异如下:

——第 1 章中取消"注:在本国际标准中有一些英制值并不相当于相应的米制值,因为这些是已被广泛采用的数值。";

——尺寸数值的单位取消了对应的英寸单位及数值;

——引用的 ISO 6165:1997 改为 GB/T 8498(ISO 6165:2006,IDT);

——取消了附录 A"孔距为 140 mm 和 280 mm 的刀片的主要形状和基本尺寸";

——表 1、表 2、表 3、表 4 和 4.1 中均取消"注:孔距为 140 mm 和 280 mm 的刀片形状和尺寸规定于附录 A 中。";

——表 1 中厚度尺寸的 12.7、25.4 和 28.6 改为 12.7(13)、25.4(25) 和 28.6(28),表 2 中厚度尺寸 19 改为 19(20),并增加"注:可选用括号内的尺寸";

——表 4 中螺栓参考直径的英制螺纹系列改为我国的普通螺纹系列。

为便于使用,本标准还做了下列编辑性修改:

——"本国际标准"一词改为"本标准";

——用小数点"."代替作为小数点的",";

——删除了国际标准前言。

本标准自实施之日起,JB/T 2648.1—1995《推土机、铲运机和平地机　刀片的主要形状和基本尺寸》同时废止。

本标准由中国机械工业联合会提出。

本标准由全国土方机械标准化技术委员会(SAC/TC 334)归口。

本标准起草单位:天津工程机械研究院。

本标准主要起草人:吴润才、陈树巧。

本标准为首次发布。

土方机械　推土机、平地机和铲运机用刀片　主要形状和基本尺寸

1　范围

本标准规定了：

——刀片横截面的主要形状和基本尺寸；

——安装螺栓孔的位置；

——安装螺栓孔的形状和尺寸。

本标准适用于GB/T 8498所定义的推土机、平地机和铲运机，所采用的刀片尺寸考虑了互换性要求。

2　规范性引用文件

下列文件中的条款通过本标准的引用而成为本标准的条款。凡是注日期的引用文件，其随后所有的修改单(不包括勘误的内容)或修订版均不适用于本标准，然而，鼓励根据本标准达成协议的各方研究是否可使用这些文件的最新版本。凡是不注日期的引用文件，其最新版本适用于本标准。

GB/T 8498　土方机械　基本类型　识别、术语和定义(GB/T 8498—2008，ISO 6165:2006，IDT)

3　刀片横截面的主要形状和基本尺寸

刀片横截面的主要形状和基本尺寸按图1、表1、图2和表2的规定。

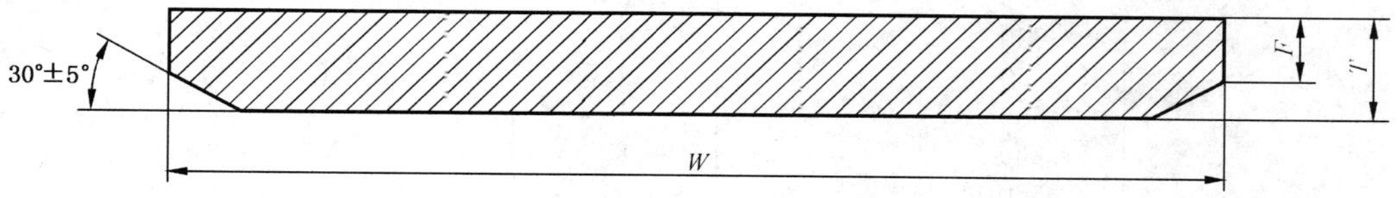

图1　推土机和铲运机用刀片的主要形状

表 1 推土机和铲运机用刀片的基本尺寸

单位为毫米

适用[a]		宽度 W		厚度 T		倒角末端 F	
推土机	铲运机	公称尺寸	公差	公称尺寸	公差	最大	最小
×		153	±3	12.7(13)	铸件：+2.4 −0.6 除铸件外的其他材质：+0.8 −1.2	8	4
×		153		16		10	
×		153		19		12	
×		160		16		10	
×		165	+1.5 −4.5	16		10	
×		204		16		10	
×		204		19		12	
×		204		22		13	
×		204		25.4(25)		14	
×	×	254		19		12	
	×	254		22		13	
×	×	254		25.4(25)		14	
×		254		32		20	
	×	254		41		25	
	×	305		19		12	
	×	305		22		13	
×		305		25.4(25)		14	
×		305		28.6(28)		18	
×		305		32		20	
	×	305		38		23	
	×	330		19		12	
	×	330		22		13	
	×	330		25.4(25)		14	
×	×	330		28.6(28)		18	
×		330		32		20	
×	×	330		35		21	
	×	330		38		23	
	×	330		41		25	
	×	330		44.5		27	
	×	360		19		12	
	×	360		22		13	
	×	360		25.4(25)		14	
×		360		28.6(28)		18	
×		360		32		20	
×		360		35		21	
	×	406		22		13	
	×	406		25.4(25)		14	
	×	406		28.6(28)		18	
	×	406		32		20	
×	×	406		35		21	
×		406		38		23	
×		406		41		25	
	×	406		44.5		27	
	×	482		28.6(28)		18	
	×	482		32		20	
	×	482		35		21	
	×	482		38		23	
	×	482		41		25	
	×	482		44.5		27	

注：可选用括号内的尺寸。

a 仅供参考。

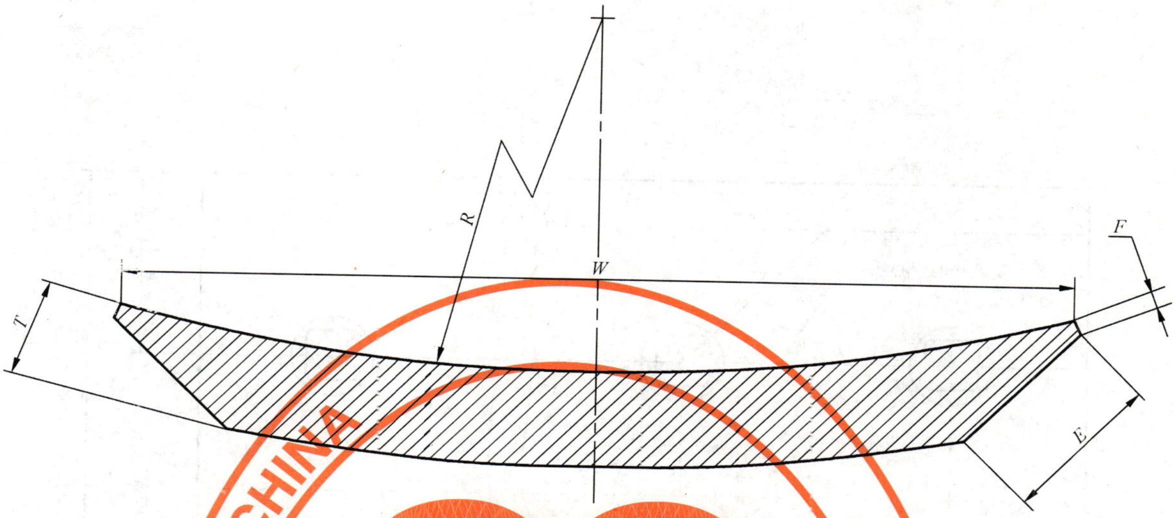

图 2　平地机用刀片的主要形状

表 2　平地机用刀片的基本尺寸

单位为毫米

宽度 W		厚度 T		弯曲半径 R		倒角	
						E	F
公称尺寸	公差	公称尺寸	公差	公称尺寸	公差		最小
152		13					
152		16					
152	$^{+3}_{-1.5}$	19(20)	±0.6	273 或 280	±10	30	2.5
204		16					
204		19(20)					
注：可选用括号内的尺寸。							

4　安装螺栓孔的位置

4.1　安装螺栓孔的位置：

a)　推土机和铲运机：

——刀片宽度 W，等于或小于 330 mm 时，见图 3a)；

——刀片宽度 W，大于 330 mm 时，见图 3b)；

b)　平地机见表 3 和图 4。

4.2　各锥形沉头孔的位置度公差应小于等于 ϕ3.2 mm。

4.3　刀刃的直线度公差应小于等于 2 mm/m。

单位为毫米

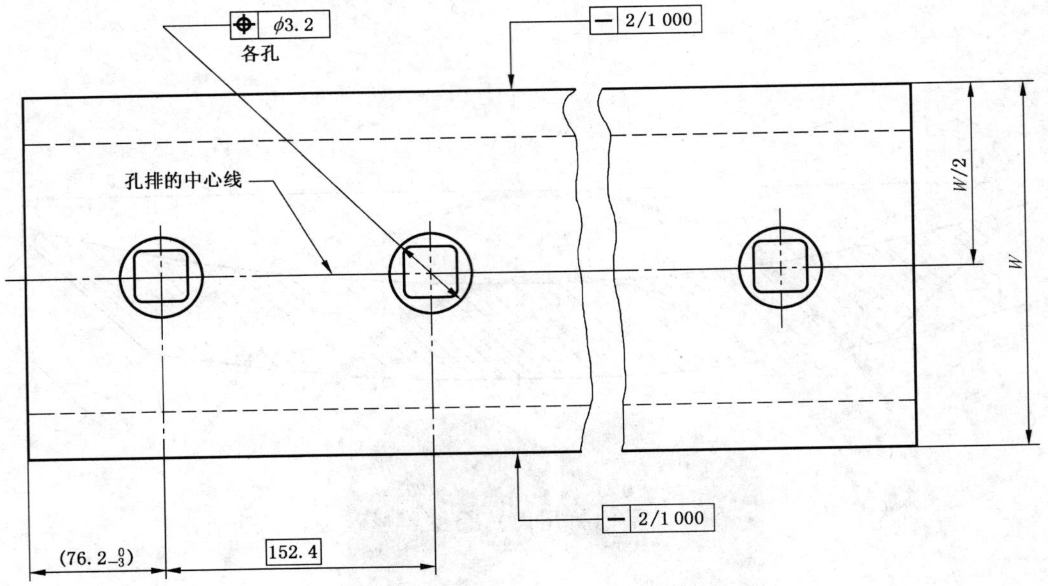

a) 宽度 W 等于或小于 330 mm

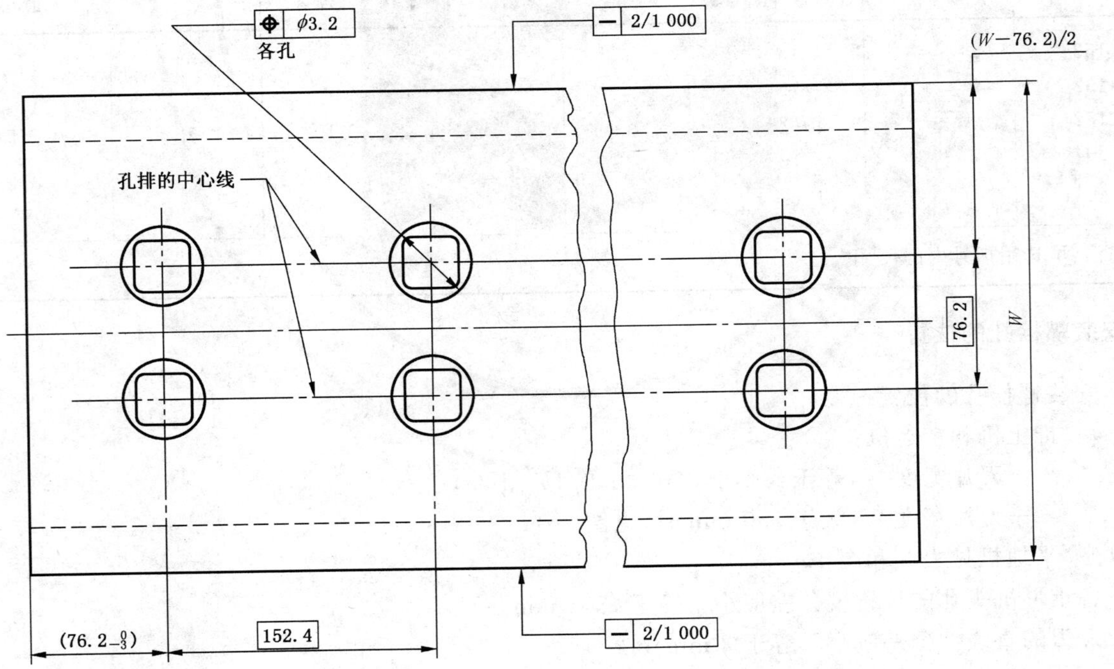

b) 宽度 W 大于 330 mm

图 3 推土机和铲运机用刀片的孔距位置

单位为毫米

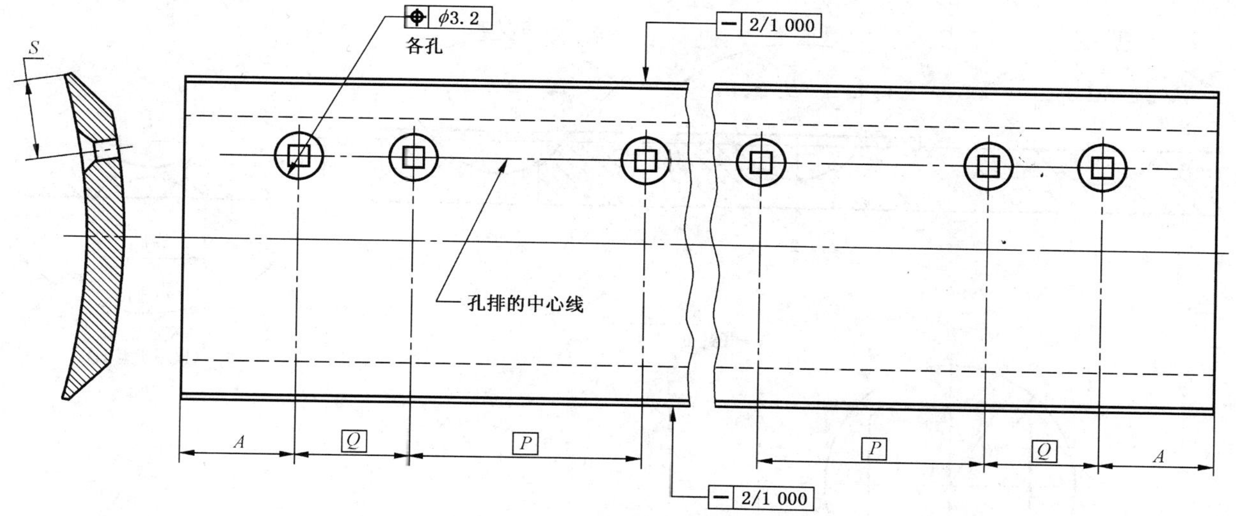

图 4 平地机用刀片的孔距位置

表 3 平地机用刀片的孔距位置尺寸

单位为毫米

孔距		距边缘距离			
		A		S	
中间部位 P	两端 Q [a]	公称尺寸	公差	公称尺寸	公差
152.4	76.2	76.2	0 −3	42	0 −2
250	62.5	62.5			
304.8	76.2	76.2			

a 对于小型机器可以省略。

5 安装螺栓孔的形状和尺寸

5.1 安装螺栓孔的形状和尺寸按图 5 和表 4 的规定。

5.2 方孔的内接圆与锥形沉头孔之间的同轴度公差应小于等于 ϕ0.8 mm。

表 4 安装螺栓孔的尺寸

单位为毫米

D	最小	24.5	29.3	33.3	38.8	46.6	58.7
B	公称尺寸	14.3	17.5	20.6	24.2	27.4	34.0
	公差	+0.8 0	+1.5 0	−1.6 0	+2 0	+2.4 0	+2.9 0
H	（有反面锥孔）	12.7	16	19		25.4	28.6
	（无反面锥孔）	12.7		16		19	25.4
R	≈	2.5			3		
A	最小	18	22	26.5	31	36	45
F	公称尺寸	27	32	37	41	47	56
	公差	±0.8					
螺栓参考直径		12	16	20,18	22	24	32

单位为毫米

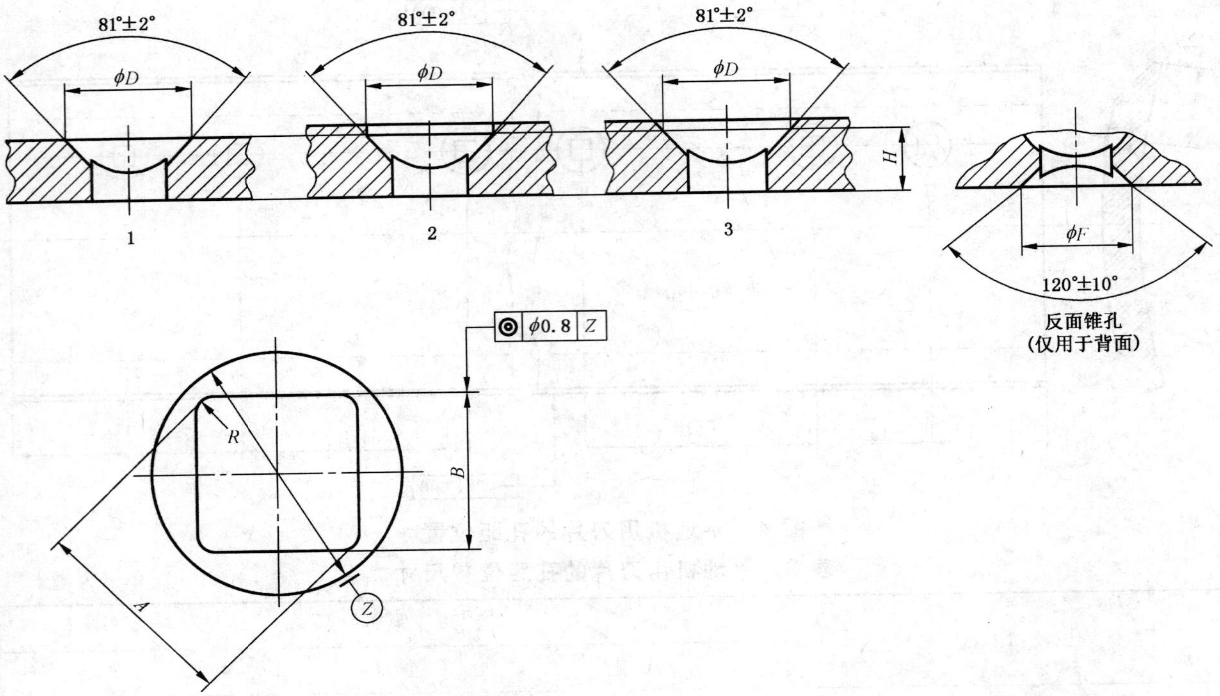

D——有效厚度为 H 时，锥形沉头孔或锪孔的直径；

A——方孔的对角线尺寸；

F——方孔反面锥形沉头孔直径；

R——方孔的圆角半径；

B——方孔对边间宽度；

H——最小有效厚度。

图 5　安装螺栓孔的形状和尺寸

ICS 53.100
P 97

GB

中华人民共和国国家标准

GB/T 21941—2008/ISO 7451:2007

土方机械 液压挖掘机和挖掘装载机的反铲斗和抓铲斗 容量标定

Earth-moving machinery—Volumetric ratings for hoe-type and grab-type buckets of hydraulic excavators and backhoe loaders

(ISO 7451:2007,IDT)

2008-06-03 发布 2009-01-01 实施

中华人民共和国国家质量监督检验检疫总局
中国国家标准化管理委员会 发布

前　言

本标准等同采用ISO 7451:2007《土方机械　液压挖掘机和挖掘装载机的反铲斗和抓铲斗　容量标定》(英文版)。

本标准等同翻译ISO 7451:2007。

为便于使用,本标准做了下列编辑性修改:

——“本国际标准”一词改为“本标准”;

——删除了国际标准前言。

本标准自实施之日起,JG/T 5038.1—1993《液压挖掘机　反铲斗容量标定》同时废止。

本标准由中国机械工业联合会提出。

本标准由全国土方机械标准化技术委员会(SAC/TC 334)归口。

本标准负责起草单位:天津工程机械研究院。

本标准参加起草单位:福田雷沃国际重工股份有限公司、厦门工程机械股份有限公司、广西柳工机械股份有限公司。

本标准主要起草人:陈树巧、吴润才、池智、李蔚苹、刘剑。

本标准为首次发布。

土方机械　液压挖掘机和挖掘装载机的反铲斗和抓铲斗　容量标定

1　范围

本标准规定了液压挖掘机和挖掘装载机的反铲斗和抓铲斗(见图1)所能盛装的典型物料容量的近似标定方法。容量标定是按照铲斗内壁尺寸和堆尖物料体积而确定的。

铲斗容量的标定方法是把装在铲斗内的物料作为集合体分成若干简单的几何形状。

本标准的目的在于提供一个统一的比较铲斗容量的标定方法,而不是为了在各种使用场合下确定实际铲斗容量。

本标准不适用于机械挖掘机的铲斗。

2　术语和定义

下列术语和定义适用于本标准。

2.1

液压挖掘机　hydraulic excavator

自行的履带式、轮胎式或步履式机械,具有可带着工作装置做360°回转的上部结构,主要用铲斗进行挖掘作业,在其工作循环中底盘不移动。

注1:挖掘机的工作循环通常包括物料的挖掘、提升、回转和卸载。

注2:挖掘机也可用于物品或物料的搬运(运输)。

注3:反铲斗组件见图2。

注4:改写GB/T 8498—2008。

2.2

挖掘装载机　backhoe loader

自行的履带式或轮胎式机械,其主机架用来支承前置的工作装置及后置的挖掘装置(通常带有外伸支腿或稳定器)。

注1:当用作挖掘作业时,机器固定不动,一般是对地面以下进行挖掘。

注2:当用作装载作业时(使用铲斗),机器向前移动进行装载。

注3:挖掘工作循环通常包括物料的挖掘、提升、回转和卸载。装载工作循环通常包括物件的装载、提升、运输和卸载。

[GB/T 8498—2008,定义4.3]

2.3

***X*尺寸　*X* dimension**

X

反铲斗前缘的切削刃(或切削面)与背板上缘沿标定面相连的距离。

见图3。

2.4

***Y*尺寸　*Y* dimension**

Y

反铲斗侧板上缘最低点到标定面的最大垂直深度。

见图4。

2.5

标定面　strike plane

<反铲斗>前缘的切削刃或切削面与背板边缘之间的连线沿斗宽方向所形成的水平面。

见图3。

2.6

标定面　strike plane

<抓铲斗>通过背杆尖端的边缘沿斗宽方向所形成的水平面。

见图12。

2.7

标定表面　strike surface

通过反铲斗标定面(前缘的切削面与背板边缘相连)的边缘形成半径为 R 的圆柱形表面，且这个面与平行于标定面，距离为 Y 尺寸的面相切。

见图4。

2.8

表面积　surface area

$\boldsymbol{S_1}$

以标定面为边界的反铲斗侧向的内表面积。

见图8。

2.9

表面积　surface area

$\boldsymbol{S_2}$

以标定表面为边界的反铲斗侧向的内表面积。

见图9。

2.10

表面积　surface area

$\boldsymbol{S_3}$

以标定面为边界的抓铲斗侧向的内表面积。

见图12。

2.11

表面积　surface area

$\boldsymbol{S_4}$

用于计算堆尖容量的抓铲斗侧向的内表面积。

见图13。

2.12

平装容量　struck volume

$\boldsymbol{V_S}$

位于标定面或标定表面以下的容量。

2.13

堆尖容量　top volume

$\boldsymbol{V_t}$

位于标定面以上的物料的体积。

2.14

置换容量　displaced volume

V_m

在抓铲斗内部，由运行的机构或结构占用物料的容量。

2.15

额定容量　volumetric rating

V_r

按本标准规定的比较铲斗容量的方法所确定的铲斗容量。

2.16

W 尺寸　W dimension

W

在铲斗质心处的铲斗截面内部宽度。

见图 8 和图 9。

2.17

W_4 尺寸　W_4 dimension

W_4

背板宽度和前缘内部宽度的平均值，再加上两侧板厚度。其中背板宽度是与前缘相切为水平平面，并与前缘平齐的宽度。

见图 10 和图 11。

3　反铲斗的限定条件

铲斗凸出部分如斗齿、齿座、侧边延长板、侧刃、孔槽和加强筋等对铲斗容量标定值的影响可忽略不计。

在计算铲斗容量时，前缘护套应予以考虑，并应将真实的凹槽包括在计算中（见图 5）。

前缘的 Y 值应考虑对应于凸出表面的质心 h 值（见图 6），并应将真实的凹槽包括在计算中。

铲斗以水平方式放置，前缘的切削刃（或切削面）和背板的上缘相联成一个水平面（见图 7）。

4　计算

4.1　反铲斗

4.1.1　平装容量，V_S

平装容量的计算如下：

当标定面的 X/Y 比值大于或等于 12 时，则：

$$V_S = S_1 \cdot W_1$$

见图 8。

当标定面的 X/Y 比值小于 12 时，为把凹槽考虑到计算中，规定一个减损的平装容量方法：

$$V_S = S_2 \cdot W_2(1 - Y/X)$$

见图 9。

4.1.2　堆尖容量，V_t

凹槽 Y 不包括在计算中，宽度 W_4 包括在计算中（见图 10）。

堆尖容量的计算如下（见图 11）：

——对于 $X \geqslant W_4$ 的狭窄的铲斗：

$$V_t = W_4^3/6 + (W_4^2/4)(X - W_4)$$

——对于宽度 $X < W_4$ 的铲斗：

$$V_t = X^3/6 + (X^2/4)(W_4 - X)$$

4.2 抓铲斗

4.2.1 平装容量，V_S

平装容量的计算如下：

$$V_S = S_3 \cdot W_5$$

见图 12。

4.2.2 堆尖容量，V_t

如果堆尖容量（V_t）包括抓铲斗中运行的机构，则堆尖容量应减去该机构相应的容量（V_m）：

$$V_t = S_4 \cdot W_6 - V_m$$

见图 13。

5 额定容量的表示方法

5.1 反铲斗或抓铲斗的额定容量

铲斗平装容量与堆尖容量的之和，计算如下：

$$V_r = V_S + V_t$$

额定容量应优先采用立方米或升表示，额定容量的标称值应按本标准。

5.2 商业容量的标定

商业容量的标称值不应超出计算值的±3%。

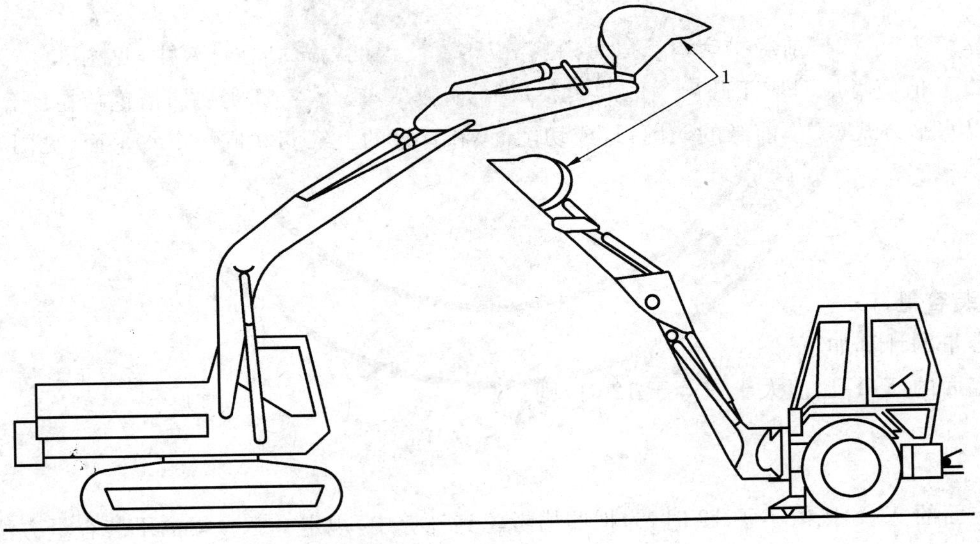

1——铲斗。

图 1 液压挖掘机和挖掘装载机的反铲斗

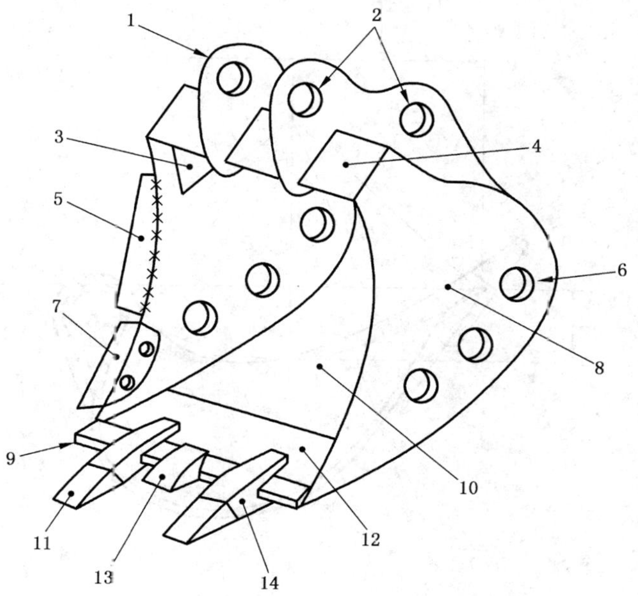

1——铲斗固定架；
2——脚销孔；
3——角板；
4——背板；
5——侧边延长板；
6——孔；
7——侧刃；
8——侧板；
9——切削刃或切削面；
10——底板；
11——可拆卸斗齿；
12——前缘；
13——护套；
14——齿座。

图 2　反铲斗组件

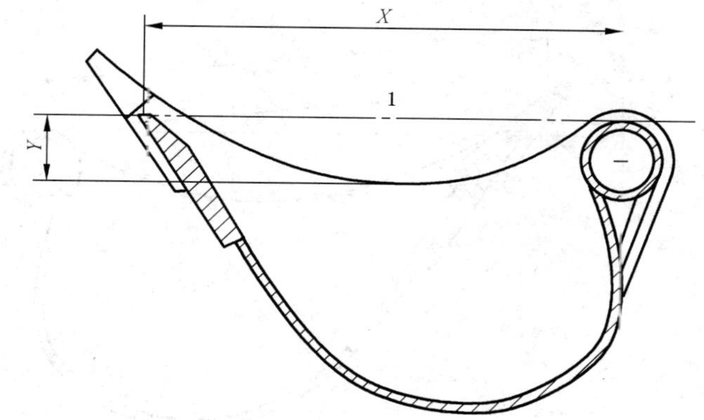

$\frac{X}{Y} \geqslant 12$

X——X 尺寸；
Y——Y 尺寸；
1——标定面。

图 3　X 尺寸的位置

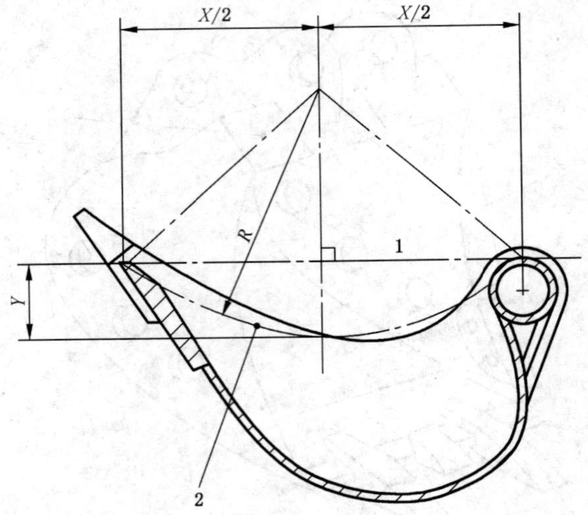

$R=\frac{1}{2}Y+\frac{X^2}{8Y}$

X——X 尺寸；

Y——Y 尺寸；

R——圆周表面的半径；

1——标定面；

2——标定表面。

图 4　*Y* 尺寸的位置

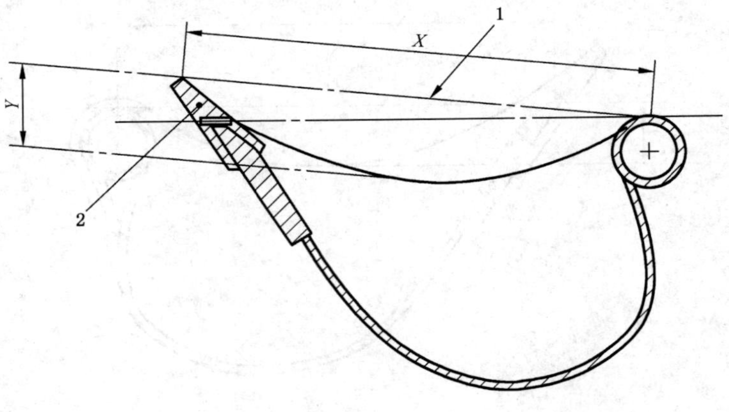

X——X 尺寸；

Y——Y 尺寸；

1——标定面；

2——前缘护套。

图 5　前缘护套与标定面之间的关系

h——阴影表面的质心高度；

H——阴影表面的物料高度；

1——标定面；

2——阴影表面的质心。

[a] 用护套。

[b] 不用护套。

图 6　前缘形状对 h 值的影响

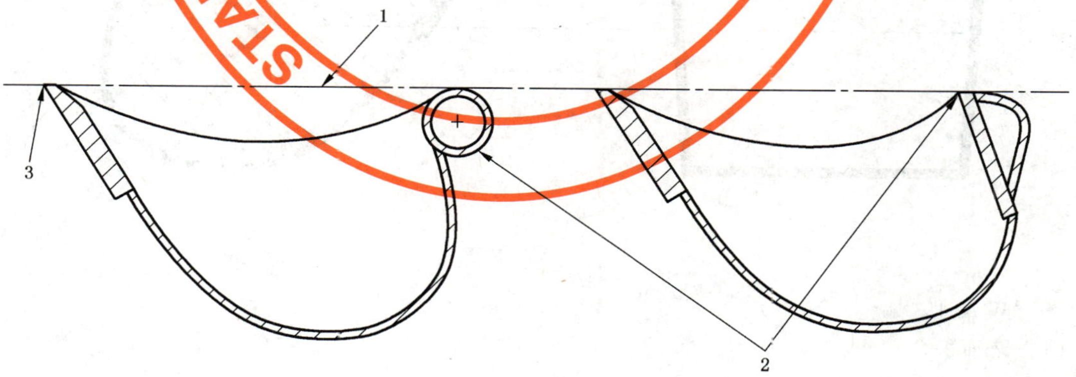

1——标定面；

2——背板；

3——前缘切削刃或切削面或者前缘护套。

图 7　铲斗位置的确定与水平面的关系

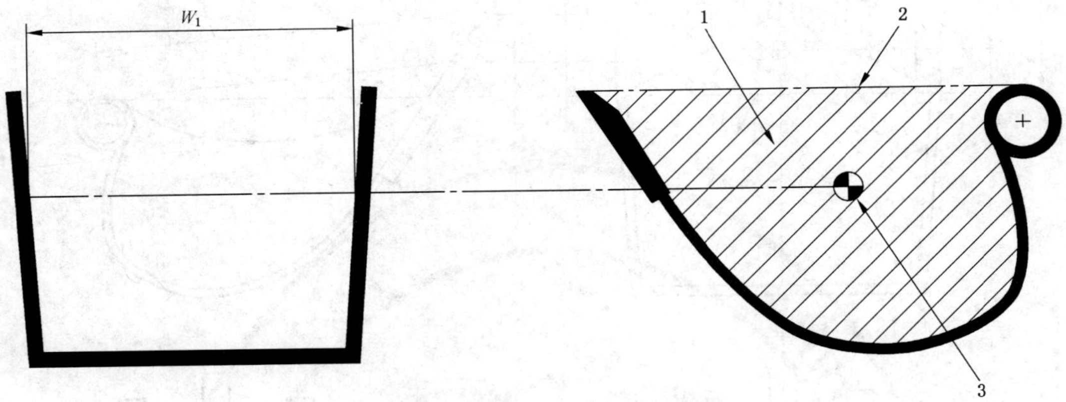

W_1——W 尺寸；

1——表面积 S_1；

2——标定面；

3——S_1 的质心。

图 8 当 $\frac{X}{Y} \geqslant 12$ 时 W 尺寸的确定

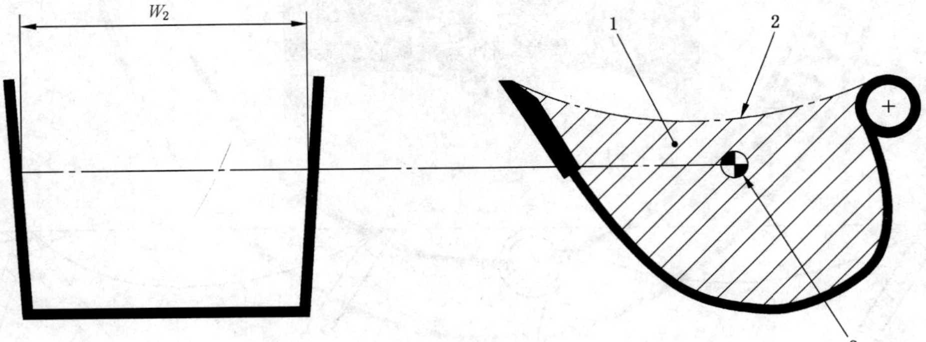

W_2——W 尺寸；

1——表面积 S_2；

2——标定表面；

3——S_2 的质心。

图 9 当 $\frac{X}{Y} < 12$ 时 W 尺寸的确定

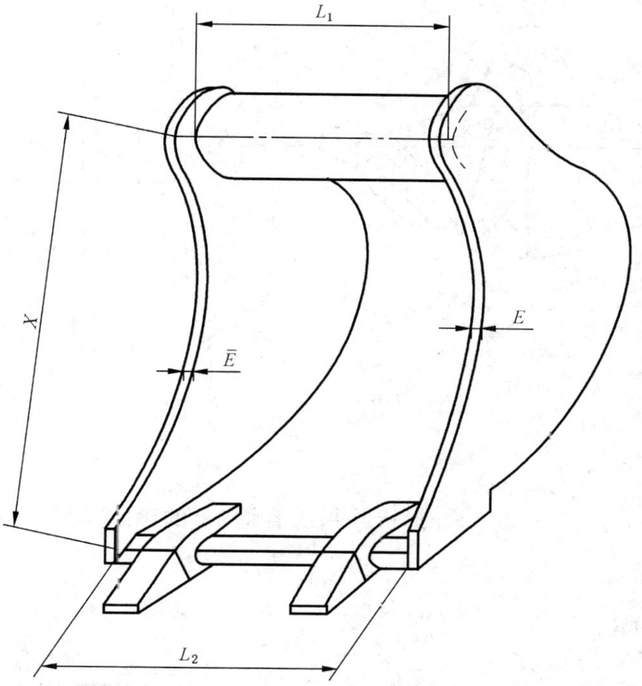

$$W_4=\left(\frac{L_1+L_2}{2}\right)+2E$$

L_1——背板的宽度；

L_2——板的内部宽度；

E——侧板的厚度；

X——X 尺寸。

图 10 W_4 尺寸的确定

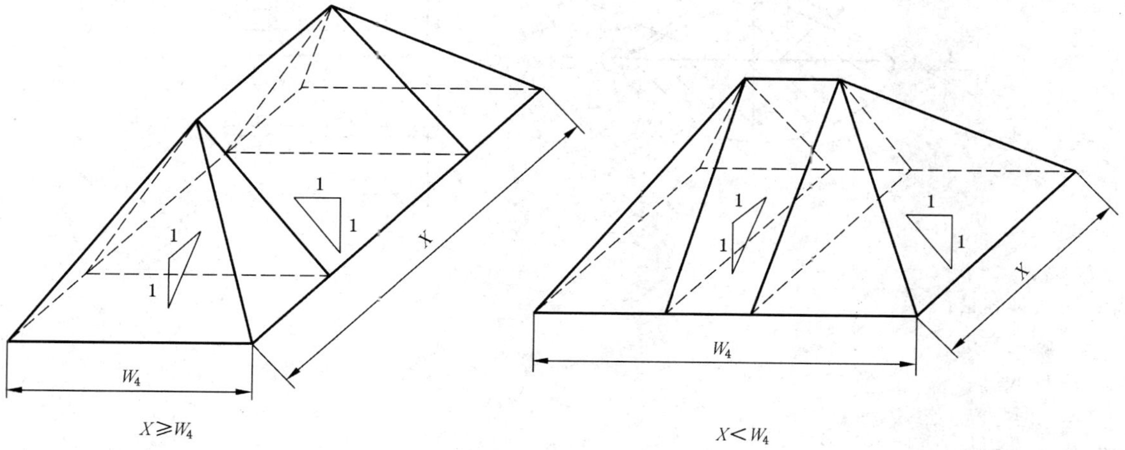

X——X 尺寸；

W_4——W_4 尺寸。

图 11 对于狭窄的和宽的铲斗堆尖容量 V_t 的几何表示法

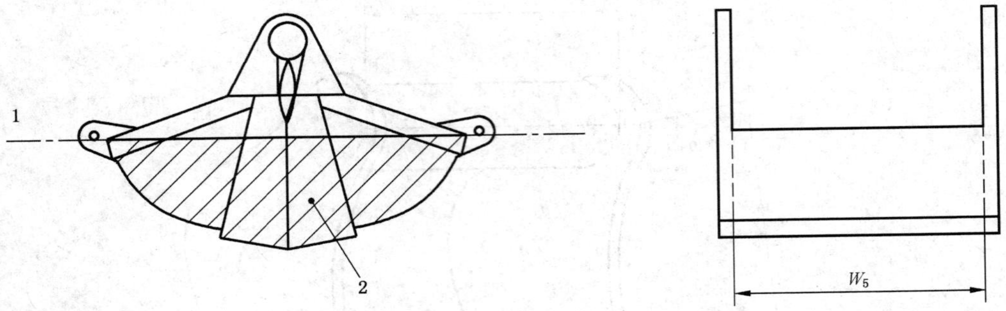

W_5——W 尺寸；

1——标定面；

2——表面积 S_3。

图 12 抓铲斗平装容量 V_S 的确定

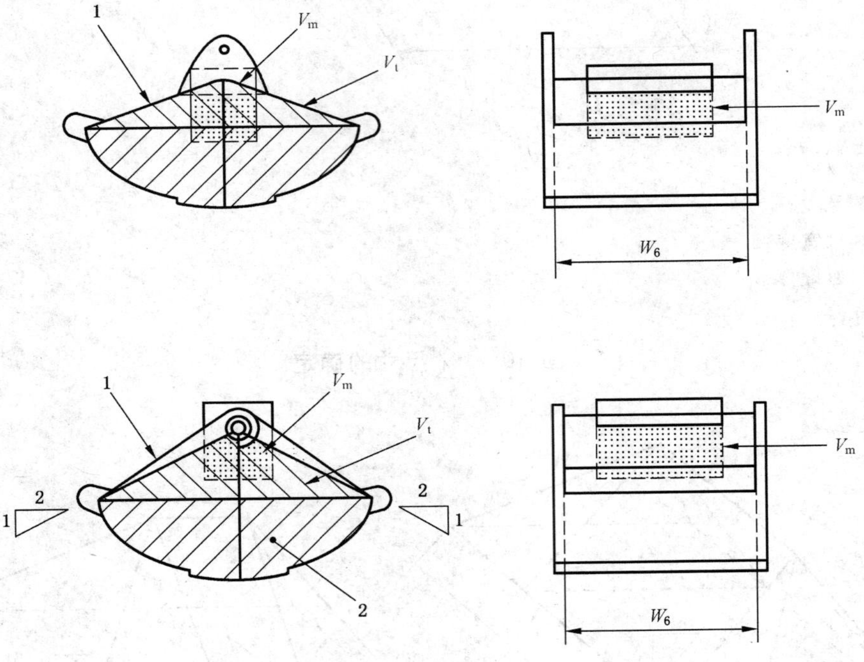

V_m——置换容量；

V_t——堆尖容量；

W_6——W 尺寸；

1——侧板；

2——表面积 S_4。

图 13 抓铲斗堆尖容量 V_t 的确定

参 考 文 献

[1] GB/T 8498—2008 土方机械 基本类型 识别、术语和定义(ISO 6165:2006,IDT)

ICS 53.100
P 97

中华人民共和国国家标准

GB/T 21942—2008

土方机械 装载机和正铲挖掘机的铲斗 容量标定

Earth-moving machinery—Loader and front loading excavator buckets—Volumetric ratings

(ISO 7546:1983,MOD)

2008-06-03 发布

2009-01-01 实施

中华人民共和国国家质量监督检验检疫总局
中国国家标准化管理委员会 发布

前　言

本标准修改采用 ISO 7546:1983《土方机械　装载机和正铲挖掘机的铲斗　容量标定》(英文版)。

本标准根据 ISO 7546:1983 重新起草。

本标准根据实际应用情况及考虑到我国国情,在采用 ISO 7546:1983 时进行了一些修改。本标准与 ISO 7546:1983 存在的差异如下:

——引用的国际标准草案改为引用最新版本国际标准;

——将国际标准的第 3 章和第 4 章进行了互换;

——将 5.1～5.5 各条的悬置段内容作为不同结构形状铲斗的定义移至第 3 章中;

——将计算公式由各图中移至各相应的条中,并增加了公式编号;

——公式的符号说明中增加了单位;

——5.2.2 和 5.3.2 中增加了公式符号的说明;

——6.2 后增加了示例。

为便于使用,本标准还做了下列编辑性修改:

——"本国际标准"一词改为"本标准";

——用小数点"."代替作为小数点的",";

——删除了国际标准前言。

本标准自实施之日起,JB/T 8113—1999《装载机铲斗　容量标定》和 JG/T 5038.2—1995《液压挖掘机　正铲斗容量标定》同时废止。

本标准由中国机械工业联合会提出。

本标准由全国土方机械标准化技术委员会(SAC/TC 334)归口。

本标准负责起草单位:天津工程机械研究院、中国龙工控股有限公司。

本标准参加起草单位:福田雷沃国际重工股份有限公司、广西柳工机械股份有限公司。

本标准主要起草人:吴润才、陈树巧、陈超、马喜林、黄建兵。

本标准为首次制定。

土方机械 装载机和正铲挖掘机的铲斗 容量标定

1 范围

本标准规定了装载机和正铲挖掘机的铲斗所能盛装的典型物料容量的近似标定方法,容量标定是按照铲斗内壁尺寸和堆尖物料体积而确定的。

对不同结构形状的铲斗,其铲斗容量是把装在铲斗内的物料作为集合体分成若干简单的几何形状来进行计算的。

本标准的目的在于提供一个统一的比较铲斗容量的标定方法,而不是为了在各种使用场合下确定实际铲斗容量。

2 规范性引用文件

下列文件中的条款通过本标准的引用而成为本标准的条款。凡是注日期的引用文件,其随后所有的修改单(不包括勘误的内容)或修订版均不适用于本标准,然而,鼓励根据本标准达成协议的各方研究是否可使用这些文件的最新版本。凡是不注日期的引用文件,其最新版本适用于本标准。

GB/T 6572.1 液压挖掘机 术语(GB/T 6572.1—1997,eqv ISO 7135:1993,Earth-moving machinery—Hydraulic excavators—Terminology and commercial specifications)

ISO 7131:1997 土方机械 装载机 术语和商业规格

3 术语和定义

下列术语和定义适用于本标准。

3.1

铲斗组件 bucket component

见图1以及ISO 7131:1997和GB/T 6572.1的规定。

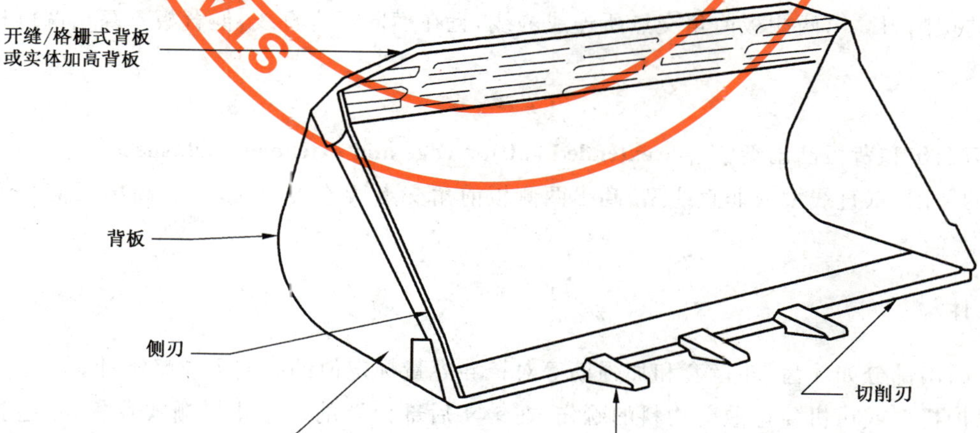

图1 铲斗

3.2

标定面　strike plane

由切削刃到背板上缘之间的连线沿斗宽方向所形成的水平面(不同结构形状铲斗的标定面见第5章)。

3.3

平装容量　struck volume

V_S

位于标定面以下的容量。

3.4

堆尖容量　top volume

V_T

位于标定面以上的以1∶2的坡度堆积物料的体积。

3.5

铲斗额定容量　rated bucket volume

V_R

为平装容量与堆尖容量之和:$V_R = V_S + V_T$。

3.6

基本型铲斗　basic bucket

铲斗背板不高出两侧板后角交点所连成的线,切削刃不高出两侧板前角交点所连成的线。

3.7

切削刃凸出型铲斗　extended straight cutting edge

铲斗切削刃口平直并高出两侧板前角交点所连成的线,但背板不高出两侧板后角交点所连成的线。

3.8

背板凸出型铲斗　extended back sheet

铲斗背板高出两侧板后角交点所连成的线,但切削刃不高出两侧板前角交点所连成的线。

3.9

非直线切削刃型铲斗　irregular cutting edge

铲斗的切削刃高出两侧板前角交点所连成的线,且在横向不为直线,但背板不高出两侧板后角交点所连成的线。

3.10

切削刃凸出和背板凸出型铲斗　extended cutting edge and extended back sheet

铲斗的切削刃(直线型或非直线型)高出两侧板前角交点所连成的线,背板高出两侧板后角交点所连成的线。

4　限定条件

4.1　铲斗凸出部分如斗齿、斗齿套和加强筋等对铲斗容量标定值的影响可忽略不计。

4.2　为保护机器或司机免遭散落物料的砸伤,在铲斗后部设置的开缝或格栅式背板,不包括在容量计算中,但对于具有同样功能,且与铲斗为一整体的实体加高背板,则包括在容量计算中。

4.3　本标准的标定方法只适用于铲斗尺寸 X/Y 的比值大于12的情况(见图2)。

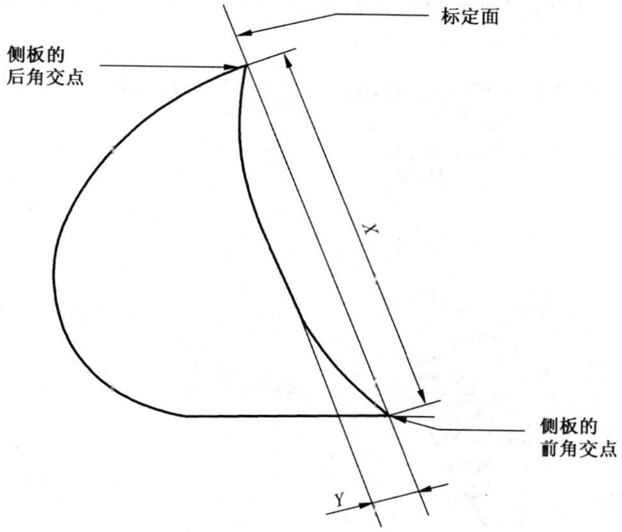

图 2 非规则侧板的 X 和 Y 尺寸

5 容量标定

5.1 基本型铲斗

5.1.1 标定面为通过背板上缘与切削刃口之间的连线沿斗宽方向所形成的水平面(见图 3)。

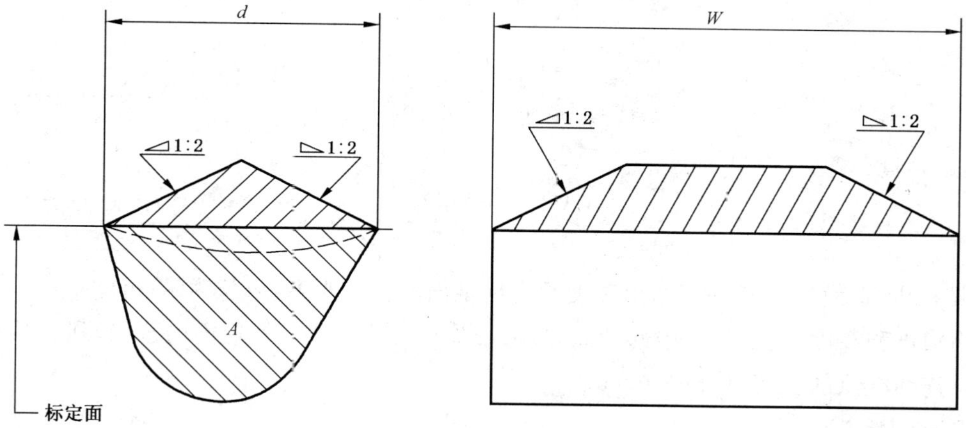

图 3 基本型铲斗

5.1.2 铲斗容量按式(1)～ 式(3)计算：

平装容量：

$$V_S = AW \quad \cdots\cdots(1)$$

堆尖容量：

$$V_T = \frac{d^2 W}{8} - \frac{d^3}{24} \quad \cdots\cdots(2)$$

铲斗额定容量：

$$V_R = V_S + V_T \quad \cdots\cdots(3)$$

式中：

A——标定面以下的铲斗内部横截面面积，单位为平方米(m^2)；

W——铲斗内侧宽度，单位为米(m)；

d——铲斗中部截面内，切削刃口与背板上缘之间的距离，单位为米(m)。

5.2 切削刃凸出型铲斗

5.2.1 标定面为通过切削刃口与背板上缘之间的连线沿斗宽方向所形成的水平面(见图 4)。

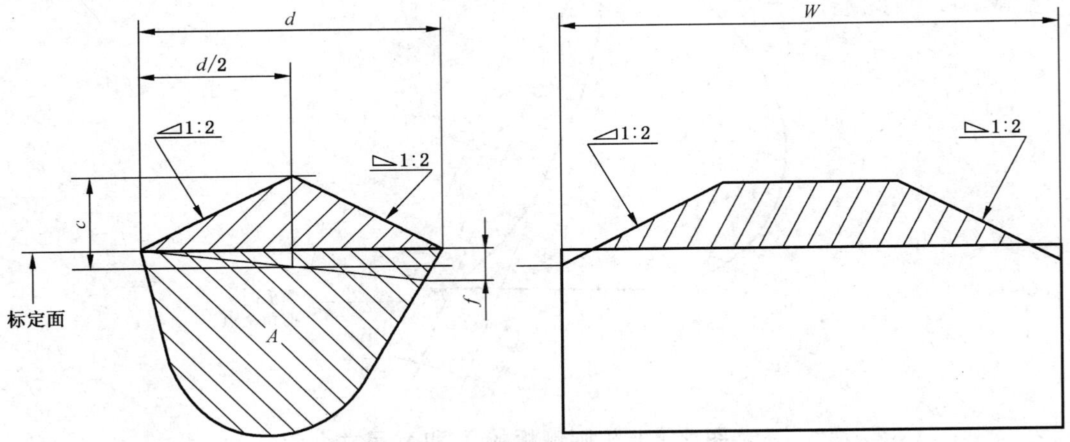

图 4 切削刃凸出型铲斗

5.2.2 铲斗容量按式(4)～ 式(6)计算：

平装容量：

$$V_S = AW - \frac{2f^2 d}{3} \qquad \cdots\cdots(4)$$

堆尖容量：

$$V_T = \frac{d^2 W}{8} - \frac{d^2}{6}(f + c) \qquad \cdots\cdots(5)$$

铲斗额定容量：

$$V_R = V_S + V_T \qquad \cdots\cdots(6)$$

式中：

f——铲斗中部截面内，切削刃凸出高度垂直标定面的投影距离，单位为米(m)；

c——物料堆积高度，其是铲斗中部截面内，从堆尖顶作沿垂直于标定面的直线，到侧板上缘前后两点连线交点的距离，单位为米(m)。

5.3 背板凸出型铲斗

5.3.1 标定面为通过背板上缘与切削刃口之间的连线沿斗宽方向所形成的水平面(见图 5)。

5.3.2 铲斗容量按式(7)～式(9)计算：

平装容量：

$$V_S = AW - \frac{2e^2 d}{3} \qquad \cdots\cdots(7)$$

堆尖容量：

$$V_T = \frac{d^2 W}{8} - \frac{d^2}{6}(e + c) \qquad \cdots\cdots(8)$$

铲斗额定容量：

$$V_R = V_S + V_T \qquad \cdots\cdots(9)$$

式中：

e——背板高度垂直标定面的投影距离，单位为米(m)。

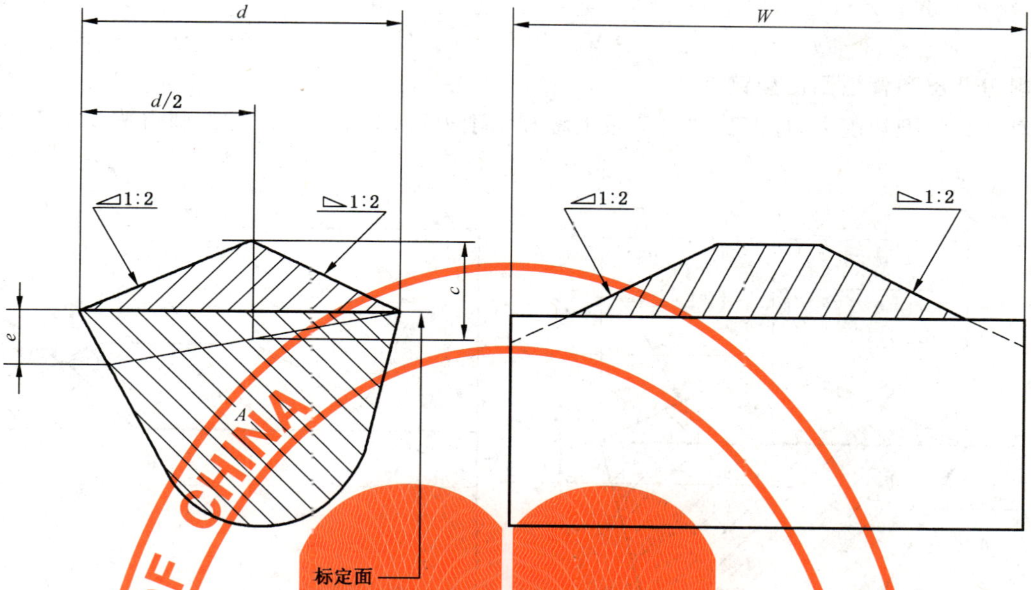

图 5 背板凸出型铲斗

5.4 非直线切削刃型铲斗

5.4.1 标定面为通过切削刃凸出高度 1/3 处的假想横截线与背板上缘之间的连线沿斗宽方向所形成的水平面(见图 6)。

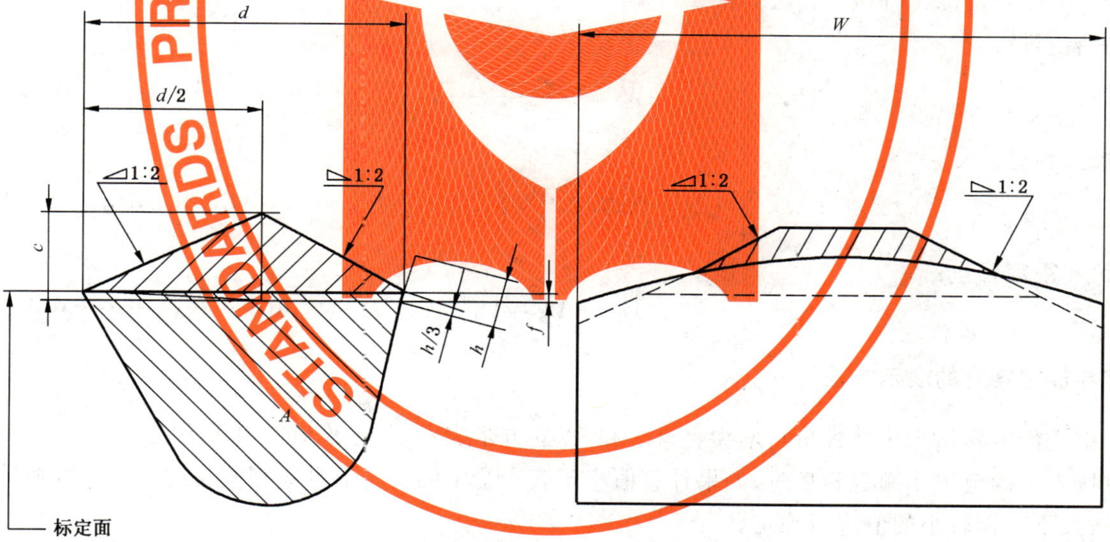

图 6 非直线切削刃型铲斗

5.4.2 铲斗容量按式(10)～ 式(12)计算：

平装容量：

$$V_S = AW - \frac{2f^2 d}{3} \qquad (10)$$

堆尖容量：

$$V_T = \frac{d^2 W}{8} - \frac{d^2}{6}(f + c) \qquad (11)$$

铲斗额定容量：

$$V_R = V_S + V_T \qquad (12)$$

5.5 切削刃凸出和背板凸出型铲斗

5.5.1 对于直线型切削刃，标定面通过背板上缘和切削刃口；对于非直线型切削刃按5.4.1，见图7。

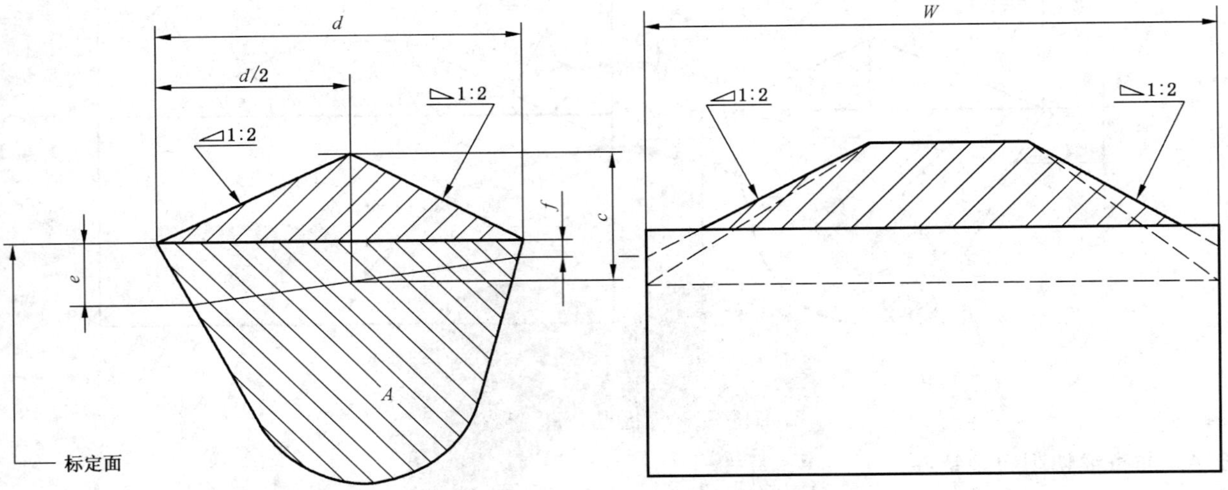

图7 切削刃凸出和背板凸出型铲斗

5.5.2 铲斗容量按式(13)～式(15)计算：

平装容量：

$$V_S = AW - \frac{2(e^2 + ef + f^2)d}{3} \qquad (13)$$

堆尖容量：

$$V_T = \frac{d^2W}{8} - \frac{d^2}{6}(f + e + c) \qquad (14)$$

铲斗额定容量：

$$V_R = V_S + V_T \qquad (15)$$

6 铲斗额定容量的表示方法

6.1 铲斗额定容量为平装容量与堆尖容量之和，以立方米表示，其标称值按表1规定。

6.2 按表1确定铲斗额定容量时，如果计算值小于表中给定的容量值且其相差超过2%时，则铲斗额定容量按下一档较小的值进行确定。

表1

单位为立方米

铲斗额定容量的范围	标称值的增量
≤0.6	0.02
>0.6～1.5	0.05
>1.5～2.5	0.1
>2.5～5.0	0.2
>5.0～10.0	0.5
>10.0	1.0

示例：

表1中对于(>1.5～2.5)m^3 的铲斗额定容量标称值应为1.6 m^3、1.7 m^3、1.8 m^3、1.9 m^3、2.0 m^3、2.1 m^3、2.2 m^3、2.3 m^3、2.4 m^3、2.5 m^3。

如果计算值为2.25 m^3，在(2.2～2.3)m^3 范围内，2.25比2.3低2.17%，计算值低于表中给定的容量值，且其差值超过2%，所以应取值为2.2 m^3。即铲斗额定容量的标称值为2.2 m^3。

ICS 25.100.70
J 43

中华人民共和国国家标准

GB/T 21943—2008

钢纸砂盘支撑托盘

Back-up pads for vulcanized fibre discs

(ISO 15636:2003,MOD)

2008-06-03 发布　　　　2009-01-01 实施

中华人民共和国国家质量监督检验检疫总局
中国国家标准化管理委员会　发布

前　言

本标准修改采用 ISO 15636:2003《钢纸砂盘支撑托盘》(英文版)。本标准与 ISO 15636:2003 相比,主要技术性差异如下:

——第 1 章删除“安装和夹紧符合 ISO 16057 要求的钢纸砂盘或手持磨削机”的规定,增加“适用于安装和夹紧符合 GB/T 20963—2007 要求的钢纸砂盘或手持磨削机”;

——对 ISO 15636:2003 中引用的 ISO 16057:2002,用已被采用为我国的 GB/T 20963—2007 代替;

——第 3 章增加了外径为 80 mm 的钢纸砂盘以及对应支撑托盘的相关尺寸。还增加了手持工具芯轴联接螺纹尺寸 M12、M16 和 M22。删除了尺寸为 5/8 英寸的孔或螺纹。增加与 GB/T 20963 相一致的标注;

——第 4 章支撑托盘的制造材料增加复合材料;

——第 5 章示例以 M14 螺纹代替 $UNCd_5=5/8$ 螺纹的示例。

本标准做了下列编辑性修改:

——“本国际标准”一词改为“本标准”;

——删除了国际标准的前言。

本标准由中国机械工业联合会提出。

本标准由全国磨料磨具标准化技术委员会(SAC/TC 139)归口。

本标准起草单位:河南工业大学。

本标准主要起草人:栗正新。

本标准为首次发布。

钢纸砂盘支撑托盘

1 范围

本标准规定了用于钢纸砂盘安装和夹紧的支撑托盘的型式和尺寸。

本标准适用于安装和夹紧符合 GB/T 20963—2007 要求的钢纸砂盘或手持磨削机，如角向磨光机等同类磨削机上用的支撑托盘。

支撑托盘和夹紧单元的连接尺寸与通用手持磨削机的芯轴末端尺寸相配合。

2 规范性引用文件

下列文件中的条款通过本标准的引用而成为本标准的条款。凡是注日期的引用文件，其随后所有的修改单(不包括勘误的内容)或修订版均不适用于本标准，然而，鼓励根据本标准达成协议的各方研究是否可使用这些文件的最新版本。凡是不注日期的引用文件，其最新版本适用于本标准。

GB/T 20963—2007 涂附磨具 钢纸砂盘(ISO 16057:2002,MOD)

3 型式和尺寸

3.1 型式

见图 1 和图 2。

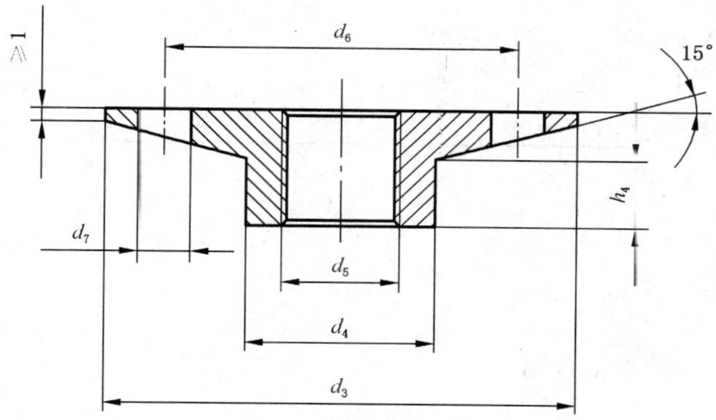

图 1 夹紧螺母

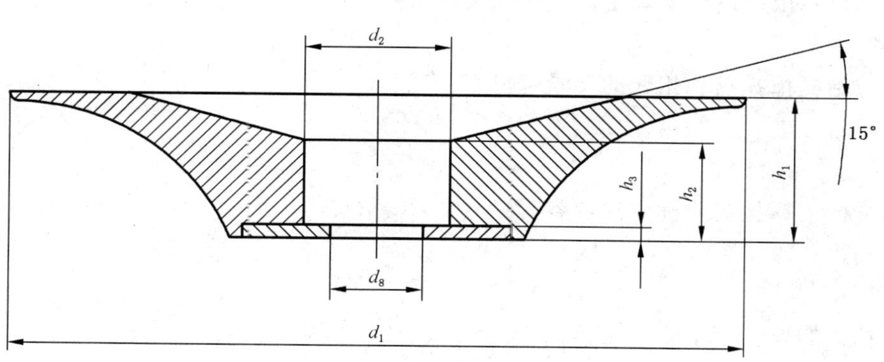

图 2 支撑托盘

3.2 尺寸

支撑托盘的尺寸与极限偏差见表 1。

表 1 单位为毫米

钢纸砂盘[a] D		支撑托盘 d_1 ±1	支撑托盘 d_2 $^{+0.5}_{+0.1}$	支撑托盘 d_8 $H11$	支撑托盘 h_1 ±0.4	支撑托盘 h_2 ±0.4	支撑托盘 h_3 min.	螺母 d_3 ±0.2	螺母 d_4 $^{0}_{-0.3}$	螺母 螺纹 (d_5)	螺母 d_6 ±0.1	螺母 d_7 $H12$	螺母 h_4
80	±1.5	72.5	16	10	16	14.5	1.5	40	16	M10	20	4.5	$h_4(h_2-h_3)$
100		92.5	16	10	16	14.5	1.5	40	16	M10	20	4.5	
			22	12	20			45	22	M12	35	5.8	
				14						M14			
115		107.5	22	14	20	14.5	2	45	22	M14	35	5.8	
				16						M16			
125	±2.0	117	22	14	20	14.5	2	45	22	M14	35	5.8	
				16						M16			
150		142	22	14		12	2.5	55		M14	35	5.8	
				16						M16			
180		172	22	14						M14			
				22						M22			
			40	14		14.5			40	M14			
235		227	22	14		12			22	M14			
				22						M22			

[a] 符合 GB/T 20963—2007。

4 要求

4.1 材料

4.1.1 支撑托盘

支撑托盘应为高分子材料或复合材料。

4.1.2 夹紧螺母

夹紧螺母的材料由制造厂家确定。

4.2 交付范围

交付范围包括支撑托盘和相配的夹紧螺母。

5 标记

符合本标准的支撑托盘应标记的内容为：

a) 支撑托盘；

b) 执行标准号；

c) 支撑托盘的外径 d_1；

d) 螺纹直径(即螺母 d_5)；

e) 最大允许转速，以 r/min 表示。

示例：一个外径为 d_1=107.5 mm，螺纹为 M14 以及最大允许转速为 13 300 r/min 的支撑托盘标示如下：

支撑托盘 GB/T 21943—2008 107.5×M14/13 300

6 产品标志

支撑托盘上应标注：

——注册商标或生产厂名称；

——最大允许转速。

ICS 25.100.70
J 43

中华人民共和国国家标准

GB/T 21944.1—2008

碳化硅特种制品
反应烧结碳化硅窑具　第1部分：方梁

Special products of silicon carbide—
Kiln furniture of reaction bonded silicon carbide—Part 1：Beam

2008-06-03 发布　　2009-01-01 实施

中华人民共和国国家质量监督检验检疫总局
中国国家标准化管理委员会　发布

前　言

GB/T 21944《碳化硅特种制品　反应烧结碳化硅窑具》共分4个部分：

——第1部分：方梁；

——第2部分：异型梁；

——第3部分：辊棒；

——第4部分：烧嘴套。

本部分为GB/T 21944的第1部分。

本部分的附录A为规范性附录。

本部分由中国机械工业联合会提出。

本部分由全国磨料磨具标准化技术委员会(SAC/TC 139)归口。

本部分负责起草单位：山东金鸿集团有限公司。

本部分参加起草单位：潍坊致达特种陶瓷有限公司、西安交通大学。

本部分主要起草人：王汝江。

碳化硅特种制品
反应烧结碳化硅窑具　第1部分：方梁

1　范围

GB/T 21944 的本部分规定了反应烧结碳化硅窑具——方梁的产品分类、技术要求、试验方法、检验规则及标志、包装、运输、贮存等。

本部分适用于工作温度不高于 1 350℃的反应烧结碳化硅方梁。

2　规范性引用文件

下列文件中的条款通过 GB/T 21944 的本部分的引用而成为本部分的条款。凡是注日期的引用文件，其随后所有的修改单(不包括勘误的内容)或修订版均不适用于本部分，然而，鼓励根据本部分达成协议的各方研究是否可使用这些文件的最新版本。凡是不注日期的引用文件，其最新版本适用于本部分。

GB/T 2997—2000　致密定型耐火制品　体积密度、显气孔率和真气孔率试验方法(eqv ISO 5017:1998)

GB/T 3045—2003　普通磨料　碳化硅化学分析方法(ISO 9286:1997，NEQ)

GB/T 6569—2006　精细陶瓷弯曲强度试验方法(ISO 14704:2000，MOD)

GB/T 10325—2001　定型耐火制品抽样验收规则

GB/T 14390—1993　工程陶瓷高温弯曲强度试验方法

GB/T 16546—1996　定型耐火制品包装、标志运输和贮存

3　产品分类

3.1　产品代号

方梁的形状代号为 SiSiC-B，其形状尺寸分别见图 1 和表 1。

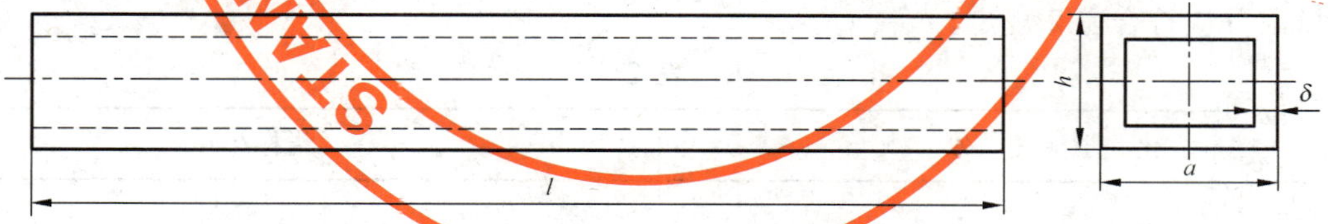

图 1　SiSiC-B

表 1

单位为毫米

高度 h	宽度 a	壁厚 δ	长度 l
20	20	4、5	800～1 600
	30		
25	25		
30	30	5、6	800～2 200
	40		
	50		

表 1（续）

单位为毫米

高度 h	宽度 a	壁厚 δ	长度 l
40	40	5、6、7	800～3 600
	50		
	60		
50	50		800～3 800
	60		
	70		
60	60	6、7、8、9	1 000～4 000
	70		
	80		
	90		
70	70	7、8、9、10	
	80		
	90		

注 1：允许存在工艺圆角。

注 2：特殊规格由供需双方协商。

3.2 产品标记

产品标记为：产品代号-$h \times a \times l \times \delta$

示例：高度 30 mm、宽度 50 mm、长度 2 000 mm、壁厚 5 mm 的反应烧结碳化硅方梁，标记为：

SiSiC-B-30×50×2 000×5

4 技术要求

4.1 化学成分应符合表 2 规定。

表 2

化 学 成 分	指标/%
SiC	≥85
游离硅	≤14

4.2 物理性能应符合表 3 规定。

表 3

物 理 性 能	指 标
体积密度/(g/cm^3)	≥3.0
显气孔率/%	≤0.3
常温弯曲强度(20℃)(三点弯曲)/MPa	≥220
高温弯曲强度(1 200℃)(三点弯曲)/MPa	≥280

4.3 尺寸极限偏差应符合表4规定。

表 4

单位为毫米

基本尺寸	极限偏差
高度 h	+2 −1
宽度 a	
壁厚 δ	+1 −0.5
长度 l	±3

4.4 直线度公差为0.15%。

4.5 边角缺陷应符合表5规定。

表 5

单位为毫米

部位	允许值	
	长度(任意方向)	深度
距端部100 mm内	≤8	≤2
其余部位	≤5	≤1.5

4.6 表面凹坑应符合表6规定。

表 6

单位为毫米

部位	允许值	
	直径	深度
距端部100 mm内	≤5	$\leqslant \frac{1}{4}\delta$
其余部位	≤3	

4.7 边角缺陷及表面凹坑的数量总计不得超过5处。(长度或直径<2 mm、深度<0.5 mm的忽略不计)。

4.8 安全载荷许用应力[σ]为常温弯曲强度的1/5。

5 试验方法

5.1 化学成分按GB/T 3045—2003的规定进行检验。

5.2 物理性能

5.2.1 体积密度、显气孔率按GB/T 2997—2000的规定进行检验。

5.2.2 常温弯曲强度按GB/T 6569—2006的规定进行检验。

5.2.3 高温弯曲强度按GB/T 14390—1993的规定进行检验。

5.3 尺寸极限偏差:壁厚用精度为0.02 mm的游标卡尺进行检验,数值精确到小数点后一位;其他尺寸用精度为0.5 mm的钢卷尺进行检验,数值精确到个位数。

5.4 直线度:将方梁置于检测平台上(可自制。精度为0.05%mm,长度应长于被测产品长度),用塞尺测量两者之间的最大间隙。数值精确到小数点后一位。

5.5 边角缺陷:用专用检具或用直尺、直角尺配合深度尺进行检测,取所测边角缺陷长度和深度的最大读数。数值精确到小数点后一位。

5.6 表面凹坑:用直尺配合深度尺进行检验,取所测各方向最大读数。数值精确到个位数。

5.7 安全载荷:方梁安全载荷试验方法按附录A规定进行。

6 检验规则

6.1 出厂检验

6.1.1 出厂检验按本标准4.3～4.7规定逐件检查。

6.1.2 制造商可按用户要求，出厂前对产品进行安全载荷试验。

6.2 型式检验

6.2.1 有下列情况之一者，应进行型式检验：

a) 产品试制定型或转厂生产；

b) 正式生产后，如工艺有较大变动、原材料变更，可能影响产品性能时；

c) 正式生产时，每年一次；

d) 长期停产后，恢复生产；

e) 产品使用中发生明显质量问题；

f) 质量监督机构提出要求。

6.2.2 型式检验项目为本标准4.1、4.2。

6.2.3 检验批的确定

一炉或一个生产批产品为一检验批。

6.2.4 抽样与判定

抽样与判定按GB/T 10325—2001中4.4的规定进行。

7 标志、包装、运输和贮存

产品的标志、包装、运输和贮存按GB/T 16546—1996的规定进行。

附 录 A
(规范性附录)
方梁安全载荷试验方法

本附录给出了反应烧结碳化硅方梁的安全载荷试验方法及计算公式。

A.1 试验

A.1.1 方梁安全载荷加载示意图。

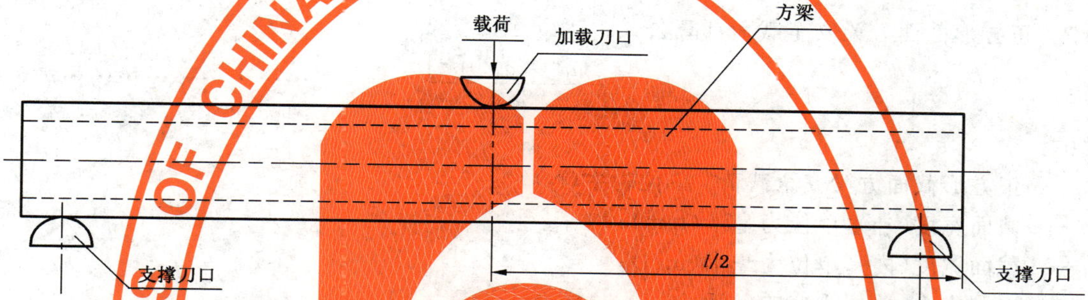

图 A.1 方梁安全载荷加载示意图(集中力)

图 A.2 方梁安全载荷加载示意图(均布力)

A.1.2 加载装置应能以恒定速率均匀加荷。

A.1.3 加载刀口材料应保证在加载过程中不变形。

A.1.4 各刀口中心线应相互平行,且与方梁中心线相互垂直。

A.1.5 刀口长度应长于方梁被测面宽度,支撑刀口与方梁端面距离应小于 100 mm。

A.1.6 允许在刀口与方梁间加垫厚度不大于 5 mm 的弹性材料垫片。

A.1.7 载荷试验依方梁各面逐面进行。

A.2 计算公式

A.2.1 集中力

A.2.1.1 方梁截面标记见图 A.3。

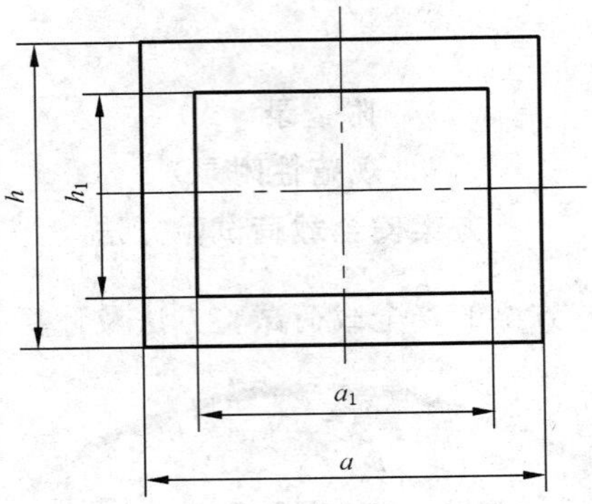

图 A.3 方梁截面

A.2.1.2 正方形截面方梁安全载荷计算公式：

$$P_f = \frac{2(a^4 - a_1{}^4)[\sigma]}{3al} \qquad \cdots\cdots (A.1)$$

式中：

P_f——正方形截面方梁安全载荷，单位为牛(N)；

a——截面宽度(外)，单位为毫米(mm)；

a_1——截面宽度(内)，单位为毫米(mm)；

$[\sigma]$——许用应力，单位为兆帕(MPa)；

l——方梁长度，单位为毫米(mm)。

A.2.1.3 矩形截面方梁安全载荷计算公式：

a) 矩形截面方梁立面安全载荷计算公式：

$$P_l = \frac{2(ha^3 - h_1 a_1{}^3)[\sigma]}{3al} \qquad \cdots\cdots (A.2)$$

b) 矩形截面方梁卧面安全载荷计算公式：

$$P_w = \frac{2(ah^3 - a_1 h_1{}^3)[\sigma]}{3hl} \qquad \cdots\cdots (A.3)$$

式中：

P_l——矩形截面方梁立面安全载荷，单位为牛(N)；

P_w——矩形截面方梁卧面安全载荷，单位为牛(N)；

h——截面高度(外)，单位为毫米(mm)；

h_1——截面高度(内)，单位为毫米(mm)。

A.2.2 均布力计算数值为集中力数值的2倍。

ICS 25.100.70
J 43

中华人民共和国国家标准

GB/T 21944.3—2008

碳化硅特种制品 反应烧结碳化硅窑具 第3部分:辊棒

Special products of silicon carbide—Kiln furniture of reaction bonded silicon carbide—Part 3: Rollers

2008-06-03 发布 2009-01-01 实施

中华人民共和国国家质量监督检验检疫总局
中国国家标准化管理委员会 发布

前　言

GB/T 21944《碳化硅特种制品　反应烧结碳化硅窑具》共分 4 个部分：

——第 1 部分：方梁；

——第 2 部分：异型梁；

——第 3 部分：辊棒；

——第 4 部分：烧嘴套。

本部分为 GB/T 21944 的第 3 部分。

本部分的附录 A 为规范性附录。

本部分由中国机械工业联合会提出。

本部分由全国磨料磨具标准化技术委员会（SAC/TC 139）归口。

本部分负责起草单位：山东金鸿集团有限公司。

本部分参加起草单位：潍坊致达特种陶瓷有限公司、西安交通大学。

本部分主要起草人：王汝江。

碳化硅特种制品
反应烧结碳化硅窑具　第3部分：辊棒

1　范围

GB/T 21944 的本部分规定了反应烧结碳化硅窑具——辊棒的产品分类、技术要求、试验方法、检验规则及标志、包装、运输、贮存等。

本部分适用于工作温度不高于1 350℃的反应烧结碳化硅辊棒(以下简称“辊棒”)。

2　规范性引用文件

下列文件中的条款通过 GB/T 21944 的本部分的引用而成为本部分的条款。凡是注日期的引用文件，其随后所有的修改单(不包括勘误的内容)或修订版均不适用于本部分，然而，鼓励根据本部分达成协议的各方研究是否可使用这些文件的最新版本。凡是不注日期的引用文件，其最新版本适用于本部分。

GB/T 2997—2000　致密定型耐火制品　体积密度、显气孔率和真气孔率试验方法(eqv ISO 5017:1998)

GB/T 3045—2003　普通磨料　碳化硅化学分析方法(ISO 9286:1997,NEQ)

GB/T 6569—2006　精细陶瓷弯曲强度试验方法(ISO 14701:2000,MOD)

GB/T 10325—2001　定型耐火制品抽样验收规则

GB/T 14390—1993　工程陶瓷高温弯曲强度试验方法

GB/T 16546—1996　定型耐火制品包装、标志运输和贮存

3　产品分类

3.1　形状代号及规格尺寸

3.1.1　外卡固定式辊棒　代号：SiSiC-Rw，其形状尺寸分别见图1和表1。

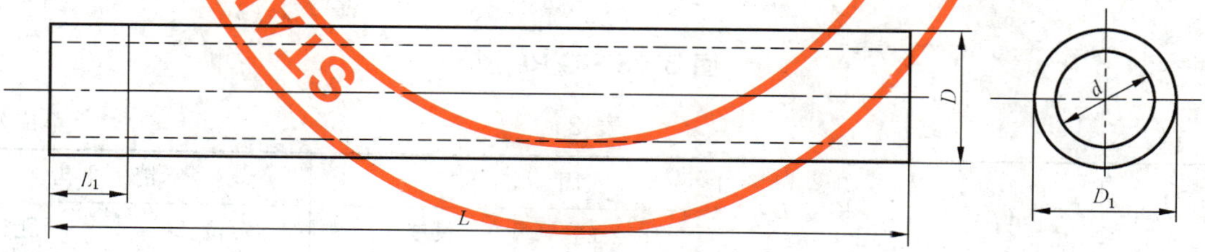

图1　SiSiC-Rw 型

3.1.2　内撑固定式辊棒　代号：SiSiC-Rn，其形状尺寸分别见图2和表1。

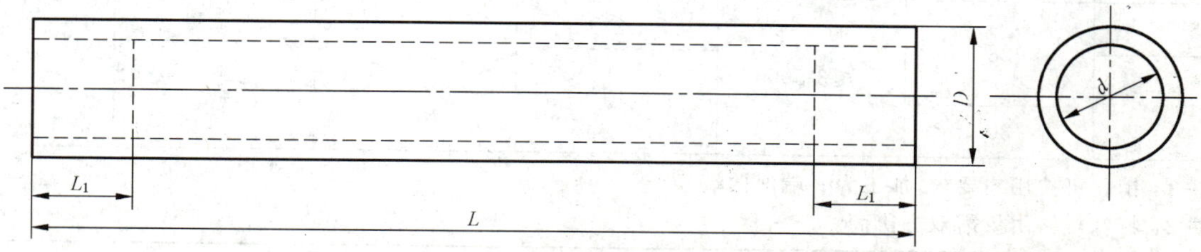

图2　SiSiC-Rn 型

表 1

单位为毫米

外径 D	内径 d	长度 L	固定端	
			外径 D_1	长度 L_1
28	18	≤3 000	28	50、55、60
30	20		30	
35	25		35	
38	28	≤3 500	38	
40	30		40	
42	32	≤4 000	42	
45	33		45	
	35			

注 1：固定端可按用户要求，加工为一端或两端。

注 2：特殊规格由供需双方协商。

3.1.3 销孔固定式辊棒　代号：SiSiC-Rk，其形状尺寸分别见图 3 和表 2。

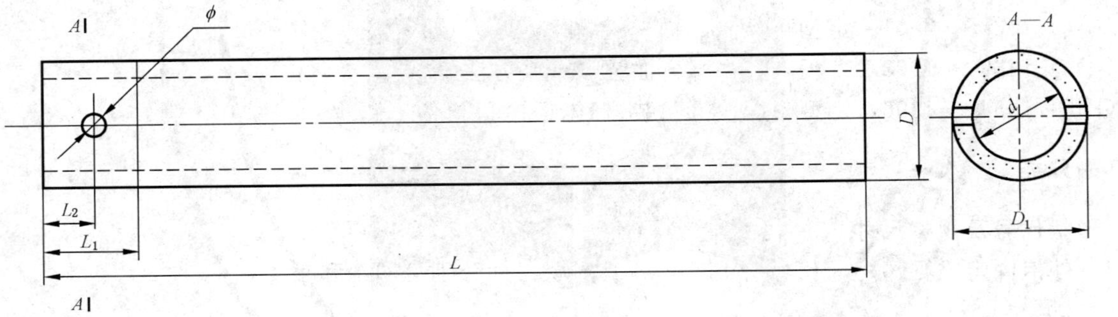

图 3 SiSiC-Rk 型

表 2

单位为毫米

外径 D	内径 d	长度 L	固定端		销孔	
			外径 D_1	长度 L_1	定位 L_2	孔径 ϕ
28	18	≤3 000	28	50	30	6
30	20		30			
35	25	≤3 000	35			
38	28	≤3 500	38			7
40	30		40			

注 1：销孔可按用户要求，加工为一端或两端。

注 2：特殊规格由供需双方协商。

3.1.4 销槽固定式辊棒　代号：SiSiC-Rc，其形状尺寸分别见图 4 和表 3。

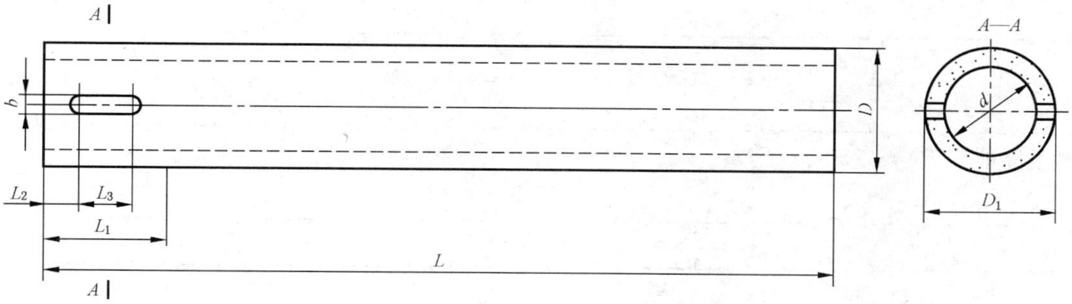

图 4　SiSiC-Rc 型

表 3

单位为毫米

<table>
<tr><th rowspan="2">外径 D</th><th rowspan="2">内径 d</th><th rowspan="2">长度 L</th><th colspan="2">固定端</th><th colspan="3">销槽</th></tr>
<tr><th>外径 D_1</th><th>长度 L_1</th><th>定位 L_2</th><th>长度 L_3</th><th>宽度 b</th></tr>
<tr><td>30</td><td>20</td><td rowspan="2">≤3 000</td><td>30</td><td rowspan="10">60</td><td rowspan="8">14</td><td rowspan="2">22</td><td rowspan="2">7</td></tr>
<tr><td>35</td><td>25</td><td>35</td></tr>
<tr><td rowspan="2">40</td><td>28</td><td rowspan="4">≤3 500</td><td rowspan="2">40</td><td rowspan="4">26</td><td rowspan="12">8</td></tr>
<tr><td>30</td></tr>
<tr><td rowspan="2">45</td><td>33</td><td rowspan="2">45</td></tr>
<tr><td>35</td></tr>
<tr><td>50</td><td>38</td><td rowspan="8">≤4 000</td><td>50</td><td rowspan="4">28</td></tr>
<tr><td>55</td><td>43</td><td>55</td></tr>
<tr><td rowspan="2">60</td><td>46</td><td rowspan="2">60</td><td rowspan="2">16</td></tr>
<tr><td>48</td></tr>
<tr><td rowspan="2">70</td><td>56</td><td rowspan="2">70</td><td rowspan="4">120</td><td rowspan="4">70</td><td rowspan="4">40</td></tr>
<tr><td>58</td></tr>
<tr><td rowspan="2">80</td><td>64</td><td rowspan="2">80</td></tr>
<tr><td>66</td></tr>
<tr><td colspan="8">注 1：销槽可按用户要求，加工为一端或两端。
注 2：特殊规格由供需双方协商。</td></tr>
</table>

3.2 产品标记

辊棒的产品标记为：产品代号-$D\times d\times L\times /L_1$-(　)

注：( )内为销孔或销槽的尺寸及位置，标记顺序为：L_2/ϕ 或($L_3\times b$)

示例 1：外径 35 mm、内径 25 mm、长度 2 500 mm、固定端长度 60 mm 的反应烧结碳化硅内撑固定式辊棒，标记为：

SiSiC-Rn-35×25×2 500/60

示例 2：外径 45 mm、内径 35 mm、长度 3 000 mm、固定端长度 60 mm、销槽长度 26 mm、宽度 8 mm、定位尺寸距端部 12 mm 的反应烧结碳化硅销槽固定式辊棒，标记为：

SiSiC-Rc-45×35×3 000/60-12/(26×8)

4 技术要求

4.1 化学成分中应符合表 4 规定。

表 4

化学成分	指标/%
SiC	≥85
游离硅	≤14

4.2　物理性能应符合表 5 的规定。

表 5

项目	指标
体积密度/(g/cm^3)	≥3.0
显气孔率/%	≤0.3
常温弯曲强度(20℃)/MPa	≥220
高温弯曲强度(1 200℃)/MPa	≥280

4.3　尺寸偏差应符合表 6 的规定。

表 6　　单位为毫米

基本尺寸	极限偏差
外径 D	±1.0
内径 d	$^{+0.5}_{-2.0}$
长度 L	±3
固定端外径 D_1	±0.5
固定端长度 L_1	$^{+2}_{-1}$
销槽定位 L_2	±1.5
销槽长度 L_3	±1
销槽宽度 b	$^{+0.5}_{0}$
销孔直径 ϕ	

4.4　直线度公差为 0.12%。

4.5　表面凹坑：直径≤3 mm、深度≤1.5 mm，(外表面)数量不超过 5 个。直径<2 mm、深度<0.5 mm 的忽略不计。

4.6　安全载荷许用应力[σ]为常温弯曲强度的 1/5。

5　试验方法

5.1　化学成分按 GB/T 3045—2003 的规定进行检验。

5.2　物理性能

5.2.1　体积密度、显气孔率按 GB/T 2997—2000 的规定进行检验。

5.2.2　常温弯曲强度按 GB/T 6569—2006 的规定进行检验。

5.2.3　高温弯曲强度按 GB/T 14390—1993 的规定进行检验。

5.3　尺寸极限偏差：长度用精度为 0.5 mm 的钢卷尺进行检验，数值精确到个位数；壁厚用精度为 0.02 mm的游标卡尺进行检测，其他尺寸用游标卡尺或钢直尺进行检验，数值精确到小数点后一位。

5.4　直线度：将方梁置于检测平台上(可自制。精度为 0.05%mm，长度应长于被测产品长度)，用塞尺测量两者之间的最大间隙。数值精确到小数点后一位。

5.5 表面凹坑：用直尺配合深度尺进行检验，取所测各方位最大读数。数值精确到个位数。

5.6 安全载荷：辊棒的安全载荷试验方法按附录 A 规定进行。

6 检验规则

6.1 出厂检验

6.1.1 出厂检验按本标准 4.3～4.5 规定逐件检验。

6.1.2 制造商可按用户要求，出厂前对产品进行安全载荷试验。

6.2 型式检验

6.2.1 有下列情况之一者，应进行型式检验：

a) 产品试制定型或老产品转厂生产；

b) 正式生产后，如工艺有较大变动、原材料变更，可能影响产品性能时；

c) 正式生产时，每年一次；

d) 长期停产后，恢复生产；

e) 产品使用中发现明显质量问题；

f) 质量监督机构提出要求。

6.2.2 型式检验项目为本标准的 4.1、4.2。

6.2.3 检验批的确定

一炉或一个生产批产品为一检验批。

6.2.4 抽样及判定

抽样及判定按 GB/T 10325—2001 中 4.4 的规定进行。

7 标志、包装、运输和贮存

产品的标志、包装、运输和贮存按 GB/T 16546—1996 的规定执行。

附　录　A
（规范性附录）
辊棒安全载荷试验方法

本附录给出了反应烧结碳化硅辊棒的安全载荷试验方法及计算公式。

A.1　试验

A.1.1　辊棒安全载荷加载示意图。

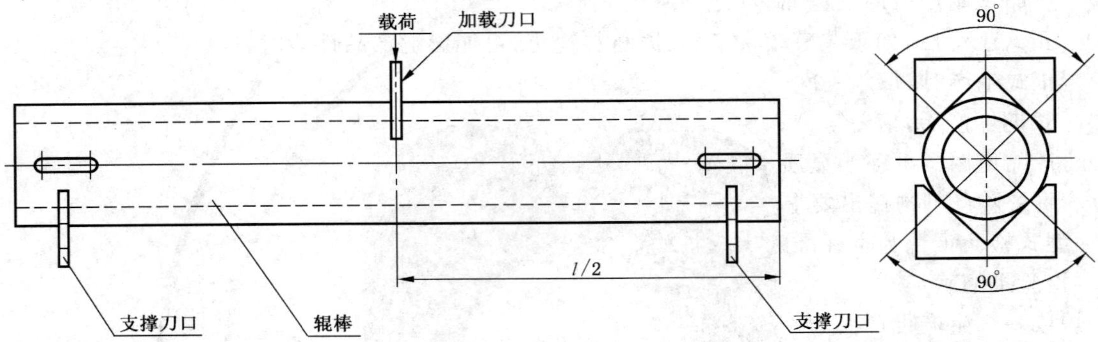

图 A.1　辊棒安全载荷加载示意图(集中力)

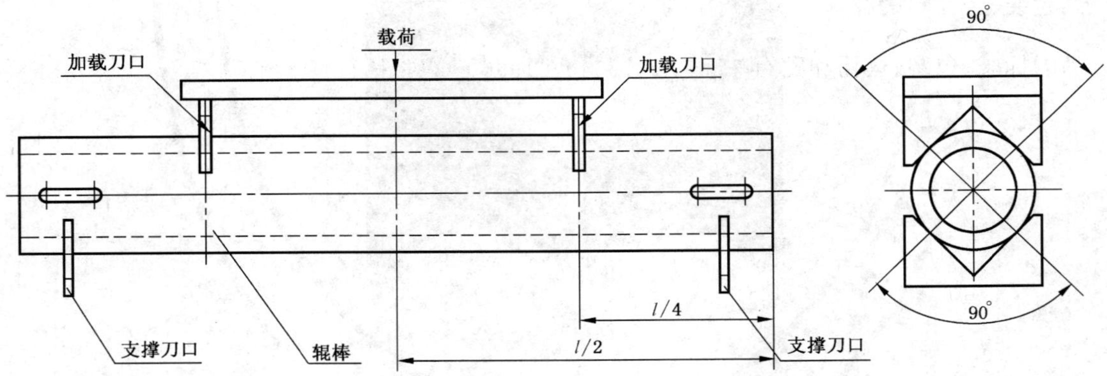

图 A.2　辊棒安全载荷加载示意图(均布力)

A.1.2　加载装置应能以恒定速率均匀加荷。

A.1.3　刀口厚度为 10 mm，刀口材料应保证在加载过程中不变形。

A.1.4　刀口中心线应与辊棒中心线相互垂直，支撑刀口与辊棒端面距离应小于 150 mm。

A.1.5　允许在刀口与辊棒间加垫厚度不大于 5 mm 的弹性材料垫片。

A.1.6　加载方法：取辊棒直径两端各做一次集中力试验，之后旋转 90°，再取直径两端各做一次均布力试验。

A.2　计算公式

A.2.1　集中力

辊棒安全载荷集中力计算公式：

$$P_b = \frac{\pi(D^4 - d^4)[\sigma]}{8Dl} \qquad \cdots\cdots\cdots\cdots\cdots\cdots\cdots\cdots\cdots\cdots (A.1)$$

式中：

P_b——辊棒安全载荷集中力，单位为牛(N)；

D——辊棒外径，单位为毫米(mm)；

d——辊棒内径，单位为毫米(mm)；

$[\sigma]$——安全许用应力，单位为兆帕(MPa)；

l——辊棒长度，单位为毫米(mm)。

A.2.2 均布力计算数值为集中力的2倍。

ICS 25.040.20
J 56

中华人民共和国国家标准

GB/T 21945—2008

数控扇形齿轮插齿机 精度检验

Numerical control sector gear shaping machines—Testing of the accuracy

2008-06-03 发布　　2009-01-01 实施

中华人民共和国国家质量监督检验检疫总局
中国国家标准化管理委员会 发布

前　言

本标准由中国机械工业联合会提出。

本标准由全国金属切削机床标准化技术委员会(SAC/TC 22)归口。

本标准起草单位:宜昌长机科技有限责任公司,天津第一机床总厂。

本标准主要起草人:朱旺全、程良范。

引　言

本标准的制定不仅可在全国范围内统一该类机床的精度要求和检验规范，为数控扇形齿轮插齿机成品精度检验与交付验收提供技术依据，而且可推动数控扇形齿轮插齿机产品的升级和技术进步，促进产品贸易与经济发展，有助于稳定提高该类产品的质量和增强产品的市场竞争力。

数控扇形齿轮插齿机　精度检验

1　范围

本标准规定了数控扇形齿轮插齿机(以下简称“机床”)的几何精度和工作精度检验的要求及方法。

本标准适用于最大工件直径至 200 mm 的数控扇形齿轮插齿机。

2　规范性引用文件

下列文件中的条款通过本标准的引用而成为本标准的条款。凡是注日期的引用文件,其随后所有的修改单(不包括勘误的内容)或修订版均不适用于本标准,然而,鼓励根据本标准达成协议的各方研究是否可使用这些文件的最新版本。凡是不注日期的引用文件,其最新版本适用于本标准。

GB/T 8170—1987　数字修约规则

GB/T 17421.1—1998　机床检验通则　第 1 部分:在无负荷或精加工条件下机床的几何精度(eqv ISO 230-1:1996)

GB/T 17421.2—2000　机床检验通则　第 2 部分:数控轴线的定位精度和重复定位精度的确定(eqv ISO 230-2:1997)

3　一般要求

3.1　使用本标准时应按 GB/T 17421.1—1998 和 GB/T 17421.2—2000。尤其是精度检验前的安装、主轴和其他部件空运转的升温、检验方法及检验工具的精度。

3.2　机床检验前,先将工作台(或立柱)置于行程的中间位置,再调整机床的安装水平。对于工作台倾斜的机床,工作台面应置于 0°位置后,再进行机床调平。水平仪放在工作台中间位置,在纵向和横向的读数均不超过 0.04/1 000。

3.3　当检验面为刮研面时,检验面与测头之间允许垫量块检验。

3.4　本标准所列出的精度检验项目顺序,并不表示实际检验次序。为了装拆检验工具和检验方便,可按任意的顺序进行检验。

3.5　检验机床时,根据结构特点并不是必须检验本标准中的所有项目。为了验收目的而要求检验时,可由用户取得制造厂同意选择一些感兴趣的检验项目,但这些检验项目必须在机床订货时明确提出。

3.6　当实测长度与本标准规定的长度不同时,公差应按 GB/T 17421.1—1998 中 2.3.1.1 的规定折算。折算结果小于 0.001 mm 时,仍按 0.001 mm 计。

3.7　公差计算结果的尾数按 GB/T 8170—1987 的规定修约,精确到 0.001 mm。

4 术语和轴线的命名

机床轴线、运动方向及术语按图1规定。

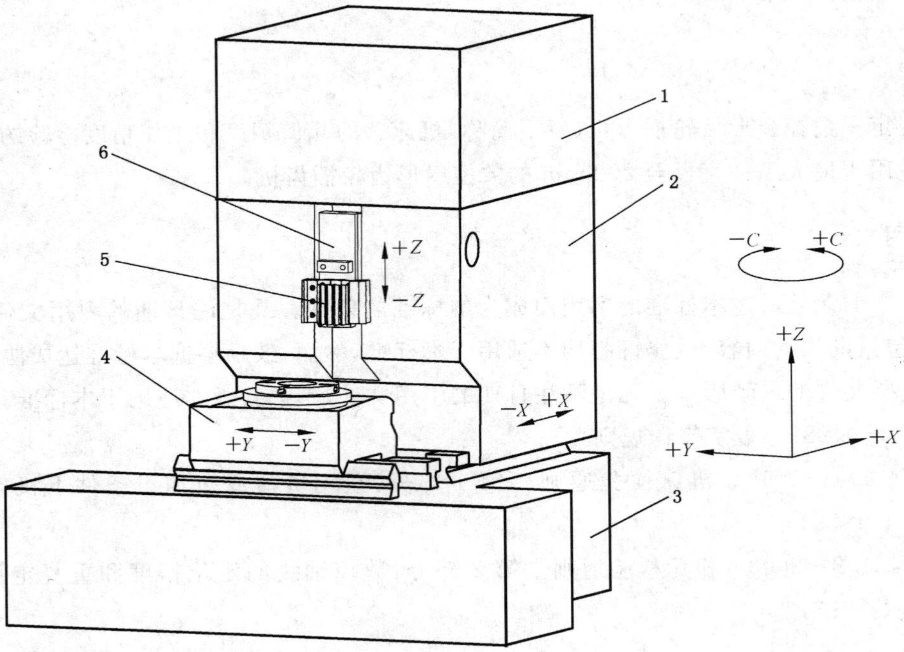

1——驱动箱(Driving headstock);
2——立柱(Column);
3——床身(Bed);
4——工作台(Work table);
5——梳齿刀(Rack type cutter);
6——刀架滑板(Hob slide)。

图1 机床运动方向

5 几何精度检验

序号	简图	检验项目	公差/mm	检验工具	检验方法按 GB/T 17421.1—1998 中
G1	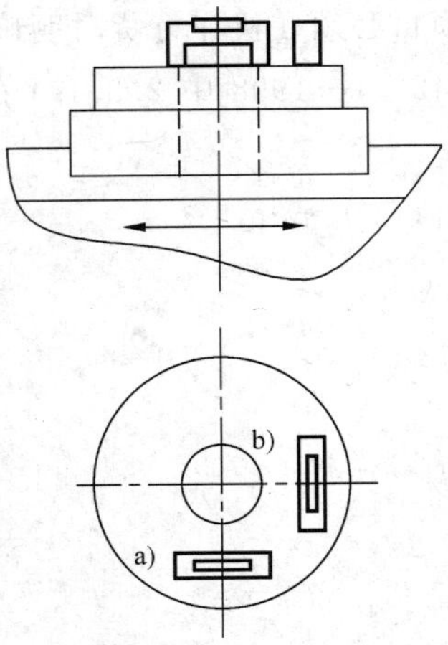	工作台Y向移动时的倾斜: a) 纵向; b) 横向	a)和b) 0.04/1 000	精密水平仪	5.2.3.2.2。 在工作台中间位置上放置两个水平仪:a) 纵向;b) 横向。移动工作台,在Y向(切向)移动的全行程上检验。 a)、b)误差分别计算,误差以水平仪读数的最大代数差值计

序号	简　　图	检验项目	公差/mm	检验工具	检验方法按 GB/T 17421.1—1998 中
G2	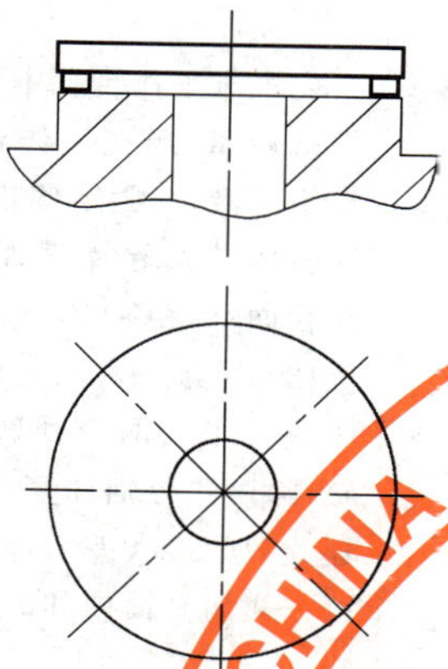	工作台面的径向直线度	0.012 （直或凹）	平尺、量块、塞尺	在工作台面上，沿简图规定的方向，放置两个等高的量块，量块上放一平尺。用量块和塞尺检验工作台面与平尺检验面间的距离。 各方向的误差分别计算。误差以距离的最大代数差值计
G3		工作台的轴向窜动	0.005	平测头指示器、球形检验棒	5.6.2.2。 在机床工作台孔中紧密插入一根球形检验棒（或在工作台上装一调整检验棒及钢球）。固定指示器，使其测头触及检验棒球形表面。旋转工作台检验。 在工作台两个回转方向测量，误差以指示器读数的最大差值计
G4	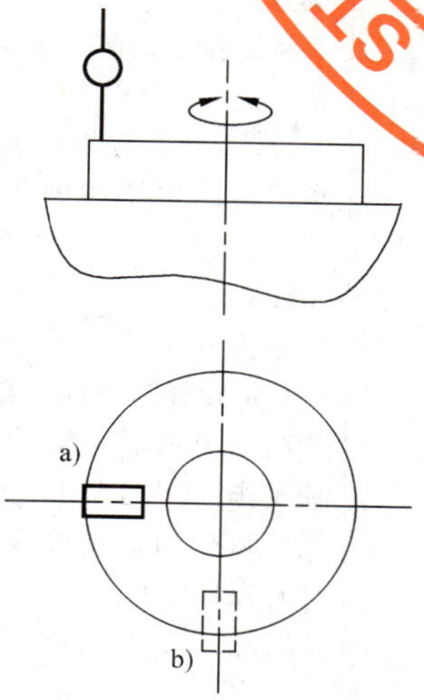	工作台面的端面跳动	0.010	指示器	5.6.3.2。 使指示器测头触及工作台面靠近最大可能的直径检验处，先后在间隔 90°的 a)、b)两点检验，旋转工作台检验。 在工作台两个回转方向测量，误差以指示器读数的最大差值计

序号	简　　图	检验项目	公差/mm	检验工具	检验方法按 GB/T 17421.1—1998 中
G5	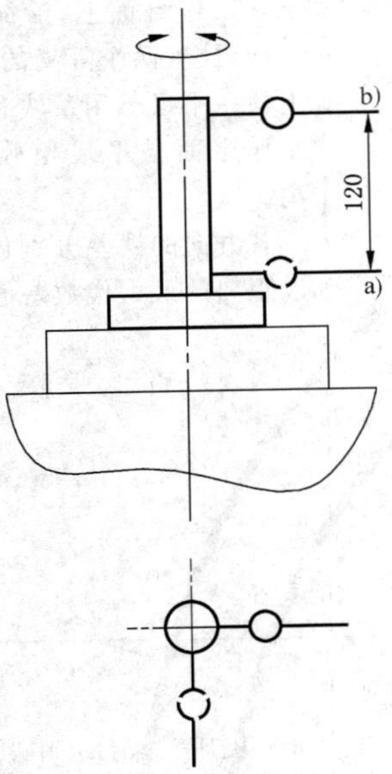	工作台回转轴线的径向跳动： a) 靠近工作台面； b) 距 a) 120 mm 处	a) 0.006; b) 0.008	指示器、检验棒	5.6.1.2。 在机床工作台孔中紧密插入一根检验棒(或在工作台上装一调整检验棒)。固定两指示器，使其测头触及检验棒表面：a)靠近工作台面；b)距 a)120 mm 处。旋转工作台检验。 在工作台两个回转方向测量，a)、b)误差分别计算，误差以指示器读数的最大差值计。 在横向平面内和纵向平面内检验
G6	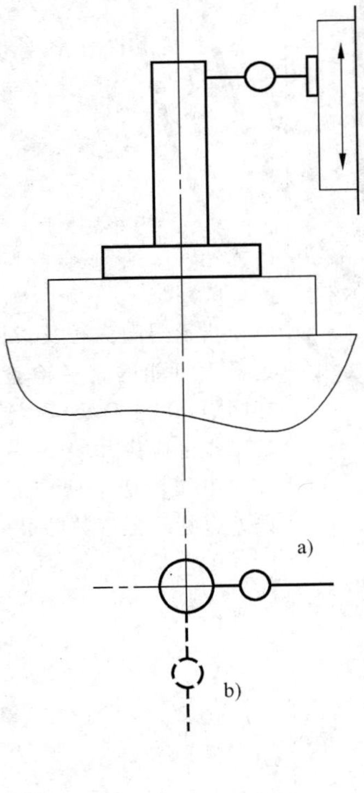	在 0° 切削角下，刀具滑板往复运动对工作台轴线的倾斜	a)、b) 0.010	指示器、检验棒	5.4.2.2。 在机床工作台孔中紧密插入一根检验棒(或在工作台上装一调整检验棒)。在刀具滑板上固定指示器，使其测头触及检验棒表面：a)在纵向平面内；b)在横向平面内。移动滑板在全部行程上检验。 将工作台旋转 180°，再同样检验一次。 a)、b)误差分别计算。误差以指示器两次读数的代数和之半计。 注： 检验本项时，工作台(或立柱)一般应在径向移动行程的两端和中间三个位置上检验。否则，除使工作台(或立柱)位于加工中等尺寸齿轮的位置检验本项外，还应补充检验 G7 项

序号	简　　图	检验项目	公差/mm	检验工具	检验方法按 GB/T 17421.1—1998 中
G7	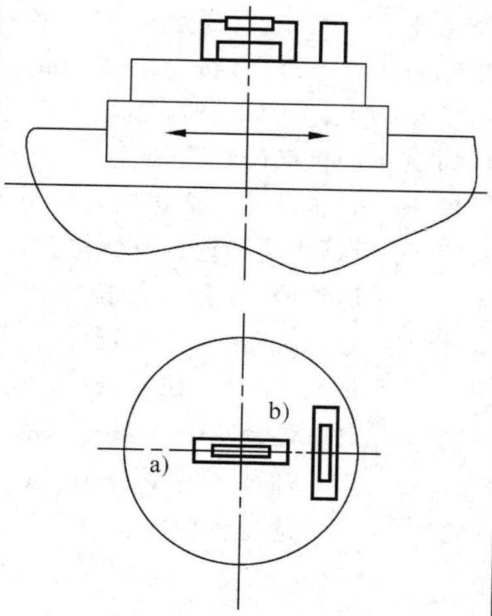	工作台或立柱 X 向(径向)移动时的倾斜: a) 纵向; b) 横向。 注: 当 G6 项检验是在工作台(或立柱)径向移动行程的两端和中间位置进行时,可不检验此项	a)和 b) 0.04/1 000	水平仪	5.2.1.2.1.1。 在工作台(或立柱)上放置两个水平仪:a) 纵向;b) 横向。移动工作台(或立柱),每隔 300 mm(或小于 300 mm)记录一次水平仪的读数。在工作台(或立柱)的全部行程上应至少记录三个读数。 工作台(或立柱)沿往返两个方向均应检验。 a)、b)误差分别计算。误差以水平仪读数的最大代数差值计
G8	刀具安装结构一 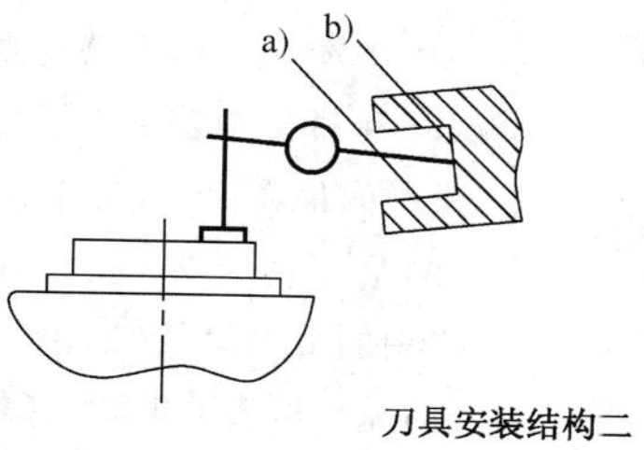 刀具安装结构二 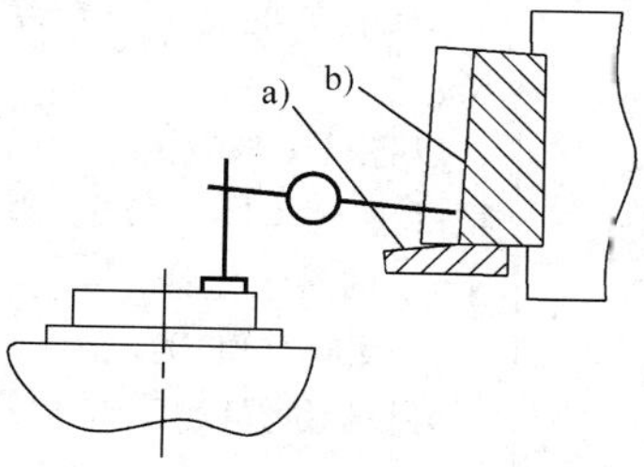 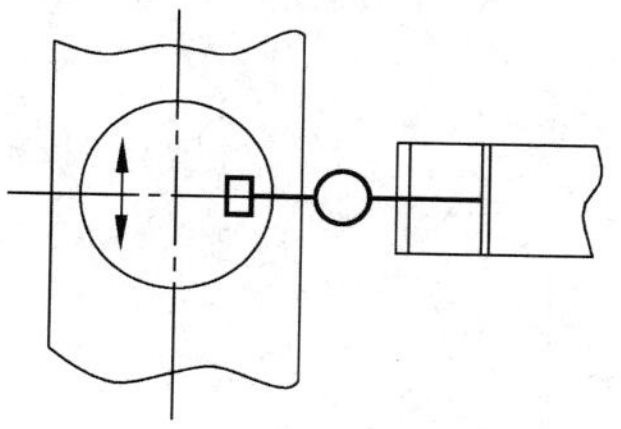	装刀基面对工作台 Y 向(切向)移动导轨的平行度	a)和 b) 0.008	指示器	指示器固定在工作台上,测头分别触及装刀面 a)和 b),Y 向(切向)移动工作台在装刀面的全长上检验。 a)、b)面的误差分别计算。误差以指示器读数的最大差值计

序号	简　　图	检验项目	公差/mm	检验工具	检验方法按 GB/T 17421.2—2000 中
G9	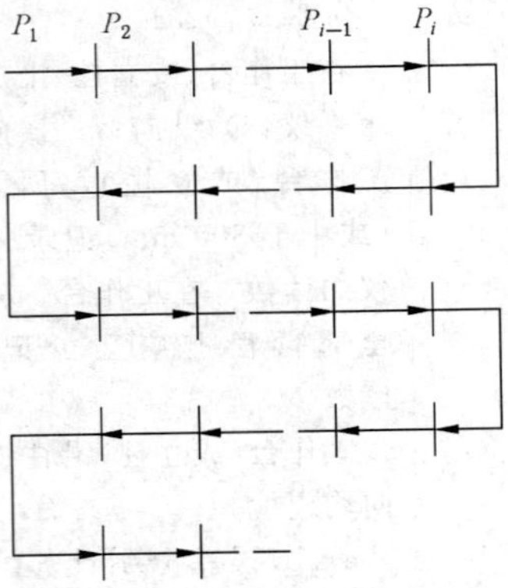 	工作台(或立柱)X向移动轴线的定位精度： a）单向定位精度$A\uparrow$或$A\downarrow$； b）单向重复定位精度$R\uparrow$或$R\downarrow$； c）反向差值B	a）$A\uparrow$或$A\downarrow$为0.020； b）$R\uparrow$或$R\downarrow$为0.012； c）B为0.010	激光干涉仪等或具有类似精度的其他测量系统(见GB/T 17421.1—1998)	工作台(或立柱)X向移动的轴线行程上，按每1 000 mm至少5个，全测量行程不少于5个均布的目标位置测量。 工作台(或立柱)从一个基准点，快速趋近各目标位置，而后快速返回，经各目标位置回到基准点，如此重复5次，测量任意目标位置P_i处的位置偏差： $X_{i1}\uparrow, X_{i2}\uparrow, \cdots\cdots, X_{i5}\uparrow$ $X_{i1}\downarrow, X_{i2}\downarrow, \cdots\cdots, X_{i5}\downarrow$ 平均位置偏差： $\overline{X_i}\uparrow=(X_{i1}\uparrow+X_{i2}\uparrow+\cdots\cdots X_{i5}\uparrow)/5$ $\overline{X_i}\downarrow=(X_{i1}\downarrow+X_{i2}\downarrow+\cdots\cdots X_{i5}\downarrow)/5$ 单向标准不确定度的估算值： $S_i\uparrow=\sqrt{\frac{1}{4}\sum_{j=1}^{5}(X_{ij}\uparrow-\overline{X_i}\uparrow)^2}$ $S_i\downarrow=\sqrt{\frac{1}{4}\sum_{j=1}^{5}(X_{ij}\downarrow-\overline{X_i}\downarrow)^2}$ a) 单向定位精度$A\uparrow$或$A\downarrow$： 以各目标位置的$(\overline{X_i}\uparrow+2S_i\uparrow)$中的最大值与$(\overline{X_i}\uparrow-2S_i\uparrow)$中的最小值之差或$(\overline{X_i}\downarrow+2S_i\downarrow)$中的最大值与$(\overline{X_i}\downarrow-2S_i\downarrow)$中的最小值之差的较大值计； b) 单向重复定位精度$R\uparrow$或$R\downarrow$： 以各目标位置的单向重复定位精度$R_i\uparrow(4S_i\uparrow)$或$R_i\downarrow(4S_i\downarrow)$中的最大值计； c) 反向差值$B$： 各目标位置以两个方向趋近某一位置的两单向平均位置偏差之差$(\overline{X_i}\uparrow-\overline{X_i}\downarrow)$中的最大绝对值计

序号	简　　图	检验项目	公差/mm	检验工具	检验方法按 GB/T 17421.2—2000 中
G10	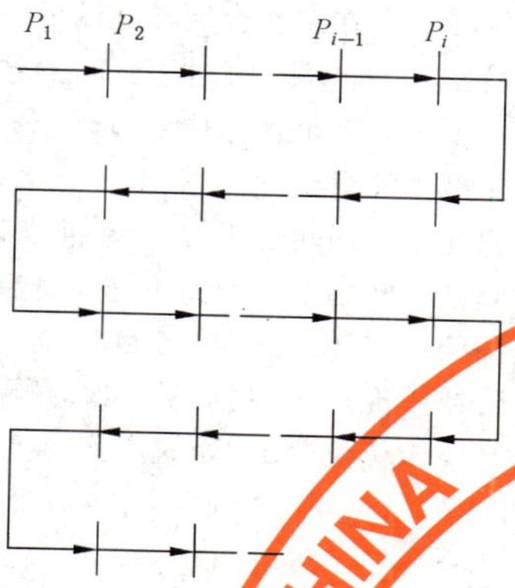 	工作台 Y 向移动轴线的定位精度： a）单向定位精度 $A\uparrow$ 或 $A\downarrow$； b）单向重复定位精度 $R\uparrow$ 或 $R\downarrow$； c）反向差值 B	a）$A\uparrow$ 或 $A\downarrow$ 为 0.020； b）$R\uparrow$ 或 $R\downarrow$ 为 0.012； c）B 为 0.010	激光干涉仪等或具有类似精度的其他测量系统(见 GB/T 17421.1—1998)	在工作台 Y 向移动的轴线行程上，按每 1 000 mm 至少 5 个，全测量行程不少于 5 个均布的目标位置测量。 工作台从一个基准点，快速趋近各目标位置，而后快速返回，经各目标位置回到基准点，如此重复 5 次，测量任意目标位置 P_i 处的位置偏差： $Y_{i1}\uparrow, Y_{i2}\uparrow, \cdots\cdots, Y_{i5}\uparrow$ $Y_{i1}\downarrow, Y_{i2}\downarrow, \cdots\cdots, Y_{i5}\downarrow$ 平均位置偏差： $\overline{Y_i}\uparrow=(Y_{i1}\uparrow+Y_{i2}\uparrow+\cdots\cdots Y_{i5}\uparrow)/5$ $\overline{Y_i}\downarrow=(Y_{i1}\downarrow+Y_{i2}\downarrow+\cdots\cdots Y_{i5}\downarrow)/5$ 单向标准不确定度的估算值： $S_i\uparrow=\sqrt{\frac{1}{4}\sum_{j=1}^{5}(Y_{ij}\uparrow-\overline{Y_i}\uparrow)^2}$ $S_i\downarrow=\sqrt{\frac{1}{4}\sum_{j=1}^{5}(Y_{ij}\downarrow-\overline{Y_i}\downarrow)^2}$ a）单向定位精度 $A\uparrow$ 或 $A\downarrow$： 以各目标位置的（$\overline{Y_i}\uparrow+2S_i\uparrow$）中的最大值与（$\overline{Y_i}\uparrow-2S_i\uparrow$）中的最小值之差或（$\overline{Y_i}\downarrow+2S_i\downarrow$）中的最大值与（$\overline{Y_i}\downarrow-2S_i\downarrow$）中的最小值之差的较大值计； b）单向重复定位精度 $R\uparrow$ 或 $R\downarrow$： 以各目标位置的单向重复定位精度 $R_i\uparrow$（$4S_i\uparrow$）或 $R_i\downarrow$（$4S_i\downarrow$）中的最大值计； c）反向差值 B： 各目标位置以两个方向趋近某一位置的两单向平均位置偏差之差（$\overline{Y_i}\uparrow-\overline{Y_i}\downarrow$）中的最大绝对值计

序号	简　图	检验项目	公差/(″)	检验工具	检验方法按 GB/T 17421.2—2000 中
G11	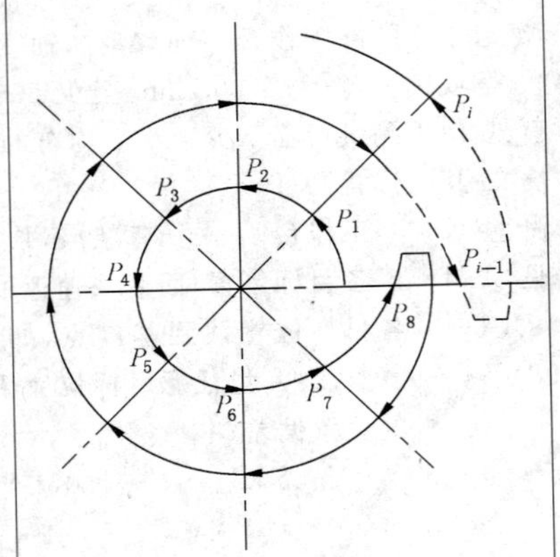	工作台回转运动轴线的定位精度及重复定位精度： a) 单向定位精度 $A\uparrow$ 或 $A\downarrow$； b) 单向重复定位精度 $R\uparrow$ 或 $R\downarrow$	a) $A\uparrow$ 或 $A\downarrow$ 为 28； b) $R\uparrow$ 或 $R\downarrow$ 为 14	多角棱镜(或精密多齿分度台)、自准直仪、激光角度干涉仪(或高级编码器)或具有类似精度的其他测量系统(见 GB/T 17421.1—1998)	在工作台回转运动的圆弧(周)上，(测量行程至 360°)选取不少于 8 个目标位置(均匀分布)进行测量。 回转运动从一基准点，快速旋转趋近各目标位置，而后又快速旋转返回，经各目标位置回到基准点，如此重复 8 次，测量任意目标位置 P_i 处的位置偏差： $C_{i1}\uparrow, C_{i2}\uparrow, \cdots\cdots, C_{i8}\uparrow$ $C_{i1}\downarrow, C_{i2}\downarrow, \cdots\cdots, C_{i8}\downarrow$ 平均位置偏差： $\overline{C_i}\uparrow=(C_{i1}\uparrow+C_{i2}\uparrow+\cdots\cdots C_{i8}\uparrow)/8$ $\overline{C_i}\downarrow=(C_{i1}\downarrow+C_{i2}\downarrow+\cdots\cdots C_{i8}\downarrow)/8$ 单向标准不确定度的估算值： $S_i\uparrow=\sqrt{\frac{1}{7}\sum_{j=1}^{8}(C_{ij}\uparrow-\overline{C_i}\uparrow)^2}$ $S_i\downarrow=\sqrt{\frac{1}{7}\sum_{j=1}^{8}(C_{ij}\downarrow-\overline{C_i}\downarrow)^2}$ a) 单向定位精度 $A\uparrow$ 或 $A\downarrow$： 以各目标位置($\overline{C_i}\uparrow+2S_i\uparrow$)中的最大值与($\overline{C_i}\uparrow-2S_i\uparrow$)中的最小值之差或($\overline{C_i}\downarrow+2S_i\downarrow$)中的最大值与($\overline{C_i}\downarrow-2S_i\downarrow$)中的最小值之差的较大值计； b) 单向重复定位精度 $R\uparrow$ 或 $R\downarrow$： 以各目标位置的单向重复定位精度 $R_i\uparrow(4S_i\uparrow)$ 或 $R_i\downarrow(4S_i\downarrow)$ 中的最大值计

6 工作精度检验

工作精度检验一般按下表的规定进行，用户有特殊要求时，应与制造厂在定货协议中确定出所有的细节。

序号	试切件尺寸和材料	检验性质	切削条件	检验项目	公差 (0.001 mm)	检验 工具	检验方法按 GB/T 17421.1 —1998 中
P1	1) 试件材料： 45 钢(正火) 2) 试件直径 d： $d=(0.5\sim0.75)D$ 3) 试件模数 m_n： $m_n\geqslant 2/3M$ 4) 试件假想齿数 Z： $Z=[2Z_w/(2n+1)]\pm(1\sim2)$ 实际齿扇齿数：5 5) 齿顶高系数：0.8 6) 试件宽度 b： $b\geqslant 0.5B$ 式中： D—机床最大工件直径； M—机床最大加工模数； Z_w—分度蜗轮齿数； n—自然数，1、2、3、4……； B—机床最大加工齿宽	精切	A 级梳齿刀： 试件装夹方式和切削规范由制造厂确定。 试件齿坯按设计规定	a) 大端公法线长度变动公差 F_w； b) 齿槽径向跳动公差 F_r； c) 螺旋线总偏差 F_β；(仅在切削角 $\lambda=0°$ 时检验此项) d) 齿面粗糙度 Ra	a) $1.22\sqrt{d}+19.4$； b) $0.48\,m_n+2\sqrt{d}+11.2$； c) $0.2\sqrt{d}+1.26\sqrt{b}+8.4$； d) 3.2 μm	齿轮测量仪、齿面粗糙度检查仪(或粗糙度样块)	

ICS 25.040.20
J 56

中华人民共和国国家标准

GB/T 21946—2008

数控剃齿机　精度检验

Numerical control gear shaving machines—Testing of the accuracy

2008-06-03 发布　　2009-01-01 实施

中华人民共和国国家质量监督检验检疫总局
中国国家标准化管理委员会　发布

前 言

本标准由中国机械工业联合会提出。

本标准由全国金属切削机床标准化技术委员会(SAC/TC 22)归口。

本标准起草单位:重庆机床(集团)有限责任公司、南京二机床有限责任公司。

本标准主要起草人:李毅、阎发治、李先广、张大鹏、余宏力、廖承渝、茅海霞。

引　言

随着近年来高新技术的发展，市场及用户对数控剃齿机提出了更高的要求，为满足其需要，进而推进数控机床产业化，提升国产数控剃齿机的精度水平，积极参与国际竞争，在JB/T 8485.2—1998基础上起草编制数控剃齿机精度检验国家标准是非常必要的。

本标准与其有关的配套标准共同构成数控剃齿机的产品标准，作为数控剃齿机设计、制造及验收质量保证的重要技术依据。

数控剃齿机　精度检验

1　范围

本标准规定了数控剃齿机(以下简称"机床")几何精度和工作精度检验的要求及方法。

本标准适用于最大工件直径 125 mm～500 mm 的数控剃齿机。

2　规范性引用文件

下列文件中的条款通过本标准的引用而成为本标准的条款。凡是注日期的引用文件,其随后所有的修改单(不包括勘误的内容)或修订版均不适用于本标准,然而,鼓励根据本标准达成协议的各方研究是否可使用这些文件的最新版本。凡是不注日期的引用文件,其最新版本适用于本标准。

GB/T 10095.1—2001　渐开线圆柱齿轮　精度　第1部分:轮齿同侧齿面偏差的定义和允许值(idt ISO 1328-1:1997)

GB/T 17421.1—1998　机床检验通则　第1部分:在无负荷或精加工条件下机床的几何精度(eqv ISO 230-1:1996)

GB/T 17421.2—2000　机床检验通则　第2部分:数控轴线的定位精度和重复定位精度的确定(eqv ISO 230-2:1997)

3　一般要求

3.1　使用本标准时应按 GB/T 17421.1 的规定进行,尤其是精度检验前的安装、主轴和其他部件空运转的升温、检验方法和检验工具的精度。

3.2　按 GB/T 17421.1—1998 中 3.1 调整机床安装水平,将工作台置于行程的中间位置,在工作台中央放置专用桥板,其上放置水平仪。水平仪在纵向及横向的读数均不应超过 0.04/1 000。

3.3　几何精度检验项目的顺序是按照机床部件排列的,并不表示实际检验顺序。检验时,一般可按装拆检验工具和检测方便,安排检验顺序。

3.4　检验机床时,根据结构特点并不是必须检验本标准中的所有项目。为了验收目的而要求检验时,可由用户取得制造厂同意选择一些感兴趣的检验项目,但这些检验项目必须在机床订货时明确提出。

3.5　当实测长度与本标准中的规定值不同时,则给定的公差值应按 GB/T 17421.1—1998 中 2.3.1.1 的规定折算,折算值小于 0.001 mm 时,仍按 0.001 mm 计。

4 几何精度检验

<table>
<tr><th>序号</th><th>简　　图</th><th>检验项目</th><th colspan="2">公差/mm</th><th>检验工具</th><th>检验方法
按 GB/T 17421.1—1998 中</th></tr>
<tr><td rowspan="4">G1</td><td rowspan="4">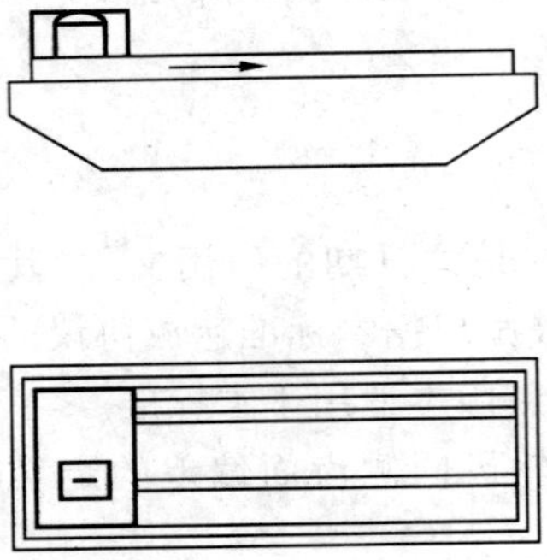</td><td rowspan="4">工作台导轨在垂直平面内的直线度(仅适用于工件纵向移动的机床)</td><td colspan="2">最大工件直径</td><td rowspan="4">专用桥板、精密水平仪</td><td rowspan="4">5.2.1.2.2.1。
将工作台置于行程的中间位置。
在工作台导轨上放置专用桥板，在桥板上与工作台导轨平行放一水平仪。等距离移动桥板检验。
将水平仪的读数依次排列，画出导轨的误差曲线。误差以曲线对其两端点连线间坐标值的最大代数差值计</td></tr>
<tr><td><200</td><td>≥200～500</td></tr>
<tr><td colspan="2">在全长上为</td></tr>
<tr><td>0.015</td><td>0.020</td></tr>
<tr><td rowspan="4">G2</td><td rowspan="4">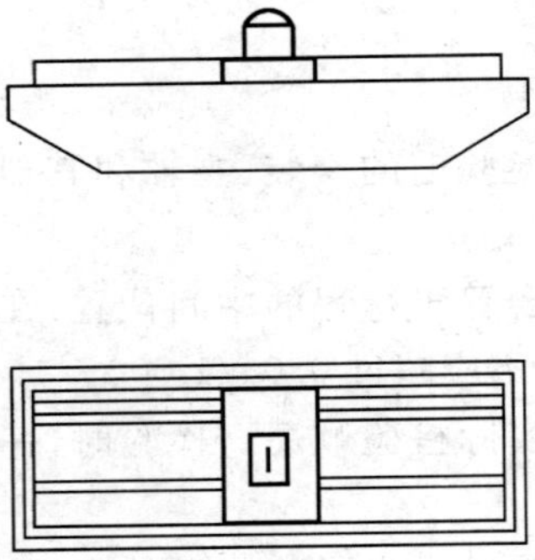</td><td rowspan="4">工作台导轨的平行度(仅适用于工件纵向移动的机床)</td><td colspan="2">最大工件直径</td><td rowspan="4">专用桥板、精密水平仪</td><td rowspan="4">5.4.1.2.7。
将工作台置于行程的中间位置。
在工作台导轨上放置专用桥板，在桥板上与工作台导轨垂直放一水平仪。移动桥板检验。在工作台导轨全长上至少记录 3 个读数。
误差以水平仪在全长上读数的最大代数差值计</td></tr>
<tr><td><200</td><td>≥200～500</td></tr>
<tr><td colspan="2">在全长上为</td></tr>
<tr><td>0.03/1000</td><td>0.04/1000</td></tr>
<tr><td rowspan="4">G3</td><td rowspan="4">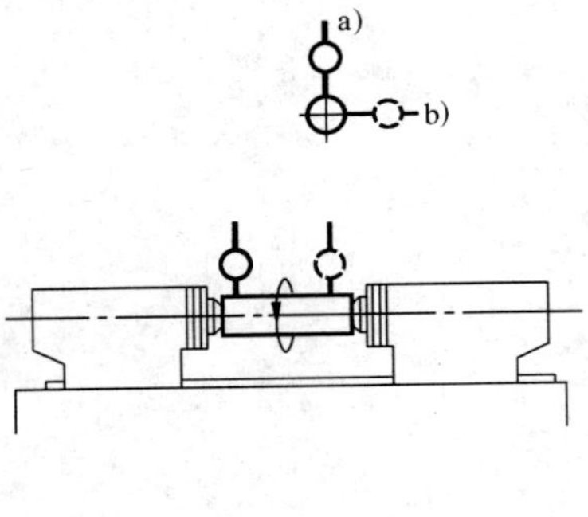</td><td rowspan="4">左右活动顶尖轴线的径向跳动：
a) 在垂直平面内；
b) 在水平面内</td><td colspan="2">最大工件直径</td><td rowspan="4">指示器、检验棒</td><td rowspan="4">5.6.1.2.2。
在左右活动顶尖间顶紧一根检验棒。固定指示器，使其测头触及检验棒上两端靠近顶尖的表面：a)在垂直平面内；b)在水平面内。旋转活动顶尖检验。
a)、b)误差分别计算。
误差以指示器读数的最大差值计</td></tr>
<tr><td><200</td><td>≥200～500</td></tr>
<tr><td colspan="2">a)及 b)</td></tr>
<tr><td>0.004</td><td>0.005</td></tr>
</table>

序号	简　　图	检验项目	公差/mm	检验工具	检验方法 按 GB/T 17421.1—1998 中
G4	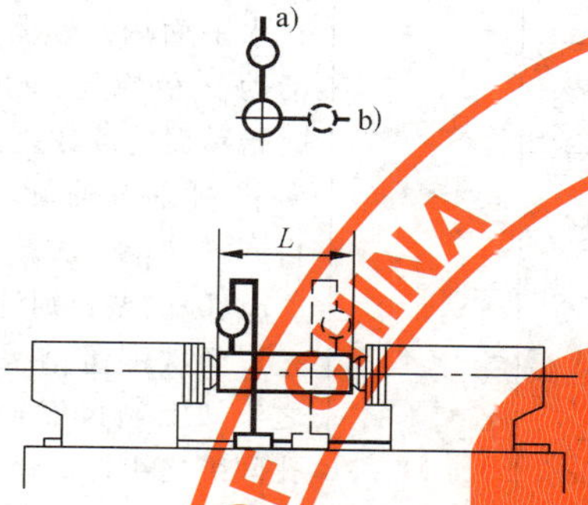	左右活动顶尖轴线对工作台(或床身台面)导轨的等距度： a) 在垂直平面内； b) 在水平面内	最大工件直径: <200 / ≥200～500 L: 200 / 300 a)及 b): 0.005 / 0.010	指示器、检验棒、专用表座	5.4.3.2； 5.4.1.2.4。 在左右活动顶尖间顶紧一根长度为 L 的检验棒，将专用表座放置在工作台(或床身台面)导轨上。固定指示器，使其测头触及检验棒表面：a)在垂直平面内；b)在水平面内。移动指示器座，在检验棒两端检验。 将检验棒旋转 180°，再同样检验一次。 a)、b)误差分别计算。误差以两次测量结果代数和之半计
G5	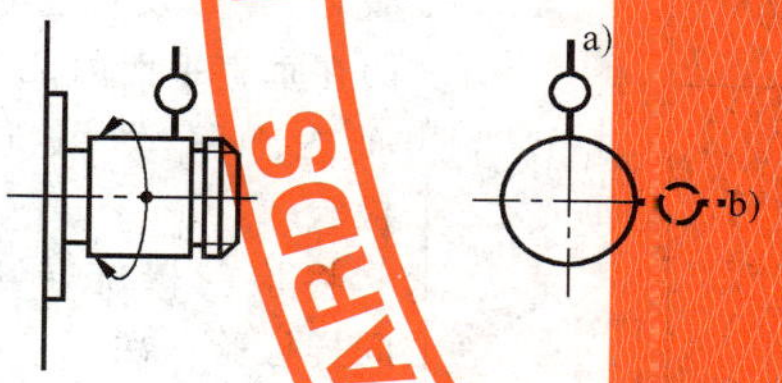	剃齿刀轴轴颈的径向跳动： a) 在垂直平面内； b) 在水平面内	最大工件直径: <200 / ≥200～500 a)及 b): 0.003 / 0.004	指示器	5.6.1.2.2。 固定指示器，使其测头触及剃齿刀轴表面：a)在垂直平面内；b)在水平面内。旋转剃齿刀轴检验。 a)、b)误差分别计算。 误差以指示器读数的最大差值计
G6	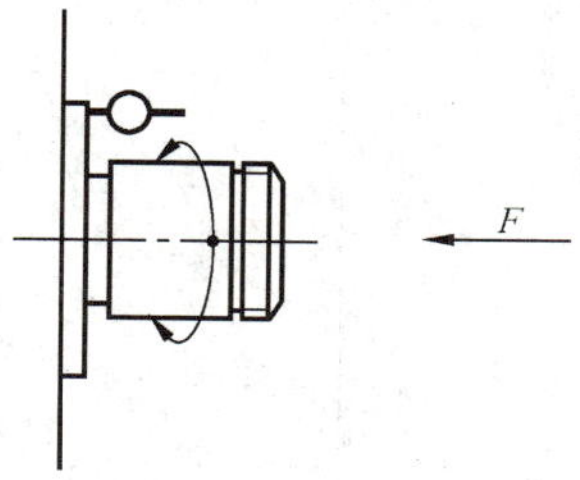	剃齿刀轴轴肩支承面的跳动	最大工件直径: <200 / ≥200～500 0.004 / 0.005	指示器	5.6.3.2。 固定指示器，使其测头触及剃齿刀轴轴肩支承面。旋转剃齿刀轴检验。 误差以指示器读数的最大差值计。 检验时，应通过剃齿刀轴轴线施加一个由制造厂规定的轴向力 F(对已消除轴向游隙的剃齿刀轴可不加力)

序号	简　图	检验项目	公差/mm	检验工具	检验方法 按 GB/T 17421.1—1998 中
G7	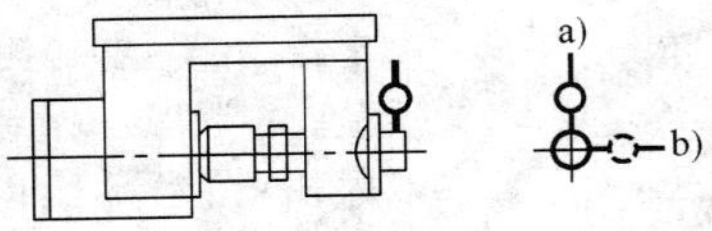	剃齿刀轴轴线对支承孔轴线的重合度(仅适用于有外支架结构的机床): a) 在垂直平面内; b) 在水平面内	最大工件直径 <200：0.006 ≥200～500：0.008 a)及 b)	指示器	5.4.4.2。 将活动支承套入剃齿刀轴,固定指示器,使其测头触及剃齿刀轴轴伸出部分表面:a)在垂直平面内;b)在水平面内。锁紧和松开活动支承检验,记录锁紧时指示器的读数差。 将剃齿刀轴旋转 180°,再同样检验一次。 a)、b)误差分别计算。误差以两次测量结果代数和之半加上剃齿刀轴与支承孔间隙之半计
G8	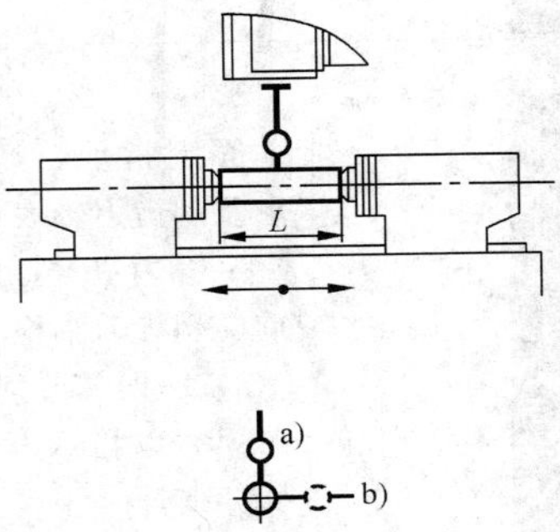图 G8-1 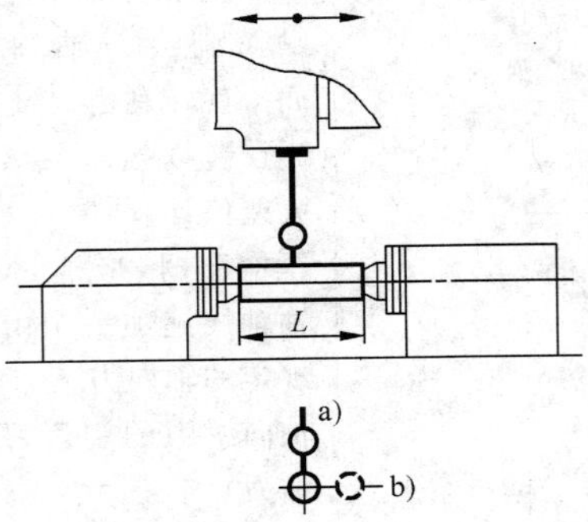图 G8-2	纵向滑板移动对左右顶尖轴线的平行度: a) 在垂直平面内; b) 在水平面内 (图 G8-1 仅适用于工件纵向移动的机床;图 G8-2 仅适用于刀具纵向移动的机床)	最大工件直径 <200：0.004 ≥200～500：0.005 在滑板全行程上 a)及 b)	指示器、检验棒	5.4.2.2.3。 将长度 L 为 120 mm、300 mm、500 mm 的检验棒先后顶在左右顶尖间。在刀架上固定指示器,使其测头处在刀架回转中心位置处,并触及检验棒表面:a)在垂直平面内;b)在水平面内。移动纵向滑板检验。 将检验棒旋转 180°,再同样检验一次。 a)、b)误差分别计算。误差以两次测量结果代数和之半计。 检验时所用检验棒根数应根据机床两顶尖最大距离确定

序号	简图	检验项目	公差/mm	检验工具	检验方法 按 GB/T 17421.1—1998 中
G9	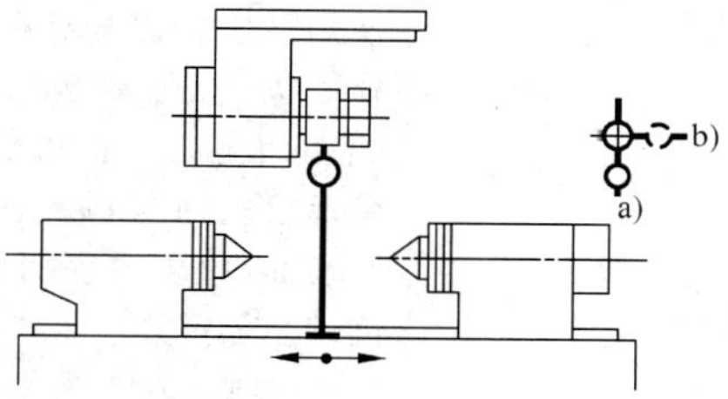 图 G9-1 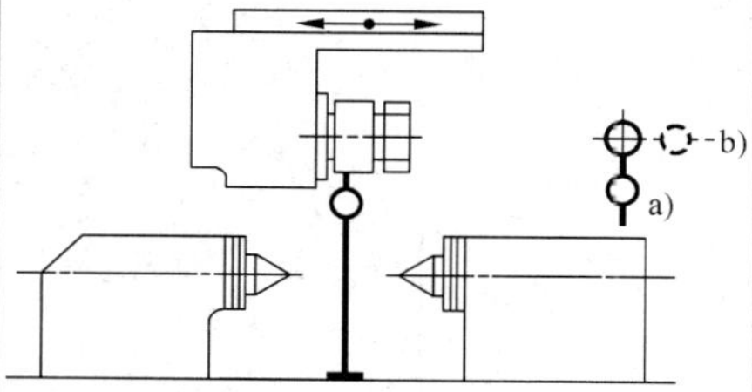 图 G9-2	纵向滑板移动对剃齿刀轴轴线的平行度： a) 在垂直平面内； b) 在水平面内 （图 G9-1 仅适用于工件纵向移动的机床；图 G9-2 仅适用于刀具纵向移动的机床）	最大工件直径 <200 | ≥200～500 在刀轴轴颈的全长上 a)及 b) 0.003 | 0.004	指示器（专用桥板）	5.4.2.2.3。 固定指示器，使其测头触及剃齿刀轴表面：a)在垂直平面内；b)在水平面内。移动纵向滑板检验（对于径向剃齿机，移动桥板检验）。 将剃齿刀轴回转 180°，再同样检验一次。 a)、b)误差分别计算。误差以两次测量结果代数和之半计
G10	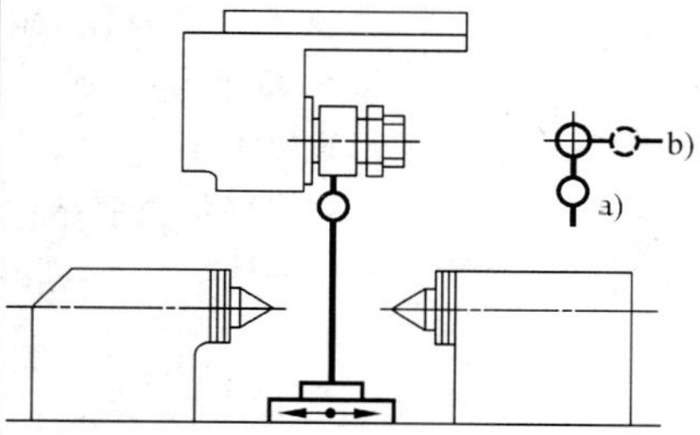 	剃齿刀轴轴线对床身台面导轨的平行度（仅适用于数控径向剃齿机）： a) 在垂直平面内； b) 在水平面内	最大工件直径 <200 | ≥200～500 在刀具轴颈的全长上 a)及 b) 0.003 | 0.004	指示器、专用桥板	5.4.2.2.3。 在床身台面上放置专用桥板，将指示器固定在桥板上，使其测头触及剃齿刀轴表面：a)在垂直平面内；b)在水平面内。移动桥板检验。 将剃齿刀轴回转 180°，再同样检验一次。 a)、b)误差分别计算。误差以两次测量结果代数和之半计

序号	简　图	检验项目	公差/mm	检验工具	检验方法 按 GB/T 17421.1—1998 中
G11	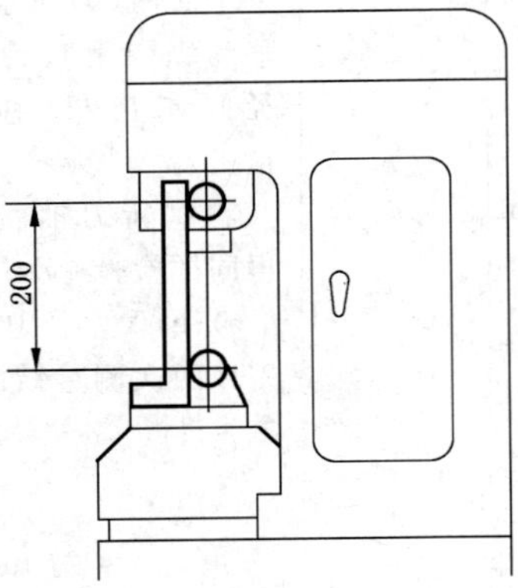 图 G11-1 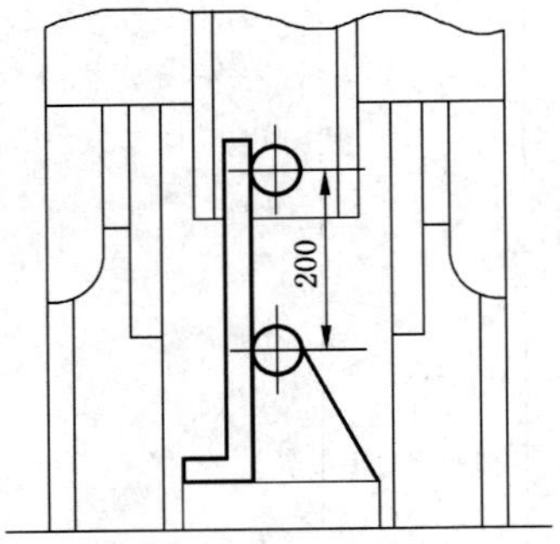 图 G11-2	剃齿刀轴轴线和左右活动顶尖轴线应在同一平面内(图 G11-1 仅适用于立柱正面布置型式的机床;图 G11-2 仅适用于立柱侧面布置型式的机床)	最大工件直径 <200：0.10 ≥200～500：0.15	指示器、塞尺、角尺、专用桥板	5.4.1.2.2。 在左右活动顶尖间顶紧一根直径等于剃齿刀轴轴颈的检验棒。在工作台导轨(或床身台面)上放置专用桥板,桥板上放置角尺,使角尺检验面紧靠在检验棒表面上(或剃齿刀轴轴颈表面上)。用塞尺测量角尺检验面与剃齿刀轴轴颈表面(检验棒表面)间的间隙。 误差以塞尺测得的数值计
G12	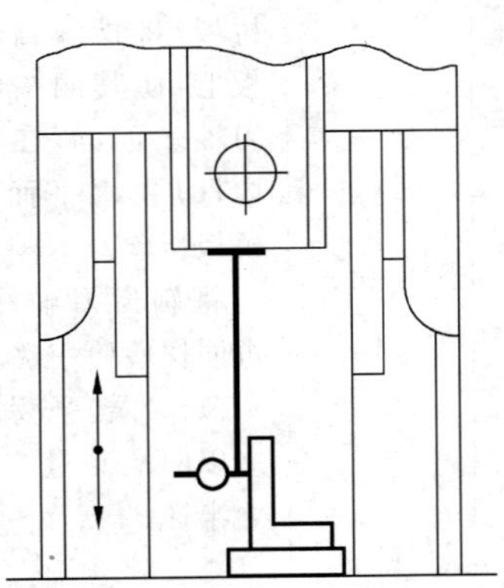	刀架滑板移动对工作台(或床身台面)导轨的垂直度	在 100 长度上为 0.050	指示器、角尺	5.5.1.2.2。 在工作台(或床身台面)上放置角尺,将指示器固定在滑板上,使其测头垂直触及角尺表面,移动滑板在其工作行程上进行检验。 误差以指示器读数的最大差值计

序号	简　　图	检验项目	公差/mm	检验工具	检验方法 按 GB/T 17421.1—1998 中
G13	 最大回转行程位置 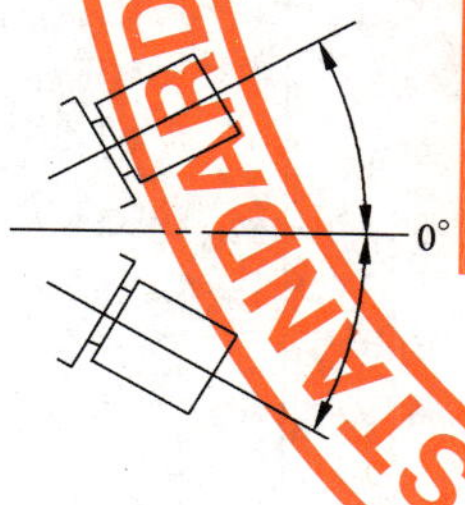 最大回转行程位置 L—刀轴端部至刀架回转中心的距离	剃齿刀架回转后刀轴轴线对工作台面的等距度	当 $L=100$ 时，为 0.010	专用桥板、平尺、指示器	5.4.3.2。 在工作台导轨上放置专用桥板，其上放置平尺，在平尺上固定指示器，使其测头触及剃刀轴颈的下母线。 将刀架分别旋转到刀架回转轴线最大行程的两个位置上，移动专用桥板和平尺检验。 误差以指示器读数的最大差值计

序号	简　图	检验项目	公差/mm	检验工具	检验方法 按 GB/T 17421.1—1998 中
G14	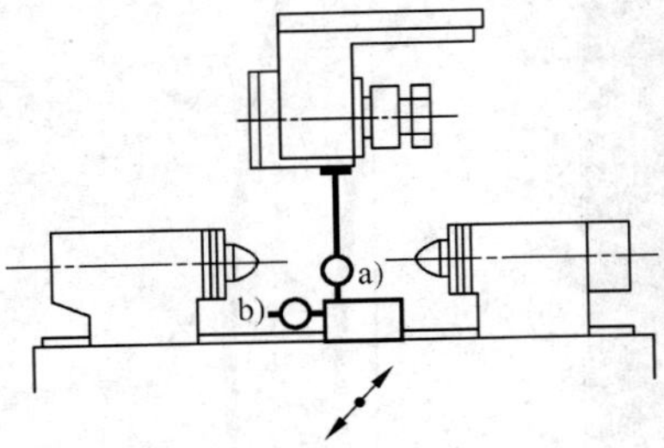 图 G14-1 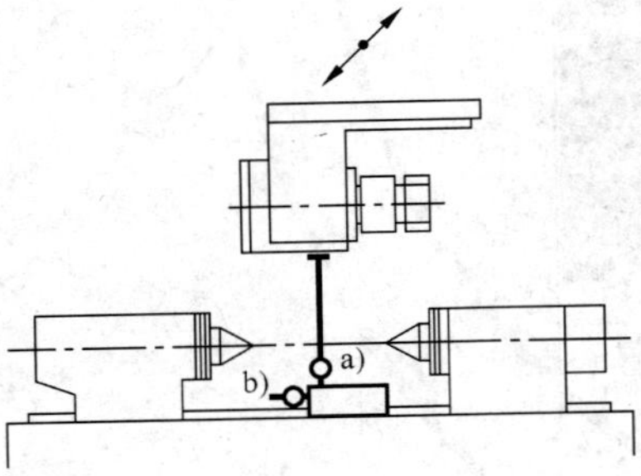 图 G14-2	工作台(或刀架)切向移动对剃齿刀架(或工作台)的平行度(仅适用于数控万能剃齿机)： a) 垂直平面内； b) 水平面内 (图 G14-1 仅适用于工作台切向移动的机床；图 G14-2 仅适用于刀架切向移动的机床)	在切向行程上 a)及 b)0.020	专用桥板、指示器	5.4.3.2。 在工作台导轨上放置专用桥板，在刀架上固定指示器，使其测头触及专用桥板： a) 在垂直平面内； b) 在水平面内。 切向移动工作台(或刀架)在全行程内检验。 误差以指示器读数的最大差值计

序号	简　　图	检验项目	公差/mm	检验工具	检验方法 按 GB/T 17421.2—2000 中
G15	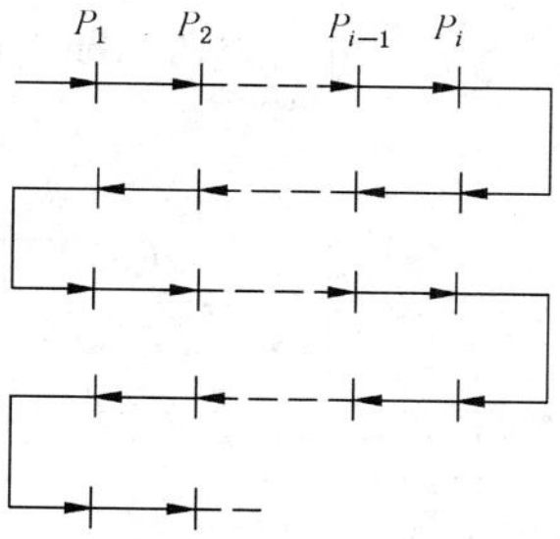	纵向滑板移动（X轴）轴线的定位精度： a）单向定位精度 $A\uparrow$ 或 $A\downarrow$； b）单向重复定位精度 $R\uparrow$ 或 $R\downarrow$	a）测量行程≤400，$A\uparrow$ 或 $A\downarrow$ 为 0.020；测量行程＞400，$A\uparrow$ 或 $A\downarrow$ 为 0.022。 b）测量行程≤400，$R\uparrow$ 或 $R\downarrow$ 为 0.010；测量行程＞400，$R\uparrow$ 或 $R\downarrow$ 为 0.012	激光干涉仪等或具有类似精度的其他测量系统（见 GB/T 17421.1—1998）	在纵向滑板纵向移动的轴线行程上，按每 1 000 mm 至少 5 个，全测量行程不少于 5 个均布的目标位置测量。 纵向滑板从一个基准点，快速趋近各目标位置，而后快速返回，经各目标位置回到基准点，如此重复 5 次，测量任意目标位置 P_i 处的位置偏差： $X_{i1}\uparrow, X_{i2}\uparrow, \cdots\cdots, X_{i5}\uparrow$ $X_{i1}\downarrow, X_{i2}\downarrow, \cdots\cdots, X_{i5}\downarrow$ 平均位置偏差： $\overline{X}_i\uparrow=(X_{i1}\uparrow+X_{i2}\uparrow+\cdots\cdots X_{i5}\uparrow)/5$ $\overline{X}_i\downarrow=(X_{i1}\downarrow+X_{i2}\downarrow+\cdots\cdots X_{i5}\downarrow)/5$ 单向标准不确定度的估算值： $S_i\uparrow=\sqrt{\frac{1}{4}\sum_{j=1}^{5}(X_{ij}\uparrow-\overline{X}_i\uparrow)^2}$ $S_i\downarrow=\sqrt{\frac{1}{4}\sum_{j=1}^{5}(X_{ij}\downarrow-\overline{X}_i\downarrow)^2}$ a）单向定位精度 $A\uparrow$ 或 $A\downarrow$： 以各目标位置的 $(\overline{X}_i\uparrow+2S_i\uparrow)$ 中的最大值与 $(\overline{X}_i\uparrow-2S_i\uparrow)$ 中的最小值之差或 $(\overline{X}_i\downarrow+2S_i\downarrow)$ 中的最大值与 $(\overline{X}_i\downarrow-2S_i\downarrow)$ 中的最小值之差的较大值计； b）单向重复定位精度 $R\uparrow$ 或 $R\downarrow$： 以各目标位置的单向重复定位精度 $R_i\uparrow(4S_i\uparrow)$ 或 $R_i\downarrow(4S_i\downarrow)$ 中的最大值计
注：纵向进给轴线为非数控轴的机床不作此项检验。					

序号	简　　图	检验项目	公差/mm	检验工具	检验方法 按 GB/T 17421.2—2000 中
G16	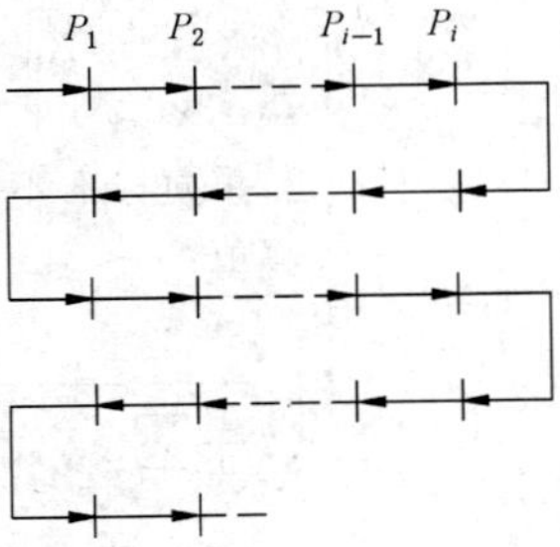	垂直滑板径向移动（Z 轴）轴线的定位精度： a）单向定位精度 $A\uparrow$ 或 $A\downarrow$； b）单向重复定位精度 $R\uparrow$ 或 $R\downarrow$	a）测量行程≤400，$A\uparrow$ 或 $A\downarrow$ 为 0.015；测量行程＞400，$A\uparrow$ 或 $A\downarrow$ 为 0.020。 b）测量行程≤400，$R\uparrow$ 或 $R\downarrow$ 为 0.008；测量行程＞400，$R\uparrow$ 或 $R\downarrow$ 为 0.010	激光干涉仪等或具有类似精度的其他测量系统(见 GB/T 17421.1—1998)	在垂直滑板径向移动的轴线行程上，按每 1 000 mm 至少 5 个，全测量行程不少于 5 个均布的目标位置测量。 垂直滑板从一个基准点，快速趋近各目标位置，而后快速返回各目标位置回到基准点，如此重复 5 次，测量任意目标位置 P_i 处的位置偏差： $Z_{i1}\uparrow, Z_{i2}\uparrow, \cdots\cdots, Z_{i5}\uparrow$ $Z_{i1}\downarrow, Z_{i2}\downarrow, \cdots\cdots, Z_{i5}\downarrow$ 平均位置偏差： $\overline{Z}_i\uparrow=(Z_{i1}\uparrow+Z_{i2}\uparrow+\cdots\cdots Z_{i5}\uparrow)/5$ $\overline{Z}_i\downarrow=(Z_{i1}\downarrow+Z_{i2}\downarrow+\cdots\cdots Z_{i5}\downarrow)/5$ 单向标准不确定度的估算值： $S_i\uparrow=\sqrt{\frac{1}{4}\sum_{j=1}^{5}(Z_{ij}\uparrow-\overline{Z}_i\uparrow)^2}$ $S_i\downarrow=\sqrt{\frac{1}{4}\sum_{j=1}^{5}(Z_{ij}\downarrow-\overline{Z}_i\downarrow)^2}$ a）单向定位精度 $A\uparrow$ 或 $A\downarrow$： 以各目标位置的($\overline{Z_i}\uparrow+2S_i\uparrow$)中的最大值与($\overline{Z_i}\uparrow-2S_i\uparrow$)中的最小值之差或($\overline{Z_i}\downarrow+2S_i\downarrow$)中的最大值与($\overline{Z_i}\downarrow-2S_i\downarrow$)中的最小值之差的较大值计； b）单向重复定位精度 $R\uparrow$ 或 $R\downarrow$： 以各目标位置的单向重复定位精度 $R_i\uparrow$（$4S_i\uparrow$）或 $R_i\downarrow$（$4S_i\downarrow$）中的最大值计
注：径向进给轴线为非数控轴的机床不作此项检验。					

序号	简　　图	检验项目	公差/mm	检验工具	检验方法 按 GB/T 17421.2—2000 中
G17		切向滑板切向移动（Y 轴）轴线的定位精度： a）单向定位精度 $A\uparrow$ 或 $A\downarrow$； b）单向重复定位精度 $R\uparrow$ 或 $R\downarrow$	a）$A\uparrow$ 或 $A\downarrow$ 为 0.020。 b）$R\uparrow$ 或 $R\downarrow$ 为 0.010	激光干涉仪等或具有类似精度的其他测量系统（见 GB/T 17421.1—1998）	在切向滑板切向移动轴线的测量行程上，对 5 个均布的目标位置进行测量。 切向滑板从一个基准点，沿切向轴线移动，快速趋近各目标位置，而后快速返回，经各目标位置回到基准点，如此重复 5 次，测量任意目标位置 P_i 处的位置偏差： $Y_{i1}\uparrow, Y_{i2}\uparrow, \cdots\cdots, Y_{i5}\uparrow$ $Y_{i1}\downarrow, Y_{i2}\downarrow, \cdots\cdots, Y_{i5}\downarrow$ 平均位置偏差： $\overline{Y}_i\uparrow=(Y_{i1}\uparrow+Y_{i2}\uparrow+\cdots\cdots Y_{i5}\uparrow)/5$ $\overline{Y}_i\downarrow=(Y_{i1}\downarrow+Y_{i2}\downarrow+\cdots\cdots Y_{i5}\downarrow)/5$ 单向标准不确定度的估算值： $S_i\uparrow=\sqrt{\frac{1}{4}\sum_{j=1}^{5}(Y_{ij}\uparrow-\overline{Y}_i\uparrow)^2}$ $S_i\downarrow=\sqrt{\frac{1}{4}\sum_{j=1}^{5}(Y_{ij}\downarrow-\overline{Y}_i\downarrow)^2}$ a）单向定位精度 $A\uparrow$ 或 $A\downarrow$： 以各目标位置的（$\overline{Y}_i\uparrow+2S_i\uparrow$）中的最大值与（$\overline{Y}_i\uparrow-2S_i\uparrow$）中的最小值之差或（$\overline{Y}_i\downarrow+2S_i\downarrow$）中的最大值与（$\overline{Y}_i\downarrow-2S_i\downarrow$）中的最小值之差的较大值计； b）单向重复定位精度 $R\uparrow$ 或 $R\downarrow$： 以各目标位置的单向重复定位精度 $R_i\uparrow$（$4S_i\uparrow$）或 $R_i\downarrow$（$4S_i\downarrow$）中的最大值计

注：切向进给轴线为非数控轴的机床不作此项检验。

序号	简　　图	检验项目	公差/(″)	检验工具	检验方法 按 GB/T 17421.2—2000 中
G18	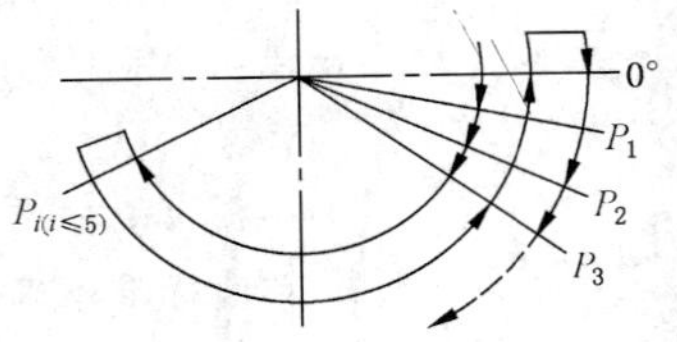 顺时针旋转趋近示意图 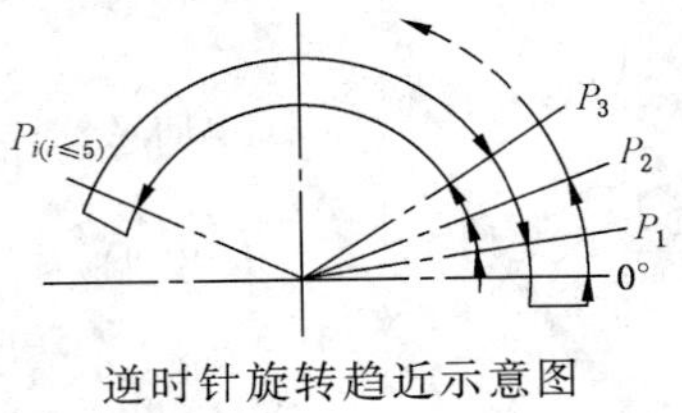 逆时针旋转趋近示意图	刀架回转运动轴线的定位精度： a）单向定位精度 $A\uparrow$ 或 $A\downarrow$； b）单向重复定位精度 $R\uparrow$ 或 $R\downarrow$	a）测量范围 $<\pm 20°$，$A\uparrow$ 或 $A\downarrow$ 为 26；测量范围 $\geqslant \pm 20°$，$A\uparrow$ 或 $A\downarrow$ 为 32。 b）测量范围 $<\pm 20°$，$R\uparrow$ 或 $R\downarrow$ 为 13；测量范围 $\geqslant \pm 20°$，$R\uparrow$ 或 $R\downarrow$ 为 16	多面棱体及自准直仪或精密多齿分度台及激光角度干涉仪（或高级编码器）或具有类似精度的其他测量系统（见 GB/T 17421.1—1998）	在刀架回转运动的圆弧（周）上，当测量范围 $\leqslant \pm 30°$ 或 $\leqslant \pm 45°$ 时，选取 3 个目标位置数测量（只有当测量行程 $> \pm 45°$ 时，才选取 5 个目标位置数测量）。 回转运动从以垂直方向为 0°的基准点，分别按顺时针及逆时针方向（共两遍）快速旋转趋近各目标位置，而后又快速旋转返回，经各目标位置回到基准点，如此重复 5 次，测量任意目标位置 P_i 处的位置偏差： $C_{i1}\uparrow, C_{i2}\uparrow, \cdots\cdots, C_{i5}\uparrow$ $C_{i1}\downarrow, C_{i2}\downarrow, \cdots\cdots, C_{i5}\downarrow$ 平均位置偏差： $\overline{C_i}\uparrow = (C_{i1}\uparrow + C_{i2}\uparrow + \cdots\cdots C_{i5}\uparrow)/5$ $\overline{C_i}\downarrow = (C_{i1}\downarrow + C_{i2}\downarrow + \cdots\cdots C_{i5}\downarrow)/5$ 单向标准不确定度的估算值： $S_i\uparrow = \sqrt{\frac{1}{4}\sum_{j=1}^{5}(C_{ij}\downarrow - \overline{C}_i\uparrow)^2}$ $S_i\downarrow = \sqrt{\frac{1}{4}\sum_{j=1}^{5}(C_{ij}\downarrow - \overline{C}_i\downarrow)^2}$ a）单向定位精度 $A\uparrow$ 或 $A\downarrow$： 以顺时针及逆时针旋转趋近（见示意图）的各目标位置 $(\overline{C_i}\uparrow + 2S_i\uparrow)$ 中的最大值与 $(\overline{C_i}\uparrow - 2S_i\uparrow)$ 中的最小值之差或 $(\overline{C_i}\downarrow + 2S_i\downarrow)$ 中的最大值与 $(\overline{C_i}\downarrow - 2S_i\downarrow)$ 中的最小值之差的较大值计； b）单向重复定位精度 $R\uparrow$ 或 $R\downarrow$： 以顺时针及逆时针旋转趋近的各目标位置的单向重复定位精度 $R_i\uparrow(4S_i\uparrow)$ 或 $R_i\downarrow(4S_i\downarrow)$ 中的最大值计

注：刀架回转运动轴线为非数控轴的机床不作此项检验。

5 工作精度检验

序号	试件参数	检验性质	切削条件	检验项目	公差	检验工具	检验方法 按 GB/T 17421.1—1998 中
P1	在机床上剃削一个7级精度(或7级以下精度)的直齿圆柱齿轮试件: 材料:中碳钢(正火) $d_p=(0.5\sim1)d$; $m_p=(0.5\sim1)m$ 式中: d—最大工件直径,mm; d_p—试件直径,mm; m—最大模数,mm; m_p—试件模数,mm	精剃	用A级剃齿刀精剃直齿圆柱齿轮,切削规范由制造厂确定	a) 单个齿距偏差 f_{pt}; b) 齿面粗糙度 Ra	a) f_{pt} 偏差值应比剃前减少30%; b) Ra 最大允许值为 0.8 μm	a) 齿轮测量仪; b) 齿面粗糙度检查仪(或粗糙度样块)	a) 在机床上精剃齿轮后,按 GB/T 10095.1—2001 的规定,用齿轮测量仪进行检验; 在端平面上,在接近齿高中部的一个与齿轮轴线同心的圆上,实际齿距与理论齿距的代数差; b) 用齿面粗糙度检查仪(或粗糙度样块),对两齿廓面进行检验。检验不应少于4个齿,每齿相隔应均匀

ICS 25.040.20
J 56

中华人民共和国国家标准

GB/T 21947—2008

数控异型螺杆铣床　精度检验

Numerically milling machines for special screws—Testing of the accuracy

2008-06-03 发布　　2009-01-01 实施

中华人民共和国国家质量监督检验检疫总局
中国国家标准化管理委员会　发布

前　　言

本标准由中国机械工业联合会提出。

本标准由全国金属切削机床标准化技术委员会(SAC/TC 22)归口。

本标准起草单位:青海第二机床制造有限责任公司。

本标准主要起草人:郭林、高军、张振浩、颜芳。

引　言

本标准的制定不仅可在全国范围内统一该类机床的精度要求和检验规范，为数控异型螺杆铣床成品精度检验与交付验收提供技术依据，而且可推动异型螺杆铣床产品的升级和技术进步，促进产品贸易与经济发展，并有助于稳定提高该类产品的质量和增强产品的市场竞争力。

数控异型螺杆铣床　精度检验

1　范围

本标准规定了数控异型螺杆铣床(以下简称“机床”)的几何精度和工作精度检验的要求及方法。

本标准适用于最大铣削直径至400 mm的数控异型螺杆铣床。

2　规范性引用文件

下列文件中的条款通过本标准的引用而成为本标准的条款。凡是注日期的引用文件,其随后所有的修改单(不包括勘误的内容)或修订版均不适用于本标准,然而,鼓励根据本标准达成协议的各方研究是否可使用这些文件的最新版本。凡是不注日期的引用文件,其最新版本适用于本标准。

GB/T 17421.1—1998　机床检验通则　第1部分:在无负荷或精加工条件下机床的几何精度(eqv ISO 230-1:1996)

GB/T 17421.2—2000　机床检验通则　第2部分:数控轴线的定位精度和重复定位精度的确定(eqv ISO 230-2:1997)

3　一般要求

3.1　使用本标准时应按GB/T 17421.1—1998和GB/T 17421.2—2000。

3.2　按GB/T 17421.1—1998中3.1调整安装水平,将溜板置于导轨的中间位置,机床导轨两端(或通过专用桥板)放置水平仪,水平仪在平行于床身导轨和垂直于床身导轨两个方向的读数均不应超过0.04/1 000。

3.3　几何精度检验项目的顺序是按照机床部件排列的,并不表示实际检验顺序。检验时,一般可按装拆检验工具和检验方便、热检项目的要求安排实际检验顺序。

3.4　检验机床时,根据结构特点并不是必须检验本部分中的所有项目。为了验收目的而要求检验时,可由用户取得制造厂同意选择一些感兴趣的检验项目,但这些检验项目必须在机床订货时明确提出。

3.5　工作精度检验时,试件的检验应在精铣后进行。

3.6　当实测长度与本标准规定的长度不同时,允差应按GB/T 17421.1—1998中2.3.1.1的规定按能够测量的长度折算,折算结果小于0.005 mm时,仍按0.005 mm计。

4 几何精度检验

序号	简图	检验项目	允差/mm	检验工具	检验方法按GB/T 17421.1—1998中
G1	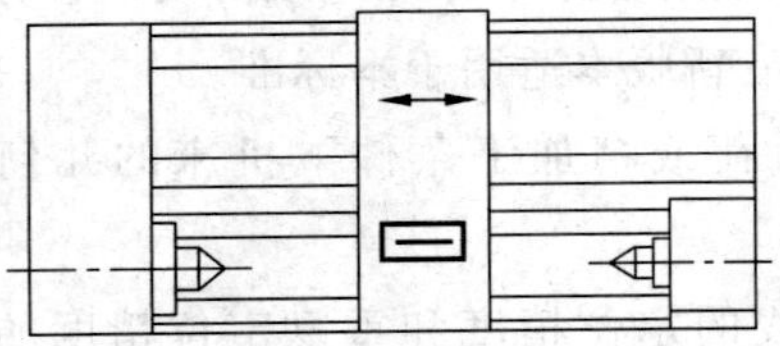	床身导轨在垂直平面内的直线度	1 000<L≤2 000：0.020； 2 000<L≤3 000：0.025； 3 000<L≤5 000：0.030； L>5 000： 每增加1 000，允差值增加0.01（只许凸）。 局部允差： L≤3 000，在任意500测量长度上为0.012； L>3 000，在任意1 000测量长度上为0.02。 L—溜板的最大行程长度	水平仪	5.2.1.2.2.1 在溜板上与床身导轨平行放置水平仪，等距离（近似等于规定的局部误差的测量长度）移动溜板检验。在全行程上至少记录三个读数。将水平仪读数依次排列，画出误差曲线。 误差以曲线对其两端点连线间坐标值的最大代数差值计；局部误差以任意局部测量长度上两点对曲线两端点连线间坐标值的最大代数差值计
G2	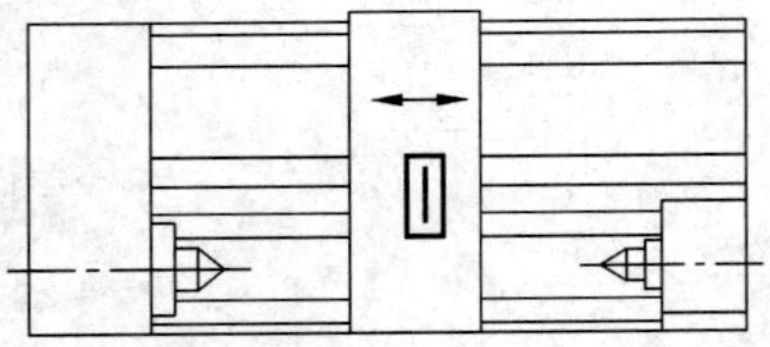	床身导轨的平行度	1 000<L≤2 000：0.020/1 000； 2 000<L≤3 000：0.030/1 000； 3 000<L≤5 000：0.040/1 000； L>5 000： 每增加1 000，允差值增加0.005/1 000。 局部允差： 在任意1 000测量长度上为0.020/1 000。 L—溜板的最大行程长度	水平仪	5.4.1.2.7 在溜板上与床身导轨垂直放置水平仪，等距离移动溜板检验（移动距离同G1）。 误差以水平仪读数的最大代数差值计

序号	简　图	检验项目	允差/mm	检验工具	检验方法按 GB/T 17421.1—1998 中
G3	1) 2) 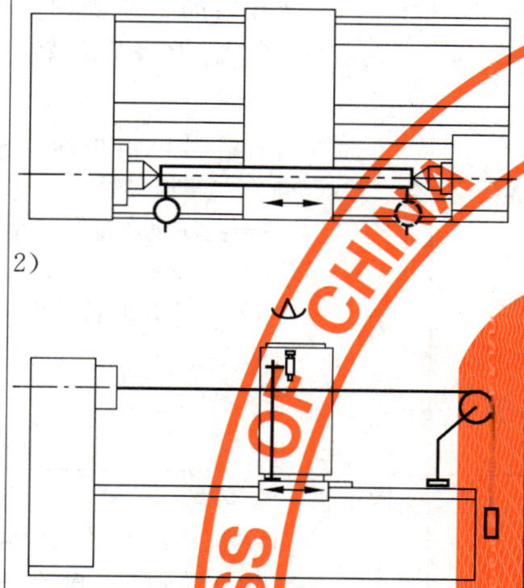	溜板移动在水平面内的直线度	1 000＜L≤2 000：0.020； 2 000＜L≤3 000：0.035； 3 000＜L≤5 000：0.045； L＞5 000：每增加 1 000，允差值增加 0.01。 局部允差： L≤3 000，在任意 500 测量长度上为 0.012； L＞3 000，在任意 1 000 测量长度上为 0.02。 L—溜板的最大行程长度	检验棒、指示器或钢丝、显微镜	5.2.3.2.1.1、5.2.3.2.1.2 1）当 L≤1 600 mm 时，在床头和尾座顶尖间顶一检验棒。在溜板上固定指示器，使其测头触及检验棒表面。调整尾座，使指示器读数在检验棒两端相等，锁紧尾座。移动溜板在全行程上检验。 2）当 L＞1 600 mm 时，在相当于机床中心高的位置上绷紧一根钢丝，在溜板上固定显微镜。调整钢丝，使显微镜在钢丝两端读数相等，等距离移动溜板，在全行程上检验。 指示器（或显微镜）在全行程上及任意局部长度上读数的最大代数差值就是全行程及局部长度上的直线度误差
G4	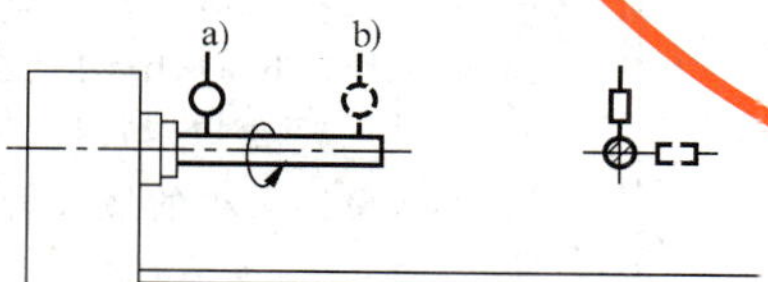	工件主轴轴线的径向跳动： a）近主轴端部； b）距主轴端部 300 mm 处	a）0.010； b）0.020	检验棒、指示器	5.6.1.2.3 在工件主轴锥孔内（或定位套定心锥孔内）插入检验棒，固定指示器，使其测头触及检验棒表面：a）近主轴端部；b）距主轴端部 300 mm 处。旋转主轴检验。 拔出检验棒，旋转 90°，重新插入，再依次检验 3 次。 a）、b）误差分别计算。误差以四次测量结果的平均值计。 在垂直平面和水平面内均须检验

序号	简图	检验项目	允差/mm	检验工具	检验方法按GB/T 17421.1—1998中
G5	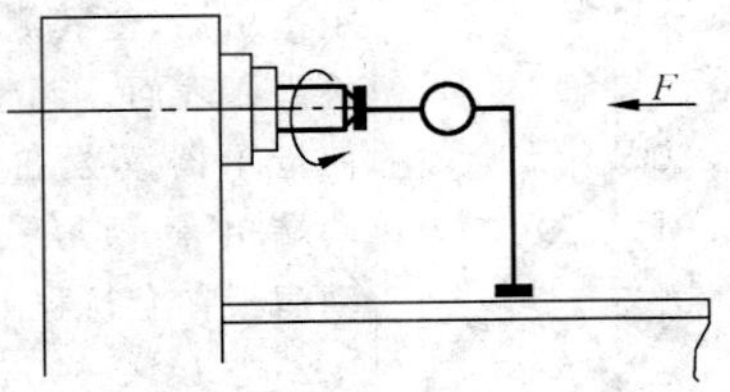	工件主轴的轴向窜动	0.010	检验棒、指示器、钢球	5.6.2.2 在工件主轴锥孔内(或定位套定心锥孔内)插入检验棒,固定指示器,使其测头触及检验棒中心孔内的钢球表面。在轴向加力 F,旋转主轴检验。 误差以指示器读数的最大差值计。 注:F 为消除轴承轴向间隙的力,若主轴轴承有预加载荷可不加力
G6	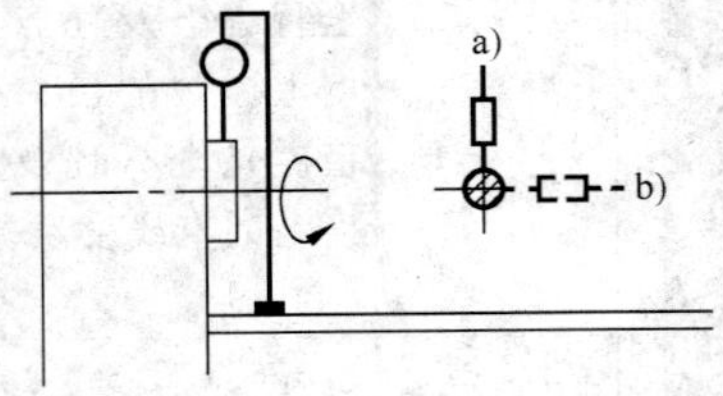	工件主轴定心轴颈的径向跳动: a)在垂直平面内; b)在水平面内	a)及 b) 0.010	指示器	5.6.1.2.2 固定指示器,使其测头触及主轴定心轴颈表面:a)在垂直平面内;b)在水平面内。旋转主轴检验。 a)、b)误差分别计算,误差以指示器读数的最大差值计
G7	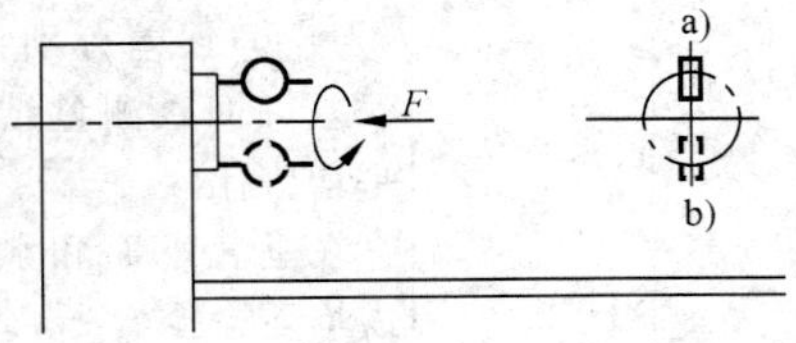	工件主轴轴肩支承面的端面跳动	0.020	指示器	5.6.3.2 固定指示器,使其测头触及工件主轴端面最大直径处,在轴向加力 F,旋转主轴分别在相隔180°的 a)、b)两点检验。 误差以 a)、b)两点测量结果中的最大值计。 注:F 为消除轴承轴向间隙的力,若主轴轴承有预加载荷可不加力

序号	简　　图	检验项目	允差/ mm	检验工具	检验方法按 GB/T 17421.1—1998 中
G8	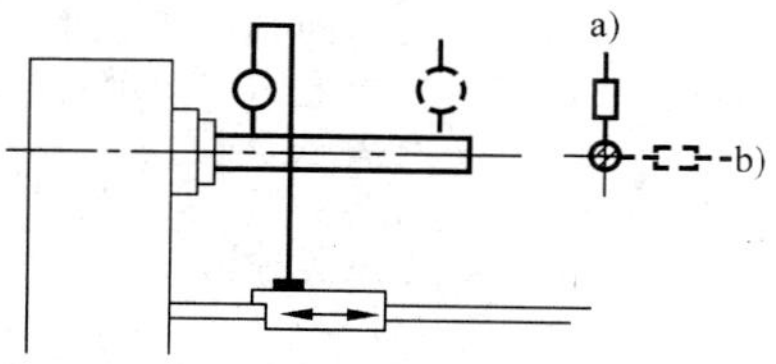	溜板移动对工件主轴轴线的平行度： a）在垂直平面内； b）在水平面内	在 300 测量长度上： a）0.020（只许向上偏）； b）0.020（只许向刀具方向偏）	检验棒、指示器	5.4.1.2.1 5.4.2.2.3 在工件主轴锥孔内（或定位套定心锥孔内）插入检验棒，固定指示器，使其测头触及检验棒表面：a）在垂直平面内；b）在水平面内。移动溜板检验。 将主轴旋转 180°再检验一次。 a）、b）误差分别计算，误差以两次测量结果的代数和之半计
G9	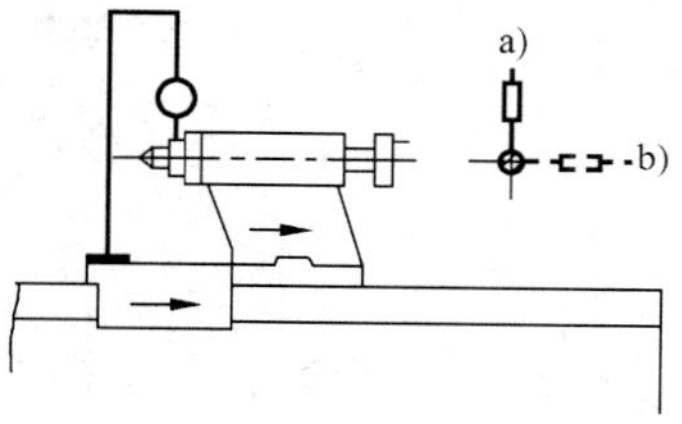	尾座移动对溜板移动的平行度： a）在垂直平面内； b）在水平面内	a）及 b） 1 000<L≤2 000：0.025； 2 000<L≤3 000：0.035； 3 000<L≤5 000：0.045； L>5 000： 每增加 1 000，允差值增加 0.01。 局部允差： L≤3 000，在任意 500 测量长度上为 0.012； L>3 000，在任意 1 000 测量长度上为 0.025。 L—溜板的最大行程长度	指示器	5.4.2.2.5 尾座套筒缩回并锁紧。在溜板上固定指示器，使其测头触及近尾座体端面的尾座套筒表面：a）在垂直平面内；b）在水平面内。移动溜板（带动尾座一起），在全行程上检验。 a）、b）误差分别计算，误差以指示器读数的最大差值计；局部误差以任意局部测量长度上两点指示器读数的最大差值计
G10	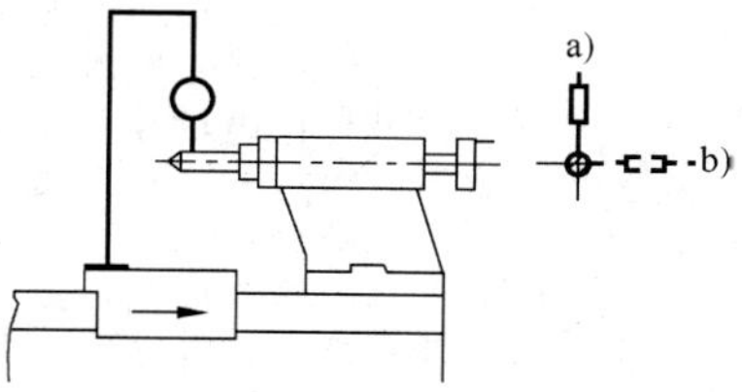	溜板移动对尾座套筒轴线的平行度： a）在垂直平面内； b）在水平面内	在 100 测量长度上： a）0.020（只许向上偏）； b）0.010（只许向刀具方向偏）	指示器	5.4.2.2.3 当 L≤1 600 mm 时，将尾座固定于床身导轨末端；当 L>1 600 mm 时，将尾座固定于床身导轨中部。尾座套筒伸出量约为最大伸出长度的三分之二，并锁紧。 在溜板上固定指示器，使其测头触及尾座套筒表面：a）在垂直平面内；b）在水平面内。移动溜板检验。 a）、b）误差分别计算，误差以指示器读数的最大差值计

序号	简　图	检验项目	允差/ mm	检验工具	检验方法按 GB/T 17421.1—1998 中
G11	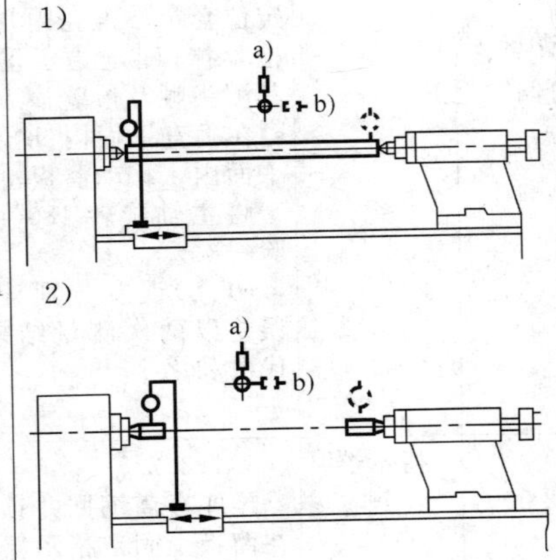	工件主轴轴线和尾座套筒轴线对床身导轨的等距度： a) 在垂直平面内； b)在水平面内	a) 0.030 （只许尾座高）； b) 1 000<L≤2 000： 0.015； 2 000<L≤3 000： 0.018； 3 000<L≤5 000： 0.022； L>5 000： 每增加 1 000，允差值增加 0.005。 L—溜板的最大行程长度	检验棒、指示器	5.4.3.2.1 1)当 L≤1 600 mm 时，将尾座固定于床身导轨末端。在床头和尾座顶尖间顶一检验棒。在溜板上固定指示器，使其测头触及检验棒表面。移动溜板，在检验棒两极限位置检验。 2)当 L>1 600 mm 时，将尾座固定于床身导轨中部。在工件主轴锥孔（或定位套定心锥孔）和尾座套筒锥孔内分别安置等径的短检验棒，移动溜板，在两短检验棒中部检验。 误差以指示器读数的最大差值计
G12	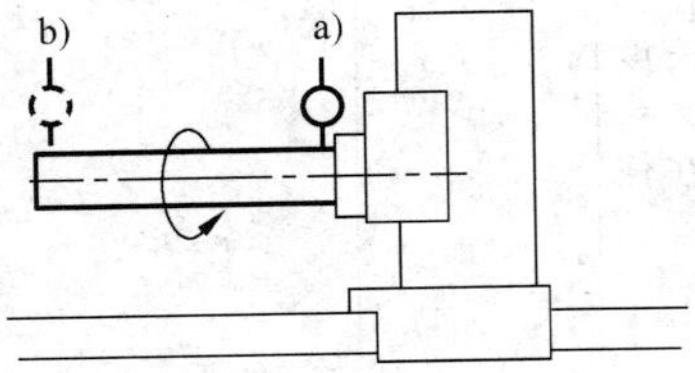	刀具主轴轴线的径向跳动： a) 靠近主轴端部； b)距主轴端部 150mm 处	a)0.010； b)0.016	检验棒、指示器	5.6.1.2.3 在刀具主轴锥孔内插入检验棒，固定指示器，使其测头触及检验棒表面：a)近主轴端部；b)距主轴端部 150 mm 处。旋转主轴检验。 拔出检验棒，旋转 90°，重新插入，依次再检验 3 次。 a)、b)误差分别计算，误差以四次测量结果的平均值计。 在刀具加工位置及与其成 90°的两处均须检验
G13	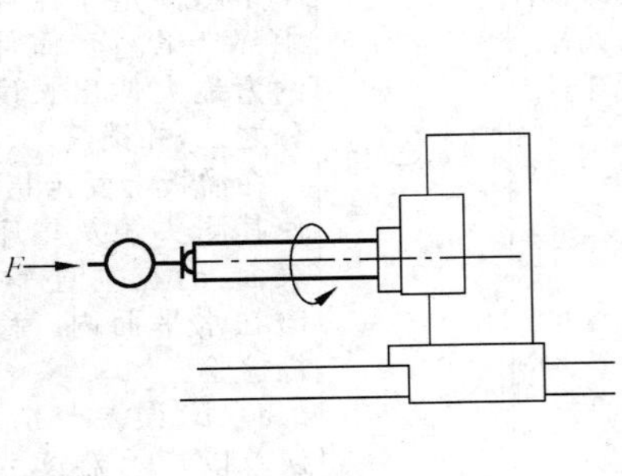	刀具主轴的轴向窜动	0.010	检验棒、指示器、钢球	5.6.2.2 在刀具主轴锥孔内插入检验棒，固定指示器，使其测头触及检验棒中心孔内的钢球表面。在轴向施加力 F，旋转主轴检验。 误差以指示器读数的最大差值计。 注：F 为消除轴承轴向间隙的力，若主轴轴承有预加载荷可不加力

序号	简　　图	检验项目	允差/mm	检验工具	检验方法按 GB/T 17421.2—2000 中
G14	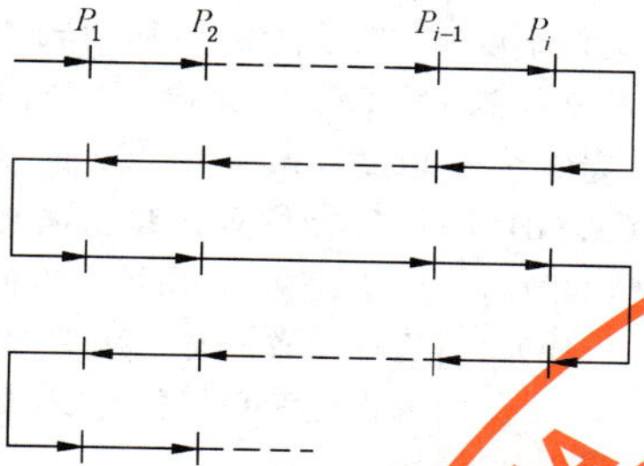	溜板纵向移动（Z 轴）轴线的位置精度： a）单向定位精度 A↑或 A↓； b）单向重复定位精度 R↑或 R↓； c）反向差值 B （仅适用于 $L \leqslant 2\,000$ mm 的数控异型螺杆铣床）	a) L — A↑或A↓ >1 000～2 000 — 0.040 b) L — R↑或R↓ >1 000～2 000 — 0.020 c) L — B >1 000～2 000 — 0.012 L—溜板的最大行程长度	激光干涉仪或具有类似精度的其他测量系统（见 GB/T 17421.1—1998）	4.2 4.3.2 在溜板纵向移动轴线行程上，按每 1 000 mm 至少 5 个，全测量行程不少于 5 个目标位置测量。溜板从一个基准点，快速趋近各目标位置，而后快速返回，经各目标位置回到基准点。如此重复 5 次，测量任意目标位置 P_i 处的位置偏差： $Z_{i1}\uparrow, Z_{i2}\uparrow, \cdots\cdots, Z_{i5}\uparrow$ $Z_{i1}\downarrow, Z_{i2}\downarrow, \cdots\cdots, Z_{i5}\downarrow$ 平均位置偏差： $\overline{Z}_i\uparrow = (Z_{i1}\uparrow + Z_{i2}\uparrow + \cdots\cdots + Z_{i5}\uparrow)/5$ $\overline{Z}_i\downarrow = (Z_{i1}\downarrow + Z_{i2}\downarrow + \cdots\cdots + Z_{i5}\downarrow)/5$ 单向标准不确定度的估算值： $S_i\uparrow = \sqrt{\frac{1}{4}\sum_{j=1}^{5}(Z_{ij}\uparrow - \overline{Z}_i\uparrow)^2}$ $S_i\downarrow = \sqrt{\frac{1}{4}\sum_{j=1}^{5}(Z_{ij}\downarrow - \overline{Z}_i\downarrow)^2}$ a）单向定位精度 A↑或 A↓： 以 $A\uparrow = \max[\overline{Z}_i\uparrow + 2S_i\uparrow] - \min[\overline{Z}_i\uparrow - 2S_i\uparrow]$ 和 $A\downarrow = \max[\overline{Z}_i\downarrow + 2S_i\downarrow] - \min[\overline{Z}_i\downarrow - 2S_i\downarrow]$ 中的较大值计。 b）单向重复定位精度 R↑或 R↓： 以 $R\uparrow = \max[R_i\uparrow]$ 和 $R\downarrow = \max[R_i\downarrow]$ 中的最大值计。 $R_i\uparrow = 4S_i\uparrow$；$R_i\downarrow = 4S_i\downarrow$ c）反向差值 B： 以各目标位置反向差值的绝对值 $\lvert B_i \rvert$ 中的最大值计，即： $B = \max[\lvert B_i \rvert]$ $B_i = \overline{Z}_i\uparrow - \overline{Z}_i\downarrow$

序号	简　图	检验项目	允差/mm	检验工具	检验方法按 GB/T 17421.2—2000 中
G15	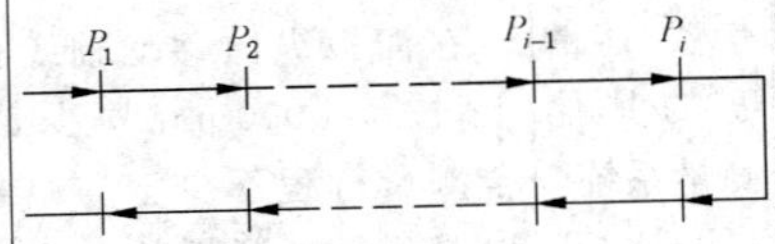	溜板纵向移动（Z 轴）轴线的位置精度： a）双向定位系统偏差 E； b）双向平均位置偏差范围 M； c）反向差值 B （仅适用于 L ＞2 000 mm 的数控异型螺杆铣床）	a） L | E ＞2 000～3 000 | 0.035 ＞3 000～5 000 | 0.040 ＞5 000 | 行程每增加 1 000，允差值增加 0.010 b） L | M ＞2 000～3 000 | 0.025 ＞3 000～5 000 | 0.030 ＞5 000 | 行程每增加 1 000，允差值增加 0.005 c） L | B ＞2 000～3 000 | 0.015 ＞3 000～5 000 | 0.020 ＞5 000 | 行程每增加 1 000，允差值增加 0.002 L—溜板的最大行程长度	激光干涉仪或具有类似精度的其他测量系统（见 GB/T 17421.1—1998）	4.2 4.3.3 在溜板纵向移动轴线的常用工作行程内，平均间距 P 取 250 mm，按 4.2 的规定选取目标位置测量。溜板沿轴线快速移动，在每个方向对各目标位置进行一次单向趋近，测出任意目标位置 P_i 处的位置偏差： $Z_i\uparrow, Z_i\downarrow$ 平均位置偏差： $\bar{Z}_i\uparrow = Z_i\uparrow$ $\bar{Z}_i\downarrow = Z_i\downarrow$ a）双向定位系统偏差 E： 以任意位置 P_i 上的单向平均位置偏差 $\bar{Z}_i\uparrow$ 和 $\bar{Z}_i\downarrow$ 的最大值与最小值的代数差计。即： $E=\max[\bar{Z}_i\uparrow;\bar{Z}_i\downarrow]-\min[\bar{Z}_i\uparrow;\bar{Z}_i\downarrow]$ b）双向平均位置偏差范围 M： 以任意位置 P_i 上的平均位置偏差 $\bar{Z}_i$ 的最大值与最小值的代数差计。即： $M=\max[\bar{Z}_i]-\min[\bar{Z}_i]$ c）反向差值 B： 以各目标位置反向差值的绝对值 $\|B_i\|$ 中的最大值计，即： $B=\max[\|B_i\|]$ $B_i=\bar{Z}_i\uparrow-\bar{Z}_i\downarrow$

序号	简图	检验项目	允差/ mm	检验工具	检验方法按 GB/T 17421.2—2000 中
G16	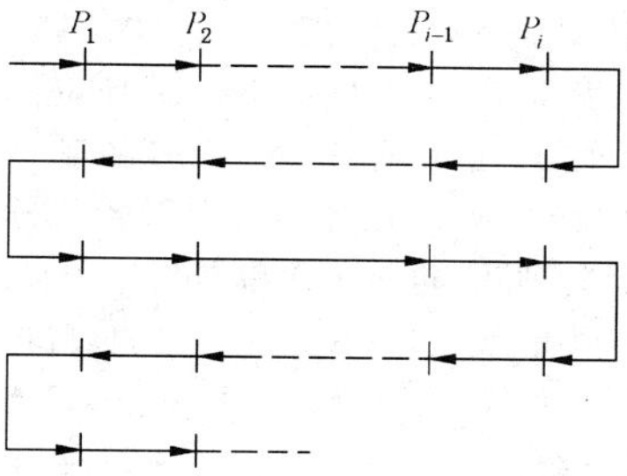	铣头径向移动（X 轴）轴线的位置精度： a）单向定位精度 $A\uparrow$ 或 $A\downarrow$； b）单向重复定位精度 $R\uparrow$ 或 $R\downarrow$； c）反向差值 B	a）0.025； b）0.012； c）0.010	激光干涉仪或具有类似精度的其他测量系统（见 GB/T 17421.1—1998）	4.2、4.3.2 在铣头径向移动轴线行程上，按每 1 000 mm 至少 5 个，全测量行程不少于 5 个目标位置测量。铣头从一个基准点，快速趋近各目标位置，而后快速返回，经各目标位置回到基准点。如此重复 5 次，测量任意目标位置 P_i 处的位置偏差： $X_{i1}\uparrow, X_{i2}\uparrow, \cdots\cdots, X_{i5}\uparrow$ $X_{i1}\downarrow, X_{i2}\downarrow, \cdots\cdots, X_{i5}\downarrow$ 平均位置偏差： $\overline{X}_i\uparrow=(X_{i1}\uparrow+X_{i2}\uparrow+\cdots\cdots+X_{i5}\uparrow)/5$ $\overline{X}_i\downarrow=(X_{i1}\downarrow+X_{i2}\downarrow+\cdots\cdots+X_{i5}\downarrow)/5$ 单向标准不确定度的估算值： $S_i\uparrow=\sqrt{\frac{1}{4}\sum_{j=1}^{5}(X_{ij}\uparrow-\overline{X}_i\uparrow)^2}$ $S_i\downarrow=\sqrt{\frac{1}{4}\sum_{j=1}^{5}(X_{ij}\downarrow-\overline{X}_i\downarrow)^2}$ a）单向定位精度 $A\uparrow$ 或 $A\downarrow$： 以 $A\uparrow=\max[\overline{X}_i\uparrow+2S_i\uparrow]-\min[\overline{X}_i\uparrow-2S_i\uparrow]$ 和 $A\downarrow=\max[\overline{X}_i\downarrow+2S_i\downarrow]-\min[\overline{X}_i\downarrow-2S_i\downarrow]$ 中的较大值计。 b）单向重复定位精度 $R\uparrow$ 或 $R\downarrow$： 以 $R\uparrow=\max[R_i\uparrow]$ 和 $R\downarrow=\max[R_i\downarrow]$ 中的最大值计。 $R_i\uparrow=4S_i\uparrow$；$R_i\downarrow=4S_i\downarrow$ c）反向差值 B： 以各目标位置反向差值的绝对值 $\|B_i\|$ 中的最大值计，即： $B=\max[\|B_i\|]$ $B_i=\overline{X}_i\uparrow-\overline{X}_i\downarrow$

序号	简　图	检验项目	允差/ 角秒(″)	检验工具	检验方法按 GB/T 17421.2—2000 中
G17	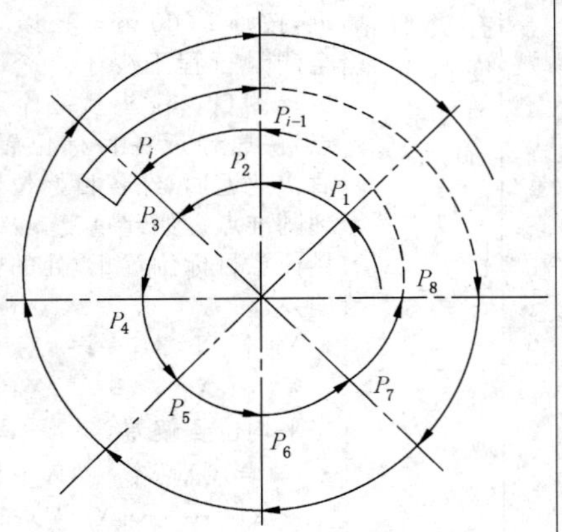	工件主轴回转运动（C轴）轴线的位置精度： a）双向定位系统偏差 E； b）双向平均位置偏差的范围 M； c）反向差值 B	测量行程 585° a)72； b)56； c)28	多棱体、自准直仪或带精密多齿分度台的激光角度干涉仪或具有类似精度的其他测量系统（见 GB/T 17421.1—1998）	4.3.5 在工件主轴回转运动轴线的常用工作行程内，在每个方向按间隔不超过 45°选取目标位置测量。工件主轴回转轴线在每个方向对各目标位置进行一次单向趋近，测出任意目标位置 P_i 处的位置偏差： $C_1\uparrow, C_2\uparrow, \cdots\cdots, C_i\uparrow$ $C_1\downarrow, C_2\downarrow, \cdots\cdots, C_i\downarrow$ 平均位置偏差： $\overline{C}_i\uparrow = C_i\uparrow$ $\overline{C}_i\downarrow = C_i\downarrow$ a)双向定位系统偏差 E： 以任意位置 P_i 上的单向平均位置偏差 $\overline{C}_i\uparrow$ 和 $\overline{C}_i\downarrow$ 的最大值与最小值的代数差计。即： $E=\max[\overline{C}_i\uparrow;\overline{C}_i\downarrow]-\min[\overline{C}_i\uparrow;\overline{C}_i\downarrow]$ b)双向平均位置偏差的范围 M： 以任意位置 P_i 上的平均位置偏差 $\overline{C}_i$ 的最大值与最小值的代数差计。即： $M=\max[\overline{C}_i]-\min[\overline{C}_i]$ c)反向差值 B： 以各目标位置反向差值的绝对值 $\lvert B_i \rvert$ 中的最大值计，即： $B=\max[\lvert B_i \rvert]$ $B_i=\overline{C}_i\uparrow-\overline{C}_i\downarrow$

5 工作精度检验

工作精度检验一般按下表的规定进行，用户有特殊要求时，应与制造厂在订货协议中确定出所有的细节。

序号	简图和试件尺寸	检验性质	切削条件	检验项目	允差/mm	检验工具	检验方法 按 GB/T 17421.1—1998 中
P1	 $D_P \approx D$； $L_{Pmin}=700$ mm； $L_1=400$ mm； $T_1=(4\sim6)P$； 其余参数由制造厂确定。 材料：45 钢调质 L_1—铣削双线螺纹长度； L_2—铣削渐变底径螺纹长度； L_3—铣削渐变导程螺纹长度； T_1—铣削双线螺纹导程； D—机床纵向丝杠直径； P—机床纵向丝杠螺距	精铣两顶尖间螺杆试件	立铣刀切削用量由制造厂确定(应保证螺纹表面粗糙度满足测量要求)	a）双线螺纹的导程误差； b）双线螺纹的螺距误差； c）渐变底径螺纹的底径变化误差； d）渐变导程螺纹导程变化误差	a)在300长度上： 0.040 b) 0.040； c) 0.060； d) 0.040	万能工具显微镜	6.2 螺纹表面应洁净，无洼陷和明显波纹。 a)精铣后在 300 mm 长度内检验，左右面均应检验。 b)在 L_1 范围内检验双线螺纹任意两相邻螺距间的螺距误差。 c)在渐变底径螺纹段全长范围内检验各导程上螺纹的底径变化误差。 d)在渐变导程螺纹段全长范围内检验各导程之间的导程变化误差

ICS 25.080.20
J 54

中华人民共和国国家标准

GB/T 21948.1—2008

数控升降台铣床检验条件　精度检验
第1部分：卧式铣床

Test conditions for CNC milling machines with table of variable height—Testing of accuracy—Part 1：Machines with horizontal spindle

2008-06-03 发布　　　　2009-01-01 实施

中华人民共和国国家质量监督检验检疫总局
中国国家标准化管理委员会　发布

前言

GB/T 21948《数控升降台铣床检验条件 精度检验》分为以下两个部分：

——第1部分：卧式铣床；

——第2部分：立式铣床。

本部分为GB/T 21948的第1部分。

本部分由中国机械工业联合会提出。

本部分由全国金属切削机床标准化技术委员会(SAC/TC 22)归口。

本部分起草单位：自贡长征机床有限责任公司、北京第一机床厂。

本部分主要起草人：王晓慧、胡瑞琳、徐中行。

数控升降台铣床检验条件　精度检验
第1部分:卧式铣床

1　范围

GB/T 21948的本部分规定了数控卧式升降台铣床的几何精度检验、定位精度检验和工作精度检验的要求及方法。

本部分适用于工作台面宽度200 mm～500 mm一般用途的数控卧式升降台铣床(包括数控万能升降台铣床)。

2　规范性引用文件

下列文件中的条款通过GB/T 21948的本部分的引用而成为本部分的条款。凡是注日期的引用文件,其随后所有的修改单(不包括勘误的内容)或修订版均不适用于本部分,然而,鼓励根据本部分达成协议的各方研究是否可使用这些文件的最新版本。凡是不注日期的引用文件,其最新版本适用于本部分。

GB/T 17421.1—1998　机床检验通则　第1部分:在无负荷或精加工条件下机床的几何精度(eqv ISO 230-1:1996)

GB/T 17421.2—2000　机床检验通则　第2部分:数控轴线的定位精度和重复定位精度的确定(eqv ISO 230-2:1997)

GB/T 19660—2005　工业自动化系统与集成　机床数值控制　坐标系和运动命名(ISO 841:2001,IDT)

3　一般要求

3.1　测量单位

本部分中所有线性尺寸均用毫米(mm)表示;角度偏差主要用比值表示;在有些情况下为了清晰,也用微弧度(μrad)或角秒(″)表示。其换算关系见下式:

$$0.01/1\,000=10\times10^{-6}=10\mu rad\approx2''$$

3.2　安装水平

使用本部分时应按GB/T 17421.1—1998,尤其是机床检验前的安装、主轴和其他运动部件的空运转升温、测量方法和检验工具的推荐精度。

按GB/T 17421.1—1998中3.1调整机床安装水平。将工作台置于行程的中间位置。在工作台中央放置水平仪。水平仪在纵向和横向的读数均不超过0.04/1 000。

3.3　检验顺序

本部分规定的检验顺序并不表示实际检验顺序。为了使装拆检验工具和检验方便起见,可按任意次序进行检验。

3.4　检验项目

检验机床时,根据结构特点并不是必须检验本部分中的所有项目。为了验收目的而要求检验时,可由用户取得制造厂同意选择一些感兴趣的检验项目,但这些检验项目必须在机床订货时明确提出。

3.5　检验工具

本部分所规定的检验工具仅为例子,可以使用相同指示量或具有至少相同精度的其他检验工具。指示器应具有0.001 mm或更高的分辨率。

3.6 工作精度检验

工作精度检验应在精加工后进行。

3.7 最小公差值

当实测长度与本部分规定的长度不同时，允差应按 GB/T 17421.1—1998 中 2.3.1.1 的规定，按能够测量的长度折算。折算结果小于 0.005 mm 时，仍按 0.005 mm 计。

3.8 轴线及运动方向命名

机床的轴线及运动方向命名应符合 GB/T 19660—2005 的规定。

4 几何精度检验

4.1 运动轴线

G1

检验项目

升降台垂直移动的直线度：

a) 在机床的横向垂直平面内(*YZ* 平面)；

b) 在机床的纵向垂直平面内(*XY* 平面)

简图

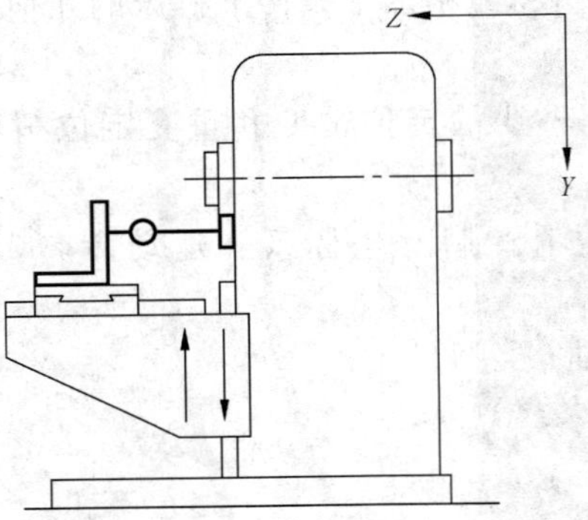

a)

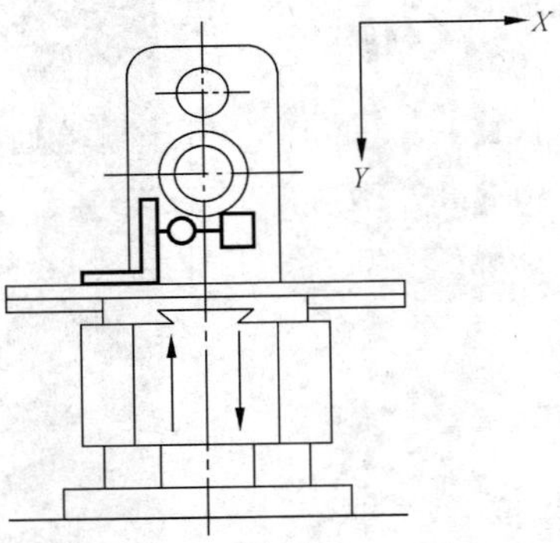

b)

允差

a)和 b)在任意 300 测量长度上为 0.015

检验工具

指示器和角尺

检验方法(按 GB/T 17421.1—1998 中 5.2.3.2.1.1)

用角尺的垂直边代替平尺。

调整角尺，使其在测量长度两端的读数相等。

工作台位于行程的中间位置。

如果主轴可以锁紧，可将指示器固定在主轴上。如果主轴不能锁紧，应将指示器装在机床的一个固定部件上。

误差以指示器读数的最大差值计

G2

检验项目

滑座横向移动(Z轴)对工作台纵向移动(X轴)的垂直度

简图

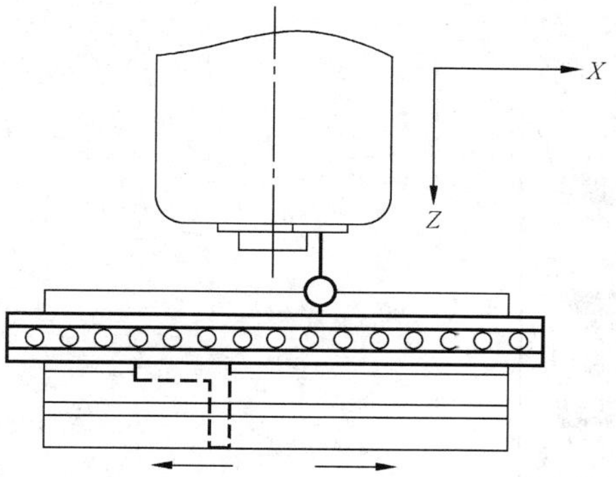

1)

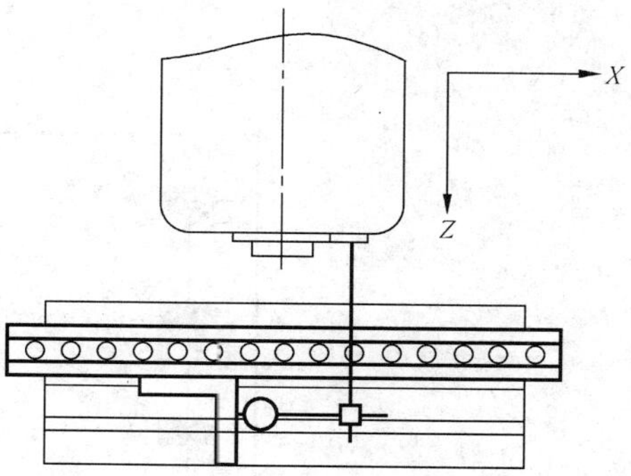

2)

允差

0.018/300

检验工具

平尺、指示器和角尺

检验方法(按 GB/T 17421.1—1998 中 5.5.2.2.4)

1) 将平尺放在工作台面上,并使其检验面与工作台纵向移动(X轴)平行;将角尺紧贴平尺。这项检验也可以不用平尺,而使角尺的长端与X轴线平行。

2) 横向移动滑座检验。

如果主轴可以锁紧,可将指示器固定在主轴上。如果主轴不能锁紧,应将指示器装在机床的一个固定部件上。

误差以指示器读数的最大差值计

4.2 工作台

检验项目 工作台面的平面度	G3
简图 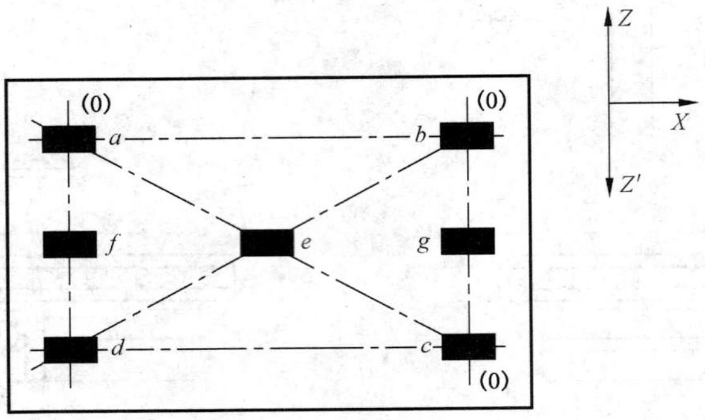	
允差 1 000 测量长度内为 0.04（仅允许凹）； 工作台长度每增加 1 000，允差值增加 0.005； 最大允差值为 0.05； 局部公差：在任意 300 测量长度上为 0.02	
检验工具 精密水平仪或平尺和量块	
检验方法（按 GB/T 17421.1—1998 中 5.3.2.2 和 5.3.2.3） 将工作台（X 轴）和横向滑座（Z 轴）置于中间位置。 注：简图中的字母顺序与 GB/T 17421.1—1998 中图 41 的字母顺序相同。 误差以读数的最大差值计	

G4

检验项目

a) 工作台面与滑座横向移动（Z 轴）在 YZ 垂直平面内的平行度；

b) 工作台面与工作台纵向移动（X 轴）在 XY 垂直平面内的平行度

简图

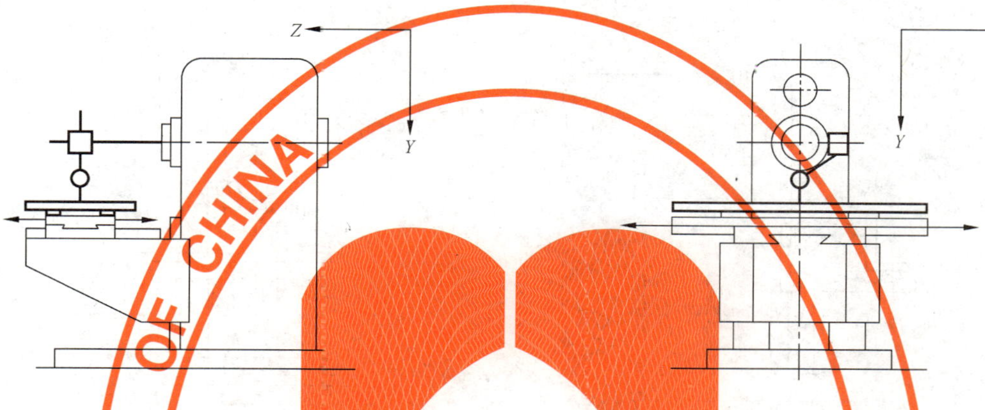

a)　　　　　　　　　　　　　　b)

允差

a)和 b)在任意 300 测量长度上为 0.022；最大允差值为 0.045

检验工具

平尺、指示器和量块

检验方法（按 GB/T 17421.1—1998 中 5.4.2.2.1）

指示器测头应近似地放在刀具的切削位置上。

在与工作台面平行放置的平尺上测量。

当工作台长度大于 1 600 mm 时，采用逐步移动平尺的方法进行检验。

如果主轴可以锁紧，可将指示器固定在主轴上，如果主轴不能锁紧，应将指示器装在机床的一个固定部件上。

a)、b)误差分别计算。误差以指示器读数的最大差值计

G5

检验项目

工作台面与升降台垂直移动(Y 轴)的垂直度:

a) 在机床的横向垂直平面内(YZ 平面);

b) 在机床的纵向垂直平面内(XY 平面)

简图

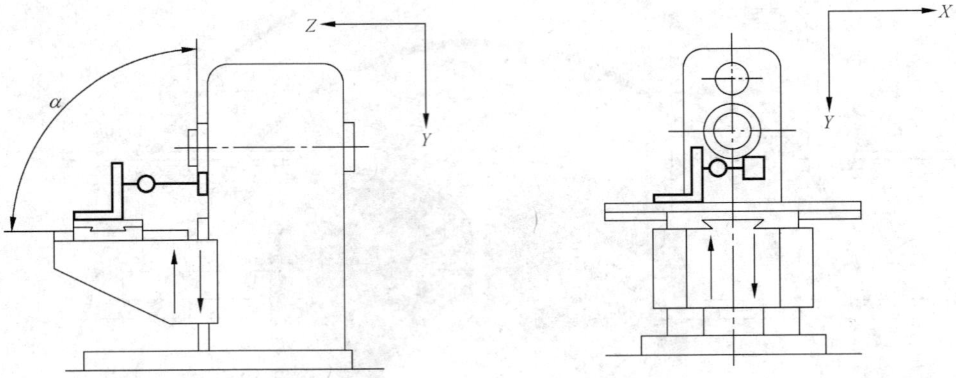

a) b)

允差

a) 0.022/300,$\alpha \leqslant 90°$;

b) 0.022/300

检验工具

指示器和角尺

检验方法(按 GB/T 17421.1—1998 中 5.5.2.2.2)

检验时工作台位于行程的中间位置。

如果主轴可以锁紧,可将指示器固定在主轴上,如果主轴不能锁紧,应将指示器装在机床的一个固定部件上。

a)、b)误差分别计算。误差以指示器读数的最大差值计

检验项目 工作台中央或基准 T 形槽的直线度	G6

简图

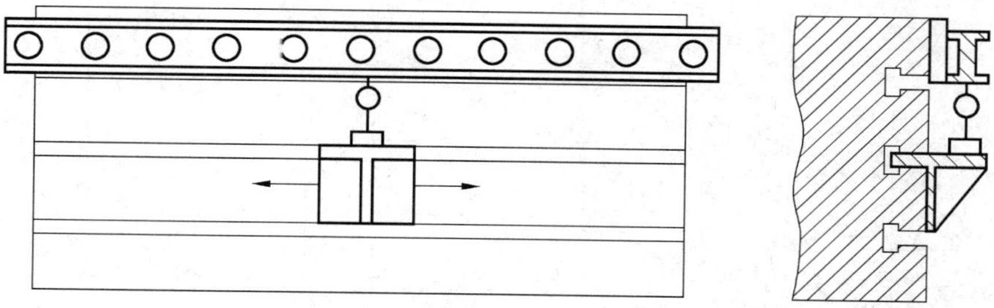

允差

在任意 500 测量长度上为 0.02；

最大允差值为 0.03

检验工具

平尺、指示器和滑块或钢丝和显微镜或自准直仪

检验方法(按 GB/T 17421.1—1998 中 5.2.1.2;5.2.1.2.1 和 5.2.1.2.2.3)

在工作台上放两个等高块,平尺放在等高块上。将专用滑块放在工作台上并紧靠 T 形槽一侧,其上固定指示器,使其测头触及平尺检验面。调整平尺,使指示器读数在测量长度的两端相等。移动专用滑块检验。

T 形槽两侧面均应检验。

误差以指示器读数的最大差值计

G7

检验项目

中央或基准T形槽与工作台纵向移动（X轴）的平行度

简图

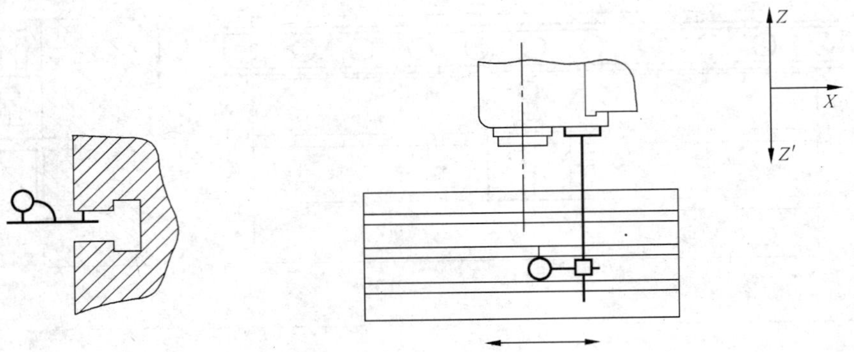

允差

在任意300测量长度上为0.015；

最大允差值为0.04

检验工具

指示器

检验方法（按GB/T 17421.1—1998中5.4.2.2.1和5.4.2.2.2.1）

如果主轴可以锁紧，可将指示器固定在主轴上，如果主轴不能锁紧，应将指示器装在机床的一个固定部件上。

T形槽两侧面均应检验。

误差以指示器读数的最大差值计

4.3 主轴

G8

检验项目

a) 主轴定心轴颈的径向跳动(用于有定心轴颈的机床);

b) 周期性轴向窜动;

c) 主轴轴肩支承面的跳动(包括周期性轴向窜动)

简图

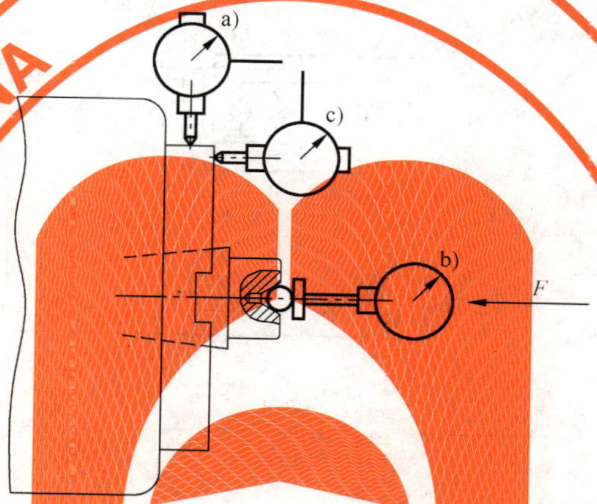

允差

a) 0.01;

b) 0.01;

c) 0.02

检验工具

指示器和专用检验棒

检验方法(按 GB/T 17421.1—1998 中 a)5.6.1.2.2;b)5.6.2.2.1 和 5.6.2.2.2;c)5.6.3.2)

固定指示器,使其测头分别触及:a)主轴定心轴颈表面;b)插入主轴锥孔的专用检验棒的端面中心处;c)主轴轴肩支承面靠近边缘处。旋转主轴检验。

a)、b)、c)误差分别计算。误差以指示器读数的最大差值计。

b)、c)项检验时,对已消除轴向游隙的主轴,可不加力,否则应沿主轴轴线加一个由制造厂规定的力 F

G9

检验项目

主轴锥孔轴线的径向跳动：

a) 靠近主轴端部；

b) 距主轴端部 300 mm 处

简图

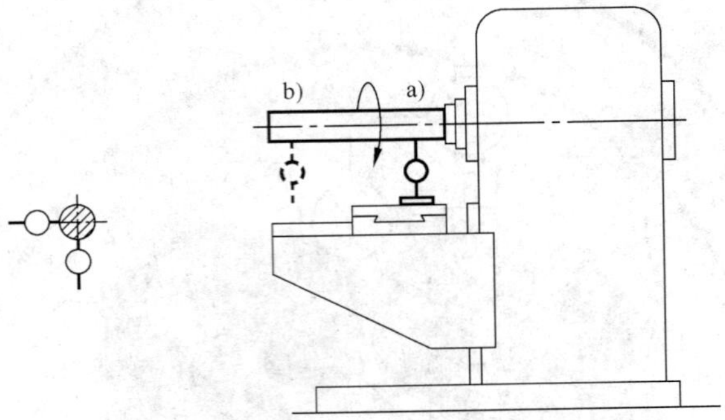

允差

a) 0.01；

b) 0.02

检验工具

指示器和检验棒

检验方法(按 GB/T 17421.1—1998 中 5.6.1.2.3)

在主轴锥孔中插入检验棒。固定指示器，使其测头触及检验棒表面。旋转主轴检验。

拔出检验棒，相对主轴旋转 90°重新插入主轴锥孔中，依次重复检验 3 次。

a)、b)误差分别计算。误差以 4 次测量结果的算术平均值计。

在 *YZ* 垂直平面内和 *ZX* 水平面内均应检验

检验项目 主轴轴线对工作台面的平行度	G10

简图

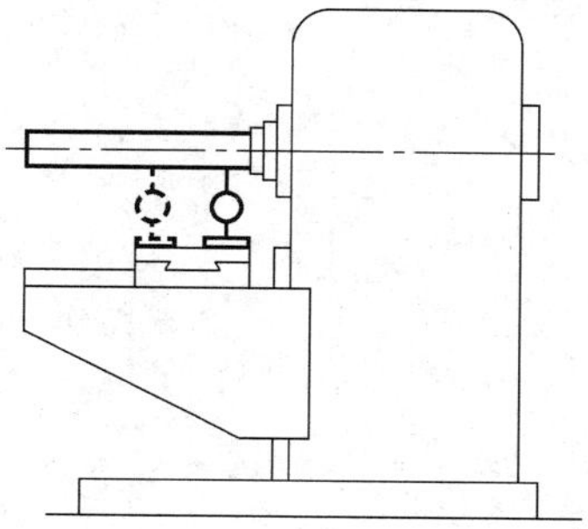

允差

在300测量长度上为0.025(检验棒的伸出端只许向下)

检验工具

指示器和检验棒

检验方法(按GB/T 17421.1—1998中5.4.1.2.4)

升降台处于上升状态。

检验应在一个位置检测后,将主轴与检验棒一起旋转180°,重复检验一次。

误差以两次测量结果的平均值计

G11

检验项目

主轴轴线与工作台横向移动(*Z* 轴)的平行度:

a) 在 *YZ* 垂直平面内;

b) 在 *ZX* 水平面内

简图

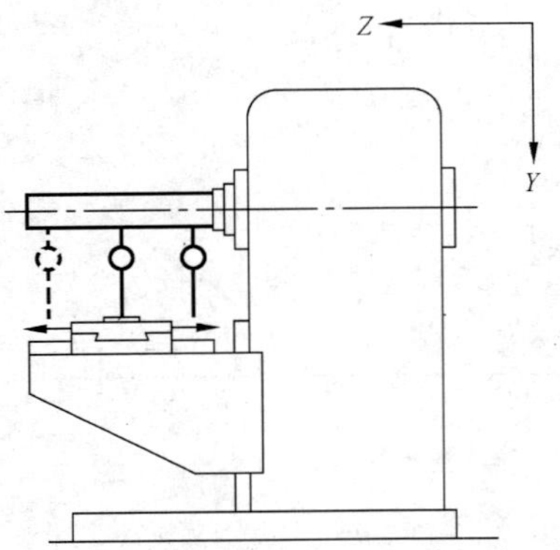

a)

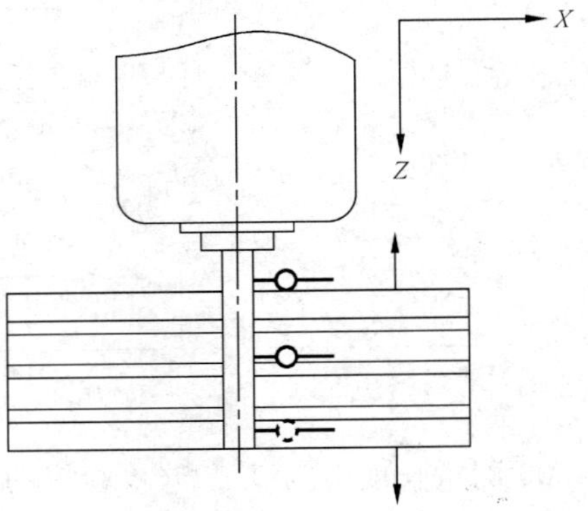

b)

允差

a) 在 300 测量长度上为 0.025(检验棒伸出端只许向下);

b) 在 300 测量长度上为 0.025

检验工具

指示器和检验棒

检验方法(按 GB/T 17421.1—1998 中 5.4.2.2.3)

工作台(*X* 轴)置于中间位置。

升降台处于上升状态。

检验应在一个位置检测后,将主轴与检验棒一起旋转 180°,重复检验一次。

误差以两次测量结果的平均值计

检验项目 主轴轴线与工作台中央或基准 T 形槽的垂直度	G12
简图 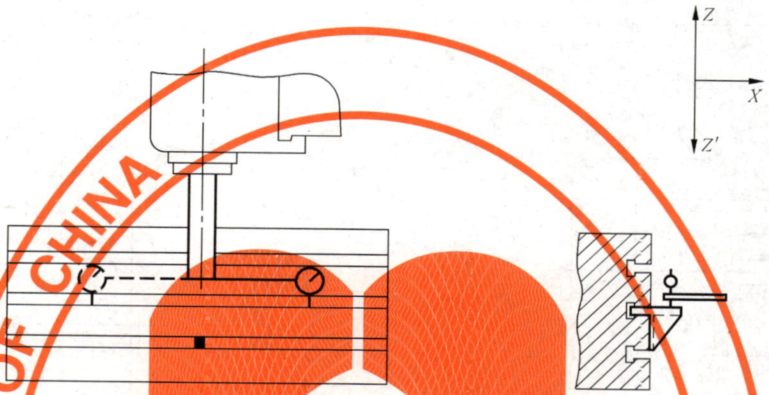	
允差 0.02/300(两个测量点之间的距离为 300)	
检验工具 指示器	
检验方法(按 GB/T 17421.1—1998 中 5.5.1.2.1 和 5.5.1.2.4.2) 工作台(X 轴)置于中间位置。 将专用滑板放在工作台面上并紧靠 T 形槽一侧。按测量长度，移动滑板后旋转主轴检验。 检验棒回转 180°后重复检验一次。 误差以两次测量结果的代数和之半计	

4.4 主轴支架

G13

检验项目

悬梁导轨对主轴轴线的平行度：

a） 在 *YZ* 垂直平面内；

b） 在 *ZX* 水平面内

简图

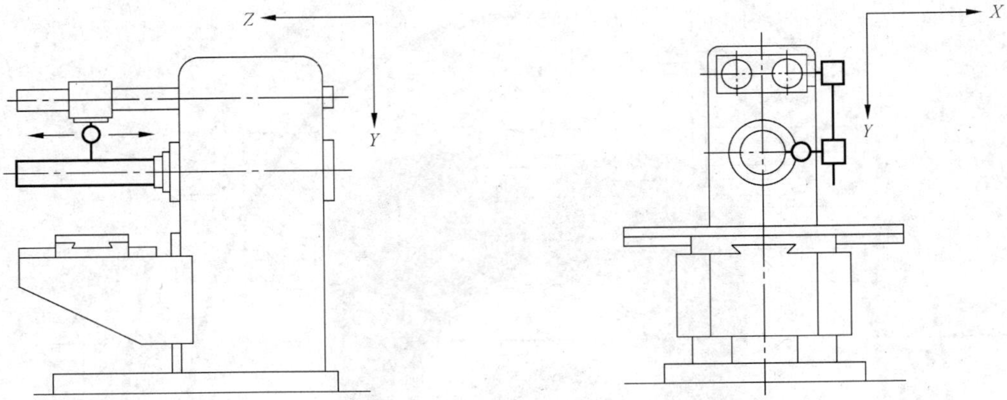

a） b）

允差

a） 在 300 测量长度上为 0.02（悬梁只许向下）；

b） 在 300 测量长度上为 0.02

检验工具

指示器和专用支架

检验方法（按 GB/T 17421.1—1998 中 5.4.1.2.5 或 5.4.1.2.3 和 5.4.1.2.1）

锁紧悬梁。

在主轴锥孔中插入检验棒。悬梁导轨上装一个带有指示器的专用支架，使指示器测头触及检验棒的表面：a）在垂直平面内；b）在水平面内。移动支架检验。

将主轴旋转 180°，重复检验一次。

a）、b）误差分别计算，误差以两次测量结果的代数和之半计

检验项目	G14

检验项目

刀杆支架孔轴线与主轴轴线的同轴度：

a) 在 *YZ* 垂直平面内；

b) 在 *ZX* 水平面内

简图

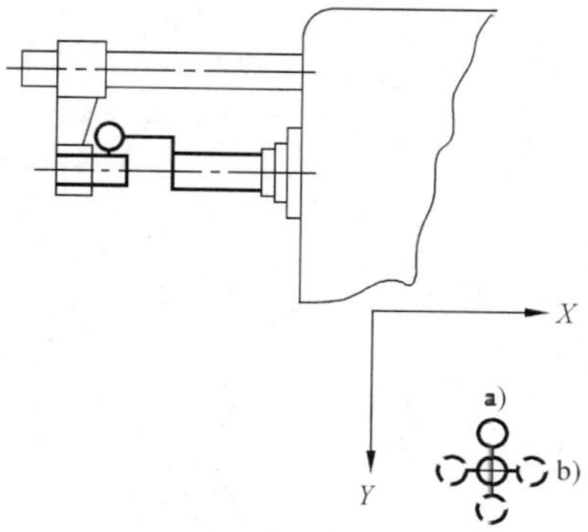

第一种测量方法

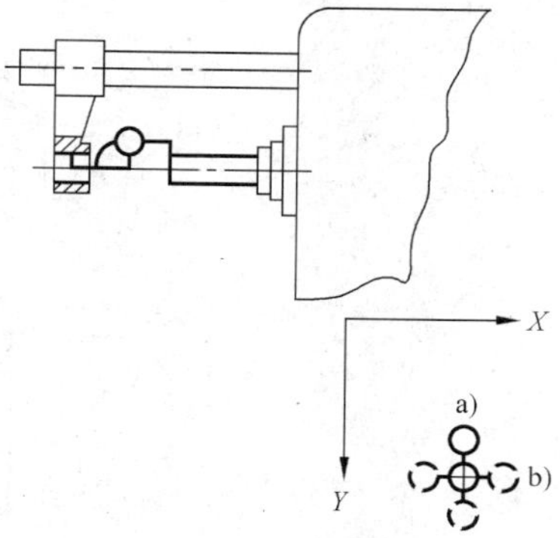

第二种测量方法

允差

a) 0.03(刀杆支架孔轴线低于主轴轴线)；

b) 0.03

检验工具

指示器和检验棒

检验方法(按 GB/T 17421.1—1998 中 5.4.4.2)

刀杆支架孔固定在距主轴端部 300 mm 处。

锁紧悬梁，刀杆支架孔不要接触到升降台上。

测量方法：

第一种测量方法下，测头尽可能靠近刀杆支架；

第二种测量方法下，测头靠近刀杆支架孔的中间位置。

误差以指示器读数的 1/2 计

5 定位精度检验

P1

检验项目

线性轴线的定位精度

简图

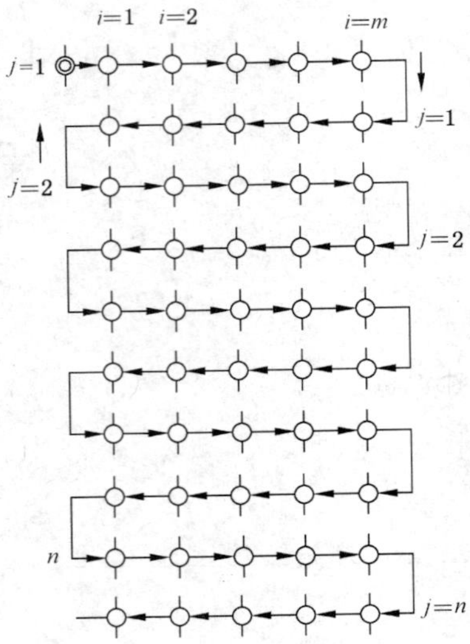

允差

轴线行程	≤500	>500～800	>800～1 250	>1 250～2 000
双向定位精度 A	0.025	0.032	0.042	0.055
双向重复定位精度 R	0.015	0.018	0.020	0.025
轴线反向差值 B	0.010	0.012	0.012	0.015
平均双向位置偏差范围 M	0.012	0.015	0.020	0.025

检验工具

激光干涉仪或具有类似精度的其他测量系统

检验方法(按 GB/T 17421.2—2000)

非检测轴线上的运动部件均置于其行程的中间位置。滑动主轴、滑枕等，当它们是辅助轴线时，应保持缩回位置。

在轴线的全行程上以 300 mm/min～500 mm/min 的进给速度移动运动部件。

每个线性轴线均需检验

检验项目 回转轴线的定位精度	P2

简图

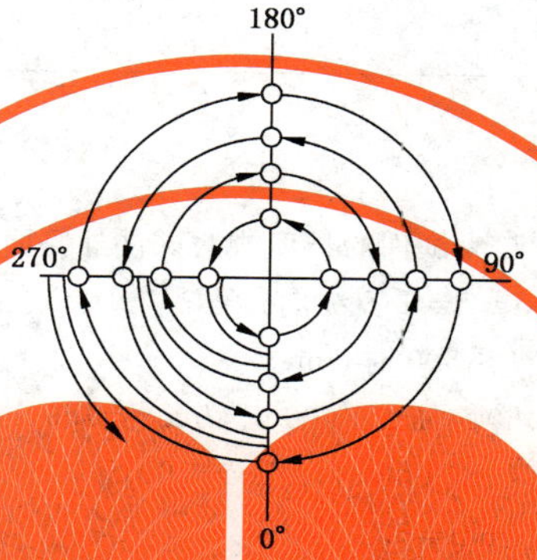

允差

双向定位精度 A	28″
双向重复定位精度 R	16″
轴线反向差值 B	12″
平均双向位置偏差范围 M	12″

检验工具

带分度工作台的激光角度干涉仪，带多面体的自准直仪，或具有类似精度的其他测量系统

检验方法（按 GB/T 17421.2—2000）

非检测轴线上的运动部件均置于其行程的中间位置。滑动主轴、滑枕等，当它们是辅助轴线时，应保持缩回位置。

每个回转轴线均需检验

6 工作精度检验

M1

检验性质

a) 用工作台纵向机动和升降台垂向手动进给铣削 B 面，接刀处重叠 5 mm～10 mm；

b) 用工作台纵向机动和升降台垂向机动及滑座横向手动进给铣削 A、C 和 D 面

简图和试件尺寸

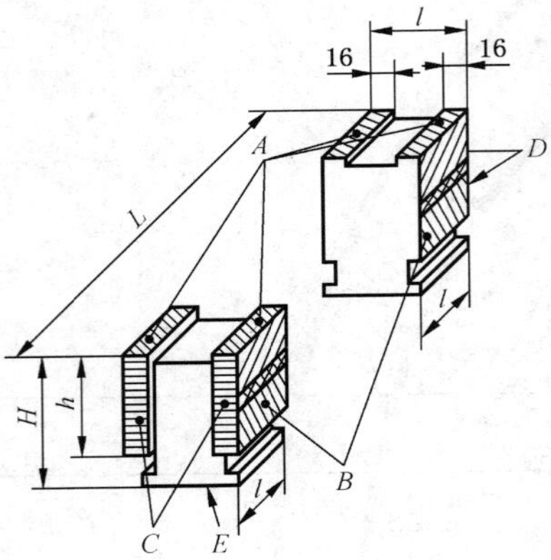

L 为试件的长度或两试件外侧面之间的距离，$L=1/2$ 纵向行程；

$l=h=1/8$ 纵向行程；

$L\leqslant 500$ 时，$l_{max}=100$；

$500<L\leqslant 1\,000$ 时，$l_{max}=150$；

$L>1\,000$ 时，$l_{max}=200$；

$l_{min}=50$。

注 1：纵向行程≥400：切削一个或两个试件，纵向行程应超过两端试件的长度。

注 2：纵向行程<400：切削一个试件，纵向切削应超过试件的全长。

注 3：材料：铸铁。

切削条件

a) 用套式面铣刀；b) 用同样的铣刀进行滚铣。

检　验　项　目	允　　差
a) 每个试件 B 面的平面度	0.02
b_1) C 和 A 面、D 和 A 面的相互垂直度及 A、C、D 面分别对 B 面的垂直度	0.02/100
b_2) 试件的等高度	0.03

检验工具

a) 平板和指示器；b_1) 角尺和量块；b_2) 千分尺

说明(按 GB/T 17421.1—1998 中 4.1 和 4.2)

试切前应确保 E 面平直。

切削试件应沿工作台纵向轴线放置，使长度 L 相等地分布在工作台中心的两边。

注：须经用户与供应商或制造厂协商同意，简图所示的试件方可用具有完整侧面的较简单形状的试件来代替，但至少要与图示试件的检验具有相同的精度。

铣刀应装在刀杆上刃磨，安装时应符合下列公差：

径向跳动：≤0.02 mm；

端面跳动：≤0.03 mm。

切削时所有非工作滑动面均应锁紧

M2

检验性质

用 X、Z 坐标的直线插补，对 A、B、C、D 四周面进行精铣

简图和试件尺寸

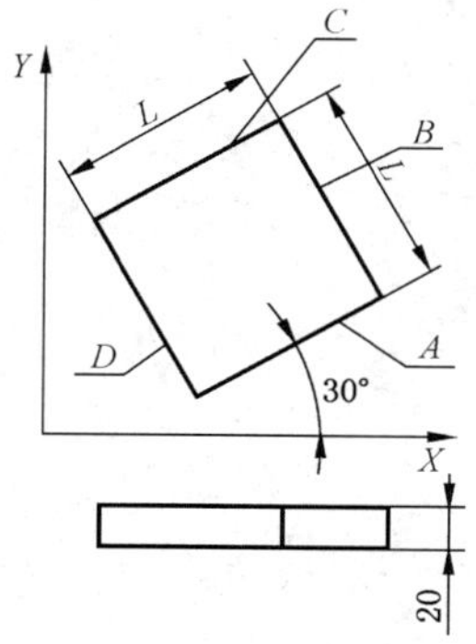

工作台面宽度为 200～320 时，

L 取 110～120；

工作台面宽度＞320～500 时，

L 取 160～180。

试件材料：HT200。

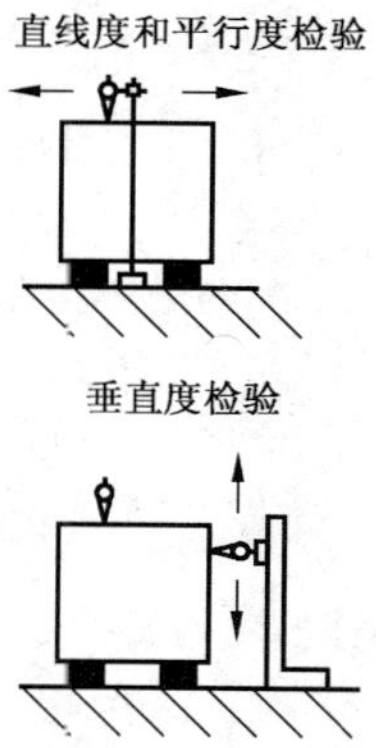

切削条件

采用立铣刀，切削深度 $t\approx0.1$ mm

检　验　项　目	允　　差
a）四面的直线度	a）在 100 测量长度上 0.01
b）相对面间的平行度	b）在 100 测量长度上 0.02
c）相邻两面间的垂直度	c）0.020/100

检验工具

a）平板和指示器；b）平板和指示器；c）平板、角尺和指示器

说明（按 GB/T 17421.1—1998 中 4.1 和 4.2）

试切前应确保试件安装基准面的平直。

试件安装在工作台的中间位置，使其一个加工面与 X 坐标成 30°角。

在平板上放两个垫块，试件放在其上。固定指示器，使其测头触及被检验面。调整垫块，使指示器在试件两端的读数相等。沿加工方向，按测量长度，在平板上移动指示器进行检验。直线度误差以指示器在各面上读数最大差值中的最大值计。

在平板上放两个垫块，试件放在其上。固定指示器，使其测头触及被检验面。沿加工方向，按测量长度，在平板上移动指示器进行检验。平行度误差以指示器在 A、C 面间和 B、D 面间读数最大差值中的较大值计。

在平板上放两个垫块，试件放在其上。固定角尺于平板上，再固定指示器，使其测头触及被检验面。沿加工方向，按测量长度，在角尺上移动指示器进行检验。垂直度误差以指示器在各面上读数最大差值中的最大值计

M3

检验性质

用 X、Y 坐标的圆弧插补，对圆周面进行精铣

简图和试件尺寸

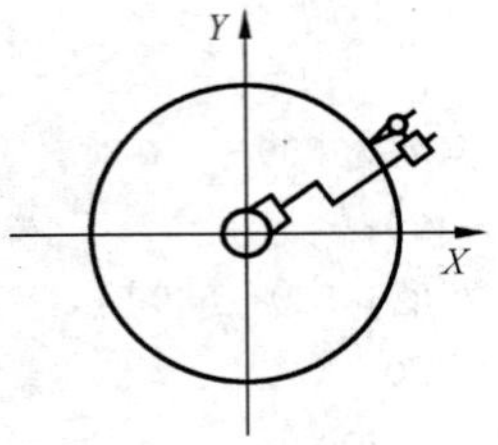

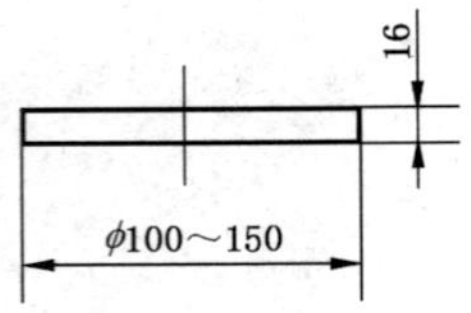

切削条件

采用立铣刀，切削深度 $t \approx 0.1$ mm

检 验 项 目	允 差
圆度	0.035

检验工具

指示器、专用检具或圆度仪

说明(按 GB/T 17421.1—1998 中 3.1;3.2.2;4.1 和 4.2)

试切前应确保试件安装基准面的平直。

试件安装在工作台的中间位置。

指示器固定在机床或测量仪的主轴上，使其测头触及外圆面。回转主轴，并进行调整，使指示器在任意两个相互垂直直径的两端的读数相等。旋转主轴一周进行检验。误差以指示器读数的最大差值计

ICS 25.080.20
J 54

中华人民共和国国家标准

GB/T 21948.2—2008

数控升降台铣床检验条件　精度检验　第2部分：立式铣床

Test conditions for CNC milling machines with table of variable height—Testing of accuracy—Part 2:Machines with vertical spindle

2008-06-03 发布　　2009-01-01 实施

中华人民共和国国家质量监督检验检疫总局
中国国家标准化管理委员会　发布

前　言

GB/T 21948《数控升降台铣床检验条件　精度检验》分为以下两个部分：

——第1部分：卧式铣床；

——第2部分：立式铣床。

本部分为GB/T 21948的第2部分。

本部分由中国机械工业联合会提出。

本部分由全国金属切削机床标准化技术委员会(SAC/TC 22)归口。

本部分起草单位：北京第一机床厂、自贡长征机床有限责任公司。

本部分主要起草人：胡瑞琳、王晓慧、魏而巍。

数控升降台铣床检验条件　精度检验
第2部分：立式铣床

1　范围

GB/T 21948的本部分规定了数控立式升降台铣床的几何精度检验、定位精度检验和工作精度检验的要求及方法。

本部分适用于工作台面宽度200 mm～500 mm一般用途的数控立式升降台铣床。

2　规范性引用文件

下列文件中的条款通过GB/T 21948的本部分的引用而成为本部分的条款。凡是注日期的引用文件，其随后所有的修改单(不包括勘误的内容)或修订版均不适用于本部分，然而，鼓励根据本部分达成协议的各方研究是否可使用这些文件的最新版本。凡是不注日期的引用文件，其最新版本适用于本部分。

GB/T 17421.1—1998　机床检验通则　第1部分：在无负荷或精加工条件下机床的几何精度(eqv ISO 230-1：1996)

GB/T 17421.2—2000　机床检验通则　第2部分：数控轴线的定位精度和重复定位精度的确定(eqv ISO 230-2：1997)

GB/T 19660—2005　工业自动化系统与集成　机床数值控制　坐标系和运动命名(ISO 841：2001，IDT)

3　一般要求

3.1　测量单位

本部分中所有线性尺寸均用毫米(mm)表示；角度偏差主要用比值表示；在有些情况下为了清晰，也用微弧度(μrad)和角秒(″)为单位表示。其换算关系见下式：

$$0.01/1\,000 = 10\times10^{-6} = 10\ \mu\text{rad} \approx 2''$$

3.2　安装水平

使用本部分时应按GB/T 17421.1—1998，尤其是机床检验前的安装、主轴和其他运动部件的空运转升温、测量方法和检验工具的推荐精度。

按GB/T 17421.1—1998中3.1调整机床安装水平。将工作台置于行程的中间位置。在工作台中央放置水平仪。水平仪在纵向和横向的读数均不超过0.04/1 000。

3.3　检验顺序

本部分规定的检验顺序并不表示实际检验顺序。为了使装拆检验工具和检验方便起见，可按任意次序进行检验。

3.4　检验项目

检验机床时，根据结构特点并不是必须检验本部分中的所有项目。为了验收目的而要求检验时，可由用户取得制造厂同意选择一些感兴趣的检验项目，但这些检验项目必须在机床订货时明确提出。

3.5　检验工具

本部分所规定的检验工具仅为例子，可以使用相同指示量或具有至少相同精度的其他检验工具。指示器应具有0.001 mm或更高的分辨率。

3.6 工作精度检验

工作精度检验应在精加工后进行。

3.7 最小公差值

当实测长度与本部分规定的长度不同时，允差应按 GB/T 17421.1—1998 中 2.3.1.1 的规定，按能够测量的长度折算。折算结果小于 0.005 mm 时，仍按 0.005 mm 计。

3.8 轴线及运动方向命名

机床的轴线及运动方向命名应符合 GB/T 19660—2005 的规定。

4 几何精度检验

4.1 运动轴线

G1

检验项目

升降台垂直移动的直线度（*W* 轴）：

a）在机床的横向垂直平面内（*YZ* 平面）；

b）在机床的纵向垂直平面内（*ZX* 平面）

简图

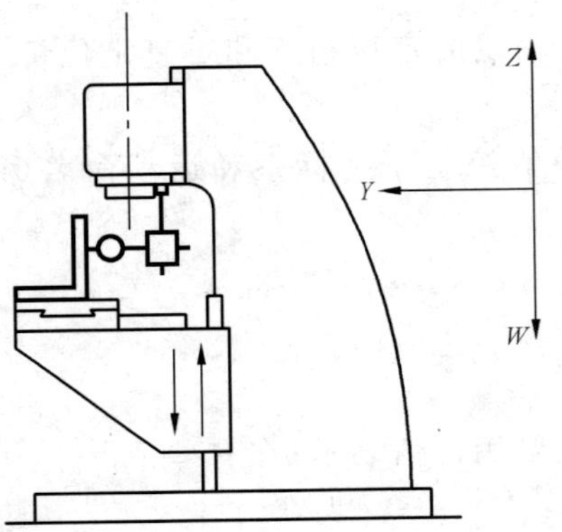

a）

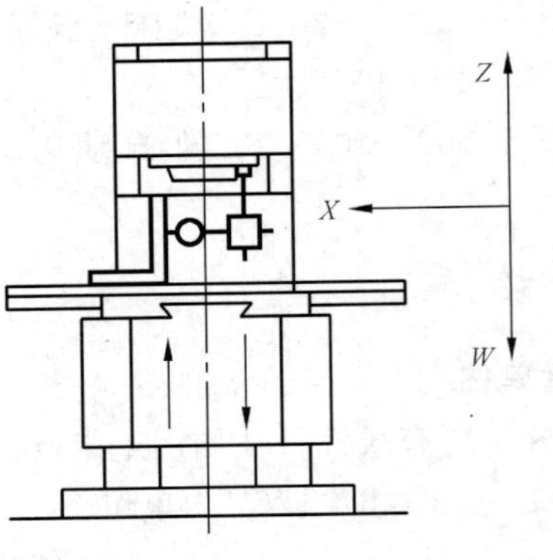

b）

允差

a）和 b）在任意 300 测量长度上为 0.015

检验工具

指示器和角尺

检验方法（按 GB/T 17421.1—1998 中 5.2.3.2.1.1）

用角尺的垂直边代替平尺。

调整角尺，使其在测量长度两端的读数相等。

工作台位于行程的中间位置。

如果主轴可以锁紧，可将指示器固定在主轴上。如果主轴不能锁紧，应将指示器装在机床的一个固定部件上。

误差以指示器读数的最大差值计

检验项目 G2

滑座横向移动(*Y* 轴)对工作台纵向移动(*X* 轴)的垂直度

简图

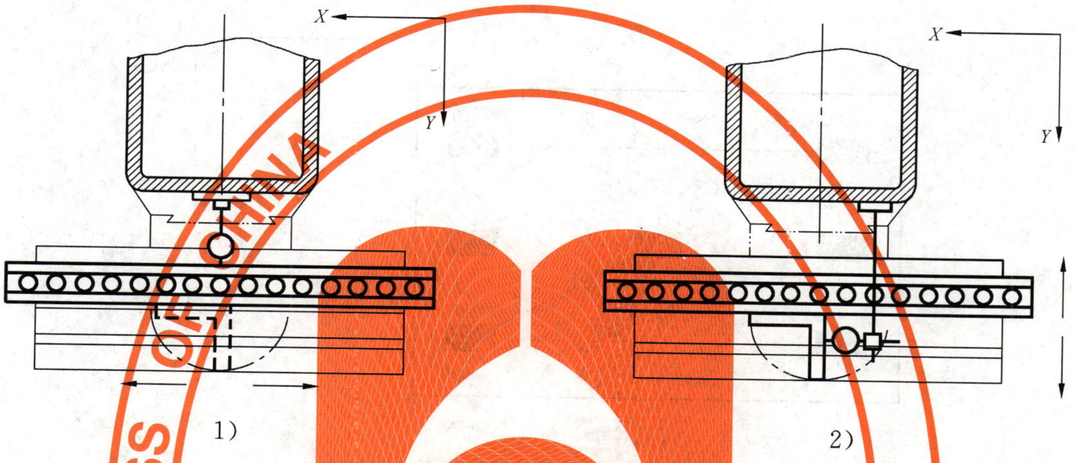

允差

0.018/300

检验工具

平尺、指示器和角尺

检验方法(按 GB/T 17421.1—1998 中 5.5.2.2.4)

1) 将平尺放在工作台面上,并使其检验面与工作台纵向移动(*X* 轴)平行;将角尺紧贴平尺。这项检验也可以不用平尺,而使角尺的长端与 *X* 轴线平行。

2) 横向移动滑座检验。

如果主轴可以锁紧,可将指示器固定在主轴上。如果主轴不能锁紧,应将指示器装在机床的一个固定部件上。

误差以指示器读数的最大差值计

4.2 工作台

G3

检验项目

工作台面的平面度

简图

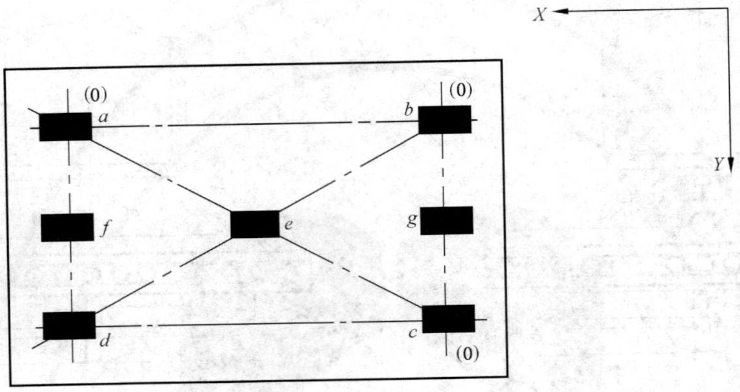

允差

1 000 测量长度内为 0.04（仅允许凹）；

工作台长度每增加 1 000，允差值增加 0.005；

最大允差值为 0.05；

局部公差：在任意 300 测量长度上为 0.02

检验工具

精密水平仪或平尺和量块

检验方法（按 GB/T 17421.1—1998 中 5.3.2.2 和 5.3.2.3）

将工作台（X 轴）和横向滑座（Y 轴）置于中间位置。

注：简图中的字母顺序与 GB/T 17421.1—1998 中图 41 的字母顺序相同。

误差以读数的最大差值计

检验项目 G4

a）工作台面与滑座横向移动（Y 轴）在 YZ 垂直平面内的平行度；

b）工作台面与工作台纵向移动（X 轴）在 ZX 垂直平面内的平行度

简图

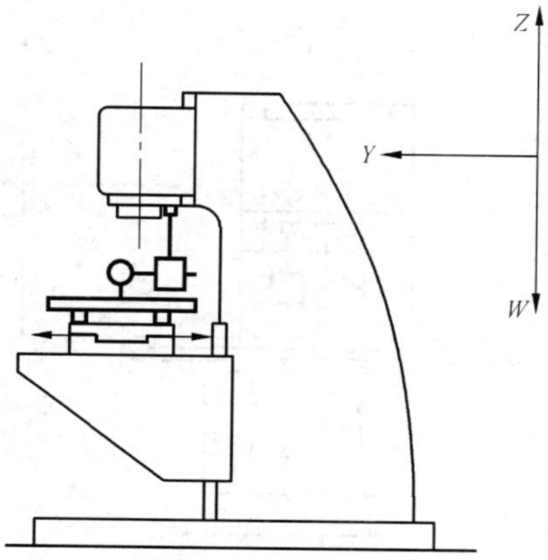

a）

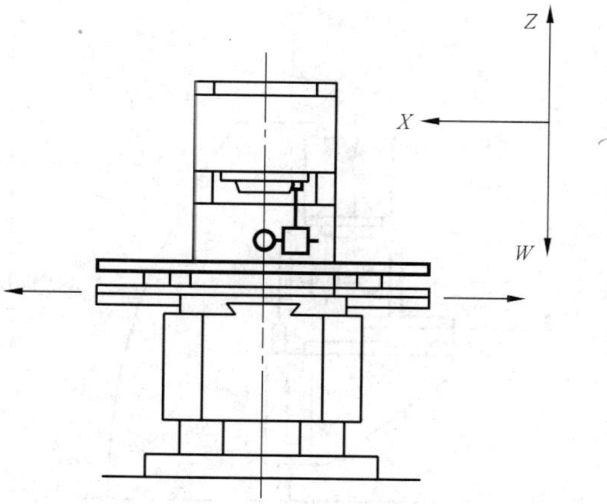

b）

允差

a)和 b)在任意 300 测量长度上为 0.022；最大允差值为 0.045

检验工具

平尺、指示器和量块

检验方法（按 GB/T 17421.1—1998 中 5.4.2.2.1）

指示器测头应近似地放在刀具的切削位置上。

在与工作台面平行放置的平尺上测量。

当工作台长度大于 1 600 mm 时，采用逐步移动平尺的方法进行检验。

如果主轴可以锁紧，可将指示器固定在主轴上，如果主轴不能锁紧，应将指示器装在机床的一个固定部件上。

a)、b)误差分别计算。误差以指示器读数的最大差值计

G5

检验项目

工作台面与升降台垂直移动(W 轴)的垂直度：

a) 在机床的横向垂直平面内(YZ 平面)；

b) 在机床的纵向垂直平面内(XZ 平面)

简图

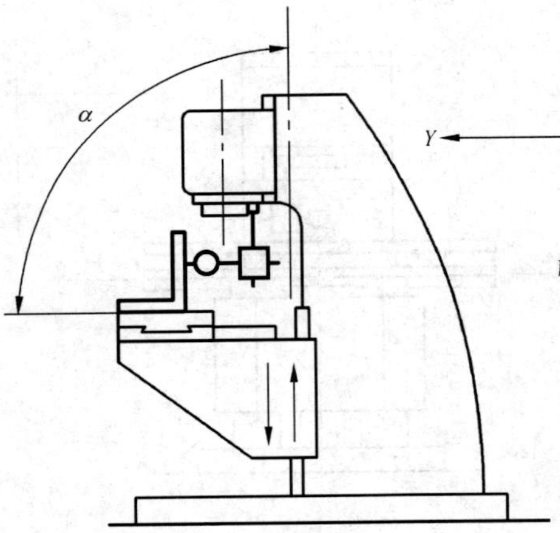

a)

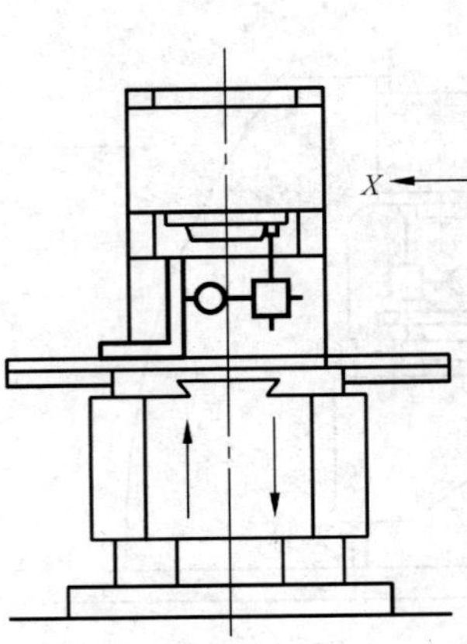

b)

允差

a) 0.022/300，$\alpha \leqslant 90°$；

b) 0.022/300

检验工具

指示器和角尺

检验方法(按 GB/T 17421.1—1998 中 5.5.2.2.2)

检验时工作台位于行程的中间位置。

如果主轴可以锁紧，可将指示器固定在主轴上，如果主轴不能锁紧，应将指示器装在机床的一个固定部件上。

a)、b)误差分别计算。误差以指示器读数的最大差值计

检验项目	G6

工作台面与主轴箱滑板垂直移动(Z轴)的垂直度：

a) 在机床的横向垂直平面内(YZ 平面)；

b) 在机床的纵向垂直平面内(ZX 平面)

简图

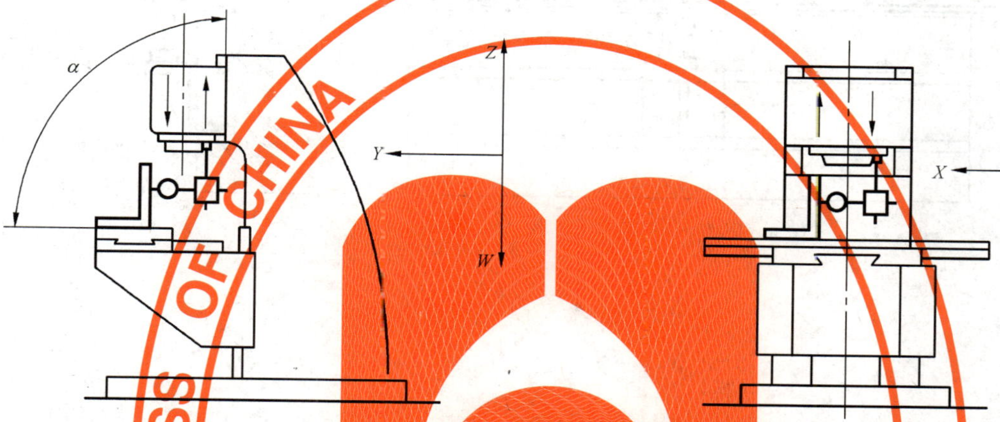

a) b)

允差

a) 0.020/300，$\alpha \leqslant 90°$；

b) 0.020/300

检验工具

指示器和角尺

检验方法(按 GB/T 17421.1—1998 中 5.5.2.2.2)

检验时工作台位于行程的中间位置。

如果主轴可以锁紧，可将指示器固定在主轴上，如果主轴不能锁紧，应将指示器装在机床的一个固定部件上。

a)、b)误差分别计算。误差以指示器读数的最大差值计

G7

检验项目

工作台中央或基准 T 形槽的直线度

简图

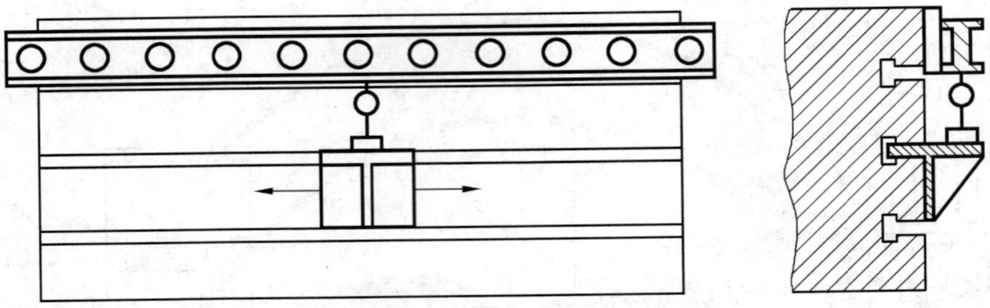

允差

在任意 500 测量长度上为 0.01；

最大允差值为 0.03

检验工具

平尺、指示器和滑块或钢丝和显微镜或自准直仪

检验方法（按 GB/T 17421.1—1998 中 5.2.1.2;5.2.1.2.1 和 5.2.1.2.2.3）

可将平尺直接放在工作台面上检验。

T 形槽两侧面均应检验。

误差以指示器读数的最大差值计

检验项目 中央或基准 T 形槽与工作台纵向移动(*X* 轴)的平行度	G8

简图

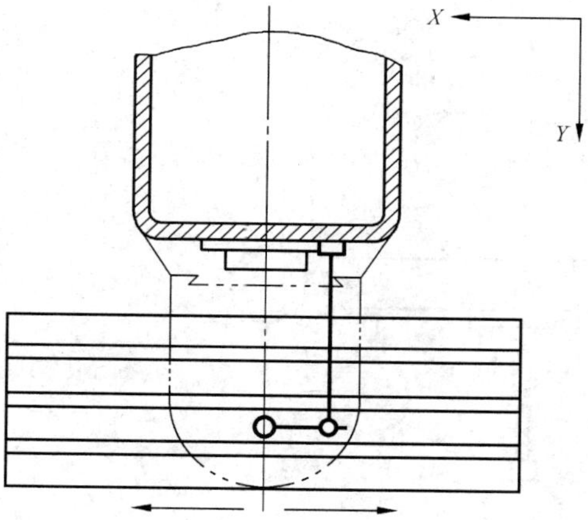

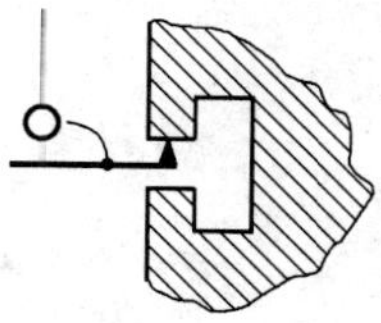

允差

在任意 300 测量长度上为 0.015；

最大允差值为 0.04

检验工具

指示器

检验方法（按 GB/T 17421.1—1998 中 5.4.2.2.1 和 5.4.2.2.2.1）

锁紧横向滑座(*Y* 轴)和升降台(*W* 轴)。

如果主轴可以锁紧，可将指示器固定在主轴上，如果主轴不能锁紧，应将指示器装在机床的一个固定部件上。

T 形槽两侧面均应检验。

误差以指示器读数的最大差值计

4.3 **主轴**

G9

检验项目

a) 主轴定心轴颈的径向跳动(用于有定心轴颈的机床);

b) 周期性轴向窜动;

c) 主轴轴肩支承面的跳动(包括周期性轴向窜动)

简图

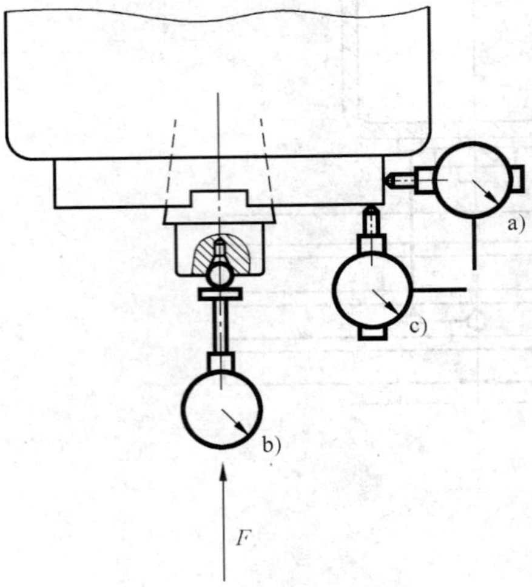

允差

a) 0.01;

b) 0.01;

c) 0.02

检验工具

指示器和专用检验棒

检验方法(按 GB/T 17421.1—1998 中)

a) 5.6.1.2.2;

b) 5.6.2.2.1 和 5.6.2.2.2;

c) 5.6.3.2。

固定指示器,使其测头分别触及:a)主轴定心轴颈表面;b)插入主轴锥孔的专用检验棒的端面中心处;c)主轴轴肩支承面靠近边缘处。旋转主轴检验。

a)、b)、c)误差分别计算。误差以指示器读数的最大差值计。

b)、c)项检验时,对已消除轴向游隙的主轴,可不加力,否则应沿主轴轴线加一个由制造厂规定的力 F

检验项目 主轴锥孔轴线的径向跳动： a）靠近主轴端部； b）距主轴端部 300 mm 处	G10

简图

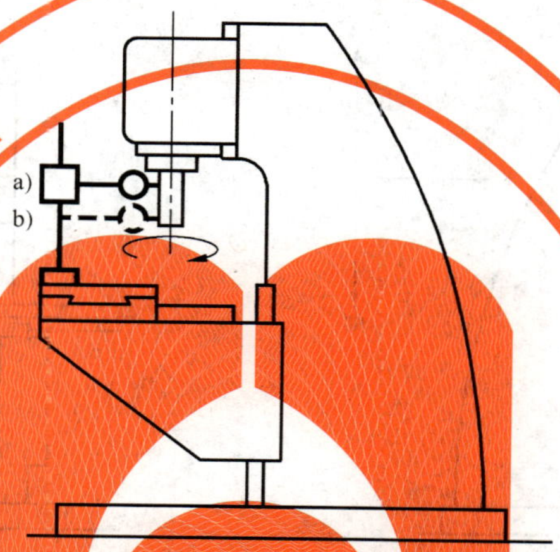

允差

a）0.01；

b）0.02

检验工具

指示器和检验棒

检验方法（按 GB/T 17421.1—1998 中 5.6.1.2.3）

在主轴锥孔中插入检验棒。固定指示器，使其测头触及检验棒表面。旋转主轴检验。

拔出检验棒，相对主轴旋转 90°重新插入主轴锥孔中，依次重复检验 3 次。

a）、b）误差分别计算。误差以 4 次测量结果的算术平均值计

G11

检验项目

主轴轴线对工作台面的垂直度：

a）在机床的横向垂直平面内（YZ 平面）；

b）在机床的纵向垂直平面内（ZX 平面）

简图

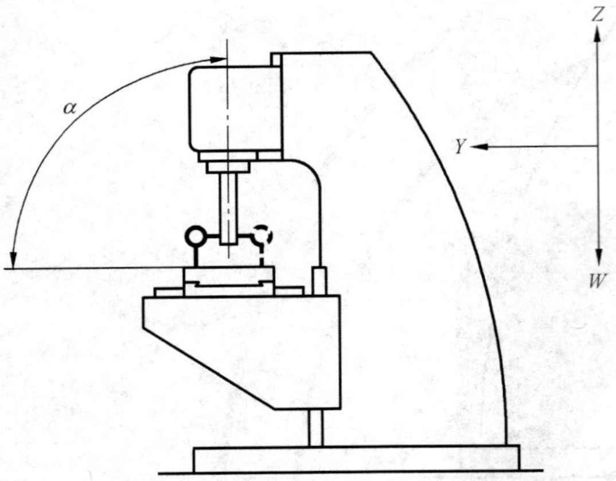

a）

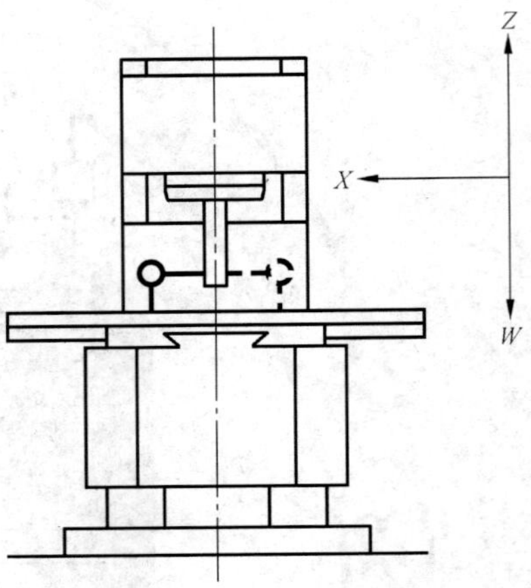

b）

允差

a）0.025/300，$\alpha \leqslant 90^\circ$；

b）0.025/300

检验工具

指示器和检验棒

检验方法（按 GB/T 17421.1—1998 中 5.5.1.2.1 和 5.5.1.2.4.2）

工作台位于纵向行程的中间位置。升降台处于上升状态。

指示器装在插入主轴锥孔中的检验棒上，使其测头触及工作台面。

a）在机床的横向垂直平面内；

b）在机床的纵向垂直平面内。旋转主轴检验。

拔出检验棒，旋转 180°，插入主轴锥孔中，重复检验一次。

a）、b）误差分别计算。误差以两次测量结果的代数和之半计

5 定位精度检验

检验项目 P1

线性轴线的定位精度

简图

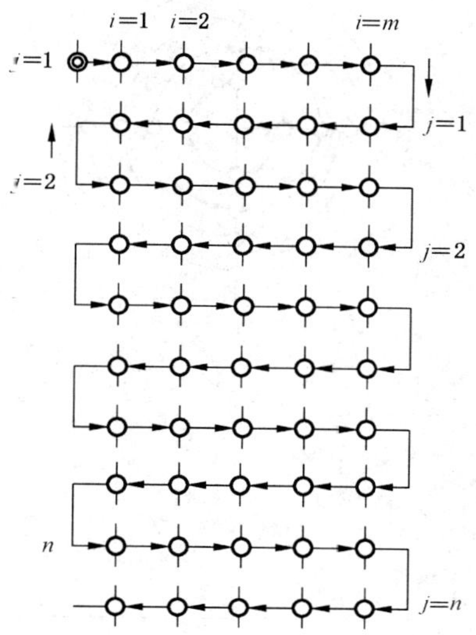

允差

轴线行程	≤500	>500～800	>800～1 250	>1 250～2 000
双向定位精度 A	0.025	0.032	0.042	0.055
双向重复定位精度 R	0.015	0.018	0.020	0.025
轴线反向差值 B	0.010	0.012	0.012	0.015
平均双向位置偏差范围 M	0.012	0.015	0.020	0.025

检验工具

激光干涉仪或具有类似精度的其他测量系统

检验方法（按 GB/T 17421.2—2000）

非检测轴线上的运动部件均置于其行程的中间位置。滑动主轴、滑枕等，当它们是辅助轴线时，应保持缩回位置。

在轴线的全行程上以 300 mm/min～500 mm/min 的进给速度移动运动部件。

每个线性轴线均需检验

P2

检验项目

回转轴线的定位精度

简图

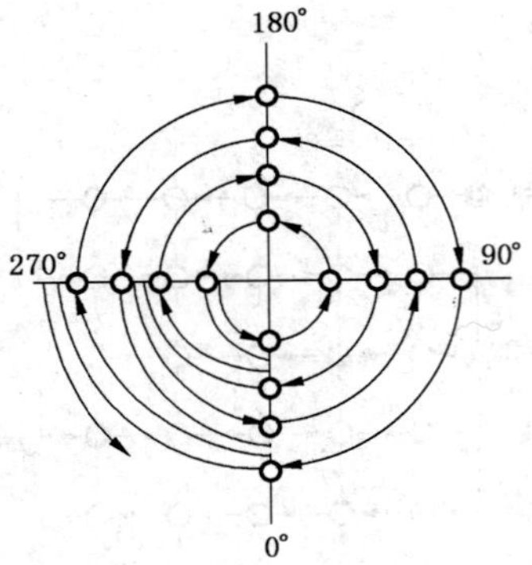

允差

双向定位精度 A	28″
双向重复定位精度 R	16″
轴线反向差值 B	12″
平均双向位置偏差范围 M	12″

检验工具

带分度工作台的激光角度干涉仪，带多面体的自准直仪，或具有类似精度的其他测量系统

检验方法（按 GB/T 17421.2—2000）

非检测轴线上的运动部件均置于其行程的中间位置。滑动主轴、滑枕等，当它们是辅助轴线时，应保持缩回位置。

每个回转轴线均需检验

6 工作精度检验

检验性质 M1

a）用工作台纵向机动和滑座横向手动进给铣削 A 面，接刀处重叠 5 mm～10 mm；

b）用工作台纵向机动和滑座横向机动及升降台垂向手动进给铣削 B、C 和 D 面

简图和试件尺寸

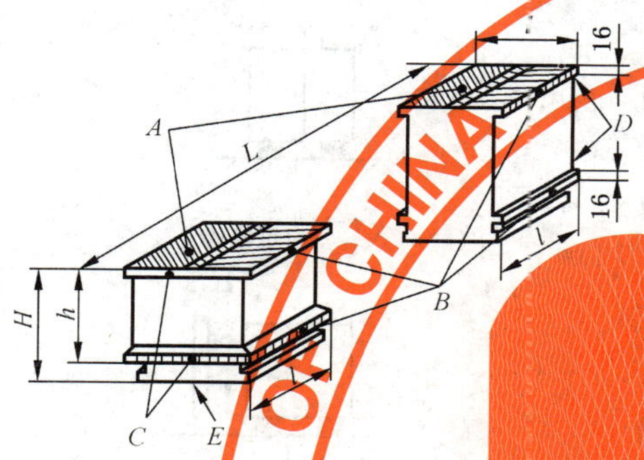

L 为试件的长度或两试件外侧面之间的距离，$L=1/2$ 纵向行程；

$l=h=1/8$ 纵向行程；

$L\leqslant500$ 时，$l_{max}=100$；

$500<L\leqslant1\,000$ 时，$l_{max}=150$；

$L>1\,000$ 时，$l_{max}=200$；

$l_{min}=50$。

注 1：纵向行程≥400：切削一个或两个试件，纵向行程应超过两端试件的长度。

注 2：纵向行程<400：切削一个试件，纵向切削应超过试件的全长。

注 3：材料：铸铁。

切削条件

a）用套式面铣刀；b）用同样的铣刀进行滚铣

检 验 项 目	允 差
a_1）每个试件 B 面的平面度	0.02
a_2）试件的等高度	0.03
b）C 和 B 面、D 和 B 面的相互垂直度及 B、C、D 面分别对 A 面的垂直度	0.02/100

检验工具

a_1）平板和指示器；a_2）千分尺；b）角尺和量块

说明（按 GB/T 17421.1—1998 中 4.1 和 4.2）

试切前应确保 E 面平直。

切削试件应沿工作台纵向轴线放置，使长度 L 相等地分布在工作台中心的两边。

注：须经用户与供应商或制造厂协商同意，简图所示的试件方可用具有完整侧面的较简单形状的试件来代替，但至少要与图示试件的检验具有相同的精度。

铣刀应装在刀杆上刃磨，安装时应符合下列公差：

1）径向跳动：≤0.02 mm；

2）端面跳动：≤0.03 mm。

切削时所有非工作滑动面均应锁紧

M2

检验性质

用 X、Y 坐标的直线插补，对 A、B、C、D 四周面进行精铣

简图和试件尺寸

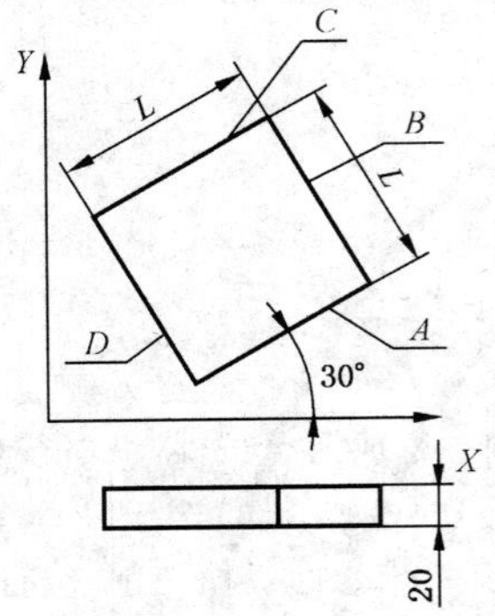

工作台面宽度为 200～320，
L=110～120；
工作台面宽度＞320～500，
L=160～180。
试件材料：HT200。

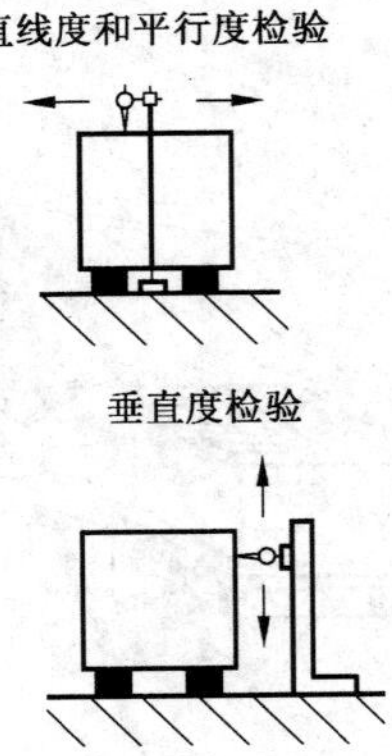

切削条件

采用立铣刀，切削深度 t≈0.1 mm

检　验　项　目	允　　差
a）四面的直线度	a）在 100 测量长度上 0.01
b）相对面间的平行度	b）在 100 测量长度上 0.02
c）相邻两面间的垂直度	c）0.020/100

检验工具

a）平板和指示器；b）平板和指示器；c）平板、角尺和指示器

说明（按 GB/T 17421.1—1998 中 4.1 和 4.2）

试切前应确保试件安装基准面的平直。

试件安装在工作台的中间位置，使其一个加工面与 X 坐标成 30°角。

在平板上放两个垫块，试件放在其上。固定指示器，使其测头触及被检验面。调整垫块，使指示器在试件两端的读数相等。沿加工方向，按测量长度，在平板上移动指示器进行检验。直线度误差以指示器在各面上读数最大差值中的最大值计。

在平板上放两个垫块，试件放在其上。固定指示器，使其测头触及被检验面。沿加工方向，按测量长度，在平板上移动指示器进行检验。平行度误差以指示器在 A、C 面间和 B、D 面间读数最大差值中的较大值计。

在平板上放两个垫块，试件放在其上。固定角尺于平板上，再固定指示器，使其测头触及被检验面。沿加工方向，按测量长度，在角尺上移动指示器进行检验。垂直度误差以指示器在各面上读数最大差值中的最大值计

M3

检验性质

X、Y 坐标方向定位，按镗孔路线依次对四孔进行精镗

简图和试件尺寸

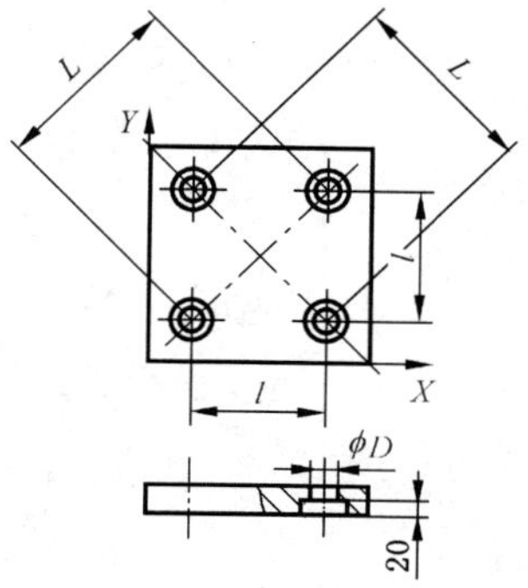

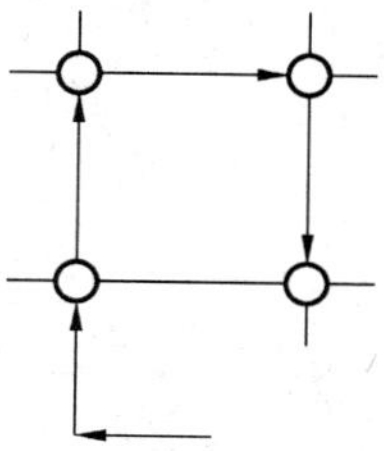

工作台面宽度为 200～320 时，
l=150，L=212.132，D=30～35；
工作台面宽度＞320～500 时，
l=200，L=282.843，D=40～45。
试件材料：HT200。

切削条件

硬质合金镗刀，切削深度 $t\approx0.1$ mm，进给量 $s\approx0.05$ mm/r

检验项目	允差
a) X、Y 坐标方向的孔距	a) 0.025(l=150)；0.032(l=200)
b) 对角线方向的孔距	b) 0.040(L=212.132)；0.045(L=282.843)

检验工具

测量长度仪或坐标测量机

说明(按 GB/T 17421.1—1998 中 3.1；3.2.2；4.1 和 4.2)

试切前应确保试件安装基准面的平直。

试件安装在工作台的中间位置。

分别在 X 和 Y 坐标方向测量两孔间的实际位置。X 和 Y 坐标方向的孔距误差以其与指令值的最大值计。

对角线方向的孔距可能对两孔进行实测，也可以通过测量孔的 X、Y 坐标值的方法经计算求得。对角线方向的孔距与理论值的最大差值计

M4

检验性质

用 X、Y 坐标的圆弧插补，对圆周面进行精铣

简图和试件尺寸

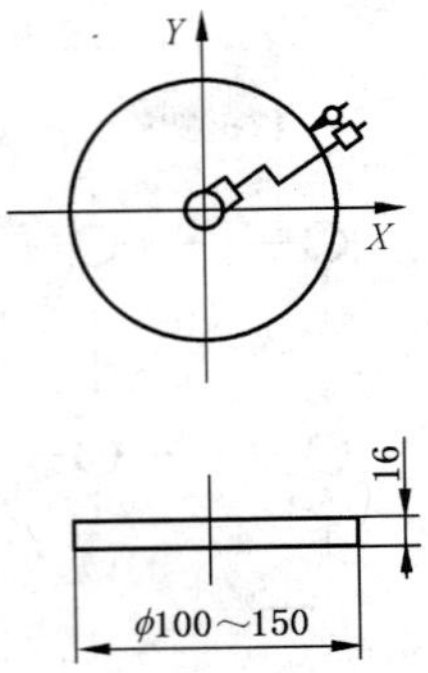

切削条件

采用立铣刀，切削深度 $t\approx0.1$ mm

检 验 项 目	允 差
圆 度	0.035

检验工具

指示器、专用检具或圆度仪

说明（按 GB/T 17421.1—1998 中 3.1；3.2.2；4.1 和 4.2）

试切前应确保试件安装基准面的平直。

试件安装在工作台的中间位置。

指示器固定在机床或测量仪的主轴上，使其测头触及外圆面。回转主轴，并进行调整，使指示器在任意两个相互垂直直径的两端的读数相等。旋转主轴一周进行检验。误差以指示器读数的最大差值计

ICS 25.080.20
J 54

中华人民共和国国家标准

GB/T 21949.1—2008

数控万能工具铣床　第1部分:精度检验

CNC universal tool milling machines—Part 1:Testing of the accuracy

2008-06-03 发布　　　　2009-01-01 实施

中华人民共和国国家质量监督检验检疫总局
中国国家标准化管理委员会　发布

前　言

GB/T 21949《数控万能工具铣床》分为以下两部分：

——第1部分：精度检验；

——第2部分：技术条件。

本部分为GB/T 21949的第1部分。

本部分由中国机械工业联合会提出。

本部分由全国金属切削机床标准化技术委员会(SAC/TC 22)归口。

本部分起草单位：昆明铣床厂。

本部分主要起草人：韩玉稳、谭肇康。

数控万能工具铣床　第1部分:精度检验

1　范围

GB/T 21949的本部分规定了数控万能工具铣床的几何精度、定位精度和工作精度检验的要求及检验方法。

本部分适用于水平(万能、数控回转)工作台面宽度200 mm～630 mm一般用途的普通级和精密级精度的数控万能工具铣床。

2　规范性引用文件

下列文件中的条款通过GB/T 21949的本部分的引用而成为本部分的条款。凡是注日期的引用文件,其随后所有的修改单(不包括勘误的内容)或修订版均不适用于本部分,然而,鼓励根据本部分达成协议的各方研究是否可使用这些文件的最新版本。凡是不注日期的引用文件,其最新版本适用于本部分。

GB/T 17421.1—1998　机床检验通则　第1部分:在无负荷或精加工条件下机床的几何精度(eqv ISO 230-1:1996)

GB/T 17421.2—2000　机床检验通则　第2部分:数控轴线的定位精度和重复定位精度的确定(eqv ISO 230-2:1997)

GB/T 19660—2005　工业自动化系统与集成　机床数值控制　坐标系和运动命名(ISO 841:2001,IDT)

3　一般要求

3.1　测量单位

本部分中所有线性尺寸均用毫米(mm)表示;角度偏差主要用比值表示。在有些情况下为了清晰,也用微弧度(μrad)或角秒(″)表示。其换算关系见下式:

$$0.010/1\,000 = 10\ \mu\text{rad} \approx 2''$$

3.2　安装水平

按GB/T 17421.1—1998中3.1调整机床安装水平。将工作台置于行程的中间位置。在工作台中央放置水平仪。水平仪在纵向和横向的读数均不超过0.04/1 000。

3.3　检验顺序

本部分规定的检验顺序并不表示实际检验顺序。为了使装拆检验工具和检验方便起见,可按任意次序进行检验。

3.4　检验项目

检验机床时,根据结构特点并不是必须检验本部分中的所有项目。为了验收目的而要求检验时,可由用户取得制造厂同意选择一些感兴趣的检验项目,但这些检验项目必须在机床订货时明确提出。

与水平工作台相关的检验项目仅在使用水平工作台的第Ⅰ安装基面安装的情况下检验。

3.5　检验工具

本部分所规定的检验工具仅为例子,可以使用相同指示量或具有至少相同精度的其他检验工具。指示器应具有0.001 mm或更高的分辨率。

3.6　工作精度检验

工作精度检验应在精加工后进行。

3.7 最小公差

当实测长度与本部分规定的长度不同时，允差应按 GB/T 17421.1—1998 中 2.3.1.1 的规定，按能够测量的长度折算。折算结果小于 0.005 mm 时，仍按 0.005 mm 计。

3.8 检验方向

平行于工作台 T 形槽的方向称为纵向，垂直于纵向的水平方向称为横向。

3.9 检验平面

平行于纵向的直立平面称为纵向平面，垂直于纵向平面的直立平面称为横向平面。

3.10 主机带万能工作台式的机床检验

注有“（万能）”的检验项目仅适用于主机为带万能工作台式的机床。

4 部件及运动轴线名称

机床的运动轴线及运动方向命名应符合 GB/T 19660—2005 的规定。

机床部件及运动轴线的名称见图 1。

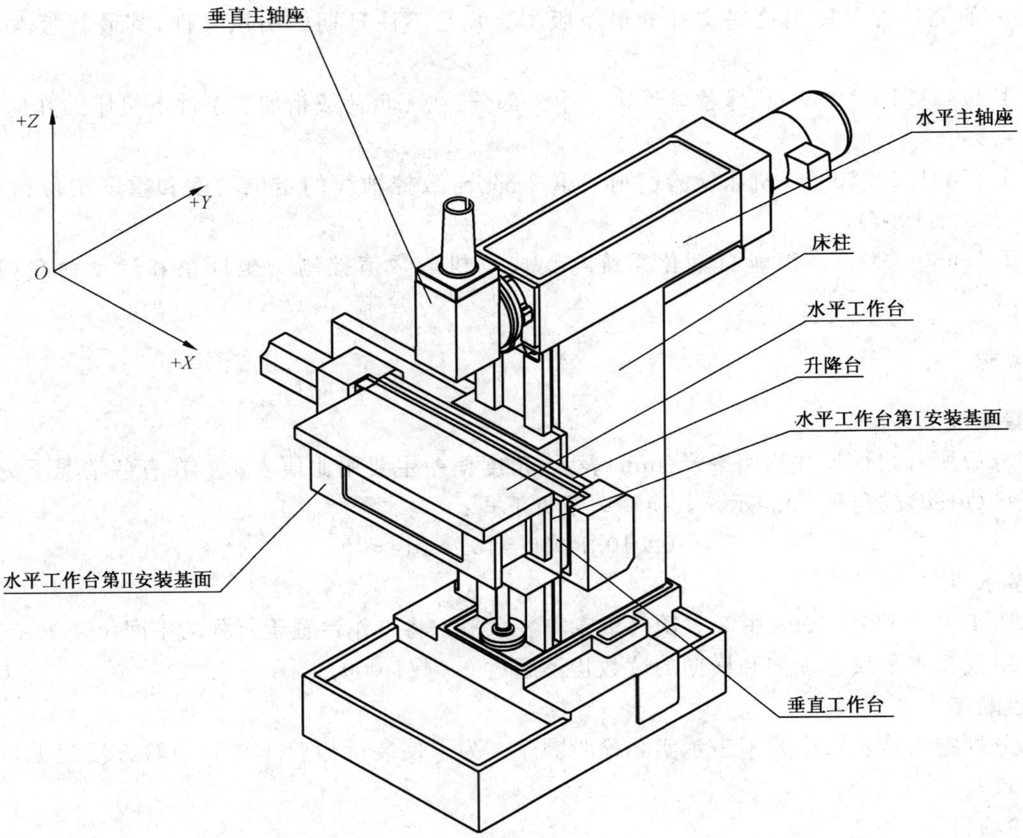

图 1

5 几何精度检验

检验项目 G1

水平(万能、数控回转)工作台面的平面度

简图

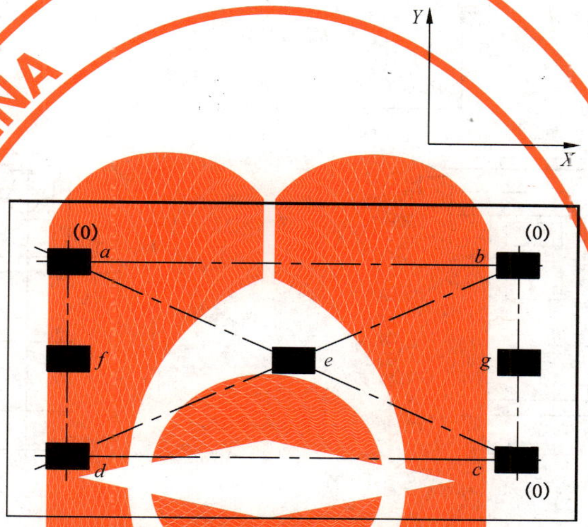

允差

普通级	精密级
在 1 000 测量长度内为 0.040; 长度每增加 1 000,允差值增加 0.005; 局部公差:在任意 300 测量长度上为 0.020	在 1 000 测量长度内为 0.030; 长度每增加 1 000,允差值增加 0.005; 局部公差:在任意 300 测量长度上为 0.015

检验工具

量块、平尺或精密水平仪

检验方法(按 GB/T 17421.1—1998 中 5.3.2.2、5.3.2.3)

水平(万能、数控回转)工作台置于其纵、横和垂向行程的中间位置。

注:简图中的字母顺序与 GB/T 17421.1—1998 中图 41 的字母顺序相同。

误差以读数的最大差值计

G2

检验项目

升降台垂向(*Z* 轴线)移动的直线度:

a) 在横向平面(*YZ*)内;

b) 在纵向平面(*XZ*)内

简图

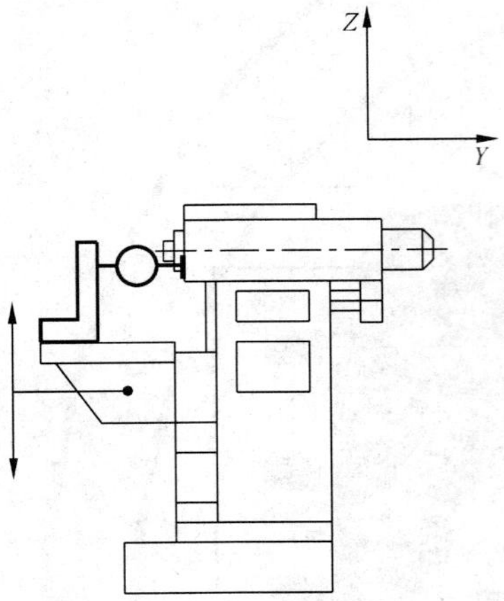

a)

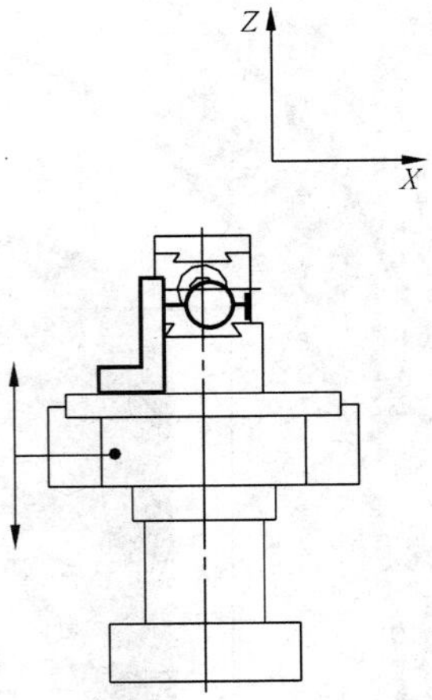

b)

允差

普通级	精密级
a)和 b)在 300 测量长度上为 0.020	a)和 b)在 300 测量长度上为 0.012

检验工具

指示器、角尺

检验方法(按 GB/T 17421.1—1998 中 5.2.3.2.1.1)

水平(万能、数控回转)工作台置于其纵、横向行程的中间位置。

角尺放在工作台面上:a)在横向平面(*YZ*)内;b)在纵向平面(*XZ*)内。固定指示器,使其测头触及角尺检验面。调整角尺,使指示器读数在行程的两端相等。移动升降台在全行程上检验。

a)、b)误差分别计算。

误差以指示器读数的最大代数差值计

检验项目	G3

水平(万能、数控回转)工作台面对床柱垂向(Z 轴线)导轨面的垂直度:

a) 在横向平面(YZ)内;

b) 在纵向平面(XZ)内

简图

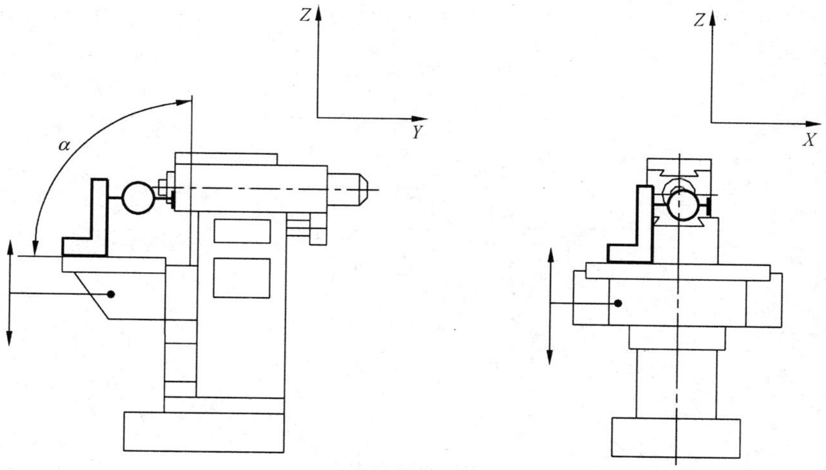

a)　　　　　　　　b)

允差

普通级	精密级
a) 在任意 300 测量长度上为 0.020,$\alpha \leqslant 90°$; b) 在任意 300 测量长度上为 0.020	a) 在任意 300 测量长度上为 0.012,$\alpha \leqslant 90°$; b) 在任意 300 测量长度上为 0.012

检验工具

指示器、角尺

检验方法(按 GB/T 17421.1—1998 中 5.5.2.2.2)

水平(万能、数控回转)工作台置于其纵、横向行程的中间位置。

角尺放在工作台面上:a)在横向平面(YZ)内;b)在纵向平面(XZ)内。固定指示器,使其测头触及角尺检验面。移动升降台,在行程的中间和接近行程上、下极限的三个位置上检验。

a)、b)误差分别计算。

误差以指示器读数的最大差值计

G4

检验项目

垂直工作台对升降台垂向(Z 轴线)移动的平行度

简图

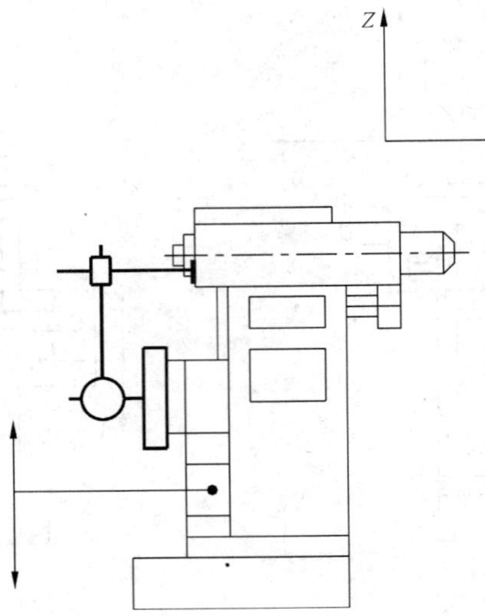

允差

普通级	精密级
在任意 300 测量长度上为 0.020(工作台面上端只应倾向床柱)	在任意 300 测量长度上为 0.012(工作台面上端只应倾向床柱)

检验工具

指示器、专用平尺

检验方法(按 GB/T 17421.1—1998 中 5.4.2.2.2.1)

垂直工作台置于其纵向行程的中间位置。

在工作台面的中间位置沿垂向固定专用平尺。固定指示器,使其测头触及平尺检验面,移动升降台在全行程上检验。

误差以指示器读数的最大差值计

G5

检验项目

垂直工作台面对工作台纵向（*X* 轴线）移动的平行度

简图

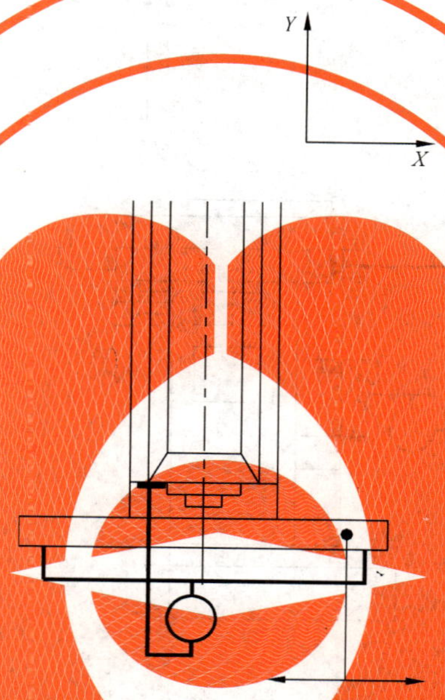

允差

普通级	精密级
在任意 300 测量长度上为 0.015； 在全长上为 0.030	在任意 300 测量长度上为 0.010； 在全长上为 0.020

检验工具

指示器、专用平尺

检验方法（按 GB/T 17421.1—1998 中 5.4.2.2.2.1）

在垂直工作台面上沿纵向固定专用平尺。在纵向行程的中间位置固定指示器，使其测头触及平尺检验面。移动工作台在全行程上检验。

误差以指示器读数的最大差值计

G6

检验项目

垂直工作台定位T形槽下侧面对工作台纵向(X轴线)移动的平行度

简图

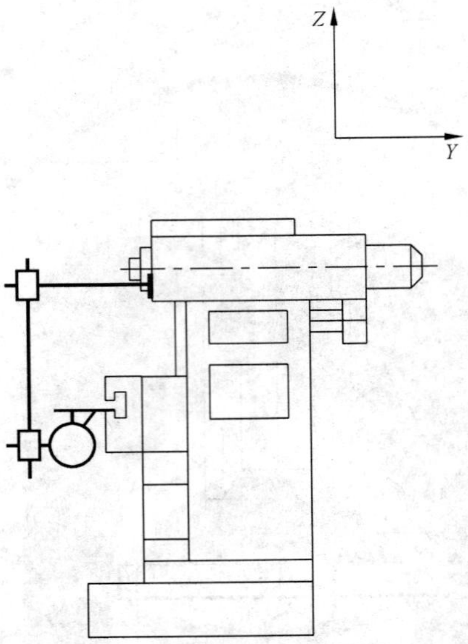

允差

普通级	精密级
在任意300测量长度上为0.015; 在全长上为0.030	在任意300测量长度上为0.012; 在全长上为0.025

检验工具

指示器

检验方法(按GB/T 17421.1—1998中5.4.2.2.1,5.4.2.2.2.1)

升降台置于其垂向行程的中间位置。

在纵向行程的中间位置固定指示器,使其测头触及T形槽下侧面。移动工作台在全行程上检验。

误差以指示器读数的最大差值计

检验项目	G7
水平主轴端部： a) 主轴定心轴颈的径向跳动(用于有定心轴颈的机床)； b) 周期性轴向窜动； c) 主轴轴肩支承面的跳动	

简图

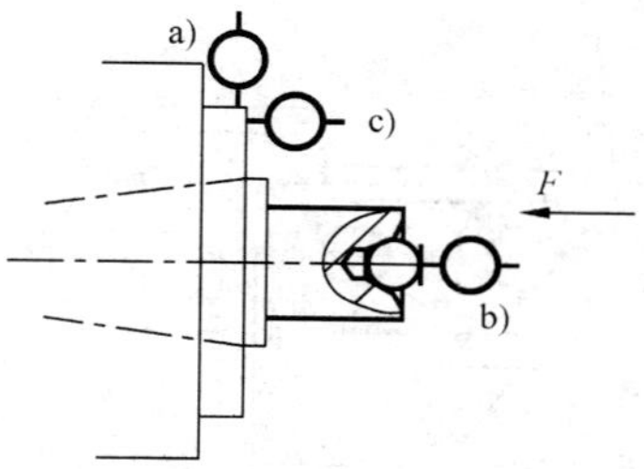

允差

普通级	精密级
a) 0.010； b) 0.010； c) 0.015	a) 0.006； b) 0.006； c) 0.010

检验工具

指示器、专用检验棒

检验方法[按 GB/T 17421.1—1998 中 a) 5.6.1.2.2，b)5.6.2.2.1，5.6.2.2.2，c)5.6.3.2]

固定指示器，使其测头触及：a)主轴定心轴颈表面；b)插入主轴锥孔中的专用检验棒端面中心处的钢球表面；c)主轴轴肩支承面靠近边缘处。旋转主轴检验。

a)、b)、c)误差分别计算。

误差以指示器读数的最大差值计。

b)、c)项检验时，应沿主轴轴线加一由制造厂规定的力 F(对已消除轴向游隙的主轴，可不加力)

G8

检验项目

水平主轴锥孔轴线的径向跳动：

a） 靠近主轴端面；

b） 距主轴端面 300 mm 处

简图

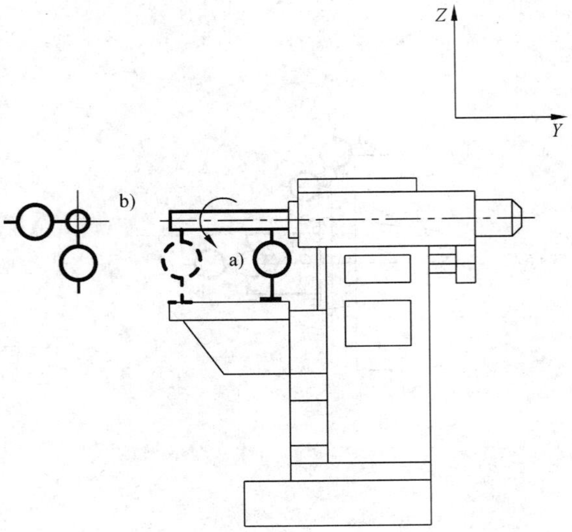

允差

普通级	精密级
a） 0.010； b） 0.020	a） 0.006； b） 0.012

检验工具

指示器、检验棒

检验方法（按 GB/T 17421.1—1998 中 5.6.1.2.3）

在主轴锥孔中插入检验棒。固定指示器，使其测头触及检验棒的表面：a）靠近主轴端面；b）距主轴端面 300 mm 处。旋转主轴检验。

拔出检验棒，相对主轴旋转 90°，重新插入主轴锥孔中，依次重复检验 3 次。

a）、b）误差分别计算。

误差以 4 次测量结果的算术平均值计。

在垂直（YZ）平面和水平（XY）面内均应检验

检验项目	G9
水平主轴座横向（*Y* 轴线）移动对水平（万能、数控回转）工作台纵向（*X* 轴线）移动的垂直度	

简图

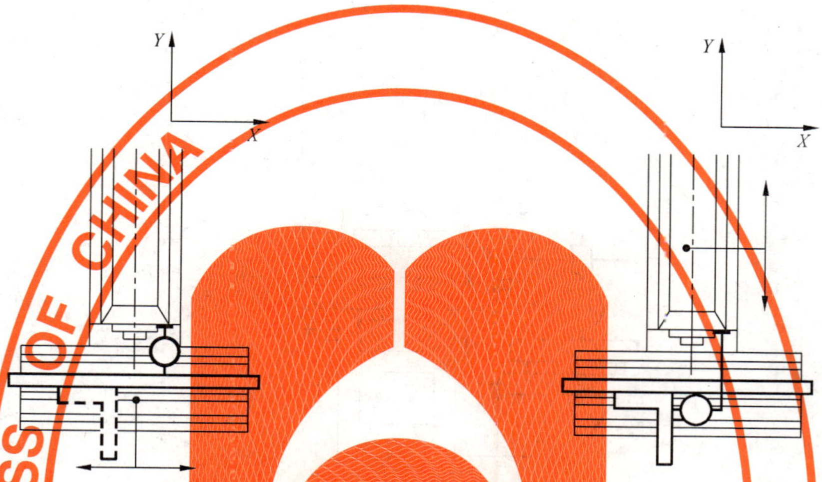

a)　　　　　　　　b)

允差

普通级	精密级
0.020/300	0.012/300

检验工具

指示器、角尺、平尺

检验方法（按 GB/T 17421.1—1998 中 5.5.2.2.4）

水平（万能、数控回转）工作台置于其横、垂向行程的中间位置。

a)　将平尺放在工作台面上，调整平尺，使其检验面和工作台纵向移动平行。角尺放在工作台面上，使其一检验面紧靠平尺。然后使工作台置于纵向行程的中间位置。

b)　固定指示器，使其测头触及角尺的另一检验面。移动水平主轴座在全行程上检验。

误差以指示器读数的最大差值计

G10

检验项目

水平主轴座横向(Y 轴线)移动对水平(万能、数控回转)工作台面的平行度

简图

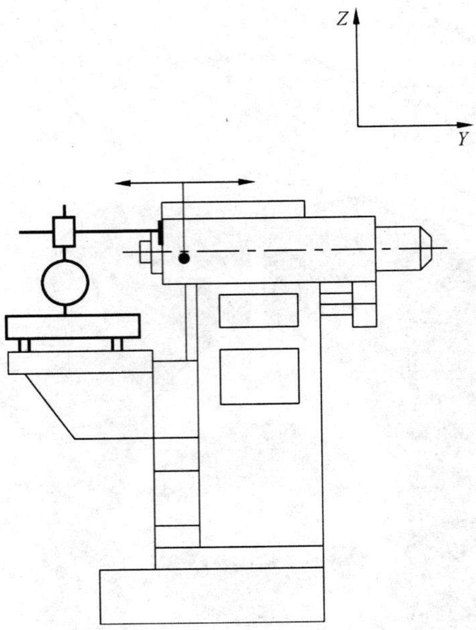

允差

普通级	精密级
在任意 300 测量长度上为 0.020; 在全长上为 0.030(水平主轴座负向移动时应倾向台面)	在任意 300 测量长度上为 0.012; 在全长上为 0.020(水平主轴座负向移动时应倾向台面)

检验工具

指示器、平尺、等高块

检验方法(按 GB/T 17421.1—1998 中 5.4.2.2.2.2)

水平(万能、数控回转)工作台置于其纵、横、垂向行程的中间位置。

在工作台面的中间沿横向放两个等高块,平尺放在等高块上。固定指示器,使其测头触及平尺检验面。移动水平主轴座在全行程上检验。

误差以指示器读数的最大差值计

检验项目	G11
水平(万能、数控回转)工作台面对工作台移动的平行度: a) 横向(Y 轴线,仅适用于万能工作台式的机床); b) 纵向(X 轴线)	

简图

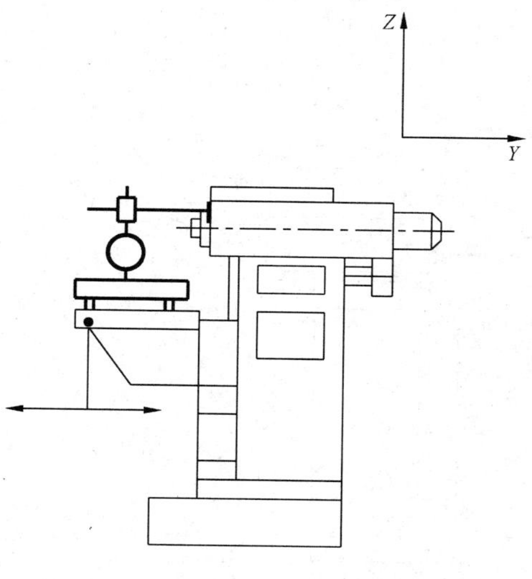

a)　　　　　　　　　　b)

允差

普通级	精密级
a) 在任意 300 测量长度上为 0.020; b) 在任意 300 测量长度上为 C.015,在全长上为 0.030	a) 在任意 300 测量长度上为 0.012; b) 在任意 300 测量长度上为 0.010,在全长上为 0.020

检验工具

指示器、平尺、等高块

检验方法(按 GB/T 17421.1—1998 中 5.4.2.2.2.1)

在水平(万能、数控回转)工作台面上放两个等高块,平尺放在等高块上:a)横向;b)纵向。分别在行程的中间位置固定指示器,使其测头触及平尺检验面。移动工作台在全行程上检验。

误差以指示器读数的最大差值计。

a) 项检验时,工作台置于其纵向行程的中间位置。

b) 项检验时,工作台置于其垂向行程的中间位置

G12

检验项目

水平主轴轴线对水平主轴座横向(*Y* 轴线)移动的平行度：

a) 在垂直平面(*YZ*)内；

b) 在水平面(*XY*)内

简图

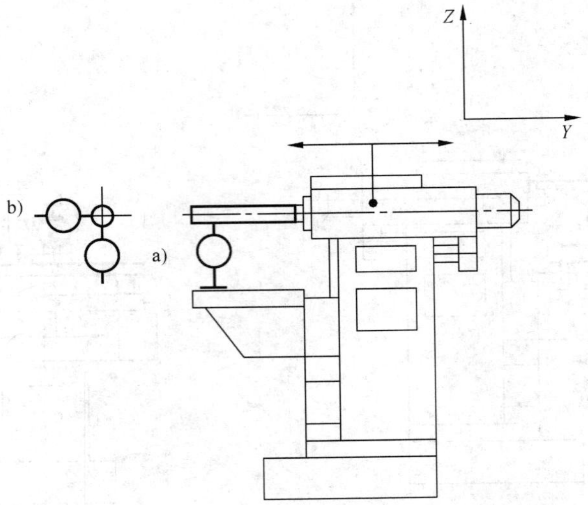

允差

普通级	精密级
a)及 b)在 300 测量长度上为 0.020	a)及 b)在 300 测量长度上为 0.012

检验工具

指示器、检验棒

检验方法(按 GB/T 17421.1—1998 中 5.4.2.2.2.3)

在主轴锥孔中插入检验棒。固定指示器，使其测头触及检验棒的表面：a)在垂直平面(*YZ*)内；b)在水平面(*XY*)内。移动水平主轴座在全行程上检验。

将主轴旋转 180°，重复检验一次。

a)、b)误差分别计算。

误差以两次测量结果的代数和之半计

检验项目

G13

水平主轴轴线对万能工作台横向(*Y* 轴线)移动的平行度(仅适用于带万能工作台式的机床)：

a) 在垂直平面(*YZ*)内；

b) 在水平面(*XY*)内

简图

允差

普通级	精密级
a) 在 300 测量长度上为 0.020(检验棒伸出端应向下)； b) 在 300 测量长度上为 0.020	a) 在 300 测量长度上为 0.012(检验棒伸出端应向下)； b) 在 300 测量长度上为 0.012

检验工具

指示器、检验棒

检验方法(按 GB/T 17421.1—1998 中 5.4.2.2.3)

万能工作台置于其纵、垂向行程的中间位置，水平主轴座置于其后极限位置。

在主轴锥孔中插入检验棒。将指示器固定在工作台面上，使其测头触及检验棒的表面：a)在垂直平面(*YZ*)内；b)在水平面(*XY*)内。移动工作台在全行程上检验。

将主轴旋转 180°，重复检验一次。

a)、b)误差分别计算。

误差以两次测量结果的代数和之半计

G14

检验项目

水平(万能、数控回转)工作台中央或基准T形槽对工作台纵向移动(X轴线)的平行度

简图

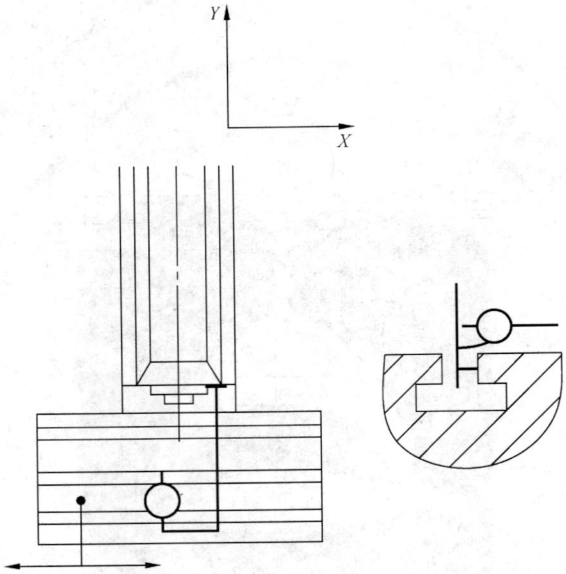

允差

普通级	精密级
在任意300测量长度上为0.015; 在全长上为0.030	在任意300测量长度上为0.012; 在全长上为0.025

检验工具

指示器

检验方法(按GB/T 17421.1—1998中5.4.2.2.1,5.4.2.2.2.1)

水平(万能、数控回转)工作台置于其横向及垂向行程的中间位置。

在纵向行程的中间位置固定指示器,使其测头触及T形槽侧面。移动工作台在全行程上检验。

T形槽两侧面均应检验。

误差以指示器读数的最大差值计

检验项目	G15

垂直主轴旋转轴线对水平(万能、数控回转)工作台面的垂直度：

a) 在横向平面(YZ)内；

b) 在纵向平面(XZ)内

简图

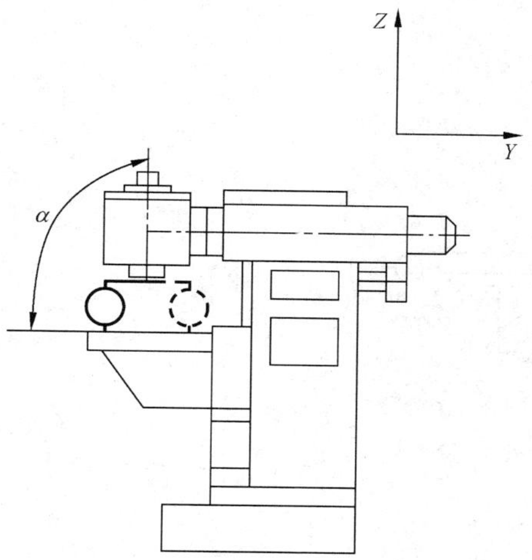

a)

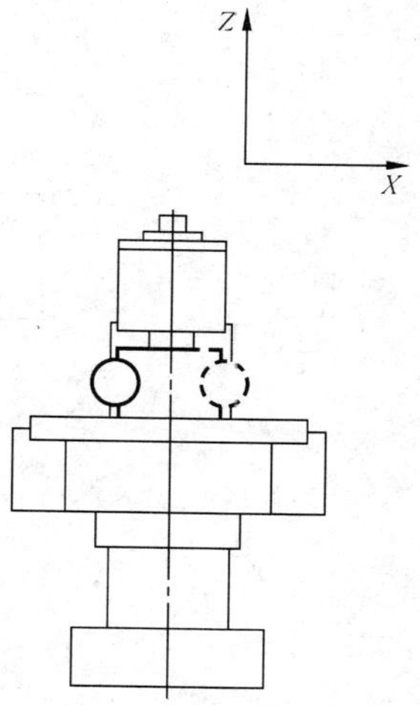

b)

允差

普通级	精密级
a) 0.020/300,$\alpha \leqslant 90°$； b) 0.020/300	a) 0.012/300,$\alpha \leqslant 90°$； b) 0.012/300

检验工具

指示器、专用检验棒

检验方法(按 GB/T 17421.1—1998 中 5.5.1.2.1,5.5.1.2.4.1)

工作台置于其纵、横、垂向行程的中间位置,主轴套筒锁紧。

指示器固定在插入主轴锥孔中的专用检验棒上,使其测头触及工作台面:a) 在横向平面(YZ)内；b)在纵向平面(XZ)内。旋转主轴检验。

拔出检验棒,旋转 180°,插入主轴锥孔中,重复检验一次。

a)、b)误差分别计算。

误差以两次测量结果的代数和之半计

检验项目	G16
垂直主轴端部： a) 主轴定心轴颈的径向跳动(用于有定心轴颈的机床)； b) 周期性轴向窜动； c) 主轴轴肩支承面的跳动	

简图

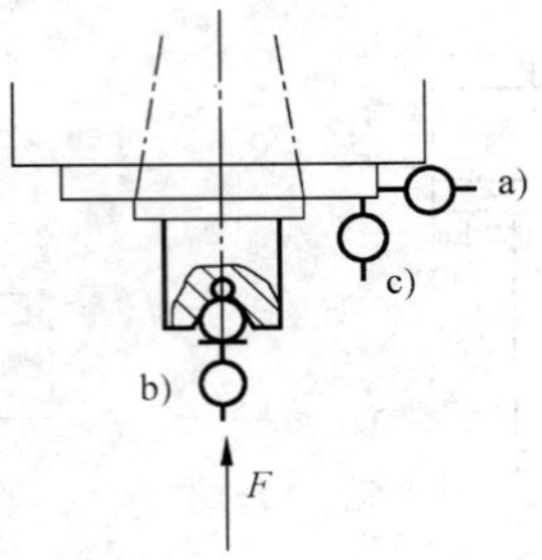

允差

普通级	精密级
a) 0.010； b) 0.010； c) 0.015	a) 0.006； b) 0.006； c) 0.010

检验工具

指示器、专用检验棒

检验方法[按 GB/T 17421.1—1998 中 a)5.6.1.2.2、b)5.6.2.2.1,5.6.2.2.2、c)5.6.3.2]

固定指示器,使其测头触及:a)主轴定心轴颈表面;b)插入主轴锥孔中的专用检验棒端面中心处的钢球表面;c)主轴轴肩支承面靠近边缘处。旋转主轴检验。

a)、b)、c)误差分别计算。

误差以指示器读数的最大差值计。

b)、c)项检验时,应沿主轴轴线加一由制造厂规定的力 F(对已消除轴向游隙的主轴,可不加力)

G17

检验项目

垂直主轴锥孔轴线的径向跳动：

a） 靠近主轴端部；

b） 距主轴端部 300 mm 处

简图

允差

普通级	精密级
a） 0.010； b） 0.020	a） 0.006； b） 0.012

检验工具

指示器、检验棒

检验方法（按 GB/T 17421.1—1998 中 5.6.1.2.3）

在主轴锥孔中插入检验棒。固定指示器，使其测头触及检验棒的表面：a)靠近主轴端面；b)距主轴端面 300 mm 处。旋转主轴检验。

拔出检验棒，相对主轴旋转 90°，重新插入主轴锥孔中，依次重复检验 3 次。

a)、b)误差分别计算。

误差以 4 次测量结果的算术平均值计。

在纵向平面（XZ）和横向平面（YZ）内均应检验

G18

检验项目

垂直主轴轴线对垂直主轴套筒移动的平行度：

a) 在横向平面(*YZ*)内；

b) 在纵向平面(*XZ*)内

简图

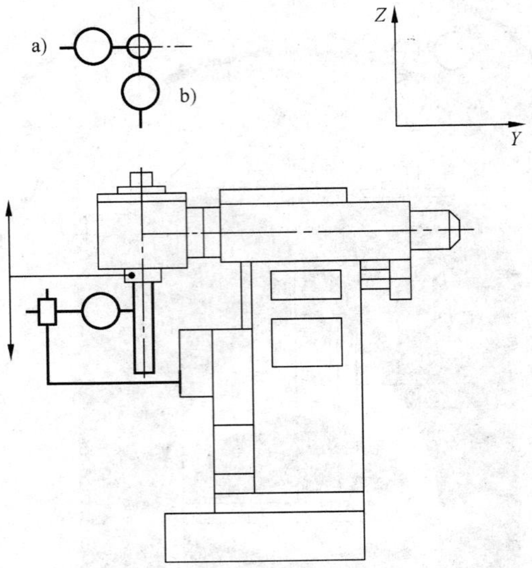

允差

普通级	精密级
a)及 b)0.010	a)及 b)0.006

检验工具

指示器、检验棒

检验方法(按 GB/T 17421.1—1998 中 5.4.2.2.2.1)

在主轴锥孔中插入检验棒。固定指示器，使其测头触及检验棒的表面：a) 在横向平面(*YZ*)内；b)在纵向平面(*XZ*)内。移动主轴套筒在全行程上检验。

将主轴旋转 180°，重复检验一次。

a)、b)误差分别计算。

误差以两次测量结果的代数和之半计

检验项目	G19

检验项目

悬梁导轨对水平主轴轴线的平行度：

a) 在垂直平面(*YZ*)内；

b) 在水平面(*XY*)内

简图

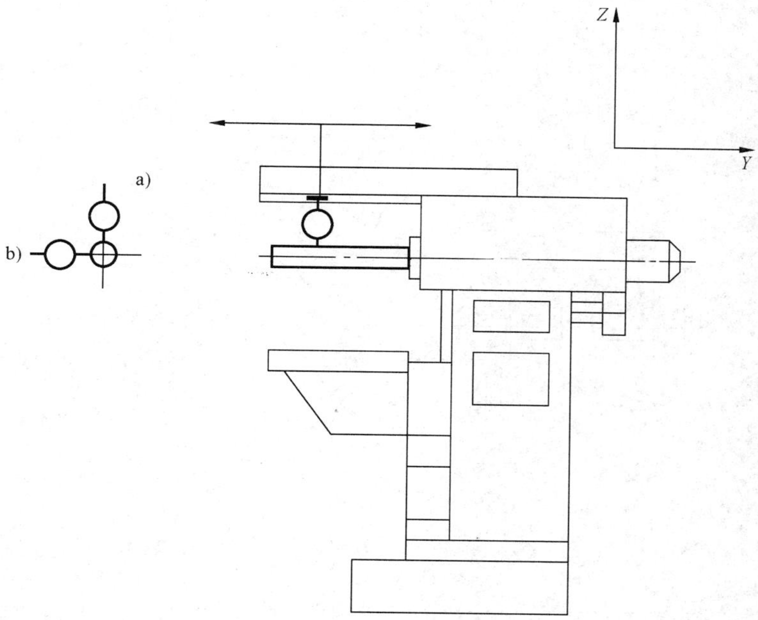

允差

普通级	精密级
a)及 b)在 300 测量长度上为 0.020	a)及 b)在 300 测量长度上为 0.015

检验工具

指示器、检验棒、专用支架

检验方法(按 GB/T 17421.1—1998 中 5.4.1.2.1,5.4.1.2.5)

悬梁锁紧。

在主轴锥孔中插入检验棒。悬梁导轨上装一个带有指示器的专用支架,使指示器的测头触及检验棒的表面:a) 在垂直平面(*YZ*)内；b)在水平面(*XY*)内。移动支架检验。

将主轴旋转 180°,重复检验一次。

a)、b)误差分别计算。

误差以两次测量结果的代数和之半计

G20

检验项目

刀杆支架孔轴线对水平主轴旋转轴线的同轴度：

a) 在垂直平面(*YZ*)内；

b) 在水平面(*XY*)内

简图

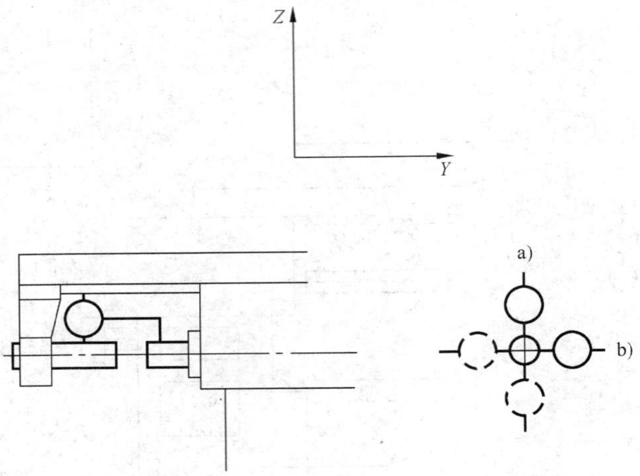

允差

普通级	精密级
a) 0.020； b) 0.030	a) 0.015； b) 0.020

检验工具

指示器、检验棒、专用检具

检验方法(按 GB/T 17421.1—1998 中 5.4.4.2)

刀杆支架固定在距水平主轴端面 300 mm 处，悬梁锁紧。

在刀杆支架孔中插入检验棒。指示器装在插入主轴锥孔中的专用检具上，使指示器测头尽量靠近刀杆支架并触及检验棒的表面：a)在垂直平面(*YZ*)内；b)在水平面(*XY*)内。旋转主轴检验。

a)、b)误差分别计算。

误差以指示器读数的最大差值之半计

G21

检验项目

数控回转工作台中心孔的径向跳动

简图

允差

普通级	精密级
0.020	0.015

检验工具

指示器

检验方法(按 GB/T 17421.1—1998 中 5.6.1.2.3)

工作台置于其纵、垂向行程的中间位置。

固定指示器，使其测头触及工作台中心孔的内表面，回转工作台检验。

误差以指示器读数的最大差值计

G22

检验项目

数控回转工作台面的端面跳动

简图

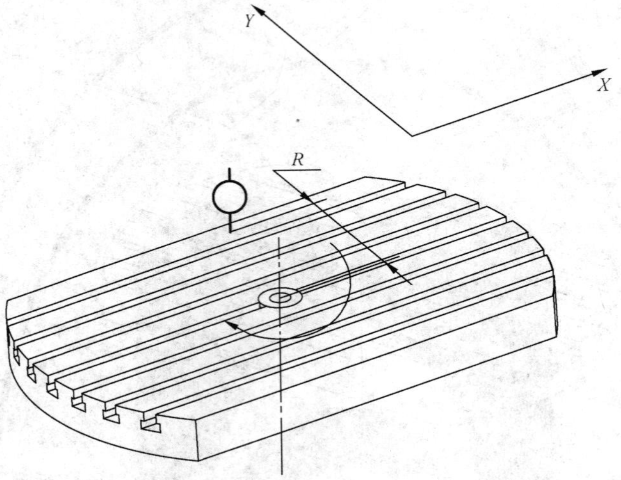

允差

普通级	精密级
0.030	0.018

检验工具

指示器

检验方法（按 GB/T 17421.1—1998 中 5.6.3.2）

工作台置于其纵、垂向行程的中间位置。

固定指示器，使其测头触及工作台面。回转工作台检验。

半径 R 应尽可能大。

误差以指示器读数的最大差值计

6 定位精度检验

P1

检验项目

线性轴线的定位精度

简图

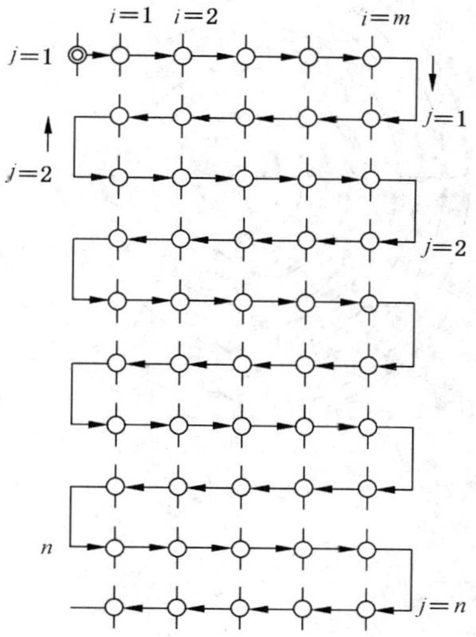

允差

轴线行程	≤300		>300～500		>500	
项　　目	普通级	精密级	普通级	精密级	普通级	精密级
双向定位精度 *A*	0.020	0.012	0.022	0.015	0.025	0.018
双向重复定位精度 *R*	0.010	0.006	0.012	0.008	0.015	0.010
轴线反向差值 *B*	0.008	0.005	0.010	0.006	0.010	0.006
平均双向位置偏差范围 *M*	0.010	0.006	0.010	0.006	0.012	0.008

检验工具

激光干涉仪或具有类似精度的其他测量系统

检验方法(按 GB/T 17421.2—2000 中 4.3.2)

非检测轴线上的运动部件置于其行程的中间位置。

在轴线的全行程上以 300 mm/min～500 mm/min 的进给速度移动部件检验。

每个线性轴线均应检验

P2

检验项目

回转轴线的定位精度

简图

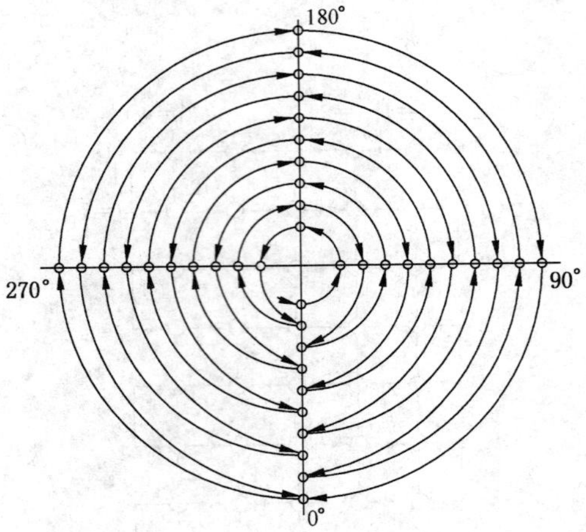

允差

项　　目	普通级	精密级
双向定位精度 A	25″	15″
双向重复定位精度 R	15″	9″
轴线反向差值 B	12″	8″
平均双向位置偏差范围 M	12″	8″

检验工具

带分度工作台的激光角度干涉仪，带多面体的自准直仪，或具有类似精度的其他测量系统

检验方法（按 GB/T 17421.2—2000 中 4.3.4）

非检测轴线上的运动部件均置于其行程的中间位置。

每个回转轴线均应检验

7 工作精度检验

检验性质	M1
水平主轴： 用 X、Z 轴线运动精铣 B 面，接刀处重叠约 5 mm～10 mm。 用 X、Y 轴线运动精铣 A 面。 用 Z、Y 轴线运动精铣 C、D 面	

简图

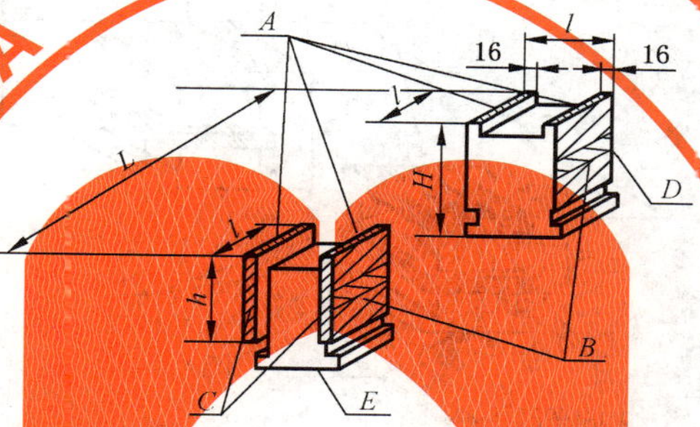

L=1/2 纵向行程，$l=h\geqslant$1/8 纵向行程；

$L\leqslant$500 mm 时：l_{max}=100 mm；500<$L\leqslant$1 000 mm 时：l_{max}=150 mm，l_{min}=50 mm

注 1：纵向行程≥400 mm 时，可用一个或两个试件。

注 2：纵向行程<400 mm 时，只用一个试件。

注 3：材料：HT200。

切削条件

a）套式面铣刀；b）用同一把套式面铣刀进行周边铣削

检验项目	允差	
	普通级	精密级
a）每个试件 B 面的平面度	0.020	0.012
b）试件高度 H 的等高度	0.025	0.020
c）C 和 A 面、D 和 A 面、C 和 B 面、A 和 B 面、D 和 B 面的垂直度	0.015/100	0.010/100

检验工具

平尺、块规、千分表、角尺

说明（按 GB/T 17421.1—1998 中 4.1 和 4.2）

在试切削前应确保试件 E 面平直。

切削试件应沿工作台纵向轴线放置，使长度 L 相等地分布在工作台中心的两边。

铣刀应装在刀杆上刃磨，安装时应符合下列公差：

a）径向跳动：≤0.020 mm；

b）端面跳动：≤0.030 mm。

切削时所有非工作滑动面均应锁紧

M2

检验性质

垂直主轴：

用 X、Y 轴线运动精铣 A 面，接刀处重叠约 5mm～10mm。

用 X、Y、Z 轴线运动精铣 B、C、D 面

简图

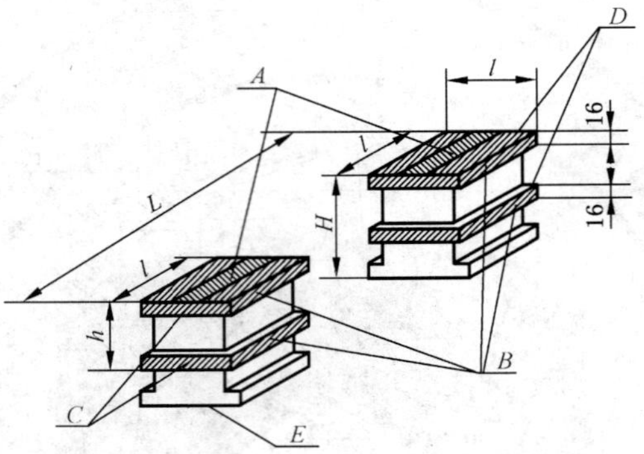

$L=1/2$ 纵向行程，$l=h\geqslant 1/8$ 纵向行程；

$L\leqslant 500$ mm 时：$l_{max}=100$ mm；$500<L\leqslant 1\,000$ mm 时：$l_{max}=150$ mm，$l_{min}=50$ mm

注 1：纵向行程≥400 mm 时，可用一个或两个试件。

注 2：纵向行程＜400 mm 时，只用一个试件。

注 3：材料：HT200

切削条件

a) 套式面铣刀；b) 用同一把套式面铣刀进行周边铣削

检验项目	允差	
	普通级	精密级
a) 每个试件 A 面的平面度	0.020	0.012
b) 试件高度 H 的等高度	0.025	0.020
c) C 和 B 面、D 和 B 面、C 和 A 面、B 和 A 面、D 和 A 面的垂直度	0.015/100	0.010/100

检验工具

平尺、块规、千分表、角尺

说明(按 GB/T 17421.1—1998 中 4.1 和 4.2)

在试切削前应确保试件 E 面平直。

切削试件应沿工作台纵向轴线放置，使长度 L 相等地分布在工作台中心的两边。

铣刀应装在刀杆上刃磨，安装时应符合下列公差：

a) 径向跳动：≤0.020 mm；

b) 端面跳动：≤0.030 mm。

切削时所有非工作滑动面均应锁紧

M3

检验性质

垂直主轴：用 X、Y 运动轴线的直线插补，对 A、B、C、D 四面进行周铣

简图

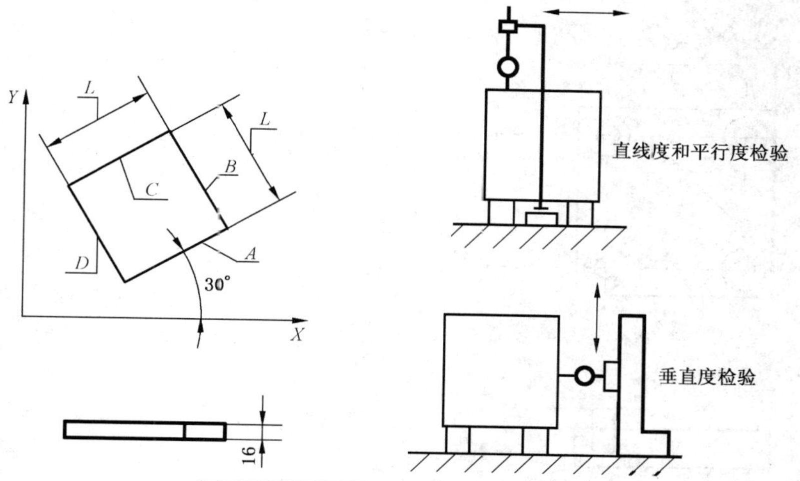

工作台面宽度	L
200～400	≥80
>400～630	≥120

试件材料：HT200

切削条件

立铣刀，切削深度推荐为 t≈0.1 mm

检 验 项 目	允 差	
	普通级	精密级
a) 四面的直线度	在 100 测量长度上为 0.010	在 100 测量长度上为 0.006
b) 相对面间的平行度	在 100 测量长度上为 0.020	在 100 测量长度上为 0.012
c) 相邻面间的垂直度	0.020/100	0.012/100

检验工具

指示器、平板、角尺

说明(按 GB/T 17421.1—1998 中 4.1 和 4.2)

在试切削前应确保安装基面的平直。

试件应安装在工作台面纵向的中间位置，使一个加工面与 X 轴线成 30°角。

对试件的检测按简图示例的方法进行。在规定长度上，对各相关要素进行测量。

对直线度误差，需对垫块进行调整，使试件两端的读数相等。

误差以指示器读数的最大差值计

M4

检验性质

垂直主轴：

用 X、Y 轴线的方向定位，按镗孔路线依次对四孔进行精镗

简图

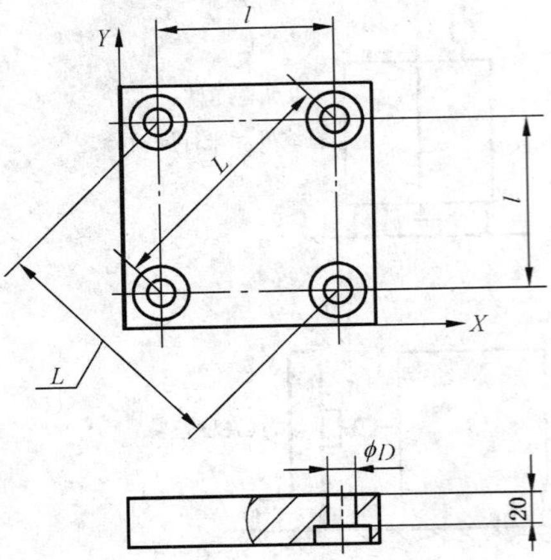

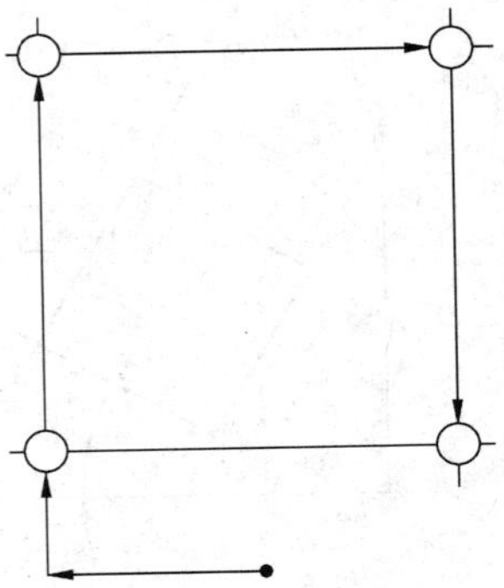

镗孔路线

工作台面宽度	l	L	D
200～400	125	176.777	30～35
>400～630	200	282.843	40～45

试件材料：HT200

切削条件

硬质合金镗刀进行镗削，切削深度推荐为：t≈0.1 mm，进给量推荐为：S≈0.05 mm/r

检 验 项 目	允 差	
	普通级	精密级
a) X、Y 轴线方向的孔距	a) 0.020(l=125)； 0.030(l=200)	a) 0.012(l=125)； 0.020(l=200)
b) 对角线方向的孔距	b) 0.032(L=176.777)； 0.045(L=282.843)	b) 0.020(L=176.777)； 0.030(L=282.843)

检验工具

测长仪或坐标测量机

说明(按 GB/T 17421.1—1998 中 3.1；3.2.2；4.1 和 4.2)

在试切削前应确保安装基面的平直。

试件应安装在工作台面纵向的中间位置。

对孔距进行测量，误差以两孔的实际距离与理论距离差值中的最大值计

M5

检验性质

垂直主轴:用 X、Y 轴线的圆弧插补,对圆周进行精铣

简图

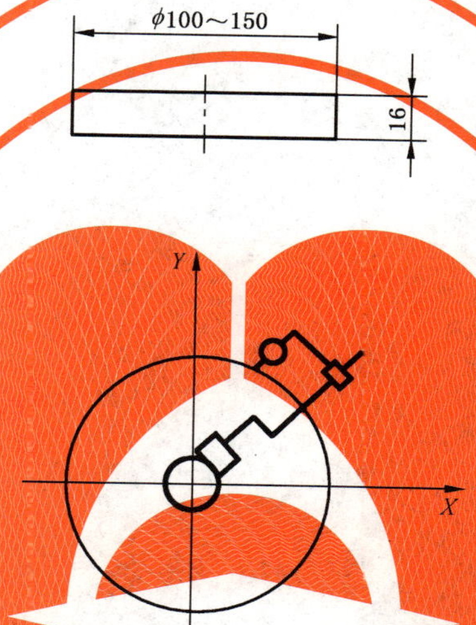

试件材料:HT200

切削条件

立铣刀,切削深度推荐为:$t\approx 0.1$ mm

检验项目	允差	
	普通级	精密级
圆度	0.035	0.022

检验工具

指示器,专用检具或圆度仪

说明(按 GB/T 17421.1—1998 中 3.1;3.2.2;4.1 和 4.2)

在试切削前应确保安装基面的平直。

试件应安装在工作台面纵向的中间位置。

指示器固定在机床或测量仪的主轴上,使其测头触及外圆面。回转主轴并进行调整,使指示器在任意两个相互垂直直径的两端的读数相等。旋转主轴一周检验。

误差以指示器读数的最大差值计

ICS 25.080.20
J 54

中华人民共和国国家标准

GB/T 21949.2—2008

数控万能工具铣床 第2部分:技术条件

CNC universal tool milling machines—
Part 2:Specifications

2008-06-03 发布

2009-01-01 实施

中华人民共和国国家质量监督检验检疫总局
中国国家标准化管理委员会 发布

前　　言

GB/T 21949《数控万能工具铣床》分为以下两部分：

——第1部分：精度检验；

——第2部分：技术条件。

本部分为GB/T 21949的第2部分。

本部分由中国机械工业联合会提出。

本部分由全国金属切削机床标准化技术委员会(SAC/TC 22)归口。

本部分起草单位：昆明铣床厂。

本部分主要起草人：魏忠宁、谭肇康、韩玉稳。

数控万能工具铣床
第2部分：技术条件

1 范围

GB/T 21949的本部分规定了数控万能工具铣床的设计、制造和验收要求。

本部分适用于水平(万能、数控回转)工作台面宽度200 mm～630 mm一般用途的普通级和精密级的数控万能工具铣床。

2 规范性引用文件

下列文件中的条款通过GB/T 21949的本部分的引用而成为本部分的条款。凡是注日期的引用文件，其随后所有的修改单(不包括勘误的内容)或修订版均不适用于本部分，然而，鼓励根据本部分达成协议的各方研究是否可使用这些文件的最新版本。凡是不注日期的引用文件，其最新版本适用于本部分。

GB/T 3168—1993 数字控制机床 操作指示形象化符号(neq ISO 2972:1979)

GB 5226.1 机械安全 机械电气设备 第1部分：通用技术条件(GB 5226.1-2002,IEC 60204-1:2000,IDT)

GB/T 6576—2002 机床润滑系统(ISO 5170:1977)

GB/T 9061—2006 金属切削机床 通用技术条件

GB 15760 金属切削机床 安全防护通用技术条件

GB/T 16769—1997 金属切削机床 噪声声压级测量方法

GB/T 21949.1—2008 数控万能工具铣床 第1部分：精度检验

JB/T 9872—1999 金属切削机床 机械加工件通用技术条件

JB/T 9874—1999 金属切削机床 装配通用技术条件

JB/T 9877—1999 金属切削机床 清洁度的测定

JB/T 10051—1999 金属切削机床 液压系统通用技术条件

3 一般要求

按本部分验收机床时，应同时对GB/T 9061—2006、JB/T 9872—1999、JB/T 9874—1999等标准中未经本部分具体化的其余有关的验收项目进行检验。

4 附件和工具

4.1 为保证机床的基本性能，应随机供应的附件和工具见表1。

表1

名称	数量
端铣刀柄	1套
中间套	1套
铣夹头(含弹簧夹头)	1套
特殊工具	1套
地脚螺栓	1套

4.2 扩大机床使用性能的特殊附件，根据用户要求按协议供应。

5 安全卫生

5.1 机床电气系统的安全应符合 GB 5226.1 的规定。

5.2 机床液压系统的安全应符合 JB/T 10051—1999 的规定。

5.3 机床的安全防护应符合 GB 15760 的有关规定。

5.4 按 GB/T 16769—1997 的规定测量整机的噪声，机床在空运转条件下，普通级机床的噪声声压级不应超过 83 dB(A)，精密级机床不应超过 80 dB(A)。

6 加工和装配质量

6.1 床柱、工作台、升降台体、水平主轴座体、立铣头体等为重要铸件，在粗加工后应进行热时效或振动时效处理，或采取其他消除内应力的措施。

6.2 机床的滑动导轨副、主轴、丝杠副及高速、重载齿轮等易磨损主要零件，应采取与寿命相适应的耐磨措施。

6.3 重要固定结合面应紧密贴合，紧固后普通级机床用 0.04 mm 塞尺检验时不应插入；精密级机床用 0.03 mm 塞尺检验时不应插入。

下列结合面应按“重要固定结合面”的要求考核：

a) 纵向丝杠托架与垂直工作台(或升降台)的结合面；

b) 横向丝杠托架与水平主轴座的结合面；

c) 垂向丝杠座(螺母座)与底座(或床柱)的结合面；

d) 床柱与底座的结合面；

e) 主轴套筒自动进给箱与立铣头的结合面。

6.4 特别重要固定结合面，除用涂色法检验外，在紧固前、后用表 2 规定的塞尺检验均不应插入(与水平面垂直的特别重要固定结合面可在紧固后检验)。

下列结合面应按“特别重要固定结合面”的要求考核：

a) 升降台与导轨压板的结合面；

b) 垂直工作台与导轨压板的结合面；

c) 镶钢导轨与其安装的结合面。

表 2

机床精度等级	塞尺厚度/mm
精密级	0.03
普通级	0.04

6.5 重要固定结合面和特别重要固定结合面，用塞尺检验时，允许局部(1 处～2 处)插入深度小于结合面宽度的 1/5，但不大于 5 mm；插入部位的长度小于或等于结合面长度的 1/5，但不大于 100 mm 则按 1 处计。

6.6 下列导轨与其相配件的表面，应按“滑(滚)动导轨”的要求考核：

a) 升降台纵向导轨与其相配件的表面；

b) 床柱横向导轨与其相配件的表面；

c) 床柱垂向导轨与其相配件的表面。

6.7 下列导轨副及结合面按“移置导轨”的要求考核：

a) 悬梁与水平主轴座导轨副；

b) 支架与悬梁导轨副；

c) 立铣头体与立铣头座结合面；

d) 立铣头座与水平主轴座结合面；

e) 水平工作台与垂直工作台结合面。

6.8 滑动、移置导轨表面除用涂色法检验外，还应用 0.04 mm 塞尺检验，塞尺在导轨、镶条、压板端的滑动面间插入深度不应超过 20 mm。

6.9 两配合件的结合面均是刮研面，用配合件的结合面（研具）做涂色法检验时，刮研点应均匀。按规定的计算面积平均计算，在每 25 mm×25 mm 的面积内，接触点数不应少于表 3 的规定。

表 3

机床精度等级	滑（滚）动导轨		移置导轨		镶条、压板滑动面	特别重要固定结合面
	每条导轨宽度/mm					
	≤250	>250	≤100	>100		
	接　触　点　数					
普 通 级	10	8	8	6	6	6
精 密 级	16	12	12	10	10	8
注：贴塑导轨刮研面的接触按设计规定。						

6.10 两配合件的结合面一个是刮研面，另一个是机械加工面，用配合件的机械加工面检验刮研面的接触点数时，不应少于表 3 中规定点数的 75%。

6.11 采用机械加工方法加工的配合件的结合面用涂色法检验时，接触应均匀。接触指标不应低于表 4 的规定。

表 4

机床精度等级	滑（滚）动导轨		移置导轨		特别重要固定结合面	
	接　触　指　标/%					
	全长上	全宽上	全长上	全宽上	全长上	全宽上
普 通 级	70	50	60	40	60	35
精 密 级	75	60	65	45	65	40

6.12 按 JB/T 9877—1999 的规定检验机床的清洁度。一般采用目测、手感法检查。必要时采用重量法抽查检验，其杂质、污物的重量：循环润滑系统不应超过 400 mg/L，简单液压系统不应超过 100 mg/L。

6.13 机床数控操作指示形象化符号应符合 GB/T 3168 的规定，面板上的数字刻字及表征功能的文字符号和标志，应清晰端正。

6.14 电气系统的装配应符合 GB 5226.1 的规定。

6.15 液压系统的装配应符合 JB/T 10051—1999 的规定。

6.16 润滑系统的装配应符合 GB/T 6576—2002 的规定。

7 机床的空运转试验

7.1 温升试验及主运动和进给运动空运转试验

7.1.1 机床主运动机构应从最低转速起，依次运转（无级变速的机床可做低、中、高速运转），每级速度的运转时间不应少于 2 min，在最高转速下运转时间不少于 1 h。使主轴轴承达到稳定温度，并在靠近主轴轴承处测量温度和温升，普通级机床温度不应超过 70℃，温升不应超过 40℃；精密级机床温度不应超过 65℃，温升不应超过 35℃。在各级速度运转时，运转应平稳，工作机构应正常、可靠。

7.1.2 在空运转条件下，各级主轴转速和进给速度的实际偏差不应超过设定值的－2%～＋6%（仅在型式试验时进行)；无级传动的各级主轴转速和进给速度的实际偏差不应超过设定值的±10%(抽查)。

7.2 **机床功能试验**

7.2.1 **手动功能试验**

7.2.1.1 用中速对主运动机构进行正向、反向起动、停止(包括制动)10 次的动作试验，动作应灵活、可靠。

7.2.1.2 逐级(无级变速时至少取低、中、高三档速度)进行主运动速度变化试验，操作机构应灵活、可靠。

7.2.1.3 用中等速度，分别对直线、回转轴线上的运动部件进行各 10 次正、反向起动、增量进给和停止的操作试验，动作应灵活、可靠。

7.2.1.4 用包括低、中、高进给和快速在内的 10 种进给速度，对进给机构进行变速操作试验，动作应灵活、可靠。

7.2.1.5 液压、润滑、冷却系统应做密封、润滑、冷却性能试验，要求调整方便，动作灵活，润滑良好，冷却充分，各系统无渗漏现象。

7.2.1.6 操作机床的拉刀机构，动作应灵活、可靠。

7.2.1.7 对数字控制装置的各种指示灯、控制按钮输入输出设备及风扇等进行试验，动作应可靠。

7.2.1.8 对机床的安全防护装置进行试验，功能应可靠，动作应灵活、准确。

7.2.1.9 对机床的其他附属装置进行试验，功能应可靠。

7.2.2 **数控功能试验**(可与 7.4 机床连续空运转试验合并进行)

7.2.2.1 用中速对主运动机构进行正向、反向连续起动、停止的运转试验，动作应灵活、可靠。

7.2.2.2 逐级(无级变速时至少取低、中、高三档速度)进行主运动速度变化试验，动作应灵活、可靠。

7.2.2.3 用中等速度，分别对直线、回转轴线上的运动部件进行正、反向连续起动、增量进给和停止的运行试验，动作应灵活、可靠。

7.2.2.4 用包括低、中、高进给和快速在内的进给速度，对进给机构进行变速试验，动作应灵活、可靠。

7.2.2.5 对机床具有的数控功能，如轴线联动、轴线选择、定位、直线插补、圆弧插补、螺距及刀具补偿等逐一进行试验，其功能应可靠，动作应灵活、准确。

7.2.2.6 对机床带有的数控回转工作台、数控万能工作台、数控分度头等进行联机试验，动作应可靠。

7.3 **空运转功率试验**

机床主传动系统的空运转功率(不包括主电机空载功率)占电动机额定功率的百分率不应超过表 5 的规定(抽查)。

表 5

主运动变速形式		空运转功率/主电动机额定功率/%
机械变速	主电动机功率≤4 kW	45
	主电动机功率>4 kW	40
电动机调速		20

7.4 **机床的连续空运转试验**

7.4.1 连续空运转试验在 7.1～7.3 所规定的试验(或检验)之后，精度检验之前进行。

7.4.2 用包括机床各种加工功能在内的数字控制程序操作机床进行整机连续运转试验，时间不少于 36 h，运转应稳定可靠，不应发生故障。

7.4.3 各次自动循环之间的间隔时间不应超过 1 min。

8 机床的负荷试验

8.1 **试验项目**

机床应进行下列负荷试验：

a) 承载工件最大重量的运转试验(抽查);

b) 主传动系统最大扭矩的试验;

c) 主传动系统达到最大功率的试验(抽查)。

8.2 承载工件最大重量的运转试验(抽查)

8.2.1 采用与设计规定的工作台最大承载重量相当的重物置于水平工作台面上,使其载荷均匀。试验时工作台置于纵向行程的中间位置。

8.2.2 分别以最低、最高的进给速度和快速上、下移动升降台,各往复一次;最低速运转时,一般在接近垂直行程的下端进行,移动距离不少于 20 mm;最高和快速运转时,移动距离不少于 1/2 行程。

8.2.3 运转时应平稳、可靠,低速运转时应无明显的爬行现象。

8.3 主传动系统最大扭矩的试验

8.3.1 在机床主传动系统恒扭矩的转速范围内,选择一适当的主轴转速,采用铣削方式进行试验,改变进给量或切削深度,使机床主传动系统达到设计规定的最大扭矩(最大扭矩的近似计算法参照 GB/T 9061—2006 的附录 B)。

8.3.2 试件材料为 HT150;切削刀具水平主轴采用圆柱形铣刀或镶片端铣刀,垂直主轴采用镶片端铣刀。

8.3.3 试验时,机床传动系统各传动元、部件和变速机构工作应正常、可靠,运转应平稳、准确。

8.4 主传动系统达到最大功率的试验(抽查)

8.4.1 在机床主传动系统恒功率的转速范围内,选择一适当的主轴转速,采用铣削方式进行试验,改变进给量或切削深度,使机床主传动系统达到主电动机的额定功率或设计规定的最大功率。

8.4.2 试件材料为 45 钢,切削刀具采用镶片端铣刀。

8.4.3 试验时,机床应无明显的颤振现象,各部分工作应正常,电气系统应可靠,并记录金属切除率(cm^3/min)。

9 最小设定单位试验

9.1 一般要求

机床最小设定单位试验包括直线运动轴线和回转轴线两种时,应分别进行试验。试验某一轴线时,其他运动部件原则上置于行程的中间位置。试验时可在使用螺距补偿和间隙补偿的条件下进行。

9.2 直线运动轴线最小设定单位试验

9.2.1 试验方法

先以快速使直线运动轴线上的运动部件向正(或负)向移动一定距离后停止,再向同方向给出数个最小设定单位的指令,使运动部件停止在某一位置,以此位置作为基准位置。然后仍向同方向每次给出 1 个,共给出 20 个最小设定单位的指令,使运动部件连续移动、停止,并测量其在每个指令下的停止位置。从上述的最终测量位置,继续向同方向给出数个最小设定单位的指令,使运动部件移动并停止。从而再向负(或正)向给出数个最小设定单位的指令,使运动部件大约返回到上述最终的测量位置,在这些正向和负向的数个最小设定单位指令下运动部件的停止位置均不作测量。然后从上述的最终测量位置开始,仍向负(或正)向每次给出 1 个,共给出 20 个最小设定单位的指令,继续使运动部件连续移动、停止,大约返回到基准位置,测量其在每个指令下的停止位置,见图 1。

注:要注意实际移动的方向。

至少在行程的中间及靠近两端的三个位置上分别进行检验。各直线轴线均应进行试验。按 9.2.2 的规定计算误差,以 3 个位置上的最大误差值计。

9.2.2 误差计算

误差分为最小设定单位误差和最小设定单位相对误差。

9.2.2.1 最小设定单位误差 S_a 见式(1)。

$$S_a = |L_i - m|_{max} \qquad \cdots\cdots(1)$$

式中：

S_a——最小设定单位误差，单位为毫米(mm)；

L_i——某个最小设定单位指令的实际位移值，单位为毫米(mm)；

m——一个最小设定单位指令的理论值，单位为毫米(mm)。

注：实际位移的方向如与指令的方向相反，其位移量应为负值。

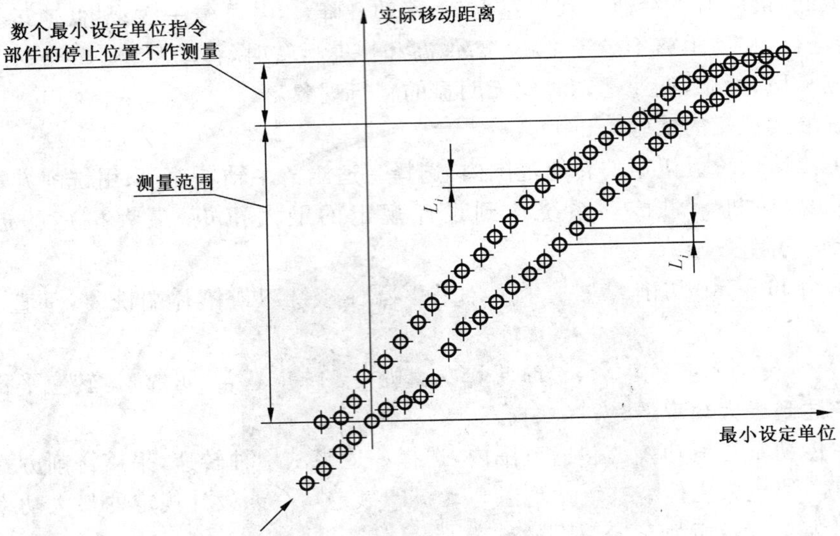

图 1

9.2.2.2 最小设定单位相对误差 S_b 见式(2)。

$$S_b = \frac{\left|\sum_{i=1}^{20} L_i - 20m\right|_{max}}{20m} \times 100 \qquad \cdots\cdots(2)$$

式中：

S_b——最小设定单位相对误差，单位为百分数(%)；

$\sum_{i=1}^{20} L_i$——20 个最小设定单位指令的实际位移的总和，单位为毫米(mm)。

9.2.3 允差

S_a 根据机床的具体情况由设计规定。推荐不大于 5 个最小设定单位。

S_b 不应大于 25%。

9.2.4 检验工具

激光干涉仪。

9.3 回转轴线最小设定单位试验

9.3.1 试验方法

先以快速使回转轴线上的运动部件向正(或负)向转动一定角度后停止，再向同方向给出数个最小设定单位的指令，使回转部件停止在某一位置，以此位置作为基准位置。然后仍向同方向每次给出 1 个，共给出 20 个最小设定单位的指令，使回转部件连续转动、停止，并测量其在每个指令下的停止位置。从上述的最终测量位置，继续向同方向给出数个最小设定单位的指令，使回转部件转动并停止。从而再向负(或正)向给出数个最小设定单位的指令，使回转部件大约返回到上述最终的测量位置，在这些正向和负向的数个最小设定单位指令下回转部件的停止位置均不作测量。然后从上述的最终测量位置开始，仍向负(或正)向每次给出 1 个，共给出 20 个最小设定单位的指令，继续使回转部件连续转动、停止，大约返回到基准位置，测量其在每个指令下的停止位置，见图 2。

注：要注意实际移动的方向。

至少在回转范围内的任意三个位置上分别进行检验。各回转轴线均应进行试验。按 9.3.2 的规定计算误差，以 3 个位置上的最大误差值计。

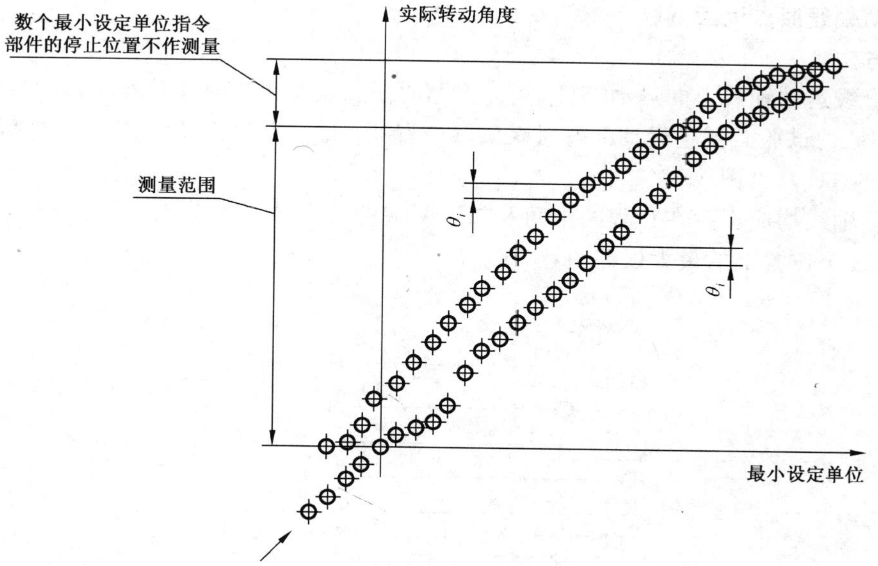

图 2

9.3.2 误差计算

误差分为最小设定单位误差和最小设定单位相对误差。

9.3.2.1 最小设定单位误差 ω_a 见式(3)。

$$\omega_a = |\theta_i - m_\theta|_{max} \qquad (3)$$

式中：

ω_a——最小设定单位角位移误差，单位为角秒(″)；

θ_i——某个最小设定单位指令的实际角位移，单位为角秒(″)；

m_θ——一个最小设定单位指令的理论角位移，单位为角秒(″)。

注：实际位移的方向如与指令的方向相反，其角位移量应为负值。

9.3.2.2 最小设定单位角位移相对误差 ω_b 见式(4)。

$$\omega_b = \frac{\left|\sum_{i=1}^{20}\theta_i - 20m_\theta\right|_{max}}{20m_\theta} \times 100 \qquad (4)$$

式中：

ω_b——最小设定单位角位移相对误差；单位为百分数(%)；

$\sum_{i=1}^{20}\theta_i$——连续 20 个最小设定单位指令的实际角位移之和，单位为角秒(″)。

9.3.3 允差

ω_a 根据机床的具体情况由设计规定。推荐不大于 5 个最小设定单位。

ω_b 不应大于 25%。

9.3.4 检验工具

激光干涉仪。

10 原点返回试验

10.1 一般要求

原点返回试验包括直线和回转轴线两种时，应分别进行试验。试验某一轴线时，其他运动部件原则上置于行程的中间位置。试验可在使用螺距补偿和间隙补偿的条件下进行。

10.2 直线运动轴线原点返回试验

10.2.1 试验方法

分别使各直线运动轴线上的运动部件，从行程上的任意点按相同的移动方向，以快速进行5次返回某一设定原点 P_0 的试验。测量运动部件每次实际位置 P_{i0} 与原点理论位置 P_0 之差值，即原点返回偏差 X_{i0}（$i=1$、2、3、4、5），见图3。

各直线运动轴线均应至少在行程的中间及靠近两端的3个位置上分别进行试验。按10.2.2的规定计算误差，以3个位置上的最大误差值计。

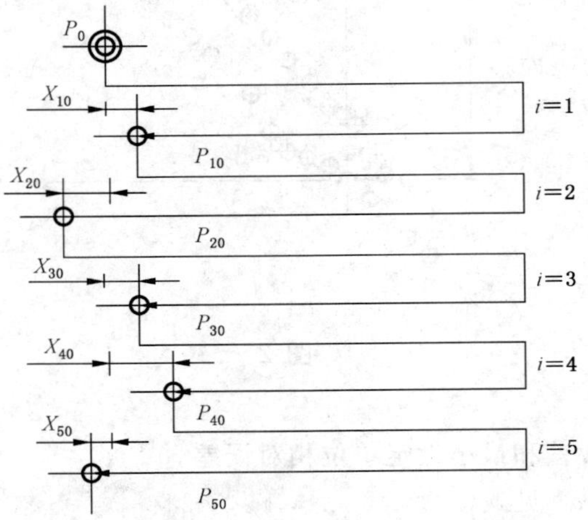

图 3

10.2.2 误差计算

原点返回误差，以在各直线运动轴线上至少3个位置试验中通过计算得到的原点返回偏差的最大标准不确定度的估算值的4倍计，见式(5)。

$$R_0 = 4S_0 \quad \cdots\cdots(5)$$

式中：

R_0——原点返回误差，单位为毫米(mm)；

S_0——原点返回偏差标准不确定度的估算值，单位为毫米(mm)。

注：S_0 根据GB/T 17421.2中有关公式进行计算。

10.2.3 允差

根据机床的具体情况由设计规定(推荐 R_0 不大于重复定位精度的1/2)。

10.2.4 检验工具

激光干涉仪。

10.3 回转轴线原点返回试验

10.3.1 分别使各回转轴线上的运动部件，从行程上的任意点按相同的转动方向，以快速进行5次返回某一设定原点 $P_{0\theta}$ 的试验。测量转动部件每次实际位置 $P_{i\theta}$ 与原点理论位置 $P_{0\theta}$ 之差值，即原点返回偏差 θ_{i0}（$i=1$、2、3、4、5），见图4。

各回转轴线均应至少在回转范围内的任意3个位置上分别进行试验。按10.3.2的规定计算误差，以3个位置上的最大误差值计。

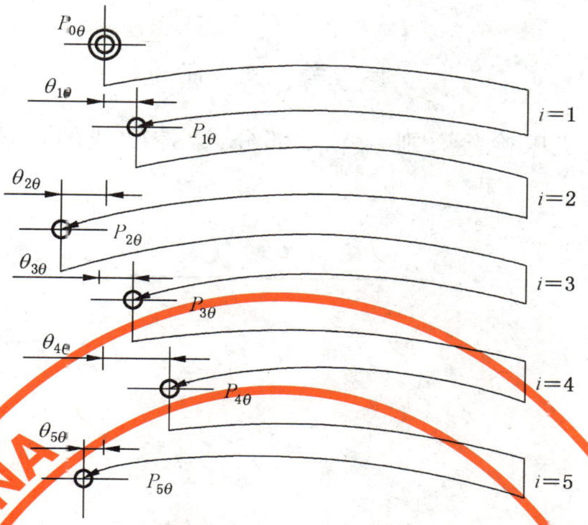

图 4

10.3.2　误差计算

原点返回误差，以在各回转运动轴线上至少 3 个位置试验中通过计算得到的原点返回偏差的最大标准不确定度的估算值的 4 倍计，见式(6)。

$$R_{0\theta} = 4S_{0\theta} \quad \cdots\cdots (6)$$

式中：

$R_{0\theta}$——原点返回误差，单位为角秒(″)；

$S_{0\theta}$——原点返回偏差标准不确定度的估算值，单位为角秒(″)。

注：$S_{0\theta}$根据 GB/T 17421.2 中有关公式进行计算。

10.3.3　允差

根据机床的具体情况由设计规定(推荐 $R_{0\theta}$不大于重复定位精度的 1/2)。

10.3.4　检验工具

激光干涉仪。

11　机床精度检验

11.1　机床的几何精度检验按 GB/T 21949.1—2008 进行，其中 G8、G10、G15、G17 项检验均应在机床主轴达到中速稳定温度时进行。

11.2　机床的定位精度和重复定位精度检验应在负荷试验后，工作精度检验前进行。

11.3　工作精度检验时的切削规范按设计文件的规定。精加工试件精度应一次交验合格。试件精铣后表面粗糙度 R_a 的最大允许值：普通级铣床为 3.2 μm；精密级铣床为 1.6 μm。

11.4　当用户需要时，机床合格证明书中应附上有关定位精度检验的数据和图表。

参 考 文 献

GB/T 17421.2—2000 机床检验通则 第2部分:数控轴线的定位精度和重复定位精度的确定(eqv ISO 230-2:1997)

ICS 25.100.99
J 41

中华人民共和国国家标准

GB/T 21950—2008

盘形径向剃齿刀

Plunge shaving cutters

2008-06-03 发布

2009-01-01 实施

中华人民共和国国家质量监督检验检疫总局
中国国家标准化管理委员会 发布

前　言

本标准的附录 A 为规范性附录，附录 B、附录 C 为资料性附录。

本标准由中国机械工业联合会提出。

本标准由全国刀具标准化技术委员会(SAC/TC 91)归口。

本标准起草单位：重庆工具厂有限责任公司。

本标准主要起草人：李建谊、刘勇。

盘形径向剃齿刀

1 范围

本标准规定了A级加工圆柱齿轮(按GB/T 10095)用盘形径向剃齿刀的结构型式、主要尺寸、技术要求和标志、包装的基本要求。

本标准适用于加工法向模数1.25 mm～5 mm圆柱齿轮的盘形径向剃齿刀。

2 规范性引用文件

下列文件中的条款通过本标准的引用而成为本标准的条款。凡是注日期的引用文件，其随后所有的修改单(不包括勘误的内容)或修订版均不适用于本标准，然而，鼓励根据本标准达成协议的各方研究是否可使用这些文件的最新版本。凡是不注日期的引用文件，其最新版本适用于本标准。

GB/T 10095(所有部分)　圆柱齿轮　精度制(GB/T 10095—2008,ISO 1328:1995/1997,IDT)

3 型式和尺寸

3.1　盘形径向剃齿刀的结构型式按图1的规定。

C尺寸及是否加轴台由各制造厂家自行决定。

图 1

3.2　盘形径向剃齿刀的尺寸

3.2.1　盘形径向剃齿刀按其公称分圆直径分为 d=180 mm 和 d=240 mm 两种。

3.2.2　盘形径向剃齿刀内孔直径 D=63.5 mm，按用户要求可做成 D=100 mm，此时内孔可不做键槽。

3.2.3　盘形径向剃齿刀分圆螺旋角 β、旋向、齿数 Z 和剃齿刀齿宽 B 根据被剃齿轮分圆螺旋角、旋向、齿数、齿宽设计决定。

3.2.4 盘形径向剃齿刀 d_1 不小于 ϕ140 mm。

3.3 标记示例

法向模数 m_n=2 mm、公称分圆直径 d=240 mm、螺旋角 β=12°右旋、A 级盘形径向剃齿刀的标记为：盘形径向剃齿刀　m_n2×240×12°　A　GB/T 21950—2008

法向模数 m_n=2 mm、公称分圆直径 d=240 mm、螺旋角 β=12°左旋、A 级盘形径向剃齿刀的标记为：盘形径向剃齿刀　m_n2×240×12°　左 A　GB/T 21950—2008

4 技术要求

4.1 盘形径向剃齿刀用普通高速钢制造，也可用高性能高速钢制造。

4.2 盘形径向剃齿刀工作部分硬度：普通高速钢为 63 HRC～66 HRC；高性能高速钢为 64 HRC 以上。

4.3 盘形径向剃齿刀表面不得有裂纹，切削刃不得有崩刃、烧伤及其他影响使用性能的缺陷。

4.4 盘形径向剃齿刀表面粗糙度最大允许值按以下规定：

——内孔表面：Ra0.16 μm；

——两支承端面：Ra0.32 μm；

——齿侧表面：Rz1.6 μm；

——小齿齿侧表面：Ra3.2 μm；

——外圆表面：Ra1.25 μm；

——刀齿两端面：Ra1.25 μm。

4.5 盘形径向剃齿刀主要制造精度应符合表 1 规定。

4.6 盘形径向剃齿刀的键槽尺寸按附录 A。

4.7 盘形径向剃齿刀的切削刃的沟槽型式和深度尺寸参见附录 B。

4.8 盘形径向剃齿刀的齿根退刀槽型式参见附录 C。

表 1

单位为微米

序号	检验项目及示意图	公差代号	精度等级	法向模数 m_n /mm		
				1.25～2	>2～3.5	>3.5～5
1	孔径偏差 注：内孔配合表面两端超出公差的喇叭口长度的总和应小于配合表面全长的 25%。键槽两侧超出公差部分的宽度，每侧应小于键宽的一半。	δD	A	H3		
			B	H4		
2	两支承端面对内孔轴线的端面全跳动 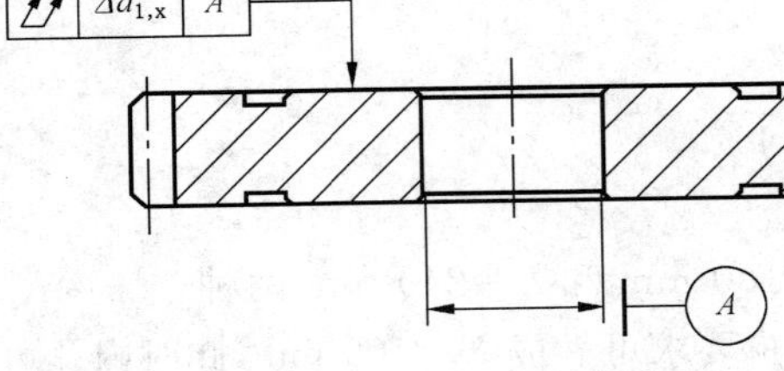	δd_{1x}	A	5		
			B	7		

表 1（续）

单位为微米

序号	检验项目及示意图	公差代号	精度等级	法向模数 m_n /mm		
				1.25～2	>2～3.5	>3.5～5
3	外圆直径偏差 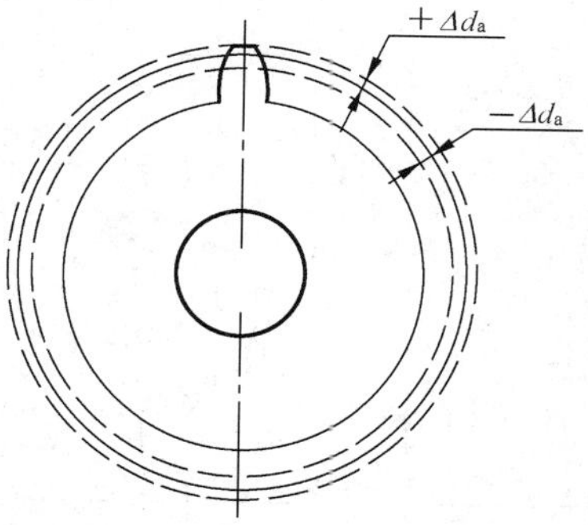 	δd_a	A	±400		
			B	±400		
4	齿形误差 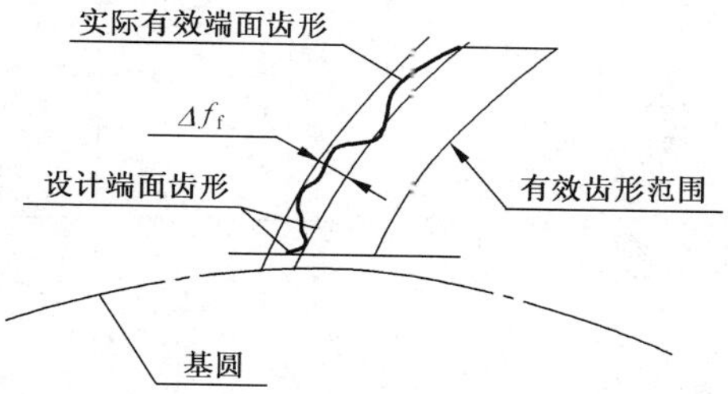 包容剃齿刀实际有效端面齿形的两条最近的设计齿形的法向距离。 径向剃齿刀齿形曲线由制造单位根据齿轮参数确定，也可由用户提供	δf_f	A	4	5	6
			B	5	6	7
5	齿向误差 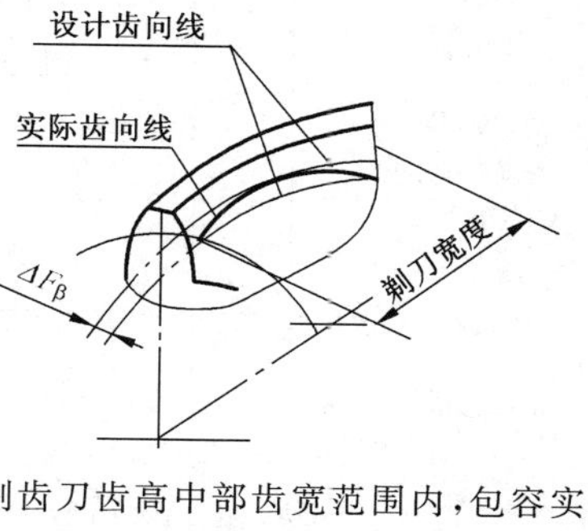 在盘形轴向剃齿刀齿高中部齿宽范围内，包容实际齿向线的两条最近的设计齿向线之间的端面距离。 径向剃齿刀齿向修形曲线由制造单位根据齿轮参数确定，也可由用户提供	δF_β	A	±7		
			B	±9		

表 1（续） 单位为微米

<table>
<tr><td rowspan="2">序号</td><td rowspan="2">检验项目及示意图</td><td rowspan="2">公差代号</td><td rowspan="2">精度等级</td><td colspan="3">法向模数 m_n /mm</td></tr>
<tr><td>1.25～2</td><td>>2～3.5</td><td>>3.5～5</td></tr>
<tr><td rowspan="2">6</td><td rowspan="2">刀齿两侧面齿向的对称度
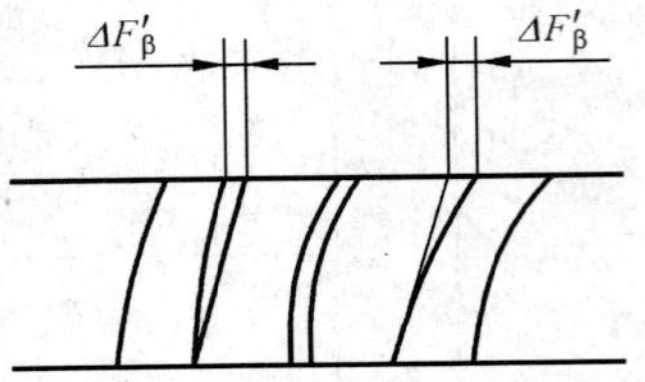

在一个刀齿不同齿侧上测量的齿向误差的代数差</td><td rowspan="2">$\delta F'_\beta$</td><td>A</td><td colspan="3">4</td></tr>
<tr><td>B</td><td colspan="3">6</td></tr>
<tr><td rowspan="2">7</td><td rowspan="2">齿顶高偏差
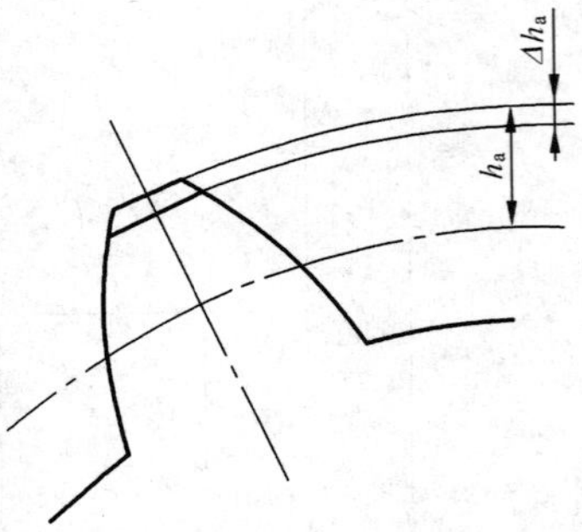

与一定齿厚相适应的齿顶高偏差</td><td rowspan="2">δh_a</td><td>A</td><td>$^{+25}_{\ 0}$</td><td>$^{+25}_{\ 0}$</td><td>$^{+35}_{\ 0}$</td></tr>
<tr><td>B</td><td>$^{+25}_{\ 0}$</td><td>$^{+25}_{\ 0}$</td><td>$^{+35}_{\ 0}$</td></tr>
<tr><td rowspan="2">8</td><td rowspan="2">齿距偏差
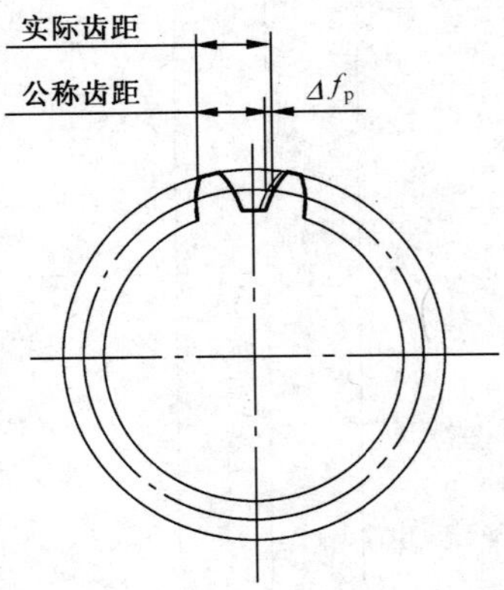
</td><td rowspan="2">δf_p</td><td>A</td><td colspan="3">±3</td></tr>
<tr><td>B</td><td colspan="3">±5</td></tr>
</table>

表 1（续）

单位为微米

<table>
<tr><th rowspan="2">序号</th><th rowspan="2">检验项目及示意图</th><th rowspan="2">公差代号</th><th rowspan="2">精度等级</th><th colspan="3">法向模数 m_n /mm</th></tr>
<tr><th>1.25～2</th><th>>2～3.5</th><th>>3.5～5</th></tr>
<tr><td rowspan="2">9</td><td rowspan="2">齿距累积误差
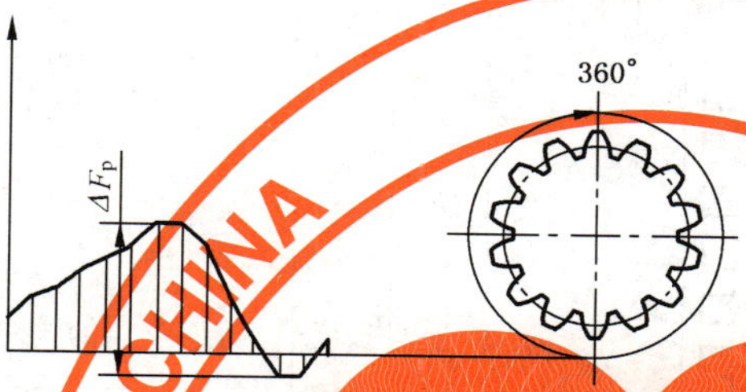
</td><td rowspan="2">δF_p</td><td>A</td><td colspan="3">12</td></tr>
<tr><td>B</td><td colspan="3">20</td></tr>
<tr><td rowspan="2">10</td><td rowspan="2">齿圈径向跳动
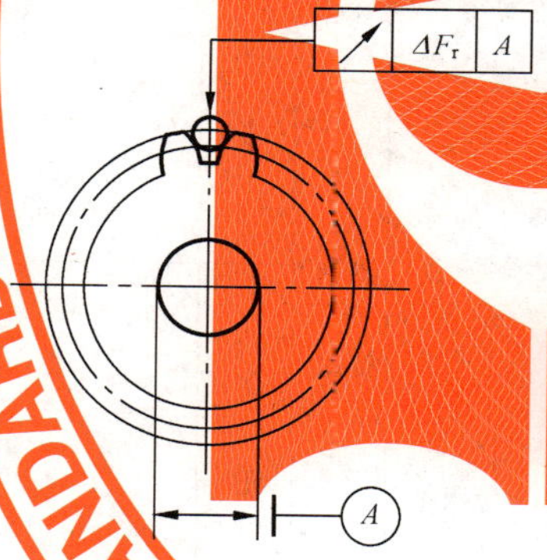
</td><td rowspan="2">δF_r</td><td>A</td><td colspan="3">10</td></tr>
<tr><td>B</td><td colspan="3">20</td></tr>
<tr><td rowspan="2">11</td><td rowspan="2">相邻齿面同一切削小齿错位量误差
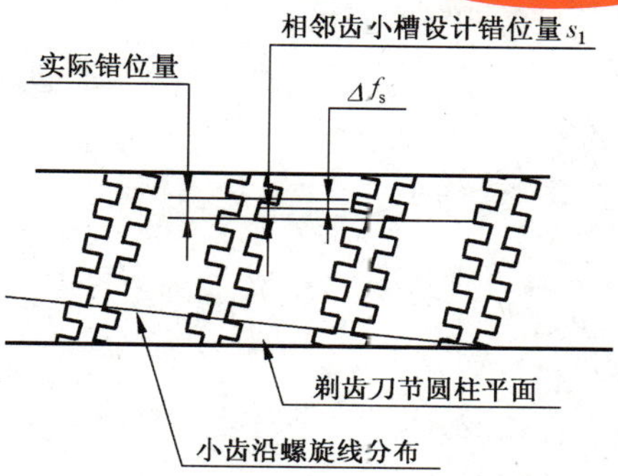
</td><td rowspan="2">δf_s</td><td>A</td><td colspan="3">±50</td></tr>
<tr><td>B</td><td colspan="3">±60</td></tr>
</table>

表 1（续）

单位为微米

序号	检验项目及示意图	公差代号	精度等级	法向模数 m_n /mm		
				1.25～2	＞2～3.5	＞3.5～5
12	同一齿面切削小齿齿距累积误差 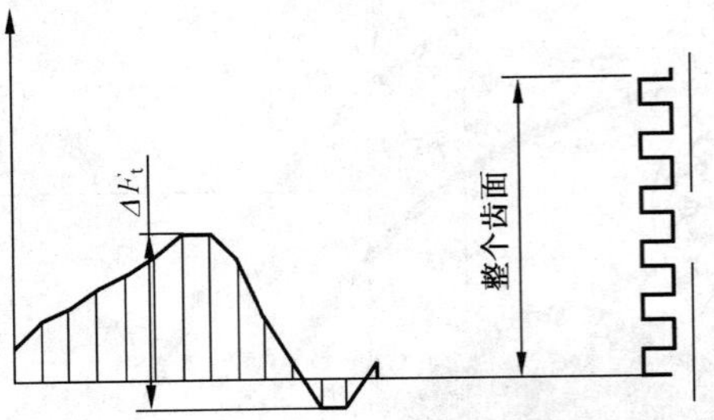 	δF_t	A	100/10 齿		
			B	120/10 齿		
13	切削小齿的齿距误差 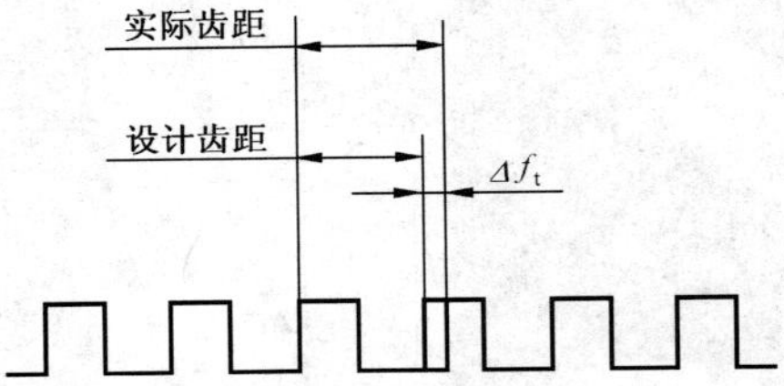 	δf_t	A	±40		
			B	±50		

5 标志和包装

5.1 标志

5.1.1 在盘形径向剃齿刀端面上应标志：

a) 制造厂商标；

b) 法向模数；

c) 基准齿形角；

d) 公称分圆直径；

e) 齿数；

f) 螺旋角；

g) 螺旋方向(右旋不标)；

h) 精度等级；

i) 被剃工件齿数；

j) 材料(普通高速钢不标)；

k) 制造年月。

5.1.2 在包装盒上应标志：

a) 制造厂或销售商名称、地址和商标；

b) 标记示例内容；

c) 制造年月。

5.2 包装

盘形径向剃齿刀包装前应经防锈处理，并应采取措施防止在包装、运输过程中产生损伤。

附 录 A
（规范性附录）
盘形径向剃齿刀的键槽尺寸

A.1 盘形径向剃齿刀的键槽尺寸应按图 A.1 的规定。

单位为毫米

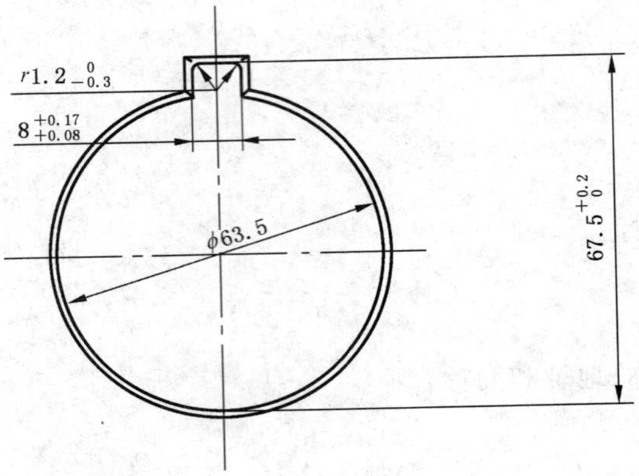

图 A.1

附 录 B
（资料性附录）
盘形径向剃齿刀切削刃的沟槽型式和深度尺寸

B.1 盘形径向剃齿刀的切削刃沟槽型式和深度尺寸应按图B.1和表B.1的规定。

图 B.1

表 B.1

单位为毫米

法向模数 m_n	e
1.25～1.5	0.4
>1.5～1.75	0.5
>1.75～2.5	0.6
>2.5～3	0.8
>3～5	1.0

附　录　C
（资料性附录）
盘形径向剃齿刀的齿根退刀槽型式

C.1　盘形径向剃齿刀的齿根退刀槽型式按图 C.1 的规定。

退刀槽尺寸根据盘形径向剃齿刀切削刃的沟槽深度和盘形径向剃齿刀根部强度确定。

图 C.1

ICS 25.100.01
J 41

中华人民共和国国家标准

GB/T 21951—2008

镶或整体立方氮化硼刀片 尺寸

Cubic boron nitride inserts, tipped or solid—Dimensions

(ISO 16462:2004, Cubic boron nitride inserts, tipped or solid—Dimensions, types, MOD)

2008-06-03 发布

2009-01-01 实施

中华人民共和国国家质量监督检验检疫总局
中国国家标准化管理委员会 发布

前　言

本标准修改采用 ISO 16462:2004《镶或整体立方氮化硼刀片　型式和尺寸》(英文版)。

本标准与 ISO 16462:2004 相比有下列差异:

——删除了国际标准前言;

——用“.”代替用作小数点的逗号“,”;

——本国际标准改为本标准;

——规范性引用文件中,部分国际标准用我国国家标准代替;

——4.2、4.3 中材料代号 BL05 改为 BL;

——纠正了表 8 中代号为 SP・N 09 03 04S、SP・N 09 03 08S、SP・N 09 03 12S 刀片的 1 值;

——制图按我国国家标准相关规定。

本标准由中国机械工业联合会提出。

本标准由全国刀具标准化技术委员会(SAC/TC 91)归口。

本标准起草单位:郑州市钻石精密制造有限公司、成都工具研究所。

本标准主要起草人:张凤鸣、张鹏里、沈士昌、汪建海、曾宇环。

镶或整体立方氮化硼刀片 尺寸

1 范围

本标准规定了刀片形状按 GB/T 2079、GB/T 2078、GB/T 2081 和 ISO 6987 的切削部分镶有立方氮化硼(BL、BH、BC)的刀片或整体立方氮化硼(BL、BH、BC)刀片的尺寸。

本标准适用于镶或整体立方氮化硼刀片。

2 规范性引用文件

下列文件中的条款通过本标准的引用而成为本标准的条款。凡是注日期的引用文件，其随后所有的修改单(不包括勘误的内容)或修订版均不适用于本标准，然而，鼓励根据本标准达成协议的各方研究是否可使用这些文件的最新版本。凡是不注日期的引用文件，其最新版本适用于本标准。

GB/T 2075 切削加工用硬切削材料的分类和用途 大组和用途小组的分类代号(GB/T 2075—2007,ISO 513:2004,IDT)

GB/T 2076 切削刀具用可转位刀片型号表示规则(GB/T 2076—2007,ISO 1832:2004,MOD)

GB/T 2078 带圆孔的硬质合金可转位刀片(GB/T 2078—1987,eqv ISO 3364:1985)

GB/T 2079 无孔的硬质合金可转位刀片(GB/T 2079—1987,eqv ISO 883:1985)

GB/T 2081 硬质合金可转位铣刀片(GB/T 2081—1987,eqv ISO 3365:1985)

ISO 6987 刀尖倒圆有部分圆栏固定孔的硬质合金可转位刀片 尺寸

3 刀片形状和结构

3.1 刀片形状

刀片的形状有：三角形(T)、正方形(S)、菱形 80°(C)、菱形 55°(D)、菱形 35°(V)和六边形(W)。

3.2 法向后角 α_n

法向后角 α_n 有：0°(N)、5°(B)、7°(C)、11°(P)。

3.3 切削刃刀尖

车刀片：带刀尖圆角，半径 r_ε 有：0.2 mm、0.4 mm、0.8 mm、1.2 mm 和 1.6 mm。

铣刀片：带修光刃。

注：不参加切削的刀尖结构是任选的。

3.4 公差等级

公差等级按照 GB/T 2076 的规定。本标准表 1～表 12 中公差等级的位置用黑点(·)表示。

3.5 切削刃结构

所有结构都已经在 GB/T 2076 规定。

3.6 刀片类型

镶式或整体刀片的切削刃型式按照 GB/T 2076。

4 代号

4.1 总则

镶式或整体立方氮化硼(BL,BH,BC)刀片的代号按 GB/T 2076 规定。各种型式的切削刃情况和刀片型式的字母符号都已在代号中规定。

在4.2和4.3中的代号是按GB/T 2076的代号的应用举例。

4.2 车削刀片的代号

4.2.1 整体刀片(S)

菱形刀片,刀尖夹角 $\varepsilon_r=80°$(C),法向后角 $\alpha_n=0°$(N),公差等级M级,无断屑槽无固定孔(N),边长 $l=9.67$ mm(09),厚度 $s=3.18$ mm(03),刀尖圆弧半径 $r_\varepsilon=0.8$ mm(08),无倒棱钝圆切削刃(S),整体刀片(S),切削材料按照GB/T 2075(例如BL)的刀片的代号为:

刀片 CNMN 090308S-S-BL-…

注:按照GB/T 2076,代号第13位的BL是任选的。

4.2.2 单角全厚度镶接刀片(T)

菱形刀片,刀尖夹角 $\varepsilon_r=55°$(D),法向后角 $\alpha_n=0°$(N),公差等级M级,无断屑槽有固定圆孔(A),边长 $l=15.5$ mm(15),厚度 $s=4.76$ mm(04),刀尖圆弧半径 $r_\varepsilon=0.8$ mm(08),带倒棱钝圆切削刃(S),单角全厚度镶接(T),长型切削刃(L),切削材料按照GB/T 2075(例如BL)的刀片的代号为:

刀片 DNMA 150408S-TL-BL-…

注:按照GB/T 2076,代号第13位的BL是任选的。

4.3 镶式铣刀片的代号

正方形刀片(S),法向后角 $\alpha_n=7°$(C),公差等级G级,无断屑槽有固定孔(W),边长 $l=12.7$ mm(12),厚度 $s=4.76$ mm(04),主偏角 $\kappa_r=75°$(E),修光刃法后角 $\alpha'_n=15°$(D),右切削(R),单角单面镶(A),长型切削刃(L),切削材料按照GB/T 2075(例如BL)的刀片的代号为:

刀片 SCGW 1204EDR-AL-BL-…

注:按照GB/T 2076,代号第13位的BL是任选的。

5 尺寸

5.1 带固定孔的三角形刀片(T),车削刀片

型式按图1,尺寸按表1。

注:尺寸 l_1 见表13。

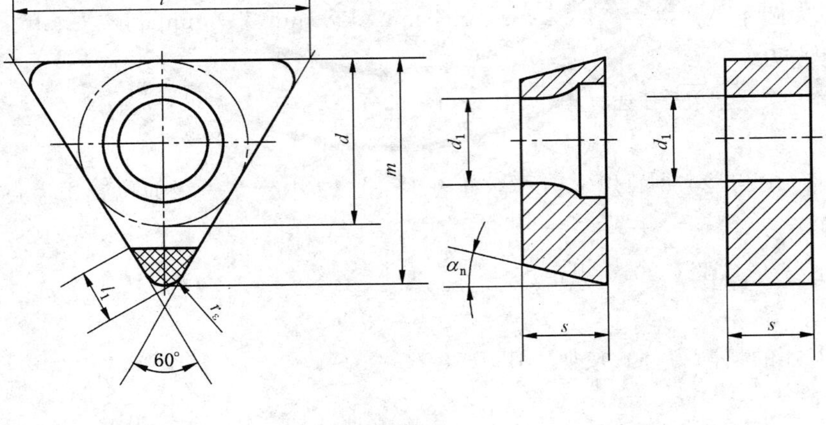

图1

表 1

单位为毫米

代　　号	d	d_1	$l\approx$	m	s	α_n	r_ε
TC・W 09 02 02S	5.56	2.5	9.63	8.137	2.38	7°	0.2
TC・W 09 02 04S	5.56	2.5	9.63	7.943	2.38	7°	0.4
TC・W 09 02 08S	5.56	2.5	9.63	7.541	2.38	7°	0.8
TC・W 11 02 02S	6.35	2.8	11	9.322	2.38	7°	0.2
TC・W 11 02 04S	6.35	2.8	11	9.128	2.38	7°	0.4
TC・W 11 02 08S	6.35	2.8	11	8.731	2.38	7°	0.8
TC・W 16 T3 02S	9.525	4.4	16.5	14.084	3.97	7°	0.2
TC・W 16 T3 04S	9.525	4.4	16.5	13.891	3.97	7°	0.4
TC・W 16 T3 08S	9.525	4.4	16.5	13.494	3.97	7°	0.8
TC・W 16 T3 12S	9.525	4.4	16.5	13.097	3.97	7°	1.2
TC・W 16 T3 16S	9.525	4.4	16.5	12.700	3.97	7°	1.6
TN・A 11 03 02S	6.35	2.26	11	9.322	3.18	0°	0.2
TN・A 11 03 04S	6.35	2.26	11	9.128	3.18	0°	0.4
TN・A 11 03 08S	6.35	2.26	11	8.731	3.18	0°	0.8
TN・A 16 04 04S	9.525	3.81	16.5	13.891	4.76	0°	0.4
TN・A 16 04 08S	9.525	3.81	16.5	13.494	4.76	0°	0.8
TN・A 16 04 12S	9.525	3.81	16.5	13.097	4.76	0°	1.2
TN・A 16 04 16S	9.525	3.81	16.5	12.700	4.76	0°	1.6
TP・W 08 02 02S	4.763	2.3	8.2	6.945	2.38	11°	0.2
TP・W 08 02 04S	4.763	2.3	8.2	6.747	2.38	11°	0.4
TP・W 08 02 08S	4.763	2.3	8.2	6.350	2.38	11°	0.8
TP・W 09 02 02S	5.56	2.5	9.63	8.137	2.38	11°	0.2
TP・W 09 02 04S	5.56	2.5	9.63	7.943	2.38	11°	0.4
TP・W 09 02 08S	5.56	2.5	9.63	7.541	2.38	11°	0.8
TP・W 11 02 02S	6.35	2.8	11	8.731	2.38	11°	0.2
TP・W 11 02 04S	6.35	2.8	11	8.137	2.38	11°	0.4
TP・W 11 02 08S	6.35	2.8	11	7.943	2.38	11°	0.8
TP・W 11 03 02S	6.35	3.3	11.0	9.327	3.18	11°	0.2
TP・W 11 03 04S	6.35	3.3	11.0	9.128	3.18	11°	0.4
TP・W 11 03 08S	6.35	3.3	11.0	8.731	3.18	11°	0.8
TP・W 16 03 04S	9.525	4.4	16.5	13.891	3.18	11°	0.4
TP・W 16 03 08S	9.525	4.4	16.5	13.494	3.18	11°	0.8
TP・W 16 T3 04S	9.525	4.4	16.5	13.891	3.97	11°	0.4
TP・W 16 T3 08S	9.525	4.4	16.5	13.494	3.97	11°	0.8
TP・W 16 T3 12S	9.525	4.4	16.5	13.097	3.97	11°	1.2
TP・W 16 T3 16S	9.525	4.4	16.5	12.700	3.97	11°	1.6
TP・W 16 04 04S	9.525	4.4	16.5	13.891	4.76	11°	0.4
TP・W 16 04 08S	9.525	4.4	16.5	13.494	4.76	11°	0.8

5.2 带固定孔的正方形刀片(S),车削刀片

型式按图 2,尺寸按表 2。

注:尺寸 l_1 见表 13。

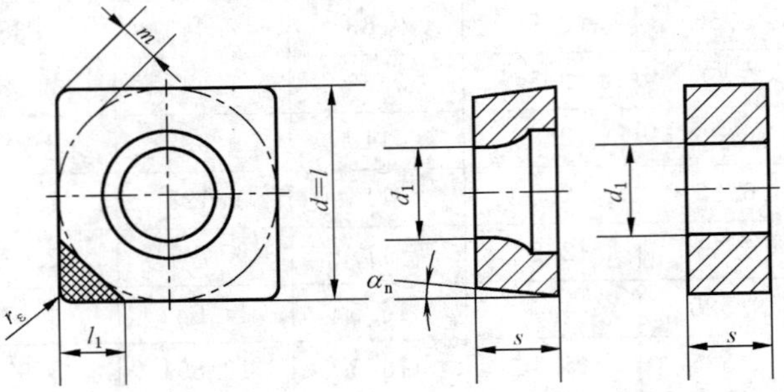

图 2

表 2

单位为毫米

代号	d	d_1	$l\approx$	m	s	α_n	r_ε
SC・W 09 T3 02S	9.525	4.4	9.525	1.889	3.97	7°	0.2
SC・W 09 T3 04S	9.525	4.4	9.525	1.808	3.97	7°	0.4
SC・W 09 T3 08S	9.525	4.4	9.525	1.644	3.97	7°	0.8
SC・W 09 T3 12S	9.525	4.4	9.525	1.479	3.97	7°	1.2
SC・W 12 04 04S	12.7	5.5	12.7	2.466	4.76	7°	0.4
SC・W 12 04 08S	12.7	5.5	12.7	2.301	4.76	7°	0.8
SC・W 12 04 12S	12.7	5.5	12.7	2.137	4.76	7°	1.2
SN・A 09 03 04S	9.525	3.81	9.525	1.808	3.18	0°	0.4
SN・A 09 03 08S	9.525	3.81	9.525	1.644	3.18	0°	0.8
SN・A 09 03 12S	9.525	3.81	9.525	1.479	3.18	0°	1.2
SN・A 12 04 04S	12.7	5.16	12.7	2.466	4.76	0°	0.4
SN・A 12 04 08S	12.7	5.16	12.7	2.301	4.76	0°	0.8
SN・A 12 04 12S	12.7	5.16	12.7	2.137	4.76	0°	1.2
SN・A 12 04 16S	12.7	5.16	12.7	1.972	4.76	0°	1.6

5.3 带固定孔的 80°菱形刀片(C),车削刀片

型式按图 3,尺寸按表 3。

注:尺寸 l_1 见表 13。

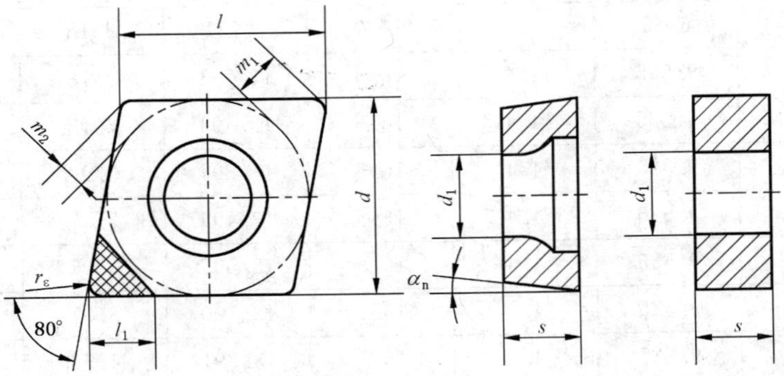

图 3

表 3

单位为毫米

代　　号	d	d_1	$l\approx$	m_1	m_2	s	α_n	r_ε
CC・W 06 02 02S	6.35	2.8	6.45	1.652	0.908	2.38	7°	0.2
CC・W 06 02 04S	6.35	2.8	6.45	1.544	0.848	2.38	7°	0.4
CC・W 06 02 08S	6.35	2.8	6.45	1.323	0.727	2.38	7°	0.8
CC・W 09 T3 02S	9.525	4.4	9.67	2.535	1.392	3.97	7°	0.2
CC・W 09 T3 04S	9.525	4.4	9.67	2.426	1.333	3.97	7°	0.4
CC・W 09 T3 08S	9.525	4.4	9.67	2.206	1.212	3.97	7°	0.8
CC・W 09 T3 12S	9.525	4.4	9.67	1.985	1.091	3.97	7°	1.2
CC・W 12 04 04S	12.7	5.5	12.9	3.308	1.818	4.76	7°	0.4
CC・W 12 04 08S	12.7	5.5	12.9	3.088	1.697	4.76	7°	0.8
CC・W 12 04 12S	12.7	5.5	12.9	2.867	1.576	4.76	7°	1.2
CC・W 12 04 16S	12.7	5.5	12.9	2.646	1.454	4.76	7°	1.6
CN・A 09 03 04S	9.525	3.81	9.67	2.426	1.333	3.18	0°	0.4
CN・A 09 03 08S	9.525	3.81	9.67	2.206	1.212	3.18	0°	0.8
CN・A 12 04 04S	12.7	5.16	12.9	3.308	1.818	4.76	0°	0.4
CN・A 12 04 08S	12.7	5.16	12.9	3.088	1.697	4.76	0°	0.8
CH・A 12 04 12S	12.7	5.16	12.9	2.867	1.576	4.76	0°	1.2
CN・A 12 04 16S	12.7	5.16	12.9	2.646	1.454	4.76	0°	1.6
CP・W 06 02 02S	6.35	2.8	6.45	1.652	0.908	2.38	11°	0.2
CP・W 06 02 04S	6.35	2.8	6.45	1.544	0.848	2.38	11°	0.4
CP・W 06 02 08S	6.35	2.8	6.45	1.323	0.727	2.38	11°	0.8
CP・W 09 03 02S	9.525	4.4	9.67	2.534	1.392	3.18	11°	0.2
CP・W 09 03 04S	9.525	4.4	9.67	2.426	1.333	3.18	11°	0.4
CP・W 09 03 08S	9.525	4.4	9.67	2.206	1.212	3.18	11°	0.8
CP・W 09 T3 02S	9.525	4.4	9.67	2.534	1.392	3.97	11°	0.2
CP・W 09 T3 04S	9.525	4.4	9.67	2.426	1.333	3.97	11°	0.4
CP・W 09 T3 08S	9.525	4.4	9.67	2.206	1.212	3.97	11°	0.8
CP・W 09 T3 12S	9.525	4.4	9.67	1.985	1.091	3.97	11°	1.2

5.4　带固定孔的 55°菱形刀片(D),车削刀片

型式按图 4,尺寸按表 4。

注:尺寸 l_1 见表 13。

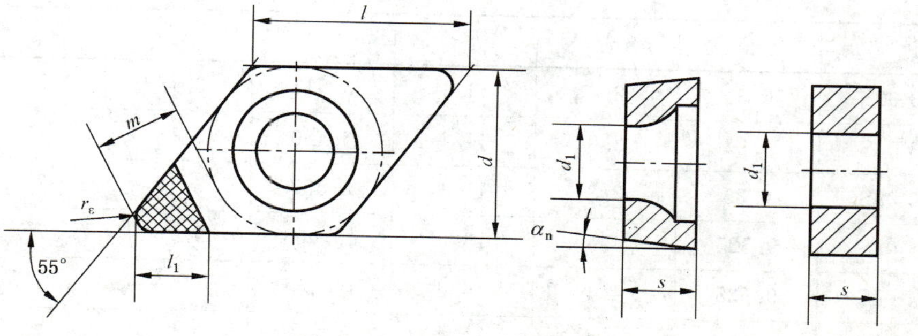

图 4

表 4

单位为毫米

代　　号	d	d_1	$l\approx$	m	s	α_n	r_ε
DC・W 07 02 02S	6.35	2.8	7.75	3.464	2.38	7°	0.2
DC・W 07 02 04S	6.35	2.8	7.75	3.238	2.38	7°	0.4
DC・W 07 02 08S	6.35	2.8	7.75	2.776	2.38	7°	0.8
DC・W 11 T3 02S	9.525	4.4	11.6	5.315	3.97	7°	0.2
DC・W 11 T3 04S	9.525	4.4	11.6	5.089	3.97	7°	0.4
DC・W 11 T3 08S	9.525	4.4	11.6	4.626	3.97	7°	0.8
DC・W 11 T3 12S	9.525	4.4	11.6	4.164	3.97	7°	1.2
DC・A 11 04 04S	9.525	3.81	11.6	5.089	4.76	0°	0.4
DC・A 11 04 08S	9.525	3.81	11.6	4.626	4.76	0°	0.8
DN・A 15 04 04S	12.7	5.16	15.5	6.939	4.76	0°	0.4
DH・A 15 04 08S	12.7	5.16	15.5	6.477	4.76	0°	0.8
DN・A 15 04 12S	12.7	5.16	15.5	6.014	4.76	0°	1.2
DN・A 15 06 04S	12.7	5.16	15.5	6.939	6.35	0°	0.4
DN・A 15 06 08S	12.7	5.16	15.5	6.477	6.35	0°	0.8
DN・A 15 06 12S	12.7	5.16	15.5	6.014	6.35	0°	1.2
DN・A 15 06 16S	12.7	5.16	15.5	5.551	6.35	0°	1.6

5.5　带固定孔的35°菱形刀片(V)，车削刀片

型式按图 5，尺寸按表 5。

注：尺寸 l_1 见表 13。

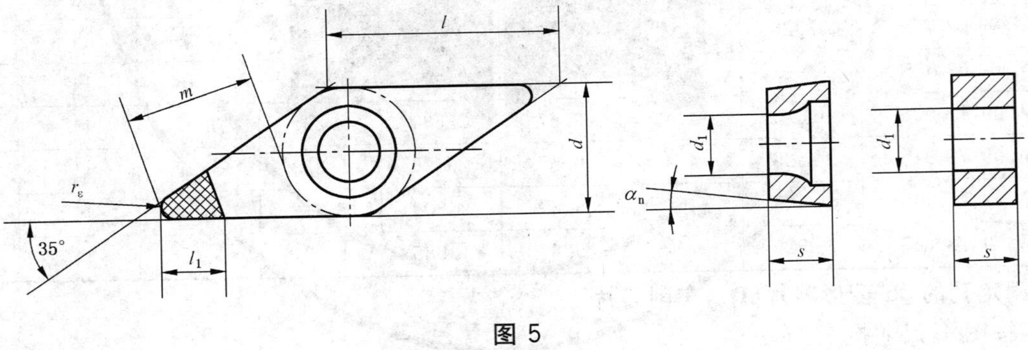

图 5

表 5

单位为毫米

标　　记	d	d_1	$l\approx$	m	s	α_n	r_ε
VC・W 11 03 02S	6.35	2.8	11.1	6.911	3.18	7°	0.2
VC・W 11 03 04S	6.35	2.8	11.1	6.460	3.18	7°	0.4
VC・W 11 03 08S	6.35	2.8	11.1	5.537	3.18	7°	0.8
VC・W 16 04 02S	9.525	4.4	16.6	10.603	4.76	7°	0.2
VC・W 16 04 04S	9.525	4.4	16.6	10.154	4.76	7°	0.4
VC・W 16 04 08S	9.525	4.4	16.6	9.231	4.76	7°	0.8

表 5（续）

单位为毫米

标　　记	d	d_1	$l\approx$	m	s	α_n	r_ε
VC・W 16 04 12S	9.525	4.4	16.6	8.306	4.76	7°	1.2
VB・W 16 04 02S	9.525	4.4	16.6	10.602	4.76	5°	0.2
VB・W 16 04 04S	9.525	4.4	16.6	10.152	4.76	5°	0.4
VB・W 16 04 08S	9.525	4.4	16.6	9.229	4.76	5°	0.8
VB・W 16 04 12S	9.525	4.4	16.6	8.306	4.76	5°	1.2
VN・A 16 04 04S	9.525	3.81	16.6	10.152	4.76	0°	0.4
VN・A 16 04 08S	9.525	3.81	16.6	9.229	4.76	0°	0.8
VN・A 16 04 12S	9.525	3.81	16.6	8.306	4.76	0°	1.2

5.6 带固定孔的正方形刀片(S)，铣削刀片

型式按图 6，尺寸按表 6。

注：尺寸 l_1 见表 13。

单位为毫米

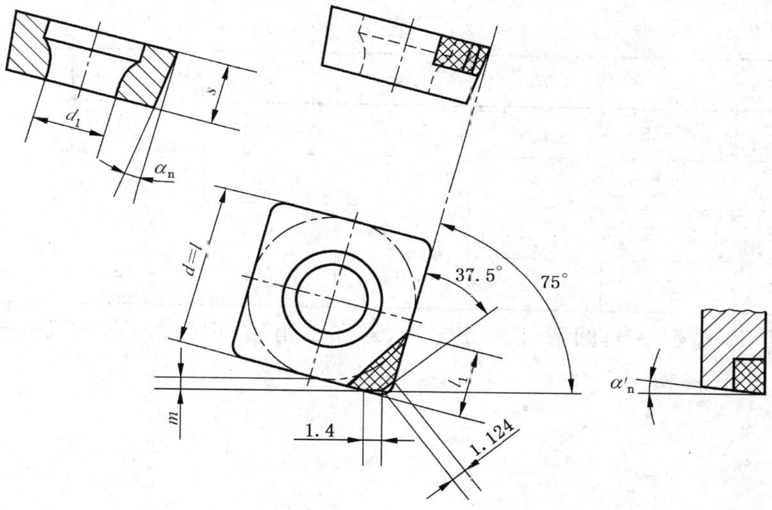

注：在图中标出的是右切削刀片。

图 6

表 6

单位为毫米

代　　号	d	d_1	$l\approx$	m	s	α_n	α'_n
SC・W 09 T3 ECR	9.525	4.4	9.525	0.543	3.97	7°	7°
SC・W 12 04 ECR	12.7	5.5	12.7	0.900	4.76	7°	7°
SP・W 09 T3 DER	9.525	4.4	9.525	0.543	3.97	11°	15°
SP・W12 04 DEL	12.7	5.5	12.7	0.900	4.76	11°	15°

5.7 带固定孔的 80°菱形刀片(C)，铣削刀片

型式按图 7，尺寸按表 7。

注：尺寸 l_1 见表 13。

单位为毫米

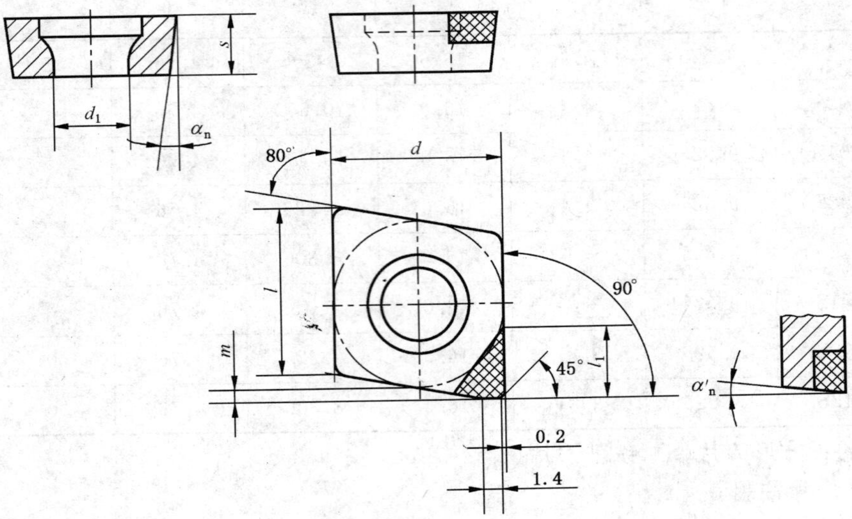

注：在图中标出的是右切削刀片。

图 7

表 7

单位为毫米

代　号	d	d_1	$l\approx$	m	s	α_n	α'_n
CC・W 09 T3 PCR	9.525	4.4	9.67	0.631	3.97	7°	7°
CC・W 12 04 PCR	12.7	5.5	12.9	0.936	4.76	7°	7°
CP・W 09 T3 PDR	9.525	4.4	9.67	0.631	3.97	11°	15°
CP・W 12 04 PDR	12.7	5.5	12.9	0.936	4.76	11°	15°

5.8 不带固定孔的80°菱形(C)，圆形(R)，正方形(S)和三角形(T)刀片，车削刀片——整体

型式按图8，尺寸按表8。

注：尺寸 l_1 见表13。

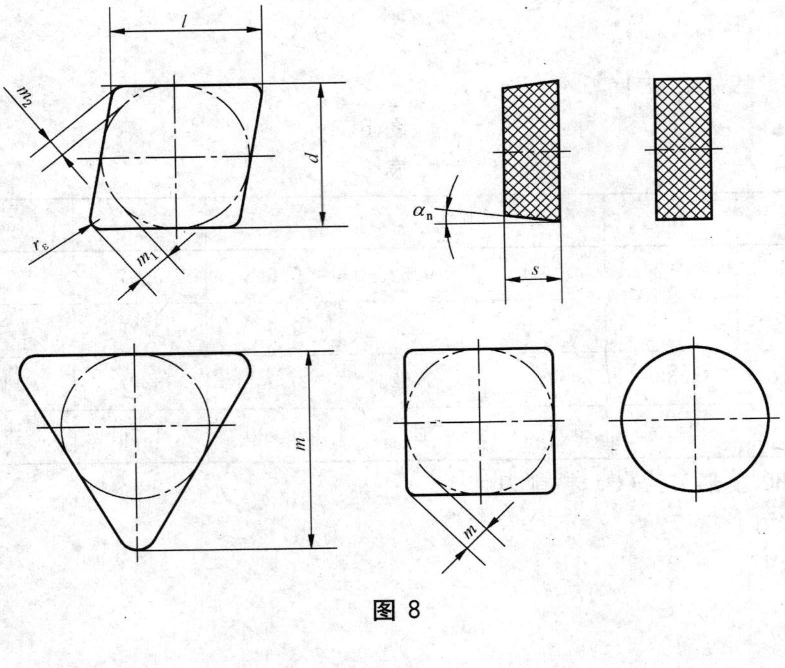

图 8

表 8

单位为毫米

代　　号	d	$l\approx$	m	m_1	m_2	s	α_n	r_ε
CN·N 09 03 04S	9.525	9.67	—	2.426	1.333	3.18	0°	0.4
CN·N 09 03 08S	9.525	9.67	—	2.206	1.212	3.18	0°	0.8
CN·N 09 03 12S	9.525	9.67	—	1.985	1.091	3.18	0°	1.2
CN·N 09 03 16S	9.525	9.67	—	1.764	0.970	3.18	0°	1.6
CN·N 12 04 04S	12.7	12.9	—	3.308	1.818	4.76	0°	0.4
CN·N 12 04 08S	12.7	12.9	—	3.088	1.697	4.76	0°	0.8
CN·N 12 04 12S	12.7	12.9	—	2.867	1.576	4.76	0°	1.2
CN·N 12 04 16S	12.7	12.9	—	2.646	1.454	4.76	0°	1.6
RC·N 09 03 00S	9.525	—	—	—	—	3.18	7°	—
RC·N 12 04 00S	12.7	—	—	—	—	4.76	7°	—
RN·N 09 03 00S	9.525	—	—	—	—	3.18	0°	—
RN·N 12 03 00S	12.7	—	—	—	—	3.18	0°	—
RN·N 12 04 00S	12.7	—	—	—	—	4.76	0°	—
SN·N 09 03 04S	9.525	9.525	1.808	—	—	3.18	0°	0.4
SN·N 09 03 08S	9.525	9.525	1.644	—	—	3.18	0°	0.8
SN·N 09 03 12S	9.525	9.525	1.479	—	—	3.18	0°	1.2
SN·N 09 03 16S	9.525	9.525	1.315	—	—	3.18	0°	1.6
SN·N 12 03 04S	12.7	12.7	2.466	—	—	3.18	0°	0.4
SN·N 12 03 08S	12.7	12.7	2.301	—	—	3.18	0°	0.8
SN·N 12 03 12S	12.7	12.7	2.137	—	—	3.18	0°	1.2
SN·N 12 03 16S	12.7	12.7	1.972	—	—	3.18	0°	1.6
SN·N 12 04 04S	12.7	12.7	2.466	—	—	4.76	0°	0.4
SN·N 12 04 08S	12.7	12.7	2.301	—	—	4.76	0°	0.8
SN·N 12 04 12S	12.7	12.7	2.137	—	—	4.76	0°	1.2
SN·N 12 04 16S	12.7	12.7	1.972	—	—	4.76	0°	1.6
SP·N 09 03 04S	9.525	9.525	1.808	—	—	3.18	11°	0.4
SP·N 09 03 08S	9.525	9.525	1.644	—	—	3.18	11°	0.8
SP·N 09 03 12S	9.525	9.525	1.479	—	—	3.18	11°	1.2
SP·N 12 03 08S	12.7	12.7	2.301	—	—	3.18	11°	0.8
SP·N 12 03 12S	12.7	12.7	2.137	—	—	3.18	11°	1.2
SP·N 12 04 08S	12.7	12.7	2.301	—	—	4.76	11°	0.8
SP·N 12 04 12S	12.7	12.7	2.137	—	—	4.76	11°	1.2
SP·N 12 04 16S	12.7	12.7	1.972	—	—	4.76	11°	1.6
TB·N 06 01 02S	3.969	6.87	5.755	—	—	1.59	5°	0.2
TB·N 06 01 04S	3.969	6.87	5.557	—	—	1.59	5°	0.4
TB·N 06 01 08S	3.969	6.87	5.160	—	—	1.59	5°	0.8
TN·N 11 03 02S	6.35	11	9.322	—	—	3.18	0°	0.2
TN·N 11 03 04S	6.35	11	9.128	—	—	3.18	0°	0.4
TN·N 11 03 08S	6.35	11	8.731	—	—	3.18	0°	0.8

表 8（续）

单位为毫米

代　号	d	l≈	m	m_1	m_2	s	α_n	r_ε
TN・N 11 03 12S	6.35	11	8.334	—	—	3.18	0°	1.2
TN・N 11 03 16S	6.35	11	7.937	—	—	3.18	0°	1.6
TN・N 16 04 04S	9.525	16.5	13.891	—	—	4.76	0°	0.4
TN・N 16 04 08S	9.525	16.5	13.494	—	—	4.76	0°	0.8
TN・N 16 04 12S	9.525	16.5	13.097	—	—	4.76	0°	1.2
TN・N 16 04 16S	9.525	16.5	12.700	—	—	4.76	0°	1.6
TP・N 11 03 04S	6.35	11	9.128	—	—	3.18	11°	0.4
TP・N 11 03 08S	6.35	11	8.731	—	—	3.18	11°	0.8
TP・N 11 03 12S	6.35	11	8.334	—	—	3.18	11°	1.2
TP・N 16 03 04S	9.525	16.5	13.891	—	—	3.18	11°	0.4
TP・N 16 03 08S	9.525	16.5	13.494	—	—	3.18	11°	0.8
TP・N 16 04 02S	9.525	16.5	14.089	—	—	4.76	11°	0.2
TP・N 16 04 04S	9.525	16.5	13.891	—	—	4.76	11°	0.4
TP・N 16 04 08S	9.525	16.5	13.494	—	—	4.76	11°	0.8
TP・N 16 04 12S	9.525	16.5	13.097	—	—	4.76	11°	1.2
TP・N 16 04 16S	9.525	16.5	12.700	—	—	4.76	11°	1.6

5.9 不带固定孔的正方形(S)，三角形(T)刀片，铣削刀片

型式按图 9，尺寸按表 9。

注：尺寸 l_1 见表 13。

单位为毫米

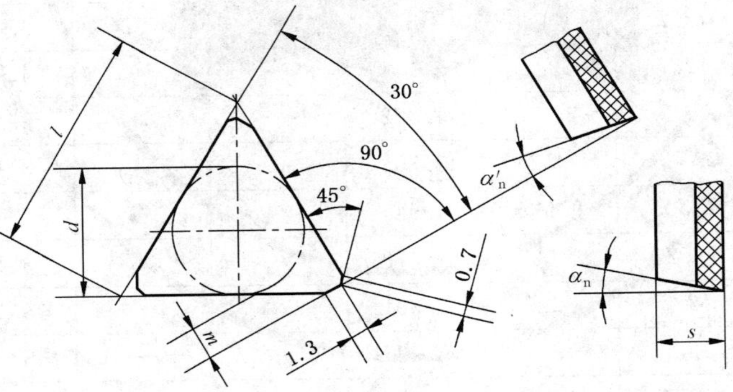

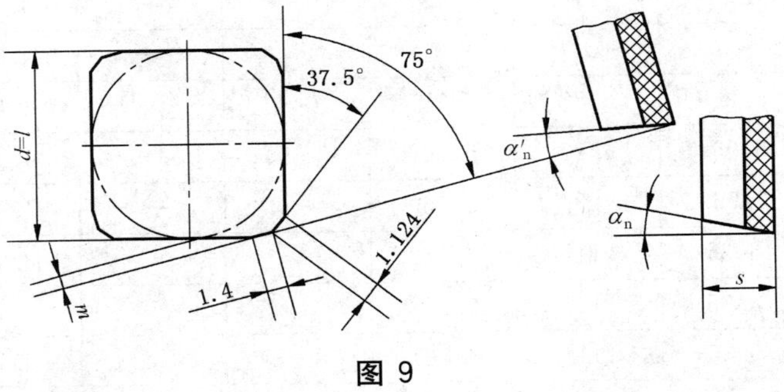

图 9

表 9

单位为毫米

代　　号	d	$l\approx$	m	s	α_n	α_n'
SN・N 09 03 ENR	9.525	9.525	0.543	3.18	0°	0°
SN・N 12 04 ENR	12.7	12.7	0.900	4.76	0°	0°
SP・N 09 03 EPR	9.525	9.525	0.543	3.18	11°	11°
SP・N 12 04 EPR	12.7	12.7	0.900	4.76	11°	11°
TN・N 11 03 PNR	6.35	11	1.288	3.18	0°	0°
TC・N 16 04 PCR	9.525	16.5	2.450	4.76	7°	7°
TP・N 16 04 PPR	9.525	16.5	2.450	4.76	11°	11°

5.10 不带固定孔的正方形(S),三角形(T)刀片,铣削刀片——整体

型式按图 10,尺寸按表 10。

注:尺寸 l_1 见表 13。

单位为毫米

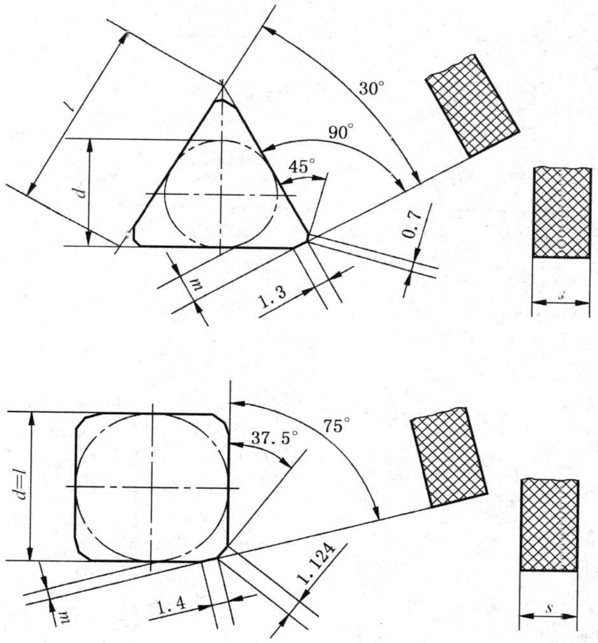

图 10

表 10

单位为毫米

代　　号	d	$l\approx$	m	s	α_n
SN・N 09 03 EN	9.525	9.525	0.543	3.18	0°
SN・N 12 04 EN	12.7	12.7	0.900	4.76	0°
TN・N 11 03 PN	6.35	11	1.288	3.18	0°
TN・N 16 04 PN	9.525	16.5	2.450	4.76	0°

5.11 带固定孔的六边形刀片(W),车削刀片

型式按图 11,尺寸按表 11。

注:尺寸 l_1 见表 13。

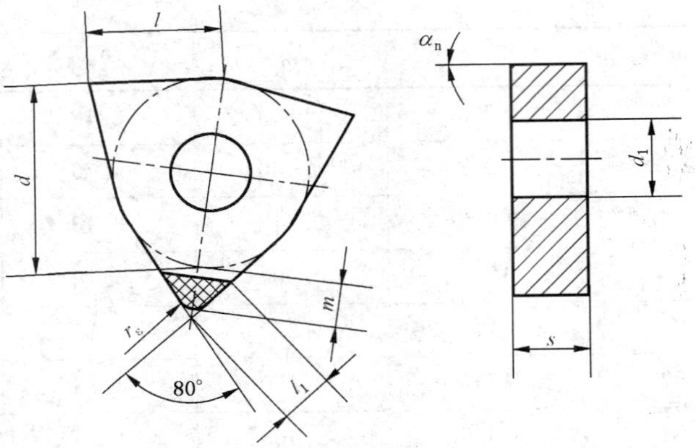

图 11

表 11

单位为毫米

代　　号	d	d_1	$l\approx$	m	s	α_n	r_ε
WN・A 06 04 04	9.525	3.81	6.52	2.426	4.76	0°	0.4
WN・A 06 04 08	9.525	3.81	6.52	2.203	4.76	0°	0.8
WN・A 06 04 12	9.525	3.81	6.52	1.980	4.76	0°	1.2
WN・A 08 04 04	12.7	5.16	8.69	3.307	4.76	0°	0.4
WN・A 08 04 08	12.7	5.16	8.69	3.084	4.76	0°	0.8
WN・A 08 04 12	12.7	5.16	8.69	2.860	4.76	0°	1.2

5.12　不带固定孔的六边形刀片(W),车削刀片

型式按图 12,尺寸按表 12。

注:尺寸 l_1 见表 13。

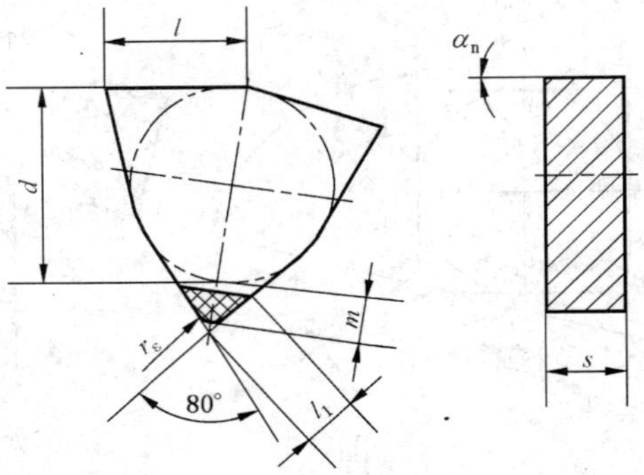

图 12

表 12

单位为毫米

代　　号	d	$l\approx$	m	s	α_n	r_ε
WN・N 06 04 04	9.525	6.52	2.426	4.76	0°	0.4
WN・N 06 04 08	9.525	6.52	2.203	4.76	0°	0.8
WN・N 06 04 12	9.525	6.52	1.980	4.76	0°	1.2
WN・N 08 04 04	12.7	8.69	3.307	4.76	0°	0.4
WN・N 08 04 08	12.7	8.69	3.084	4.76	0°	0.8
WN・N 08 04 12	12.7	8.69	2.862	4.76	0°	1.2

6 镶式刀片切削刃长度 l_1

6.1 定义

l_1 为沿着主切削刃从刀尖到镶缝最远点的距离(见图 11、图 12)。

6.2 带刀尖圆弧刀片

见图 13。

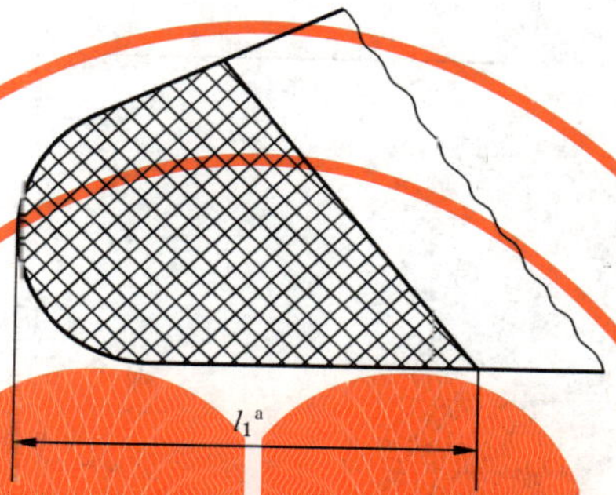

[a] 尺寸 l_1 见表 13。

图 13

6.3 带修光刃的刀片

见图 14。

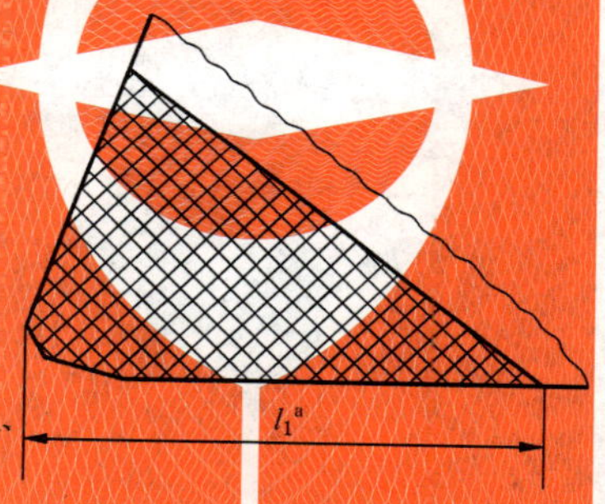

[a] 尺寸 l_1 见表 13。

图 14

表 13

单位为毫米

切削刃长度 l_1 最小值	
短型切削刃	长型切削刃
0.8	3.0

7 基体材料、切削材料

基体材料由供货商提供或按协议。

切削刃材料按照 GB/T 2075 的规定，由 BL、BH、BC 制成。

8 测量

测量方法按 GB/T 2081 和 ISO 6987 的规定。

9 标志

刀片上应清晰和持久地标志：

——刀尖半径 r_ε 的代号；

——按 GB/T 2075 的大组和用途小组代号，或切削材料牌号；

——制造商商标或名称。

其他标志由供货商提供或按协议。所有标志的差异都应有协议。

如果在刀片上没有足够的空间标志大组、用途小组的代号和制造商名称，则用制造商的切削材料牌号代替。然而，大组和用途小组应在包装盒上清楚、明显地标志。

ICS 25.100.01
J 41

中华人民共和国国家标准

GB/T 21952—2008

镶聚晶金刚石刀片　尺寸

Polycrystalline diamond inserts, tipped—Dimensions

(ISO 16463:2004, Polycrystalline diamond inserts, tipped—Dimensions, types, MOD)

2008-06-03 发布　　2009-01-01 实施

中华人民共和国国家质量监督检验检疫总局
中国国家标准化管理委员会　发布

前　言

本标准修改采用 ISO 16463:2004《镶聚晶金刚石刀片　型式和尺寸》(英文版)。

本标准根据 ISO 16463:2004 重新起草。

本标准与 ISO 16463:2004 相比有下列差异:

——删除了国际标准前言;

——用“.”代替用作小数点的逗号“,”;

——本国际标准改为本标准;

——规范性引用文件中,部分国际标准用我国国家标准代替;

——刀片的法后角增加了 15°、25°;

——刀尖圆角半径增加了 0.1 mm、2.0 mm、2.5 mm 和 3.0 mm;

——4.2、4.3 中材料代号 DP05 改为 DP;

——制图按我国国家标准相关规定。

本标准由中国机械工业联合会提出。

本标准由全国刀具标准化技术委员会(SAC/TC 91)归口。

本标准起草单位:成都工具研究所、郑州市钻石精密制造有限公司。

本标准主要起草人:沈士昌、张凤鸣、张鹏里、曾宇环。

镶聚晶金刚石刀片　尺寸

1　范围

本标准规定了刀片形状按 GB/T 2079 和 ISO 6987 的切削部分镶有聚晶金刚石(DP)的刀片的尺寸。

本标准适用于镶聚晶金刚石刀片。

2　规范性引用文件

下列文件中的条款通过本标准的引用而成为本标准的条款。凡是注日期的引用文件，其随后所有的修改单(不包括勘误的内容)或修订版均不适用于本标准，然而，鼓励根据本标准达成协议的各方研究是否可使用这些文件的最新版本。凡是不注日期的引用文件，其最新版本适用于本标准。

GB/T 2075　切削加工用硬切削材料的分类和用途　大组和用途小组的分类代号(GB/T 2075—2007,ISO 513:2004,IDT)

GB/T 2076　切削刀具用可转位刀片型号表示规则(GB/T 2076—2007,ISO 1832:2004,MOD)

GB/T 2079　无孔的硬质合金可转位刀片(GB/T 2079—1987,eqv ISO 883:1985)

GB/T 2081　硬质合金可转位铣刀片(GB/T 2081—1987,eqv ISO 3365:1985)

ISO 6987　刀尖倒圆有部分圆柱固定孔的硬质合金可转位刀片　尺寸

3　刀片形状和结构

3.1　刀片形状

刀片的形状有：三角形(T)、正方形(S)、菱形 80°(C)、菱形 55°(D)、菱形 35°(V)和六边形(W)。

3.2　法向后角 α_n

法向后角 α_n 有：5°(B)、7°(C)、11°(P)、15°(D)、20°(E)和 25°(F)。

3.3　切削刃刀尖

车刀片：带刀尖圆弧，半径 r_ε 有：0.1 mm、0.2 mm、0.4 mm、0.8 mm、1.2 mm、1.6 mm、2.0 mm、2.5 mm 和 3.0 mm。

铣刀片：带修光刃。

注：不参加切削的刀尖结构是任选的。

3.4　公差等级

公差等级按照 GB/T 2076 的规定。本标准表 1～表 10 中公差等级的位置用黑点(·)表示。

3.5　切削刃结构

所有结构都已经在 GB/T 2076 规定。

3.6　刀片类型

镶接的切削刃型式按照 GB/T 2076。

4　代号

4.1　总则

镶聚晶金刚石(DP)刀片的代号按 GB/T 2076 规定。各种型式的切削刃情况和刀片型式的字母符号都已在代号中规定。

在 4.2 和 4.3 中的代号是按 GB/T 2076 的代号的应用举例。

4.2 镶式车削刀片的代号

刀片形状为菱形，刀尖夹角 $\varepsilon_r=55°$(D)，法向后角 $\alpha_n=7°$(C)，公差等级 G 级，无断屑槽有固定孔(W)，边长 $l=11.6$ mm(11)，厚度 $s=3.97$ mm(T3)，刀尖圆弧半径 $r_\varepsilon=0.8$ mm(08)，切削刃截面形状(F)，单角单面镶(A)，长型切削刃(L)，切削材料按照 GB/T 2075(例如 DP)的刀片的代号为：

刀片 DCGW 11T308F-AL-DP-…

注：按照 GB/T 2076，代号第 13 位的 DP 是任选的。

4.3 镶式铣削刀片的代号

刀片形状为正方形(S)，法向后角 $\alpha_n=11°$(P)，公差等级 G 级，无断屑槽有固定孔(W)，边长 $l=12.7$ mm(12)，厚度 $s=4.76$ mm(04)，主偏角 $\kappa_r=75°$(E)，修光刃法后角 $\alpha'_n=15°$(D)，右切削(R)，单角单面镶(A)，长型切削刃(L)，切削材料按照 GB/T 2075(例如 DP)的刀片的代号为：

刀片 SPGW 1204EDR-AL-DP-…

注：按照 GB/T 2076，代号第 13 位的 DP 是任选的。

5 尺寸

5.1 带固定孔的三角形刀片(T)，车削刀片

型式按图 1，尺寸按表 1。

注：尺寸 l_1 见表 11。

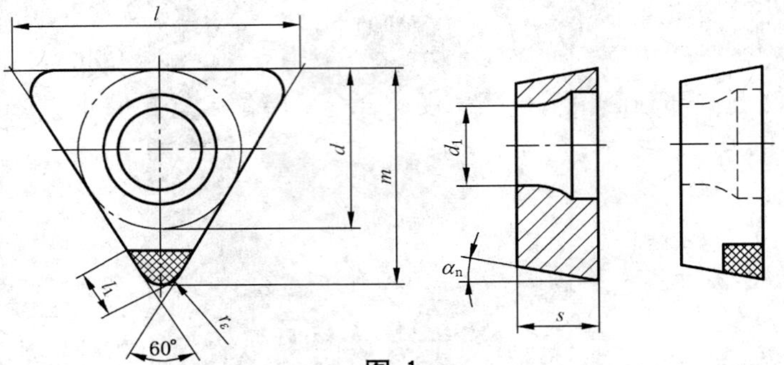

图 1

表 1

单位为毫米

代 号	d	d_1	l ≈	m	s	α_n	r_ε
TC·W 09 02 02F	5.56	2.5	9.63	8.137	2.38	7°	0.2
TC·W 09 02 04F	5.56	2.5	9.63	7.943	2.38	7°	0.4
TC·W 09 02 08F	5.56	2.5	9.63	7.541	2.38	7°	0.8
TC·W 11 02 02F	6.35	2.8	11.0	9.322	2.38	7°	0.2
TC·W 11 02 04F	6.35	2.8	11.0	9.128	2.38	7°	0.4
TC·W 11 02 08F	6.35	2.8	11.0	8.731	2.38	7°	0.3
TC·W 11 03 02F	6.35	2.8	11.0	9.327	3.18	7°	0.2
TC·W 11 03 04F	6.35	2.8	11.0	9.128	3.18	7°	0.4
TC·W 11 03 08F	6.35	2.8	11.0	8.731	3.18	7°	0.8
TC·W 16 T3 02F	9.525	4.4	16.5	14.084	3.97	7°	0.2
TC·W 16 T3 04F	9.525	4.4	16.5	13.891	3.97	7°	0.4

表 1（续）

单位为毫米

代　号	d	d_1	l ≈	m	s	α_n	r_ε
TC・W 16 T3 08F	9.525	4.4	16.5	13.494	3.97	7°	0.8
TC・W 16 T3 12F	9.525	4.4	16.5	13.097	3.97	7°	1.2
TC・W 16 T3 16F	9.525	4.4	16.5	12.700	3.97	7°	1.6
TC・W 22 04 04F	12.7	5.5	22.0	18.653	4.76	7°	0.4
TC・W 22 04 08F	12.7	5.5	22.0	18.256	4.76	7°	0.8
TC・W 22 04 12F	12.7	5.5	22.0	17.859	4.76	7°	1.2
TC・W 22 04 16F	12.7	5.5	22.0	17.462	4.76	7°	1.6
TP・W 09 02 02F	5.56	2.5	9.63	8.137	2.38	11°	0.2
TP・W 09 02 04F	5.56	2.5	9.63	7.943	2.38	11°	0.4
TP・W 09 02 08F	5.56	2.5	9.63	7.541	2.38	11°	0.8
TP・W 11 02 02F	6.35	2.8	11.0	9.322	2.38	11°	0.2
TP・W 11 02 04F	6.35	2.8	11.0	9.128	2.38	11°	0.4
TP・W 11 02 08F	6.35	2.8	11.0	9.322	2.38	11°	0.8
TP・W 11 03 02F	6.35	3.3	11.0	9.327	3.18	11°	0.2
TP・W 11 03 04F	6.35	3.3	11.0	9.128	3.18	11°	0.4
TP・W 11 03 08F	6.35	3.3	11.0	8.731	3.18	11°	0.8
TP・W 13 03 02F	7.938	3.4	13.7	11.708	3.18	11°	0.2
TP・W 13 03 04F	7.938	3.4	13.7	11.509	3.18	11°	0.4
TP・W 13 03 08F	7.938	3.4	13.7	11.112	3.18	11°	0.8
TP・W 16 T3 04F	9.525	4.4	16.5	13.891	3.97	11°	0.4
TP・W 16 T3 08F	9.525	4.4	16.5	13.494	3.97	11°	0.8
TP・W 16 T3 12F	9.525	4.4	16.5	13.097	3.97	11°	1.2
TP・W 16 T3 16F	9.525	4.4	16.5	12.700	3.97	11°	1.6

5.2 不带固定孔的三角形刀片(T)，车削刀片

型式按图 2，尺寸按表 2。

注：尺寸 l_1 见表 11。

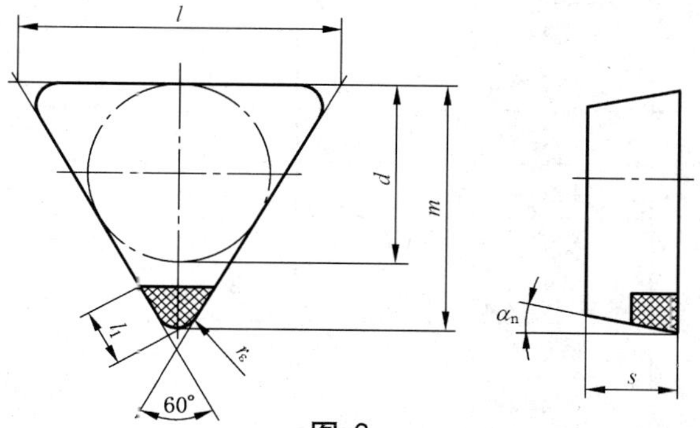

图 2

表 2

单位为毫米

代　号	d	l ≈	m	s	α_n	r_ε
TP・N 09 02 02F	5.556	9.62	8.136	2.38	11°	0.2
TP・N 09 02 04F	5.556	9.62	7.938	2.38	11°	0.4
TP・N 09 02 08F	5.556	9.62	7.541	2.38	11°	0.8
TP・N 11 03 02F	6.35	11.0	9.327	3.18	11°	0.2
TP・N 11 03 04F	6.35	11.0	9.128	3.18	11°	0.4
TP・N 11 03 08F	6.35	11.0	8.731	3.18	11°	0.8
TP・N 16 03 02F	9.525	16.5	14.089	3.18	11°	0.2
TP・N 16 03 04F	9.525	16.5	13.891	3.18	11°	0.4
TP・N 16 03 08F	9.525	16.5	13.494	3.18	11°	0.8

5.3　带固定孔的正方形刀片(S),车削刀片

型式按图 3,尺寸按表 3。

注:尺寸 l_1 见表 11。

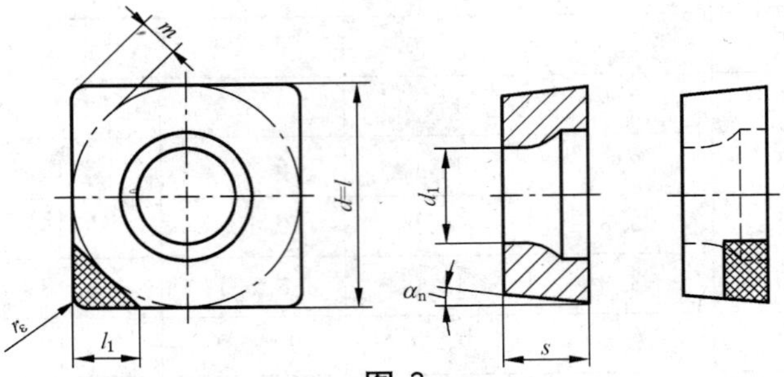

图 3

表 3

单位为毫米

代　号	d	d_1	l ≈	m	s	α_n	r_ε
SC・W 09 T3 04F	9.525	4.4	9.525	1.808	3.97	7°	0.4
SC・W 09 T3 08F	9.525	4.4	9.525	1.644	3.97	7°	0.8
SC・W 09 T3 12F	9.525	4.4	9.525	1.479	3.97	7°	1.2
SC・W 12 04 04F	12.7	5.5	12.7	2.466	4.76	7°	0.4
SC・W 12 04 08F	12.7	5.5	12.7	2.301	4.76	7°	0.8
SC・W 12 04 12F	12.7	5.5	12.7	2.137	4.76	7°	1.2
SC・W 12 04 16F	12.7	5.5	12.7	1.973	4.76	7°	1.6
SP・W 09 T3 02F	9.525	4.4	9.525	1.889	3.97	11°	0.2
SP・W 09 T3 04F	9.525	4.4	9.525	1.808	3.97	11°	0.4
SP・W 09 T3 08F	9.525	4.4	9.525	1.644	3.97	11°	0.8
SP・W 09 T3 12F	9.525	4.4	9.525	1.479	3.97	11°	1.2
SP・W 12 04 04F	12.7	5.5	12.7	2.466	4.76	11°	0.4
SP・W 12 04 08F	12.7	5.5	12.7	2.301	4.76	11°	0.8
SP・W 12 04 12F	12.7	5.5	12.7	2.137	4.76	11°	1.2
SP・W 12 04 16F	12.7	5.5	12.7	1.973	4.76	11°	1.6

5.4 不带固定孔的正方形刀片(S),车削刀片

型式按图 4,尺寸按表 4。

注:尺寸 l_1 见表 11。

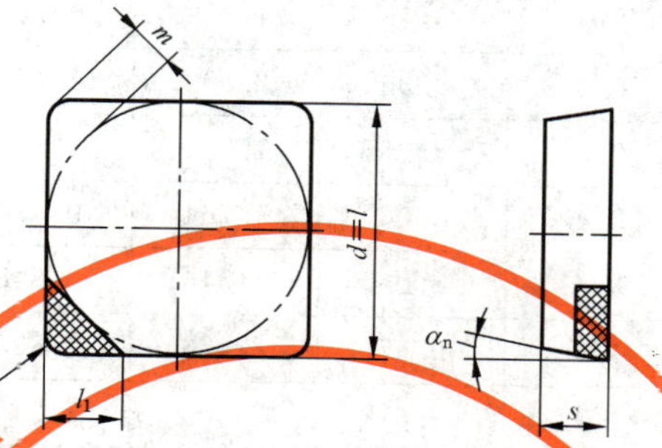

图 4

表 4

单位为毫米

代　号	d	l ≈	m	s	α_n	r_ε
SP・N 09 03 02F	9.525	9.5	1.890	3.18	11°	0.2
SP・N 09 03 04F	9.525	9.5	1.808	3.18	11°	0.4
SP・N 09 03 08F	9.525	9.5	1.644	3.18	11°	0.8
SP・N 12 03 02F	12.7	12.7	2.548	3.18	11°	0.2
SP・N 12 03 04F	12.7	12.7	2.466	3.18	11°	0.4
SP・N 12 03 08F	12.7	12.7	2.301	3.18	11°	0.8

5.5 带固定孔的 80°菱形刀片(C),车削刀片

型式按图 5,尺寸按表 5。

注:尺寸 l_1 见表 11。

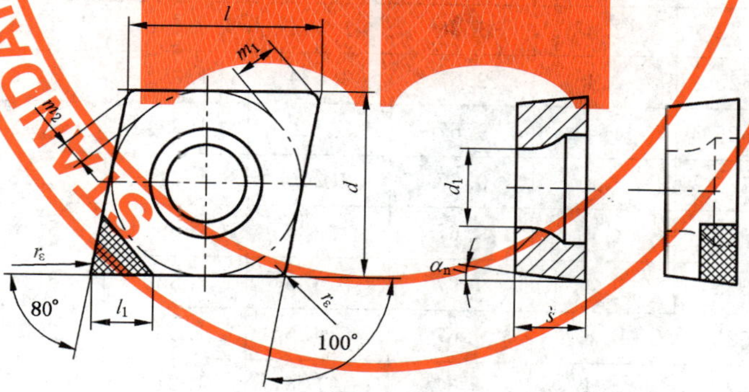

图 5

表 5

单位为毫米

代　号	d	d_1	l ≈	m_1	m_2	s	α_n	r_ε
CC・W 05 02 02F	5.56	2.5	5.64	1.432	0.787	2.38	7°	0.2
CC・W 05 02 04F	5.56	2.5	5.64	1.324	0.728	2.38	7°	0.4
CC・W 06 02 02F	6.35	2.8	6.45	1.652	0.908	2.38	7°	0.2
CC・W 06 02 04F	6.35	2.8	6.45	1.544	0.848	2.38	7°	0.4

表 5（续） 单位为毫米

代号	d	d_1	l ≈	m_1	m_2	s	α_n	r_ε
CC・W 06 02 08F	6.35	2.8	6.45	1.323	0.727	2.38	7°	0.8
CC・W 08 03 02F	7.938	3.4	8.06	2.093	1.150	3.18	7°	0.2
CC・W 08 03 04F	7.938	3.4	8.06	1.986	1.091	3.18	7°	0.4
CC・W 08 03 08F	7.938	3.4	8.06	1.764	0.970	3.18	7°	0.8
CC・W 08 03 12F	7.938	3.4	8.06	1.544	0.848	3.18	7°	1.2
CC・W 09 T3 04F	9.525	4.4	9.67	2.426	1.333	3.97	7°	0.4
CC・W 09 T3 08F	9.525	4.4	9.67	2.206	1.212	3.97	7°	0.8
CC・W 09 T3 12F	9.525	4.4	9.67	1.985	1.091	3.97	7°	1.2
CC・W 12 04 04F	12.7	5.5	12.9	3.308	1.818	4.76	7°	0.4
CC・W 12 04 08F	12.7	5.5	12.9	3.088	1.697	4.76	7°	0.8
CC・W 12 04 12F	12.7	5.5	12.9	2.867	1.576	4.76	7°	1.2
CC・W 12 04 16F	12.7	5.5	12.9	2.647	1.455	4.76	7°	1.6
CP・W 05 02 02F	5.56	2.5	5.64	1.432	0.787	2.38	11°	0.2
CP・W 05 02 04F	5.56	2.5	5.64	1.324	0.728	2.38	11°	0.4
CP・W 06 02 02F	6.35	2.8	6.45	1.652	0.908	2.38	11°	0.2
CP・W 06 02 04F	6.35	2.8	6.45	1.544	0.848	2.38	11°	0.4
CP・W 06 02 08F	6.35	2.8	6.45	1.323	0.727	2.38	11°	0.8
CP・W 08 03 02F	7.938	3.4	8.06	2.093	1.150	3.18	11°	0.2
CP・W 08 03 04F	7.938	3.4	8.06	1.986	1.091	3.18	11°	0.4
CP・W 08 03 08F	7.938	3.4	8.06	1.764	0.970	3.18	11°	0.8
CP・W 08 03 12F	7.938	3.4	8.06	1.544	0.848	3.18	11°	1.2
CP・W 09 03 02F	9.525	4.4	9.67	2.534	1.392	3.18	11°	0.2
CP・W 09 03 04F	9.525	4.4	9.67	2.426	1.333	3.18	11°	0.4
CP・W 09 03 08F	9.525	4.4	9.67	2.206	1.212	3.18	11°	0.8
CP・W 09 03 12F	9.525	4.4	9.67	1.985	1.091	3.18	11°	1.2
CP・W 09 T3 02F	9.525	4.4	9.67	2.426	1.333	3.97	11°	0.2
CP・W 09 T3 04F	9.525	4.4	9.67	2.426	1.333	3.97	11°	0.4
CP・W 09 T3 08F	9.525	4.4	9.67	2.206	1.212	3.97	11°	0.8
CP・W 09 T3 12F	9.525	4.4	9.67	1.985	1.091	3.97	11°	1.2
CP・W 12 04 04F	12.7	5.5	12.9	3.088	1.818	4.76	11°	0.4
CP・W 12 04 08F	12.7	5.5	12.9	3.308	1.697	4.76	11°	0.8
CP・W 12 04 12F	12.7	5.5	12.9	2.867	1.576	4.76	11°	1.2
CP・W 12 04 16F	12.7	5.5	12.9	2.647	1.455	4.76	11°	1.6

5.6 带固定孔的 55°菱形刀片(**D**)，车削刀片

型式按图 6，尺寸按表 6。

注：尺寸 l_1 见表 11。

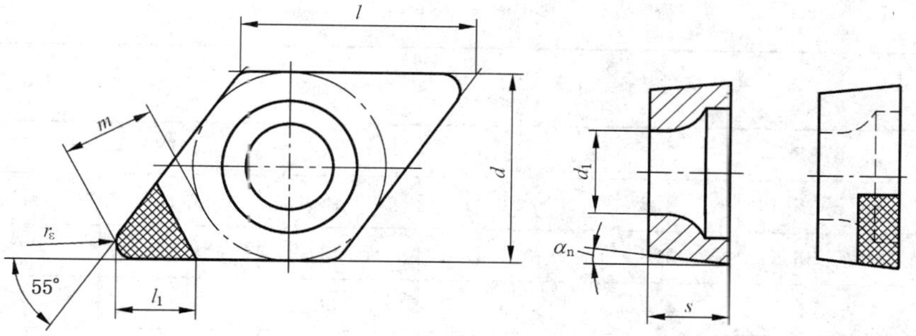

图 6

表 6

单位为毫米

代 号	d	d_1	l ≈	m	s	α_n	r_ε
DC・W 07 02 02F	6.35	2.8	7.75	3.464	2.38	7°	0.2
DC・W 07 02 04F	6.35	2.8	7.75	3.238	2.38	7°	0.4
DC・W 07 02 08F	6.35	2.8	7.75	2.776	2.38	7°	0.8
DC・W 11 T3 02F	9.525	4.4	11.6	5.320	3.97	7°	0.2
DC・W 11 T3 04F	9.525	4.4	11.6	5.089	3.97	7°	0.4
DC・W 11 T3 08F	9.525	4.4	11.6	4.626	3.97	7°	0.8
DC・W 11 T3 12F	9.525	4.4	11.6	4.164	3.97	7°	1.2
DP・W 07 02 02F	6.35	2.8	7.75	3.464	2.38	11°	0.2
DP・W 07 02 04F	6.35	2.8	7.75	3.238	2.38	11°	0.4
DP・W 11 T3 04F	9.525	4.4	11.6	5.089	3.97	11°	0.4
DP・W 11 T3 08F	9.525	4.4	11.6	4.626	3.97	11°	0.8

5.7 带固定孔的35°菱形刀片(V),车削刀片

型式按图 7,尺寸按表 7。

注:尺寸 l_1 见表 11。

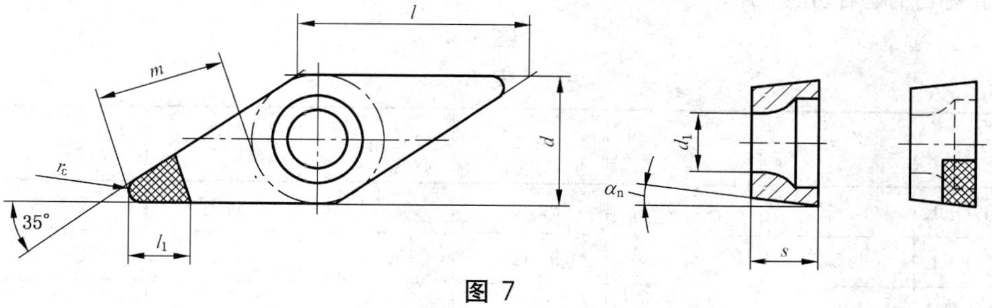

图 7

表 7

单位为毫米

代 号	d	d_1	l ≈	m	s	α_n	r_ε
VB・W 16 04 02F	9.525	4.4	16.6	10.603	4.76	5°	0.2
VB・W 16 04 04F	9.525	4.4	16.6	10.152	4.76	5°	0.4
VB・W 16 04 08F	9.525	4.4	16.6	9.229	4.76	5°	0.8
VB・W 16 04 12F	9.525	4.4	16.6	8.306	4.76	5°	1.2

表 7（续）

单位为毫米

代　号	d	d_1	l ≈	m	s	α_n	r_ε
VC・W 11 03 02F	6.35	2.8	11.1	6.911	3.18	7°	0.2
VC・W 11 03 04F	6.35	2.8	11.1	6.460	3.18	7°	0.4
VC・W 11 03 08F	6.35	2.8	11.1	5.537	3.18	7°	0.8
VC・W 16 04 02F	9.525	4.4	16.6	10.603	4.76	7°	0.2
VC・W 16 04 04F	9.525	4.4	16.6	10.154	4.76	7°	0.4
VC・W 16 04 08F	9.525	4.4	16.6	9.231	4.76	7°	0.8
VC・W 16 04 12F	9.525	4.4	16.6	8.308	4.76	7°	1.2

5.8　带固定孔的正方形刀片(S)，铣削刀片

型式按图 8，尺寸按表 8。根据需要，修光刃长度可大于 1.4 mm，最大到 1.8 mm。

注：尺寸 l_1 见表 11。

单位为毫米

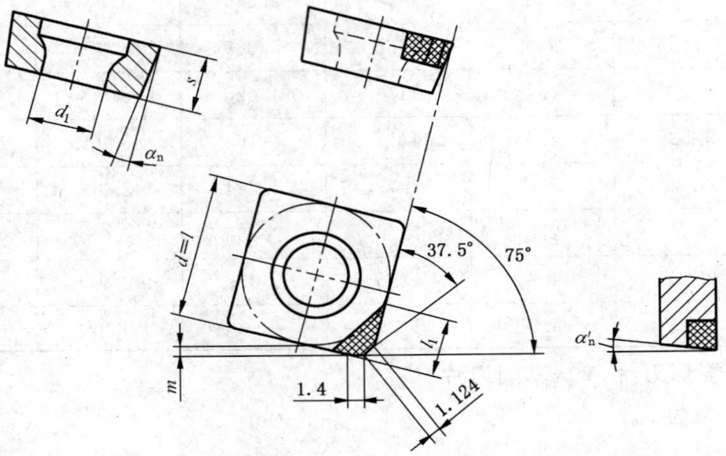

注：在图中标出的是右切削刀片。

图 8

表 8

单位为毫米

代　号	d	d_1	l ≈	m	s	α_n	α_n'
SE・W 09 T3 EER	9.525	4.4	9.525	0.543	3.97	20°	20°
SE・W 09 T3 EEL	9.525	4.4	9.525	0.543	3.97	20°	20°
SE・W 12 04 EDR	12.7	5.5	12.7	0.900	4.76	11°	15°
SE・W 12 04 EDL	12.7	5.5	12.7	0.900	4.76	11°	15°

5.9　带固定孔的 80°菱形刀片(C)，铣削刀片

型式按图 9，尺寸按表 9。根据需要，修光刃长度可大于 1.4 mm，最大到 1.8 mm。

注：尺寸 l_1 见表 11。

5.10　带固定孔的六边形刀片(W)，车削刀片

型式按图 10，尺寸按表 10。

注：尺寸 l_1 见表 11。

单位为毫米

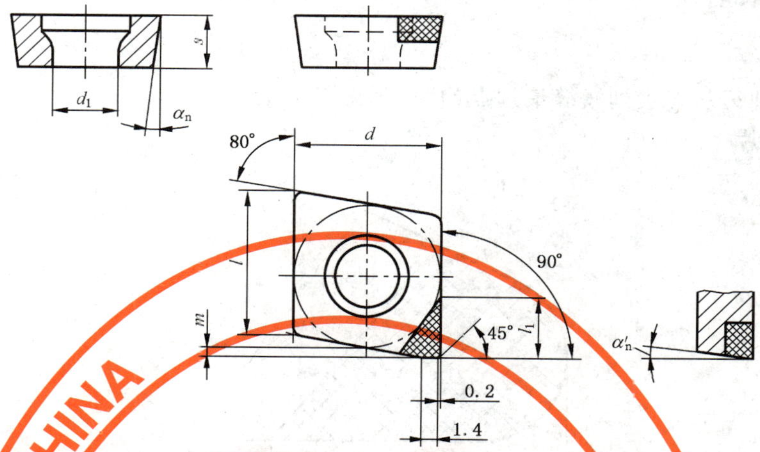

注：在图中标出的是右切削刀片。

图 9

表 9

单位为毫米

代 号	d	d_1	l ≈	m	s	α_n	α'_n
CE・W 09 T3 PEL	9.525	4.4	9.67	0.631	3.97	20°	20°
CE・W 09 T3 PER	9.525	4.4	9.67	0.631	3.97	20°	20°
CP・W 12 04 PDL	12.7	5.5	12.9	0.936	4.76	11°	15°
CP・W 12 04 PDR	12.7	5.5	12.9	0.936	4.76	11°	15°

图 10

表 10

单位为毫米

代 号	d	d_1	l ≈	m	s	α_n	r_ε
WC・W 04 02 02F	6.35	2.8	4.3	1.655	2.38	7°	0.2
WC・W 04 02 04F	6.35	2.8	4.3	1.543	2.38	7°	0.4
WC・W 06 T3 04F	9.525	4.4	6.5	2.426	3.97	7°	0.4
WC・W 06 T3 08F	9.525	4.4	6.5	2.203	3.97	7°	0.8
WP・W 04 02 01F	6.35	2.8	4.3	1.710	2.38	11°	0.1
WP・W 04 02 02F	6.35	2.8	4.3	1.654	2.38	11°	0.2
WP・W 04 02 04F	6.35	2.8	4.3	1.543	2.38	11°	0.4
WP・W 06 03 02F	9.525	4.4	6.5	2.537	3.18	11°	0.2
WP・W 06 03 04F	9.525	4.4	6.5	2.426	3.18	11°	0.4

6 镶式刀片切削刃长度 l_1

6.1 定义

l_1 为沿着主切削刃从刀尖到镶缝最远点的距离(见图 11、图 12)。

6.2 带刀尖圆弧刀片

见图 11。

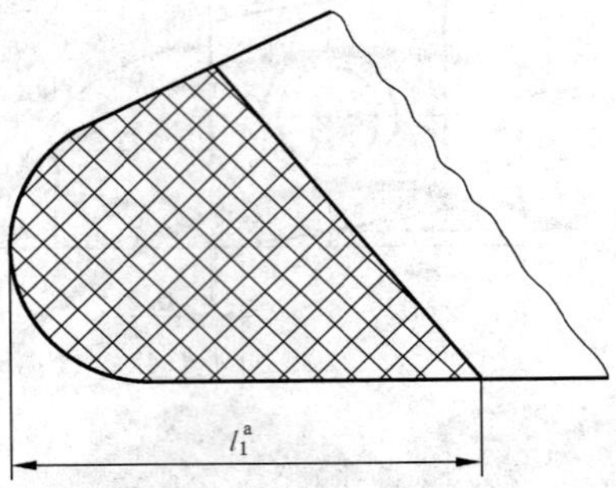

a 尺寸 l_1 见表 11。

图 11

6.3 带修光刃的刀片

见图 12。

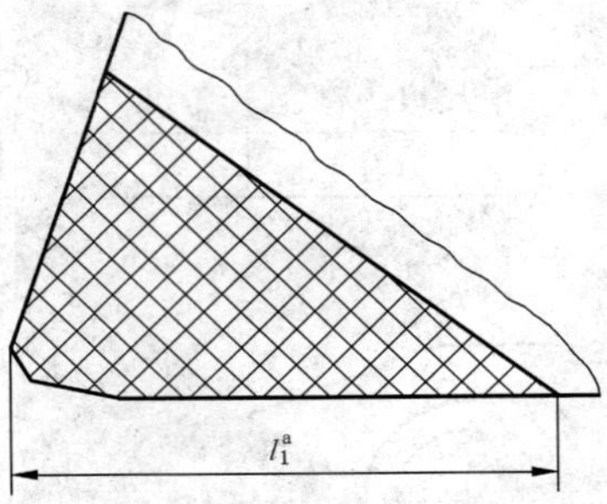

a 尺寸 l_1 见表 11。

图 12

表 11

单位为毫米

切削刃长度 l_1 最小值	
短型切削刃	长型切削刃
0.8	3.0

7 基体材料、切削材料

基体材料由供货商提供或按协议。

切削刃材料按照 GB/T 2075 的规定,由 DP 制成。

8 测量

测量方法按 GB/T 2081 和 ISO 6987 的规定。

9 标志

刀片上应清晰和持久地标志：

——刀尖半径 r_{ε} 的代号；

——按 GB/T 2075 的大组和用途小组代号，或切削材料牌号；

——制造商商标或名称。

其他标志由供货商提供或按协议。所有标志的差异都应有协议。

如果在刀片上没有足够的空间标志大组、用途小组的代号和制造商名称，则用制造商的切削材料牌号代替。然而，大组和用途小组应在包装盒上清楚、明显地标志。

ICS 25.100.01
J 41

中华人民共和国国家标准

GB/T 21953—2008

单刃刀具　刀尖圆弧半径

Single point cutting tool—Corner radii

(ISO 3286:1976, MOD)

2008-06-03 发布　　2009-01-01 实施

中华人民共和国国家质量监督检验检疫总局
中国国家标准化管理委员会　发布

前　言

本标准修改采用ISO 3286:1976《单刃刀具　刀尖圆弧半径》(英文版)。

本标准根据ISO 3286:1976重新起草。

本标准与ISO 3286:1976相比有下列技术差异和编辑性修改:

——删除了国际标准前言;

——刀尖圆弧半径尺寸系列增加了1.0 mm、3.0 mm两个数值;

——删除了国际标准中刀尖圆弧半径的英制尺寸系列;

——删除了国际标准中刀尖圆弧半径3.2 mm数值。

本标准由中国机械工业联合会提出。

本标准由全国刀具标准化技术委员会(SAC/TC 91)归口。

本标准起草单位:成都工具研究所。

本标准主要起草人:邹新希。

单刃刀具　刀尖圆弧半径

1　范围

本标准规定了单刃刀具刀尖圆弧半径的数值。

本标准适用于所有单刃刀具(带或不带刀片)的倒圆刀尖。

2　尺寸

刀尖圆弧半径规定为0.2 mm、0.4 mm、0.8 mm、1.0 mm、1.2 mm、1.6 mm、2.0 mm、2.5 mm、3.0 mm。

对于可转位(不重磨式)刀片,刀尖圆弧半径2.5 mm可用2.4 mm代替。

3　公差

刀尖圆弧半径的公差,需要时在各具体的刀具标准中列出。

ICS 20.100.40
J 41

中华人民共和国国家标准

GB/T 21954.1—2008

金属切割带锯条 第1部分：术语

Metal cutting band saw blades—Part 1: Terms

(ISO 4875-1:2006, Metal-cutting band saw blades—Part 1: Vocabulary, MOD)

2008-06-03 发布　　2009-01-01 实施

中华人民共和国国家质量监督检验检疫总局
中国国家标准化管理委员会　发布

前 言

GB/T 21954《金属切割带锯条》分为两个部分：

——第1部分：术语；

——第2部分：特性和尺寸。

本部分为 GB/T 21954 的第1部分。本部分修改采用 ISO 4875-1:2006 (E/F)《金属切割带锯条 第1部分：词汇》(英文版)，与 ISO 4875-1:2006(E/F)的主要差异如下：

——按照汉语习惯对一些编排格式进行了修改；

——将一些适用于国际标准的表述改为适用于我国标准的表述；

——删除 ISO 前言，增加前言；

——增加规范性引用文件；

——取消了齿面角(face angle)术语定义。

本部分由中国机械工业联合会提出。

本部分由全国刀具标准化技术委员会(SAC/TC 91)归口。

本部分起草单位：湖南泰嘉新材料技术有限公司(湖南机床厂)。

本部分主要起草人：吴松涛、谢文忠、陈建兴、刘刚、叶钧。

金属切割带锯条
第1部分:术语

1 范围

GB/T 21954 的本部分规定了金属切割带锯条的术语,同时列出了术语的英文对应词。与金属切削有关的术语见 GB/T 12204。

本部分适用于金属切割带锯条。

2 规范性引用文件

下列文件中的条款通过 GB/T 21954 的本部分的引用而成为本部分的条款。凡是注日期的引用文件,其随后所有的修改单(不包括勘误的内容)或修订版均不适用于本部分,然而,鼓励根据本部分达成协议的各方研究是否可使用这些文件的最新版本。凡是不注日期的引用文件,其最新版本适用于本部分。

GB/T 12204 金属切削 基本术语(GB/T 12204—1990,neq ISO 3002-1:1982)

3 术语和定义

3.1 带锯条要素

3.1.1

带锯条 band saw blade

用一边开齿的连续钢带制成的环形刀具(见图1)。

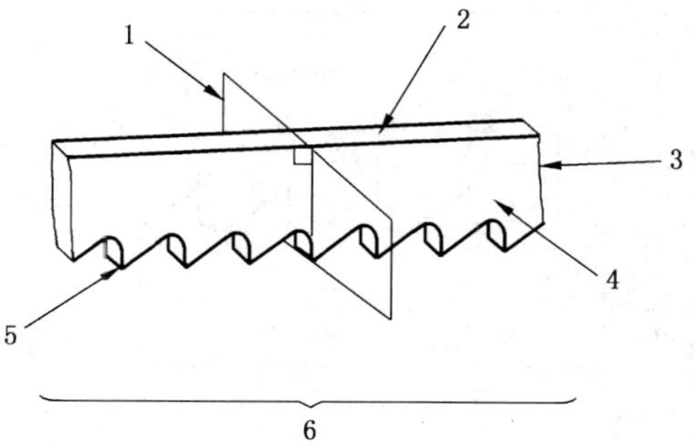

1——基面(3.2.10);
2——背边(3.1.5);
3——锯条体(3.1.2);
4——侧面(3.1.6);
5——锯齿(3.1.3);
6——开齿边(3.1.4)。

图1 带锯条要素

3.1.2

锯条体 body

带锯条上介于锯齿槽底部和背边之间的部分(见图1和图2)。

3.1.3

锯齿 teeth

横跨带锯条厚度用以形成切削刃的齿(见图1)。

3.1.4

开齿边 toothed edge

开出锯齿的一条纵向边(见图1)。

3.1.5

背边 back edge

平行于开齿边的纵向边(见图1)。

3.1.6

侧面 side

开齿边和背边之间的平面(见图1和图5)。

3.1.7

宽度 width

齿尖和背边之间的距离(见图2)。

3.1.8

厚度 thickness

锯条体两侧面之间的距离(见图5)。

3.2 齿部特征

3.2.1 齿距和单位长度齿数

3.2.1.1

齿距 pitch

相邻两齿顶之间的距离,以毫米计(见图2)。

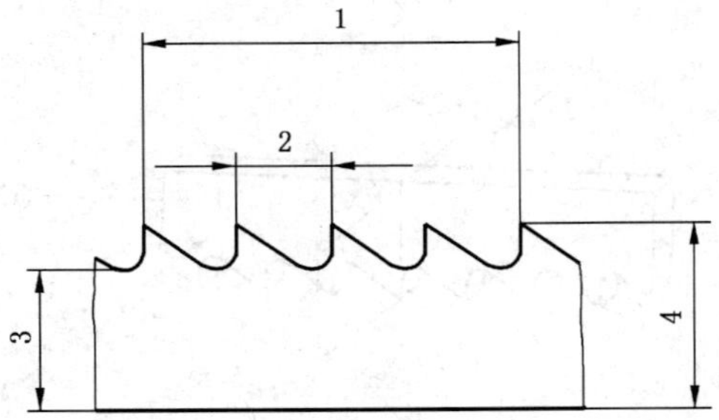

1——单位长度齿数(3.2.1.2);
2——齿距(3.2.1.1);
3——锯条体(3.1.2);
4——宽度(3.1.7)。

图2 齿距和单位长度齿数

3.2.1.2

单位长度齿数 teeth per unit length

每25.4 mm长度内的完整齿数(见图2)。

注:齿距和单位长度齿数互为商数。

3.2.1.3

变齿距 variable pitch

一组不同齿距的锯齿循环,用每25.4 mm单位长度最大齿距的齿数和最小齿距的齿数的组合表示。

例如：6/10 变齿距：即最大齿距是每单位长度 6 齿，最小齿距是每单位长度 10 齿。

3.2.2

切削刃　cutting edge

用以进行切削的前面边缘，它由前面和后面相交而成(见图 3)。

3.2.3

齿高　height

从齿顶到齿槽最低部位的距离(见图 3)。

3.2.4

前面　face

切屑在上面流过的锯齿表面(见图 3)。

3.2.5

后面　flank

与工件上已加工表面相对的锯齿表面，一直延伸到齿底圆弧(见图 3)。

3.2.6

齿槽　gullet

以锯齿前面、齿底圆弧和后面为界的容屑空间(见图 3)。

3.2.7

齿底圆弧半径　root radius

连接锯齿前面和其前一锯齿后面的圆弧半径(见图 3)。

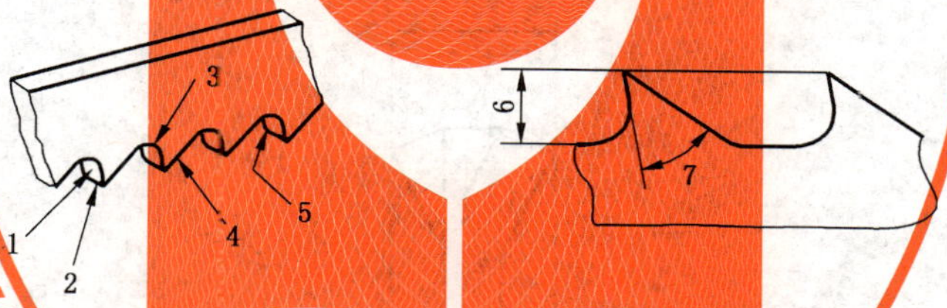

1——前面(3.2.4)；

2——切削刃(3.2.2)；

3——齿底圆弧半径(3.2.7)；

4——后面(3.2.5)；

5——齿槽(3.2.6)；

6——齿高(3.2.3)；

7——楔角(3.2.8)。

图 3　其他特性

3.2.8

楔角　wedge angle

未分齿时锯齿的前面和后面之间的夹角(见图 3)。

3.2.9

前角　rake

未分齿时锯齿的前面和基面之间的夹角(见图 4)。

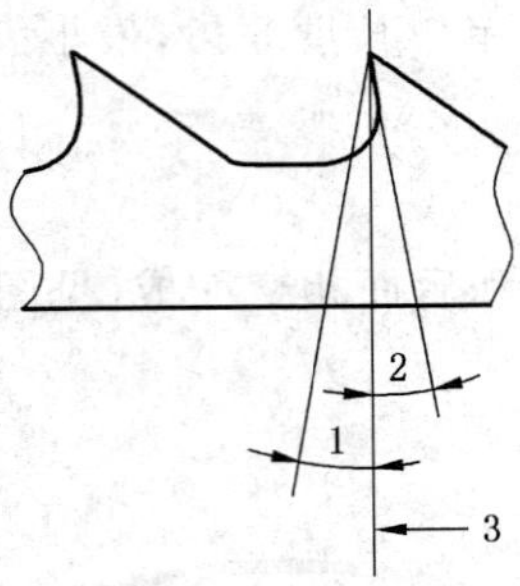

1——负前角；
2——正前角；
3——基面(3.2.10)。

图 4 前角示例

3.2.10

基面 reference plane

通过切削刃上的选定点并垂直于背边的平面(见图 1 和图 4)。

3.3 分齿量和总分齿量

3.3.1

分齿量 tooth set

为形成切削间隙使锯齿向侧面的凸出量(见图 5)。

3.3.2

总分齿量 overall set

考虑到每一侧的分齿量，在两个相对锯齿之间的带锯条总厚度，这一厚度决定切削总宽度(见图 5)。

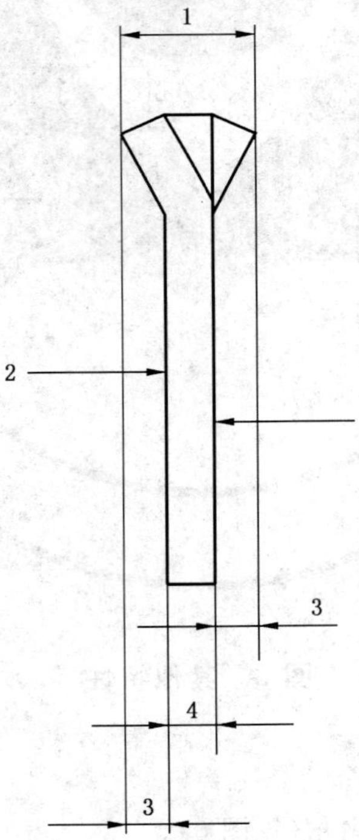

1——总分齿量(3.3.2)；
2——侧面(3.1.6)；
3——分齿量(3.3.1)；
4——厚度(3.1.8)。

图 5 分齿量和总分齿量

3.4 **齿形**

齿形根据制造和使用而变化，这里定义基本齿形。

3.4.1

正常齿 regular tooth

标准齿 standard tooth

零度前角和全圆弧槽的锯齿(见图6)。

注：这种形式的锯齿可制成交替、斜向、波形或成组分齿。

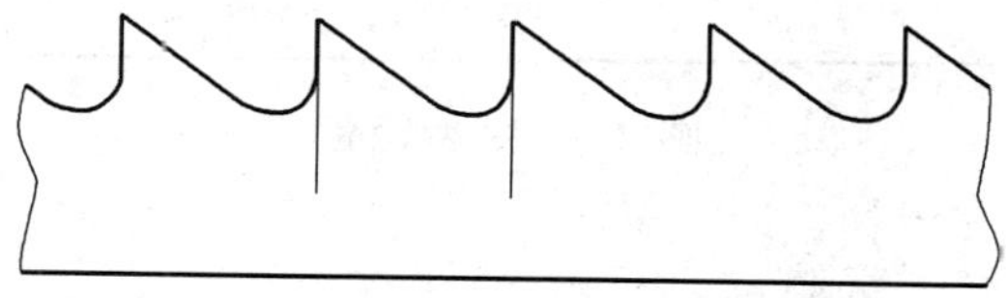

图6 正常齿/标准齿

3.4.2

跳齿 skip tooth

锯齿的形状基本上是正常齿，但切除每一相间齿(见图7)。

注：这样获得的大齿距齿槽较长而齿高不太大，故不损失带锯条强度。

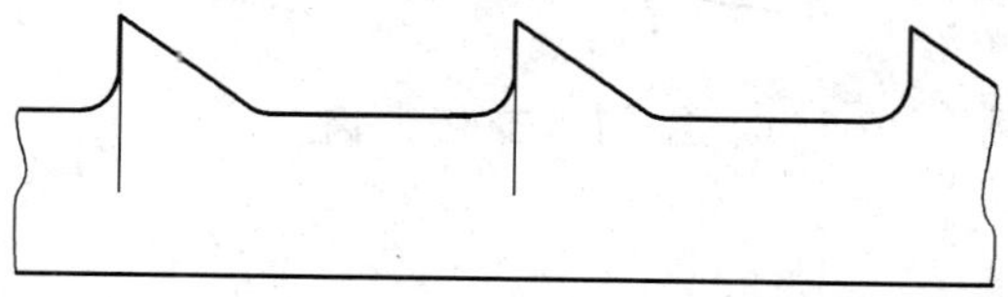

图7 跳齿

3.4.3

正前角齿 positive tooth

锯齿齿形与正常齿相似，但具有正前角(见图8)。

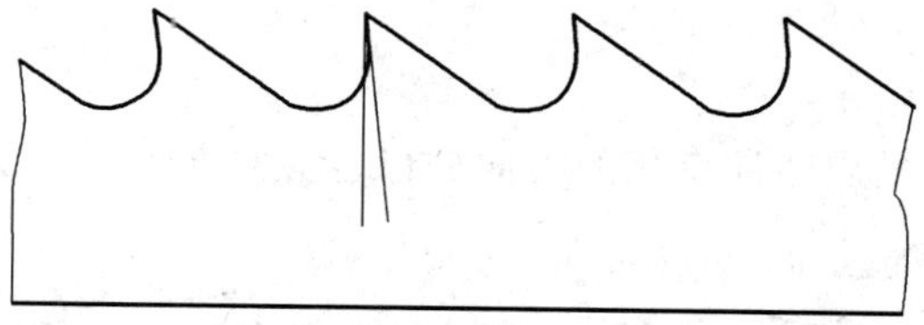

图8 正前角齿

3.4.4

正前角跳齿 positive skip tooth

锯齿齿形与跳齿相似，但具有正前角(见图9)。

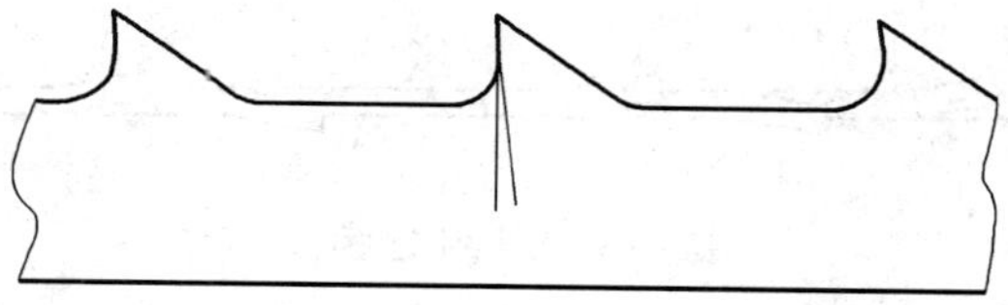

图9 正前角跳齿

3.4.5

变齿距齿　variable pitch tooth

具有一组不同齿距的正常齿或正前角齿(见图10)。

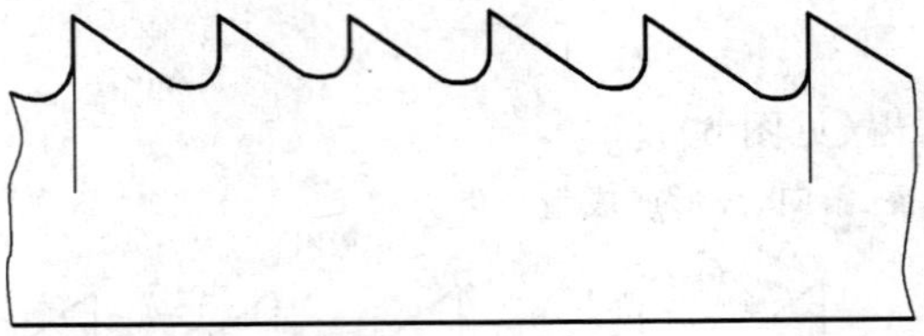

图10　变齿距齿

3.5　分齿形式

3.5.1

交替分齿　alternate set

逐个锯齿交替向左右分的横向分齿(见图11)。

注：用于切割金属(黑色金属)的带锯条,不常采用这种分齿形式。

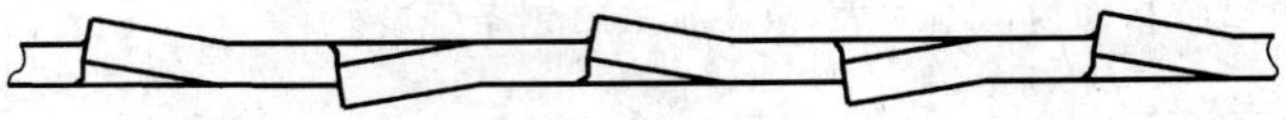

图11　交替分齿

3.5.2

斜向分齿　raker set

逐个锯齿一个向左,一个向右,一个不分的横向分齿(见图12)。

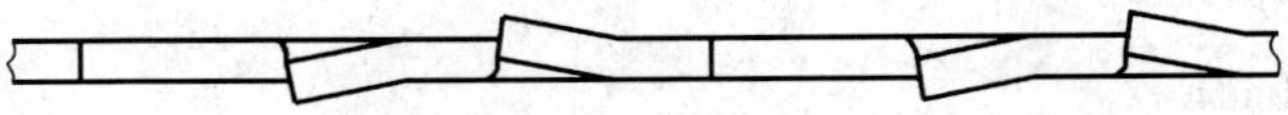

图12　斜向分齿

3.5.3

波形分齿　wavy set

成组锯齿的分齿量向左右呈规律地变化的横向分齿(见图13)。

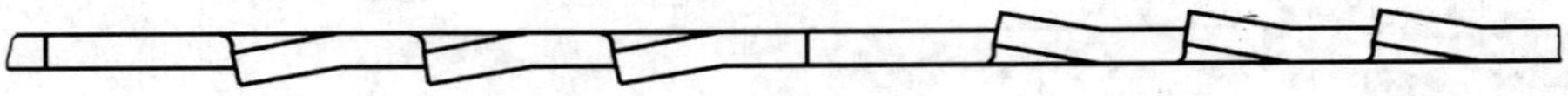

图13　波形分齿

3.5.4

成组分齿　grouping set

至少有一个不分齿的齿,其后几齿向左右分齿而成组设置的横向分齿(见图14)。

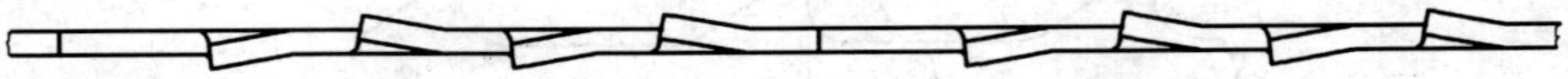

图14　成组分齿

中 文 索 引

T

X

Z

英 文 索 引

A

B

C

F

G

H

O

P

R

S

T

V

W

ICS 25.100.40
J 41

中华人民共和国国家标准

GB/T 21954.2—2008

金属切割带锯条 第2部分:特性和尺寸

Metal cutting band saw blades—
Part 2:Characteristics and dimensions

(ISO 4875-2:2006,MOD)

2008-06-03 发布

2009-01-01 实施

中华人民共和国国家质量监督检验检疫总局
中国国家标准化管理委员会 发布

前　言

GB/T 21954《金属切割带锯条》分为两个部分：

——第1部分：术语；

——第2部分：特性和尺寸。

本部分为GB/T 21954的第2部分。本部分修改采用ISO 4875-2:2006(E)《金属切割带锯条　第2部分：特性和尺寸》(英文版)，与ISO 4875-2:2006(E)的主要差异如下：

——按照汉语习惯对一些编排格式进行了修改；

——将一些适用于国际标准的表述改为适用于我国标准的表述；

——删除ISO前言，增加前言；

——规范性引用文件中的国际标准用我国国家标准替代，并增加相应国家标准；

——将“3　术语和定义”改为“3　带锯条类型”；

——将“3.4　composite steel band saw blade (复合钢带锯条)”意译成“硬质合金带锯条”；

——将“4.1　Usual section(通常截面)”意译成“基本截面”；

——在表5“等齿距”中，增加“每25.4 mm长度1齿”的规格；

——在表6“变齿距”中，将齿距“4～9”、“3～9”mm，修改为齿距“4～2.5”、“3～2”mm。同时增加“每25.4 mm长度1～1.5齿”的变齿距规格和增加表注；

——将“4.5　Flatness(平直度)”术语改为“横向直线度”术语；

——增加附录A；

——本部分的附录A为资料性附录。

本部分由中国机械工业联合会提出。

本部分由全国刀具标准化技术委员会(SAC/TC 91)归口。

本部分起草单位：湖南泰嘉新材料技术有限公司(湖南机床厂)。

本部分主要起草人：吴松涛、谢文忠、陈建兴、刘刚、叶钧。

金属切割带锯条
第2部分：特性和尺寸

1 范围

GB/T 21954 的本部分规定了各类型金属切割带锯条的特性和基本尺寸。

本部分适用于金属切割带锯条。

2 规范性引用文件

下列文件中的条款通过 GB/T 21954 的本部分的引用而成为本部分的条款。凡是注日期的引用文件，其随后所有的修改单(不包括勘误的内容)或修订版均不适用于本部分，然而，鼓励根据本部分达成协议的各方研究是否可使用这些文件的最新版本。凡是不注日期的引用文件，其最新版本适用于本部分。

GB/T 230.1 金属洛氏硬度试验 第1部分：试验方法(A、B、C、D、E、F、G、H、K、N、T标尺)(GB/T 230.1—2004,ISO 6508-1:1999, MOD)

GB/T 4340.1 金属维氏硬度试验 第1部分：试验方法(GB/T 4340.1—1999,eqv ISO 6507-1:1997)

JB/T 6050 钢铁热处理零件硬度检验通则

3 带锯条类型

3.1

碳素钢带锯条

由含碳量高于1.0%，低于1.5%的低合金钢制成的带锯条，其锰、硅、铬的总含量不应低于0.5%。

3.2

双金属带锯条

由不同于锯条体的材料制成锯齿的带锯条。

3.3

摩擦带锯条

由抗疲劳钢制成的，并由摩擦产生的热进行切割的带锯条。

3.4

硬质合金带锯条

切削刃口的材料采用硬质合金，锯条体的材料一般采用合金钢的带锯条。

4 基本尺寸

4.1 基本截面

基本截面由带锯条的宽度和厚度构成。

4.1.1 碳素钢带锯条(见表1)

表1 碳素钢带锯条基本截面

单位为毫米

宽度	3	5	6	8	10	13	16	20	25
厚度	0.65						0.8		0.9

4.1.2 双金属带锯条(见表 2)

表 2 双金属带锯条基本截面

单位为毫米

宽度	6	10	13	20	27	34	41	54	67	80
厚度	0.9		0.65	0.9		1.1	1.3	1.6		

4.1.3 摩擦带锯条(见表 3)

表 3 摩擦带锯条基本截面

单位为毫米

宽度	16	20	25	32
厚度	0.8		0.9	1.1

4.1.4 硬质合金带锯条(见表 4)

表 4 硬质合金带锯条基本截面

单位为毫米

宽度	20	27	34	41	54	67	80
厚度	0.8	0.9	1.1	1.3	1.6		

4.2 长度

金属切割带锯条的长度由机床使用的规格所决定,一般应在订货时说明。

4.3 齿距和单位长度齿数

4.3.1 等齿距(见表 5)

表 5 等齿距

单位为毫米

齿距	1	1.4	1.8	2.5	3.15	4	6.3	8	12.5	20	25.4	34
每 25.4 mm 长度齿数	24	18	14	10	8	6	4	3	2	1.25	1	0.75

4.3.2 变齿距(见表 6)

表 6 变齿距

单位为毫米

齿距	34~20	25.4~17	17~13	12~8	8~6	6~4	5~3	4~2.5	3~2	2.5~1.8
每 25.4 mm 长度齿数	0.75~1.25	1~1.5	1.5~2	2~3	3~4	4~6	5~8	6~10	8~12	10~14
注:根据用户需求,各制造厂可在变齿距的齿距上有所变化。										

4.4 分齿量

总分齿量由制造厂自行决定。

带锯条每侧的分齿量应相等,其偏差应限制在±0.05 mm 以内。

4.5 横向直线度

横向直线度公差为 2 μm/mm。

横向直线度误差见图 1。

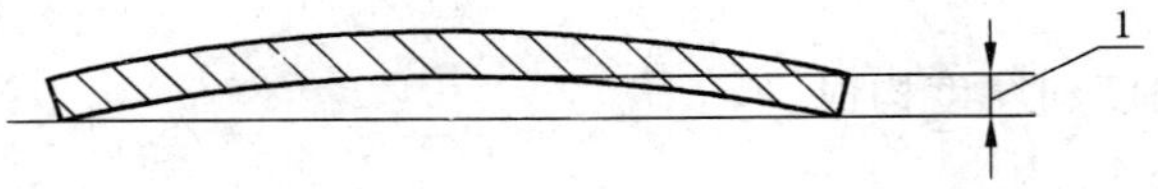

1——横向直线度误差。

图 1

5 基本要求

5.1 碳素钢带锯条

按 GB/T 230.1 和 JB/T 6050 检测，其齿部硬度应不得低于 62 HRC(766 HV)。

按 GB/T 4340.1 和 JB/T 6050 检测，其背部硬度应不得低于 268 HV (27 HRC)。

5.2 双金属带锯条

按 GB/T 230.1 和 JB/T 6050 检测，其齿部硬度应不得低于 62 HRC(766 HV)。

按 GB/T 4340.1 和 JB/T 6050 检测，其背部硬度在热处理后应不得低于 436 HV(45 HRC)。

5.3 摩擦带锯条

锯齿的主要作用是通过摩擦产生所需要的热量并吸入空气以维持燃烧，实现切割。摩擦带锯条通常在超过 40 m/s 速度下工作，机床应有必要的防护装置。

6 标志

6.1 带锯条标志

带锯条产品或包装盒上一般应作如下标志：

——制造厂商标；

——带锯条类型；

——基本截面；

——每 25.4 mm 长度齿数；

——齿形；

——标准号。

6.2 标志示例

基本截面为 41 mm×1.3 mm(宽度×厚度)，跳齿，每 25.4 mm 长度齿数为 3 齿的双金属带锯条，其标志为：

制造厂商标　双金属带锯条　41×1.3-跳齿-3　GB/T 21954.2—2008

附　录　A
（资料性附录）
硬　　度

A.1　硬度测试

带锯条的硬度测试，可按下述试验方法进行：

a)　维氏硬度试验；

b)　表面洛氏硬度 15-N 试验；

c)　显微硬度试验。

由上述试验方法所得的任何读数都应换算成 HRC 的当量硬度。

A.2　硬度换算表

硬度换算见表 A.1。

表 A.1　硬度换算表

HV	HRC	15-N
268	27	72.4
436	45	82.9
766	62	91.4
856	65	92.2
889	66	
923	67	
959	68	
997	69	
1 037	70	
注：所列硬度仅供参考。		

ICS 65.060.10
T 63

中华人民共和国国家标准

GB/T 21955—2008

农林拖拉机和机械 纸基摩擦片 技术条件

Tractor and machinery for agriculture and forestry—Paper friction disc—Technical specifications

2008-06-03 发布

2009-01-01 实施

中华人民共和国国家质量监督检验检疫总局
中国国家标准化管理委员会 发布

前 言

本标准的附录 A、附录 B 和附录 C 均为规范性附录。

本标准由中国机械工业联合会提出。

本标准由全国拖拉机标准化技术委员会归口。

本标准起草单位:杭州粉末冶金研究所。

本标准主要起草人:刘有德、鲁乃光、戴国文。

农林拖拉机和机械 纸基摩擦片 技术条件

1 范围

本标准规定了农林拖拉机和机械用纸基摩擦片的技术要求、试验方法、检验规则、标志、包装、贮存等。

本标准适用于农林拖拉机和机械的各类湿式离合和制动用纸基摩擦片(以下简称摩擦片)。

2 规范性引用文件

下列文件中的条款通过本标准的引用而成为本标准的条款。凡是注日期的引用文件，其随后所有的修改单(不包括勘误的内容)或修订版均不适用于本标准，然而，鼓励根据本标准达成协议的各方研究是否可使用这些文件的最新版本。凡是不注日期的引用文件，其最新版本适用于本标准。

GB/T 2828.1 计数抽样检验程序 第1部分：按接收质量限(AQL)检索的逐批检验抽样计划(GB/T 2828.1—2003,ISO 2859-1:1999,IDT)

GB/T 3478(所有部分) 圆柱直齿渐开线花键

GB/T 10095(所有部分) 圆柱齿轮 精度制

GB/T 12767—1991 粉末冶金制品 表面粗糙度 参数及其数值

GB/T 13237 优质碳素结构钢冷轧薄钢板和钢带

GB/T 13384 机电产品包装通用技术条件

JB/T 7909 湿式烧结金属摩擦材料摩擦性能试验台试验方法

3 技术要求

3.1 摩擦片应符合本标准的要求，并按经规定程序审批的产品图样和技术文件制造，对于本标准没有覆盖的某些特殊要求，供需双方可另行签订技术文件。

3.2 摩擦材料

按使用条件及摩擦片摩擦材料承受负荷的大小，将摩擦片摩擦材料划分为Ⅰ、Ⅱ两种类型，性能指标列于表1。

表 1

类型	能量负荷许用值 C_m	动摩擦系数 μ_d	静摩擦系数 μ_s	磨耗率 $\times 10^{-8}\ cm^3/J$	适用范围(参考)
Ⅰ	8 500～32 000	0.11～0.14	0.12～0.17	≤5	用于中、小负荷离合器和制动器
Ⅱ	>32 000	0.11～0.14	0.12～0.17	≤5	用于高负荷离合器和制动器
注：能量负荷许用值 C_m 的术语和符号、测定及计算见 JB/T 7909。					

3.3 摩擦层

3.3.1 摩擦层厚度一般取 0.5 mm～1.5 mm。

3.3.2 摩擦层不应覆盖芯板的齿根圆，内孔或外圆边缘不得超出芯板，但允许内缩。

3.3.3 摩擦层不允许有起泡、分层、龟裂、折纹等缺陷。

3.3.4 摩擦层的表面粗糙度应符合 GB/T 12767 的规定，不得大于 $Ra3.2\ \mu m$。

3.4 芯板

3.4.1 芯板材料选用 45 钢、60 钢或 65Mn 钢等，有要求时可进行热处理。

3.4.2 芯板厚度公差按表 2 的规定。

表 2

单位为毫米

芯板厚度	0.8～1.5	>1.5～2.5	>2.5
厚度公差	±0.04	±0.045	±0.05

3.4.3 芯板平面度按表 3 的规定。

表 3

单位为毫米

摩擦片外径	≤180	>180～320	>320～450	>450～550	>550～630
平面度	0.10	0.12	0.18	0.25	0.30

3.4.4 芯板磨削表面，其表面粗糙度不大于 $Ra1.6\ \mu m$，冷轧表面按 GB/T 13237 质量分组Ⅱ组的要求。

3.5 摩擦片内、外径公差、厚度公差、等厚差及平面度按表 4 的规定。

表 4

单位为毫米

摩擦片外径	内、外径公差	厚度公差	等厚差	平面度
≤180	IT14	±0.03	0.03	0.10
>180～320		±0.04	0.04	0.12
>320～450		±0.04	0.05	0.18
>450～550		±0.05	0.05	0.25
>550～630		±0.05	0.05	0.30

3.6 联接形式

3.6.1 摩擦片的联接形式推荐采用齿形压力角为 20° 或 30° 的渐开线齿形联接，有特殊要求时也可采用其他形式联接。

3.6.2 20° 渐开线直齿圆柱齿轮应符合 GB/T 10095 的有关规定。

3.6.3 30° 渐开线花键应符合 GB/T 3478 的有关规定。

3.7 油槽

油槽推荐方格槽、双向平行槽和三向平行槽。油槽剖面为矩形时允许底部有圆角，槽宽一般在 1 mm～3 mm之间，槽深为摩擦层厚度的 50%～70%，见图 1。

3.8 对偶片

对偶片的技术要求应符合附录 A 的规定。

3.9 其他要求

对于冲裁加工的渐开线花键齿，允许有塌边，但塌边深度不得超过材料厚度的 20%，齿面粗糙度不得大于 $Ra12.5\ \mu m$。

4 试验方法

4.1 摩擦层与芯板的粘接质量检验按附录 B 进行。

4.2 摩擦系数、磨耗率、能量负荷许用值按 JB/T 7909 的规定进行。

4.3 等厚差的检查：以所测量各点的厚度最大值与最小值之差评定。

4.4　摩擦层系多孔性材料，其表面粗糙度应按 GB/T 12767—1991 中 3.1 的规定，在测量中应避开孔隙对表面粗糙度数值的影响。

4.5　平面度检查：用百分表沿摩擦带宽度测量整个平面，以测量各点的最大值与最小值之差评定。

4.6　渐开线花键的综合误差检查：基本检查方法为测量公法线长度及其变动量或 M 值及其变动量。对于批量生产的摩擦片允许采用量规检查。

4.7　外观检查：无特殊要求时按附录 C 规定进行。

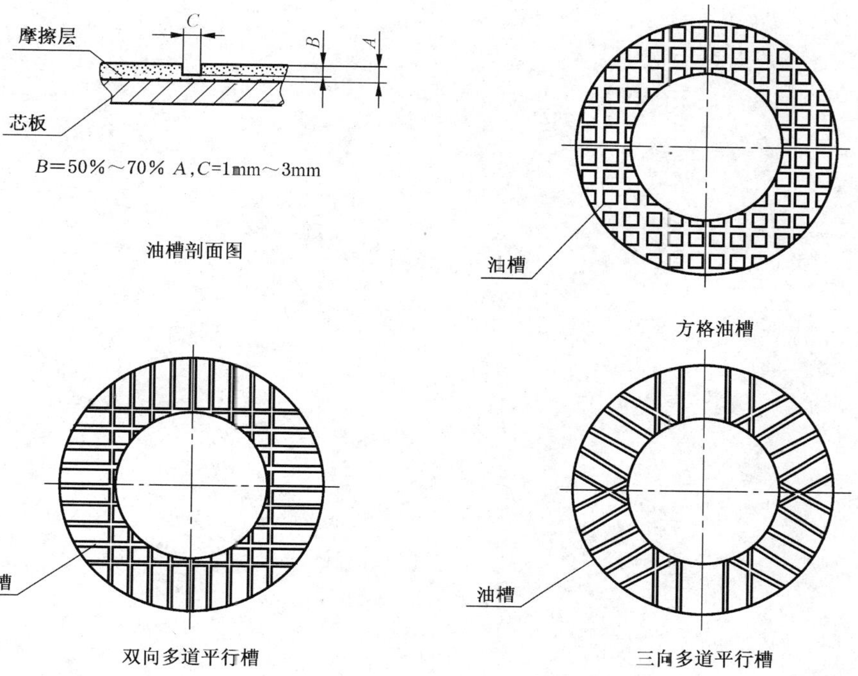

图 1

5　检验规则

5.1　摩擦片和对偶片应经制造厂质量检验部门按产品图样和本标准进行检验，并出具合格证，方能出厂。

5.2　出厂检验项目包括：外观质量、尺寸、形位公差、表面粗糙度及渐开线花键综合误差。应按计数抽样检验程序进行，抽检时按 GB/T 2828.1 的规定，批量抽检方法及判定由供需双方商定。

5.3　型式检验

5.3.1　本标准和产品图样的技术要求为型式检验项目。

5.3.2　凡属下列情况之一时，应进行型式检验：

a)　新产品试制定型；

b)　当产品结构、工艺、材质等有变化时；

c)　顾客有要求时；

d)　国家质量监督机构要求时。

6　包装、贮存

6.1　包装箱内应附有产品检验合格证。

6.2　包装箱上应有产品名称、数量、净重、毛重、出厂日期、制造厂及“小心轻放”、“防水防潮”等标志。

6.3 包装箱应按 GB/T 13384 规定制作，每箱毛重不大于 40 kg。

6.4 摩擦片和对偶片在包装前须进行防锈处理，应采用塑料袋包装，自出厂起半年内不得锈蚀。

6.5 包装箱应牢固，以保证正常运输中产品不受损坏，如经用户同意，亦可采用简易包装。

6.6 摩擦片和对偶片应保存在清洁干燥和通风良好的仓库中。

附 录 A
（规范性附录）
对偶片的技术要求

A.1 材料

对偶片的材料：可选用45钢、60钢或65 Mn钢等，当有特殊要求时，可选用其他材料，硬度按图样规定。

A.2 尺寸公差及形位公差

对偶片的内、外径公差、厚度公差、等厚差及平面度按表A.1的规定。

表A.1 对偶片尺寸公差及形位公差

单位为毫米

对偶片外径	内、外径公差	厚度公差	等厚差	平面度
≤180	IT14	±0.03	0.03	0.10
>180～320		±0.04	0.04	0.12
>320～450		±0.04	0.04	0.18
>450～550		±0.05	0.05	0.25
>550～630		±0.05	0.05	0.30

A.3 粗糙度

对偶片摩擦面粗糙度不大于 $Ra1.6\ \mu m$。

A.4 其他

对偶片直径：为保证摩擦片与对偶片的有效接合，对偶片为外齿片时，其齿根圆直径比摩擦片摩擦层外径大1 mm～2 mm；对偶片为内齿片时，其齿根圆直径比摩擦片摩擦层内径小1 mm～2 mm。

附　录　B
（规范性附录）
粘结质量检验方法

B.1　工具

格子刮刀：高速钢制作，尺寸见图B.1。

单位为毫米

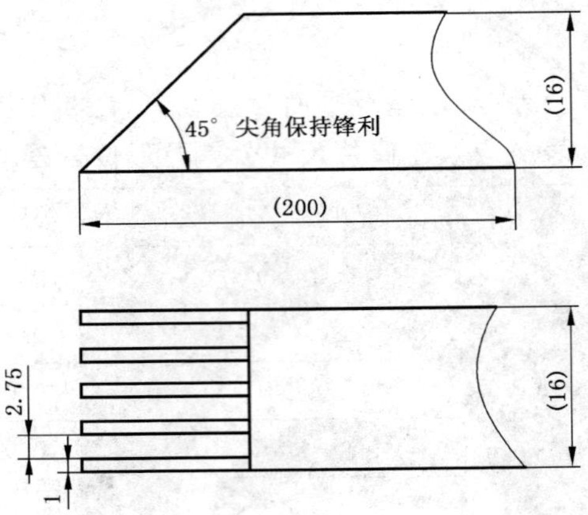

图 B.1

B.2　操作方法

将待检摩擦片置于平板上，用刮刀在其表面刮削，使摩擦层衬面在刀刃的刮削下"层层剥皮"，直至露出芯板，然后转向90°，再交叉刮削，直至露出芯板。

B.3　判别

未被刮刀刮过的方格，若粘接剂和摩擦层从芯板上脱落，露出芯板为粘接不良。反之为粘接良好（方格处摩擦层碎落，但未露出芯板，也判别为粘接良好）。

附 录 C
（规范性附录）
纸基摩擦片外观质量检验

C.1 摩擦衬层

C.1.1 摩擦衬层不得有起泡、分层、龟裂、折纹等缺陷。

C.1.2 摩擦衬层允许有因加工引起的凹坑或剥落，但总面积不得超过 0.5 cm^2。

C.1.3 摩擦层表面不得有磨屑、灰尘及其他污物。

C.2 齿面

C.2.1 无纸基层部分应无锈蚀，胶层均匀，无气泡和多余胶层堆积等情况。

C.2.2 齿面应无影响装配的多余胶层及其他残留物。

C.3 油槽

油槽应边缘无毛刺；油槽底部不露出芯板。

ICS 65.060.10
T 69

GB

中华人民共和国国家标准

GB/T 21956.1—2008

农林窄轮距轮式拖拉机防护装置强度试验方法和验收条件 第1部分：前置式静态试验方法

The strength testing method and accepting condition of protective structures on narrow-track wheeled agricultural and forestry tractors—Part 1:Static testing method of front mounted ROPS

(OECD Code 6:2005,Oecd standard CODE for the official testing of front mounted roll-over protective structures on narrow-track wheeled agricultural and forestry tractors,MOD)

2008-06-03 发布　　2009-01-01 实施

中华人民共和国国家质量监督检验检疫总局
中国国家标准化管理委员会　发布

前　言

GB/T 21956《农林窄轮距轮式拖拉机防护装置强度试验方法和验收条件》分为四个部分：

——第1部分：前置式静态试验方法；

——第2部分：前置式动态试验方法；

——第3部分：后置式静态试验方法；

——第4部分：后置式动态试验方法。

本部分为GB/T 21956的第1部分。

本部分修改采用OECD Code 6：2005《窄轮距农业和林业轮式拖拉机前置式翻车防护装置强度试验方法》中的静态试验部分。其中与我国相应标准内容相同的部分，用我国相应标准代替。

本部分根据OECD Code 6：2005重新起草。

为便于使用，本部分做了下列编辑性修改：

——“本规则”一词改为“本部分”；

——用小数点“.”代替作为小数点的逗号“,”；

——修改了标准名称。

本部分的附录A为资料性附录，附录B为规范性附录。

本部分由中国机械工业联合会提出。

本部分由全国拖拉机标准化技术委员会归口。

本部分起草单位：国家拖拉机质量监督检验中心。

本部分主要起草人：尚项绳、王风雨、陈振、金锡平。

农林窄轮距轮式拖拉机防护装置强度试验方法和验收条件　第1部分：前置式静态试验方法

1　范围

本部分规定了农业、林业窄轮距轮式拖拉机前置式防护装置的强度试验方法和验收条件。

本部分适用于具有两轴的充气轮胎拖拉机，其前轴和后轴最低点的离地间隙不大于 600 mm；对前轮或后轮装有较大尺寸轮胎的，无论轮距是固定的或可调的，其最小轮距应不大于 1 150 mm；拖拉机空载质量（包括防护装置和生产厂家提供的最大轮胎）大于 600 kg，小于 3 000 kg。

2　规范性引用文件

下列文件中的条款通过 GB/T 21956 的本部分的引用而成为本部分的条款。凡是注日期的引用文件，其随后所有的修改单（不包括勘误的内容）或修订版均不适用于本部分，然而，鼓励根据本部分达成协议的各方研究是否可使用这些文件的最新版本。凡是不注日期的引用文件，其最新版本适用于本部分。

GB/T 700　碳素结构钢

GB/T 6236　农林拖拉机和机械　驾驶座标志点

GB/T 6960.7—2007　拖拉机术语　第7部分：驾驶室、驾驶座和覆盖件

3　术语和定义

GB/T 6960.7—2007 中确立的以及下列术语和定义适用于 GB/T 21956 的本部分。

3.1

农林拖拉机　agricultural and forestry tractors

至少有两根轴的自走式的轮式或履带式车辆，其设计主要用于下列基本的农业和林业用途：

——牵引拖车；

——携带、牵引或推动农业和林业机具或机械，并可根据需要，在拖拉机行进中或停车状态为配套机具提供动力。

3.2

轮距　track

3.2.1　基本定义：车轮中心面

车轮中心面是距轮辋两个外边圆周平面等距的平面。

3.2.2　轮距

通过车轮轴线的垂直平面同车轮中心面的交线在支承平面上交于一点，如果 A 点和 B 点是拖拉机同一轴上两个车轮如此定义的两点，则轮距就是 A 点与 B 点之间的距离。此定义对前后轮均适用。对双排轮，轮距是指两对车轮中心面之间的距离。

3.2.3　附加定义：拖拉机中心面

将拖拉机后轴 A 点和 B 点调至最外端的极限位置（它给出轮距最大值），与 AB 线中点处正交的垂直平面即为拖拉机中心面。

3.3

轴距 wheelbase

通过上述定义得到的两条直线 AB(一条为前轮线，一条为后轮线)作两个垂直平面，轴距即为这两个平面间的距离。

4 测量单位和允许误差

线性尺寸：	±3 mm
以下尺寸除外：	
——轮胎变形量	±1 mm
——水平加载时防护装置的变形量	±1 mm
质量：	±1%
载荷：	±2%
角度：	±2°

5 符号和定义

F	静载力，单位为牛顿(N)
B	拖拉机最小外廓宽度，单位为毫米(mm)
B_6	防护装置最大外廓宽度，单位为毫米(mm)
D	防护装置在加载点沿加载方向的变形量，单位为毫米(mm)
D'	达到理论能量时防护装置的变形量，单位为毫米(mm)
E_a	卸载后加载点处吸收的应变能。F-D 曲线下面的面积，单位为焦耳(J)
E_i	吸收的应变能。F-D 曲线下面的面积，单位为焦耳(J)
E'_i	发生开裂和撕裂后附加试验所吸收的应变能。F-D 曲线下的面积，单位为焦耳(J)
E''_i	卸载后进行超载试验吸收的应变能。F-D 曲线下的面积，单位为焦耳(J)
E_{il}	纵向加载时所吸收的输入能量，单位为焦耳(J)
E_{is}	侧向加载时所吸收的输入能量，单位为焦耳(J)
F'	理论能量所需加载力，对应于 E'_i，单位为牛顿(N)
F-D	力-变形量曲线图
F_i	施加在后部框架上的静载力，单位为牛顿(N)
F_{max}	加载时出现的最大静载力，不包括超载试验，单位为牛顿(N)
F_v	垂直压垮力，单位为牛顿(N)
I	拖拉机绕后轴中心线的参考惯性矩，与后轴的质量无关，单位为千克平方米($kg \cdot m^2$)
L	拖拉机参考轴距，单位为毫米(mm)
M_t	拖拉机进行强度试验时的参考质量，按 6.5 所定义，单位为千克(kg)

6 拖拉机和防护装置的试验准备

6.1 按 GB/T 6236 确定驾驶座标志点的位置。

6.2 防护装置要符合批量生产的技术规范，并按生产厂家的方法固定于配套的拖拉机上。

6.3 拖拉机(或被试装置)应装上可能影响防护装置强度或强度试验必需的所有批量生产的零部件；可能侵入容身区的零部件也应安装到拖拉机(或被试装置)上，以便检查这些零部件是否满足 8.13.2 的验收条件。

6.4　强度试验时，应拆下所有装饰件和可拆卸的非结构构件。

6.5　拖拉机的参考质量

用于计算加载能量和压垮力的参考质量 M_t 至少为拖拉机的质量，不包括选装附件，但要包括冷却液、燃油、润滑油和防护装置所带工具。拖拉机质量不包括选装的前后配重、轮胎配重、农机具和其他特殊部件。

7　预备试验

前置式防护装置在强度试验前应通过 7.1 和 7.2 的预备试验。试验前，将拖拉机装上防护装置及生产厂家提供的最大直径中最小断面的轮胎，轮胎充气到野外工作的正常压力；后轮置于最窄轮距处；前轮距尽可能与后轮距一样，若前轮距与后轮最窄轮距尺寸不同时，则选用较宽的轮距；拖拉机应加足油和水。

7.1　横向稳定性试验

拖拉机置于水平面上，方向盘打到极限位置，应用适当的方法（如用千斤顶或起重设备）在与承载超过 50% 的轴刚性相连的部位支起，使拖拉机斜置，支起过程中连续测量倾斜角，拖拉机在不稳定平衡时的倾斜角应大于 38°。在方向盘处于左极限位置和右极限位置时各进行一次试验。

7.2　抗连续翻滚试验

7.2.1　通过翻滚试验评价抗连续翻滚性能

本试验是检验保护驾驶员的防护装置能否有效防止拖拉机在 1∶1.5 的斜坡上（见图 1）侧向翻滚。

试验用坡道长度至少应有 4 m，坡道表面覆盖一层厚度为 18 cm 的材料，其圆锥指数为：

$$A = (235 \pm 20)\text{kPa} \quad \cdots\cdots(1)$$

$$\text{或 } B = (335 \pm 20)\text{kPa} \quad \cdots\cdots(2)$$

置拖拉机于坡道顶部，使拖拉机纵向中心线平行于坡道与顶部水平面的交线，将拖拉机以零初速度向下推翻，拖拉机应不发生侧向连续翻滚。

图 1　前置式防护装置抗连续翻滚试验用坡道

7.2.2　通过模拟计算评价抗连续翻滚性能

7.2.2.1　模拟计算所需整机参数（见图 2）如下：

B_0　　后轮胎宽度，单位为米（m）

B_6　　防护装置左右撞击点之间的宽度，单位为米（m）

B_7	发动机机罩宽度，单位为米(m)
D_0	前轴摆动角(从零位到行程结束)，单位为弧度(rad)
D_2	前轴满载时前轮高度，单位为米(m)
D_3	后轴满载时后轮高度，单位为米(m)
H_0	前轴摇摆轴的高度，单位为米(m)
H_1	拖拉机质心的高度，单位为米(m)
H_6	撞击点高度，单位为米(m)
H_7	发动机机罩高度，单位为米(m)
L_2	质心到前轴的水平距离，单位为米(m)
L_3	质心到后轴的水平距离，单位为米(m)
L_6	质心到防护装置横截面前边缘的水平距离(如果该点位于质心前，数值前加负号)，单位为米(m)
L_7	质心到发动机机罩前端点的水平距离，单位为米(m)
M_c	用于计算的拖拉机质量，单位为千克(kg)
Q	通过质心绕纵轴的惯性矩，单位为千克平方米(kg·m^2)
S	后轮距，单位为米(m)

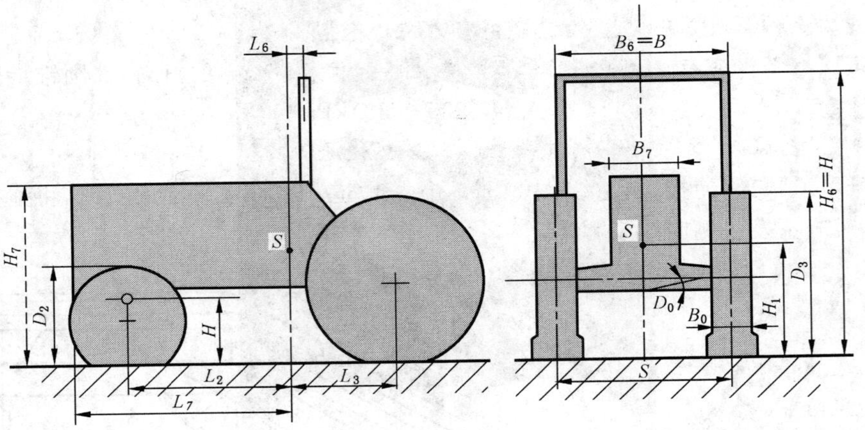

注：D_2 和 D_3 应在满载轴荷下进行测量。

图 2　模拟计算所需整机参数测量图

7.2.2.2　模拟计算流程框图(见图 3)

7.2.2.3　模拟计算作如下假设：

a)　当质心位于转动轴的正上方时，具有平衡式前轴的静止拖拉机开始在 1∶1.5 的斜坡上翻滚；

b)　旋转轴平行于拖拉机的纵向轴线，并通过前后轮与坡道接触面的中心；

c)　拖拉机在坡道上不发生滑移；

d)　拖拉机对坡道的撞击是部分弹性撞击，弹性系数为 0.2；

e)　防护装置撞入坡道的深度和防护装置撞击点处的变形之和为 0.2 m；

f)　拖拉机上的其他部件不得撞入坡道。

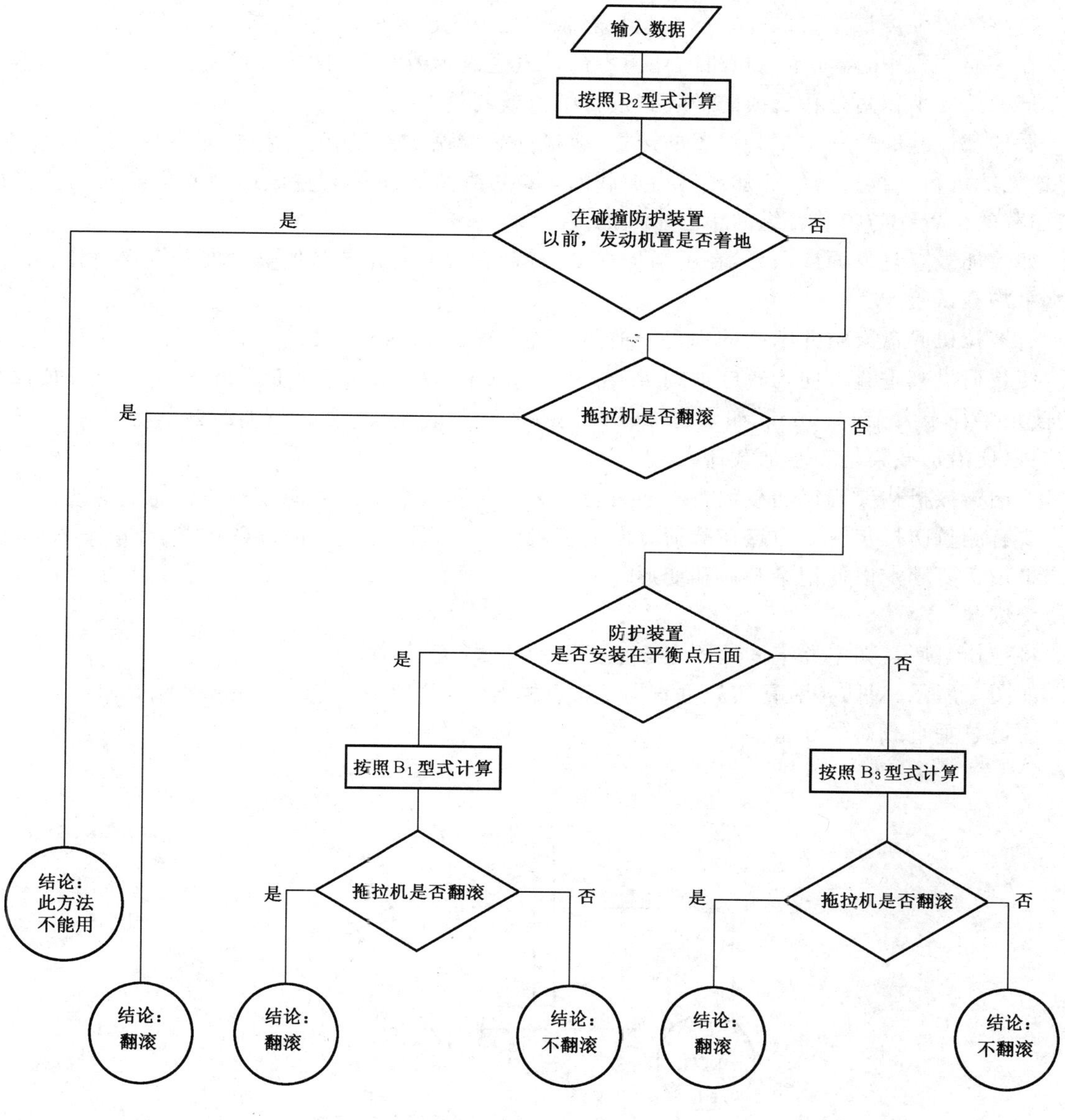

注：B_1 型：撞击点位于纵向不稳定平衡点之后；

B_2 型：撞击点位于纵向不稳定平衡点附近；

B_3 型：撞击点位于纵向不稳定平衡点之前。

图3　确定前置式防护装置抗连续翻滚的实施流程

8　试验步骤和要求

8.1　试验项目和顺序

a）　后加载试验；

b）　后压垮试验；

c）　前加载试验；

d）　侧向加载试验；

e）　前压垮试验。

8.2 试验要求

8.2.1 防护装置强度试验可以在动载试验和静载试验中任选其一,二者等效。

8.2.2 在试验过程中,若固定拖拉机的任何零部件发生破损或移动,试验应重做。

8.2.3 试验期间不得对拖拉机或防护装置进行维修或调整。

8.2.4 后加载试验的第一次试验位置的选择,应根据试验站的意见,使防护装置在最恶劣的条件下在承载位置处能进行连续加载。侧加载与后加载的承载位置应在防护装置纵向中心平面的两侧;前加载与侧向加载的位置在防护装置纵向中心平面的同一侧。

8.2.5 如果加载点是弧面或凸缘,在不增加强度的情况下,可在此点增加垫块来方便施加载荷。

8.3 水平加载试验

8.3.1 将拖拉机底盘架空并牢固的固定于地面上的装置(见图 4～图 6)。

8.3.2 使载荷沿其垂直方向均布施加的梁:长为 250 mm～700 mm 且为 50 mm 的倍数,梁与防护装置接触的棱角半径不大于 50 mm。如果与加载梁接触的防护装置,其法线与加载载荷方向不平行,则要填充空隙以便沿加载梁均布施加载荷。

8.3.3 万向连接机构要确保加载设备不妨碍防护装置转动或沿加载方向以外的方向上移动。

8.3.4 要有测量防护装置受力点在载荷方向上相对于拖拉机底盘变形的设备;要连续记录测量以确保精度;测量设备要固定以便记录载荷和变形。

8.4 压垮试验

8.4.1 将拖拉机底盘架空并牢固地固定于地面上的装置(见图 7)。

8.4.2 如图 7 所示,对防护装置实施垂直向下载荷的方法,包括一个宽 250 mm 的刚性梁。

8.4.3 测量总垂直载荷的设备。

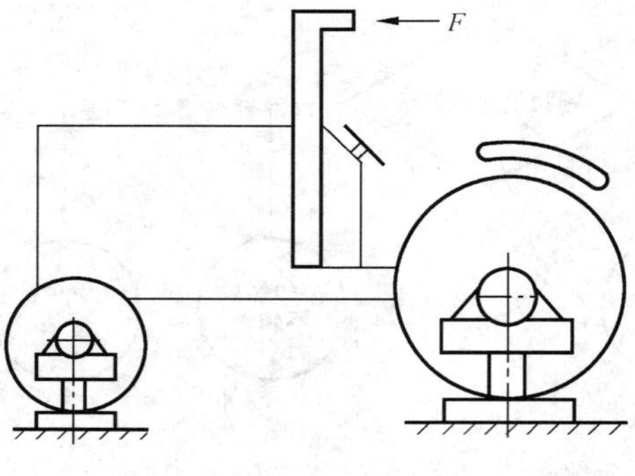

图 4 后加载试验装置示例

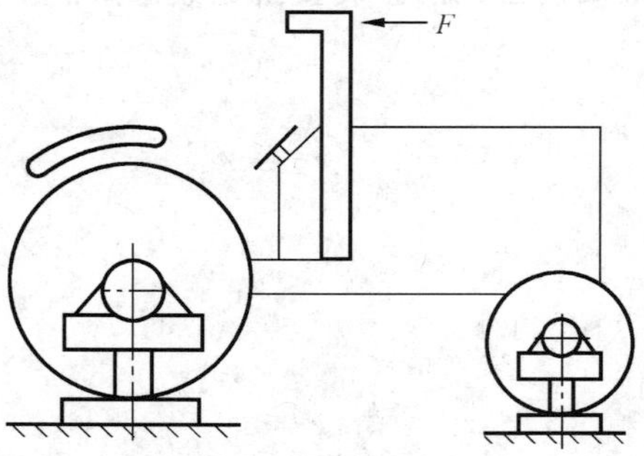

图 5 前加载试验装置示例

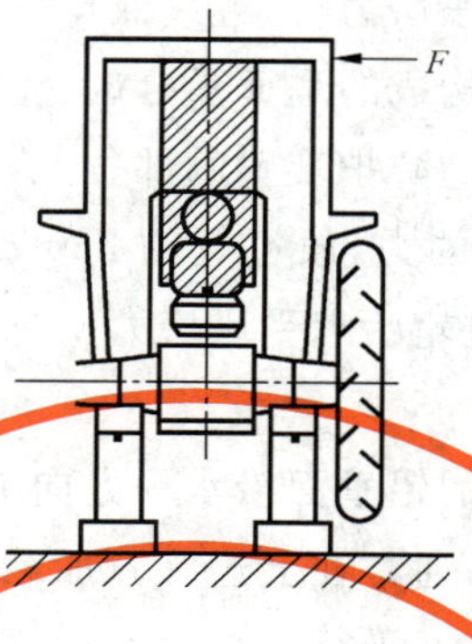

图 6　侧加载试验装置的示例

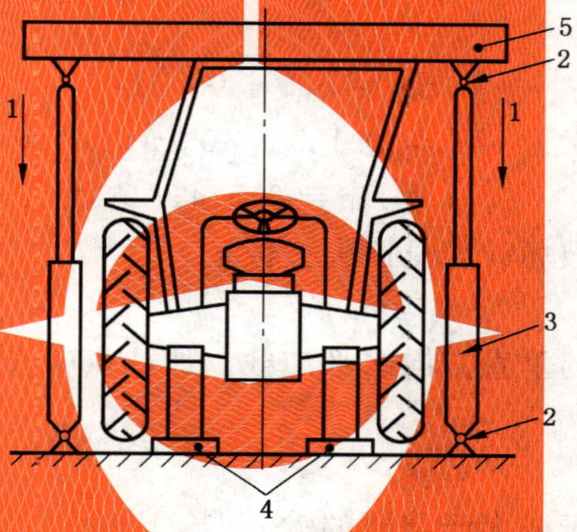

1——载荷；
2——万向连接；
3——液压油缸；
4——前后轴下的支撑；
5——加载梁。

图 7　压垮试验装置的后示图

8.5　后加载试验

载荷应处于在平行于拖拉机中心面的铅垂面沿水平方向加载，加载点应选在发生后翻事故时防护装置首先撞击地面的位置，通常在上边缘。加载点所在的铅垂面在防护装置中心面上部距最外边1/6处。

遇下列情况应停止试验：

——防护装置吸收的能量等于或大于需要的输入能。

对于双向行使拖拉机(双向座椅和方向盘)，计算公式按公式(3)。

$$E_{il} = 500 + 0.5M_t \qquad (3)$$

——防护装置的容身区遭到破坏或容身区失去保护。

8.6　后压垮试验

将加载梁置于防护装置顶部后面的构件上，使压垮台力作用在拖拉机中心平面内，施加的压垮力为：

$$F_v = 20M_t \qquad (4)$$

将此作用力一直加至防护装置不再有任何可见的变形之后再维持 5 s。

当防护装置顶棚后部承受不了全部压垮力时,继续保持压力,直至顶棚变形至与连接防护装置上部构件和翻车时能支撑拖拉机的后部部件构成的平面重合时为止。然后将此作用力卸去,并将加载梁移到拖拉机完全翻车时可能支撑住拖拉机的防护装置的部位上,再施加压垮力 F_v。

试验装置能够对防护装置施加向下的力,通过宽约 250 mm 的刚性梁,用万向节联结到加载装置上。对底盘进行合适的支撑,以免拖拉机轮胎承受压垮力。

8.7 前加载试验

载荷应处于在平行于拖拉机中心面的铅垂面沿水平方向加载。加载点应选在拖拉机行使中发生侧翻事故时防护装置首先撞击地面的位置,通常在上边缘。加载点所在的铅垂面在防护装置中心面上部距最外边 1/6 处,此铅垂面与拖拉机中心面平行。

遇下列情况应停止试验:

——防护装置吸收的能量等于或大于需要的输入能 E_{il}。

对于双向行使拖拉机(双向座椅和方向盘),吸收能量等于或大于公式(5)或公式(6)或公式(7)计算的最大值:

$$E_{il} = 500 + 0.5M_t \quad \cdots\cdots(5)$$

$$E_{il} = 2.165 \times 10^{-7} M_t L^2 \quad \cdots\cdots(6)$$

$$E_{il} = 0.574I \quad \cdots\cdots(7)$$

——防护装置的容身区遭到破坏或容身区失去保护。

8.8 侧加载试验

其加载平面沿拖拉机中心面的垂直方向水平加载。加载点应选在发生侧翻事故时防护装置首先撞击地面的位置,通常在上边缘。

遇下列情况应停止试验:

——防护装置吸收的能量等于或大于需要的输入能。

对于双向行使拖拉机(双向座椅和方向盘),吸收能量等于或大于公式(8)或公式(9)的最大值。

$$E_{is} = 1.75M_t(B_6 + B)/2B \quad \cdots\cdots(8)$$

$$E_{is} = 1.75M_t \quad \cdots\cdots(9)$$

——防护装置的容身区遭到破坏或容身区失去保护。

8.9 前压垮试验

将加载梁置于防护装置顶部前面的构件上,使压垮台力作用在拖拉机中心平面内,施加的压垮力为:

$$F_v = 20M_t \quad \cdots\cdots(10)$$

将此作用力一直加至防护装置不再有任何可见的变形之后再维持 5 s。

当防护装置顶棚前部承受不了全部压垮力时,继续保持压力,直至顶棚变形与连接防护装置上部构件和翻车时能支撑拖拉机的前部部件构成的平面重合时为止。然后将此作用力卸去,并将加载梁移到拖拉机完全翻车时可能支撑住拖拉机的防护装置的部位上,再施加压垮力 F_v。

试验装置与后压垮试验类似。

8.10 附加过载试验

当防护装置吸收能量达到规定值,在最后 5%的交形时,载荷下降超过 3%,就要进行过载试验(见图 8)。

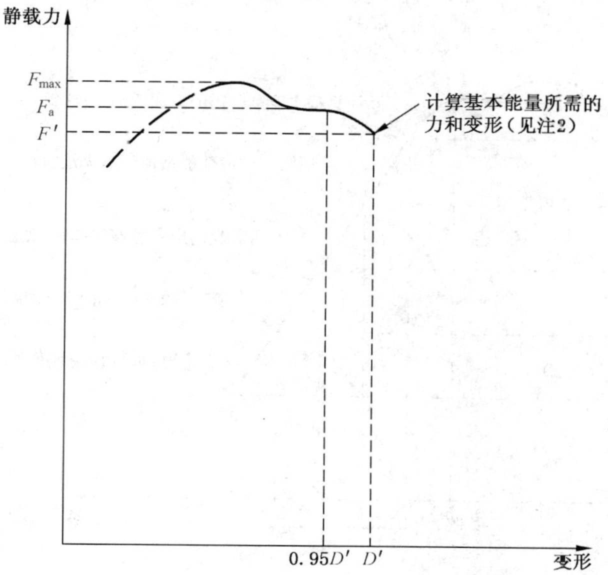

注 1：F_a 为相对于 0.95D'变形时的静载力。

注 2：当 $F_a \leqslant 1.03F'$时，不需进行超载试验。

图 8 免作超载试验时的力-变形曲线

过载试验按所需能量的 5%作增量，加载到所需能量的 20%(见图 9)。

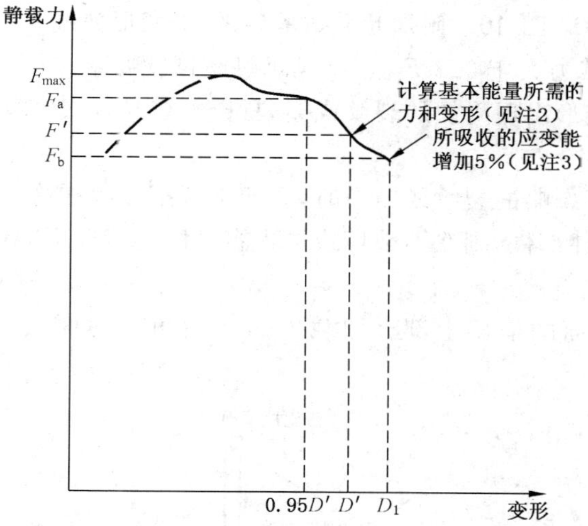

注 1：F_a 为相对于 0.95D'变形时的静载力。

注 2：当 $F_a > 1.03F'$时，需进行超载试验。

注 3：若 $F_b > 0.97F'$和 $F_b > 0.8F_{max}$，符合超载试验性能要求。

图 9 超载试验时的力-变形曲线

在能量加载 5%、10%、15%后，加载力降低不超过 3%，而且大于 0.8F_{max}，则满足过载试验要求(见图 10)。

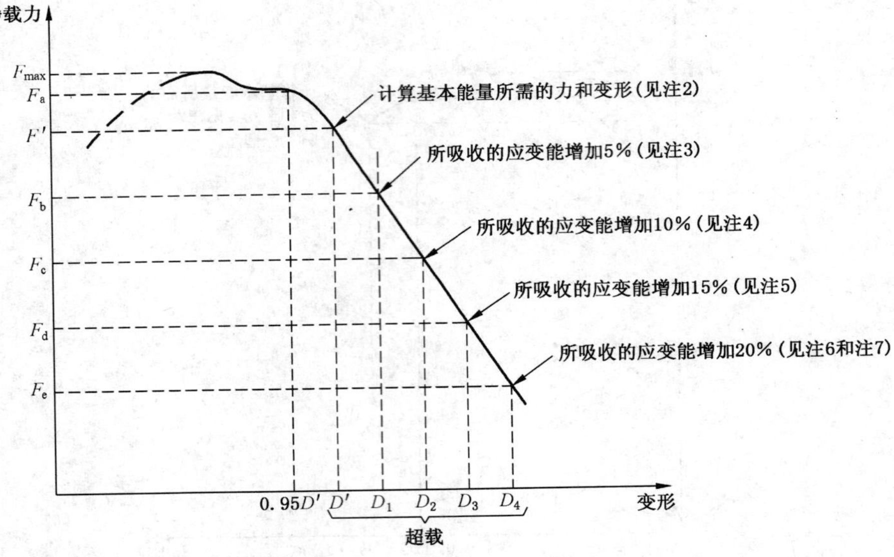

注1：F_a 为相对于 $0.95D'$ 变形时的静载力。

注2：当 $F_a > 1.03F'$ 时，需进行超载试验。

注3：若 $F_b > 0.97F'$ 时，需继续进行超载试验。

注4：当 $F_c < 0.97F_b$ 时，需继续进行超载试验。

注5：当 $F_d < 0.97F_c$ 时，需继续进行超载试验。

注6：当 $F_e > 0.8F_{max}$，符合超载试验性能要求。

注7：若在各超载试验时，静载力低于 $0.8\ F_{max}$，则认为超载试验失败。

图10　附加超载试验时的力-变形曲线

在能量加载20%后，加载力大于 $0.8\ F_{max}$，则满足过载试验要求。

在过载试验中，因弹性变形出现附加的裂纹或撕裂，侵入容身区或容身区超出防护装置是允许的。

8.11　附加压垮试验

在压垮试验中，出现不可忽略的裂纹或撕裂时，立即进行第二次压垮，压垮力为 $1.2F_v$。

8.12　如果拖拉机后部有刚性部件，则在不破坏或进入容身区的情况下能够支撑向下的加载力 F_i：

$$F_i = 15M_t \tag{11}$$

垂直施加于拖拉机中心面的框架上部。加载力的初始角与地面成40°；刚性部件的宽度不小于500 mm(如图11、图12)。

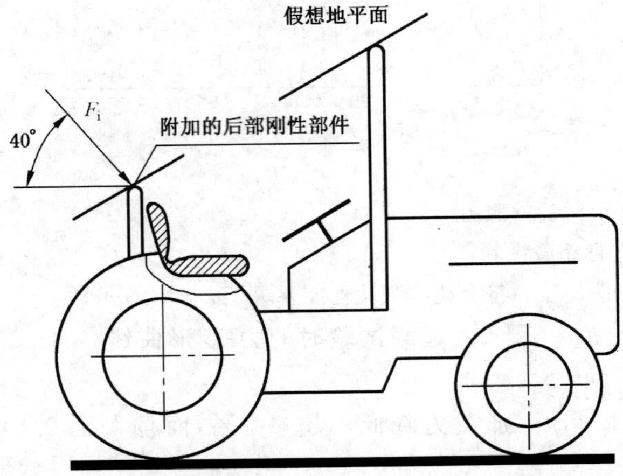

图11　假想地平线

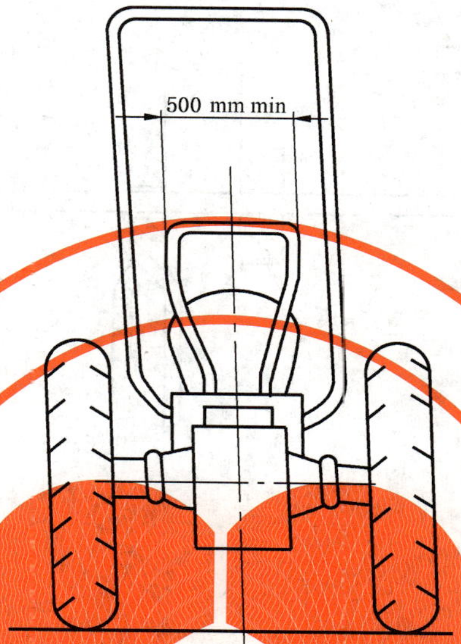

图 12　后部刚性部件的最小宽度

8.13　检查和测量

8.13.1　断裂和裂纹检查

每次试验后应目视检查所有结构件、连接件、紧固件是否有断裂或裂纹，非重要部件出现的小裂纹可忽略不计，由摆锤边缘造成的撕裂不计。

8.13.2　容身区检查

每次试验后检查防护装置，看是否有任何部件侵入容身区；还应检查容身区是否超出了防护装置的保护范围，此时拖拉机前后轮胎和轮距设定成生产厂家提供的最小尺寸。

如果拖拉机装有刚性部件，如驾驶座后的壳体或其他刚性件，此刚性件作为在侧翻或后翻时的保护点。

8.13.3　侧向加载下弹性变形的测量

测量点应位于驾驶员座位参考点上方 900 mm 处，通过侧向加载点的垂直平面内(见图 13)。

8.13.4　永久变形的测量

在最终压垮试验后，记录防护装置的永久变形。因此，试验前应记录防护装置主要部件相对于驾驶座参考点的位置。

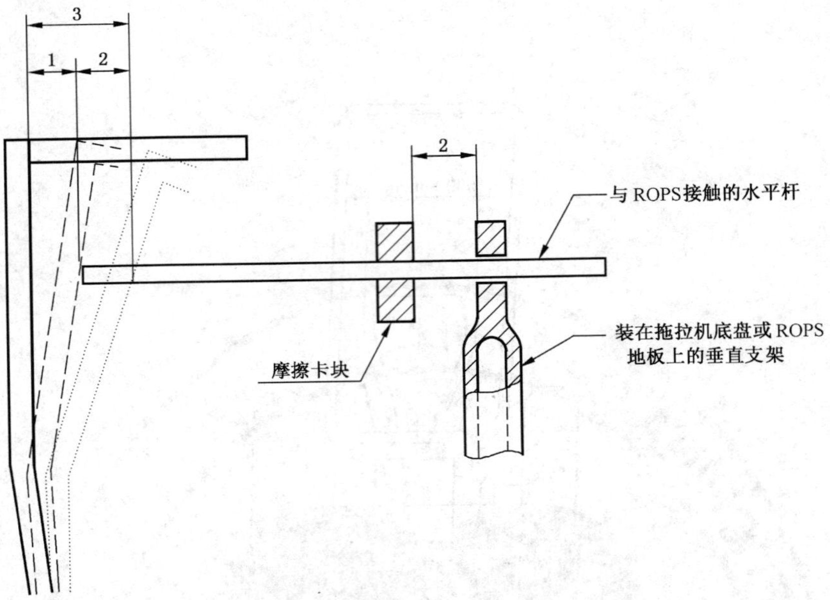

1——永久变形量；
2——弹性变形量；
3——总变形量(永久变形量＋弹性变形量)。

图 13 测量弹性变形量装置示意图

9 容身区

将拖拉机停在水平地面上，若方向盘可调，应将其调至中间位置，容身区(见图 14、图 15)由以下平面确定。

单位为毫米

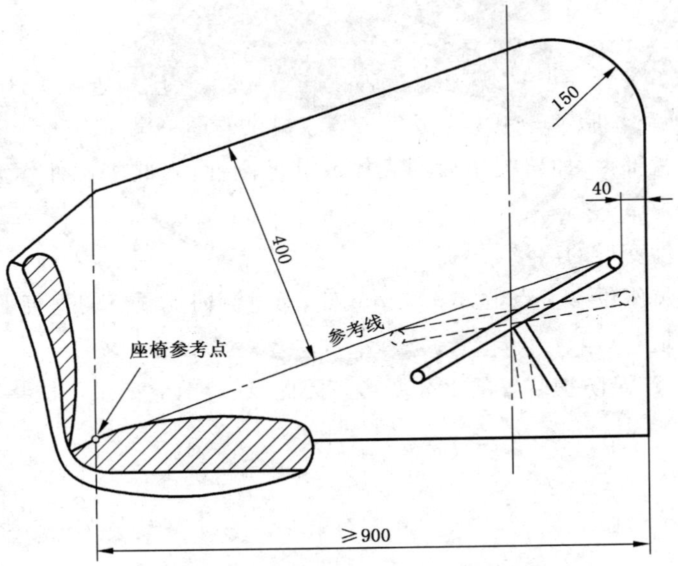

图 14 容身区侧视图(过基准面的断面)

9.1 距基准面两侧各 250 mm 的两个垂直平面，两对称平面向上从通过座位参考点的水平面上 300 mm 处开始向上延伸，向前从座位参考点前 350 mm 处开始到 550 mm 外与基准面垂直的平面处为止。

单位为毫米

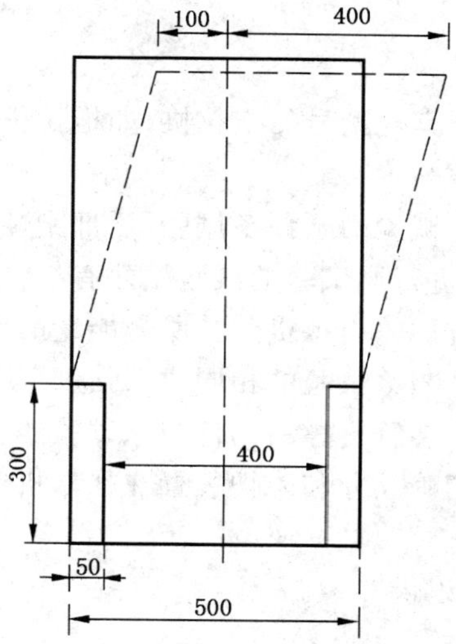

图 15　容身区后视图

9.2　距基准面两侧各 200 mm 的两个垂直平面，两对称平面向上从通过座位参考点的水平面开始向上到 300 mm 处，向前从 9.11 所定义的曲面开始到座位参考点前 350 mm 处的与基准面垂直的平面为止。

9.3　与基准面垂直的斜面，该斜面距基准线 400 mm 且与基准线平行，其向后延伸到与通过座位参考点并与基准面垂直的平面相交处为止。

9.4　通过座椅靠背顶端，与 9.3 定义的斜面最后边相交，与基准面垂直的斜面。

9.5　位于方向盘前 40 mm，至少在座位参考点前 900 mm 处垂直于基准面的垂直平面。

9.6　心轴垂直于基准面，半径为 150 mm，与 9.3、9.5 所定义的平面相切的圆柱面。

9.7　通过 9.1 定义平面上边缘的两个平行的斜平面，实施撞击试验一侧的斜平面在容身区上方与基准面的距离不小于 100 mm。

9.8　通过座位参考点的水平面。

9.9　在座位参考点前 350 mm 与基准面垂直的垂直平面的两个部分，这两个部分分别与 9.1 中定义的平面的最后端和 9.2 中定义的平面的最前端相接的两部分。

9.10　座位参考点上 300 mm 处的水平面的两个部分，分别与 9.2 中定义的垂直面的最上端和 9.7 中定义的斜平面的最下端相接。

9.11　贴座椅靠背板后部表面的曲面，其生成线（母线）与基准面垂直。

9.12　对于双向行使拖拉机（双向座椅和方向盘），其容身区为由座椅和方向盘两个位置确定的两个容身区的包容区。

10　验收条件

10.1　每一分项试验完毕后，按 8.13.1 的规定检查应无裂纹或撕裂，如出现明显的裂纹或撕裂，应立即进行相应的附加撞击或压垮试验。

10.2　除过载试验外，防护装置在任何部分都不得进入第 9 章所定义的容身区，或容身区超出防护装置外。

10.3　静载试验中，水平加载达到所需能量时或过载试验时，载荷应大于 0.8 F_{max}。

10.4　试验中防护装置不得对座椅施加任何约束。

10.5 按8.13.3所测量的弹性形变要小于250 mm。

10.6 应无在发生翻车事故时能严重伤害驾驶员或变形夹住驾驶员的零部件。

11 对其他型号拖拉机的适用性

当满足验收条件的防护装置用于其他型号的拖拉机，如拖拉机和防护装置满足以下条件，不必在每个型号的拖拉机上进行加载和压垮试验。

11.1 经过横向稳定性和抗连续翻滚试验两项预备试验，后部刚性部件经过试验。

11.2 如果生产厂家提出申请，只有进行原试验的试验站才有权批准防护装置的适用性。

11.3 新拖拉机试验所需能量不超过试验拖拉机试验所需能量的105%。

11.4 连接方式和拖拉机的连接部件与原试验的相同或等强度。

11.5 挡泥板或发动机机罩等对防护装置支撑的部件与原试验的相同或提供相同支撑。

11.6 座椅在防护装置中的位置和精确尺寸和防护装置在拖拉机上的相关尺寸，要保证在所有试验中，容身区在变形的防护装置内。

11.7 试验报告要包括原试验报告，以供参考。

12 较小改动

由于市场原因而对拖拉机的颜色、贴花、牌号、型号或对防护装置非结构钣金件进行微小改动，出具原试验的试验站可代表国家官方代表机构出具一个“微小改动证明”，陈述所有改动，并确保强度试验结果不受影响。可不再做试验。根据本规则对试验件起草证明，作为原报告的附件并符合行业要求。

附　录　A
（资料性附录）
用于确定假设安装前置式防护装置的窄轮距拖拉机在侧向翻车时是否连续翻滚的计算机程序（BASIC）

注意：下面计算机程序所描述的计算方法是正确有效的。下面显示的程序文本是示范性的，使用者可根据试验装置的特殊要求采纳或改编下列程序。

```
10 CLS
20 REM REFERENCE OF THE PROGRAM COD6ABAS. BAS 08/02/96
30 FOR I=1 TO 10:LOCATE I,1,0:NEXT I
40 COLOR 14,8,4
50 PRINT
"**********************************************************************"
60 PRINT "* CALCULATION FOR DETERMINING THE NON-CONTINUOUS ROLLING
BEHAVIOUR* "
70 PRINT"* OF A LATERAL OVERTURNING NARROW TRACTOR WITH A ROLL-OVER
PROTECTIVE* "
80 PRINT"* STRUCTURE MOUNTED IN FRONT OF THE DRIVER' S SEAT* "
90 PRINT
"**********************************************************************"
100 A$=INKEY$:IF A$=""THEN 100
110 COLOR 10,1,4
120 DIM F(25),C(25),CAMPO$(25),LON(25),B$(25),C$(25),X(6,7),Y(6,7),Z(6,7)
130 DATA 6,10,10,14,14,17,19,21,11,11,12,12,13,13,14,14,15,15,16,16,17,17,18,18,19
140 DATA 54,8,47,8,47,12,8,12,29,71,29,71,29,71,29,71,29,71,29,71,29,71,29,71,29
150 DATA 12,30,31,30,31,25,25,25,9,9,9,9,9,9,9,9,9,9,9,9,9,9,9,9,9
160 FOR I=1 TO 25:READ F(I):NEXT
170 FOR I=1 TO 25:READ C(I):NEXT
180 FOR I=1 TO 25:READ LON(I):NEXT
190 CLS
200 FOR I=1 TO 5:LOCATE I,1,0:NEXT I
210 PRINT"In case of misprint,push on the enter key up to the last field"
220 PRINT:LOCATE 6,44:PRINT"TEST NR:":PRINT
230 LOCATE 8,29:PRINT"FRONT MOUNTED-PROTECTIVE STRUCTURE:":PRINT
240 PRINT"MAKE:":LOCATE 10,40:PRINT"TYPE:":PRINT
250 LOCATE 12,29:PRINT"TRACTOR:":PRINT:PRINT"MAKE:"
260 LOCATE 14,40:PRINT"TYPE:":PRINT:PRINT
270 PRINT"LOCATION:":PRINT
280 PRINT"DATE:":PRINT:PRINT"ENGINEER:"
290 NC=1:GOSUB 4400
300 PRINT:PRINT:PRINT"In case of misprint,it is possible to acquire the data again"
```

```
310 PRINT:INPUT"Do you wish to acquire again the data ? (Y/N)";Z$
320 IF Z$ ="Y"OR Z$ ="y"THEN 190
330 IF Z$ ="N"OR Z$ ="n"THEN 340
340 FOR I=1 TO 3:LPRINT:NEXT:LPRINT;"TEST NR:";TAB(10);CAMPO$(1)
350 LPRINT:LPRINT TAB(24);"FRONT MOUNTED PROTECTIVE STRUCTURE:"
360 LL=LEN(CAMPO$(2)+CAMPO$(3))
370 LPRINT TAB(36-LL/2);CAMPO$(2)+"-"+CAMPO$(3):LPRINT
380 LPRINT TAB(32);"OF THE NARROW TRACTOR": LL=LEN(CAMPO$(4)+CAMPO
$(5))
390 LPRINT TAB(36-LL/2);CAMPO$(4)+"-"+CAMPO$(5):LPRINT
400 CLS
410 PRINT"In case of mistype,push on the enter key up to the last field"
420 PRINT
430 FOR I=1 TO 7:LOCATE I,1,0:NEXT
440 LOCATE 8,1:PRINT"CHARACTERISTIC UNITS:"
450 LOCATE 8,29:PRINT"LINEAR(m):MASS(kg):MOMENT OF INERTIA(kgm²):"
460 LOCATE 9,1:PRINT"ANGLE(radian)"
470 LPRINT:PRINT
480 PRINT"HEIGHT OF COG H1=":LOCATE 11,29:PRINT""
490 LOCATE 11,40:PRINT"H. DIST. COG-REAR AXLE L3="
500 LOCATE 11,71:PRINT""
510 PRINT"H. DIST. "COG-FRT AXLE L2=":LOCATE 12,29:PRINT""
520 LOCATE 12,40:PRINT"HEIGHT OF THE REAR TYRES D3="
530 LOCATE 12,71:PRINT""
540 PRINT"HEIGHT OF THE FRT TYRES D2=":LOCATE 13,29:PRINT""
550 LOCATE 13,40:PRINT"OVERALL HEIGHT(PT IMPACT) H6="
560 LOCATE 13,71:PRINT""
570 PRINT"H. DIST. COG-LEAD. PT INTER. L6=":LOCATE 14,29:PRINT""
580 LOCATE 14,40:PRINT"PROTECTIVE STRUCT. WIDTH B6="
590 LOCATE 14,71:PRINT""
600 PRINT"HEIGHT OF THE ENG. B. H7=":LOCATE 15,29:PRINT""
605 LOCATE 15,40:PRINT"WIDTH OF THE ENG. B. B7="
610 LOCATE 15,71:PRINT""
615 PRINT"H. DIST. COG-FRT COR. ENG. B. L7=":LOCATE 16,29:PRINT""
620 LOCATE 16,40:PRINT"HEIGHT FRT AXLE PIVOT PT H0="
630 LOCATE 16,71:PRINT""
640 PRINT"REAR TRACK WIDTH S=":LOCATE 17,29:PRINT""
650 LOCATE 17,40:PRINT"REAR TYRE WIDTH B0="
660 LOCATE 17,71:PRINT""
670 PRINT"FRT AXLE SWING ANGLE D0=":LOCATE 18,29:PRINT""
680 LOCATE 18,40:PRINT"TRACTOR MASS Mc="
690 LOCATE 18,71:PRINT""
700 PRINT"MOMENT OF INERTIA Q=":LOCATE 19,29:PRINT""
```

```
710 LOCATE 19,40:PRINT""
720 LOCATE 19,71:PRINT"":PRINT:PRINT
730 H1=0:L3=0:L2=0:D3=0:D2=0:H6=0:L6=0:B6=0
740 H7=0:B7=0:L7=0:H0=0:S=0:B0=0:D=0:Mc=0:Q=0
750 NC=9:GOSUB 4400
760 FOR I=1 TO 3:PRINT"":NEXT
770 H1=VAL(CAMPO$(9)):L3=VAL(CAMPO$(10)):L2=VAL(CAMPO$(11))
780 D3=VAL(CAMPO$(12)):D2=VAL(CAMPO$(13)):H6=VAL(CAMPO$(14))
790 L6=VAL(CAMPO$(15)):B6=VAL(CAMPO$(16)):H7=VAL(CAMPO$(17))
800 B7=VAL(CAMPO$(18)):L7=VAL(CAMPO$(19)):H0=VAL(CAMPO$(20))
810 S=VAL(CAMPO$(21)):B0=VAL(CAMPO$(22)):D0=VAL(CAMPO$(23))
820 Mc=VAL(CAMPO$(24)):Q=VAL(CAMPO$(25)):PRINT:PRINT
830 PRINT"In case of mistype,it is possible to acquire again the data":PRINT
840 INPUT" Do you wish to acquire again the data? (Y/N)";X$
850 IF X$="Y" OR X$="y" THEN 400
860 IF X$="n" OR X$="N" THEN 870
870 FOR I=1 TO 3:LPRINT:NEXT
880 LPRINT TAB(20);"CHARACTERISTIC UNITS:":LOCATE 8,29
890 LPRINT"LINEAR(m):MASS(kg):MOMENT OF INERTIA(kg · m²):ANGLE(radian)"
900 LPRINT
910 LPRINT"HEIGHT OF THE COG HI=";
920 LPRINT USING"####.####";H1;
930 LPRINT TAB(40);"H. DIST. COG-REAR AXLE L3=";
940 LPRINT USING"####.####";L3
950 LPRINT"H. DIST. COG-FRT AXLE L2=";
960 LPRINT USING"####.####";L2;
970 LPRINT TAB(40);"HEIGHT OF THE REAR TYRES D3=";
975 LPRINT USING"####.####";D3
980 LPRINT"HEIGHT OF THE FRT TYRES D2=";
990 LPRINT USING"####.####";D2;
1000 LPRINT TAB(40);"OVERALL HEIGHT(PT IMPACT)H6=";
1010 LPRINT USING "####.####"; H6
1020 LPRINT "H. DIST. COG-LEAD PT INTER. L6=";
1030 LPRINT USING "####.####"; L6;
1040 LPRINT TAB(40); "PROTECTIVE STRUCT. WIDTH B6=";
1050 LPRINT USING "####.####"; B6
1060 LPRINT "HEIGHT OF THE ENG. B. H7=";
1070 LPRINT USING"####.####";H7;
1080 LPRINT TAB(40); "WIDTH OF THE ENG. B. B7=";
1090 LPRINT USING "####.####"; B7
1100 LPRINT "H. DIST. COG-FRT COR. ENG. B. L7=";
1110 LPRINT USING "####.####"; L7;
1120 LPRINT TAB(40); "HEIGHT FRT AXLE PIVOT PT H0=";
```

```
1130 LPRINT USING "####.####"; H0
1140 LPRINT "REAR TRACK WIDTH S=";
1150 LPRINT USING "####.####"; S;
1160 LPRINT TAB(40); "REAR TYRE WIDTH B0=";
1170 LPRINT USING "####.####"; B0
1180 LPRINT "FRT AXLE SWING ANGLE D0=";
1185 LPRINT USING "####.####"; D0;
1190 LPRINT TAB(40); "TRACTOR MASS Mc=";
1200 LPRINT USING "####.####"; Mc
1210 LPRINT "MOMENT OF INERTIA Q=";
1215 LPRINT USING "####.####"; Q
1220 FOR I=1 TO 10:LPRINT:NEXT
1230 A0=.588:U=.2:T=.2:GOSUB 4860
1240 REM * THE SIGN OF L6 IS MINUS IF THE POINT LIES IN FRONT
1250 REM * OF THE PLANE OF THE CENTRE OF GRAVITY.
1260 IF B6>S+B0 THEN 3715
1265 IF B7>S+B0 THEN 3715
1270 G=9.8
1280 REM****************************************************************************
1290 REM* B2 VERSION (POINT OF IMPACT OF THE ROPS NEAR OF EQUILIBRIUM
POINT) *
1300 REM****************************************************************************
1310 B=B6:H=H6
1320 REM -----POSITION OF CENTER OF GRAVITY IN TILTED POSITION -----------
1330 R2=SQR(H1*H1+L3*L3)
1340 C1=ATN(H1/L3)
1350 L0=L3+L2
1360 L9=ATN(H0/L0)
1370 H9=R2*SIN(C1-L9)
1380 W1=H9/TAN(C1-L9)
1390 W2=SQR(H0*H0+L0*L0):S1=S/2
1400 F1=ATN(S1/W2)
1410 W3=(W2-W1)*SIN(F1)
1420 W4=ATN(H9/W3)
1430 W5=SQR(H9*H9+W3*W3)*SIN(W4+D0)
1440 W6=W3-SQR(W3*W3+H9*H9)*COS(W4+D0)
1450 W7=W1+W6*SIN(F1)
1460 W8=ATN(W5/W7)
1470 W9=SIN(W8+L9)*SQR(W5*W5+W7*W7)
1480 W0=SQR(W9*W9+(S1-W6*COS(F1))^2)
1490 G1=SQR(((S+B0)/2)^2+H1*H1)
1500 G2=ATN(2*H1/(S+B0))
1510 G3=W0-G1*COS(A0+G2)
```

```
1520 O0=SQR(2*Mc*G*G3/(Q+Mc*(W0+G1)*(W0+G1)/4))
1530 F2=ATN(((D3-D2)/L0)/(1-((D3-D2)/(2*L3+2*L2))^2))
1540 L8=-TAN(F2)*(H-H1)
1550 REM-------- COORDINATES IN POSITION 1-------------
1560 X(1,1)=H1
1570 X(1,2)=0:X(1,3)=0
1580 X(1,4)=(1+COS(F2))*D2/2
1590 X(1,5)=(1+COS(F2))*D3/2
1600 X(1,6)=H
1610 X(1,7)=H7
1620 Y(1,1)=0
1630 Y(1,2)=L3
1640 Y(1,3)=-L3
1650 Y(1,4)=L2+SIN(F2)*D2/2
1660 Y(1,5)=-L3+SIN(F2)*D3/2
1670 Y(1,6)=-L6
1680 Y(1,7)=L7
1690 Z(1,1)=(S+B0)/2
1700 Z(1,2)=0:Z(1,3)=0:Z(1,4)=0:Z(1,5)=0
1710 Z(1,6)=(S+B0)/2-B/2
1720 Z(1,7)=(S+B0)/2-B7/2
1730 O1=0:O2=0:O3=0:O4=0:O5=0:O6=0:O7=0:O8=0:O9=0
1740 K1=Y(1,4)*TAN(F2)+X(1,4)
1750 K2=X(1,1)
1760 K3=Z(1,1)
1770 K4=K1-X(1,1):DD1=Q+Mc*K3*K3+Mc*K4*K4
1780 O1=(Q+Mc*K3*K3-U*Mc*K4*K4-(1+U)*Mc*K2*K4)*O0/DD1
1790 REM---- TRANSFORMATION OF THE COORDINATES FROM THE POSITION 1 TO 2
1800 FOR K=1 TO 7 STEP 1
1810 X(2,K)=COS(F2)*(X(1,K)-H1)+SIN(F2)*Y(1,K)-K4*COS(F2)
1820 Y(2,K)=Y(1,K)*COS(F2)-(X(1,K)-H1)*SIN(F2)
1830 Z(2,K)=Z(1,K)
1840 NEXT K
1850 O2=O1*COS(F2)
1860 A2=ATN(TAN(A0)/SQR(1+(TAN(F2))^2/(COS(A0))^2))
1870 C2=ATN(Z(2,6)/X(2,6))
1880 T2=T
1890 V0=SQR(X(2,6)^2+Z(2,6)^2)
1900 E1=T2/V0
1910 E2=(V0*Y(2,4))/(Y(2,4)-Y(2,6))
1920 T3=E1*E2
1930 E4=SQR(X(2,1)*X(2,1)+Z(2,1)*Z(2,1))
1940 V6=ATN(X(2,1)/Z(2,1))
```

```
1950 REM--------ROTATION OF THE TRACTOR FROM THE POSITION 2 TO 3---
1960 FOR K=1 TO 7 STEP 1
1970 IF Z(2,K)=0 THEN 2000
1980 E3=ATN(X(2,K)/Z(2,K))
1990 GOTO 2010
2000 E3=-3.14159/2
2010 X(3,K)=SQR(X(2,K)*X(2,K)+Z(2,K)*Z(2,K))*SIN(E3+C2+E1)
2020 Y(3,K)=Y(2,K)
2030 Z(3,K)=SQR(X(2,K)^2+Z(2,K)^2)*COS(E3+C2+E1)
2040 NEXT K
2050 IF Z(3,7)<0 THEN 3680
2060 Z(3,6)=0
2070 Q3=Q*(COS(F2))^2+3*Q*(SIN(F2))^2
2080 V5=(Q3+Mc*E4*E4)*O2*O2/2
2090 IF-V6>A2 THEN 2110
2100 GOTO 2130
2110 V7=E4*(1-COS(-A2-V6))
2120 IF V7*Mc*G>V5 THEN 2320
2130 V8=E4*COS(-A2-V6)-E4*COS(-A2-ATN(X(3,1)/Z(3,1)))
2140 O3=SQR(2*Mc*G*V8/(Q3+Mc*E4*E4)+O2*O2)
2150 K9=X(3,1)
2160 K5=Z(3,1)
2170 K6=Z(3,1)+E1*V0
2180 K7=V0-X(3,1)
2190 K8=U:DD2=Q3+Mc*K6*K6+Mc*K7*K7
2200 O4=(Q3+Mc*K5*K6-K8*Mc*K7*K7-(1+K8)*Mc*K9*K7)*O3/DD2
2210 N3=SQR((X(3,6)-X(3,1))^2+(Z(3,6)-Z(3,1))^2)
2220 N2=ATN(-(X(3,6)-X(3,1))/Z(3,1))
2230 Q6=Q3+Mc*N3^2
2240 IF-N2<=A2 THEN 2290
2250 N4=N3*(1-COS(-A2-N2))
2260 N5=(Q6)*O4*O4/2
2270 IF N4*Mc*G>N5 THEN 2320
2280 O9=SQR(-2*Mc*G*N4/(Q6)+O4*O4)
2290 GOSUB 3740
2300 GOSUB 4170
2310 GOTO 4330
2320 GOSUB 3740
2330 IF L6>L8 THEN 2790
2340 REM*
2350 REM*********************************************************************
2355 REM* B3 VERSION(POINT OF IMPACT OF THE ROPS IN FRONT OF EQUILIBRIUM
POINT)*
```

```
2360 REM**************************************************************************
2370 O3=0:O4=0:O5=0:O6=0:O7=0:O8=0:O9=0
2380 E2=(V0*Y(2,5))/(Y(2,5)-Y(2,6))
2390 T3=E2*E1
2400 Z(3,6)=0
2410 Q3=Q*(COS(F2))^2+3*Q*(SIN(F2))^2
2420 V5=(Q3+Mc*E4*E4)*O2*O2/2
2430 IF-V6>A2 THEN 2450
2440 GOTO 2470
2450 V7=E4*(1-COS(-A2-V6))
2460 IF V7*Mc*G>V5 THEN 2760
2470 V8=E4*COS(-A2-V6)-E4*COS(-A2-ATN(X(3,1)/Z(3,1)))
2480 O3=SQR((2*Mc*G*V8)/(Q3+Mc*E4*E4)+O2*O2)
2490 K9=X(3,1)
2500 K5=Z(3,1)
2510 K6=Z(3,1)+T3
2520 K7=E2-X(3,1)
2530 K8=U:DD2=Q3+Mc*K6*K6+Mc*K7*K7
2540 O4=(Q3+Mc*K5*K6-K8*Mc*K7*K7-(1+K8)*Mc*K9*K7)*O3/DD2
2550 F3=ATN(V0/(Y(3,5)-Y(3,6)))
2560 O5=O4*COS(F3)
2570 REM------TRANSFORMATION OF THE COORDINATES FROM THE POSITION 3 TO 4----
2580 REM------POSITION 4
2590 FOR K=1 TO 7 STEP 1
2600 X(4,K)=X(3,K)*COS(F3)+(Y(3,K)-Y(3,5))*SIN(F3)
2610 Y(4,K)=(Y(3,K)-Y(3,5))*COS(F3)-X(3,K)*SIN(F3)
2620 Z(4,K)=Z(3,K)
2630 NEXT K
2640 A4=ATN(TAN(A0)/SQR(1+(TAN(F2+F3))^2/(COS(A0))^2))
2650 M1=SQR(X(4,1)^2+Z(4,1)^2)
2660 M2=ATN(X(4,1)/Z(4,1))
2670 Q5=Q*(COS(F2+F3))^2+3*Q*(SIN(F2+F3))^2
2680 IF-M2<A4 THEN 2730
2690 M3=M1*(1-COS(-A4-M2))
2700 M4=(Q5+Mc*M1*M1)*O5*O5/2
2710 IF M3*Mc*G>M4 THEN 2760
2720 O9=SQR(O5*O5-2*Mc*G*M3/(Q5+Mc*M1*M1))
2730 GOSUB 3740
2740 GOSUB 4170
2750 GOTO 4330
2760 GOSUB 3740
2770 GOSUB 4240
```

```
2780 GOTO 4330
2790 REM*********************************************************************************
2795 REM * B1 VERSION(POINT OF IMPACT OF THE ROPS BEHIND OF EQUILIBRIUM
POINT)*
2800 REM*********************************************************************************
2810 REM *
2820 O3=0:O4=0:O5=0:O6=0:O7=0:O8=0:O9=0
2830 Z(3,6)=0
2840 Q3=Q*(COS(F2))^2+3*Q*(SIN(F2))^2
2850 V5=(Q3+Mc*E4*E4)*O2*O2/2
2860 IF-V6>A2 THEN 2880
2870 GOTO 2900
2880 V7=E4*(1-COS(-A2-V6))
2890 IF V7*Mc*G>V5 THEN 3640
2900 V8=E4*COS(-A2-V6)-E4*COS(-A2-ATN(X(3,1)/Z(3,1)))
2910 O3=SQR(2*Mc*G*V8/(Q3+Mc*E4*E4)+O2*O2)
2920 K9=X(3,1)
2930 K5=Z(3,1)
2940 K6=Z(3,1)+T3
2950 K7=E2-X(3,1)
2960 K8=U:DD2=Q3+Mc*K6*K6+Mc*K7*K7
2970 O4=(Q3+Mc*K5*K6-K8*Mc*K7*K7-(1+K8)*Mc*K9*K7)*O3/DD2
2980 F3=ATN(V0/(Y(3,4)-Y(3,6)))
2990 O5=O4*COS(F3)
3000 REM---TRANSFORMATION OF THE COORDINATES FROM 3 TO 4---
3010 FOR K=1 TO 7 STEP 1
3020 X(4,K)=X(3,K)*COS(F3)+(Y(3,K)-Y(3,4))*SIN(F3)
3030 Y(4,K)=(Y(3,K)-Y(3,4))*COS(F3)-X(3,K)*SIN(F3)
3040 Z(4,K)=Z(3,K)
3050 NEXT K
3060 A4=ATN(TAN(A0)/SQR(1+(TAN(F2+F3))^2/(COS(A0))^2))
3070 C3=ATN(Z(4,7)/X(4,7))
3080 C4=0
3090 C5=SQR(X(4,7)*X(4,7)+Z(4,7)*Z(4,7))
3100 C6=C4/C5
3110 C7=C5*(Y(4,6)-Y(4,1))/(Y(4,6)-Y(4,7))
3120 C8=C6*C7
3130 M1=SQR(X(4,1)^2+Z(4,1)^2)
3140 M2=ATN(X(4,1)/Z(4,1))
3150 REM---ROTATION OF THE TRACTOR FROM THE POSITION 4 TO 5---
3160 FOR K=1 TO 7 STEP 1
3170 IF Z(4,K)<>0 THEN 3200
3180 C9=-3.14159/2
```

```
3190 GOTO 3210
3200 C9=ATN(X(4,K)/Z(4,K))
3210 X(5,K)=SQR(X(4,K)^2+Z(4,K)^2) * SIN(C9+C3+C6)
3220 Y(5,K)=Y(4,K)
3230 Z(5,K)=SQR(X(4,K)^2+Z(4,K)^2) * COS(C9+C3+C6)
3240 NEXT K
3250 Z(5,7)=0
3260 Q5=Q * (COS(F2+F3))^2+3 * Q * (SIN(F2+F3))^2
3270 IF-M2>A4 THEN 3290
3280 GOTO 3320
3290 M3=M1 * (1-COS(-A4-M2))
3300 M4=(Q5+Mc * M1 * M1) * O5 * O5/2
3310 IF M3 * Mc * G>M4 THEN 3640
3315 MM1=M1 * COS(-A4-ATN(X(5,1)/Z(5,1)))
3320 M5=M1 * COS(-A4-ATN(X(4,1)/Z(4,1)))-MM1
3330 O6=SQR(2 * Mc * G * M5/(Q5+Mc * M1 * M1)+O5 * O5)
3340 M6=X(5,1)
3350 M7=Z(5,1)
3360 M8=Z(5,1)+C8
3370 M9=C7-X(5,1)
3380 N1=U:DD3=(Q5+Mc * M8 * M8+Mc * M9 * M9)
3390 O7=(Q5+Mc * M7 * M8-N1 * Mc * M9 * M9-(1+N1) * Mc * M6 * M9) * O6/DD3
3400 F5=ATN(C5/(Y(5,6)-Y(5,7)))
3410 A6=ATN(TAN(A0)/SQR(1+(TAN(F2+F3+F5))^2/(COS(A0))^2))
3420 REM----TRANSFORMATION OF THE COORDINATES FROM THE POSITION 5 TO 6---
3430 FOR K=1 TO 7 STEP 1
3440 X(6,K)=X(5,K) * COS(F5)+(Y(5,K)-Y(5,6)) * SIN(F5)
3450 Y(6,K)=(Y(5,K)-Y(5,6)) * COS(F5)-X(5,K) * SIN(F5)
3460 Z(6,K)=Z(5,K)
3470 NEXT K
3480 O8=O7 * COS(-F5)
3490 N2=ATN(X(6,1)/Z(6,1))
3500 N3=SQR(X(6,1)^2+Z(6,1)^2)
3510 Q6=Q * (COS(F2+F3+F5))^2+3 * Q * (SIN(F2+F3+F5))^2
3520 IF-N2>A6 THEN 3540
3530 GOTO 3580
3540 N4=N3 * (1-COS(-A6-N2))
3550 N5=(Q6+Mc * N3 * N3) * O8 * O8/2
3560 P9=(N4 * Mc * G-N5)/(N4 * Mc * G)
3570 IF N4 * Mc * G>N5 THEN 3640
3580 IF-N2<A6 THEN 3610
3590 N6=-N4
3600 O9=SQR(2 * Mc * G * N6/(Q6+Mc * N3 * N3)+O8 * O8)
```

```
3610 GOSUB 3740
3620 GOSUB 4170
3630 GOTO 4330
3640 GOSUB 3740
3650 GOSUB 4240
3660 GOTO 4330
3670 REM
3680 IF Z(3,7)>-.2 THEN 2060
3685 CLS:PRINT:PRINT:PRINT STRING$(80,42):LOCATE 24,30,0
3690 PRINT" THE ENGINE BONNET TOUCHES THE GROUND BEFORE THE ROPS"
3695 LPRINT STRING$(80,42)
3700 LPRINT "THE ENGINE BONNET TOUCHES THE GROUND BEFORE THE ROPS"
3710 PRINT:PRINT" METHOD OF CALCULATION NOT FEASIBLE":GOTO 3720
3715 CLS:PRINT:PRINT" METHOD OF CALCULATION NOT FEASIBLE"
3720 LPRINT "METHOD OF CALCULATION NOT FEASIBLE"
3725 LPRINT STRING$(80,42)
3730 GOTO 4330
3740 REM*************************************************************************
3750 CLS:LOCATE 13,15,0:PRINT "VELOCITY O0="
3755 LOCATE 13,31,0:PRINT USING "#.###";O0:LOCATE 13,40,0:PRINT "rad/s"
3760 LOCATE 14,15,0:PRINT "VELOCITY O1="
3765 LOCATE 14,31,0:PRINT USING "#.###";O1
3770 LOCATE 15,15,0:PRINT "VELOCITY O2="
3775 LOCATE 15,31,0:PRINT USING "#.###";O2
3780 LOCATE 16,15,0:PRINT "VELOCITY O3="
3785 LOCATE 16,31,0:PRINT USING "#.###";O3
3790 LOCATE 17,15,0:PRINT "VELOCITY O4="
3795 LOCATE 17,31,0:PRINT USING "#.###";O4
3800 LOCATE 18,15,0:PRINT "VELOCITY O5="
3805 LOCATE 18,31,0:PRINT USING "#.###";O5
3810 LOCATE 19,15,0:PRINT "VELOCITY O6="
3815 LOCATE 19,31,0:PRINT USING "#.###";O6
3820 LOCATE 20,15,0:PRINT "VELOCITY O7="
3825 LOCATE 20,31,0:PRINT USING "#.###";O7
3830 LOCATE 21,15,0:PRINT "VELOCITY O8="
3835 LOCATE 21,31,0:PRINT USING "#.###";O8
3840 LOCATE 22,15,0:PRINT "VELOCITY O9="
3845 LOCATE 22,31,0:PRINT USING "#.###";O9
3850 LPRINT "VELOCITY O0=";
3860 LPRINT USING "#.###"; O0;
3870 LPRINT" rad/s";
3880 LPRINT TAB(40); "VELOCITY O1=";
3890 LPRINT USING "#.###"; O1;
```

```
3900 LPRINT "rad/s"
3910 LPRINT "VELOCITY O2=";
3920 LPRINT USING "#.###";O2;
3930 LPRINT "rad/s";
3940 LPRINT TAB(40); "VELOCITY O3=";
3950 LPRINT USING "#.###";O3;
3960 LPRINT "rad/s"
3970 LPRINT "VELOCITY O4=";
3980 LPRINT USING "#.###";O4;
3990 LPRINT "rad/s";
4000 LPRINT TAB(40); "VELOCITY O5=";
4010 LPRINT USING "#.###";O5;
4020 LPRINT "rad/s"
4030 LPRINT "VELOCITY O6=";
4040 LPRINT USING "#.###";O6;
4050 LPRINT "rad/s";
4060 LPRINT TAB(40); "VELOCITY O7=";
4070 LPRINT USING "#.###";O7;
4080 LPRINT "rad/s"
4090 LPRINT "VELOCITY O8=";
4100 LPRINT USING "#.###";O8;
4110 LPRINT "rad/s";
4120 LPRINT TAB(40); "VELOCITY O9=";
4130 LPRINT USING "#.###";O9;
4140 LPRINT "rad/s"
4150 LPRINT
4160 RETURN
4170 PRINT STRING$(80,42)
4180 LOCATE 24,30,0:PRINT "THE TILTING CONTINUES"
4190 PRINT STRING$(80,42)
4200 LPRINT STRING$(80,42)
4210 LPRINT TAB(30); "THE TILTING CONTINUES"
4220 LPRINT STRING$(80,42)
4230 RETURN
4240 PRINT STRING$(80,42)
4250 LOCATE 24,30,0:PRINT "THE ROLLING STOPS"
4260 PRINT STRING$(80,42)
4270 LPRINT STRING$(80,42)
4280 LPRINT TAB(30); "THE ROLLING STOPS"
4290 LPRINT STRING$(80,42)
4300 RETURN
4310 REM******************************************************************************
4320 REM------------------END OF THE CALCULATION------------------------------
```

```
4330 FOR I=1 TO 5:LPRINT:NEXT:LPRINT" LOCATION:";CAMPO$(6):LPRINT
4340 LPRINT "DATE:"; CAMPO$(7):LPRINT
4350 LPRINT; "ENGINEER:"; CAMPO$(8):LPRINT
4360 FOR I=1 TO 4:LPRINT:NEXT:PRINT
4370 INPUT "Do you whish to carry out another test ? (Y/N)"; Y$
4380 IF Y$="Y" OR Y$="y" THEN 190
4390 IF Y$="N" OR Y$="n" THEN SYSTEM
4400 LOCATE F(NC),C(NC)+L,1:A$=INKEY$:IF A$="" THEN GOTO 4400
4410 IF LEN(A$)>1 THEN GOSUB 4570:GOTO 4400
4420 A=ASC(A$)
4430 IF A=13 THEN L=0:GOTO 4450
4440 GOTO 4470
4450 IF NC<8 OR NC>8 AND NC<25 THEN NC=NC+1:GOTO 4400
4460 GOTO 4840
4470 IF A>31 AND A<183 THEN GOTO 4490
4480 BEEP:GOTO 4400
4490 IF L=LON(NC) THEN BEEP:GOTO 4400
4500 LOCATE F(NC),C(NC)+L:PRINT A$;
4510 L=L+1
4520 IF L=1 THEN B$(NC)=A$:GOTO 4540
4530 B$(NC)=B$(NC)+A$
4540 IF LIN(C$(NC))>0 THEN C$(NC)=RIGHT$(CAMPO$(NC),LEN(CAMPO$(NC))-L)
4550 CAMPO$(NC)=B$(NC)+C$(NC)
4560 GOTO 4400
4570 REM * SLIDE
4580 IF LEN(A$)<>2 THEN BEEP:RETURN
4590 C=ASC(RIGHT$(A$,1))
4600 IF C=8 THEN 4620
4610 GOTO 4650
4620 IF LEN(C$(NC))>0 THEN BEEP:RETURN
4630 IF L=0 THEN BEEP:RETURN
4640 CAMPO$(NC)=LEFT$(CAMPO$(NC),LEN(CAMPO(NC)))
4645 L=L-1:PRINT A$:RETURN
4650 IF C=30 THEN 4670
4660 GOTO 4700
4670 IF NC=1 THEN BEEP:RETURN
4680 NC=NC-1:L=0
4690 RETURN
4700 IF C=31 THEN 4720
4710 GOTO 4760
4720 IF NC<>8 THEN 4740
4730 BEEP:RETURN
4740 NC=NC+1:L=0
```

```
4750 RETURN
4760 IF C=29 THEN 4780
4770 GOTO 4800
4780 IF L=0 THEN BEEP:RETURN
4790 L=L-1:C$(NC)=RIGHT$(CAMPO$(NC),LEN(CAMPO$(NC))-(L+1))
4795 B$(NC)=LEFT$(CAMPO$(NC),L):LOCATE F(NC),C(NC)+L+1:PRINT""
4796 RETURN
4800 IF C=28 THEN 4820
4810 GOTO 4400
4820 IF C$(NC)="" THEN BEEP:RETURN
4830 L=L+1:C$(NC)=RIGHT$(CAMPO$(NC),LEN(CAMPO$(NC))-(L))
4835 B$(NC)=LEFT$(CAMPOS(NC),L):LOCATE F(NC),C(NC)+L,1:PRINT""
4840 RETURN
4850 RETURN
4860 FOR II=1 TO 7
4870 X(1,II)=0:X(2,II)=0:X(3,II)=0
4875 X(4,II)=0:X(5,II)=0:X(6,II)=0
4880 Y(1,II)=0:Y(2,II)=0:Y(3,II)=0
4885 Y(4,II)=0:Y(5,II)=0:Y(6,II)=0
4890 Z(1,II)=0:Z(2,II)=0:Z(3,II)=0
4895 Z(4,II)=0:Z(5,II)=0:Z(6,II)=0
4900 NEXT II
4910 RETURN
4920 REM * THE SYMBOLS USED HERE ARE THE SAME AS IN THE CODE 6.
```

范例 1:连续倾翻

TEST NR:

FRONT MOUNTED-OVER PROTECTIVE STRUCTURE
OF THE NARROW TRACTOR:

CHARACTERISTIC UNITS:
LINEAR(m): MASS(kg):
MOMENT OF INERTIA(kg·m^2): ANGLE(radian)

HEIGHT OF THE COG	H1=0.762 0	H. DIST. COG-REAR AXLE	L3=0.897 0
H. DIST. COG-FRONT AXLE	L2=1.149 0	HEIGHT OF THE REAR TYRES	D3=1.293 0
HEIGHT OF THE FRT TYRES	D2=0.880 0	OVERALL HEIGHT(PT IMPACT)	H6=2.100 0
H. DIST. COG-LEAD PT INTER.	L6=0.280 0	PROTECTIVE STRUCT. WIDTH	B6=0.778 0
HEIGHT OF THE ENG. B.	H7=1.337 0	WIDTH OF THE ENG. B.	B7=0.490 0
H. DIST. COG-FRT COR. ENG. B.	L7=1.639 0	HEIGHT FRT AXLE PIVOT PT	H0=0.445 0
REAR TRACK WIDTH	S=1.115 0	REAR TYRE WIDTH	B0=0.195 0
FRT AXLE SWING ANGLE	D0=0.157 0	TRACTOR MASS	Mc=2 565.000
MOMENT OF INERTIA	Q=295.000 0		

VELOCITY O0=3.881 rad/s	VELOCITY O1=1.078 rad/s
VELOCITY O2=1.057 rad/s	VELOCITY O3=2.134 rad/s
VELOCITY O4=0.731 rad/s	VELOCITY O5=0.000 rad/s
VELOCITY O6=0.000 rad/s	VELOCITY O7=0.000 rad/s
VELOCITY O8=0.000 rad/s	VELOCITY O9=0.000 rad/s

VELOCITY O0=3.881 rad/s	VELOCITY O1=1.078 rad/s
VELOCITY O2=1.057 rad/s	VELOCITY O3=2.134 rad/s
VELOCITY O4=1.130 rad/s	VELOCITY O5=0.993 rad/s
VELOCITY O6=0.810 rad/s	VELOCITY O7=0.629 rad/s
VELOCITY O8=0.587 rad/s	VELOCITY O9=0.219 rad/s

THE TILTING CONTINUES

Location: Date: Engineer:

范例 2：翻滚停止

TEST NR：

FRONT MOUNTED-OVER PROTECTIVE STRUCTURE
OF THE NARROW TRACTOR：

CHARACTERISTIC UNITS：
LINEAR(m)：　　MASS(kg)：
MOMENT OF INERTIA(kg · m^2)：　　ANGLE(radian)

HEIGHT OF THE COG	H1=0.765 3	H. DIST. COG-REAR AXLE	L3=0.797 0
H. DIST. COG-FRONT AXLE	L2=1.149 0	HEIGHT OF THE REAR TYRES	D3=1.480 0
HEIGHT OF THE FRT TYRES	D2=0.880 0	OVERALL HEIGHT(PT IMPACT)	H6=2.110 0
H. DIST. COG-LEAD PT INTER.	L6=−0.050 0	PROTECTIVE STRUCT. WIDTH	B6=0.700 0
HEIGHT OF THE ENG. B.	H7=1.370 0	WIDTH OF THE ENG. B.	B7=0.800 0
H. DIST. COG-FRT COR. ENG. B.	L7=1.639 0	HEIGHT FRT AXLE PIVOT PT	H0=0.445 0
REAR TRACK WIDTH	S=1.115 0	REAR TYRE WIDTH	B0=0.195 0
FRT AXLE SWING ANGLE	D0=0.157 0	TRACTOR MASS	Mc=1 800.000
MOMENT OF INERTIA	Q=250.000 0		

VELOCITY O0=3.840 rad/s	VELOCITY O1=0.218 rad/s
VELOCITY O2=0.268 rad/s	VELOCITY O3=1.586 rad/s
VELOCITY O4=0.672 rad/s	VELOCITY O5=0.000 rad/s
VELOCITY O6=0.000 rad/s	VELOCITY O7=0.000 rad/s
VELOCITY O8=0.000 rad/s	VELOCITY O9=0.000 rad/s

VELOCITY O0=3.840 rad/s	VELOCITY O1=0.218 rad/s
VELOCITY O2=0.268 rad/s	VELOCITY O3=1.586 rad/s
VELOCITY O4=0.867 rad/s	VELOCITY O5=0.755 rad/s
VELOCITY O6=1.218 rad/s	VELOCITY O7=0.969 rad/s
VELOCITY O8=0.898 rad/s	VELOCITY O9=0.000 rad/s

THE ROLLING STOPS

Location：　　Date：　　Engineer：

范例 3：翻滚停止

TEST NR：

FRONT MOUNTED-OVER PROTECTIVE STRUCTURE
OF THE NARROW TRACTOR：

CHARACTERISTIC UNITS：

LINEAR(m)： MASS(kg)：

MOMENT OF INERTIA(kg · m^2)： ANGLE(radian)

HEIGHT OF THE COG	H1=0.718 0	H. DIST. COG-REAR AXLE	L3=0.800 0
H. DIST. COG-FRONT AXLE	L2=1.159 0	HEIGHT OF THE REAR TYRES	D3=1.520 0
HEIGHT OF THE FRT TYRES	D2=0.702 0	OVERALL HEIGHT(PT IMPACT)	H6=2.004 0
H. DIST. COG-LEAD PT INTER.	L6=−0.200 0	PROTECTIVE STRUCT. WIDTH	B6=0.640 0
HEIGHT OF THE ENG. B.	H7=1.212 0	WIDTH OF THE ENG. B.	B7=0.360 0
H. DIST. COG-FRT COR. ENG. B.	L7=1.639 0	HEIGHT FRT AXLE PIVOT PT	H0=0.440 0
REAR TRACK WIDTH	S=0.900 0	REAR TYRE WIDTH	B0=0.315 0
FRT AXLE SWING ANGLE	D0=0.174 0	TRACTOR MASS	Mc=1 780.000
MOMENT OF INERTIA	Q=279.896 0		

VELOCITY O0=3.884 rad/s	VELOCITY O1=0.107 rad/s
VELOCITY O2=0.098 rad/s	VELOCITY O3=0.000 rad/s
VELOCITY O4=0.000 rad/s	VELOCITY O5=0.000 rad/s
VELOCITY O6=0.000 rad/s	VELOCITY O7=0.000 rad/s
VELOCITY O8=0.000 rad/s	VELOCITY O9=0.000 rad/s

VELOCITY O0=3.884 rad/s	VELOCITY O1=0.107 rad/s
VELOCITY O2=0.098 rad/s	VELOCITY O3=0.000 rad/s
VELOCITY O4=0.000 rad/s	VELOCITY O5=0.000 rad/s
VELOCITY O6=0.000 rad/s	VELOCITY O7=0.000 rad/s
VELOCITY O8=0.000 rad/s	VELOCITY O9=0.000 rad/s

THE ROLLING STOPS

Location： Date： Engineer：

范例 4：翻滚停止

TEST NR：

FRONT MOUNTED-OVER PROTECTIVE STRUCTURE
OF THE NARROW TRACTOR：

CHARACTERISTIC UNITS：
LINEAR(m)：   MASS(kg)：
MOMENT OF INERTIA($kg \cdot m^2$)：   ANGLE(radian)

HEIGHT OF THE COG	H1=0.718 0	H. DIST. COG-REAR AXLE	L3=0.811 0
H. DIST. COG-FRONT AXLE	L2=1.159 0	HEIGHT OF THE REAR TYRES	D3=1.217 0
HEIGHT OF THE FRT TYRES	D2=0.702 0	OVERALL HEIGHT(PT IMPACT)	H6=2.190 0
H. DIST. COG-LEAD PT INTER.	L6=−0.379 0	PROTECTIVE STRUCT. WIDTH	B6=0.640 0
HEIGHT OF THE ENG. B.	H7=1.212 0	WIDTH OF THE ENG. B.	B7=0.360 0
H. DIST. COG-FRT COR. ENG. B.	L7=1.639 0	HEIGHT FRT AXLE PIVOT PT	H0=0.440 0
REAR TRACK WIDTH	S=0.900 0	REAR TYRE WIDTH	B0=0.315 0
FRT AXLE SWING ANGLE	D0=0.174 0	TRACTOR MASS	Mc=1 780.000
MOMENT OF INERTIA	Q=279.896 0		

VELOCITY O0=3.884 rad/s	VELOCITY O1=1.540 rad/s
VELOCITY O2=1.488 rad/s	VELOCITY O3=2.162 rad/s
VELOCITY O4=0.405 rad/s	VELOCITY O5=0.000 rad/s
VELOCITY O6=0.000 rad/s	VELOCITY O7=0.000 rad/s
VELOCITY O8=0.000 rad/s	VELOCITY O9=0.000 rad/s

VELOCITY O0=3.884 rad/s	VELOCITY O1=1.540 rad/s
VELOCITY O2=1.488 rad/s	VELOCITY O3=2.162 rad/s
VELOCITY O4=0.414 rad/s	VELOCITY O5=0.289 rad/s
VELOCITY O6=0.000 rad/s	VELOCITY O7=0.000 rad/s
VELOCITY O8=0.000 rad/s	VELOCITY O9=0.000 rad/s

THE ROLLING STOPS

Location：   Date：   Engineer：

范例 5:连续倾翻

TEST NR:

FRONT MOUNTED-OVER PROTECTIVE STRUCTURE
OF THE NARROW TRACTOR:

CHARACTERISTIC UNITS:
LINEAR(m):   MASS(kg):
MOMENT OF INERTIA(kg·m²):   ANGLE(radian)

HEIGHT OF THE COG	H1=0.766 0	H. DIST. COG-REAR AXLE	L3=0.797 0
H. DIST. COG-FRONT AXLE	L2=1.149 0	HEIGHT OF THE REAR TYRES	D3=1.480 0
HEIGHT OF THE FRT TYRES	D2=0.880 0	OVERALL HEIGHT(PT IMPACT)	H6=2.110 0
H. DIST. COG-LEAD PT INTER.	L6=−0.200 0	PROTECTIVE STRUCT. WIDTH	B6=0.700 0
HEIGHT OF THE ENG. B.	H7=1.370 0	WIDTH OF THE ENG. B.	B7=0.800 0
H. DIST. COG-FRT COR. ENG. B.	L7=1.639 0	HEIGHT FRT AXLE PIVOT PT	H0=0.445 0
REAR TRACK WIDTH	S=1.115 0	REAR TYRE WIDTH	B0=0.910 0
FRT AXLE SWING ANGLE	D0=0.157 0	TRACTOR MASS	Mc=1 800.000
MOMENT OF INERTIA	Q=250.000 0		

VELOCITY O0=2.735 rad/s	VELOCITY O1=1.271 rad/s
VELOCITY O2=1.212 rad/s	VELOCITY O3=2.810 rad/s
VELOCITY O4=1.337 rad/s	VELOCITY O5=0.000 rad/s
VELOCITY O6=0.000 rad/s	VELOCITY O7=0.000 rad/s
VELOCITY O8=0.000 rad/s	VELOCITY O9=0.000 rad/s

THE TILTING CONTINUES

Location: Date: Engineer:

范例 6：连续倾翻

TEST NR：

FRONT MOUNTED-OVER PROTECTIVE STRUCTURE
OF THE NARROW TRACTOR：

CHARACTERISTIC UNITS：
LINEAR(m)：   MASS(kg)：
MOMENT OF INERTIA(kg·m²)：   ANGLE(radian)

HEIGHT OF THE COG	H1=0.765 3	H. DIST. COG-REAR AXLE	L3=0.797 0
H. DIST. COG-FRONT AXLE	L2=1.149 0	HEIGHT OF THE REAR TYRES	D3=1.293 0
HEIGHT OF THE FRT TYRES	D2=0.880 0	OVERALL HEIGHT(PT IMPACT)	H6=1.960 0
H. DIST. COG-LEAD PT INTER.	L6=−0.400 0	PROTECTIVE STRUCT. WIDTH	B6=0.700 0
HEIGHT OF THE ENG. B.	H7=1.370 0	WIDTH OF THE ENG. B.	B7=0.875 0
H. DIST. COG-FRT COR. ENG. B.	L7=1.639 0	HEIGHT FRT AXLE PIVOT PT	H0=0.445 0
REAR TRACK WIDTH	S=1.115 0	REAR TYRE WIDTH	B0=0.195 0
FRT AXLE SWING ANGLE	D0=0.157 0	TRACTOR MASS	Mc=1 800.000
MOMENT OF INERTIA	Q=275.000 0		

VELOCITY O0=3.815 rad/s	VELOCITY O1=1.130 rad/s
VELOCITY O2=1.105 rad/s	VELOCITY O3=2.196 rad/s
VELOCITY O4=0.786 rad/s	VELOCITY O5=0.000 rad/s
VELOCITY O6=0.000 rad/s	VELOCITY O7=0.000 rad/s
VELOCITY O8=0.000 rad/s	VELOCITY O9=0.000 rad/s

VELOCITY O0=3.815 rad/s	VELOCITY O1=1.130 rad/s
VELOCITY O2=1.105 rad/s	VELOCITY O3=2.196 rad/s
VELOCITY O4=0.980 rad/s	VELOCITY O5=0.675 rad/s
VELOCITY O6=0.810 rad/s	VELOCITY O7=0.000 rad/s
VELOCITY O8=0.587 rad/s	VELOCITY O9=0.548 rad/s

THE TILTING CONTINUES

Location：   Date：   Engineer：

范例 7:不可行的计算方法

TEST NR:

FRONT MOUNTED-OVER PROTECTIVE STRUCTURE
OF THE NARROW TRACTOR:

CHARACTERISTIC UNITS:
LINEAR(m): MASS(kg):
MOMENT OF INERTIA(kg · m^2): ANGLE(radian)

HEIGHT OF THE COG	H1=0.762 0	H. DIST. COG-REAR AXLE	L3=0.797 0
H. DIST. COG-FRONT AXLE	L2=1.149 0	HEIGHT OF THE REAR TYRES	D3=1.550 0
HEIGHT OF THE FRT TYRES	D2=0.880 0	OVERALL HEIGHT(PT IMPACT)	H6=2.100 0
H. DIST. COG-LEAD PT INTER.	L6=−0.478 0	PROTECTIVE STRUCT. WIDTH	B6=0.778 0
HEIGHT OF THE ENG. B.	H7=1.550 0	WIDTH OF THE ENG. B.	B7=0.950 0
H. DIST. COG-FRT COR. ENG. B.	L7=1.639 0	HEIGHT FRT AXLE PIVOT PT	H0=0.445 0
REAR TRACK WIDTH	S=1.115 0	REAR TYRE WIDTH	B0=0.195 0
FRT AXLE SWING ANGLE	D0=0.157 0	TRACTOR MASS	Mc=1 800.000
MOMENT OF INERTIA	Q=200.000 0		

THE ENGINE BONNET TOUCHES THE GROUND EFFORE THE ROPS
METHOD OF CALCULATION NOT FEASIBLE

Location: Date: Engineer:

范例 8：翻滚停止

TEST NR：

FRONT MOUNTED-OVER PROTECTIVE STRUCTURE
OF THE NARROW TRACTOR：

CHARACTERISTIC UNITS：
LINEAR(m)：　　MASS(kg)：
MOMENT OF INERTIA(kg·m^2)：　　ANGLE(radian)

HEIGHT OF THE COG	H1=0. 718 0	H. DIST. COG-REAR AXLE	L3=0. 81 10
H. DIST. COG-FRONT AXLE	L2=1. 159 0	HEIGHT OF THE REAR TYRES	D3=1. 217 0
HEIGHT OF THE FRT TYRES	D2=0. 702 0	OVERALL HEIGHT(PT IMPACT)	H6=2. 004 0
H. DIST. COG-LEAD PT INTER.	L6=−0. 379 0	PROTECTIVE STRUCT. WIDTH	B6=0. 640 0
HEIGHT OF THE ENG. B.	H7=1. 212 0	WIDTH OF THE ENG. B.	B7=0. 360 0
H. DIST. COG-FRT COR. ENG. B.	L7=1. 639 0	HEIGHT FRT AXLE PIVOT PT	H0=0. 440 0
REAR TRACK WIDTH	S=0. 900 0	REAR TYRE WIDTH	B0=0. 315 0
FRT AXLE SWING ANGLE	D0=0. 174 0	TRACTOR MASS	Mc=1 780. 000
MOMENT OF INERTIA	Q=279. 896 0		

VELOCITY O0=3. 884 rad/s	VELOCITY O1=1. 540 rad/s
VELOCITY O2=1. 488 rad/s	VELOCITY O3=2. 313 rad/s
VELOCITY O4=0. 581 rad/s	VELOCITY O5=0. 000 rad/s
VELOCITY O6=0. 000 rad/s	VELOCITY O7=0. 000 rad/s
VELOCITY O8=0. 000 rad/s	VELOCITY O9=0. 000 rad/s

VELOCITY O0=3. 884 rad/s	VELOCITY O1=1. 540 rad/s
VELOCITY O2=1. 488 rad/s	VELOCITY O3=2. 313 rad/s
VELOCITY O4=0. 633 rad/s	VELOCITY O5=0. 373 rad/s
VELOCITY O6=0. 000 rad/s	VELOCITY O7=0. 000 rad/s
VELOCITY O8=0. 000 rad/s	VELOCITY O9=0. 000 rad/s

THE ROLLING STOPS

Location：　　　Date：　　　Engineer：

范例 9:连续倾翻

TEST NR:

FRONT MOUNTED-OVER PROTECTIVE STRUCTURE
OF THE NARROW TRACTOR:

CHARACTERISTIC UNITS:
LINEAR(m): MASS(kg):
MOMENT OF INERTIA(kg · m^2): ANGLE(radian)

HEIGHT OF THE COG	H1=0.762 0	H. DIST. COG-REAR AXLE	L3=0.797 0
H. DIST. COG-FRONT AXLE	L2=1.149 0	HEIGHT OF THE REAR TYRES	D3=1.293 0
HEIGHT OF THE FRT TYRES	D2=0.880 0	OVERALL HEIGHT(PT IMPACT)	H6=1.967 0
H. DIST. COG-LEAD PT INTER.	L6=−0.300 0	PROTECTIVE STRUCT. WIDTH	B6=0.770 0
HEIGHT OF THE ENG. B.	H7=1.350 0	WIDTH OF THE ENG. B.	B7=0.950 0
H. DIST. COG-FRT COR. ENG. B.	L7=1.639 0	HEIGHT FRT AXLE PIVOT PT	H0=0.445 0
REAR TRACK WIDTH	S=1.115 0	REAR TYRE WIDTH	B0=0.195 0
FRT AXLE SWING ANGLE	D0=0.157 0	TRACTOR MASS	Mc=1 800.000
MOMENT OF INERTIA	Q=300.000 0		

VELOCITY O0=3.790 rad/s	VELOCITY O1=1.159 rad/s
VELOCITY O2=1.133 rad/s	VELOCITY O3=2.118 rad/s
VELOCITY O4=0.801 rad/s	VELOCITY O5=0.000 rad/s
VELOCITY O6=0.000 rad/s	VELOCITY O7=0.000 rad/s
VELOCITY O8=0.000 rad/s	VELOCITY O9=0.000 rad/s

VELOCITY O0=3.790 rad/s	VELOCITY O1=1.159 rad/s
VELOCITY O2=1.133 rad/s	VELOCITY O3=2.118 rad/s
VELOCITY O4=0.856 rad/s	VELOCITY O5=0.562 rad/s
VELOCITY O6=0.000 rad/s	VELOCITY O7=0.000 rad/s
VELOCITY O8=0.000 rad/s	VELOCITY O9=0.205 rad/s

THE TILTING CONTINUES

Location: Date: Engineer:

范例 10:连续倾翻

TEST NR:

FRONT MOUNTED-OVER PROTECTIVE STRUCTURE
OF THE NARROW TRACTOR:

CHARACTERISTIC UNITS:
LINEAR(m): MASS(kg):
MOMENT OF INERTIA(kg · m^2): ANGLE(radian)

HEIGHT OF THE COG	H1=0.765 3	H. DIST. COG-REAR AXLE	L3=0.797 0
H. DIST. COG-FRONT AXLE	L2=1.149 0	HEIGHT OF THE REAR TYRES	D3=1.380 0
HEIGHT OF THE FRT TYRES	D2=0.880 0	OVERALL HEIGHT(PT IMPACT)	H6=1.960 0
H. DIST. COG-LEAD PT INTER.	L6=−0.300 0	PROTECTIVE STRUCT. WIDTH	B6=0.700 0
HEIGHT OF THE ENG. B.	H7=1.370 0	WIDTH OF THE ENG. B.	B7=0.890 0
H. DIST. COG-FRT COR. ENG. B.	L7=1.639 0	HEIGHT FRT AXLE PIVOT PT	H0=0.445 0
REAR TRACK WIDTH	S=1.115 0	REAR TYRE WIDTH	B0=0.195 0
FRT AXLE SWING ANGLE	D0=0.157 0	TRACTOR MASS	Mc=1 800.000
MOMENT OF INERTIA	Q=275.000 0		

VELOCITY O0=3.815 rad/s	VELOCITY O1=0.748 rad/s
VELOCITY O2=0.724 rad/s	VELOCITY O3=1.956 rad/s
VELOCITY O4=0.808 rad/s	VELOCITY O5=0.000 rad/s
VELOCITY O6=0.000 rad/s	VELOCITY O7=0.000 rad/s
VELOCITY O8=0.000 rad/s	VELOCITY O9=0.407 rad/s

THE TILTING CONTINUES

Location: Date: Engineer:

范例 11：翻滚停止

TEST NR：

FRONT MOUNTED-OVER PROTECTIVE STRUCTURE
OF THE NARROW TRACTOR：

CHARACTERISTIC UNITS：
LINEAR(m)： MASS(kg)：
MOMENT OF INERTIA(kg·m^2)： ANGLE(radian)

HEIGHT OF THE COG	H1=0.765 3	H. DIST. COG-REAR AXLE	L3=0.797 0
H. DIST. COG-FRONT AXLE	L2=1.149 0	HEIGHT OF THE REAR TYRES	D3=1.480 0
HEIGHT OF THE FRT TYRES	D2=0.900 0	OVERALL HEIGHT(PT IMPACT)	H6=1.960 0
H. DIST. COG-LEAD PT INTER.	L6=−0.400 0	PROTECTIVE STRUCT. WIDTH	B6=0.700 0
HEIGHT OF THE ENG. B.	H7=1.370 0	WIDTH OF THE ENG. B.	B7=0.800 0
H. DIST. COG-FRT COR. ENG. B.	L7=1.639 0	HEIGHT FRT AXLE PIVOT PT	H0=0.445 0
REAR TRACK WIDTH	S=1.115 0	REAR TYRE WIDTH	B0=0.195 0
FRT AXLE SWING ANGLE	D0=0.157 0	TRACTOR MASS	Mc=1 800.000
MOMENT OF INERTIA	Q=250.000 0		

VELOCITY O0=3.840 rad/s	VELOCITY O1=0.246 rad/s
VELOCITY O2=0.235 rad/s	VELOCITY O3=0.000 rad/s
VELOCITY O4=0.000 rad/s	VELOCITY O5=0.000 rad/s
VELOCITY O6=0.000 rad/s	VELOCITY O7=0.000 rad/s
VELOCITY O8=0.000 rad/s	VELOCITY O9=0.000 rad/s

VELOCITY O0=3.840 rad/s	VELOCITY O1=0.246 rad/s
VELOCITY O2=0.235 rad/s	VELOCITY O3=0.000 rad/s
VELOCITY O4=0.000 rad/s	VELOCITY O5=0.000 rad/s
VELOCITY O6=0.000 rad/s	VELOCITY O7=0.000 rad/s
VELOCITY O8=0.000 rad/s	VELOCITY O9=0.000 rad/s

THE ROLLING STOPS

Location： Date： Engineer：

附 录 B
（规范性附录）
试验报告样本

注：本报告采用 ISO 1000：1992 标准规定的单位；必要时，在后面用括号注明相应国家的单位。

——防护装置生产厂家的名称和地址：

——提交试验的单位：

——防护装置的牌号：

——防护装置的型号：

——防护装置的类型：驾驶室、防翻架等

B.1 试验拖拉机的技术参数

B.1.1 装配所试防护装置的拖拉机的参数

B.1.1.1 拖拉机的品牌

型号（商标名）：

型式：2WD 或 4WD；橡胶或金属轮（如应用）。

B.1.1.2 机型或系列号：

B.1.1.3 其他技术参数（如应用）

B.1.2 装配防护装置的拖拉机的质量（无配重和驾驶员）

表 B.1

前	kg
后	kg
总计	kg

质量用于计算加载能量和压垮力。

B.1.3 拖拉机的轮距

被试拖拉机的轮距：mm

B.1.4 轮距和轮胎规格

表 B.2

位 置	最小轮距 mm	轮 胎		
		规格 mm	直径 mm	压力 kPa
前				
后				

B.1.5 拖拉机座椅

拖拉机是否有双向驾驶位（双向座椅和方向盘） 是/否

座椅的牌号/型号/型式

选装座椅和驾驶座参考点：

（座椅 1 和驾驶座参考点的描述）

（座椅 2 和驾驶座参考点的描述）

（座椅和 SRP 的描述）

B.2 防护装置的技术参数

B.2.1 从侧面和后面表示安装细节的照片(包括挡泥板)

B.2.2 从侧面和后面表示驾驶座参考点和安装细节的总布置图

B.2.3 防护装置构成的简要叙述

结构型式

安装细节

覆盖件和衬垫的细节

进入和逃跑的方法

B.2.4 防护装置可否倾翻/可否折叠

B.2.5 尺寸

应根据要求安装座椅盆板和靠背后测量尺寸。

对于安装可选座椅和双向行驶(双向座椅和方向盘)的拖拉机,应分别测量相对于各驾驶座参考点的尺寸(SRP1、SRP2 等)。

B.2.5.1 顶棚距驾驶座参考点的高度 mm

B.2.5.2 顶棚距驾驶座地板的高度 mm

B.2.5.3 在驾驶座参考点上防护装置的宽度 mm

B.2.5.4 在驾驶座参考点上方向盘中心高度处防护装置的宽度 mm

B.2.5.5 方向盘中心距防护装置右边的距离 mm

B.2.5.6 方向盘中心距防护装置左边的距离 mm

B.2.5.7 方向盘边缘到防护装置的最小距离 mm

B.2.5.8 门道的宽度

顶部 mm

中间 mm

上部 mm

B.2.5.9 门道的高度

比地板高 mm

比最高的上机踏板高 mm

比最低的上机踏板高 mm

B.2.5.10 装配防护装置的拖拉机的总高 mm

B.2.5.11 防护装置的总宽(如包括挡泥板,要说明) mm

B.2.5.12 驾驶座参考点上 900 mm 处,到防护装置后边的水平距离 mm

B.2.6 防护装置所用材料及钢材的技术规格

钢材的技术规格要符合 GB/T 700 的要求

B.2.6.1 主框架: (零件-材料-尺寸)

是沸腾钢、半镇静钢、镇静钢?

钢号和相关标准

B.2.6.2 安装支架: (零件-材料-尺寸)

是沸腾钢、半镇静钢、镇静钢?

钢号和相关标准

B.2.6.3 装配和安装用螺栓 (零件-尺寸)

B.2.6.4 顶棚 (零件-材料-尺寸)

B.2.6.5 覆盖件 (零件-材料-尺寸)

B.2.6.6 玻璃　　　　　　　　　　　　　　　　　　　　　　（型号-等级-尺寸）

B.2.7 拖拉机制造厂对原防护装置加强的细节

B.3 试验结果

B.3.1 预备试验

B.3.1.1 横向稳定性试验(陈述)

置于地面的轮式拖拉机不稳定平衡时的倾斜角应大于38°。

B.3.1.2 抗连续翻滚试验

B.3.1.2.1 通过翻滚试验来验证抗连续翻滚性能。

B.3.1.2.2 通过计算来验证抗连续翻滚性能。

模拟计算所需整机参数如下：

B　　拖拉机最小外廓宽度，单位为米(m)

B_0　　后轮胎宽度，单位为米(m)

B_6　　防护装置左右撞击点之间的宽度，单位为米(m)

B_7　　发动机机罩宽度，单位为米(m)

D_0　　前轴摆动角(从零位到行程结束)，单位为弧度(rad)

D_2　　前轴满载时前轮高度，单位为米(m)

D_3　　后轴满载时后轮高度，单位为米(m)

H_0　　前轴摇摆轴的高度，单位为米(m)

H_1　　拖拉机质心的高度，单位为米(m)

H_6　　撞击点高度，单位为米(m)

H_7　　发动机机罩高度，单位为米(m)

L_2　　质心到前轴的水平距离，单位为米(m)

L_3　　质心到后轴的水平距离，单位为米(m)

L_6　　质心到防护装置横截面前边缘的水平距离(如果该点位于质心前，数值前加负号)，单位为米(m)

L_7　　质心到发动机机罩前端点的水平距离，单位为米(m)

M_c　　用于计算的拖拉机质量，单位为千克(kg)

Q　　通过质心绕纵轴的惯性矩，单位为千克平方米(kg·m²)

S　　后轮距，单位为米(m)

当满足 $S+B_0<B_6$ 且 $S+S_0<E_7$ 时，拖拉机不适用此计算方法。

只有当横向稳定性试验、抗连续翻滚试验都符合要求时，防护装置才能进行强度试验。

B.3.2 加载和压垮试验

B.3.2.1 试验条件

加载试验是在：

左后方/右后方

左前方/右前方

左侧边/右侧边

用于计算加载能量的质量　　　　　　　　kg

用于计算后加载能量的轴距　　　　　　　mm

施加于前部框架上的能量：

后部　　　　　　　　kJ

前部　　　　　　　　kJ

侧面 kJ
压垮力 kN
附加超载试验 kJ
施加于前部框架上的加载力 kN

B.3.2.2 试验后的永久变形

B.3.2.2.1 各项试验后防护装置边界的永久变形

后部(朝前/朝后)	左边:		mm
	右边:		mm
前部(朝前/朝后)	左边:		mm
	右边:		mm
侧面(朝左/朝右)	前边:		mm
	后边:		mm
顶面(朝上/朝下)	前边:	左边	mm
		右边	mm
	后边:	左边	mm
		右边	mm

B.3.2.2.2 侧加载试验时瞬时变形与永久变形之间的总差值 mm

B.3.2.3 附加试验的说明和结果

声明:

保护容身区的验收条件得到满足,则本防护装置为满足本试验标准的在翻车时起防护作用的防护装置。

B.3.3 安装此防护装置的拖拉机

表 B.3

品牌	型号	型式 2/4WD	其他技术文件如需要	质量			倾斜 是/否	轴距 mm	最小轮距	
				前桥 kg	后桥 kg	总重 kg			前 mm	后 mm

B.4 较小改动的证明

符合本试验标准的批准号:
试验站原报告的试验编号:
试验日期和地点:
批准时间:
更改号:MOD
先前改进证明(MOD)维持有效/保持有效

B.4.1 防护装置的技术参数

框架或驾驶室:
生产厂家:
提交试验单位:
牌号:
型式:
改进后的出厂编号:

B.4.2 安装此防护装置的拖拉机名称

表 B.4

品牌	型号	型式 2/4WD	其他技术文件如需要	质量			倾斜 是/否	轴距 mm	最小轮距	
				前桥 kg	后桥 kg	总重 kg			前 mm	后 mm

B.4.3 改进细节

自原始报告出具后的，改动如下：

B.4.4 声明

改动部分对防护装置强度的效果已进行验证。改动部分对原试验结果无影响。原试验报告仍适用于改动后的防护装置。本证明由进行原试验的代表官方机构的试验站起草，本证明作为原试验报告的附件。

签名：

日期：

地点：

ICS 65.060.10
T 69

中华人民共和国国家标准

GB/T 21956.2—2008

农林窄轮距轮式拖拉机防护装置强度试验方法和验收条件 第2部分:前置式动态试验方法

The strength testing method and accepting condition of protective structures on narrow-track wheeled agricultural and forestry tractors Part 2: Dynamic testing method of front mounted ROPS

(OECD Code 6:2005, Oecd standard code for the official testing of front mounted roll-over protective structures on narrow-track wheeled agricultural and forestry tractors, MOD)

2008-06-03 发布

2009-01-01 实施

中华人民共和国国家质量监督检验检疫总局
中国国家标准化管理委员会 发布

前言

GB/T 21956《农林窄轮距轮式拖拉机防护装置强度试验方法和验收条件》分为四个部分：

——第1部分：前置式静态试验方法；

——第2部分：前置式动态试验方法；

——第3部分：后置式静态试验方法；

——第4部分：后置式动态试验方法。

本部分为GB/T 21956的第2部分。

本部分修改采用OECD Code 6:2005《窄轮距农业和林业轮式拖拉机前置式翻车防护装置强度试验方法》中的动态试验部分。其中与我国相应标准内容相同的部分，用我国相应标准代替。

本部分根据OECD Code 6:2005重新起草。

为便于使用，本部分做了下列编辑性修改：

——"本规则"一词改为"本部分"；

——用小数点"."代替作为小数点的逗号","；

——修改了标准名称。

本部分的附录A为资料性附录，附录B为规范性附录。

本部分由中国机械工业联合会提出。

本部分由全国拖拉机标准化技术委员会归口。

本部分起草单位：国家拖拉机质量监督检验中心。

本部分主要起草人：王风雨、陈振、金锡平。

农林窄轮距轮式拖拉机防护装置强度试验方法和验收条件 第2部分：前置式动态试验方法

1 范围

本部分规定了农业、林业窄轮距轮式拖拉机前置式防护装置的动态试验方法和验收条件。

本部分适用于具有两轴的充气轮胎拖拉机，其前轴和后轴最低点的离地间隙不大于 600 mm；对前轮或后轮装有较大尺寸轮胎的，无论轮距是固定的或可调的，其最小轮距应不大于 1 150 mm；拖拉机空载质量（包括防护装置和生产厂家提供的最大轮胎）大于 600 kg，小于 3 000 kg。

2 规范性引用文件

下列文件中的条款通过 GB/T 21956 的本部分的引用而成为本部分的条款。凡是注日期的引用文件，其随后所有的修改单（不包括勘误的内容）或修订版均不适用于本部分，然而，鼓励根据本部分达成协议的各方研究是否可使用这些文件的最新版本。凡是不注日期的引用文件，其最新版本适用于本部分。

GB/T 700 碳素结构钢

GB/T 6236 农林拖拉机和机械 驾驶座标志点

GB/T 6960.7—2007 拖拉机术语 第7部分：驾驶室、驾驶座和覆盖件

3 术语和定义

GB/T 6960.7—2007 中确立的以及下列术语和定义适用于 GB/T 21956 的本部分。

3.1

农林拖拉机 agricultural and forestry tractors

至少有两根轴的自走式的轮式或履带式车辆，其设计主要用于下列基本的农业和林业用途：

——牵引拖车；

——携带、牵引或推动农业和林业机具或机械，并可根据需要，在拖拉机行进中或停车状态为配套机具提供动力。

3.2

轮距 track

3.2.1 基本定义：车轮中心面

车轮中心面是距轮辋两个外边圆周平面等距的平面。

3.2.2 轮距

通过车轮轴线的垂直平面同车轮中心面的交线在支承平面上交于一点，如果 A 点和 B 点是拖拉机同一轴上两个车轮如此定义的两点，则轮距就是 A 点与 B 点之间的距离。此定义对前后轮均适用。对双排轮，轮距是指两对车轮中心面之间的距离。

3.2.3 附加定义：拖拉机中心面

将拖拉机后轴 A 点和 B 点调至最外端的极限位置（它给出轮距最大值），与 AB 线中点处正交的垂直平面即为拖拉机中心面。

3.3

轴距 wheelbase

通过上述定义得到的两条直线 AB(一条为前轮线,一条为后轮线)作两个垂直平面,轴距即为这两个平面间的距离。

4 测量单位和允许误差

线性尺寸:	±3 mm
以下尺寸除外:	
——轮胎变形量	±1 mm
——摆锤的下降高度	±1 mm
质量:	±1%
载荷:	±2%
角度:	±2°

5 符号和定义

B	拖拉机最小外廓宽度,单位为毫米(mm)
B_6	防护装置最大外廓宽度,单位为毫米(mm)
D	防护装置在撞击点处的变形量,单位为毫米(mm)
D'	达到理论能量时防护装置的变形量,单位为毫米(mm)
F_v	垂直压垮力,单位为牛顿(N)
H	摆锤的下落高度,单位为毫米(mm)
H'	附加试验时摆锤的下落高度,单位为毫米(mm)
I	拖拉机绕后轴中心线的参考惯性矩,与后轴的质量无关,单位为千克平方米($kg \cdot m^2$)
L	拖拉机参考轴距,单位为毫米(mm)
M_t	拖拉机进行强度试验时的参考质量,按 6.5 所定义,单位为千克(kg)

6 拖拉机和防护装置的试验准备

6.1 按 GB/T 6236 确定驾驶座标志点的位置。

6.2 防护装置要符合批量生产的技术规范,并按生产厂家的方法固定于配套的拖拉机上。

6.3 拖拉机(或被试装置)应装上可能影响防护装置强度或强度试验必需的所有批量生产的零部件;可能侵入容身区的零部件也应安装到拖拉机(或被试装置)上,以便检查这些零部件是否满足 10.2 规定的验收条件。

6.4 强度试验时,应拆下所有装饰件和可拆卸的非结构件。

6.5 拖拉机的参考质量

用于计算摆锤下落高度和压垮力的参考质量 M_t 至少为拖拉机的质量,不包括选装附件,但要包括冷却液、燃油、润滑油和防护装置所带工具。拖拉机质量不包括选装的前后配重、轮胎配重、农机具和其他特殊部件。

7 预备试验

前置式防护装置在强度试验前应通过 7.1 和 7.2 的预备试验。试验前,将拖拉机装上防护装置及生产厂家提供的最大直径中最小断面的轮胎,轮胎充气到野外工作的正常压力;后轮置于最窄轮距处;前轮距尽可能与后轮距一样,若前轮距与后轮最窄轮距尺寸不同时,则选用较宽的轮距;拖拉机应加足油和水。

7.1 横向稳定性试验

拖拉机置于水平面上,方向盘打到极限位置,应用适当的方法(如用千斤顶或起重设备)在与承载超过 50%的轴刚性相连的部位支起，使拖拉机斜置，支起过程中连续测量倾斜角，拖拉机在不稳定平衡时的倾斜角应大于 38°。在方向盘处于左极限位置和右极限位置时各进行一次试验。

7.2 抗连续翻滚试验

7.2.1 通过翻滚试验评价抗连续翻滚性能

本试验是检验保护驾驶员的防护装置能否有效防止拖拉机在 1∶1.5 的斜坡上(见图 1)侧向翻滚。

试验用坡道长度至少应有 4 m，坡道表面覆盖一层厚度为 18 cm 的材料，其圆锥指数为：

$$A = (235 \pm 20)\ \text{kPa} \quad \cdots\cdots(1)$$

$$\text{或}\ B = (335 \pm 20)\ \text{kPa} \quad \cdots\cdots(2)$$

置拖拉机于坡道顶部，使拖拉机纵向中心线平行于坡道与顶部水平面的交线，将拖拉机以零初速度向下推翻，拖拉机应不发生侧向连续翻滚。

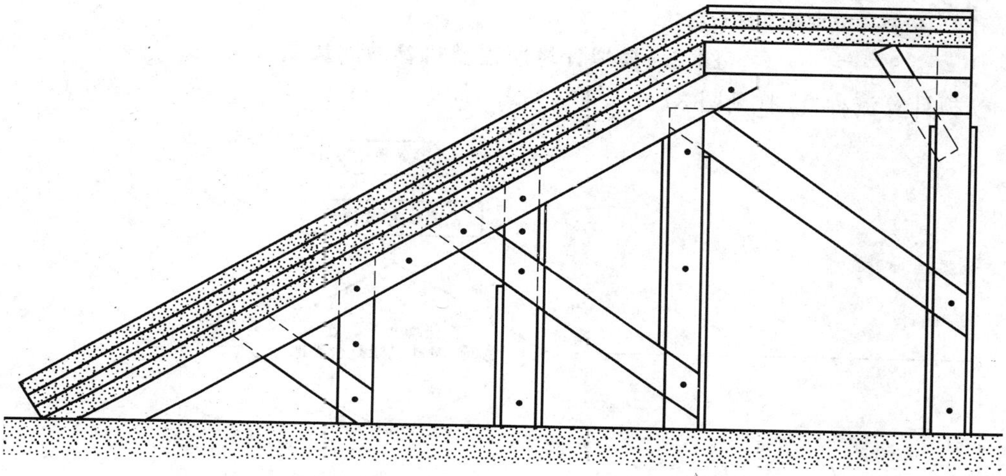

图 1　前置式防护装置抗连续翻滚试验用坡道

7.2.2 通过模拟计算评价抗连续翻滚性能

7.2.2.1　模拟计算所需整机参数(见图 2)如下：

B_0　后轮胎宽度，单位为米(m)

B_6　防护装置左右撞击点之间的宽度，单位为米(m)

B_7　发动机机罩宽度，单位为米(m)

D_0　前轴摆动角(从零位到行程结束)，单位为弧度(rad)

D_2　前轴满载时前轮高度，单位为米(m)

D_3　后轴满载时后轮高度，单位为米(m)

H_0　前轴摇摆轴的高度，单位为米(m)

H_1　拖拉机质心的高度，单位为米(m)

H_6　撞击点高度，单位为米(m)

H_7　发动机机罩高度，单位为米(m)

L_2　质心到前轴的水平距离，单位为米(m)

L_3　质心到后轴的水平距离，单位为米(m)

L_6　质心到防护装置横截面前边缘的水平距离(如果该点位于质心前，数值前加负号)，单位为米(m)

L_7　质心到发动机机罩前端点的水平距离，单位为米(m)

M_c　用于计算的拖拉机质量，单位为千克(kg)

Q　通过质心绕纵轴的惯性矩，单位为千克平方米(kg·m²)

S　后轮距，单位为米(m)

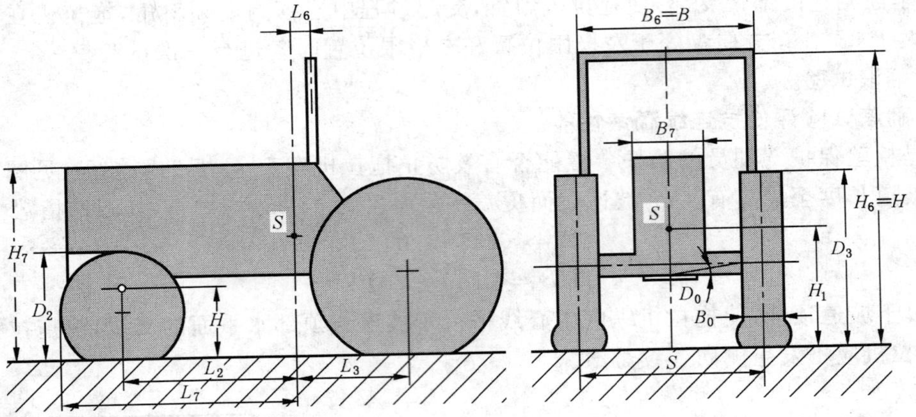

注：D_2 和 D_3 应在满载轴荷下进行测量。

图 2　模拟计算所需整机参数测量图

7.2.2.2　模拟计算流程框图(见图 3)

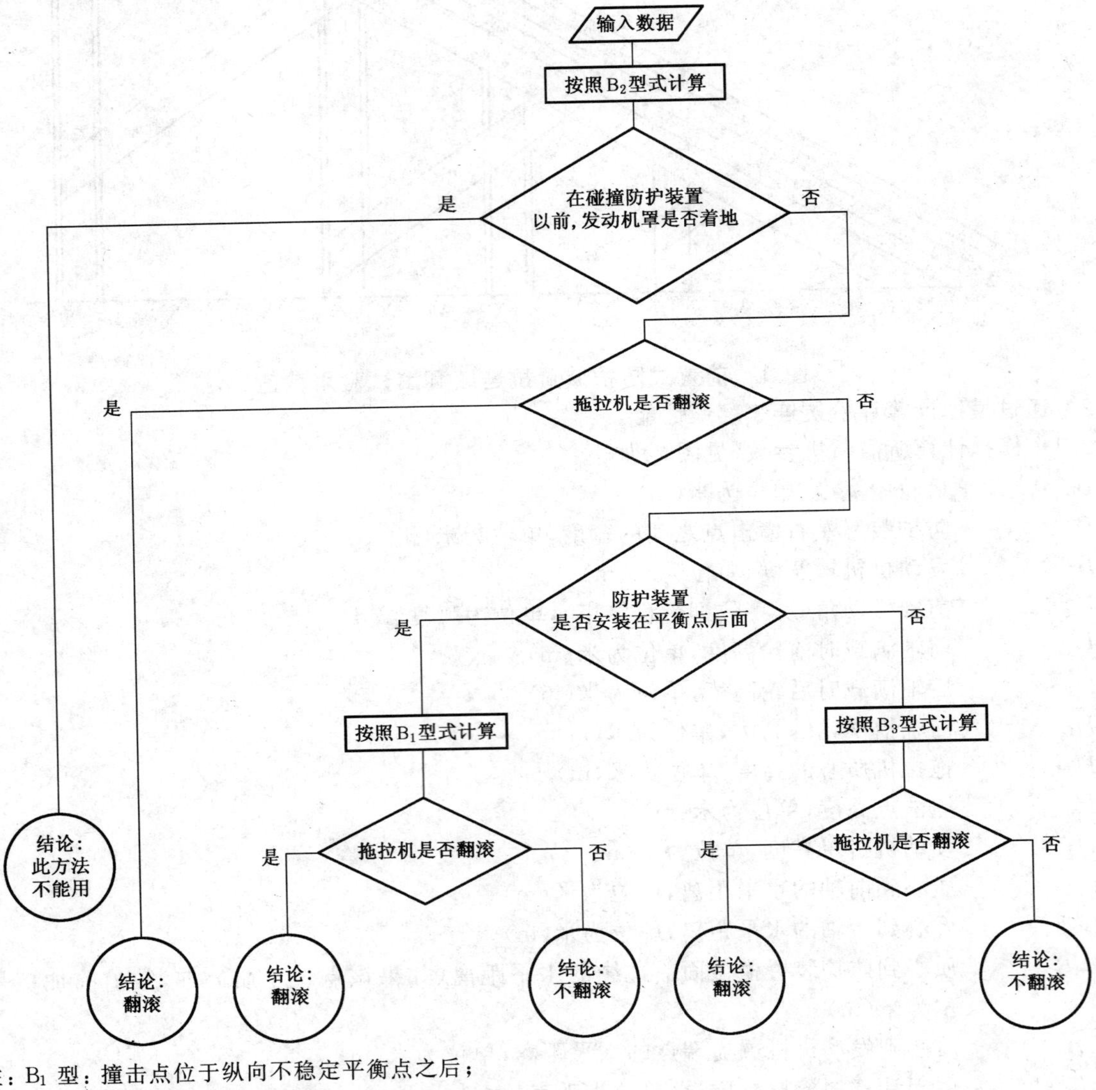

注：B_1 型：撞击点位于纵向不稳定平衡点之后；
　　B_2 型：撞击点位于纵向不稳定平衡点附近；
　　B_3 型：撞击点位于纵向不稳定平衡点之前。

图 3　确定前置式防护装置抗连续翻滚的实施流程

7.2.2.3 模拟计算作如下假设：

a) 当质心位于转动轴的正上方时，具有平衡式前轴的静止拖拉机开始在1∶1.5的斜坡上翻滚；

b) 旋转轴平行于拖拉机的纵向轴线，并通过前后轮与坡道接触面的中心；

c) 拖拉机在坡道上不发生滑移；

d) 拖拉机对坡道的撞击是部分弹性撞击，弹性系数为0.2；

e) 防护装置撞入坡道的深度和防护装置撞击点处的变形之和为0.2 m；

f) 拖拉机上的其他部件不得撞入坡道。

8 试验步骤和要求

8.1 试验项目和顺序

a) 后撞击试验；

b) 后压垮试验；

c) 前撞击试验；

d) 侧撞击试验；

e) 前压垮试验。

8.2 试验要求

8.2.1 防护装置强度试验可以在动载试验和静载试验中任选其一，二者等效；

8.2.2 在试验过程中，若固定拖拉机的任何零部件发生破损或移动，试验应重做；

8.2.3 试验期间不得对拖拉机或防护装置进行维修或调整；

8.2.4 后撞击试验的第一次试验位置的选择，应根据试验站的意见，使防护装置在最恶劣的条件下在承载位置处能进行连续撞击。侧撞击与后撞击的承载位置应在防护装置纵向中心平面的两侧；前撞击与侧向撞击的位置在防护装置纵向中心平面的同一侧。

8.3 摆锤

8.3.1 摆锤应用两条悬链或钢丝绳悬挂在距地面不低于6 m的悬吊点（枢轴）上，应有独立调整摆锤的悬挂高度及悬链或钢丝绳与摆锤之间角度的机构。

8.3.2 摆锤质量应为2 000 kg±20 kg。摆锤质量不包括悬链或钢丝绳的质量。悬链或钢丝绳的质量不得超过100 kg。撞击面长度尺寸为680 mm±20 mm（见图4）。填充后的摆锤应保持其质心位置不变并与其平行六面体的几何中心重合。

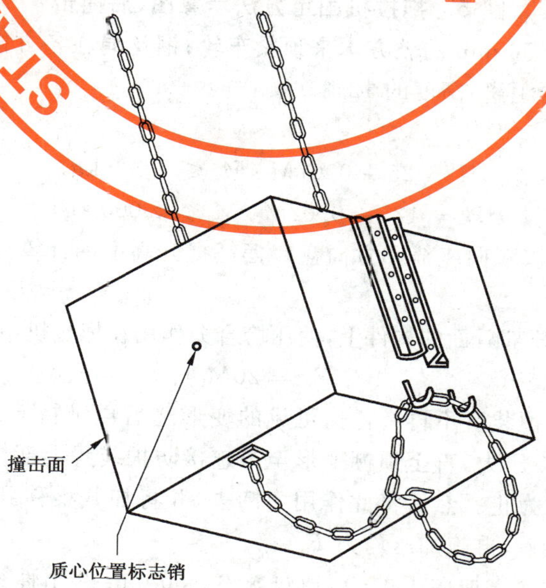

图4 摆锤和悬链或钢丝绳

8.3.3 摆锤还应连接到一个能将其向后拉住并能瞬时释放的机构上，此装置不但能瞬时释放摆锤，还应能防止摆锤绕垂直于摆锤摆动平面的水平轴线摆动。

8.4 后撞击试验

8.4.1 拖拉机的定位

拖拉机摆放的位置，应使摆锤撞击防护装置时，撞击面及悬链或钢丝绳同垂直平面成 $M_t/100$(最大为 20°)的夹角。如果撞击变形时防护装置撞击点处与垂直平面形成更大的夹角，则应用一个附加支撑来调整撞击面，使其在最大变形瞬间在撞击点处同防护装置平行，而悬链或钢丝绳同垂直平面的夹角仍保持上述定义的夹角。

8.4.2 撞击点的位置

撞击点应选在发生后翻事故时防护装置首先撞击地面的位置，通常在上边缘。摆锤质心在防护装置上部垂直面向内 1/6 宽度处，此垂直面位于防护装置上部最外端平行于拖拉机中心面。

8.4.3 拖拉机的固定(如图 5)

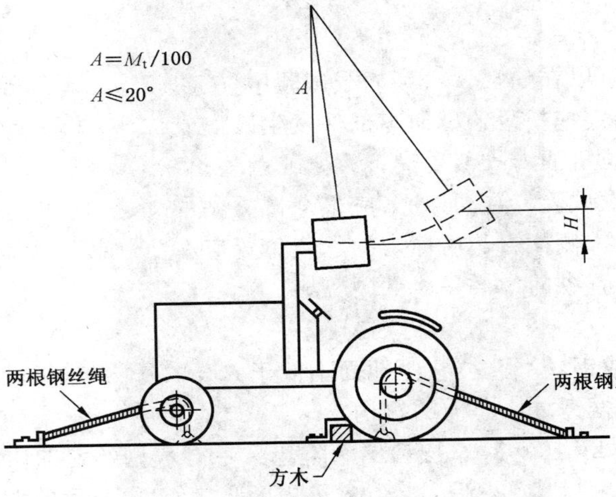

图 5 拖拉机固定方法示意图(后撞击)

试验时，需要 150 mm×150 mm 的软方木来顶紧车轮；钢丝绳在各方向上拉紧时，轮胎的变形量为轮胎壁(地面到轮辋最低点的距离)高度的 12%。

8.4.4 摆锤提升高度

$$H = 25 + 0.07M_t (M_t \leqslant 2\,000 \text{ kg}) \quad \cdots\cdots(3)$$

$$H = 125 + 0.02M_t (M_t > 2\,000 \text{ kg}) \quad \cdots\cdots(4)$$

8.4.5 对于双向行使拖拉机(双向座椅和方向盘)，摆锤提升高度的计算公式按公式(3)和公式(4)。

8.5 后压垮试验

将加载梁置于防护装置顶部后面的构件上，使压垮合力作用在拖拉机中心平面内，施加的压垮力为：

$$F_v = 20M_t \quad \cdots\cdots(5)$$

将此作用力一直加至防护装置不再有任何可见的变形之后再维持 5 s。当防护装置顶棚后部承受不了全部压垮力时，继续保持压力，直至顶棚变形至与连接防护装置上部构件和翻车时能支撑拖拉机的后部部件构成的平面重合时为止。然后将此作用力卸去，并将加载梁移到拖拉机完全翻车时可能支撑住拖拉机的防护装置的部位上，再施加压垮力 F_v。

试验装置能够对防护装置施加向下的力，通过宽约 250 mm 的刚性梁，用万向节联结到加载装置上。对底盘进行合适的支撑，以免拖拉机轮胎承受压垮力(见图 6)。

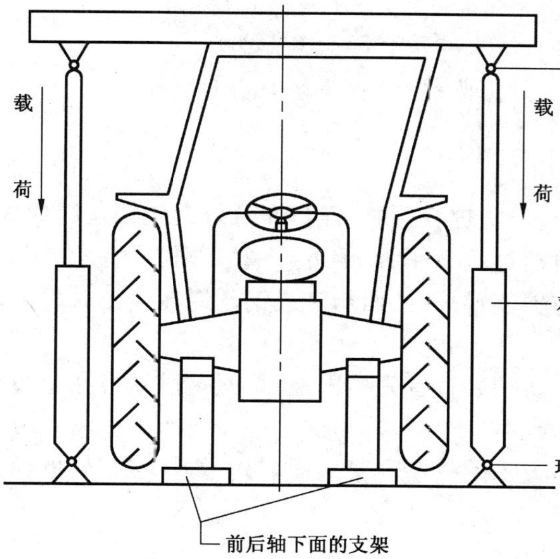

图 6　压垮试验台示意图

8.6　前撞击试验

8.6.1　拖拉机的定位

拖拉机的定位按 8.3.1 的规定。

8.6.2　撞击点的位置

撞击点应选在前行发生侧翻事故时防护装置首先撞击地面的位置，通常在上边缘。摆锤质心在防护装置上部垂直面向内 1/6 宽度处。

8.6.3　拖拉机的固定

试验时，需要 150 mm×150 mm 的软方木来顶紧车轮；钢丝绳在各方向上拉紧时，轮胎的变形量为轮胎壁（地面到轮辋最低点的距离）高度的 12%（见图 7）。

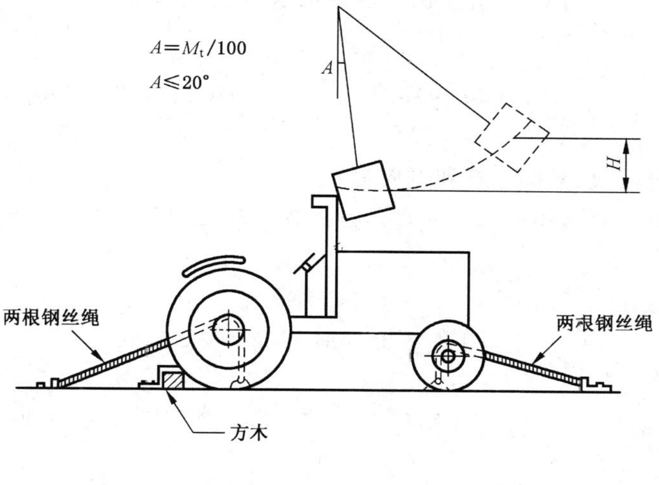

图 7　拖拉机固定方法示意图（前撞击）

8.6.4　摆锤提升高度

摆锤提升高度按公式（3）和公式（4）。

8.6.5　对于双向行使拖拉机（双向座椅和方向盘）

对于双向行使拖拉机（双向座椅和方向盘），采用按公式（3）和公式（4）或公式（6）与公式（7）计算的较大值：

$$H = 2.165 \times 10^{-8} M_t L^2 \quad \cdots\cdots (6)$$

$$或\ H = 5.73 \times 10^{-2} I \quad \cdots\cdots (7)$$

8.7 侧撞击试验

8.7.1 拖拉机的定位

拖拉机摆放的位置，应使摆锤撞击防护装置时，撞击面及悬链或钢丝绳成垂直。如果撞击变形时防护装置撞击点处与垂直平面的夹角超过垂直平面，且小于20°，则应用一个附加支撑来调整撞击面，使其在最大变形瞬间在撞击点处同防护装置平行，而悬链或钢丝绳在撞击时仍保持垂直。

8.7.2 撞击点的位置

撞击点应选在发生侧翻事故时防护装置首先撞击地面的位置，通常在上边缘。

8.7.3 拖拉机的固定(见图8)

侧撞击试验时，在撞击另一侧，方木的一端顶紧地面，另一端撑在车轮的轮辋上。

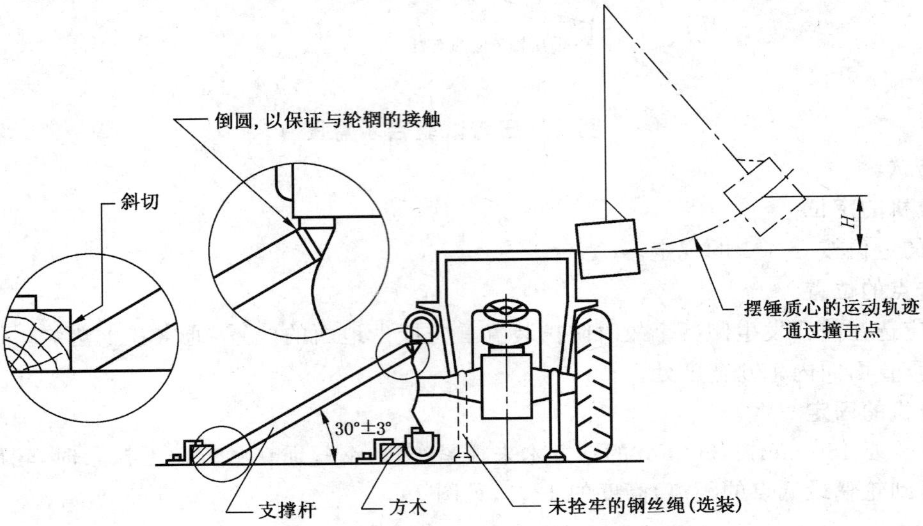

图8 拖拉机固定方法示意图(侧向撞击)

8.7.4 摆锤提升高度

$$H = (25 + 0.20M_t)(B_6 + B)/2B(M_t \leqslant 2\,000\ \text{kg}) \quad \cdots\cdots (8)$$

$$H = (125 + 0.15M_t)(B_6 + B)/2B(M_t > 2\,000\ \text{kg}) \quad \cdots\cdots (9)$$

8.7.5 对于双向行驶拖拉机(双向座椅和方向盘)

对于双向行驶拖拉机(双向座椅和方向盘)，摆锤提升高度可用公式(8)与公式(9)和公式(10)与公式(11)计算，取数值大者。

$$H = 25 + 0.2M_t(M_t \leqslant 2\,000\ \text{kg}) \quad \cdots\cdots (10)$$

$$H = 125 + 0.15M_t(M_t > 2\,000\ \text{kg}) \quad \cdots\cdots (11)$$

8.8 前压垮试验

将加载梁置于防护装置顶部前面的构件上，使压垮合力作用在拖拉机中心平面内，施加的压垮力为：

$$F_v = 20M_t \quad \cdots\cdots (12)$$

将此作用力一直加至防护装置不再有任何可见的变形之后再维持5 s。

当防护装置顶棚前部承受不了全部压垮力时，继续保持压力，直至顶棚变形与连接防护装置上部构件和翻车时能支撑拖拉机的前部部件构成的平面重合时为止。然后将此作用力卸去，并将加载梁移到拖拉机完全翻车时可能支撑住拖拉机的防护装置的部位上，再施加压垮力 F_v。

试验装置与后压垮试验类似。

8.9 附加撞击试验

在撞击试验中，出现不可忽略的裂纹或撕裂时，立即进行第二次撞击，摆锤下落高度：

$$H' = (H \times 10^{-1})(12 + 4a)(1 + 2a)^{-1} \quad \cdots\cdots (13)$$

a——为在撞击点处的永久变形（D_p）与弹性变形（D_e）的比值：

$$a = D_p / D_e \quad \cdots\cdots (14)$$

第二次撞击的永久变形应不超过第一次撞击的永久变形的 30%。

为了完成附加试验，有必要在所有撞击试验时测量弹性变形。

8.10 附加压垮试验

在压垮试验中，出现不可忽略的裂纹或撕裂时，立即进行第二次撞击，压垮力为 $1.2F_v$。

8.11 如果拖拉机其后部有刚性部件，则在不破坏或进入容身区的情况下能够支撑向下的加载力 F_i：

$$F_i = 15M_t \quad \cdots\cdots (15)$$

垂直施加于拖拉机中心面的框架上部。加载力的初始角与地面成 40°。刚性部件的宽度不小于 500 mm（如图 9、图 10）。

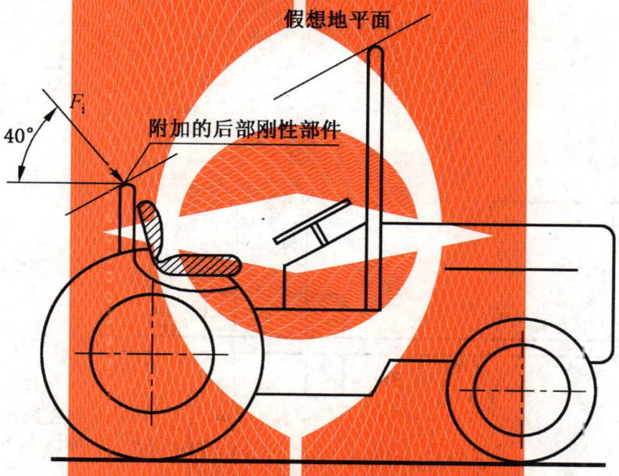

图 9 假想地平线

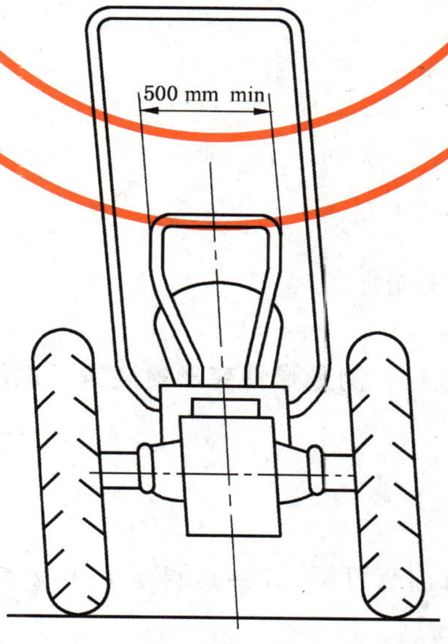

图 10 后部刚性部件的最小宽度

8.12 检查和测量

8.12.1 断裂和裂纹检查

每次试验后应目视检查所有结构件、连接件、紧固件是否有断裂或裂纹，非重要部件出现的小裂纹可忽略不计，由摆锤边缘造成的撕裂不计。

8.12.2 容身区检查

每次试验后检查防护装置，看是否有任何部件侵入容身区；还应检查容身区是否超出了防护装置的保护范围，此时拖拉机前后轮胎和轮距设定成生产厂家提供的最小尺寸。

如果拖拉机装有后部刚性部件，如驾驶座后的壳体或其他刚性件，此刚性件作为在侧翻或后翻时的保护点。

8.12.3 侧向撞击或加载下弹性变形的测量

测量点应位于驾驶员座位参考点上方 900 mm 处，通过侧向加载点的垂直平面内(装置见图 11)。

8.12.4 永久变形的测量

在最终压垮试验后，记录防护装置的永久变形。因此，试验前应记录防护装置主要部件相对于驾驶座参考点的位置。

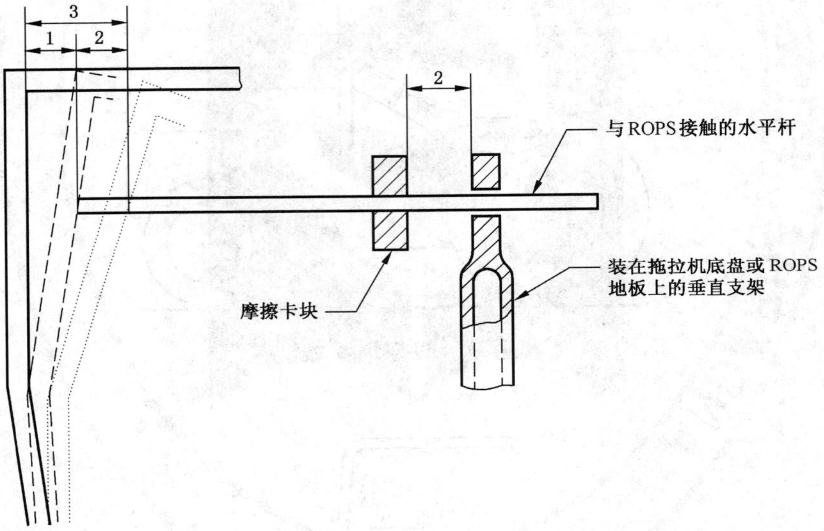

1——永久变形量；

2——弹性变形量；

3——总变形量(永久变形量+弹性变形量)。

图 11 测量弹性变形量装置示意图

9 容身区

将拖拉机停在水平地面上，若方向盘可调，应将其调至中间位置，容身区(见图 12、图 13)由以下平面确定。

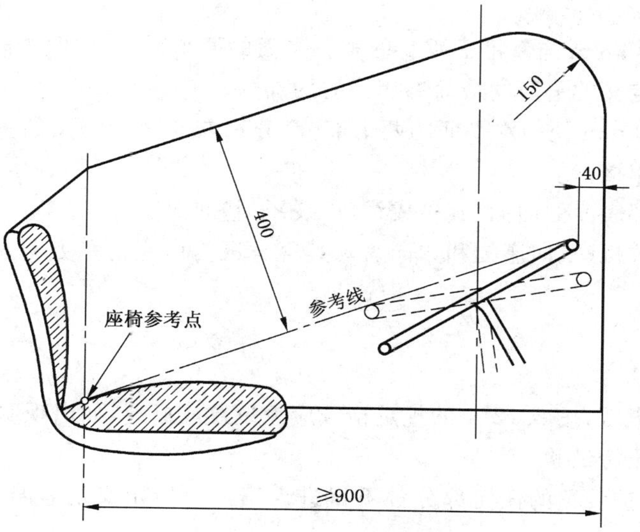

图 12　容身区侧视图(过基准面的断面)

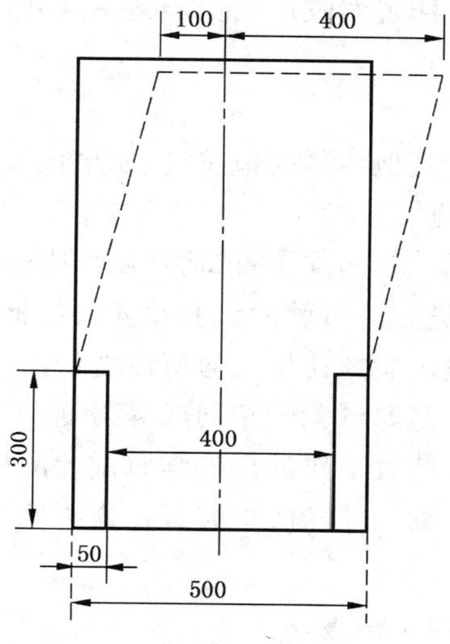

图 13　容身区后视图

9.1　距基准面两侧各 250 mm 的两个垂直平面,两对称平面向上从通过座位参考点的水平面上 300 mm 处开始向上延伸,向前从座位参考点前 350 mm 处开始到 550 mm 外与基准面垂直的平面处为止。

9.2　距基准面两侧各 200 mm 的两个垂直平面,两对称平面向上从通过座位参考点的水平面开始向上到 300 mm 处,向前从 9.11 所定义的曲面开始到座位参考点前 350 mm 处的与基准面垂直的平面为止。

9.3　与基准面垂直的斜面,该斜面距基准线 400 mm 且与基准线平行,其向后延伸到与通过座位参考点并与基准面垂直的平面相交处为止。

9.4　通过座椅靠背顶端,与 9.3 定义的斜面最后边相交,与基准面垂直的斜面。

9.5　位于方向盘前 40 mm,至少在座位参考点前 900 mm 处垂直于基准面的垂直平面。

9.6　心轴垂直于基准面,半径为 150 mm,与 9.3、9.5 所定义的平面相切的圆柱面。

9.7　通过 9.1 定义平面上边缘的两个平行的斜平面,实施撞击试验一侧的斜平面在容身区上方与基准面的距离不小于 100 mm。

9.8 通过座位参考点的水平面。

9.9 在座位参考点前350 mm与基准面垂直的垂直平面的两个部分，这两个部分分别与9.1中定义的平面的最后端和9.2中定义的平面的最前端相接的两部分。

9.10 座位参考点上300 mm处的水平面的两个部分，分别与9.2中定义的垂直面的最上端和9.7中定义的斜平面的最下端相接。

9.11 贴座椅靠背板后部表面的曲面，其生成线（母线）与基准面垂直。

9.12 对于双向行使拖拉机（双向座椅和方向盘），其容身区为由座椅和方向盘两个位置确定的两个容身区的包容区。

10 验收条件

10.1 每一分项试验完毕后，按8.12.1的规定检查应无裂纹或撕裂，如出现明显的裂纹或撕裂，应立即进行相应的附加撞击或压垮试验。

10.2 除过载试验外，防护装置的任何部分都不得进入第9章所定义的容身区，或容身区超出防护装置外。

10.3 试验中防护装置不得对座椅施加任何约束。

10.4 按8.12.3所测量的弹性形变要小于250 mm。

10.5 应无在发生翻车事故时能严重伤害驾驶员或变形夹住驾驶员的零部件。

11 对其他型号拖拉机的适用性

当满足验收条件的防护装置用于其他型号的拖拉机，如果拖拉机和防护装置满足以下条件，不必在每个型号的拖拉机上进行撞击和压垮试验。

11.1 经过横向稳定性和抗连续翻滚试验两项预备试验，后部刚性部件经过试验。

11.2 如果生产厂家提出申请，只有进行原试验的试验站才有权批准防护装置的适用性。

11.3 新拖拉机试验所需能量不超过试验拖拉机试验所需能量的105％。

11.4 连接方式和拖拉机的连接部件与原试验的相同或等强度。

11.5 挡泥板或发动机机罩等对防护装置支撑的部件与原试验的相同或提供相同支撑。

11.6 座椅在防护装置中的位置和精确尺寸和防护装置在拖拉机上的相关尺寸，要保证在所有试验中，容身区在变形的防护装置内。

11.7 试验报告要包括原试验报告，以供参考。

12 较小改动

由于市场原因而对拖拉机的颜色、贴花、牌号、型号或对防护装置非结构钣金件进行微小改动，出具原试验的试验站可代表国家官方代表机构出具一个“微小改动证明”，陈述所有改动，并确保强度试验结果不受影响。可不再做试验。根据本规则对试验件起草证明，作为原报告的附件并符合行业要求。

附 录 A
（资料性附录）
用于确定假设安装前置式防护装置的窄轮距拖拉机在侧向翻车时是否连续翻滚的计算机程序（BASIC）

注意：下面计算机程序所描述的计算方法是正确有效的。下面显示的程序文本是示范性的，使用者可根据试验装置的特殊要求采纳或改编下列程序。

```
10 CLS
20 REM REFERENCE OF THE PROGRAM COD6ABAS.BAS 08/02/96
30 FOR I=1 TO 10:LOCATE I,1,0:NEXT I
40 COLOR 14,8,4
50 PRINT
"********************************************************************************"
60 PRINT"* CALCULATION FOR DETERMINING THE NON-CONTINUOUS ROLLING BE-
HAVIOUR* "
70 PRINT"* OF A LATERAL OVERTURNING NARROW TRACTOR WITH A ROLL-OVER
PROTECTIVE* "
80 PRINT"* STRUCTURE MOUNTED IN FRONT OF THE DRIVER'S SEAT* "
90 PRINT
"********************************************************************************"
100 A$=INKEY$:IF A$=""THEN 100
110 COLOR 10,1,4
120 DIM F(25),C(25),CAMPO$(25),LON(25),B$(25),C$(25),X(6,7),Y(6,7),Z(6,7)
130 DATA 6,10,10,14,14,17,19,21,11,11,12,12,13,13,14,14,15,15,16,16,17,17,18,18,19
140 DATA 54,8,47,8,47,12,8,12,29,71,29,71,29,71,29,71,29,71,29,71,29,71,29,71,29
150 DATA 12,30,31,30,31,25,25,25,9,9,9,9,9,9,9,9,9,9,9,9,9,9,9,9,9
160 FOR I=1 TO 25:READ F(I):NEXT
170 FOR I=1 TO 25:READ C(I):NEXT
180 FOR I=1 TO 25:READ LON(I):NEXT
190 CLS
200 FOR I=1 TO 5:LOCATE I,1,0:NEXT I
210 PRINT"In case of misprint,push on the enter key up to the last field"
220 PRINT:LOCATE 6,44:PRINT"TEST NR:":PRINT
230 LOCATE 8,29:PRINT"FRONT MOUNTED-PROTECTIVE STRUCTURE:":PRINT
240 PRINT"MAKE:":LOCATE 10,40:PRINT"TYPE:":PRINT
250 LOCATE 12,29:PRINT"TRACTOR:":PRINT:PRINT"MAKE:"
260 LOCATE 14,40:PRINT"TYPE:":PRINT:PRINT
270 PRINT"LOCATION:":PRINT
280 PRINT"DATE:":PRINT:PRINT"ENGINEER:"
290 NC=1:GOSUB 4400
300 PRINT:PRINT:PRINT"In case of misprint,it is possible to acquire the data again"
```

```
310 PRINT:INPUT"Do you wish to acquire again the data ? (Y/N)";Z$
320 IF Z$ ="Y"OR Z$ ="y"THEN 190
330 IF Z$ ="N"OR Z$ ="n"THEN 340
340 FOR I=1 TO 3:LPRINT:NEXT:LPRINT;"TEST NR:";TAB(10);CAMPO$(1)
350 LPRINT:LPRINT TAB(24);"FRONT MOUNTED PROTECTIVE STRUCTURE:"
360 LL=LEN(CAMPO$(2)+CAMPO$(3))
370 LPRINT TAB(36-LL/2);CAMPO$(2)+"-"+CAMPO$(3):LPRINT
380 LPRINT TAB(32);"OF THE NARROW TRACTOR":LL=LEN(CAMPO$(4)+CAMPO
$(5))
390 LPRINT TAB(36-LL/2);CAMPO$(4)+"-"+CAMPO$(5):LPRINT
400 CLS
410 PRINT"In case of mistype,push on the enter key up to the last field"
420 PRINT
430 FOR I=1 TO 7:LOCATE I,1,0:NEXT
440 LOCATE 8,1:PRINT"CHARACTERISTIC UNITS:"
450 LOCATE 8,29:PRINT"LINEAR(m):MASS(kg):MOMENT OF INERTIA(kg̃m²):"
460 LOCATE 9,1:PRINT"ANGLE(radian)"
470 LPRINT:PRINT
480 PRINT"HEIGHT OF COG H1=":LOCATE 11,29:PRINT""
490 LOCATE 11,40:PRINT"H. DIST. COG-REAR AXLE L3="
500 LOCATE 11,71:PRINT""
510 PRINT"H. DIST. COG-FRT AXLE L2=":LOCATE 12,29:PRINT""
520 LOCATE 12,40:PRINT"HEIGHT OF THE REAR TYRES D3="
530 LOCATE 12,71:PRINT""
540 PRINT"HEIGHT OF THE FRT TYRES D2=":LOCATE 13,29:PRINT""
550 LOCATE 13,40:PRINT"OVERALL HEIGHT(PT IMPACT) H6="
560 LOCATE 13,71:PRINT""
570 PRINT"H. DIST. COG-LEAD. PT INTER. L6=":LOCATE 14,29:PRINT""
580 LOCATE 14,40:PRINT"PROTECTIVE STRUCT. WIDTH B6="
590 LOCATE 14,71:PRINT""
600 PRINT"HEIGHT OF THE ENG. B. H7=":LOCATE 15,29:PRINT""
605 LOCATE 15,40:PRINT"WIDTH OF THE ENG. B. B7="
610 LOCATE 15,71:PRINT""
615 PRINT"H. DIST. COG-FRT COR. ENG. B. L7=":LOCATE 16,29:PRINT""
620 LOCATE 16,40:PRINT"HEIGHT FRT AXLE PIVOT PT H0="
630 LOCATE 16,71:PRINT""
640 PRINT"REAR TRACK WIDTH S=":LOCATE 17,29:PRINT""
650 LOCATE 17,40:PRINT"REAR TYRE WIDTH B0="
660 LOCATE 17,71:PRINT""
670 PRINT"FRT AXLE SWING ANGLE D0=":LOCATE 18,29:PRINT""
680 LOCATE 18,40:PRINT"TRACTOR MASS Mc="
690 LOCATE 18,71:PRINT""
700 PRINT"MOMENT OF INERTIA Q=":LOCATE 19,29:PRINT""
```

```
710 LOCATE 19,40:PRINT""
720 LOCATE 19,71:PRINT"":PRINT:PRINT
730 H1=0:L3=0:L2=0:D3=0:D2=0:H6=0:L6=0:B6=0
740 H7=0:B7=0:L7=0:H0=0:S=0:B0=0:D=0:Mc=0:Q=0
750 NC=9:GOSUB 4400
760 FOR I=1 TO 3:PRINT"":NEXT
770 H1=VAL(CAMPO$(9)):L3=VAL(CAMPO$(10)):L2=VAL(CAMPO$(11))
780 D3=VAL(CAMPO$(12)):D2=VAL(CAMPO$(13)):H6=VAL(CAMPO$(14))
790 L6=VAL(CAMPO$(15)):B6=VAL(CAMPO$(16)):H7=VAL(CAMPO$(17))
800 B7=VAL(CAMPO$(18)):L7=VAL(CAMPO$(19)):H0=VAL(CAMPO$(20))
810 S=VAL(CAMPO$(21)):B0=VAL(CAMPO$(22)):D0=VAL(CAMPO$(23))
820 Mc=VAL(CAMPO$(24)):Q=VAL(CAMPO$(25)):PRINT:PRINT
830 PRINT"In case of mistype,it is possible to acquire again the data":PRINT
840 INPUT" Do you wish to acquire again the data? (Y/N)";X$
850 IF X$="Y" OR X$="y" THEN 400
860 IF X$="n" OR X$="N" THEN 870
870 FOR I=1 TO 3:LPRINT:NEXT
880 LPRINT TAB(20);"CHARACTERISTIC UNITS:":LOCATE 8,29
890 LPRINT"LINEAR(m): MASS(kg): MOMENT OF INERTIA(kg · m²): ANGLE(radian)"
900 LPRINT
910 LPRINT"HEIGHT OF THE COG H1=";
920 LPRINT USING"####.####";H1;
930 LPRINT TAB(40);"H. DIST. COG-REAR AXLE L3=";
940 LPRINT USING"####.####";L3
950 LPRINT"H. DIST. COG-FRT AXLE L2=";
960 LPRINT USING"####.####";L2;
970 LPRINT TAB(40);"HEIGHT OF THE REAR TYRES D3=";
975 LPRINT USING"####.####";D3
980 LPRINT"HEIGHT OF THE FRT TYRES D2=";
990 LPRINT USING"####.####";D2;
1000 LPRINT TAB(40);"OVERALL HEIGHT(PT IMPACT)H6=";
1010 LPRINT USING "####.####"; H6
1020 LPRINT "H. DIST. COG-LEAD PT INTER. L6=";
1030 LPRINT USING "####.####"; L6;
1040 LPRINT TAB(40); "PROTECTIVE STRUCT. WIDTH B6=";
1050 LPRINT USING "####.####"; B6
1060 LPRINT "HEIGHT OF THE ENG. B. H7=";
1070 LPRINT USING"####.####";H7;
1080 LPRINT TAB(40); "WIDTH OF THE ENG. B. B7=";
1090 LPRINT USING "####.####"; B7
1100 LPRINT "H. DIST. COG-FRT COR. ENG. B. L7=";
1110 LPRINT USING "####.####"; L7;
1120 LPRINT TAB(40); "HEIGHT FRT AXLE PIVOT PT H0=";
```

```
1130 LPRINT USING "####.####"; H0
1140 LPRINT "REAR TRACK WIDTH S=";
1150 LPRINT USING "####.####"; S;
1160 LPRINT TAB(40); "REAR TYRE WIDTH B0=";
1170 LPRINT USING "####.####"; B0
1180 LPRINT "FRT AXLE SWING ANGLE D0=";
1185 LPRINT USING "####.####"; D0;
1190 LPRINT TAB(40); "TRACTOR MASS Mc=";
1200 LPRINT USING "####.####"; Mc
1210 LPRINT "MOMENT OF INERTIA Q=";
1215 LPRINT USING "####.####"; Q
1220 FOR I=1 TO 10:LPRINT:NEXT
1230 A0=.588:U=.2:T=.2:GOSUB 4860
1240 REM* THE SIGN OF L6 IS MINUS IF THE POINT LIES IN FRONT
1250 REM* OF THE PLANE OF THE CENTRE OF GRAVITY.
1260 IF B6>S+B0 THEN 3715
1265 IF B7>S+B0 THEN 3715
1270 G=9.8
1280 REM*****************************************************************************
1290 REM* B2 VERSION (POINT OF IMPACT OF THE ROPS NEAR OF EQUILIBRIUM
POINT)*
1300 REM*****************************************************************************
1310 B=B6:H=H6
1320 REM ----- POSITION OF CENTER OF GRAVITY IN TILTED POSITION ------------
1330 R2=SQR(H1*H1+L3*L3)
1340 C1=ATN(H1/L3)
1350 L0=L3+L2
1360 L9=ATN(H0/L0)
1370 H9=R2*SIN(C1-L9)
1380 W1=H9/TAN(C1-L9)
1390 W2=SQR(H0*H0+L0*L0):S1=S/2
1400 F1=ATN(S1/W2)
1410 W3=(W2-W1)*SIN(F1)
1420 W4=ATN(H9/W3)
1430 W5=SQR(H9*H9+W3*W3)*SIN(W4+D0)
1440 W6=W3-SQR(W3*W3+H9*H9)*COS(W4+D0)
1450 W7=W1+W6*SIN(F1)
1460 W8=ATN(W5/W7)
1470 W9=SIN(W8+L9)*SQR(W5*W5+W7*W7)
1480 W0=SQR(W9*W9+(SI-W6*COS(F1))^2)
1490 G1=SQR(((S+B0)/2)^2+H1*H1)
1500 G2=ATN(2*H1/(S+B0))
1510 G3=W0-G1*COS(A0+G2)
```

```
1520 O0=SQR(2*Mc*G*G3/(Q+Mc*(W0+G1)*(W0+G1)/4))
1530 F2=ATN(((D3-D2)/L0)/(1-((D3-D2)/(2*L3+2*L2))^2))
1540 L8=-TAN(F2)*(H-H1)
1550 REM -------- COORDINATES IN POSITION 1 -------------
1560 X(1,1)=H1
1570 X(1,2)=0:X(1,3)=0
1580 X(1,4)=(1+COS(F2))*D2/2
1590 X(1,5)=(1+COS(F2))*D3/2
1600 X(1,6)=H
1610 X(1,7)=H7
1620 Y(1,1)=0
1630 Y(1,2)=L2
1640 Y(1,3)=-L3
1650 Y(1,4)=L2+SIN(F2)*D2/2
1660 Y(1,5)=-L3+SIN(F2)*D3/2
1670 Y(1,6)=-L6
1680 Y(1,7)=L7
1690 Z(1,1)=(S+B0)/2
1700 Z(1,2)=0:Z(1,3)=0:Z(1,4)=0:Z(1,5)=0
1710 Z(1,6)=(S+B0)/2-B/2
1720 Z(1,7)=(S+B0)/2-B7/2
1730 O1=0:O2=0:O3=0:O4=0:O5=0:O6=0:O7=0:O8=0:O9=0
1740 K1=Y(1,4)*TAN(F2)+X(1,4)
1750 K2=X(1,1)
1760 K3=Z(1,1)
1770 K4=K1-X(1,1):DD1=Q+Mc*K3*K3+Mc*K4*K4
1780 O1=(Q+Mc*K3*K3-U*Mc*K4*K4-(1+U)*Mc*K2*K4)*O0/DD1
1790 REM --TRANSFORMATION OF THE COORDINATES FROM THE POSITION 1 TO 2
1800 FOR K=1 TO 7 STEP 1
1810 X(2,K)=COS(F2)*(X(1,K)-H1)+SIN(F2)*Y(1,K)-K4*COS(F2)
1820 Y(2,K)=Y(1,K)*COS(F2)-(X(1,K)-H1)*SIN(F2)
1830 Z(2,K)=Z(1,K)
1840 NEXT K
1850 O2=O1*COS(F2)
1860 A2=ATN(TAN(A0)/SQR(1+(TAN(F2))^2/(COS(A0))^2))
1870 C2=ATN(Z(2,6)/X(2,6))
1880 T2=T
1890 V0=SQR(X(2,6)^2+Z(2,6)^2)
1900 E1=T2/V0
1910 E2=(V0*Y(2,4))/(Y(2,4)-Y(2,6))
1920 T3=E1*E2
1930 E4=SQR(X(2,1)*X(2,1)+Z(2,1)*Z(2,1))
1940 V6=ATN(X(2,1)/Z(2,1))
```

```
1950 REM ------ ROTATION OF THE TRACTOR FROM THE POSITION 2 TO 3 ---
1960 FOR K=1 TO 7 STEP 1
1970 IF Z(2,K)=0 THEN 2000
1980 E3=ATN(X(2,K)/Z(2,K))
1990 GOTO 2010
2000 E3=-3.14159/2
2010 X(3,K)=SQR(X(2,K)*X(2,K)+Z(2,K)*Z(2,K))*SIN(E3+C2+E1)
2020 Y(3,K)=Y(2,K)
2030 Z(3,K)=SQR(X(2,K)^2+Z(2,K)^2)*COS(E3+C2+E1)
2040 NEXT K
2050 IF Z(3,7)<0 THEN 3680
2060 Z(3,6)=0
2070 Q3=Q*(COS(F2))^2+3*Q*(SIN(F2))^2
2080 V5=(Q3+Mc*E4*E4)*O2*O2/2
2090 IF-V6>A2 THEN 2110
2100 GOTO 2130
2110 V7=E4*(1-COS(-A2-V6))
2120 IF V7*Mc*G>V5 THEN 2320
2130 V8=E4*COS(-A2-V6)-E4*COS(-A2-ATN(X(3,1)/Z(3,1)))
2140 O3=SQR(2*Mc*G*V8/(Q3+Mc*E4*E4)+O2*O2)
2150 K9=X(3,1)
2160 K5=Z(3,1)
2170 K6=Z(3,1)+E1*V0
2180 K7=V0-X(3,1)
2190 K8=U:DD2=Q3+Mc*K6*K6+Mc*K7*K7
2200 O4=(Q3+Mc*K5*K6-K8*Mc*K7*K7-(1+K8)*Mc*K9*K7)*O3/DD2
2210 N3=SQR((X(3,6)-X(3,1))^2+(Z(3,6)-Z(3,1))^2)
2220 N2=ATN(-(X(3,6)-X(3,1))/Z(3,1))
2230 Q6=Q3+Mc*N3^2
2240 IF-N2<=A2 THEN 2290
2250 N4=N3*(1-COS(-A2-N2))
2260 N5=(Q6)*O4*O4/2
2270 IF N4*Mc*G>N5 THEN 2320
2280 O9=SQR(-2*Mc*G*N4/(Q6)+O4*O4)
2290 GOSUB 3740
2300 GOSUB 4170
2310 GOTO 4330
2320 GOSUB 3740
2330 IF L6>L8 THEN 2790
2340 REM*
2350 REM**************************************************************************
2355 REM* B3 VERSION(POINT OF IMPACT OF THE ROPS IN FRONT OF EQUILIBRIUM
POINT)*
```

```
2360 REM************************************************************************
2370 O3=0:O4=0:O5=0:O6=0:O7=0:O8=0:O9=0
2380 E2=(V0*Y(2,5))/(Y(2,5)-Y(2,6))
2390 T3=E2*E1
2400 Z(3,6)=0
2410 Q3=Q*(COS(F2))^2+3*Q*(SIN(F2))^2
2420 V5=(Q3+Mc*E4*E4)*O2*O2/2
2430 IF-V6>A2 THEN 2450
2440 GOTO 2470
2450 V7=E4*(1-COS(-A2-V6))
2460 IF V7*Mc*G>V5 THEN 2730
2470 V8=E4*COS(-A2-V6)-E4*COS(-A2-ATN(X(3,1)/Z(3,1)))
2480 O3=SQR((2*Mc*G*V8)/(Q3+Mc*E4*E4)+O2*O2)
2490 K9=X(3,1)
2500 K5=Z(3,1)
2510 K6=Z(3,1)+T3
2520 K7=E2-X(3,1)
2530 K8=U:DD2=Q3+Mc*K6*K6+Mc*K7*K7
2540 O4=(Q3+Mc*K5*K6-K8*Mc*K7*K7-(1+K8)*Mc*K9*K7)*O3/DD2
2550 F3=ATN(V0/(Y(3,5)-Y(3,6)))
2560 O5=O4*COS(F3)
2570 REM ------ TRANSFORMATION OF THE COORDINATES FROM THE POSITION 3
TO 4----
2580 REM ------ POSITION 4
2590 FOR K=1 TO 7 STEP 1
2600 X(4,K)=X(3,K)*COS(F3)+(Y(3,K)-Y(3,5))*SIN(F3)
2610 Y(4,K)=(Y(3,K)-Y(3,5))*COS(F3)-X(3,K)*SIN(F3)
2620 Z(4,K)=Z(3,K)
2630 NEXT K
2640 A4=ATN(TAN(A0)/SQR(1-(TAN(F2+F3))^2/(COS(A0))^2))
2650 M1=SQR(X(4,1)^2+Z(4,1)^2)
2660 M2=ATN(X(4,1)/Z(4,1))
2670 Q5=Q*(COS(F2+F3))^2+3*Q*(SIN(F2+F3))^2
2680 IF-M2<A4 THEN 2730
2690 M3=M1*(1-COS(-A4-M2))
2700 M4=(Q5+Mc*M1*M1)*O5*O5/2
2710 IF M3*Mc*G>M4 THEN 2760
2720 O9=SQR(O5*O5-2*Mc*G*M3/(Q5+Mc*M1*M1))
2730 GOSUB 3740
2740 GOSUB 4170
2750 GOTO 4330
2760 GOSUB 3740
2770 GOSUB 4240
```

```
2780 GOTO 4330
2790 REM***************************************************************************
2795 REM* B1 VERSION(POINT OF IMPACT OF THE ROPS BEHIND OF EQUILIBRIUM
POINT)*
2800 REM***************************************************************************
2810 REM*
2820 O3=0:O4=0:O5=0:O6=0:O7=0:O8=0:O9=0
2830 Z(3,6)=0
2840 Q3=Q*(COS(F2))^2+3*Q*(SIN(F2))^2
2850 V5=(Q3+Mc*E4*E4)*O2*O2/2
2860 IF-V6>A2 THEN 2880
2870 GOTO 2900
2880 V7=E4*(1-COS(-A2-V6))
2890 IF V7*Mc*G>V5 THEN 3640
2900 V8=E4*COS(-A2-V6)-E4*COS(-A2-ATN(X(3,1)/Z(3,1)))
2910 O3=SQR(2*Mc*G*V8/(Q3+Mc*E4*E4)+O2*O2)
2920 K9=X(3,1)
2930 K5=Z(3,1)
2940 K6=Z(3,1)+T3
2950 K7=E2-X(3,1)
2960 K8=U:DD2=Q3+Mc*K6*K6+Mc*K7*K7
2970 O4=(Q3+Mc*K5*K6-K8*Mc*K7*K7-(1+K8)*Mc*K9*K7)*O3/DD2
2980 F3=ATN(V0/(Y(3,4)-Y(3,6)))
2990 O5=O4*COS(F3)
3000 REM ---- TRANSFORMATION OF THE COORDINATES FROM 3 TO 4 ---
3010 FOR K=1 TO 7 STEP 1
3020 X(4,K)=X(3,K)*COS(F3)+(Y(3,K)-Y(3,4))*SIN(F3)
3030 Y(4,K)=(Y(3,K)-Y(3,4))*COS(F3)-X(3,K)*SIN(F3)
3040 Z(4,K)=Z(3,K)
3050 NEXT K
3060 A4=ATN(TAN(A0)/SQR(1+(TAN(F2+F3))^2/(COS(A0))^2))
3070 C3=ATN(Z(4,7)/X(4,7))
3080 C4=0
3090 C5=SQR(X(4,7)*X(4,7)+Z(4,7)*Z(4,7))
3100 C6=C4/C5
3110 C7=C5*(Y(4,6)-Y(4,1))/(Y(4,6)-Y(4,7))
3120 C8=C6*C7
3130 M1=SQR(X(4,1)^2+Z(4,1)^2)
3140 M2=ATN(X(4,1)/Z(4,1))
3150 REM ---- ROTATION OF THE TRACTOR FROM THE POSITION 4 TO 5 ---
3160 FOR K=1 TO 7 STEP 1
3170 IF Z(4,K)<>0 THEN 3200
3180 C9=-3.14159/2
```

```
3190 GOTO 3210
3200 C9=ATN(X(4,K)/Z(4,K))
3210 X(5,K)=SQR(X(4,K)^2+Z(4,K)^2)*SIN(C9+C3+C6)
3220 Y(5,K)=Y(4,K)
3230 Z(5,K)=SQR(X(4,K)^2+Z(4,K)^2)*COS(C9+C3+C6)
3240 NEXT K
3250 Z(5,7)=0
3260 Q5=Q*(COS(F2+F3))^2+3*Q*(SIN(F2+F3))^2
3270 IF-M2>A4 THEN 3290
3280 GOTO 3320
3290 M3=M1*(1-COS(-A4-M2))
3300 M4=(Q5+Mc*M1*M1)*O5*O5/2
3310 IF M3*Mc*G>M4 THEN 3640
3315 MM1=M1*COS(-A4-ATN(X(5,1)/Z(5,1)))
3320 M5=M1*COS(-A4-ATN(X(4,1)/Z(4,1)))-MM1
3330 O6=SQR(2*Mc*G*M5/(Q5+Mc*M1*M1)+O5*O5)
3340 M6=X(5,1)
3350 M7=Z(5,1)
3360 M8=Z(5,1)+C8
3370 M9=C7-X(5,1)
3380 N1=U:DD3=(Q5+Mc*M8*M8+Mc*M9*M9)
3390 O7=(Q5+Mc*M7*M8-N1*Mc*M9*M9-(1+N1)*Mc*M6*M9)*O6/DD3
3400 F5=ATN(C5/(Y(5,6)-Y(5,7)))
3410 A6=ATN(TAN(A0)/SQR(1+(TAN(F2+F3+F5))^2/(COS(A0))^2))
3420 REM ---- TRANSFORMATION OF THE COORDINATES FROM THE POSITION 5 TO 6 ---
3430 FOR K=1 TO 7 STEP 1
3440 X(6,K)=X(5,K)*COS(F5)+(Y(5,K)-Y(5,6))*SIN(F5)
3450 Y(6,K)=(Y(5,K)-Y(5,6))*COS(F5)-X(5,K)*SIN(F5)
3460 Z(6,K)=Z(5,K)
3470 NEXT K
3480 O8=O7*COS(-F5)
3490 N2=ATN(X(6,1)/Z(6,1))
3500 N3=SQR(X(6,1)^2+Z(6,1)^2)
3510 Q6=Q*(COS(F2+F3+F5))^2+3*Q*(SIN(F2+F3+F5))^2
3520 IF-N2>A6 THEN 3540
3530 GOTO 3580
3540 N4=N3*(1-COS(-A6-N2))
3550 N5=(Q6+Mc*N3*N3)*O8*O8/2
3560 P9=(N4*Mc*G-N5)/(N4*Mc*G)
3570 IF N4*Mc*G>N5 THEN 3640
3580 IF-N2<A6 THEN 3610
3590 N6=-N4
3600 O9=SQR(2*Mc*G*N6/(Q6+Mc*N3*N3)+O8*O8)
```

```
3610 GOSUB 3740
3620 GOSUB 4170
3630 GOTO 4330
3640 GOSUB 3740
3650 GOSUB 4240
3660 GOTO 4330
3670 REM
3680 IF Z(3,7)>-.2 THEN 2060
3685 CLS:PRINT:PRINT:PRINT STRING$(80,42):LOCATE 24,30,0
3690 PRINT" THE ENGINE BONNET TOUCHES THE GROUND BEFORE THE ROPS"
3695 LPRINT STRING$(80,42)
3700 LPRINT "THE ENGINE BONNET TOUCHES THE GROUND BEFORE THE ROPS"
3710 PRINT:PRINT" METHOD OF CALCULATION NOT FEASIBLE":GOTO 3720
3715 CLS:PRINT:PRINT" METHOD OF CALCULATION NOT FEASIBLE"
3720 LPRINT "METHOD OF CALCULATION NOT FEASIBLE"
3725 LPRINT STRING$(80,42)
3730 GOTO 4330
3740 REM***************************************************************
3750 CLS:LOCATE 13,15,0:PRINT "VELOCITY O0="
3755 LOCATE 13,31,0:PRINT USING "#.###";O0:LOCATE 13,40,0:PRINT "rad/s"
3760 LOCATE 14,15,0:PRINT "VELOCITY O1="
3765 LOCATE 14,31,0:PRINT USING "#.###";O1
3770 LOCATE 15,15,0:PRINT "VELOCITY O2="
3775 LOCATE 15,31,0:PRINT USING "#.###";O2
3780 LOCATE 16,15,0:PRINT "VELOCITY O3="
3785 LOCATE 16,31,0:PRINT USING "#.###";O3
3790 LOCATE 17,15,0:PRINT "VELOCITY O4="
3795 LOCATE 17,31,0:PRINT USING "#.###";O4
3800 LOCATE 18,15,0:PRINT "VELOCITY O5="
3805 LOCATE 18,31,0:PRINT USING "#.###";O5
3810 LOCATE 19,15,0:PRINT "VELOCITY O6="
3815 LOCATE 19,31,0:PRINT USING "#.###";O6
3820 LOCATE 20,15,0:PRINT "VELOCITY O7="
3825 LOCATE 20,31,0:PRINT USING "#.###";O7
3830 LOCATE 21,15,0:PRINT "VELOCITY O8="
3835 LOCATE 21,31,0:PRINT USING "#.###";O8
3840 LOCATE 22,15,0:PRINT "VELOCITY O9="
3845 LOCATE 22,31,0:PRINT USING "#.###";O9
3850 LPRINT "VELOCITY O0=";
3860 LPRINT USING "#.###"; O0;
3870 LPRINT" rad/s";
3880 LPRINT TAB(40); "VELOCITY O1=";
3890 LPRINT USING "#.###"; O1;
```

```
3900 LPRINT "rad/s"
3910 LPRINT "VELOCITY O2=";
3920 LPRINT USING "#.###";O2;
3930 LPRINT "rad/s";
3940 LPRINT TAB(40); "VELOCITY O3=";
3950 LPRINT USING "#.###";O3;
3960 LPRINT "rad/s"
3970 LPRINT "VELOCITY O4=";
3980 LPRINT USING "#.###";O4;
3990 LPRINT "rad/s";
4000 LPRINT TAB(40); "VELOCITY O5=";
4010 LPRINT USING "#.###";O5;
4020 LPRINT "rad/s"
4030 LPRINT "VELOCITY O6=";
4040 LPRINT USING "#.###";O6;
4050 LPRINT "rad/s";
4060 LPRINT TAB(40); "VELOCITY O7=";
4070 LPRINT USING "#.###";O7;
4080 LPRINT "rad/s"
4090 LPRINT "VELOCITY O8=";
4100 LPRINT USING "#.###";O8;
4110 LPRINT "rad/s";
4120 LPRINT TAB(40); "VELOCITY O9=";
4130 LPRINT USING "#.###";O9;
4140 LPRINT "rad/s"
4150 LPRINT
4160 RETURN
4170 PRINT STRING$(80,42)
4180 LOCATE 24,30,0:PRINT "THE TILTING CONTINUES"
4190 PRINT STRING$(80,42)
4200 LPRINT STRING$(80,42)
4210 LPRINT TAB(30); "THE TILTING CONTINUES"
4220 LPRINT STRING$(80,42)
4230 RETURN
4240 PRINT STRING$(80,42)
4250 LOCATE 24,30,0:PRINT "THE ROLLING STOPS"
4260 PRINT STRING$(80,42)
4270 LPRINT STRING$(80,42)
4280 LPRINT TAB(30); "THE ROLLING STOPS"
4290 LPRINT STRING$(80,42)
4300 RETURN
4310 REM ****************************************************************
4320 REM ------------------ END OF THE CALCULATION ---------------------------
```

```
4330 FOR I=1 TO 5:LPRINT:NEXT:LPRINT" LOCATION:";CAMPO$(6):LPRINT
4340 LPRINT "DATE:"; CAMPO$(7):LPRINT
4350 LPRINT; "ENGINEER:"; CAMPO$(8):LPRINT
4360 FOR I=1 TO 4:LPRINT:NEXT:PRINT
4370 INPUT "Do you whish to carry out another test ? (Y/N)"; Y$
4380 IF Y$="Y" OR Y$="y" THEN 190
4390 IF Y$="N" OR Y$="n" THEN SYSTEM
4400 LOCATE F(NC),C(NC)+L,1:A$=INKEY$:IF A$="" THEN GOTO 4400
4410 IF LEN(A$)>1 THEN GOSUB 4570:GOTO 4400
4420 A=ASC(A$)
4430 IF A=13 THEN L=0:GOTO 4450
4440 GOTO 4470
4450 IF NC<8 OR NC>8 AND NC<25 THEN NC=NC+1:GOTO 4400
4460 GOTO 4840
4470 IF A>31 AND A<183 THEN GOTO 4490
4480 BEEP:GOTO 4400
4490 IF L=LON(NC) THEN BEEP:GOTO 4400
4500 LOCATE F(NC),C(NC)+L:PRINT A$;
4510 L=L+1
4520 IF L=1 THEN B$(NC)=A$:GOTO 4540
4530 B$(NC)=B$(NC)+A$
4540 IF LEN(C$(NC))>0 THEN C$(NC)=RIGHT$(CAMPO$(NC),LEN(CAMPO$(NC))-L)
4550 CAMPO$(NC)=B$(NC)+C$(NC)
4560 GOTO 4400
4570 REM* SLIDE
4580 IF LEN(A$)<>2 THEN BEEP:RETURN
4590 C=ASC(RIGHT$(A$,1))
4600 IF C=8 THEN 4620
4610 GOTO 4650
4620 IF LEN(C$(NC))>0 THEN BEEP:RETURN
4630 IF L=0 THEN BEEP:RETURN
4640 CAMPO$(NC)=LEFT$(CAMPO$(NC),LEN(CAMPO(NC)))
4645 L=L-1:PRINT A$:RETURN
4650 IF C=30 THEN 4670
4660 GOTO 4700
4670 IF NC=1 THEN BEEP:RETURN
4680 NC=NC-1:L=0
4690 RETURN
4700 IF C=31 THEN 4720
4710 GOTO 4760
4720 IF NC<>8 THEN 4740
4730 BEEP:RETURN
4740 NC=NC+1:L=0
```

```
4750 RETURN
4760 IF C=29 THEN 4780
4770 GOTO 4800
4780 IF L=0 THEN BEEP:RETURN
4790 L=L-1:C$(NC)=RIGHT$(CAMPO$(NC),LEN(CAMPO$(NC))-(L+1))
4795 B$(NC)=LEFT$(CAMPO$(NC),L):LOCATE F(NC),C(NC)+L+1:PRINT""
4796 RETURN
4800 IF C=28 THEN 4820
4810 GOTO 4400
4820 IF C$(NC)="" THEN BEEP:RETURN
4830 L=L+1:C$(NC)=RIGHT$(CAMPO$(NC),LEN(CAMPO$(NC))-(L))
4835 B$(NC)=LEFT$(CAMPO$(NC),L):LOCATE F(NC),C(NC)+L,1:PRINT""
4840 RETURN
4850 RETURN
4860 FOR II=1 TO 7
4870 X(1,II)=0:X(2,II)=0:X(3,II)=0
4875 X(4,II)=0:X(5,II)=0:X(6,II)=0
4880 Y(1,II)=0:Y(2,II)=0:Y(3,II)=0
4885 Y(4,II)=0:Y(5,II)=0:Y(6,II)=0
4890 Z(1,II)=0:Z(2,II)=0:Z(3,II)=0
4895 Z(4,II)=0:Z(5,II)=0:Z(6,II)=0
4900 NEXT II
4910 RETURN
4920 REM* THE SYMBOLS USED HERE ARE THE SAME AS IN THE CODE 6.
```

范例1:连续倾翻

TEST NR:

FRONT MOUNTED-OVER PROTECTIVE STRUCTURE
OF THE NARROW TRACTOR:

CHARACTERISTIC UNITS:
LINEAR(m): MASS(kg):
MOMENT OF INERTIA(kg · m^2): ANGLE(radian)

HEIGHT OF THE COG	H1=0.7620	H. DIST. COG-REAR AXLE	L3=0.8970
H. DIST. COG-FRONT AXLE	L2=1.1490	HEIGHT OF THE REAR TYRES	D3=1.2930
HEIGHT OF THE FRT TYRES	D2=0.8800	OVERALL HEIGHT(PT IMPACT)	H6=2.1000
H. DIST. COG-LEAD PT INTER.	L6=0.2800	PROTECTIVE STRUCT. WIDTH	B6=0.7780
HEIGHT OF THE ENG. B.	H7=1.3370	WIDTH OF THE ENG. B.	B7=0.4900
H. DIST. COG-FRT COR. ENG. B.	L7=1.6390	HEIGHT FRT AXLE PIVOT PT	H0=0.4450
REAR TRACK WIDTH	S=1.1150	REAR TYRE WIDTH	B0=0.1950
FRT AXLE SWING ANGLE	D0=0.1570	TRACTOR MASS	Mc=2565.000
MOMENT OF INERTIA	Q=295.0000		

VELOCITY O0=3.881 rad/s VELOCITY O1=1.078 rad/s
VELOCITY O2=1.057 rad/s VELOCITY O3=2.134 rad/s
VELOCITY O4=0.731 rad/s VELOCITY O5=0.000 rad/s
VELOCITY O6=0.000 rad/s VELOCITY O7=0.000 rad/s
VELOCITY O8=0.000 rad/s VELOCITY O9=0.000 rad/s

VELOCITY O0=3.881 rad/s VELOCITY O1=1.078 rad/s
VELOCITY O2=1.057 rad/s VELOCITY O3=2.134 rad/s
VELOCITY O4=1.130 rad/s VELOCITY O5=0.993 rad/s
VELOCITY O6=0.810 rad/s VELOCITY O7=0.629 rad/s
VELOCITY O8=0.587 rad/s VELOCITY O9=0.219 rad/s

THE TILTING CONTINUES

Location: Date: Engineer:

范例 2：翻滚停止

TEST NR：

FRONT MOUNTED-OVER PROTECTIVE STRUCTURE
OF THE NARROW TRACTOR：

CHARACTERISTIC UNITS：
LINEAR(m)：　　MASS(kg)：
MOMENT OF INERTIA(kg・m^2)：　　ANGLE(radian)

HEIGHT OF THE COG	H1=0.7653	H. DIST. COG-REAR AXLE	L3=0.7970
H. DIST. COG-FRONT AXLE	L2=1.1490	HEIGHT OF THE REAR TYRES	D3=1.4800
HEIGHT OF THE FRT TYRES	D2=0.8800	OVERALL HEIGHT(PT IMPACT)	H6=2.1100
H. DIST. COG-LEAD PT INTER.	L6=−0.0500	PROTECTIVE STRUCT. WIDTH	B6=0.7000
HEIGHT OF THE ENG. B.	H7=1.3700	WIDTH OF THE ENG. B.	B7=0.8000
H. DIST. COG-FRT COR. ENG. B.	L7=1.6390	HEIGHT FRT AXLE PIVOT PT	H0=0.4450
REAR TRACK WIDTH	S=1.1150	REAR TYRE WIDTH	B0=0.1950
FRT AXLE SWING ANGLE	D0=0.1570	TRACTOR MASS	Mc=1800.000
MOMENT OF INERTIA	Q=250.0000		

VELOCITY O0=3.840 rad/s	VELOCITY O1=0.218 rad/s
VELOCITY O2=0.268 rad/s	VELOCITY O3=1.586 rad/s
VELOCITY O4=0.672 rad/s	VELOCITY O5=0.000 rad/s
VELOCITY O6=0.000 rad/s	VELOCITY O7=0.000 rad/s
VELOCITY O8=0.000 rad/s	VELOCITY O9=0.000 rad/s

VELOCITY O0=3.840 rad/s	VELOCITY O1=0.218 rad/s
VELOCITY O2=0.268 rad/s	VELOCITY O3=1.586 rad/s
VELOCITY O4=0.867 rad/s	VELOCITY O5=0.775 rad/s
VELOCITY O6=1.218 rad/s	VELOCITY O7=0.969 rad/s
VELOCITY O8=0.898 rad/s	VELOCITY O9=0.000 rad/s

THE ROLLING STOPS

Location：　　Date：　　Engineer：

范例 3:翻滚停止

TEST NR:

FRONT MOUNTED-OVER PROTECTIVE STRUCTURE
OF THE NARROW TRACTOR:

CHARACTERISTIC UNITS:
LINEAR(m): MASS(kg):
MOMENT OF INERTIA(kg·m^2): ANGLE(radian)

HEIGHT OF THE COG	H1=0.7180	H. DIST. COG-REAR AXLE	L3=0.8000
H. DIST. COG-FRONT AXLE	L2=1.1590	HEIGHT OF THE REAR TYRES	D3=1.5200
HEIGHT OF THE FRT TYRES	D2=0.7020	OVERALL HEIGHT(PT IMPACT)	H6=2.0040
H. DIST. COG-LEAD PT INTER.	L6=−0.2000	PROTECTIVE STRUCT. WIDTH	B6=0.6400
HEIGHT OF THE ENG. B.	H7=1.2120	WIDTH OF THE ENG. B.	B7=0.3600
H. DIST. COG-FRT COR. ENG. B.	L7=1.6390	HEIGHT FRT AXLE PIVOT PT	H0=0.4400
REAR TRACK WIDTH	S=0.9000	REAR TYRE WIDTH	B0=0.3150
FRT AXLE SWING ANGLE	D0=0.1740	TRACTOR MASS	Mc=1780.000
MOMENT OF INERTIA	Q=279.8960		

VELOCITY O0=3.884 rad/s	VELOCITY O1=0.107 rad/s
VELOCITY O2=0.098 rad/s	VELOCITY O3=0.000 rad/s
VELOCITY O4=0.000 rad/s	VELOCITY O5=0.000 rad/s
VELOCITY O6=0.000 rad/s	VELOCITY O7=0.000 rad/s
VELOCITY O8=0.000 rad/s	VELOCITY O9=0.000 rad/s

VELOCITY O0=3.884 rad/s	VELOCITY O1=0.107 rad/s
VELOCITY O2=0.098 rad/s	VELOCITY O3=0.000 rad/s
VELOCITY O4=0.000 rad/s	VELOCITY O5=0.000 rad/s
VELOCITY O6=0.000 rad/s	VELOCITY O7=0.000 rad/s
VELOCITY O8=0.000 rad/s	VELOCITY O9=0.000 rad/s

THE ROLLING STOPS

Location: Date: Engineer:

范例 4：翻滚停止

TEST NR：

FRONT MOUNTED-OVER PROTECTIVE STRUCTURE
OF THE NARROW TRACTOR：

CHARACTERISTIC UNITS：
LINEAR(m)：　　MASS(kg)：
MOMENT OF INERTIA(kg · m²)：　　ANGLE(radian)

HEIGHT OF THE COG	H1=0.7180	H. DIST. COG-REAR AXLE	L3=0.8110
H. DIST. COG-FRONT AXLE	L2=1.1590	HEIGHT OF THE REAR TYRES	D3=1.2170
HEIGHT OF THE FRT TYRES	D2=0.7020	OVERALL HEIGHT(PT IMPACT)	H6=2.1900
H. DIST. COG-LEAD PT INTER.	L6=−0.3790	PROTECTIVE STRUCT. WIDTH	B6=0.6400
HEIGHT OF THE ENG. B.	H7=1.2120	WIDTH OF THE ENG. B.	B7=0.3600
H. DIST. COG-FRT COR. ENG. B.	L7=1.6390	HEIGHT FRT AXLE PIVOT PT	H0=0.4400
REAR TRACK WIDTH	S=0.9000	REAR TYRE WIDTH	B0=0.3150
FRT AXLE SWING ANGLE	D0=0.1740	TRACTOR MASS	Mc=1780.000
MOMENT OF INERTIA	Q=279.8960		

VELOCITY O0=3.884 rad/s	VELOCITY O1=1.540 rad/s
VELOCITY O2=1.488 rad/s	VELOCITY O3=2.162 rad/s
VELOCITY O4=0.405 rad/s	VELOCITY O5=0.000 rad/s
VELOCITY O6=0.000 rad/s	VELOCITY O7=0.000 rad/s
VELOCITY O8=0.000 rad/s	VELOCITY O9=0.000 rad/s

VELOCITY O0=3.884 rad/s	VELOCITY O1=1.540 rad/s
VELOCITY O2=1.488 rad/s	VELOCITY O3=2.162 rad/s
VELOCITY O4=0.414 rad/s	VELOCITY O5=0.289 rad/s
VELOCITY O6=0.000 rad/s	VELOCITY O7=0.000 rad/s
VELOCITY O8=0.000 rad/s	VELOCITY O9=0.000 rad/s

THE ROLLING STOPS

Location：　　Date：　　Engineer：

范例 5:连续倾翻

TEST NR:

FRONT MOUNTED-OVER PROTECTIVE STRUCTURE
OF THE NARROW TRACTOR:

CHARACTERISTIC UNITS:
LINEAR(m): MASS(kg):
MOMENT OF INERTIA(kg・m^2): ANGLE(radian)

HEIGHT OF THE COG	H1=0.7660	H. DIST. COG-REAR AXLE	L3=0.7970
H. DIST. COG-FRONT AXLE	L2=1.1490	HEIGHT OF THE REAR TYRES	D3=1.4800
HEIGHT OF THE FRT TYRES	D2=0.8800	OVERALL HEIGHT(PT IMPACT)	H6=2.1100
H. DIST. COG-LEAD PT INTER.	L6=−0.2000	PROTECTIVE STRUCT. WIDTH	B6=0.7000
HEIGHT OF THE ENG. B.	H7=1.3700	WIDTH OF THE ENG. B.	B7=0.8000
H. DIST. COG-FRT COR. ENG. B.	L7=1.6390	HEIGHT FRT AXLE PIVOT PT	H0=0.4450
REAR TRACK WIDTH	S=1.1150	REAR TYRE WIDTH	B0=0.9100
FRT AXLE SWING ANGLE	D0=0.1570	TRACTOR MASS	Mc=1800.000
MOMENT OF INERTIA	Q=250.0000		

VELOCITY O0=2.735 rad/s	VELOCITY O1=1.271 rad/s
VELOCITY O2=1.212 rad/s	VELOCITY O3=2.810 rad/s
VELOCITY O4=1.337 rad/s	VELOCITY O5=0.000 rad/s
VELOCITY O6=0.000 rad/s	VELOCITY O7=0.000 rad/s
VELOCITY O8=0.000 rad/s	VELOCITY O9=0.000 rad/s

THE TILTING CONTINUES

Location: Date: Engineer:

范例 6：连续倾翻

TEST NR：

FRONT MOUNTED-OVER PROTECTIVE STRUCTURE
OF THE NARROW TRACTOR：

CHARACTERISTIC UNITS：

LINEAR(m)： MASS(kg)：

MOMENT OF INERTIA(kg·m^2)： ANGLE(radian)

HEIGHT OF THE COG	H1=0. 7653	H. DIST. COG-REAR AXLE	L3=0. 7970
H. DIST. COG-FRONT AXLE	L2=1. 1490	HEIGHT OF THE REAR TYRES	D3=1. 2930
HEIGHT OF THE FRT TYRES	D2=0. 8800	OVERALL HEIGHT(PT IMPACT)	H6=1. 9600
H. DIST. COG-LEAD PT INTER.	L6=−0. 4000	PROTECTIVE STRUCT. WIDTH	B6=0. 7000
HEIGHT OF THE ENG. B.	H7=1. 3700	WIDTH OF THE ENG. B.	B7=0. 8750
H. DIST. COG-FRT COR. ENG. B.	L7=1. 6390	HEIGHT FRT AXLE PIVOT PT	H0=0. 4450
REAR TRACK WIDTH	S=1. 1150	REAR TYRE WIDTH	B0=0. 1950
FRT AXLE SWING ANGLE	D0=0. 1570	TRACTOR MASS	Mc=1800. 000
MOMENT OF INERTIA	Q=275. 0000		

VELOCITY O0=3. 815 rad/s	VELOCITY O1=1. 130 rad/s
VELOCITY O2=1. 105 rad/s	VELOCITY O3=2. 196 rad/s
VELOCITY O4=0. 786 rad/s	VELOCITY O5=0. 000 rad/s
VELOCITY O6=0. 000 rad/s	VELOCITY O7=0. 000 rad/s
VELOCITY O8=0. 000 rad/s	VELOCITY O9=0. 000 rad/s

VELOCITY O0=3. 815 rad/s	VELOCITY O1=1. 130 rad/s
VELOCITY O2=1. 105 rad/s	VELOCITY O3=2. 196 rad/s
VELOCITY O4=0. 980 rad/s	VELOCITY O5=0. 675 rad/s
VELOCITY O6=0. 810 rad/s	VELOCITY O7=0. 000 rad/s
VELOCITY O8=0. 587 rad/s	VELOCITY O9=0. 548 rad/s

THE TILTING CONTINUES

Location： Date： Engineer：

范例 7:不可行的计算方法

TEST NR:

FRONT MOUNTED-OVER PROTECTIVE STRUCTURE
OF THE NARROW TRACTOR:

CHARACTERISTIC UNITS:
LINEAR(m): MASS(kg):
MOMENT OF INERTIA(kg · m²): ANGLE(radian)

HEIGHT OF THE COG	H1=0.7620	H. DIST. COG-REAR AXLE	L3=0.7970
H. DIST. COG-FRONT AXLE	L2=1.1490	HEIGHT OF THE REAR TYRES	D3=1.5500
HEIGHT OF THE FRT TYRES	D2=0.8800	OVERALL HEIGHT(PT IMPACT)	H6=2.1000
H. DIST. COG-LEAD PT INTER.	L6=−0.4780	PROTECTIVE STRUCT. WIDTH	B6=0.7780
HEIGHT OF THE ENG. B.	H7=1.5500	WIDTH OF THE ENG. B.	B7=0.9500
H. DIST. COG-FRT COR. ENG. B.	L7=1.6390	HEIGHT FRT AXLE PIVOT PT	H0=0.4450
REAR TRACK WIDTH	S=1.1150	REAR TYRE WIDTH	B0=0.1950
FRT AXLE SWING ANGLE	D0=0.1570	TRACTOR MASS	Mc=1800.000
MOMENT OF INERTIA	Q=200.0000		

THE ENGINE BONNET TOUCHES THE GROUND BEFORE THE ROPS
METHOD OF CALCULATION NOT FEASIBLE

Location: Date: Engineer:

范例 8：翻滚停止

TEST NR：

FRONT MOUNTED-OVER PROTECTIVE STRUCTURE
OF THE NARROW TRACTOR：

CHARACTERISTIC UNITS：
LINEAR(m)：　　MASS(kg)：
MOMENT OF INERTIA(kg・m^2)：　　ANGLE(radian)

HEIGHT OF THE COG	H1=0. 7180	H. DIST. COG-REAR AXLE	L3=0. 8110
H. DIST. COG-FRONT AXLE	L2=1. 1590	HEIGHT OF THE REAR TYRES	D3=1. 2170
HEIGHT OF THE FRT TYRES	D2=0. 7020	OVERALL HEIGHT(PT IMPACT)	H6=2. 0040
H. DIST. COG-LEAD PT INTER.	L5=−0. 3790	PROTECTIVE STRUCT. WIDTH	B6=0. 6400
HEIGHT OF THE ENG. B.	H7=1. 2120	WIDTH OF THE ENG. B.	B7=0. 3600
H. DIST. COG-FRT COR. ENG. B.	L7=1. 6390	HEIGHT FRT AXLE PIVOT PT	H0=0. 4400
REAR TRACK WIDTH	S=0. 9000	REAR TYRE WIDTH	B0=0. 3150
FRT AXLE SWING ANGLE	D0=0. 1740	TRACTOR MASS	Mc=1780. 000
MOMENT OF INERTIA	Q=279. 8960		

VELOCITY O0=3. 884 rad/s	VELOCITY O1=1. 540 rad/s
VELOCITY O2=1. 488 rad/s	VELOCITY O3=2. 313 rad/s
VELOCITY O4=0. 581 rad/s	VELOCITY O5=0. 000 rad/s
VELOCITY O6=0. 000 rad/s	VELOCITY O7=0. 000 rad/s
VELOCITY O8=0. 000 rad/s	VELOCITY O9=0. 000 rad/s

VELOCITY O0=3. 884 rad/s	VELOCITY O1=1. 540 rad/s
VELOCITY O2=1. 488 rad/s	VELOCITY O3=2. 313 rad/s
VELOCITY O4=0. 633 rad/s	VELOCITY O5=0. 373 rad/s
VELOCITY O6=0. 000 rad/s	VELOCITY O7=0. 000 rad/s
VELOCITY O8=0. 000 rad/s	VELOCITY O9=0. 000 rad/s

THE ROLLING STOPS

Location：　　　　Date：　　　　Engineer：

范例 9:连续倾翻

TEST NR:

FRONT MOUNTED-OVER PROTECTIVE STRUCTURE
OF THE NARROW TRACTOR:

CHARACTERISTIC UNITS:
LINEAR(m): MASS(kg):
MOMENT OF INERTIA(kg・m^2): ANGLE(radian)

HEIGHT OF THE COG	H1=0.7620	H. DIST. COG-REAR AXLE	L3=0.7970
H. DIST. COG-FRONT AXLE	L2=1.1490	HEIGHT OF THE REAR TYRES	D3=1.2930
HEIGHT OF THE FRT TYRES	D2=0.8800	OVERALL HEIGHT(PT IMPACT)	H6=1.9670
H. DIST. COG-LEAD PT INTER.	L6=−0.3000	PROTECTIVE STRUCT. WIDTH	B6=0.7700
HEIGHT OF THE ENG. B.	H7=1.3500	WIDTH OF THE ENG. B.	B7=0.9500
H. DIST. COG-FRT COR. ENG. B.	L7=1.6390	HEIGHT FRT AXLE PIVOT PT	H0=0.4450
REAR TRACK WIDTH	S=1.1150	REAR TYRE WIDTH	B0=0.1950
FRT AXLE SWING ANGLE	D0=0.1570	TRACTOR MASS	Mc=1800.000
MOMENT OF INERTIA	Q=300.0000		

VELOCITY O0=3.790 rad/s	VELOCITY O1=1.159 rad/s
VELOCITY O2=1.133 rad/s	VELOCITY O3=2.118 rad/s
VELOCITY O4=0.801 rad/s	VELOCITY O5=0.000 rad/s
VELOCITY O6=0.000 rad/s	VELOCITY O7=0.000 rad/s
VELOCITY O8=0.000 rad/s	VELOCITY O9=0.000 rad/s

VELOCITY O0=3.790 rad/s	VELOCITY O1=1.159 rad/s
VELOCITY O2=1.133 rad/s	VELOCITY O3=2.118 rad/s
VELOCITY O4=0.856 rad/s	VELOCITY O5=0.562 rad/s
VELOCITY O6=0.000 rad/s	VELOCITY O7=0.000 rad/s
VELOCITY O8=0.000 rad/s	VELOCITY O9=0.205 rad/s

THE TILTING CONTINUES

Location: Date: Engineer:

范例 10:连续倾翻

TEST NR:

FRONT MOUNTED-OVER PROTECTIVE STRUCTURE
OF THE NARROW TRACTOR:

CHARACTERISTIC UNITS:
LINEAR(m): MASS(kg):
MOMENT OF INERTIA(kg·m²): ANGLE(radian)

HEIGHT OF THE COG	H1=0.7653	H. DIST. COG-REAR AXLE	L3=0.7970
H. DIST. COG-FRONT AXLE	L2=1.1490	HEIGHT OF THE REAR TYRES	D3=1.3800
HEIGHT OF THE FRT TYRES	D2=0.8800	OVERALL HEIGHT(PT IMPACT)	H6=1.9600
H. DIST. COG-LEAD PT INTER.	L5=−0.3000	PROTECTIVE STRUCT. WIDTH	B6=0.7000
HEIGHT OF THE ENG. B.	H7=1.3700	WIDTH OF THE ENG. B.	B7=0.8900
H. DIST. COG-FRT COR. ENG. B.	L7=1.6390	HEIGHT FRT AXLE PIVOT PT	H0=0.4450
REAR TRACK WIDTH	S=1.1150	REAR TYRE WIDTH	B0=0.1950
FRT AXLE SWING ANGLE	D0=0.1570	TRACTOR MASS	Mc=1800.000
MOMENT OF INERTIA	Q=275.0000		

VELOCITY O0=3.815 rad/s	VELOCITY O1=0.748 rad/s
VELOCITY O2=0.724 rad/s	VELOCITY O3=1.956 rad/s
VELOCITY O4=0.808 rad/s	VELOCITY O5=0.000 rad/s
VELOCITY O6=0.000 rad/s	VELOCITY O7=0.000 rad/s
VELOCITY O8=0.000 rad/s	VELOCITY O9=0.407 rad/s

THE TILTING CONTINUES

Location: Date: Engineer:

范例 11：翻滚停止

TEST NR：

FRONT MOUNTED-OVER PROTECTIVE STRUCTURE
OF THE NARROW TRACTOR：

CHARACTERISTIC UNITS：
LINEAR(m)：　MASS(kg)：
MOMENT OF INERTIA(kg · m^2)：　ANGLE(radian)

HEIGHT OF THE COG	H1=0.7653	H. DIST. COG-REAR AXLE	L3=0.7970
H. DIST. COG-FRONT AXLE	L2=1.1490	HEIGHT OF THE REAR TYRES	D3=1.4800
HEIGHT OF THE FRT TYRES	D2=0.9000	OVERALL HEIGHT(PT IMPACT)	H6=1.9600
H. DIST. COG-LEAD PT INTER.	L6=−0.4000	PROTECTIVE STRUCT. WIDTH	B6=0.7000
HEIGHT OF THE ENG. B.	H7=1.3700	WIDTH OF THE ENG. B.	B7=0.8000
H. DIST. COG-FRT COR. ENG. B.	L7=1.6390	HEIGHT FRT AXLE PIVOT PT	H0=0.4450
REAR TRACK WIDTH	S=1.1150	REAR TYRE WIDTH	B0=0.1950
FRT AXLE SWING ANGLE	D0=0.1570	TRACTOR MASS	Mc=1800.000
MOMENT OF INERTIA	Q=250.0000		

VELOCITY O0=3.840 rad/s	VELOCITY O1=0.246 rad/s
VELOCITY O2=0.235 rad/s	VELOCITY O3=0.000 rad/s
VELOCITY O4=0.000 rad/s	VELOCITY O5=0.000 rad/s
VELOCITY O6=0.000 rad/s	VELOCITY O7=0.000 rad/s
VELOCITY O8=0.000 rad/s	VELOCITY O9=0.000 rad/s

VELOCITY O0=3.840 rad/s	VELOCITY O1=0.246 rad/s
VELOCITY O2=0.235 rad/s	VELOCITY O3=0.000 rad/s
VELOCITY O4=0.000 rad/s	VELOCITY O5=0.000 rad/s
VELOCITY O6=0.000 rad/s	VELOCITY O7=0.000 rad/s
VELOCITY O8=0.000 rad/s	VELOCITY O9=0.000 rad/s

THE ROLLING STOPS

Location：　Date：　Engineer：

附　录　B
（规范性附录）
试验报告样本

注：本报告采用 ISO 1000:1992 标准规定的单位；必要时，在后面用括号注明相应国家的单位。

——防护装置生产厂家的名称和地址；

——提交试验的单位；

——防护装置的牌号；

——防护装置的型号；

——防护装置的类型：驾驶室、防翻架等。

B.1　试验拖拉机的技术参数

B.1.1　装配所试防护装置的拖拉机的参数

B.1.1.1　拖拉机的品牌

型号（商标名）：

形式：2WD 或 4WD：橡胶或金属轮（如应用）。

B.1.1.2　机型或系列号：

B.1.1.3　其他技术参数（如应用）

B.1.2　装配防护装置的拖拉机的质量（无配重和驾驶员）

表 B.1

前	kg
后	kg
总计	kg

质量用于计算撞击能量和压垮力。

B.1.3　拖拉机的轮距和惯性矩

被试拖拉机的轮距：　　　　mm

用于计算后部撞击能量的惯性矩　　　　kg·m^2

B.1.4　轮距和轮胎规格

表 B.2

位　置	最小轮距 mm	轮　胎		
		规格 mm	直径 mm	压力 kPa
前				
后				

B.1.5　拖拉机座椅

拖拉机是否有双向驾驶位（双向座椅和方向盘）　　　　是/否

座椅的牌号/型号/型式

选装座椅和驾驶座参考点：

（座椅 1 和驾驶座参考点的描述）

（座椅 2 和驾驶座参考点的描述）

（座椅和 SRP 的描述）

B.2 防护装置的技术参数

B.2.1 从侧面和后面表示安装细节的照片(包括挡泥板)

B.2.2 从侧面和后面表示驾驶座参考点和安装细节的总布置图

B.2.3 防护装置构成的简要叙述

结构型式

安装细节

覆盖件和衬垫的细节

进入和逃跑的方法

B.2.4 防护装置可否倾翻/可否折叠

B.2.5 尺寸

应根据要求安装座椅盆板和靠背后测量尺寸。

对于安装可选座椅和双向行驶(双向座椅和方向盘)的拖拉机,应分别测量相对于各驾驶座参考点的尺寸(SRP1、SRP2 等)。

B.2.5.1 顶棚距驾驶座参考点的高度 mm

B.2.5.2 顶棚距驾驶座地板的高度 mm

B.2.5.3 在驾驶座参考点上防护装置的宽度 mm

B.2.5.4 在驾驶座参考点上方向盘中心高度处防护装置的宽度 mm

B.2.5.5 方向盘中心距防护装置右边的距离 mm

B.2.5.6 方向盘中心距防护装置左边的距离 mm

B.2.5.7 方向盘边缘到防护装置的最小距离 mm

B.2.5.8 门道的宽度

顶部 mm

中间 mm

上部 mm

B.2.5.9 门道的高度

比地板高 mm

比最高的上机踏板高 mm

比最低的上机踏板高 mm

B.2.5.10 装配防护装置的拖拉机的总高 mm

B.2.5.11 防护装置的总宽(如包括挡泥板,要说明) mm

B.2.5.12 驾驶座参考点上 900 mm 处,到防护装置后边的水平距离 mm

B.2.5.13 拖拉机最小总宽 mm

B.2.5.14 防护装置最大外部宽度 mm

B.2.6 防护装置所用材料及钢材的技术规格

钢材的技术规格要符合 GB/T 700 的要求。

B.2.6.1 主框架: （零件-材料-尺寸）

是沸腾钢、半镇静钢、镇静钢?

钢号和相关标准

B.2.6.2 安装支架: （零件-材料-尺寸）

是沸腾钢、半镇静钢、镇静钢?

钢号和相关标准

B.2.6.3 装配和安装用螺栓　　（零件-尺寸）

B.2.6.4 顶棚　　（零件-材料-尺寸）

B.2.6.5 覆盖件　　（零件-材料-尺寸）

B.2.6.6 玻璃　　（型号-等级-尺寸）

B.2.7 拖拉机制造厂对原防护装置加强的细节

B.3 试验结果

B.3.1 预备试验

B.3.1.1 横向稳定性试验（陈述）

置于地面的轮式拖拉机不稳定平衡时的倾斜角应大于38°。

B.3.1.2 抗连续翻滚试验

B.3.1.2.1 通过翻滚试验来验证抗连续翻滚性能。

B.3.1.2.2 通过计算来验证抗连续翻滚性能。

模拟计算所需整机参数如下：

B　　拖拉机最小外廓宽度，单位为米(m)；

B_0　　后轮胎宽度，单位为米(m)；

B_6　　防护装置左右撞击点之间的宽度，单位为米(m)；

B_7　　发动机机罩宽度，单位为米(m)；

D_0　　前轴摆动角（从零位到行程结束），单位为弧度(rad)；

D_2　　前轴满载时前轮高度，单位为米(m)；

D_3　　后轴满载时后轮高度，单位为米(m)；

H_0　　前轴摇摆轴的高度，单位为米(m)；

H_1　　拖拉机质心的高度，单位为米(m)；

H_6　　撞击点高度，单位为米(m)；

H_7　　发动机机罩高度，单位为米(m)；

L_2　　质心到前轴的水平距离，单位为米(m)；

L_3　　质心到后轴的水平距离，单位为米(m)；

L_6　　质心到防护装置横截面前边缘的水平距离（如果该点位于质心前，数值前加负号），单位为米(m)；

L_7　　质心到发动机机罩前端点的水平距离，单位为米(m)；

M_c　　用于计算的拖拉机质量，单位为千克(kg)；

Q　　通过质心绕纵轴的惯性矩，单位为千克平方米(kg·m²)；

S　　后轮距，单位为米(m)；

当满足 $S+B_0<B_6$ 且 $S+S_0<E_7$ 时，拖拉机不适用此计算方法。

只有当横向稳定性试验、抗连续翻滚试验都符合要求时，防护装置才能进行强度试验。

B.3.2 撞击和压垮试验

B.3.2.1 试验条件

撞击试验是在：

左后方/右后方

左前方/右前方

左侧边/右侧边

用于计算撞击能量的质量　　kg

用于计算后撞击能量的轴距　　mm

用于计算后撞击能量的惯性矩　　kg·m^2

施加于前部框架上的能量

　后部　　kJ

　前部　　kJ

　侧面　　kJ

　压垮力　　kN

　附加超载试验　　kJ

施加于前部框架上的加载力　　kN

B.3.2.2　试验后的永久变形

B.3.2.2.1　各项试验后防护装置边界的永久变形

后部(朝前/朝后)	左边:		mm
	右边:		mm
前部(朝前/朝后)	左边:		mm
	右边:		mm
侧面(朝左/朝右)	前边:		mm
	后边:		mm
顶面(朝上/朝下)	前边:	左边	mm
		右边	mm
	后边:	左边	mm
		右边	mm

B.3.2.2.2　侧撞击试验时瞬时变形与永久变形之间的总差值　　mm

B.3.2.3　附加试验的说明和结果

声明:

保护容身区的验收条件得到满足,则本防护装置为满足本试验标准的在翻车时起防护作用的防护装置。

B.3.3　安装此防护装置的拖拉机

表 B.3

品牌	型号	型式	其他技术文件	质　量			倾斜	轴距	最小轮距	
				前桥	后桥	总重			前	后
		2/4WD	如需要	kg	kg	kg	是/否	mm	mm	

B.4　较小改动的证明

符合本试验标准的批准号:

试验站原报告的试验编号:

试验日期和地点:

批准时间:

更改号:MOD

先前改进证明(MOD)维持有效/保持有效

B.4.1　防护装置的技术参数

框架或驾驶室:

生产厂家：

提交试验单位：

牌号：

型式：

改进后的出厂编号：

B.4.2　安装此防护装置的拖拉机名称

表 B.4

品牌	型号	型式	其他技术文件	质量			倾斜	轴距	最小轮距	
				前桥	后桥	总重			前	后
		2/4WD	如需要	kg	kg	kg	是/否	mm	mm	

B.4.3　改进细节

自原始报告出具后的，改动如下：

B.4.4　声明

改动部分对防护装置强度的效果已进行验证。改动部分对原试验结果无影响。原试验报告仍适用于改动后的防护装置。本证明由进行原试验的代表官方机构的试验站起草，本证明作为原试验报告的附件。

签名：

日期：

地点：

ICS 65.060.10
T 69

中华人民共和国国家标准

GB/T 21956.3—2008

农林窄轮距轮式拖拉机防护装置强度试验方法和验收条件 第3部分:后置式静态试验方法

The strength testing method and accepting condition of protective structures on narrow-track wheeled agricultural and forestry tractors
Part3:Static testing method of rear mounted ROPS

(OECD Code 7:2005,Oecd standard CODE for the official testing of rear mounted roll-over protective structures on narrow-track wheeled agricultural and forestry tractors,MOD)

2008-06-03 发布

2009-01-01 实施

中华人民共和国国家质量监督检验检疫总局
中国国家标准化管理委员会 发布

前　言

GB/T 21956《农林窄轮距轮式拖拉机防护装置强度试验方法和验收条件》分为四个部分：

——第 1 部分：前置式静态试验方法；

——第 2 部分：前置式动态试验方法；

——第 3 部分：后置式静态试验方法；

——第 4 部分：后置式动态试验方法。

本部分为 GB/T 21956 的第 3 部分。

本部分修改采用 OECD Code 7:2005《窄轮距农业和林业轮式拖拉机后置式翻车防护装置强度试验方法》中的静态试验部分。其中与我国相应标准内容相同的部分，用我国相应标准代替。

本部分根据 OECD Code 7:2005 重新起草。

为便于使用，本部分做了下列编辑性修改：

——“本规则”一词改为“本部分”；

——用小数点“.”代替作为小数点的逗号“,”；

——修改了标准名称。

本部分的附录 A 为规范性附录。

本部分由中国机械工业联合会提出。

本部分由全国拖拉机标准化技术委员会归口。

本部分起草单位：国家拖拉机质量监督检验中心。

本部分主要起草人：王风雨、陈振、金锡平。

农林窄轮距轮式拖拉机防护装置强度试验方法和验收条件 第3部分:后置式静态试验方法

1 范围

本部分规定了农业、林业窄轮距轮式拖拉机后置式防护装置的静态试验方法和验收条件。

本部分适用于具有两轴的充气轮胎拖拉机,其前轴和后轴最低点的离地间隙不大于600 mm;对前轮或后轮装有较大尺寸轮胎的,无论轮距是固定的或可调的,其最小轮距应不大于1 150 mm;拖拉机空载质量(包括防护装置和生产厂家提供的最大轮胎)大于600 kg,如为双向行驶拖拉机则应同时小于3 000 kg。

2 规范性引用文件

下列文件中的条款通过GB/T 21956的本部分的引用而成为本部分的条款。凡是注日期的引用文件,其随后所有的修改单(不包括勘误的内容)或修订版均不适用于本部分,然而,鼓励根据本部分达成协议的各方研究是否可使用这些文件的最新版本。凡是不注日期的引用文件,其最新版本适用于本部分。

GB/T 700 碳素结构钢

GB/T 6236 农林拖拉机和机械 驾驶座标志点

GB/T 6960.7—2007 拖拉机术语 第7部分:驾驶室、驾驶座和覆盖件

3 术语和定义

GB/T 6960.7—2007中确立的以及下列术语和定义适用于GB/T 21956的本部分。

3.1

农林拖拉机 agricultural and forestry tractors

至少有两根轴的自走式的轮式或履带式车辆,其设计主要用于下列基本的农业和林业用途:

——牵引拖车;

——携带、牵引或推动农业和林业机具或机械,并可根据需要,在拖拉机行进中或停车状态为配套机具提供动力。

3.2

轮距 track

3.2.1 基本定义:车轮中心面

车轮中心面是距轮辋两个外边圆周平面等距的平面。

3.2.2 轮距

通过车轮轴线的垂直平面同车轮中心面的交线在支承平面上交于一点,如果A点和B点是拖拉机同一轴上两个车轮如此定义的两点,则轮距就是A点与B点之间的距离。此定义对前后轮均适用。对双排轮,轮距是指两对车轮中心面之间的距离。

3.2.3 附加定义:拖拉机中心面

将拖拉机后轴A点和B点调至最外端的极限位置(它给出轮距最大值),与AB线中点处正交的垂直平面即为拖拉机中心面。

3.3

轴距 wheelbase

通过上述定义得到的两条直线 AB（一条为前轮线，一条为后轮线）作两个垂直平面，轴距即为这两个平面间的距离。

4 测量单位和允许误差

线性尺寸：	±3 mm
以下尺寸除外：	
——轮胎变形量	±1 mm
——水平加载时防护装置的变形量	±1 mm
质量：	±1%
载荷：	±2%
角度：	±2°

5 符号和定义

F	静载力，单位为牛顿(N)
B	拖拉机最小外廓宽度，单位为毫米(mm)
B_6	防护装置最大外廓宽度，单位为毫米(mm)
D	防护装置在加载点沿加载方向的变形量，单位为毫米(mm)
D'	达到理论能量时防护装置的变形量，单位为毫米(mm)
E_a	卸载后加载点处吸收的应变能。F-D 曲线下面的面积，单位为焦耳(J)
E_i	吸收的应变能。F-D 曲线下面的面积，单位为焦耳(J)
E_i'	发生开裂和撕裂后附加试验所吸收的应变能。F-D 曲线下的面积，单位为焦耳(J)
E_i''	卸载后进行超载试验吸收的应变能。F-D 曲线下的面积，单位为焦耳(J)
E_{il}	纵向加载时所吸收的输入能量，单位为焦耳(J)
E_{is}	侧向加载时所吸收的输入能量，单位为焦耳(J)
F'	理论能量所需加载力，对应于 E_i'，单位为牛顿(N)
F-D	力-变形量曲线图
F_{max}	加载时出现的最大静载力，不包括超载试验，单位为牛顿(N)
F_v	垂直压垮力，单位为牛顿(N)
I	拖拉机绕后轴中心线的参考惯性矩，与后轴的质量无关，单位为千克平方米($kg \cdot m^2$)
L	拖拉机参考轴距，单位为毫米(mm)
M_t	拖拉机进行强度试验时的参考质量，按 6.5 所定义，单位为千克(kg)

6 拖拉机和防护装置的试验准备

6.1 按 GB/T 6236 确定驾驶座标志点的位置。

6.2 防护装置要符合批量生产的技术规范，并按生产厂家的方法固定于配套的拖拉机上。

6.3 拖拉机（或被试装置）应装上可能影响防护装置强度或强度试验必需的所有批量生产的零部件。可能侵入容身区的零部件也应安装到拖拉机（或被试装置）上，以便检查这些零部件是否满足 7.10.2 的验收条件。

6.4 强度试验时，应拆下所有装饰件和可拆卸的非结构件。

6.5 拖拉机的参考质量

用于计算加载能量和压垮力的参考质量 M_t 至少为拖拉机的质量，不包括选装附件，但要包括冷却液、燃油、润滑油和防护装置所带工具。拖拉机质量不包括选装的前后配重、轮胎配重、农机具和其他特殊部件。

6.6 水平加载试验

6.6.1 将拖拉机底盘架空并牢固的固定于地面上的装置(见图 1)。

单位为毫米

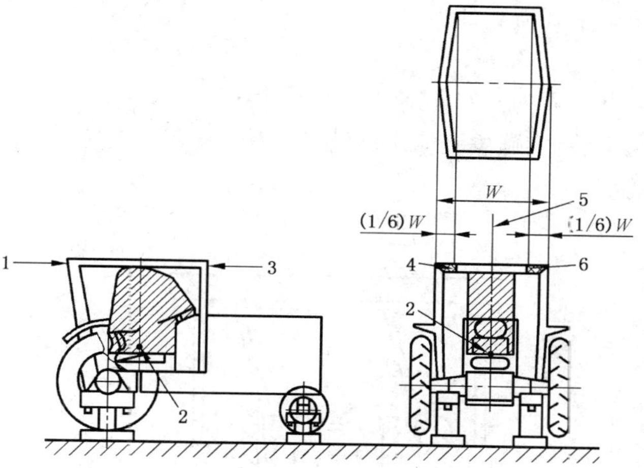

1——后加载载荷;

2——座位标志点;

3——前加载载荷;

4——第二次纵向载荷作用点(前后);

5——纵向中心面;

6——纵向载荷作用点(前后)。

a) 水平前后加载

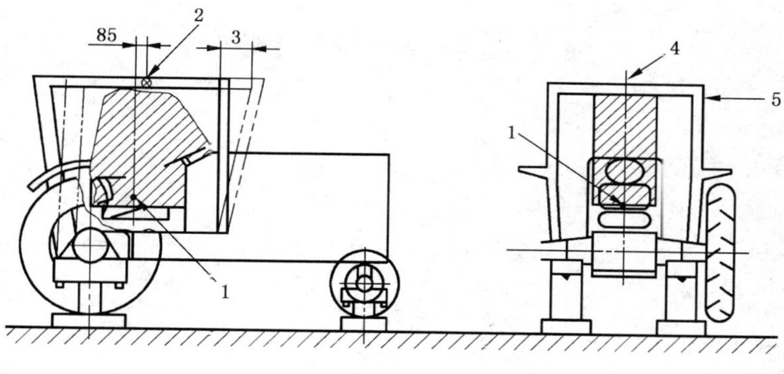

1——座位标志点(SIP);

2——侧向载荷作用点;

3——后向加载时的变形;

4——纵向中心面;

5——载荷。

b) 水平侧向加载

图 1 水平加载试验装置的示例

6.6.2 使载荷沿其垂直方向均布施加的梁：长为 250 mm～700 mm 且为 50 mm 的倍数，梁与防护装置接触的棱角半径不大于 50 mm。如果与加载梁接触的防护装置，其法线与加载载荷方向不平行，则要填充空隙以便沿加载梁均布施加载荷。

6.6.3 万向连接机构要确保加载设备不妨碍防护装置转动或沿加载方向以外的方向上移动。

6.6.4 要有测量防护装置受力点在载荷方向上相对于拖拉机底盘变形的设备；要连续记录测量以确保精度；测量设备要固定以便记录载荷和变形。

6.7 压垮试验

6.7.1 将拖拉机底盘架空并牢固的固定于地面上的装置(见图 2)。

6.7.2 如图 2 所示，对防护装置实施垂直向下载荷的方法，包括一个宽 250 mm 的刚性梁。

6.7.3 测量总垂直载荷的设备。

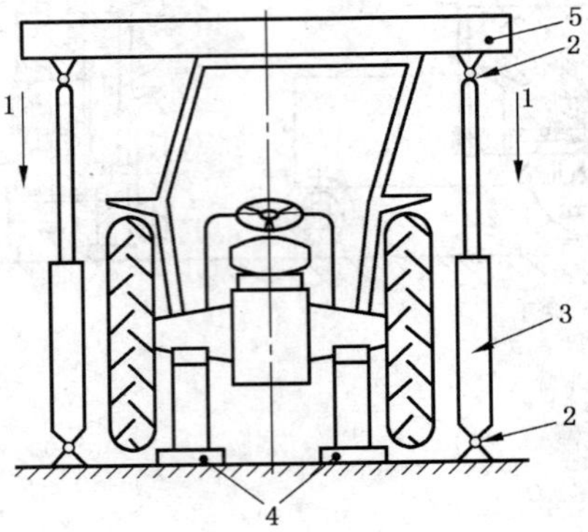

1——载荷；

2——万向连接；

3——液压油缸；

4——前后轴下的支撑；

5——加载梁。

图 2 压垮试验装置的后视图

7 试验步骤和要求

7.1 试验项目和顺序

a) 后加载试验；

b) 后压垮试验；

c) 前加载试验；

d) 侧加载试验；

e) 前压垮试验。

7.2 试验要求

7.2.1 防护装置强度试验可以在动载试验和静载试验中任选其一，二者等效。

7.2.2 在试验过程中，若固定拖拉机的任何零部件发生破损或移动，试验应重做。

7.2.3 试验期间不得对拖拉机或防护装置进行维修或调整。

7.2.4 强度试验时，应拆下所有装饰件和可拆卸的非结构件。

7.2.5 后加载试验的第一次试验位置的选择，应根据试验站的意见，使防护装置在最恶劣的条件下在承载位置处能进行连续加载。侧加载与后加载的承载位置应在防护装置纵向中心平面的两侧；前加载与侧加载的位置在防护装置纵向中心平面的同一侧。

7.2.6 如果加载点是弧面或凸缘，在不增加强度的情况下，可在此点增加垫块来方便施加载荷。

7.3 后加载试验

载荷应处于在平行于拖拉机中心面的铅锤面沿水平方向加载，加载点应选在发生后翻事故时防护装置首先撞击地面的位置，通常在上边缘。加载点所在的铅锤面在防护装置中心面上部距最外边1/6处。

遇下列情况应停止试验：

——防护装置吸收的能量等于或大于需要的输入能。

$$E_{il} = 2.165 \times 10^{-7} M_t L^2 \quad\quad (1)$$

$$或\ E_{il} = 0.754 \times I \quad\quad (2)$$

对于双向行使拖拉机(双向座椅和方向盘)加载能量等于或大于公式(1)或公式(2)与公式(3)的较大值。

$$E_{il} = 500 + 0.5M_t \quad\quad (3)$$

——防护装置的容身区遭到破坏或容身区失去保护。

7.4 后压垮试验

将加载梁置于防护装置顶部后面的构件上，使压垮合力作用在拖拉机中心平面内，施加的压垮力为：

$$F_v = 20M_t \quad\quad (4)$$

将此作用力一直加至防护装置不再有任何可见的变形之后再维持 5 s。

当防护装置顶棚后部承受不了全部压垮力时，继续保持压力，直至顶棚变形到与连接防护装置上部构件和翻车时能支撑拖拉机的后部部件构成的平面重合时为止。然后将此作用力卸去，并将加载梁移到拖拉机完全翻车时可能支撑住拖拉机的防护装置的部位上，再施加压垮力 F_v(见图 3)。

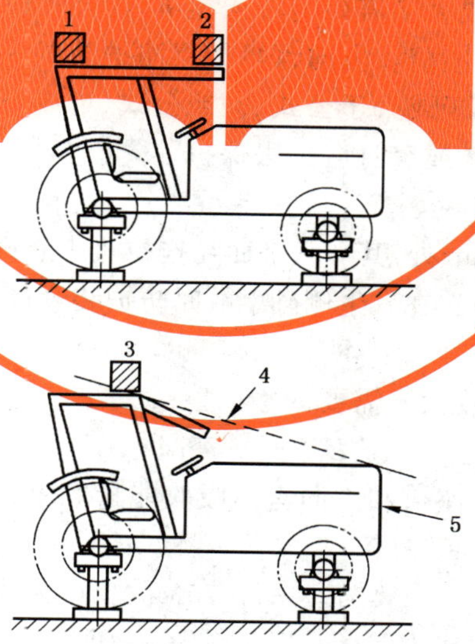

a) 驾驶室

图 3 压垮试验装置的侧视图

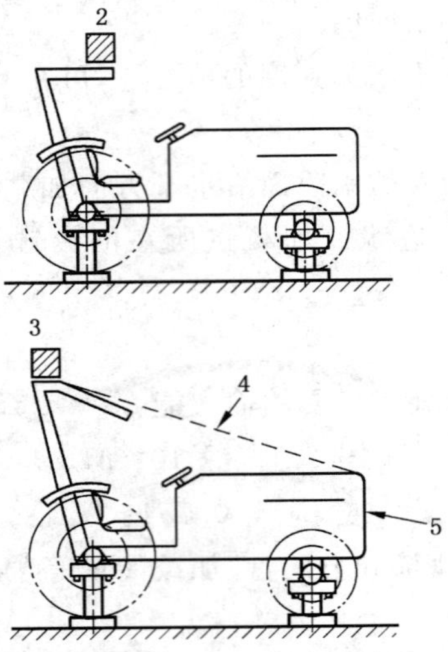

b）安全架

1——后压垮试验时梁的位置；

2——前压垮试验时梁的位置；

3——当前部不能承受全部压垮力时第二次压垮梁的位置；

4——设想的地平面；

5——当翻车时能够支撑拖拉机质量的部位。

图 3（续）

7.5 前加载试验

载荷应处于在平行于拖拉机中心面的铅锤面沿水平方向加载。加载点应选在拖拉机行使中发生侧翻事故时防护装置首先撞击地面的位置，通常在上边缘。加载点所在的铅锤面在防护装置中心面上部距最外边 1/6 处，此铅锤面与拖拉机中心面平行。

遇下列情况应停止试验：

——防护装置吸收的能量等于或大于需要的输入能 E_{il} 按公式(3)。

对于双向行使拖拉机(双向座椅和方向盘)，如果防护装置为双柱式，采用公式(3)；对于其他形式的防护装置，吸收能量等于或大于公式(3)或公式(1)或公式(2)计算的较大值。

——防护装置的容身区遭到破坏或容身区失去保护。

7.6 侧加载试验

加载点在驾驶座参考点前 200 mm 处，其加载平面在拖拉机中心面的垂直方向水平加载。此时，座椅位于纵向可调位置的中点。加载点应选在发生侧翻事故时防护装置首先撞击地面的位置，通常在上边缘。

遇下列情况应停止试验：

——防护装置吸收的能量等于或大于需要的输入能。

$$E_{is} = 1.75M_t \qquad \cdots\cdots(5)$$

对于双向行使拖拉机(双向座椅和方向盘)，吸收能量等于或大于公式(5)与公式(6)或公式(7)的最大值。

$$E_{is} = 1.75M_t \qquad \cdots\cdots(6)$$

$$\text{或 } E_{is} = 1.75M_t(B_6 + B)/2B \qquad \cdots\cdots(7)$$

——防护装置的容身区遭到破坏或容身区失去保护。

7.7 前压垮试验

将加载梁置于防护装置顶部前面的构件上，使压垮合力作用在拖拉机中心平面内，施加的压垮力为：

$$F_v = 20M_t \qquad \cdots\cdots(8)$$

将此作用力一直加至防护装置不再有任何可见的变形之后再维持 5 s。

当防护装置顶棚前部承受不了全部压垮力时，继续保持压力，直至顶棚变形至与连接防护装置上部构件和翻车时能支撑拖拉机的前部部件构成的平面重合时为止。然后将此作用力卸去，并将加载梁移到拖拉机完全翻车时可能支撑住拖拉机的防护装置的部位上，再施加压垮力 F_v（见图 3）。

试验装置与后压垮试验类似。

7.8 附加超载试验

当防护装置吸收能量达到规定，在最后 5％的变形时，载荷下降超过 3％，就要进行超载试验（见图 4、图 5）。

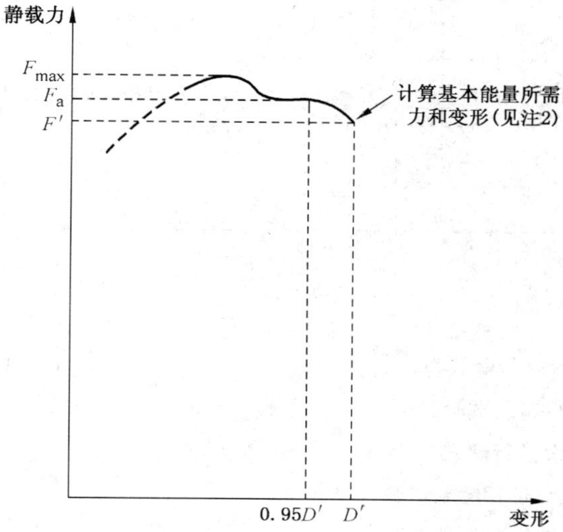

注 1：F_a 为相对于 0.95D'变形时的静载力。

注 2：当 $F_a \leqslant 1.03F'$时不需进行超载试验。

图 4　免作超载试验时的力-变形曲线

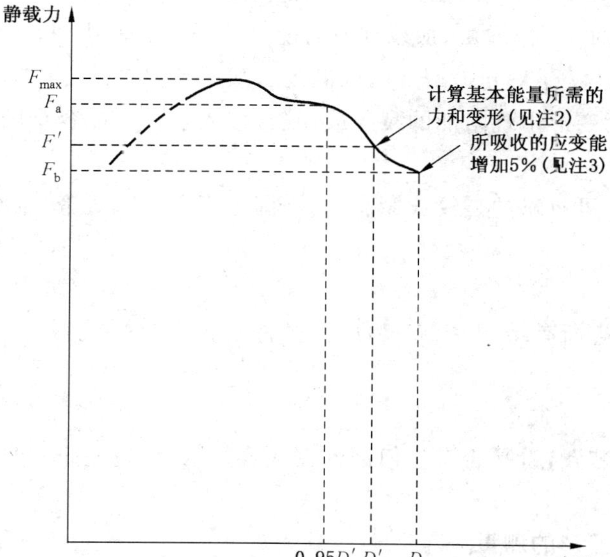

注 1：F_a 为相对于 0.95D'变形时的静载力。

注 2：当 $F_a > 1.03F'$时需进行超载试验。

注 3：若 $F_b > 0.97F'$和 $F_b > 0.8F_{max}$，符合超载试验性能要求。

图 5　超载试验时的力-变形曲线

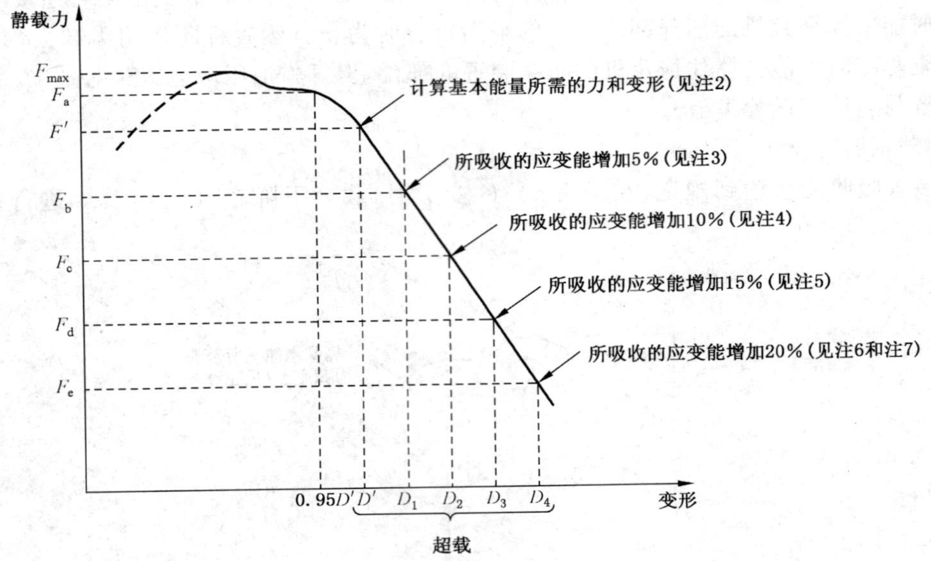

注1：F_a 为相对于 0.95D' 变形时的静载力。

注2：当 $F_a>1.03F'$ 时，需进行超载试验。

注3：当 $F_b<0.97F'$ 时，需继续进行超载试验。

注4：当 $F_c<0.97F_b$ 时，需继续进行超载试验。

注5：当 $F_d<0.97F_c$ 时，需继续进行超载试验。

注6：当 $F_e>0.8F_{max}$，符合超载试验性能要求。

注7：若在各超载试验时，静载力低于 $0.8F_{max}$，则认为超载试验失败。

图6　附加超载试验时的力-变形曲线

在能量加载5%、10%、15%后，加载力降低不超过3%，而且大于 $0.8F_{max}$，则满足过载试验要求。

过载试验按所需能量的5%作增量，加载到所需能量的20%(见图6)。

在能量加载20%后，加载力大于 $0.8F_{max}$，则满足过载试验要求。

在过载试验中，因弹性变形出现附加的裂纹或撕裂，侵入容身区或容身区超出防护装置是允许的。

7.9　附加压垮试验

在压垮试验中，出现不可忽略的裂纹或撕裂时，立即进行第二次压垮，压垮力为 $1.2F_v$。

7.10　检查和测量

7.10.1　断裂和裂纹检查

每次试验后应目视检查所有结构件、连接件、紧固件是否有断裂或裂纹，非重要部件出现的小裂纹可忽略不计。

7.10.2　容身区检查

每次试验后检查防护装置，看是否有任何部件侵入容身区；还应检查容身区是否超出了防护装置的保护范围。

7.10.3　侧向加载下弹性变形的测量

测量点应位于驾驶员座位参考点上方900 mm处，通过侧向加载点的垂直平面内(见图7)。

7.10.4　永久变形的测量

在最终压垮试验后，记录防护装置的永久变形。因此，试验前应记录防护装置主要部件相对于驾驶座参考点的位置。

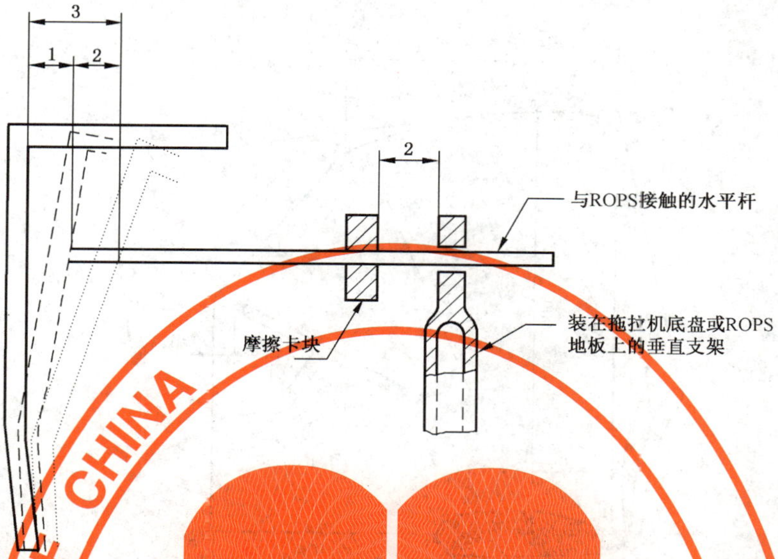

1——永久变形量；

2——弹性变形量；

3——总变形量(永久变形量＋弹性变形量)。

图 7 测量弹性变形量装置示意图

8 容身区

将拖拉机停在水平地面上，若方向盘可调，应将其调至中间位置，容身区(见图 8、图 9)由以下平面确定。

8.1 位于参考点上面 900 mm 的一个水平面($A_1B_1B_2A_2$)。

8.2 同垂直基准面垂直的一个斜平面($H_1H_2G_2G_1$)。此斜平面包括座位参考点上方 900 mm 处的一个点及座位靠背最后面的一个点。

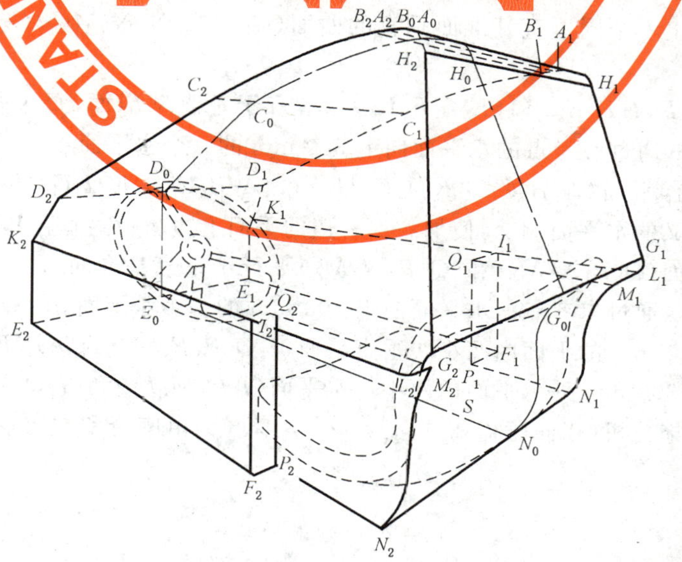

图 8 后置式防护装置容身区立体图

单位为毫米

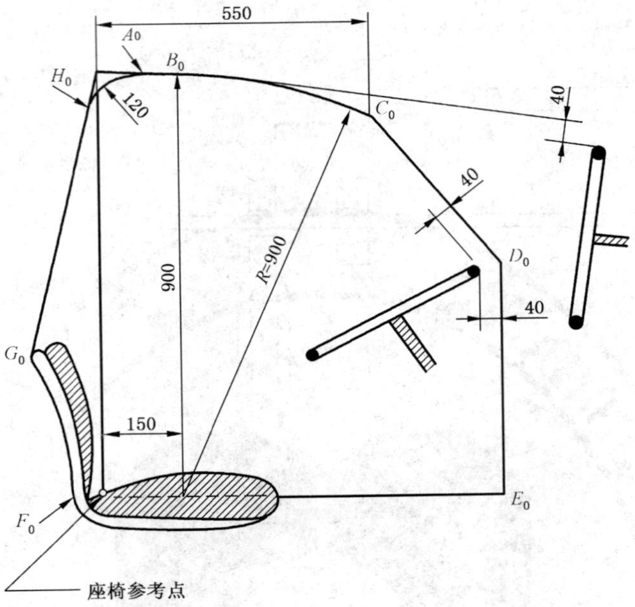

图 9　后置式防护装置容身区侧视图

8.3　同垂直基准面垂直的一个圆柱面($A_1A_2H_2H_1$)。它同上述 8.1、8.2 所定义的平面相切、其半径为 120 mm。

8.4　同垂直基准面垂直、半径为 900 mm 的圆柱面($B_1C_1C_2B_2$),同 8.1 所定义的平面在座位参考点前 150 mm 处相切,并由该处向前延伸 400 mm。

8.5　同垂直基准面垂直的一个斜平面($C_1D_1D_2C_2$),此平面连接 8.4 所定义的平面前沿、且从方向盘外沿前面 40 mm 处穿过。

8.6　同垂直基准面垂直、且离方向盘外沿前 40 mm 处的一个垂直平面($D_1K_1E_1E_2K_2D_2$)。

8.7　经过座位参考点的一个水平面($E_1F_1D_1N_1N_2D_2F_2E_2$)。

8.8　如有必要,可画出一个同垂直基准面垂直的曲面($G_1L_1M_1N_1N_2M_2L_2G_2$),且同座位靠背在全长内接触。

8.9　两个垂直平面($K_1I_1F_1E_1$)和($K_2I_2F_2E_2$)。平行于垂直基准面,每个平面距基准面的距离为 250 mm,其上边界为从通过参考点的水平面向上 300 mm 的一个水平面。

8.10　两个倾斜的平行平面($A_1B_1C_1D_1K_1I_1G_1H_1$)和($A_2B_2C_2D_2K_2I_2G_2H_2$),从 8.9 所定义平面的上边起到与 8.1 所定义的水平面相交,使加载那一边的平面上边缘距离垂直基准面至少 100 mm。

8.11　两小块垂直平面($Q_1P_1N_1M_1$)和($Q_2P_2N_2M_2$)平行于垂直基准面,每个平面距基准面的距离为 200 mm,其上边界为从通过参考点的水平面向上 300 mm 的一个水平面。

8.12　于参考点前 350 mm 的平面内两小块垂直平面($I_1Q_1P_1F_1$)和($I_2Q_2P_2F_2$)垂直于基准面。

8.13　位于参考点上 300 mm 处水平面内两小块水平面($I_1Q_1M_1L_1$)和($I_2Q_2M_2L_2$)。

8.14　对于双向行使拖拉机(双向座椅和方向盘),其容身区为由座椅和方向盘两个位置确定的两个容身区的包容区。

9　验收条件

9.1　每一分项试验完毕后,按 7.10.1 的规定检查应无裂纹或撕裂,如出现明显的裂纹或撕裂,应立即进行相应的附加压垮试验。

9.2 除过载试验外，防护装置的任何部分都不得进入第8章所定义的容身区，或容身区超出防护装置外。

9.3 水平加载达到所需能量时或过载试验时，载荷应大于 $0.8F_{max}$。

9.4 试验中防护装置不得对座椅施加任何约束。

9.5 按7.10.3的规定所测量的弹性形变要小于250 mm。

9.6 应无在发生翻车事故时能严重伤害驾驶员或变形夹住驾驶员的零部件。

10 对其他型号拖拉机的适用性

当满足验收条件的防护装置用于其他型号的拖拉机，如拖拉机和防护装置满足以下条件，不必在每个型号的拖拉机上加载和压垮试验。

10.1 如果生产厂家提出申请，只有进行原试验的试验站才有权批准防护装置的适用性。

10.2 新拖拉机试验所需能量不超过试验拖拉机试验所需能量的105%。

10.3 连接方式和拖拉机的连接部件与原试验的相同或等强度。

10.4 挡泥板或发动机机罩等对防护装置支撑的部件与原试验的相同或提供相同支撑。

10.5 座椅在防护装置中的位置和精确尺寸和防护装置在拖拉机上的相关尺寸，要保证在所有试验中，容身区在变形的防护装置内。

10.6 试验报告要包括原试验报告，以供参考。

11 较小改动

由于市场原因而对拖拉机的颜色、贴花、牌号、型号或对防护装置非结构钣金件进行微小改动，出具原试验的试验站可代表国家官方代表机构出具一个“微小改动证明”，陈述所有改动，并确保强度试验结果不受影响。可不再做试验。根据本规则对试验件起草证明，作为原报告的附件并符合行业要求。

附　录　A
（规范性附录）
试验报告样本

注：本报告采用 ISO 1000:1992 标准规定的单位；必要时，在后面用括号注明相应国家的单位。

——防护装置生产厂家的名称和地址：

——提交试验的单位：

——防护装置的牌号：

——防护装置的型号：

——防护装置的类型：驾驶室、防翻架等

A.1　试验拖拉机的技术参数

A.1.1　装配所试防护装置的拖拉机的参数

A.1.2　拖拉机的品牌

型号（商标名）

形式：2WD 或 4WD；橡胶或金属轮（如应用）。

A.1.3　机型或系列号：

A.1.4　其他技术参数（如应用）

A.1.5　装配防护装置的拖拉机的质量（无配重和驾驶员）

表 A.1

前	kg
后	kg
总计	kg

质量用于计算能量和压垮力。

A.1.6　拖拉机的轮距和惯性矩

被试拖拉机的轮距　　mm

用于计算后部加载能量的惯性矩　　kg・m²

A.1.7　轮距和轮胎规格

表 A.2

	最小轮距	轮胎		
		规格	直径	压力
	mm	mm	mm	kPa
前				
后				

A.1.8　拖拉机座椅

拖拉机是否有双向驾驶位（双向座椅和方向盘）　　是/否

座椅的牌号/型号/型式

选装座椅和驾驶座参考点：

（座椅 1 和驾驶座参考点的描述）

（座椅 2 和驾驶座参考点的描述）

（座椅和 SRP 的描述）

A.2 防护装置的技术参数

A.2.1 从侧面和后面表示安装细节的照片(包括挡泥板)

A.2.2 从侧面和后面表示驾驶座参考点和安装细节的总布置图

A.2.3 防护装置构成的简要叙述:

结构型式

安装细节

覆盖件和衬垫的细节

进入和逃跑的方法

A.2.4 防护装置可否倾翻/可否折叠

A.2.5 尺寸

应根据要求安装座椅盆板和靠背后测量尺寸。

对于安装可选座椅和双向行驶(双向座椅和方向盘)的拖拉机,应分别测量相对于各驾驶座参考点的尺寸(SRP1、SRP2 等)。

A.2.5.1 顶棚距驾驶座参考点的高度 mm

A.2.5.2 顶棚距驾驶座地板的高度 mm

A.2.5.3 在驾驶座参考点上防护装置的宽度 mm

A.2.5.4 在驾驶座参考点上方向盘中心高度处防护装置的宽度 mm

A.2.5.5 方向盘中心距防护装置右边的距离 mm

A.2.5.6 方向盘中心距防护装置左边的距离 mm

A.2.5.7 方向盘边缘到防护装置的最小距离 mm

A.2.5.8 门道的宽度

顶部 mm

中间 mm

上部 mm

A.2.5.9 门道的高度

比地板高 mm

比最高的上机踏板高 mm

比最低的上机踏板高 mm

A.2.5.10 装配防护装置的拖拉机的总高 mm

A.2.5.11 防护装置的总宽(如包括挡泥板,要说明) mm

A.2.5.12 驾驶座参考点上 900 mm 处,到防护装置后边的水平距离 mm

A.2.6 防护装置所用材料及钢材的技术规格

钢材的技术规格要符合 GB/T 700 的要求

A.2.6.1 主框架: (零件-材料-尺寸)

是沸腾钢、半镇静钢、镇静钢?

钢号和相关标准

A.2.6.2 安装支架: (零件-材料-尺寸)

是沸腾钢、半镇静钢、镇静钢?

钢号和相关标准

A.2.6.3 装配和安装用螺栓 (零件-尺寸)

A.2.6.4 顶棚 (零件-材料-尺寸)

A.2.6.5 覆盖件 (零件-材料-尺寸)

A.2.6.6　玻璃　　　　　　　　　　　（型号-等级-尺寸）

A.2.7　拖拉机制造厂对原防护装置加强的细节

A.3　试验结果

A.3.1　加载和压垮试验

A.3.1.1　试验条件

加载试验是在：

左后方/右后方

左前方/右前方

左侧边/右侧边

用于计算加载力的质量	kg
用于计算加载能量的轴距	mm
用于计算加载能量的惯性矩	kg·m^2
施加于前部框架上的能量和加载力	
后部	kJ
前部	kJ
侧面	kJ
压垮力	kN
附加超载试验	kJ
施加于前部框架上的加载力	kN

A.3.1.2　试验后的永久变形

A.3.1.2.1　各项试验后防护装置边界的永久变形

后部（朝前/朝后）	左边：		mm
	右边：		mm
前部（朝前/朝后）	左边：		mm
	右边：		mm
侧面（朝左/朝右）	前边：		mm
	后边：		mm
顶面（朝上/朝下）	前边：	左边	mm
		右边	mm
	后边：	左边	mm
		右边	mm

A.3.1.2.2　侧加载试验时瞬时变形与永久变形之间的总差值　　mm

A.3.1.3　附加试验的说明和结果

声明：

保护容身区的验收条件得到满足，则本防护装置为满足本试验标准的在翻车时起防护作用的防护装置。

A.3.2　安装此防护装置的拖拉机

表 A.3

品牌	型号	型式	其他技术文件	质量			倾斜	轴距	最小轮距	
				前桥	后桥	总重			前	后
		2/4WD	如需要	kg	kg	kg	是/否	mm	mm	mm

A.3.3 曲线

试验报告应包括试验中各种力/变形的曲线图。

如需进行水平超载试验，则应描述超载试验的原因，并给出超载试验时力-变形的曲线图。

A.4 较小改动的证明

符合本试验标准的批准号：

试验站原报告的试验编号：

试验日期和地点：

批准时间：

更改号：MOD

先前改进证明(MOD)维持有效/保持有效

A.4.1 防护装置的技术参数

框架或驾驶室：

生产厂家：

提交试验单位：

牌号：

型式：

改进后的出厂编号：

A.4.2 安装此防护装置的拖拉机名称

表 A.4

品牌	型号	型式	其他技术文件	质量			倾斜	轴距	最小轮距	
				前桥	后桥	总重			前	后
		2/4WD	如需要	kg	kg	kg	是/否	mm	mm	mm

A.4.3 改进细节

自原始报告出具后的，改动如下：

A.4.4 声明

改动部分对防护装置强度的效果已进行验证。改动部分对原试验结果无影响。原试验报告仍适用于改动后的防护装置。本证明由进行原试验的代表官方机构的试验站起草，本证明作为原试验报告的附件。

签名：

日期：

地点：

ICS 65.060.10
T 63

GB

中华人民共和国国家标准

GB/T 21957—2008

农业轮式拖拉机半轴和驱动轴台架疲劳寿命试验方法

The fatigue-life testing method of the axle shaft and drive shaft on the test stand, wheeled agricultural tractor

2008-06-03 发布　　　　2009-01-01 实施

中华人民共和国国家质量监督检验检疫总局
中国国家标准化管理委员会　发布

前　言

本标准的附录 A、附录 B 为资料性附录。

本标准由中国机械工业联合会提出。

本标准由全国拖拉机标准化技术委员会归口。

本标准起草单位:国家拖拉机质量监督检验中心。

本标准主要起草人:金锡平、王风雨、陈振。

农业轮式拖拉机半轴和驱动轴台架疲劳寿命试验方法

1 范围

本标准规定了农业轮式拖拉机半轴和驱动轴台架疲劳寿命试验方法。

本标准适用于农业轮式拖拉机半轴和驱动轴。

2 术语、定义和符号

2.1 术语和定义

扭转疲劳试验寿命 the torsional fatigue-life

当试样表面发生裂纹时，试样动态角位移变化率大于或等于10%动态角位移或试样承载能力明显下降以致试验机不能正常工作时的寿命。

2.2 符号

i ——半轴至驱动轴的传动比（对驱动轴，$i=1$）；

r ——驱动轮动力半径，单位为米（m）；

M_j——半轴或驱动轴的名义扭矩，单位为牛顿米（N·m）；

M_w——半轴和驱动轴承受的设计弯矩，单位为牛顿米（N·m）；

W_r——驱动桥承重，单位为牛顿（N）；

ϕ ——地面附着系数，取 $\phi=0.65$；

λ ——弯矩向扭矩折算系数，取 $\lambda=1.15$。

3 试验目的

在下列情况下应进行半轴和驱动轴的疲劳寿命的验证：

a） 新设计或改进设计；

b） 变更材料或工艺；

c） 增加载荷容量或延长使用寿命；

d） 使用中发现早期损坏；

e） 转厂生产或长期停产后，恢复生产。

4 试件数量

试件应从生产厂家的合格产品中随机抽取，试验样本数应不少于5件。

5 试验方法

5.1 试验载荷

试验采用脉动循环加载，载荷和时间的关系见图1。

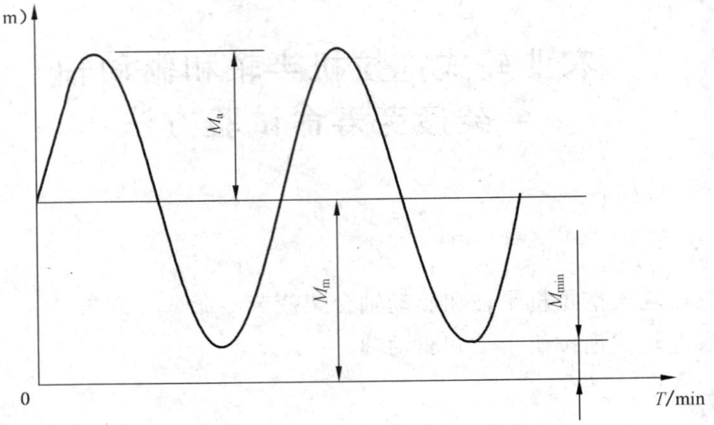

M_m——载荷均值；

M_a——载荷幅值；

M_{min}——载荷最小值。

图 1

试验载荷按式(1)～式(3)确定：

$$M_a = 1.0\, M_j \qquad \cdots\cdots(1)$$

式中：

M_a——载荷幅值，单位为牛顿米(N·m)；

M_j——半轴或驱动轴的名义扭矩，单位为牛顿米(N·m)。

$$M_m = 1.2\, M_a \qquad \cdots\cdots(2)$$

式中：

M_m——载荷均值，单位为牛顿米(N·m)；

M_a——载荷幅值，单位为牛顿米(N·m)。

$$M_{min} = M_m - M_a \qquad \cdots\cdots(3)$$

式中：

M_{min}——载荷最小值，单位为牛顿米(N·m)；

M_m——载荷均值，单位为牛顿米(N·m)；

M_a——载荷幅值，单位为牛顿米(N·m)。

半轴或驱动轴的名义扭矩 M_j，其计算按式(4)：

$$M_j = \frac{W_r \phi r}{2i} + \lambda M_w \qquad \cdots\cdots(4)$$

式中：

M_j——半轴或驱动轴的名义扭矩，单位为牛顿米(N·m)。

W_r——驱动桥承重，单位为牛顿(N)；

ϕ——地面附着系数，取 $\phi=0.65$；

r——驱动轮动力半径，单位为米(m)；

i——半轴至驱动轴的传动比(对驱动轴，$i=1$)；

λ——弯矩向扭矩折算系数，取 $\lambda=1.15$；

M_w——半轴和驱动轴承受的设计弯矩，单位为牛顿米(N·m)。

5.2 试验频率

试验频率以 4 Hz 以上为宜，在同一试件的试验过程中不得变更试验频率。

5.3 试验装置

可采用激振式或电液伺服扭转疲劳试验机，试验载荷误差应不大于 1.0%，整个试验过程中载荷应保持稳定。

5.4 **试件安装**

试件在试验机上的装夹位置应能保证试件的受力状态、危险截面与使用中一致。

5.5 **试验加载**

缓慢地将载荷由零逐渐增加至规定值，加载时间应在 30 s ～ 60 s 之间。

5.6 **试验记录**

5.6.1 应在载荷达到规定值的同时开始记录循环次数。

5.6.2 每隔 5×10^4 次观测并记录试件的运行情况。

5.6.3 记录每个试件寿命终止时的循环次数即为该试件的寿命。

5.6.4 记录每个试件最终失效的形式和部位。

5.6.5 当试件寿命达到规定次数未损坏时应记作未损坏，并更新试件继续试验。

5.6.6 试验记录表见附录 A。

6 试验评价

6.1 **疲劳寿命评价**

半轴扭转疲劳寿命试验数据以威布尔分布图解法处理，中值寿命 $B_{50}\geqslant80\times10^4$，90%存活率下的寿命大于 $B_{90}\geqslant50\times10^4$。

按二参数威布尔分布，根据最小二乘法拟合，其计算按式(5)：

$$\ln\ln\frac{1}{1-F(N)}=b(\ln N-\ln N_a) \qquad \cdots\cdots(5)$$

式中：

$F(N)$——破坏率；

b——斜率参数；

N_a——特征寿命参数。

6.2 **试验报告**

试验报告格式见附录 B。

附　录　A
（资料性附录）
疲劳试验记录表

表 A.1　疲劳试验记录表

试件名称	载荷参数					
	M_m/（N·m）		M_a/（N·m）		f/Hz	

日　期	试件号	循环次数	运行情况	破坏形式与破坏部位	试验员

附 录 B
（资料性附录）
扭转疲劳试验报告单

表 B.1 扭转疲劳试验报告单

<table>
<tr><td rowspan="4">拖拉机</td><td>机 型</td><td></td><td>委托单位</td><td></td></tr>
<tr><td>驱动桥承重/N</td><td></td><td>委托日期</td><td></td></tr>
<tr><td>驱动轮动力半径/m</td><td></td><td>承接单位</td><td></td></tr>
<tr><td>半轴至驱动轮传动比</td><td></td><td>完成日期</td><td></td></tr>
<tr><td rowspan="4">试件</td><td>名 称</td><td colspan="3"></td></tr>
<tr><td>材 料</td><td colspan="3"></td></tr>
<tr><td>热处理</td><td colspan="3"></td></tr>
<tr><td>名义扭矩/(N·m)</td><td colspan="3"></td></tr>
<tr><td colspan="2">试 验 目 的</td><td colspan="3"></td></tr>
<tr><td colspan="2">试 验 装 置</td><td colspan="3"></td></tr>
<tr><td rowspan="3">载荷参数</td><td>M_m/(N·m)</td><td colspan="3"></td></tr>
<tr><td>M_a/(N·m)</td><td colspan="3"></td></tr>
<tr><td>f/Hz</td><td colspan="3"></td></tr>
<tr><td rowspan="2">试验结果</td><td>试验件数</td><td colspan="3"></td></tr>
<tr><td>B_{90}</td><td colspan="3"></td></tr>
<tr><td colspan="2">简 要 报 告</td><td colspan="3"></td></tr>
<tr><td colspan="2">报 告 人</td><td></td><td>审 表 人</td><td></td></tr>
</table>

ICS 65.060.10
T 63

中华人民共和国国家标准

GB/T 21958—2008

轮式拖拉机　前驱动桥

Front drive axle for wheeled tractor

2008-06-03 发布　　　　2009-01-01 实施

中华人民共和国国家质量监督检验检疫总局
中国国家标准化管理委员会　发布

前　言

本标准的附录A、附录B、附录C、附录D、附录E均为规范性附录。

本标准由中国机械工业联合会提出。

本标准由全国拖拉机标准化技术委员会归口。

本标准起草单位：一拖(洛阳)开创装备科技有限公司。

本标准主要起草人：马涛、耿彤、刘月在、杨俊、李键、孙彬年、陈建国。

轮式拖拉机　前驱动桥

1　范围

本标准规定了轮式拖拉机前驱动桥型号编制、技术要求、试验方法、检验规则、标志、包装、运输和贮存。

本标准适用于四轮驱动拖拉机前驱动桥。

2　规范性引用文件

下列文件中的条款通过本标准的引用而成为本标准的条款。凡是注日期的引用文件，其随后所有的修改单(不包括勘误的内容)或修订版均不适用于本标准，然而，鼓励根据本标准达成协议的各方研究是否可使用这些文件的最新版本。凡是不注日期的引用文件，其最新版本适用于本标准。

GB/T 7935　液压元件　通用技术条件

GB/T 13306　标牌

JB/T 5615　拖拉机传动齿轮　技术条件

JB/T 5673　农林拖拉机及机具涂漆　通用技术条件

JB/T 5928—1999　工程机械驱动桥　台架试验方法

JB/T 7734　拖拉机防泥水密封性试验方法

JB/T 8299—1999　拖拉机传动系效率的测定

JB/T 9828—1999　轮式拖拉机　前轴　技术条件

JB/T 9838　拖拉机传动系统　快速耐久试验方法

JB/T 51082—2000　拖拉机产品可靠性考核

3　型号编制

前驱动桥的型号编制规则如下：

产品标识　可配套整机最大功率　结构型式　作业环境 - 变型代号

- 变型代号：用 1 ～ 2 位阿拉伯数字表示
- 作业环境：旱地型不标注，水田型用“S”表示
- 结构型式：中置式驱动不标注，旁置式驱动用“P”表示
- 可配套整机最大功率：整机功率(kW)1.36 倍的圆整数
- 产品标识：制造商的产品标识，可用字母或汉字表示

示例：

KC 40 S-2 表示：一拖(洛阳)开创装备科技有限公司制造、最大配套整机功率为 29.4×1.36 kW 拖拉机用、中置式驱动、水田型、经第二次改进的前驱动桥。

4　技术要求

4.1　一般要求

4.1.1　前驱动桥应符合本标准的要求，并按经规定程序批准的产品图样和技术文件制造。

4.1.2　外观质量

4.1.2.1　外露表面不应有磕碰、锈蚀及零部件变形等缺陷。

4.1.2.2 零件表面的金属经过镀层和氧化处理层不应剥落和锈蚀。

4.1.2.3 外露紧固件外表均应镀锌、钝化或其他防锈处理。

4.1.2.4 前驱动桥的涂漆应符合 JB/T 5673 的规定。

4.1.3 各紧固连接件应可靠拧紧,并正确锁牢,有拧紧力矩要求的应达到规定值。

4.2 装配要求

4.2.1 制造商自制的各零部件均应符合图样要求,外购件应有合格证。

4.2.2 前驱动桥齿轮及花键应符合 JB/T 5615 的有关规定。

4.2.3 前驱动桥装配完成后,转动小锥齿轮轴,整个传动系应转动自如,无卡滞现象,且两侧轮边转动速度差应小于10%。

4.2.4 前驱动桥装配完成后,前束与转向角应按整机要求调整并锁紧。

4.2.5 前驱动桥装配完成后,应进行磨合试验,空载磨合试验时间不少于 30 min。磨合试验过程中,前驱动桥不允许有异常响声,且转向灵活。

4.2.6 前驱动桥磨合试验后,应通过气密性试验。

4.2.7 润滑部位均应按规定加注润滑油或润滑脂。

4.3 性能要求

4.3.1 前驱动桥应符合整机防泥水密封性 JB/T 7734 的规定。

4.3.2 前驱动桥转向油缸应符合附录 A 的规定。

4.3.3 前驱动桥应满足图样或技术文件中最大转向角的要求,其偏差应不大于 1°,并在转角要求的范围内转动自如,不允许有干涉现象。

4.3.4 前驱动桥的转向拉杆球头部件应符合附录 B 的要求。

4.3.5 前驱动桥清洁度限值应不大于 8 mg/kW,最大颗粒尺寸应不大于 80 μm。前驱动桥配套整机功率小于 35 kW 的清洁度限值按照 35 kW 计算。

4.3.6 前驱动桥的传动效率应不低于 88%。

4.3.7 前驱动桥的噪声不允许超过 85 dB(A)。

4.3.8 前驱动桥静扭强度安全系数应不小于 2.0。

4.3.9 前驱动桥按 3 倍额定桥荷加载时,每米轮距弹性变形不超过 1.5 mm;前驱动桥的垂直弯曲失效安全系数应不小于 6。

4.3.10 桥壳垂直弯曲疲劳试验的寿命不小于 8×10^5 次。

4.3.11 前驱动桥应通过 900 h 耐久性试验。

4.3.12 前驱动桥可靠性考核的平均故障间隔时间(MTBF)应不低于 400 h,无故障性综合评分值应不小于 75 分。

5 试验方法

5.1 外观质量用目测法检验。

5.2 各部位尺寸精度及形状位置精度采用相应精度等级的量具检验。

5.3 前驱动桥防泥水性能的检验应随整机按照 JB/T 7734 的规定执行。

5.4 转向油缸的试验按附录 A 的规定执行。

5.5 转向拉杆球头部件的试验按附录 B 的规定执行。

5.6 前驱动桥清洁度的测试按附录 C 的规定执行。

5.7 前驱动桥的传动效率试验按 JB/T 8299—1999 中第 6 章的规定执行。

5.8 前驱动桥的耐久性试验按 JB/T 9838 的规定执行。

5.9 前驱动桥的静扭强度试验按 JB/T 5928—1999 中 4.1 的规定执行。

5.10 前驱动桥桥壳的垂直弯曲刚度和垂直弯曲静强度试验按 JB/T 5928—1999 中 4.2 的规定进行。

5.11 前驱动桥桥壳垂直弯曲疲劳试验按 JB/T 9828—1999 中 4.3 的规定进行。

5.12 可靠性试验按附录 D 的规定进行。

5.13 噪音测试按照附录 E 的规定进行。

6 检验规则

6.1 检验分类

前驱动桥检验分出厂检验和型式检验。

6.2 出厂检验

6.2.1 前驱动桥出厂前应进行出厂检验，经质量检验部门检验合格并签发产品合格证后方可出厂。

6.2.2 前驱动桥出厂检验项目至少应包括下列内容：

a) 外观质量；

b) 产品标牌、标志；

c) 转向角；

d) 各润滑部位；

e) 用户提出的其他特定要求。

6.2.3 出厂检验各检验项目应满足本标准的要求方为合格，否则判定为不合格。对出厂检验过程中的故障要及时排除，并进行必要的单项补充试验，直至合格方可出厂。

6.3 型式检验

6.3.1 有下列情况之一时，应进行型式检验：

a) 连续批量生产每两年，中间未做型式检验；

b) 研制的新产品和变型产品试制定型鉴定；

c) 产品结构、材料或工艺等有重大改变；

d) 产品长期停产后，恢复生产；

e) 出厂检验结果与上次型式检验有较大差异。

6.3.2 进行型式检验时，应在出厂合格品中随机抽取 2 台进行。

6.3.3 检验项目如下：

a) 外观；

b) 与整机连接尺寸；

c) 清洁度；

d) 噪声；

e) 弯曲强度；

f) 静扭强度；

g) 耐久性；

h) 可靠性。

6.3.4 型式检验的结果应不低于本标准的规定，认定为产品通过型式检验。

7 标志、包装、运输与贮存

7.1 前驱动桥应按 GB/T 13306 的规定，在显著位置固定产品标牌，其内容包括：

a) 制造厂名称、地址和商标。

b) 产品型号与名称。

c) 产品主要技术参数：

——总传动比；

——额定桥荷，kN；

——总质量,kg。

d) 产品出厂编号。

e) 产品出厂日期。

7.2 前驱动桥的包装应保证正常运输条件下不致发生损坏和丢失现象。

7.2.1 前驱动桥一般采用专用支架固定后裸装,也可根据用户要求进行包装,并应做到如下保护:

a) 输入花键处应加防护套;

b) 外露油口加防护堵塞;

c) 轮毂螺栓加防护套。

7.2.2 随机文件应包括:

a) 装箱单;

b) 合格证书;

c) 使用保养说明书;

d) 易损件清单。

7.3 前驱动桥出厂装运应保证在正常运输条件下零部件不致损坏。

7.4 前驱动桥应贮存在通风干燥的仓库内,严禁与腐蚀性的物质混放。前驱动桥的摆放应保证不致产生变形和磕碰伤。

附　录　A
（规范性附录）
轮式拖拉机前驱动桥
转向油缸的技术要求和试验方法

A.1　技术要求

A.1.1　前驱动桥转向油缸产品应符合本标准要求，并应按经规定程序批准的产品图样和技术文件制造。

A.1.2　油缸的零件应符合 GB/T 7935 的规定。缸筒、活塞、活塞杆和导向套等主要零件的工作表面和配合面不允许有锈蚀、划伤、磕碰等缺陷。全部密封件、防尘件不应有任何损伤。活塞杆的摩擦表面应符合防锈和耐磨要求。

A.1.3　外观

A.1.3.1　油缸表面应整洁，圆角平滑自然，焊缝平整，不应有飞边、毛刺。

A.1.3.2　标牌应清晰、正确，安装应牢固、平整。

A.1.3.3　油缸表面涂漆应符合 JB/T 5673 的规定，面漆颜色可根据用户要求决定。活塞杆、定位阀杆表面、进出油口外加工表面和标牌上不应涂漆。镀层应均匀光亮，不应有剥落或生锈现象。

A.1.4　油缸的清洁度限值应不大于 100 mg。

A.1.5　油缸应具有活塞杆防护装置。

A.1.6　油缸的性能应符合表 A.1 的要求。

表 A.1

序号	项　目	技　术　要　求
1	试运转	活塞运动均匀，不应有爬行、零件拉毛等不正常现象
2	全行程检查	符合设计要求
3	最低启动压力	启动压力应不大于 0.3 MPa
4	耐压性	不应有外渗漏、机械零件损坏或永久变形等现象
5	负荷效率	≥ 90%
6	高温性能	能正常运行，活塞杆处每分钟漏油量不大于 A.2.5.2.3 中通过条件规定值的 2 倍，其他部位无外漏现象
7	泄漏检查	油缸密封处的泄漏应符合 A.2.5.2.3 的规定
8	密封性能试验	动力转向油缸在正常工作状态下的密封性能应符合 A.2.6.2 的规定
9	冲击试验	转向油缸在脉动循环压力作用下的性能应符合 A.2.7.2 的规定
10	强度及耐久性	转向油缸承受液压应力和机械应力时应符合 A.2.8.2 的规定

A.2　试验方法

A.2.1　外观质量用目测法检验。

A.2.2　清洁度测试按附录 C 规定。

A.2.3　油缸的性能按表 A.2 规定进行。

表 A.2

序号	试验项目	试验方法
1	试运转	被试油缸排除内腔空气后,分别在空载压力和试验压力下全行程往复运行5次
2	全行程检查	使被试油缸的活塞分别停留在行程两端的位置,测量全行程长度
3	最低启动压力	分别给无外负荷的被试油缸两腔供油,并逐渐增加压力至活塞杆开始移动。记录活塞杆开始移动时的压力就是最低启动压力
4	耐压性	活塞分别位于油缸两端,向空腔供油,使油压为试验压力的1.5倍(当额定压力≤16 MPa时)或1.25倍(当额定压力>16 MPa时),保压5 min
5	负荷效率	逐步提高进入被试油缸液压油压力,以额定速度(实际使用的最高速度)运动,用测力计测出不同压力下活塞杆上所受的力(推力或拉力),计算负荷效率
6	高温性能	试验油温90 ℃,满载工况,被试油缸活塞全行程往复运行1 h以上
7	泄漏检查试验	按A.2.5的规定执行
8	密封性能试验	按A.2.6的规定执行
9	冲击试验	按A.2.7的规定执行
10	强度及耐久性	按A.2.8的规定执行

A.2.4 试验准备

A.2.4.1 试验在装有可调油压、油温及小流量流量计的液压源装置上进行。

A.2.4.2 将被试油缸联接到上述装置上,让油液进入两腔,检查给定时间内,油液经密封处向外部的泄漏。

A.2.4.3 试验装置可从外部将活塞杆固定在活塞行程中间位置上。

A.2.4.4 试验用油,黏度等于或低于拖拉机上所用油的黏度。推荐用液压、传动两用油N100D。对油液过滤精度不低于25 μm。

A.2.5 泄漏检查试验

A.2.5.1 试验程序

A.2.5.1.1 通过活塞数次往返全行程动作,使常温下油液流入并充满油缸。

A.2.5.1.2 将油缸一腔接头断开,并与流量测试计连接,在另一腔施加压力油使活塞达到行程末端,按照0.2倍、0.5倍、1倍、2倍的拖拉机液压转向系安全阀开启压力,逐步加压并测量流经活塞的泄漏。

A.2.5.1.3 互换两腔的连接,重复A.2.5.1.1和A.2.5.1.2的操作。

A.2.5.1.4 油箱油温升至约80℃,使活塞往返运动数次,使油温稳定且油缸外壁温度达50℃,重复A.2.5.1.1、A.2.5.1.2和A.2.5.1.3所进行的测量。测量期间,活塞应往复运动几次以免油缸内油温降低过多。

A.2.5.2 试验通过条件

A.2.5.2.1 运动部件不允许有失效、划痕及密封撕裂等现象。

A.2.5.2.2 外部不允许有泄漏的油。

A.2.5.2.3 通过活塞泄漏的油每分钟最大不得超过两腔中最小容积的1/500。

A.2.6 密封性能试验

A.2.6.1 试验程序

A.2.6.1.1 解除活塞杆的约束，保持油压为低压(压力约为拖拉机系统的无载荷状态)，行程末端的压力峰值为系统规定的最大压力并保持 0.5 s ～1 s。

A.2.6.1.2 活塞杆平均速度应尽可能高，但不得超过在拖拉机上转向器排量和转向泵最大流量输出时所决定的最高速度。

A.2.6.1.3 至少试验三个转向油缸样品，其油温平均值应保持在约 80℃以内，缸体温度维持在 50℃并不应超过 60℃，其中一件应在泥浆和粉尘环境下进行试验。

A.2.6.1.4 按上述要求完成 2×10^5 次全行程试验。

A.2.6.2 试验通过条件

A.2.6.2.1 密封没有失效、撕裂，运动部件没有划痕。

A.2.6.2.2 按 A.2.5.1 检查油缸两腔的泄漏，应小于 A.2.5.2.3 规定的 3 倍。

A.2.6.2.3 试验后期允许总计最大 3 mL 油的泄漏，但不允许发生在试验进行 2/3 以前。在泥浆和粉尘环境条件下进行试验后，油缸活塞杆允许有轻微的划痕和密封撕裂。

A.2.6.2.4 密封垫处不得有漏油现象。

A.2.6.2.5 完成前 1×10^4 次循环后，擦净活塞杆上聚集的任何油漆，在油缸下放置两只量杯，分别采集，并准确测量活塞杆密封处及缸体和端盖处的泄漏。量杯上可做标记以区别两种不同类型的泄漏。

A.2.7 冲击试验

A.2.7.1 试验程序

A.2.7.1.1 在油缸两腔交替进行 5×10^5 次脉动压力冲击试验。压力峰值为拖拉机系统安全阀的两倍，压力峰值保持 0.5 s ～1 s 时间。

A.2.7.1.2 最后 1×10^5 次(每边 5×10^4 次)，活塞杆不固定，压力加于其上，且在行程端点产生压力峰值。油液温度应低于 80℃。

A.2.7.2 试验通过条件

A.2.7.2.1 油缸没有失效，密封没有破损现象。

A.2.7.2.2 按 A.2.5.1 检查油缸两腔的泄漏，泄漏量应少于 A.2.5.2.3 规定值的 5 倍。

A.2.7.2.3 用液体渗透法或其他方法检查，油缸没有永久变形和裂纹。

A.2.7.2.4 高压下密封件允许有明显变形，但不允许失效。

A.2.8 强度和耐久性能试验

A.2.8.1 试验程序

A.2.8.1.1 活塞在整个行程中所承受的平均压力为拖拉机系统安全阀规定压力的 80%，在行程终点时的压力为系统安全阀压力。

A.2.8.1.2 完成 2×10^5 次活塞全行程往复运动，频率为 0.5 Hz，油温度为 80℃～ 85℃。

A.2.8.2 试验通过条件

A.2.8.2.1 对承受压力的零件，应符合 A.2.7.2 的规定。

A.2.8.2.2 对承受机械应力的零件，三个试件中仅允许有一件在 1×10^4 次循环后失效。

附 录 B
（规范性附录）
轮式拖拉机前驱动桥转向拉杆部件的性能要求和试验方法

B.1 性能要求

B.1.1 转向拉杆接头球销部件沿拉杆轴线的极限摆角和摆动力矩应符合设计要求，在滑动表面润滑良好的情况下不允许发生阻滞、卡死和松旷现象。

B.1.2 转向拉杆接头球销部件应有防尘装置，在球销极限摆角范围内，应能有效地防止泥浆和尘土的渗入。

B.1.3 转向拉杆接头球销部件应通过拔脱试验，拔脱力应能满足设计要求，安全系数不小于1.5。

B.1.4 转向拉杆接头球销部件应通过 2×10^5 次的耐久性试验，不允许产生过大的间隙和严重的磨损。

B.1.5 转向拉杆与转向拉杆接头的螺纹应可靠连接，在正常使用情况下，不允许发生松动和脱扣现象。

B.1.6 转向拉杆部件各零件、部件的强度、刚度应满足设计要求，转向拉杆部件应通过抗压试验、抗拉试验，转向拉杆部件应进行 2×10^5 次拉压疲劳试验，不允许出现变形、裂纹及球销松旷等损坏现象。

B.2 试验方法

B.2.1 转向拉杆接头球销部件拔脱试验

B.2.1.1 试验台应有一个施加轴向拉力载荷的装置，施加载荷的误差不超过2%。

B.2.1.2 将样品安装于试验台上，施加沿轴向的拉力，直至球头销从球头座中拔出，测量拉力 F_K。

B.2.1.3 计算拔脱安全系数按式B.1计算。

$$S_K = F_K/F_P \qquad \cdots\cdots\cdots\cdots (B.1)$$

式中：

S_K——静拉力强度安全系数；

F_K——试验拔脱静拉力，单位为牛顿(N)；

F_P——前驱动桥满载负荷的拉力，单位为牛顿(N)。

B.2.2 转向拉杆接头球销部件耐久性试验

B.2.2.1 试验的运动状态见图B.1。

B.2.2.2 试验条件

B.2.2.2.1 环境温度：常温。

B.2.2.2.2 测试仪器：负荷测量精度±2%，角度测量精度±30′。

B.2.2.2.3 球销绕轴线旋转角度 $\theta\geqslant85°$。

B.2.2.2.4 台架循环运动频率0.1 Hz ～ 0.2 Hz。

B.2.2.2.5 试验负荷

a) 转向两端的试验负荷为配套整机转向最大作用力的90%。

b) 在转向行程期间的平均转向负荷为两端转向负荷的65%。

B.2.2.3 试验程序

B.2.2.3.1 将转向拉杆接头球销部件安装好密封套。

B.2.2.3.2 启动试验台，按B.2.2.2.5的规定施加试验负荷，在转向的两端暂停时间为1 s～2 s。试验过程中至少应保证试件每10 min在泥浆中浸2 min，或被喷射的泥浆覆盖。

B.2.2.3.3 试验循环次数达到 2×10^5 次，终止试验。

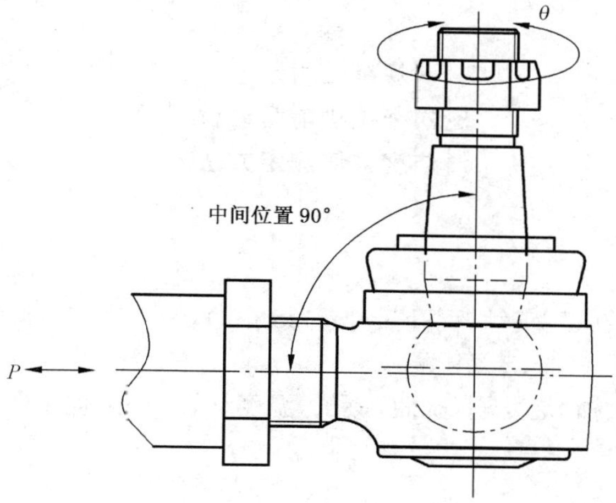

P——试验负荷；

θ——球销（或球销座）旋转角度。

图 B.1 运动状态简图

B.2.3 转向拉杆部件抗压试验

B.2.3.1 试验台应有一个施加压力载荷的装置，并能绘制位移与试验压力性能曲线，施加载荷的误差不超过 2%。

B.2.3.2 将样品安装于试验台上，施加规定的拉力载荷。

B.2.3.3 压力的规定按式 B.2 计算。

$$F_y \geqslant 2F_g \qquad \cdots\cdots\cdots\cdots(B.2)$$

式中：

F_y——试验静压力，单位为牛顿(N)；

F_g——使用时的极限负荷，由制造厂提供，单位为牛顿(N)。

B.2.4 转向拉杆部件抗拉试验。

B.2.4.1 试验台应有一个施加拉力载荷的装置，并能绘制位移与试验拉力性能曲线，施加载荷的误差不超过 5%。

B.2.4.2 将样品安装于试验台上，施加规定的拉力载荷。

B.2.4.3 拉力的规定按式 B.3 计算。

$$F_a \geqslant 2F_g \qquad \cdots\cdots\cdots\cdots(B.3)$$

式中：

F_a——试验静拉力，单位为牛顿(N)。

B.2.5 转向拉杆部件拉压疲劳试验

B.2.5.1 试验台应有一个施加对称拉压载荷的装置，并能绘制位移与试验拉力性能曲线，施加载荷的误差不超过 5%。

B.2.5.2 对称拉压载荷的规定按式 B.4 计算。

$$F = \pm 0.5F_e \qquad \cdots\cdots\cdots\cdots(B.4)$$

式中：

F——试验对称循环载荷，单位为牛顿(N)；

F_e——额定负荷，由制造厂提供，单位为牛顿(N)。

附 录 C
（规范性附录）
轮式拖拉机前驱动桥
清洁度限值测定方法

C.1 测量用器具

C.1.1 不锈钢丝过滤筛网 400 目/英寸（网孔尺寸为 38 μm），不允许有目测能见的变异及伤痕。

C.1.2 120 号溶剂汽油、柴油、煤油、苯、丙酮。

C.1.3 瓷盘，带盖的玻璃缸及桶，尼龙刷，洗瓶，镊子，温度计，202 中速定量分析滤纸，称量瓶等。

C.1.4 万分之一天平。

C.1.5 烘箱、干燥器。

C.1.6 带刻度的大于 40 倍的显微镜。

C.2 操作规程

C.2.1 测量前的准备

C.2.1.1 测量应在理化室内进行，操作者衣、帽、双手等应清洁。

C.2.1.2 所有工具应清洁干净，放油口处应清理干净。

C.2.2 取样

C.2.2.1 前驱动桥以设计允许的最高速度空载运行 30 min，立即放尽全部润滑油。为保证过滤时油温达到 45℃～70℃，允许加热。

C.2.2.2 加入不少于二分之一润滑油容量的清洗液（煤油和柴油各半），以最高转速的三分之二的转速空转 2 min，立即放尽全部清洗液。

C.2.2.3 转向油缸全行程往复 10 次，放尽液压系统中全部液压油。

C.2.2.4 分别收集以上全部油样（包括刷洗磁性螺塞上杂质的油样）。

C.2.3 杂质的收集和称重

C.2.3.1 将取得的全部油样分别用清洁的 400 目/英寸标准不锈钢丝筛网过滤。

C.2.3.2 将滤纸放入干净的称量瓶中，在 105℃～110℃的烘箱内打开瓶盖烘 30 min，合上瓶盖取出，放入干燥器内冷却 60 min，称至恒重（在天平上进行称量，且要求在连续两次烘干称重的差值不大于 0.4 mg），放干燥器内待用。

C.2.3.3 将过滤后带有杂质的标准不锈钢丝筛网，依次放入盛有 120 号溶剂汽油、苯或丙酮的玻璃缸中各浸泡 20 min 取出，再用 120 号溶剂汽油将已洗净油污的杂质全部洗入瓷盘中，然后用已恒重的滤纸收集杂质。

C.2.3.4 将带有杂质的滤纸放入称量瓶中，再放入 105℃～110℃的烘箱内打开瓶盖烘 2 h，称至恒重。

C.2.3.5 杂质质量为带有杂质的滤纸与称量瓶的质量减去滤纸与称量瓶的质量，单位为毫克（mg）。

C.2.3.6 转向油缸的杂质收集过程：将被检油缸解体，放入盛器中，用白绸布清洗与工作介质接触部分。洗净后，再将盛器中清洗液通过双层滤纸过滤，另用 50 mL 清洗液冲洗上层滤纸，除去油污。按 C.2.3.4 和 C.2.3.5 的方法称重并计算重量。

C.3 杂质的分析和保管

C.3.1 用包有玻璃纸的磁铁分拣杂质中的铁屑，称取铁屑质量，单位为毫克（mg）。

C.3.2 将收集的杂质用带有刻度的大于 40 倍的显微镜测出最大杂质的尺寸（长×宽），单位为微米（μm）。

C.3.3 将测得的杂质放入样品袋中，写明前桥型号、杂质质量、收集年月。

附 录 D
（规范性附录）
轮式拖拉机前驱动桥
可靠性试验方法

D.1 故障分类

根据前驱动桥故障造成的危害程度和排除故障的难易性，将故障分为致命故障、严重故障、一般故障和轻度故障四类。其类别、名称及代号见表 D.1。

表 D.1

分类		故障类型	备注
类别代号	零部件名称		
致命故障 ZM	桥壳、托架、行星架、轮毂、左转向节、右转向节、差速器壳	因断裂造成驱动桥报废	
严重故障 YZ	桥壳	壳体有裂纹，塑性变形不大于 1.5 mm/m	
	托架、行星架、左转向节、右转向节、差速器壳	局部有裂纹、严重磨损	
	转向拉杆部件	转向拉杆断裂、球销拔脱	
	半轴	折断	
	转向油缸部件	油缸内泄漏、活塞杆断裂	
	轴承	损坏	
	齿轮	断齿、齿面压碎，严重点蚀或剥落	
	差速器齿轮轴	断裂	
	轮边与桥壳连接螺栓	断裂	
一般故障 YB	油封	因失效漏油	
	轴承	因磨损间隙过大	
	主减速器和轮边减速器	因轴承间隙过大或油量不足而引起油温过高	
轻度故障 QD	油塞处	油塞松动引起漏油	1 h 内排除
	零件结合面	螺栓松动引起漏油	
	外观	油漆不完整	

D.2 现场可靠性试验方法

D.2.1 随机抽取前驱动桥一根，随整机作现场考核试验。

D.2.2 现场可靠性试验方法按 JB/T 51082—2000 中 7.3.3.1 ～ 7.3.3.4 的相关规定进行。

D.2.3 试验期间前驱动桥全部试验数据，包括试验时间、作业条件、因故停机时间、故障模式、参加试验人数、试验场地等均记入表 D.2 中。

D.2.4 可靠性试验期间零部件损坏情况记入表 D.3 中。

D.2.5 试验期间不应出现严重故障，记入表 D.2 中的故障次数是指 D.1 规定的一般故障。

D.2.6 试验结束后，对驱动桥进行解体，并按产品图样的要求检查，是否有损坏、变形及不正常的磨损，对主要零件精密测量确定其磨损量。

D.2.7 平均故障间隔时间 MTBF 按式 D.1 计算：

$$\mathrm{MTBF} = \frac{\sum_{i=1}^{n} t_{ci}}{r_a} \quad \cdots\cdots (D.1)$$

式中：

MTBF——前驱动桥的平均故障间隔时间，单位为小时(h)；

n——抽样数；

t_{ci}——第 i 台被试的前驱动桥的累计工作时间，单位为小时(h)；

r_a——试验时间内出现的故障总数(轻度故障除外)。

D.2.8 无故障综合评分值

D.2.8.1 在规定的试验时间内，被试前驱动桥有 1 根出现了致命故障，则判定其无故障综合评分值为不及格，不再计算其 Q 值。

D.2.8.2 对于没有出现致命故障的前驱动桥，其无故障综合评分值按式 D.2 计算：

$$Q = 100 - \frac{T_g}{nT_o}\sum_{i=1}^{r_c}(K_i E_i) \quad \cdots\cdots (D.2)$$

式中：

Q——无故障综合评分值，分；

T_g——MTBF 目标值，单位为小时(h)；

n——可靠性试验规定的被试前驱动桥个数；

T_o——可靠性试验规定的定时结尾试验时间，单位为小时(h)；

r_c——在规定的结尾试验时间内，被试前驱动桥出现的各类故障的总数；

K_i——第 i 个故障的危害度系数，各类故障的危害系数规定为：

严重故障(YZ)：$K=30.0$；

一般故障(YB)：$K=8.0$；

轻度故障(QD)：$K=1.0$；

E_i——第 i 个故障的故障发生时间系数，按式 D.3 计算：

$$E_i = \sqrt{2T_o/(T_o + T_i)} \quad \cdots\cdots (D.3)$$

T_i——被试前驱动桥出现 i 个故障时，该前驱动桥的累计故障时间，单位为小时(h)；当计算结果 $Q<0$ 时，规定以 0 分计。

D.3 试验室可靠性试验方法

D.3.1 桥壳垂直弯曲疲劳试验按 JB/T 9828—1999 中 4.3 的规定进行。

D.3.2 转向拉杆接头球销部件耐久性试验按附录 B.2.2 的规定进行。

D.3.3 转向拉杆部件拉压疲劳试验按附录 B.2.5 的规定进行。

D.3.4 转向油缸部件的耐久性试验按附录 A 的规定进行。

D.3.5 前驱动桥的耐久性试验按 JB/T 9838 的规定进行。

表 D.2 现场可靠性试验记录

前驱动桥型号__________ 试验日期__________ 气温__________

主管试验员__________ 试验场地__________ 风速__________

参加试验人员：

试验时间		作业条件		因故停机时间/h	故障模式
开机	停机	作业工况	作业时间/h		

表 D.3 可靠性试验期间零部件损坏情况

前驱动桥型号__________ 试验日期__________ 主管试验员__________

出厂编号__________ 试验场地__________

参加试验人员：

序号	损坏零部件名称	损坏特征	损坏时零部件已工作时间	损坏原因	损坏后采取的技术措施	技术措施产生的效果

附 录 E
（规范性附录）
轮式拖拉机前驱动桥噪声试验

E.1 噪声测定条件

E.1.1 在试验台上测定空载噪声。

E.1.2 前驱动桥的输入转速为允许的最大转速。

E.1.3 试件的工作油温控制在 50℃ ± 5℃。

E.1.4 测试时声级计放置于图 E.1 所示的位置。

E.1.5 声级计的位置除地面外，距任何反射体≥2 m，且地面不能因振动而辐射显著的声能。

E.2 测定方法

E.2.1 启动试验台，使转速到达前驱动桥允许的最大值，空载运转。

E.2.2 声级计传声器应正对桥，入射角为零，记录各点的噪声值。

E.2.2 桥的噪声与环境噪声之差应不小于 3 dB(A)，两者之差大于 10 dB(A)时不予考虑，如二者之差在 3 dB(A)～10 dB(A)范围内（桥的噪声大于背景噪声），应按表 E.1 修正（即噪声值减去修正值）。

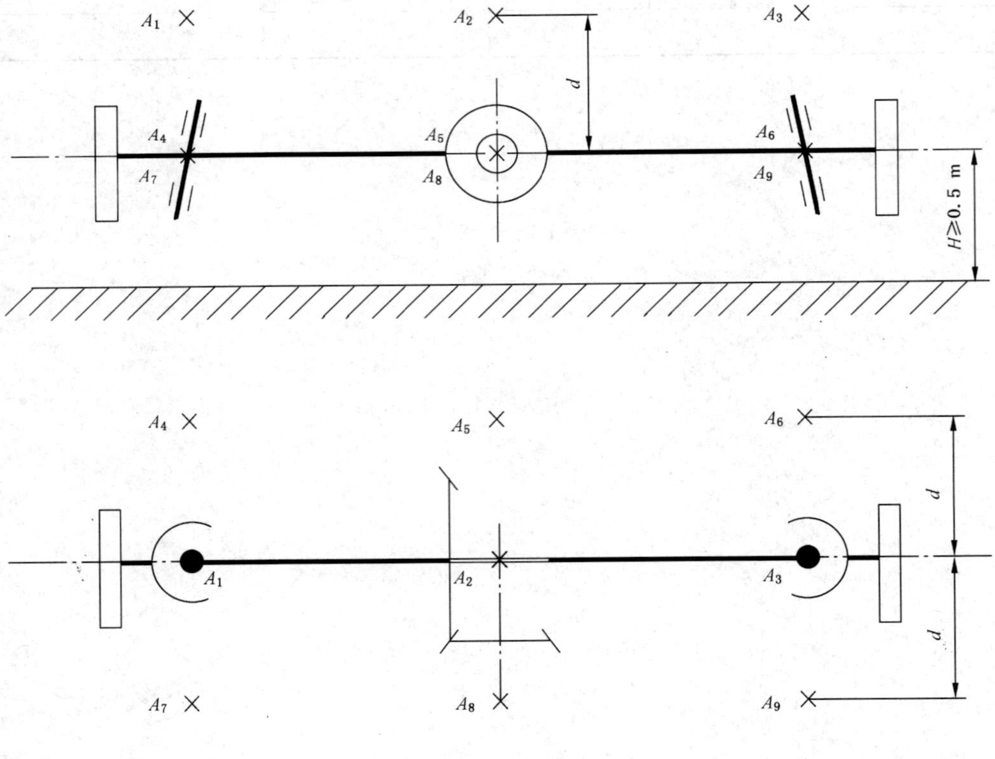

A_1、A_2、A_3、A_4、A_5、A_6、A_7、A_8、A_9——传声器的 9 个测量点；

H——桥的输入轴中心距地面的高度；

d——测量点到桥壳的距离，$d=500$ mm。

图 E.1 噪声测量点位置示意图

表 E.1　背景噪声修正值

单位:dB(A)

所测噪声与背景噪声的差值	3	4、5	6、7、8	9、10
修正值	3	2	1	0.5

ICS 65.060.10
T 61

中华人民共和国国家标准

GB/T 21959—2008

拖拉机运输机组 技术条件

Tractor-trailer combination—Specifications

2008-06-03 发布 2009-01-01 实施

中华人民共和国国家质量监督检验检疫总局
中国国家标准化管理委员会 发布

前 言

本标准由中国机械工业联合会提出。

本标准由全国拖拉机标准化技术委员会归口。

本标准负责起草单位:洛阳拖拉机研究所。

本标准参加起草单位:福田雷沃国际重工股份有限公司。

本标准主要起草人:李京忠、朱金光、岳芹、柳玲文、尚项绳。

拖拉机运输机组　技术条件

1　范围

本标准规定了拖拉机运输机组的术语和定义、技术要求、试验方法、检验规则、使用信息。

本标准适用于轮式拖拉机运输机组和手扶拖拉机运输机组。

2　规范性引用文件

下列文件中的条款通过本标准的引用而成为本标准的条款。凡是注日期的引用文件，其随后所有的修改单(不包括勘误的内容)或修订版均不适用于本标准，然而，鼓励根据本标准达成协议的各方研究是否可使用这些文件的最新版本。凡是不注日期的引用文件，其最新版本适用于本标准。

GB/T 13881　牵引车与挂车之间气制动管连接器(GB/T 13881—1992,eqv ISO 1728:1980)

GB 1589—2004　道路车辆外廓尺寸、轴荷及质量限值

GB/T 3871(所有部分)　农业拖拉机　试验规程

GB/T 4330　农用挂车

GB/T 4331　农用挂车试验方法

GB 4785　汽车及挂车外部照明和信号装置的安装规定

GB/T 6229　手扶拖拉机　试验方法

GB/T 6960.1　拖拉机术语　第1部分:整机

GB 7258—2004　机动车运行安全技术条件

GB/T 9480　农林拖拉机和机械、草坪和园艺动力机械　使用说明书编写规则

GB 11567.1　汽车和挂车侧面防护要求

GB 11567.2　汽车和挂车后下部防护要求

GB/T 13875　手扶拖拉机　通用技术条件

GB/T 15370　农业轮式和履带拖拉机　通用技术条件

GB/T 19408.1　农业车辆　挂车和牵引车的机械连接　第1部分:牵引钩尺寸(GB/T 19408.1—2003,ISO 6489-1:2001,IDT)

GB/T 19497　农业车辆　牵引车上钩型机械连接装置　试验方法和要求(GB/T 19497—2004,ISO 12368:2001,IDT)

GB/T 20948　农林拖拉机　后视镜技术要求

GA 406　车身反光标识

3　术语和定义

GB/T 6960.1所确立的以及下列术语和定义适用于本标准。

3.1

挂车　trailer

由拖拉机牵引才能正常使用的、用于载运货物或特殊用途的无动力车辆。

3.1.1

半挂车　semi-trailer

仅具有一根车轴的挂车。

3.1.2

全挂车 draw-bar-trailer

至少具有两根车轴的挂车。

3.2

拖拉机运输机组 tractor-trailer combination

由拖拉机牵引一辆挂车组成的用于载运货物的机动车。含轮式拖拉机运输机组和手扶拖拉机运输机组。

3.3

挂车总质量 trailer laden mass

本挂车质量与载质量之和。

3.4

使用质量 operation mass

拖拉机的使用质量。

4 技术要求

4.1 一般要求

4.1.1 拖拉机运输机组应符合本标准的要求。

4.1.2 拖拉机主机的性能应符合 GB/T 15370 和 GB/T 13875 的要求，挂车应符合 GB/T 4330 的要求。

4.1.3 拖拉机主机与挂车的连接应符合 GB/T 19497 的要求。

4.1.4 拖拉机发动机标定功率与运输机组的总质量之比不应小于 4.0 kW/t。

4.2 技术要求

4.2.1 外廓尺寸

拖拉机运输机组的外廓尺寸应符合表 1 的规定。

表 1 拖拉机运输机组外廓尺寸

单位为米

类型		长	宽	高
轮式拖拉机运输机组	<58 kW	≤10.00	≤2.50	≤3.00
	≥58 kW	≤12.00	≤2.50	≤3.50
手扶拖拉机运输机组		≤5.00	≤1.70	≤2.20

4.2.2 标牌

拖拉机主机至少应装置一个能永久保持的产品标牌，产品标牌中应标明出厂编号、发动机型号、发动机标定功率、使用质量、最大设计牵引质量、出厂日期及制造厂名称。挂车上能永久保持的产品标牌上应标明：厂牌、型号、总质量、载质量、出厂编号、出厂日期及制造厂名称。拖拉机主机牵引的挂车的总质量不允许超过其最大设计牵引质量。

4.2.3 质量

轮式拖拉机挂车总质量与使用质量之比不允许大于 3。手扶拖拉机挂车总质量与使用质量之比不允许大于 2.5。

4.2.4 驾乘人员核定

有驾驶室的拖拉机运输机组，除驾驶员外可再核定乘坐一名副驾驶员，但其座垫宽度不应小于 400 mm，座椅深度不应小于 400 mm，且座椅不应增加拖拉机运输机组的外廓尺寸，不具备上述条件时，只允许乘坐驾驶员一人。

4.2.5 **转向要求**

4.2.5.1 轮式拖拉机运输机组在平坦、干燥的路面上直线行驶时，挂车后轴中心相对于牵引车前轴中心的最大摆动幅度不大于220 mm。

4.2.5.2 轮式拖拉机运输机组必须能在同一个车辆通道圆内通过，车辆通道圆的外圆直径为25.00 m 车辆通道圆的内圆直径为10.60 m。轮式拖拉机运输机组由直线行驶过渡到上述圆周运动时，任何部分超出直线行驶时的车辆外侧面垂直面的值(外摆值)不应大于0.8 m。测量方法按GB 1589—2004附录A进行。

4.2.6 **制动性能**

4.2.6.1 **行车制动性能检验**

4.2.6.1.1 拖拉机和挂车的气制动接头应符合GB/T 13881的规定。

4.2.6.1.2 挂车后轴的制动动作滞后于主机制动动作的时间应不大于0.2 s。

4.2.6.1.3 机组在运行过程中不允许有自行制动现象。载质量为3 000 kg以上的挂车与主机意外脱离后，挂车应能自行制动，主机的制动仍应有效。

4.2.6.1.4 驾驶员施加于制动操纵装置上的最大操纵力：脚踏板力不大于600 N；手操纵力不大于400 N。

4.2.6.1.5 轮式拖拉机运输机组以20 km/h的初速度制动时，满载检验制动距离不应大于6.5 m，空载检验制动距离应不大于6.0 m，试验通道宽度为3.0 m；手扶拖拉机运输机组以20 km/h的初速度制动时，满载检验制动距离和空载检验制动距离均应不大于6.5 m，试验通道宽度为2.3 m。

4.2.6.1.6 采用气压制动的拖拉机运输机组，发动机在75%的额定转速下，4 min内气压表的指示气压应从零升至起步气压(未标起步气压者，起步气压按400 kPa计)。在气压升至600 kPa且不使用制动的情况下，停止空气压缩机3 min后，其气压的降低值应不大于10 kPa。在气压升至600 kPa的情况下，将制动踏板踩到底，待气压稳定后观察3 min，气压降低值应不大于30 kPa。

4.2.6.2 **驻车制动性能检验**

在空载状态下，驻车制动装置应保证机组在坡度不小于12%，轮胎与路面间的附着系数不小于0.7的坡道上沿上、下两个方向保持固定不动，其时间不应少于5 min。

4.3 **安全要求**

4.3.1 **安全防护装置**

发动机标定功率大于18.4 kW的拖拉机与挂车之间应安装防止人员卷入的侧面防护和后部防护装置，其要求应满足GB 11567.1和GB 11567.2的规定。

4.3.2 **灯光、信号装置**

4.3.2.1 机组应设置前照灯、前位灯、后位灯、制动灯、后牌照灯、后反射器和前、后转向信号灯。照明和信号装置的光色应符合GB 4785有关规定。

4.3.2.2 总质量大于3 500 kg的挂车应在后部设置车身反光标识，后部的车身反光标识应能体现挂车后部宽度。侧面应设置车身反光标识，其长度应不小于车长的50%。车身反光标识的粘贴技术规范和材料应符合GA 406的规定。

4.3.2.3 发动机标定功率大于18.4 kW以上的运输机组应具有危险警告信号装置，其操纵装置不应受灯光总开关的限制。危险警告信号控制开关也应能打开挂车上的转向信号灯，即使在发动机不工作的情况下，仍应能发出危险警告信号。危险警告信号和转向信号灯的闪光频率应为1.5 Hz±0.5 Hz，启动时间应不大于1.5 s。

4.3.2.4 发动机标定功率小于等于18 kW的轮式机组，前照灯远光光束发光强度应不小于6 000 cd。发动机标定功率大于18 kW的轮式机组，前照灯远光光束发光强度应不小于8 000 cd。手扶拖拉机运输机组允许只装一只前照灯。

光束照射位置要求：前照灯照射在距离10 m的屏幕上时，前照灯近光光束中点的离地高度不允许大于 0.7H；水平位置向右偏移不允许超过 350 mm，不允许向左偏移。前照灯光束照射位置检测方法按 GB 7258—2004 附录 D。

4.3.3 后视镜

轮式拖拉机运输机组主机应在左右至少各设置一面后视镜。后视镜的性能和安装要求应符合 GB/T 20948 的规定。

5 试验方法

拖拉机运输机组主机试验按照 GB/T 3871（所有部分）和 GB/T 6229 的规定进行，挂车按照 GB/T 4331 的规定进行。

6 检验规则

拖拉机运输机组主机检验按照 GB/T 15370 和 GB/T 13875 的规定进行，挂车按照 GB/T 4330 的规定进行。

7 使用信息

7.1 每辆拖拉机运输机组均应备有主机和挂车的使用说明书，使用说明书的编写应符合 GB/T 9480 的规定，并应明确安全注意事项，其中主机说明书中应特别指明所能牵引挂车的要求。

7.2 拖拉机运输机组的主机和挂车均应附有经制造厂质量检验员签章的产品质量合格证。

ICS 65.060.10
T 69

GB

中华人民共和国国家标准

GB/T 21960—2008

农林拖拉机驾驶座试验方法和验收条件

The testing method and accepting condition of the driver's seat on agricultural and forestry tractors

2008-06-03 发布

2009-01-01 实施

中华人民共和国国家质量监督检验检疫总局
中国国家标准化管理委员会 发布

前　言

本标准等同采用欧盟 78-764-EEC 指令。其中与我国相应标准内容相同的部分，用我国相应标准代替。

本标准由中国机械工业联合会提出。

本标准由全国拖拉机标准化技术委员会归口。

本标准起草单位：国家拖拉机质量监督检验中心、江苏常发集团常州常发农业装备有限公司。

本标准主要起草人：王风雨、廖汉平、金锡平、陈振。

农林拖拉机驾驶座
试验方法和验收条件

1 范围

本标准规定了农林拖拉机驾驶员座椅的试验方法和验收条件。

本标准适用于速度在 6 km/h～40 km/h 的农林轮式和履带拖拉机。

2 规范性引用文件

下列文件中的条款通过本标准的引用而成为本标准的条款。凡是注日期的引用文件，其随后所有的修改单(不包括勘误的内容)或修订版均不适用于本标准，然而，鼓励根据本标准达成协议的各方研究是否可使用这些文件的最新版本。凡是不注日期的引用文件，其最新版本适用于本标准。

GB/T 6236 农林拖拉机和机械 驾驶座标志点(GB/T 6236—2008,ISO 5353:1995,MOD)

GB/T 6960.7 拖拉机术语 第7部分:驾驶室、驾驶座和覆盖件

3 术语和定义

GB/T 6960.7 确定的以及下列术语和定义适用于本标准。

3.1

农林拖拉机 agricultural and forestry tractors

至少有两根轴的自走式的轮式或履带式车辆，主要用于下列基本的农业和林业用途：

——牵引拖车；

——携带、牵引或推动农业和林业机具或机械，并可根据需要，在拖拉机行进中或停车状态为配套机具提供动力。

3.2

驾驶员座椅 driver's seat

只能够容纳一个人，在驾驶时提供给驾驶员使用的座椅。

3.3

座椅表面 seat surface

在乘坐时支撑驾驶员的座椅水平表面。

3.4

靠背 backrest

在乘坐时支撑驾驶员后背的座椅垂直面。

3.5

侧向座椅支撑 lateral seat supports

防止驾驶员侧向滑动的座椅装置。

3.6

座椅手臂支撑 seat armrests

在乘坐时座椅两面支撑手臂的装置。

3.7

座位参考点　seat reference point(SRP)

在座椅的纵向平面内，靠背垫的底部与水平面的交点即为座位参考点。这个水平面在座位参考点前150 mm处与座椅的下表面相交。

3.8

座椅表面深度　depth of the seat surface

座位参考点到座椅前边缘的水平距离。

3.9

座椅表面宽度　width of the surface

在垂直于座椅中间面的方向上，座椅表面外边缘的水平距离。

3.10

载荷调整范围　load adjustment range

指根据最重和最轻驾驶员两者的载荷绘制的曲线相对于座椅悬架系统的中间位置的范围。

3.11

座椅悬架行程　suspension travel

座位参考点前200 mm的座椅中间面处，座椅表面某时刻的位置到最高点的垂直距离。

3.12

振动　vibration

座椅在垂直方向上的上下运动。

3.13

振动加速度　vibration acceleration

a

振动位移随时间的二阶微分。

3.14

加速度的有效值　root-mean-square value of the acceleration

a_{eff}

加速度均方的平方根。

3.15

加权振动加速度　weighted vibration acceleration

a_w

在加权计算器的帮助下确定的加权振动加速度。

a_{wS}——台架试验或标准道路试验时测得的加权座椅振动加速度的平均值；

a_{wB}——台架试验时在座椅连接处测得的加权振动加速度的平均值；

a'_{wB}——座椅连接处测得的加权振动加速度的基准平均值；

a'_{wS}——台架试验时测得的加权振动加速度的修正平均值；

a'_{wF}——标准道路试验时在座椅连接处测得的加权振动加速度的平均值。

3.16

振动比　vibration ratio

驾驶员座椅与座椅连接处的加权振动加速度的比值。

3.17

振动等级　vibration class

显示同样振动特性的拖拉机类别。

3.18

A 类拖拉机　category A tractor

具有两轴、刚性悬架的拖拉机为 A 类拖拉机。

A 类拖拉机分为三级：

A1：无配重、质量小于 3 600 kg 的拖拉机；

A2：无配重、质量处于 3 600 kg～6 500 kg 之间的拖拉机；

A3：无配重、质量大于 6 500 kg 的拖拉机。

3.19

B 类拖拉机　category B tractor

不属于 A 类振动等级的拖拉机。

3.20

同类型座椅　seats of the same type

在基本要素方面无区别的座椅。允许有区别的要素：尺寸；靠背的位置和倾斜度；座椅表面的倾斜度；座椅纵向和高度上的调节范围。

4　测量单位和允许误差

长度：	±0.5%；
角度：	±1°；
拖拉机质量：	±20 kg；
气压：	±10 kPa；
其他尺寸：	±5%。

5　要求

5.1　一般要求

5.1.1　按 GB/T 6236 确定座位参考点的位置。

5.1.2　驾驶员座椅要确保在驾驶时，对驾驶员具有舒适的位置，并在健康和安全上提供最大的保护。

5.1.3　座椅在没有工具的情况下，在纵向和高度上可根据实际情况进行调整，且能够根据驾驶员重量调整。

5.1.4　座椅应能够很好地降低冲击和振动，能够隔震和在后部与侧面提供支撑。如具有防止侧面滑动的功能，则要有足够的侧面支撑强度。

5.1.5　固定式或可移动式的座椅表面、靠背、侧面支撑和固定或折叠的手臂支撑都要有衬垫。

5.2　结构要求

5.2.1　座椅表面尺寸(见图 1)

5.2.1.1　平行于座椅纵向中心面，并与纵向中心面相距 150 mm 的平面上座椅深度为 400 mm±50 mm。

5.2.1.2　在垂直于座椅纵向中心面内参考点前 150 mm 处，座椅表面以上不超过 80 mm 的座椅表面宽度至少为 450 mm。

5.2.1.3　如果装配的拖拉机最小后轮距不大于 1 150 mm，拖拉机的设计不按 5.2.1.1 和 5.2.1.2 要求进行，座椅表面的深度和宽度可分别降低至不小于 300 mm 和 400 mm。

单位为毫米

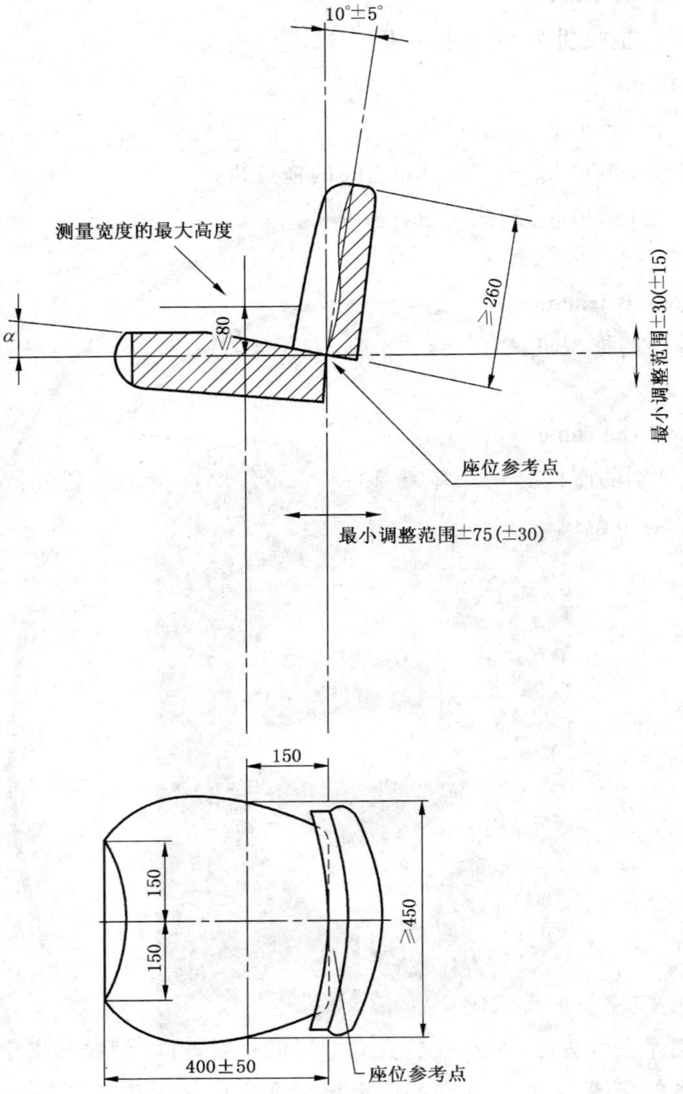

图 1 驾驶员座椅参考尺寸

5.2.2 靠背的位置和倾斜度

5.2.2.1 座椅靠背最上边缘至少高于座位参考点 260 mm。

5.2.2.2 靠背的倾斜度为 10°±5°。

5.2.3 施加与确定座位参考点同样的载荷时，相对于水平面座垫表面朝后面的倾斜度为 3°～12°。

5.2.4 座椅的调节

5.2.4.1 纵向调节

最小后轮距大于 1 150 mm 的拖拉机座椅纵向调节尺寸应不小于 150 mm；

最小后轮距不大于 1 150 mm 的拖拉机座椅纵向调节尺寸应不小于 60 mm。

5.2.4.2 垂直调节

最小后轮距大于 1 150 mm 的拖拉机座椅垂直调节尺寸应不小于 60 mm；

最小后轮距不大于 1 150 mm 的拖拉机座椅垂直调节尺寸应不小于 30 mm。

5.3 装配要求

5.3.1 应保证驾驶员在驾驶和操作拖拉机时有舒适的位置。

5.3.2 座椅要容易乘坐。

5.3.3 当在标准位置乘坐时，驾驶员要容易操作拖拉机各种操作手柄。

5.3.4 座椅或拖拉机的任何部件都不能轻易造成驾驶员受伤或擦伤。

5.3.5 当座椅的位置在前后和上下方向上可调时，通过座位参考点的前后轴线应平行于通过方向盘中心的拖拉机纵向垂直面。

5.3.6 当座椅能够绕垂直轴线转动时，座椅应能够在任何或特定方向上或 5.3.5 所示情况下锁死。

6 试验

6.1 试验顺序

6.1.1 测定座椅悬架性能和驾驶员质量的调节范围。

6.1.2 测定横向稳定性。

6.1.3 测定垂直振动性能。

6.1.4 特定情况下的拖拉机振动试验。

6.1.5 测定 A 类拖拉机座椅的加权振动加速度。

6.1.6 测定 B 类拖拉机座椅的加权振动加速度。

6.1.7 共振范围内阻尼性能的测试。

6.2 测定座椅悬架性能和驾驶员质量的调节范围

6.2.1 座椅悬架性能由静载试验确定。驾驶员质量的调节范围由座椅悬架性能计算得出。这些计算数据仅适用于手动调节驾驶员质量的座椅。

6.2.2 把驾驶员座椅固定于试验平台或拖拉机上；测试载荷与名义载荷之间误差小于 5 N。座椅悬架行程的测量误差小于±1 mm。载荷按确定座位参考点的加载方式加载。

6.2.3 表示座椅悬架系统变形的完整性能曲线要从零载荷加载到最大载荷，然后回到零载荷。测量的载荷间隔小于 100 N；在行程中至少测量 8 个点以上。载荷的最大点不超过最大座椅悬架行程或 1 500 N。在每次加载或卸载后，在座位参考点沿座椅表面的纵向中间平面前 200 mm 处测量座椅悬架行程。在加载或卸载后，座椅保持静止。

6.2.4 在座椅有质量调节范围时，座椅悬架系统变形的性能曲线，要分别在驾驶员为 50 kg 和 120 kg 下绘制。在座椅没有质量调节范围和锁死时，在质量可调的最低和最高处绘制。在座椅没有质量调节或锁死时，选择以下的调节方式：

a) 对于最低质量，当卸载后，座椅恰好回到座椅悬架行程的最高点；

b) 对于最高质量，1 500 N 的载荷把座椅压到座椅悬架行程的最低点。

6.2.5 座椅悬架系统全行程的一半是座椅悬架系统的中间位置。

6.2.6 座椅悬架系统的性能由线通常是一个力滞回线，通过回线的中间线来确定载荷(见图 2)；为了用调节范围来确定驾驶员质量，通过图 2 的 A、B 两点确定的驾驶员质量范围要乘以 0.13 kg/N 的比例系数。

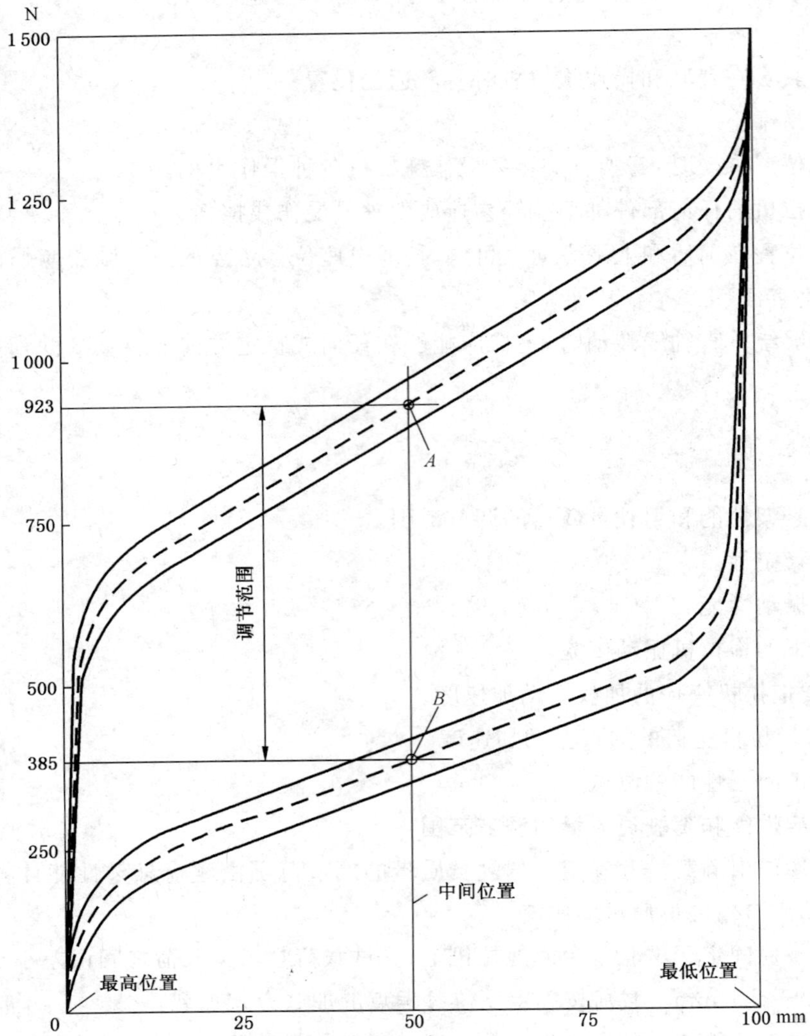

图 2　确定座椅悬架和载荷调节范围的性能曲线

6.3　测定横向稳定性

6.3.1　座椅要位于重量调节的上极限，固定于试验平台或拖拉机上，其基础平台在不小于自身平台的刚性平台上。

6.3.2　在座椅表面或衬垫上施加 1 000 N 的试验载荷。作用点位于座位参考点前 200 mm，在与座椅纵向对称面平行且相距 150 mm 的两个平面上。

6.3.3　在加载过程中，座椅表面侧向倾斜的角度变化值，在水平和垂直调节的末端测量。不考虑载荷作用点附近的永久变形。

6.4　测定垂直振动性能

不管是 A 类或 B 类拖拉机，座椅振动试验均可在试验平台和/或标准道路上进行。

6.4.1　在试验平台上进行试验

6.4.1.1　除了试验座椅的连接外，平台上还应包含方向盘和脚踏板，结构如图 3 所示。

单位为毫米

A ±20	B ±20
265	985
285	960
305	935
325	895
345	855
365	835
385	825
405	805
425	785
445	765
465	745
485	725

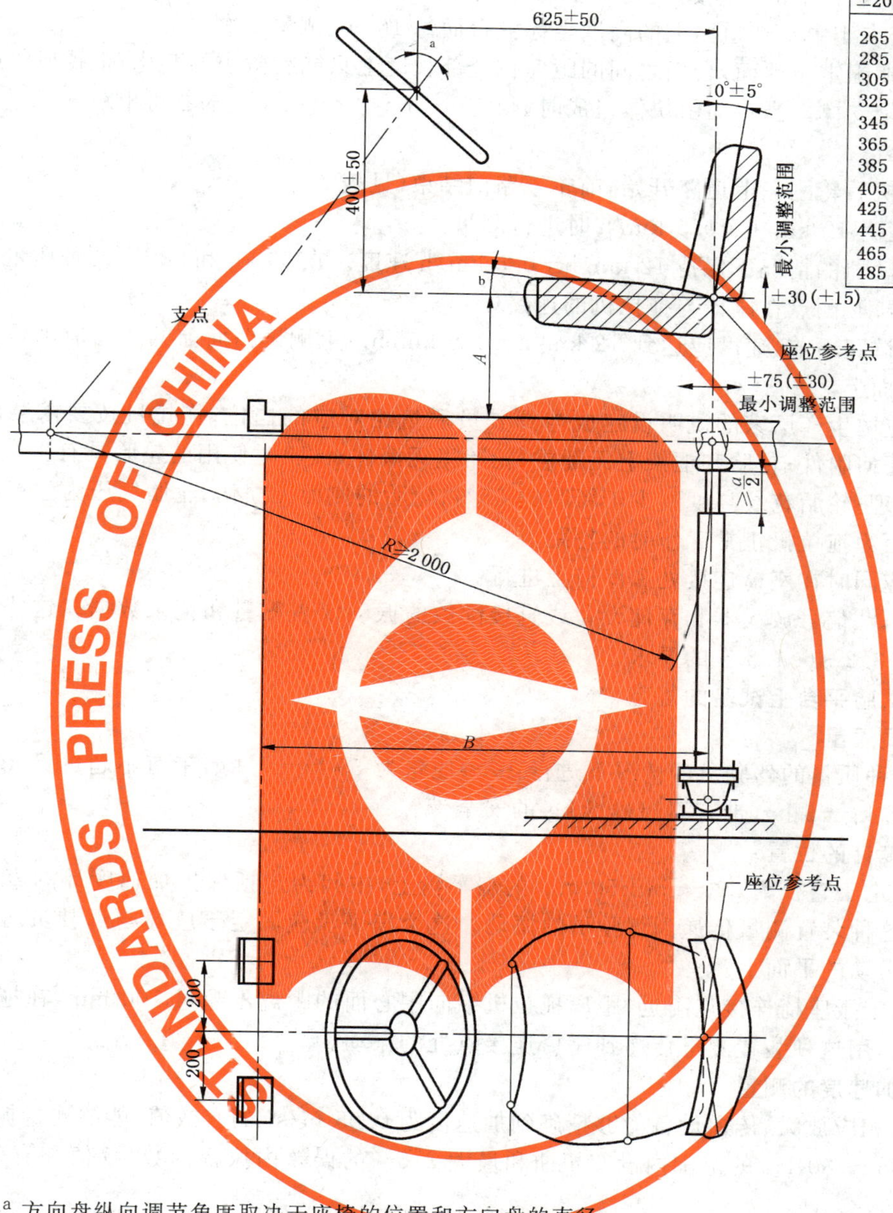

a 方向盘纵向调节角度取决于座椅的位置和方向盘的直径。

b 装配的座椅表面相对于水平面向后的调节角度应为 3°～12°。

图 3　振动平台结构示意图

6.4.1.2　试验平台要有很高的弯曲和扭转刚度。如果振动平台是靠振动臂来工作，则 R 值不少于 2 000 mm(见图 3)。在 0.5 Hz～5.0 Hz 内的振动比在 1.00±0.C5 范围内，测量间隔不超过 0.5 Hz。在同样的振动范围内，振动相位的转变不超过 20°。

6.4.1.3　试验平台要能模拟座椅连接处的振动。使用的设定值是表 1、表 2、表 3 中的拖拉机类型，或者是如 6.4.2.1 设定的在正常道路上以 12 km/h±0.5 km/h 行驶的 B 类拖拉机座椅连接处记录的经过对加速度信号进行二次积分得到的位移值。

在正常道路上记录的一系列加速度信号的末端到二系列的初端的过渡要平缓。

6.4.2 在标准道路上试验

6.4.2.1 根据拖拉机的实际，道路由两个平行的台面组成。每个台面应由刚性材料构成(例如木材或水泥)，由设在基础结构上的块或连续光滑平面组成。每个轮迹的纵向剖面由基础水平的高度坐标注明；这些坐标列于表4中。在道路上的高度坐标沿台面每16 cm测量1次。

道路应牢固地固定于地面，台面之间的距离在全部长度上只能有微小的变化；拖拉机轮胎在全部试验中能够保持完全支撑。当台面由块体组成时，须有6 cm～8 cm厚，块体之间相距16 cm。标准道路长度应为100 m。

测量从拖拉机后轮刚一上道路开始，前轮下路前结束(见表4)。

6.4.2.2 在速度为12 km/h±0.5 km/h时进行测量。

在不使用制动器的情况下保持12 km/h±0.5 km/h速度。在59 kg和98 kg两种质量的驾驶员情况下，测量座椅振动，测点在座椅与拖拉机的连接处。

在轮胎上测试路面前，速度应达到12 km/h±0.5 km/h。上测试路面前的路面应平缓并与标准路面处于同一水平面上。

6.4.2.3 座椅应按生产厂家的说明设定成与驾驶员质量相对应的档位；拖拉机按要求装配上防护框架；拖拉机不带任何附件；轮胎和框架上无配重，轮胎里无液体；试验时使用的轮胎具有生产厂家标明的标准的尺寸和纹理；轮胎花纹高度不少于新胎的65%；轮胎的侧面无损伤；轮胎气压为生产厂家推荐气压的平均值；轮距为拖拉机正常工作时的轮距。

6.4.2.4 测量应同时在座椅连接处和座椅上进行。

使用加速度计、信号放大器和存储设备或直接读数的振动仪表测量和记录数据。这些设备的具体要求应符合6.4.3.2～6.4.3.5的要求。

6.4.3 道路和试验平台上试验的规范

6.4.3.1 驾驶员质量

试验要在两种质量的驾驶员的情况下进行：一种质量为59 kg±1 kg，带有不超过5 kg的安全带；另一种质量为98 kg±5 kg，带有不超过8 kg的安全带。

6.4.3.2 加速度计的位置

加速度计固定于直径为250 mm±50 mm的扁平盘上，中间为包括保护加速度计的直径为75 mm的刚性部分，用这种装置测量传递到驾驶员的振动。这个扁平盘应固定于座椅与驾驶员之间的座椅中间，并且在不能滑动的平面上。

加速度计固定于座椅连接点附近，距离拖拉机纵向中心面的距离不超过100 mm，在拖拉机座椅上下振动的范围内，用这种装置测量传递到座椅连接点处的振动。

6.4.3.3 振动加速度的测量

加速度计和相应放大、传递设备能够精确到加速度为0.05 m/s^2的有效值，能够测量振动为5 m/s^2的有效值，在1 Hz～80 Hz的范围内没有扭曲和最大2.5%的误差内振幅因数(峰值和有效值的比值)为3。

6.4.3.4 振动仪表

6.4.3.4.1 不考虑超过10 Hz的振动。因此可连接一个低通10 Hz的滤波器和每倍频程12 dB的衰减器。

6.4.3.4.2 设备应能显示：

加权振动加速度(a_w)的平方对试验时间(T)的积分。

$$I = \int_0^T (a_w)^2 \mathrm{d}t \quad \cdots\cdots(1)$$

或式(1)积分的平方根。

或加权振动加速度的有效值(a_{weff})

$$a_{weff} = \sqrt{\frac{I}{T}} \quad \cdots\cdots(2)$$

全部系统对于上述测量值的加速度有效值的测量精度不超过±5%。

6.4.3.5 振动试验的评价

6.4.3.5.1 整个试验期间，每次试验的加权振动加速度应用由 6.4.3.4 规定的仪器进行测量。

6.4.3.5.2 试验报告给出在两种质量驾驶员的情况下，座椅上加权振动加速度(a_{wS})有效值的算术平均值、座椅上加权振动加速度(a_{wS})有效值的算术平均值与座椅连接处加权振动加速度(a_{wB})有效值的算术平均值的比值(保留两位小数)。

6.4.3.5.3 测量并在报告中给出振动试验时的环境温度。

6.5 特定情况下的拖拉机振动试验

6.5.1 对于 A 类拖拉机的座椅振动应在振动平台上进行。

6.5.2 对于 B 类拖拉机的座椅振动应在标准道路上进行。但是，可以用标准道路上对于此种拖拉机的座椅采集到的加速度曲线作为设定信号，进行模拟试验。

6.5.3 只用于 A 类拖拉机特殊形式的座椅可根据 6.5.2 的要求进行。这种情况下，试验结果只对装配此种座椅的拖拉机有效。

6.6 确定 A 类拖拉机座椅的加权振动加速度的过程

6.6.1 在试验平台上进行的试验根据 6.4.1 进行。a_{wB}值在座椅连接处测得。给出下列三种基准值：

A 类拖拉机的 A1 级：$a'_{wB}=2.05\ m/s^2$；

A 类拖拉机的 A2 级：$a'_{wB}=1.5\ m/s^2$；

A 类拖拉机的 A3 级：$a'_{wB}=1.3m/s^2$。

驾驶员座椅上测得的加速度 a_{wS} 按式(3)修证。

$$a'_{wS}=a_{wS}\frac{a'_{wB}}{a_{wB}} \qquad \cdots\cdots(3)$$

6.6.2 对于 6.4.3.1 所示的两种驾驶员，A1 级和 A3 级拖拉机在座椅上的加权振动加速度测量 28 s，A2 级拖拉机测量 31 s。测量在此设定值 $t=0$ s 时开始计时到 $t=28$ s 或 31 s 时结束(见表 1、表 2、表 3)。至少测量两次。每次测量值与算术平均值的偏差不超过±5%。每次测量的时间长度误差不超过±0.5 s。

6.7 确定 B 类拖拉机座椅的加权振动加速度的过程

6.7.1 根据 6.5.2，座椅振动试验不适用于此类拖拉机(也就是只能在标准道路上进行)，只适用于装配此种座椅的拖拉机。

6.7.2 根据 6.4.2 和 6.4.3 在标准道路上进行试验。驾驶员座椅上测量的振动加速度(a_{wS})无需进行纠正。至少测量两个序列。每次此类算术平均值的偏差不超过±10%。

6.7.3 如果进行台架试验，应结合标准道路试验按 6.4.1 和 6.4.3 进行。

6.7.4 振动平台应能够调节，座椅连接处加权加速度的有效值(a_{wB})与在标准道路上测量的座椅连接处加权加速度的有效值(a'_{wF})偏差不超过±5%。

如果与座椅连接处加权加速度的有效值(a'_{wF})有偏差，台架试验时的驾驶员座椅处加权加速度按式(4)进行修正：

$$a'_{wS}=a_{wS}\frac{a'_{wF}}{a_{wB}} \qquad \cdots\cdots(4)$$

试验平台上的每次试验至少进行两次。每次测量值与算术平均值的偏差不超过±5%。

6.8 共振范围内衰减性能的测试

6.8.1 测试按 6.4.1 在试验平台上进行。按如下进行：

a) 用振幅为 15 mm 频率 0.5 Hz～2 Hz 的正弦振动。频率范围内，在不超过 60 s 或间隔期间，频率增加量不超过 0.05 Hz；频率降低时一样。

b) 座椅在第一次试验中加上 40 kg 的配重，在第二次试验时加上 80 kg 的配重；配重按测量座位参考点的方式加载。

c) 座椅上振动加速度的有效值(a_{wS})与座椅连接处振动加速度的有效值(a_{wB})的比值：

$$V = \frac{a_{wS}}{a_{wB}} \qquad (5)$$

在 0.5 Hz～2.0Hz 频率范围内间隔不超过 0.05 Hz 的情况下测得。

6.8.2 测量的比值在试验报告中保留两位小数给出。

7 验收条件

驾驶员座椅除要满足第 5 章的规定外，还应满足以下要求。

7.1 驾驶员质量的调节范围要等于或大于 50 kg～120 kg 的范围。

7.2 在侧向稳定性试验时倾斜角度的变化不超过 5°。

7.3 在 59 kg 和 98 kg 两种质量的驾驶员情况下，加权座椅振动加速度（a_{wS}）有效值的算术平均值均应不大于 1.25 m/s^2。

7.4 在共振范围内，座椅表面振动加速度的有效值（a_{wS}）与座椅连接处振动加速度的有效值（a_{wB}）的比值应不大于 2。

表 1 A 类（A1 级）拖拉机驾驶座椅在试验平台上的设定值

PS——设定点；

a——设定信号的幅值；

t——测量时间。

信号在 701 点后重复，其幅值与 0 点幅值相等。

PS	$a/10^{-4}$ m	t/s
0	0 000	0
1	0 089	.
2	0 215	.
.	.	.
.	.	.
.	.	.
699	0 023	.
700	0 000	28.0

表 2 A 类（A2 级）拖拉机驾驶座椅在试验平台上的设定值

PS——设定点；

a——设定信号的幅值；

t——测量时间。

信号在 701 点后重复，其幅值与 0 点幅值相等。

PS	$a/10^{-4}$ m	t/s
0	0 000	0
1	0 022	.
2	0 089	.
.	.	.
.	.	.
.	.	.
699	0 062	.
700	0 000	31.0

表 3 A 类(A3 级)拖拉机驾驶座椅在试验平台上的设定值

PS——设定点；

a——设定信号的幅值；

t——测量时间。

信号在 701 点后重复，其幅值与 0 点幅值相等。

PS	a/mm	t/s	PS	a/mm	t/s
1	0	0.000	38	1	1.013
2	−3	0.027	39	−1	1.040
3	−0	0.055	40	−4	1.067
4	2	0.082	41	−6	1.093
5	4	0.109	42	−8	1.122
6	6	0.137	43	−8	1.150
7	6	0.164	44	−7	1.177
8	5	0.192	45	−4	1.204
9	3	0.219	46	−1	1.232
10	1	0.246	47	2	1.259
11	−0	0.274	48	6	1.286
12	−2	0.301	49	8	1.314
13	−4	0.328	50	10	1.341
14	−4	0.356	51	10	1.369
15	−4	0.383	52	8	1.396
16	−2	0.411	53	4	1.423
17	−1	0.439	54	0	1.451
18	0	0.465	55	−4	1.478
19	2	0.493	56	−8	1.505
20	3	0.520	57	−11	1.533
21	4	0.547	58	−13	1.560
22	3	0.575	59	−12	1.587
23	1	0.602	60	−9	1.613
24	0	0.630	61	−4	1.642
25	−1	0.657	62	6	1.670
26	−3	0.684	63	6	1.697
27	−4	0.712	64	11	1.724
28	−4	0.739	65	15	1.752
29	−4	0.766	66	16	1.779
30	−2	0.794	67	14	1.806
31	−0	0.821	68	11	1.834
32	2	0.848	69	5	1.861
33	4	0.876	70	−1	1.869
34	6	0.903	71	−8	1.916
35	6	0.931	72	−14	1.943
36	6	0.958	73	−18	1.971
37	4	0.985	74	−19	1.998

表 3（续）

PS	a/mm	t/s	PS	a/mm	t/s
75	−17	2.025	117	5	3.175
76	−13	2.053	118	−3	3.202
77	−6	2.080	119	−10	3.230
78	0	2.108	120	−17	3.257
79	8	2.135	121	−20	3.284
80	15	2.162	122	−21	3.312
81	19	2.190	123	−18	3.339
82	21	2.217	124	−13	3.367
83	19	2.244	125	−6	3.396
84	15	2.272	126	2	3.421
85	8	2.299	127	10	3.449
86	0	2.326	128	16	3.476
87	−7	2.354	129	21	3.503
88	−15	2.361	130	22	3.531
89	−19	2.409	131	20	3.558
90	−21	2.436	132	15	3.586
91	−20	2.463	133	8	3.613
92	−15	2.491	134	0	3.640
93	−8	2.518	135	−8	3.668
94	−0	2.545	136	−15	3.695
95	7	2.573	137	−20	3.722
96	14	2.600	138	−23	3.750
97	19	2.628	139	−22	3.777
98	21	2.655	140	−18	3.804
99	19	2.662	141	−11	3.832
100	14	2.710	142	−3	3.859
101	7	2.737	143	5	3.887
102	−0	2.764	144	13	3.914
103	−8	2.792	145	19	3.941
104	−15	2.819	146	23	3.969
105	−19	2.847	147	23	3.996
106	−20	2.874	148	20	4.023
107	−18	2.901	149	14	4.051
108	−13	2.929	150	6	4.078
109	−5	2.956	151	−2	4.106
110	2	2.983	152	−11	4.133
111	10	3.011	153	−17	4.160
112	16	3.038	154	−21	4.188
113	20	3.055	155	−22	4.215
114	20	3.093	156	−20	4.242
115	17	3.120	157	−14	4.270
116	12	3.148	158	−7	4.297

表 3（续）

PS	a/mm	t/s	PS	a/mm	t/s
159	0	4.325	201	3	5.474
160	8	4.352	202	−0	5.501
161	14	4.379	203	−5	5.529
162	18	4.407	204	−9	5.556
163	19	4.434	205	−12	5.584
164	17	4.461	206	−14	5.611
165	13	4.489	207	−14	5.638
166	7	4.516	208	−12	5.666
167	0	4.543	209	−9	5.693
168	−6	4.571	210	−4	5.720
169	−11	4.598	211	0	5.748
170	−14	4.626	212	5	5.775
171	−16	4.653	213	9	5.803
172	−14	4.680	214	13	5.830
173	−11	4.708	215	15	5.857
174	−6	4.735	216	15	5.885
175	−1	4.762	217	13	5.912
176	4	4.790	218	9	5.939
177	8	4.817	219	4	5.967
178	12	4.845	220	−1	5.994
179	13	4.872	221	−7	6.022
180	13	4.899	222	−11	6.049
181	11	4.927	223	−15	6.076
182	7	4.954	224	−16	6.104
183	3	4.981	225	−16	6.131
184	−1	5.009	226	−12	6.158
185	−5	5.036	227	−7	6.186
186	−9	5.064	228	−1	6.213
187	−11	5.091	229	4	6.240
188	−12	5.118	230	10	6.268
189	−12	5.146	231	16	6.295
190	−10	5.173	232	17	6.323
191	−6	5.200	233	17	6.350
192	−2	5.228	234	14	6.377
193	1	5.255	235	9	6.405
194	5	5.283	236	3	6.432
195	9	5.310	237	−3	6.459
196	11	5.337	238	−10	6.487
197	13	5.365	239	−15	6.514
198	12	5.392	240	−19	6.542
199	11	5.419	241	−19	6.569
200	7	5.447	242	−17	6.596

表 3（续）

PS	a/mm	t/s	PS	a/mm	t/s
243	−12	6.624	285	13	7.773
244	−6	6.651	286	4	7.801
245	1	6.678	287	−5	7.828
246	9	6.706	288	−13	7.855
247	16	6.733	289	−20	7.883
248	21	6.761	290	−24	7.910
249	22	6.783	291	−25	7.937
250	21	6.815	292	−22	7.965
251	16	6.843	293	−17	7.992
252	9	6.870	294	−9	8.020
253	0	6.897	295	−1	8.047
254	−8	6.925	296	7	8.074
255	−16	6.952	297	14	8.102
256	−22	6.979	298	20	8.129
257	−25	7.007	299	22	8.156
258	−24	7.034	300	22	8.184
259	−20	7.062	301	19	8.211
260	−13	7.089	302	13	8.239
261	−4	7.116	303	6	8.266
262	5	7.144	304	−1	8.293
263	14	7.171	305	−9	8.321
264	24	7.198	306	−15	8.348
265	25	7.226	307	−19	8.375
266	26	7.253	308	−20	8.403
267	23	7.281	309	−19	8.430
268	17	7.308	310	−14	8.457
269	8	7.335	311	−8	8.485
270	−1	7.363	312	−0	8.512
271	−11	7.390	313	6	8.540
272	−20	7.417	314	12	8.567
273	−26	7.445	315	16	8.594
274	−27	7.472	316	18	8.622
275	−25	7.500	317	16	8.649
276	−19	7.527	318	12	8.676
277	−11	7.554	319	6	8.704
278	−1	7.582	320	0	8.731
279	9	7.609	321	−7	8.759
280	18	7.636	322	−12	8.786
281	24	7.664	323	−15	8.813
282	27	7.691	324	−16	8.841
283	26	7.718	325	−13	8.868
284	21	7.746	326	−8	8.895

表 3（续）

PS	a/mm	t/s	PS	a/mm	t/s
327	−1	8.923	369	−5	10.072
328	5	8.950	370	−10	10.100
329	11	8.978	371	−13	10.127
330	15	9.005	372	−15	10.154
331	17	9.032	372	−14	10.182
332	15	9.060	374	−12	10.209
333	11	9.087	375	−7	10.237
334	5	9.114	376	−2	10.264
335	−2	9.142	377	2	10.291
336	−9	9.169	378	8	10.319
337	−15	9.196	379	11	10.346
338	−18	9.224	380	13	10.373
339	−19	9.261	381	13	10.401
340	−16	9.279	382	11	10.428
341	−11	9.306	383	7	10.456
342	−3	9.333	384	2	10.483
343	4	9.361	385	−2	10.510
344	11	9.388	386	−7	10.538
345	16	9.415	387	−10	10.565
346	19	9.443	388	−11	10.592
347	19	9.470	389	−11	10.620
348	16	9.498	390	−8	10.647
349	11	9.525	391	−5	10.674
350	4	9.552	392	−0	10.702
351	−2	9.580	393	3	10.729
352	−9	9.607	394	7	10.757
353	−14	9.634	395	9	10.784
354	−17	9.662	396	9	10.811
355	−18	9.689	397	8	10.839
356	−16	9.717	398	5	10.866
357	−12	9.744	399	1	10.893
358	−7	9.771	400	−2	10.921
359	−1	9.799	401	−6	10.949
360	4	9.826	402	−7	10.975
361	9	9.853	403	−8	11.003
362	13	9.881	404	−7	11.030
363	16	9.908	405	−5	11.058
364	15	9.935	406	−2	11.085
365	14	9.963	407	0	11.112
366	10	9.990	408	4	11.140
367	5	10.018	409	6	11.167
368	−0	10.045	410	7	11.195

表 3（续）

PS	a/mm	t/s	PS	a/mm	t/s
411	7	11.222	453	−8	12.371
412	6	11.249	454	−10	12.399
413	4	11.277	455	−11	12.426
414	1	11.304	456	−11	12.454
415	−1	11.331	457	−9	12.481
416	−4	11.359	458	−5	12.509
417	−7	11.386	459	−1	12.536
418	−8	11.413	460	3	12.563
419	−8	11.441	461	8	12.590
420	−6	11.468	462	11	12.618
421	−4	11.496	463	13	12.645
422	−1	11.523	464	12	12.673
423	1	11.550	465	10	12.700
424	4	11.578	466	7	12.727
425	7	11.605	467	2	12.755
426	8	11.632	468	−2	12.782
427	8	11.660	469	−6	12.809
428	7	11.687	470	−9	12.837
429	5	11.715	471	−10	12.864
430	2	11.742	472	−10	12.891
431	−0	11.769	473	−8	12.915
432	−2	11.797	474	−5	12.946
433	−4	11.824	475	−2	12.974
434	−6	11.851	476	1	13.001
435	−7	11.879	477	3	13.028
436	−6	11.906	478	6	13.056
437	−6	11.934	479	6	13.083
438	−4	11.961	480	5	13.110
439	−3	11.988	481	4	13.138
440	−1	12.016	482	2	13.165
441	0	12.043	483	0	13.193
442	2	12.070	484	−0	13.220
443	4	12.098	485	−1	13.247
444	6	12.125	486	−2	13.275
445	7	12.152	487	−2	13.302
446	7	12.180	488	−1	13.329
447	7	12.207	489	−1	13.357
448	6	12.235	490	−0	13.384
449	4	12.262	491	0	13.412
450	1	12.289	492	1	13.439
451	−1	12.317	493	1	13.466
452	−5	12.344	494	1	13.494

表 3（续）

PS	a/mm	t/s	PS	a/mm	t/s
495	0	13.521	537	2	14.671
496	0	13.548	538	1	14.698
497	−0	13.576	539	−0	14.725
498	−1	13.603	540	−2	14.753
499	−1	13.630	541	−5	14.780
500	−1	13.659	542	−7	14.807
501	−1	13.685	543	−8	14.835
502	−1	13.713	544	−8	14.862
503	−1	13.740	545	−7	14.890
504	−0	13.767	546	−5	14.917
505	−0	13.795	547	−1	14.944
506	0	13.822	548	1	14.972
507	1	13.849	549	6	14.999
508	1	13.877	550	9	15.026
509	2	13.904	551	12	15.054
510	2	13.932	552	13	15.081
511	2	13.959	553	11	15.109
512	2	13.986	554	9	15.136
513	1	14.014	555	4	15.163
514	1	14.041	556	−0	15.191
515	0	14.068	557	−6	15.218
516	−0	14.096	558	−11	15.245
517	−1	14.123	559	−15	15.273
518	−1	14.151	560	−16	15.300
519	−2	14.178	561	−15	15.327
520	−2	14.205	562	−12	15.356
521	−2	14.233	563	−6	15.382
522	−2	14.260	564	−0	15.410
523	−1	14.287	565	6	15.437
524	−1	14.316	566	12	15.464
525	−1	14.342	567	17	15.492
526	−0	14.370	568	19	15.519
527	−0	14.397	569	18	15.546
528	0	14.424	570	14	15.574
529	0	14.452	571	8	15.601
530	1	14.479	572	1	15.629
531	2	14.506	573	−6	15.656
532	2	14.534	574	−12	15.683
533	3	14.561	575	−17	15.711
534	4	14.598	576	−19	15.738
535	4	14.616	577	−19	15.766
536	3	14.643	578	−15	15.793

表 3（续）

PS	a/mm	t/s	PS	a/mm	t/s
579	−10	15.820	621	8	16.970
580	−8	15.848	622	2	16.997
581	4	15.875	623	−2	17.024
582	11	15.902	624	−8	17.052
583	16	15.930	625	−12	17.079
584	18	15.957	626	−14	17.107
585	18	15.984	627	−15	17.134
586	15	16.012	628	−14	17.161
587	10	16.039	629	−11	17.189
588	3	16.066	630	−7	17.216
589	−3	16.094	631	−2	17.243
590	−10	16.121	632	1	17.271
591	−15	16.149	633	6	17.298
592	−17	16.176	634	9	17.326
593	−17	16.203	635	11	17.353
594	−15	15.231	636	12	17.380
595	−10	16.258	637	11	17.408
596	−3	16.285	638	9	17.435
597	2	16.313	639	6	17.462
598	9	16.340	640	2	17.490
599	14	16.368	641	−0	17.517
600	16	16.395	642	−3	17.544
601	17	16.422	643	−5	17.572
602	14	16.450	644	−6	17.599
603	10	16.477	645	−6	17.627
604	5	16.504	646	−6	17.654
605	−1	16.532	647	−4	17.681
606	−7	16.559	648	−3	17.709
607	−12	16.587	649	−1	17.736
608	−15	16.614	650	−0	17.763
609	−16	16.641	651	0	17.791
610	−16	16.669	652	1	17.818
611	−13	16.696	653	0	17.845
612	−8	16.728	654	0	17.873
613	−3	16.741	655	0	17.900
614	2	16.776	656	−0	17.928
615	8	16.803	657	−0	17.955
616	12	16.833	658	−0	17.982
617	15	16.860	659	0	18.010
618	16	16.888	660	1	18.037
619	15	16.915	661	3	18.065
620	12	16.942	662	4	18.092

表 3（续）

PS	a/mm	t/s
663	5	18.119
664	5	18.147
665	5	18.174
666	4	18.201
667	2	18.229
668	−0	18.256
669	−3	18.283
670	−6	18.311
671	−9	18.339
672	−10	18.366
673	−10	18.393
674	−9	18.420
675	−6	18.448
676	−3	18.475
677	1	18.502
678	6	18.530
679	10	18.557
680	12	18.585
681	14	18.612
682	13	18.639
683	10	18.667
684	6	18.694
685	1	18.721
686	−3	18.749
687	−6	18.776
688	−11	18.804
689	−13	18.831
690	−13	18.858
691	−10	18.886
692	−7	18.913
693	−3	18.940
694	1	18.968
695	4	18.996
696	7	19.022
697	8	19.050
698	8	19.077
699	6	19.105
700	4	19.132
701	1	19.159
702	−0	19.187
703	−2	19.214
704	−2	19.241
705	−2	19.269
706	−1	19.296
707	0	19.324
708	1	19.351
709	2	19.978
710	2	19.406
711	1	19.433
712	−0	19.460
713	−2	19.488
714	−5	19.515
715	−6	19.543
716	−7	19.570
717	−7	19.597
718	−5	19.625
719	−3	19.652
720	0	19.679
721	3	19.707
722	7	19.734
723	9	19.761
724	11	19.789
725	11	19.816
726	10	19.844
727	7	19.871
728	3	19.898
729	−0	19.926
730	−4	19.953
731	−8	19.980
732	−11	20.008
733	−12	20.035
734	−12	20.063
735	−10	20.090
736	−7	20.117
737	−3	20.145
738	0	20.172
739	5	20.199
740	8	20.227
741	11	20.254
742	12	20.282
743	11	20.309
744	9	20.336
745	6	20.354
746	1	20.391

表 3（续）

PS	a/mm	t/s	PS	a/mm	t/s
747	−2	20.418	789	6	21.568
748	−6	20.446	790	7	21.595
749	−9	20.473	791	7	21.623
750	−10	20.500	792	7	21.650
751	−9	20.526	793	5	21.677
752	−7	20.556	794	3	21.705
753	−4	20.583	795	0	21.732
754	−1	20.610	796	−1	21.760
755	2	20.637	797	−4	21.787
756	5	20.665	798	−5	21.814
757	7	20.692	799	−6	21.842
758	8	20.719	800	−5	21.869
759	7	20.747	801	−4	21.896
760	5	20.774	802	−2	21.924
761	2	20.802	803	−0	21.951
762	−1	20.829	804	2	21.978
763	−4	20.856	805	4	22.006
764	−7	20.884	806	5	22.033
765	−9	20.911	807	5	22.061
766	−9	20.938	808	4	22.088
767	−7	20.966	809	3	22.115
768	−5	20.993	810	0	22.143
769	−1	21.021	811	−1	22.170
770	2	21.048	812	−3	22.197
771	5	21.075	813	−5	22.225
772	8	21.103	814	−6	22.252
773	10	21.130	815	−5	22.280
774	10	21.157	816	−4	22.307
775	8	21.185	817	−3	22.334
776	6	21.212	818	−0	22.362
777	2	21.239	819	1	22.389
778	−1	21.267	820	4	22.416
779	−4	21.294	821	5	22.444
780	−7	21.322	822	6	22.471
781	−9	21.349	824	6	22.526
782	−9	21.376	825	5	22.553
783	−8	21.404	826	3	22.581
784	−7	21.431	827	0	22.608
785	−4	21.458	828	−2	22.635
786	−1	21.486	829	−4	22.663
787	1	21.513	830	−7	22.690
788	4	21.541	831	−8	22.717

表 3（续）

PS	a/mm	t/s	PS	a/mm	t/s
832	−9	22.745	874	14	23.894
833	−8	22.772	875	13	23.922
834	−7	22.800	876	11	23.949
835	−4	22.827	877	7	23.977
836	−1	22.854	878	2	24.004
837	2	22.882	879	−1	24.031
838	6	22.909	880	−6	24.059
839	9	22.936	881	−9	24.086
840	11	22.964	882	−11	24.113
841	12	22.991	883	−11	24.141
842	11	23.019	884	−9	24.168
843	9	23.046	885	−6	24.196
844	5	23.073	886	−3	24.223
845	0	23.101	887	0	24.250
846	−5	23.128	888	4	24.278
847	−9	23.155	889	7	24.305
848	−13	23.183	890	9	24.332
849	−15	23.210	891	9	24.360
850	−15	23.238	892	8	24.387
851	−13	23.265	893	6	24.414
852	−9	23.292	894	3	24.442
853	−3	23.320	895	−0	24.469
854	3	23.347	896	−3	24.497
855	9	23.374	897	−6	24.524
856	14	23.402	898	−8	24.551
857	18	23.429	899	−9	24.579
858	18	23.457	900	−8	24.606
859	16	23.484	901	−6	24.633
860	12	23.511	902	−2	24.661
861	5	23.539	903	0	24.688
862	−1	23.566	904	4	24.716
863	−7	23.593	905	7	24.743
864	−13	23.621	906	8	24.770
865	−16	23.648	907	9	24.798
866	−17	23.675	908	7	24.825
867	−16	23.703	909	5	24.852
868	−12	23.730	910	1	24.880
869	−7	23.758	911	−2	24.907
870	−1	23.785	912	−6	24.935
871	4	23.812	913	−8	24.962
872	9	23.840	914	−10	24.989
873	12	23.867	915	−9	25.017

表 3（续）

PS	a/mm	t/s	PS	a/mm	t/s
916	−7	25.044	958	7	26.194
917	−3	25.071	959	6	26.221
918	0	25.099	960	4	26.248
919	4	25.126	961	2	26.276
920	8	25.153	962	0	26.303
921	11	25.181	963	−2	26.330
922	12	25.208	964	−4	26.358
923	11	25.236	965	−5	26.385
924	9	25.263	966	−6	26.413
925	4	25.290	967	−7	26.440
926	−0	25.318	968	−7	26.467
927	−5	25.345	969	−7	26.495
928	−9	25.372	970	−6	26.522
929	−12	25.400	971	−4	26.549
930	−13	25.427	972	−2	26.577
931	−12	25.455	973	0	26.604
932	−9	25.482	974	3	26.631
933	−5	25.509	975	6	26.659
934	−0	25.537	976	9	26.686
935	4	25.564	977	10	26.714
936	8	25.591	978	11	26.741
937	11	25.619	979	10	26.768
938	13	25.645	980	8	26.796
939	13	25.674	981	5	26.823
940	11	25.701	982	1	26.850
941	7	25.728	983	−3	26.878
942	3	25.756	984	−7	26.905
943	−1	25.783	985	−10	26.933
944	−5	25.810	986	−12	26.960
945	−8	25.839	987	−13	26.987
946	−10	25.855	988	−12	27.015
947	−11	25.892	989	−10	27.042
948	−10	25.920	990	−6	27.069
949	−8	25.947	991	−2	27.097
950	−6	25.975	992	2	27.124
951	−2	26.002	993	6	27.152
952	0	26.029	994	10	27.179
953	3	26.057	995	12	27.206
954	5	26.084	996	14	27.234
955	7	26.111	997	13	27.261
956	8	26.139	998	11	27.288
957	8	26.166	999	8	27.316

表 3（续）

PS	a/mm	t/s	PS	a/mm	t/s
1 000	3	27.343	1 013	11	27.699
1 001	−0	27.370	1 014	12	27.726
1 002	−5	27.399	1 015	10	27.754
1 003	−9	27.426	1 016	8	27.781
1 004	−12	27.453	1 017	4	27.808
1 005	−13	27.480	1 018	0	27.836
1 006	−13	27.507	1 019	−3	27.863
1 007	−11	27.535	1 020	−6	27.891
1 008	−7	27.562	1 021	−8	27.918
1 009	−2	27.589	1 022	−9	27.945
1 010	1	27.617	1 023	−8	27.973
1 011	6	27.644	1 024	0	28.000
1 012	9	27.672			

表 4 标准道路每个轮迹的高度坐标

D——距标准道路起点的距离，单位为米(m)；

L——左轮迹高度坐标(mm)；

R——右轮迹高度坐标(mm)。

D	*L*	*R*	*D*	*L*	*R*
0	115	140	6.72	75	75
0.16	110	125	6.88	65	75
0.32	110	140	7.04	65	85
0.48	115	135	7.20	65	90
0.64	120	135	7.36	75	95
0.80	120	125	7.52	75	100
0.96	125	135	7.68	95	95
1.12	120	125	7.84	115	110
1.28	120	115	8.00	115	100
1.44	115	110	8.16	125	110
1.60	110	100	8.32	110	100
1.76	110	110	8.48	110	100
1.92	110	110	8.64	110	95
2.08	115	115	8.80	110	95
2.24	110	110	8.96	110	95
2.40	100	110	9.12	110	100
2.56	100	100	9.28	125	90
2.72	95	110	9.44	120	100
2.88	95	95	9.60	135	95
3.04	90	95	9.76	120	95
3.20	90	100	9.92	120	95
3.36	85	100	10.08	120	95
3.52	90	100	10.24	115	85
3.68	90	115	10.40	115	90
3.84	95	110	10.56	115	85
4.00	90	110	10.72	115	90
4.16	90	95	10.88	120	90
4.32	95	100	11.04	110	75
4.48	100	100	11.20	110	75
4.64	100	90	11.36	100	85
4.90	90	90	11.52	110	85
4.96	90	90	11.68	95	90
5.12	95	90	11.84	95	90
5.28	95	70	12.00	95	85
5.44	95	65	12.16	100	95
5.60	90	50	12.32	100	90
5.76	95	50	12.48	95	85
5.92	85	50	12.64	95	85
6.08	85	55	12.80	95	90
6.24	75	55	12.96	85	90
6.40	75	55	13.12	85	85
6.56	70	65	13.28	75	90

表 4（续）

D	L	R	D	L	R
13.44	75	95	20.80	70	75
13.60	75	90	20.96	65	75
13.76	70	75	21.12	70	75
13.92	70	90	21.28	70	85
14.08	70	100	21.44	70	85
14.24	70	110	21.60	70	90
14.40	65	95	21.76	75	95
14.56	65	100	21.92	75	95
14.72	65	90	22.08	75	90
14.88	65	90	22.24	85	90
15.04	65	85	22.40	85	95
15.20	55	85	22.58	90	85
15.36	65	85	22.72	90	85
15.52	65	85	22.88	95	85
15.68	55	75	23.04	95	85
15.84	55	85	23.20	100	85
16.00	65	75	23.36	100	75
16.16	55	85	23.52	110	85
16.32	50	75	23.68	110	85
16.48	55	75	23.84	110	85
16.64	65	75	24.00	100	75
16.80	65	75	24.16	100	75
16.96	65	85	24.32	95	70
17.12	65	70	24.48	100	70
17.28	65	65	24.64	100	70
17.44	65	75	24.80	115	75
17.60	65	75	24.96	110	75
17.76	50	75	25.12	110	85
17.92	55	85	25.28	100	75
18.08	55	85	25.44	110	95
18.24	65	85	25.60	100	95
18.40	70	75	25.76	115	100
18.56	75	75	25.92	115	100
18.72	95	75	26.08	110	95
18.88	90	75	26.24	115	95
19.04	90	70	26.40	110	95
19.20	95	70	26.56	100	95
19.36	85	70	26.72	100	95
19.52	85	75	26.88	100	100
19.68	75	85	27.04	100	95
19.84	85	85	27.20	100	95
20.00	75	90	27.36	110	90
20.16	85	85	27.52	115	90
20.32	75	70	27.68	115	85
20.48	70	75	27.84	110	90
20.64	65	75	28.00	110	85

表 4（续）

D	L	R	D	L	R
28.16	110	85	35.52	135	95
28.32	100	85	35.68	135	95
28.48	100	90	35.84	135	95
28.64	90	85	36.00	135	90
28.80	90	75	36.16	120	75
28.96	75	90	36.32	115	75
29.12	75	75	36.48	110	70
29.28	75	75	36.64	100	65
29.44	70	75	36.80	110	55
29.60	75	75	36.96	115	55
29.76	75	85	37.12	100	50
29.92	85	75	37.28	115	50
30.08	75	75	37.44	110	50
30.24	85	75	37.60	100	65
30.40	75	75	37.76	90	55
30.56	70	75	37.92	95	55
30.72	75	75	38.08	90	35
30.88	85	75	38.24	90	35
31.04	90	75	38.40	110	35
31.20	90	85	38.56	100	35
31.36	100	75	38.72	115	35
31.52	100	75	38.88	100	35
31.68	120	85	39.04	100	35
31.84	115	75	39.20	110	30
32.00	120	85	39.36	110	45
32.16	120	85	39.52	110	50
32.32	135	90	39.68	100	55
32.48	145	95	39.84	110	50
32.64	160	95	40.00	90	55
32.80	165	90	40.16	85	55
32.96	155	90	40.32	90	65
33.12	145	90	40.48	90	65
33.28	140	95	40.64	90	70
33.44	140	85	40.80	95	75
33.60	140	85	40.96	95	75
33.76	125	75	41.12	95	75
33.92	125	75	41.28	90	90
34.08	115	85	41.44	90	95
34.24	120	75	41.60	85	95
34.40	125	75	41.76	85	100
34.56	115	85	41.92	90	100
34.72	115	75	42.08	90	95
34.88	115	90	42.24	85	100
35.04	115	100	42.40	85	110
35.20	120	100	42.56	95	110
35.36	120	100	42.72	95	115

表 4（续）

D	*L*	*R*	*D*	*L*	*R*
42.88	95	115	50.24	100	110
43.04	100	100	50.40	100	120
43.20	100	95	50.56	95	120
43.36	100	95	50.72	95	115
43.52	100	90	50.88	95	120
43.68	110	95	51.04	95	120
43.84	100	100	51.20	90	135
44.00	110	90	51.36	95	125
44.16	100	85	51.52	95	120
44.32	110	90	51.68	100	120
44.48	110	85	51.84	100	120
44.64	100	85	52.00	100	120
44.80	100	90	52.16	100	125
44.96	95	90	52.32	110	125
45.12	90	95	52.48	110	125
45.28	90	100	52.64	100	125
45.44	95	100	52.80	100	120
45.60	90	90	52.96	100	120
45.76	85	90	53.12	110	115
45.92	75	90	53.28	100	110
46.08	85	90	53.44	110	110
46.24	75	90	53.60	95	110
46.40	75	90	53.76	95	110
46.54	75	90	53.92	100	110
46.72	85	90	54.08	95	100
46.88	85	85	54.24	100	100
47.04	90	85	54.40	100	100
47.20	75	85	54.56	100	100
47.36	65	75	54.72	95	100
47.52	70	70	54.88	100	100
47.68	70	75	55.04	100	115
47.84	70	75	55.20	110	115
48.00	75	85	55.36	100	110
48.16	90	95	55.52	110	100
48.32	95	95	55.68	100	110
48.48	100	120	55.84	100	110
48.64	110	100	56.00	100	110
48.30	115	100	56.16	95	115
48.96	115	115	56.32	90	110
49.12	120	115	56.48	95	110
49.28	120	110	56.64	95	110
49.44	115	95	56.80	90	100
49.60	115	90	56.96	100	100
49.76	115	90	57.12	100	95
49.92	110	95	57.28	95	100
50.08	110	100	57.44	100	100

表 4（续）

D	L	R	D	L	R
57.60	95	115	64.96	70	45
57.76	85	110	65.12	65	55
57.92	90	115	65.28	65	55
58.08	90	110	65.44	65	65
58.24	90	100	65.60	55	70
58.40	85	95	65.76	55	75
58.56	90	95	65.92	55	75
58.72	85	90	66.08	55	75
58.88	90	90	66.24	55	85
59.04	90	95	66.46	55	85
59.20	90	115	66.56	65	90
59.36	90	115	66.72	70	90
59.52	90	115	66.88	70	110
59.68	85	110	67.04	65	100
59.84	75	110	67.20	55	100
60.00	90	115	67.36	65	100
60.16	90	120	67.52	50	100
60.32	90	120	67.68	50	85
60.48	90	120	67.84	50	90
60.64	95	120	68.00	50	100
60.80	95	120	68.16	55	100
60.96	90	120	68.32	55	95
61.12	90	115	68.48	65	90
61.28	95	110	68.64	50	85
61.44	95	110	68.80	50	70
61.60	100	100	68.96	50	70
61.76	110	100	69.12	50	65
61.92	100	100	69.28	50	55
62.08	100	100	69.44	45	50
62.24	95	100	69.60	35	50
62.40	95	100	69.76	35	55
62.56	95	100	69.92	35	65
62.72	90	100	70.08	35	65
62.88	90	100	70.24	35	65
63.04	90	100	70.40	35	55
63.20	90	90	70.58	45	55
63.36	90	90	70.72	50	55
63.52	85	90	70.88	50	50
63.68	85	90	71.04	50	45
63.84	75	85	71.20	50	45
64.00	75	85	71.36	50	50
64.16	75	75	71.52	45	45
64.32	75	75	71.68	45	55
64.48	70	75	71.84	55	65
64.64	70	70	72.00	55	65
64.80	70	55	72.16	70	65

表 4（续）

D	L	R	D	L	R
72.32	70	75	79.68	95	125
72.48	75	85	79.84	100	120
72.64	75	85	80.00	95	125
72.80	75	90	80.16	95	125
72.96	85	95	80.32	95	125
73.12	90	100	80.48	100	120
73.28	90	110	80.64	100	125
73.44	90	115	80.80	100	125
73.60	90	120	80.96	110	125
73.76	90	115	81.12	115	135
73.92	90	115	81.28	110	140
74.08	110	115	81.44	115	140
74.24	100	100	81.60	110	140
74.40	100	110	81.76	115	140
74.56	100	110	81.92	110	140
74.72	95	115	82.08	110	140
74.88	95	120	82.24	110	135
75.04	95	125	82.40	110	135
75.20	95	135	82.56	100	125
75.36	100	135	87.72	110	125
75.52	100	140	82.88	110	125
75.68	100	140	83.04	100	125
75.84	100	140	83.20	100	120
76.00	110	135	83.36	100	125
76.16	100	125	83.52	100	120
76.32	100	125	83.68	100	135
76.48	100	125	83.84	95	140
76.64	110	125	84.00	100	135
76.80	115	125	84.16	110	140
76.96	120	125	84.32	110	140
77.12	120	125	84.48	110	140
77.28	120	135	84.64	110	140
77.44	110	125	84.80	120	155
77.60	100	125	84.96	115	145
77.76	120	135	85.12	115	155
77.92	120	125	85.28	120	160
78.03	120	125	85.44	120	165
78.24	115	125	85.60	120	160
78.40	115	120	85.76	125	165
78.56	115	120	85.92	135	160
78.72	110	120	86.08	135	160
78.88	100	120	86.24	125	155
79.04	100	120	86.40	125	155
79.20	95	120	86.56	120	145
79.36	95	120	86.72	120	145
79.52	95	125	86.98	110	140

表 4（续）

D	L	R	D	L	R
87.04	110	140	93.60	120	145
87.20	110	140	93.76	115	140
87.36	110	140	93.92	115	140
87.52	110	140	94.08	115	140
87.68	100	135	94.24	115	140
87.84	100	135	94.40	115	140
88.00	100	135	94.56	115	140
88.16	100	125	94.72	115	135
88.32	110	120	94.88	115	135
88.48	115	120	95.04	110	135
88.64	110	120	95.20	110	135
88.80	110	125	95.36	110	135
88.96	100	125	95.52	115	135
89.12	100	125	95.68	100	140
89.28	95	125	95.84	95	135
89.44	95	125	96.00	100	125
89.60	100	120	96.16	95	125
89.76	100	135	96.32	95	125
89.92	110	140	96.48	95	125
90.08	110	135	96.64	110	125
90.24	110	140	96.80	95	120
90.40	100	145	96.96	95	120
90.56	100	155	97.12	95	120
90.72	110	155	97.28	95	110
90.88	110	155	97.44	100	115
91.04	100	155	97.60	110	120
91.20	110	155	97.76	110	115
91.36	110	160	97.92	100	115
91.52	115	160	98.08	95	115
91.68	110	155	98.24	100	115
91.84	115	155	98.40	95	115
92.00	115	140	98.52	100	115
92.16	115	155	98.72	100	110
92.32	120	155	98.88	110	100
92.48	125	145	99.04	95	95
92.64	125	155	99.20	90	100
92.80	125	155	99.36	90	100
92.96	120	155	93.52	75	110
93.12	120	145	99.68	75	115
93.28	120	145	99.84	75	115
93.44	115	145	100.00	75	110

ICS 65.060.50
B 91

GB

中华人民共和国国家标准

GB/T 21961—2008

玉米收获机械　试验方法

Test methods for maize combine harvester

2008-06-10 发布　　2009-01-01 实施

中华人民共和国国家质量监督检验检疫总局
中国国家标准化管理委员会　发布

前言

本标准附录A为资料性附录,附录B为规范性附录。

本标准由中国机械工业联合会提出。

本标准由全国农业机械标准化技术委员会归口。

本标准起草单位:福田雷沃国际重工股份有限公司、中国农业机械化科学研究院、黑龙江省农业机械试验鉴定站、约翰·迪尔佳联收获机械有限公司、河北农哈哈机械有限公司、山东金亿机械制造有限公司。

本标准主要起草人:朱金光、曹洪国、李晓东、柏玉霞、岳芹、曹文虎、秦英。

玉米收获机械　试验方法

1　范围

本标准规定了玉米果穗收获机和玉米籽粒收获机的技术参数测定、试验条件与田间调查、性能试验、生产试验。

本标准适用于悬挂式、牵引式和自走式玉米收获机(以下简称收获机),同样适用于各类联合收割机配套(玉米)割台收获玉米籽粒。

2　规范性引用文件

下列文件中的条款通过本标准的引用而成为本标准的条款,凡是注日期的引用文件,其随后所有的修改单(不包括勘误的内容)或修订版均不适用于本标准,然而,鼓励根据本标准达成协议的各方研究是否可使用这些文件的最新版本。凡是不注日期的引用文件,其最新版本适用于本标准。

GB/T 5262　农业机械试验条件　测定方法的一般规定

GB/T 5667　农业机械生产试验方法

GB/T 6979.1—2005　收获机械　联合收割机及功能部件　第1部分:词汇(ISO 6689-1:1997,MOD)

GB/T 10394.3—2002　饲料收获机　第3部分:试验方法(idt ISO 8909-3:1994)

GB/T 14248—2008　收获机械　制动性能测定方法

JB/T 6268—2005　自走式收获机械　噪声测定方法

JB/T 6678—2001　秸秆粉碎还田机

3　术语和定义

GB/T 5262、GB/T 5667 和 GB/T 6979.1—2005 规定的以及下列术语和定义适用于本标准。

3.1

果穗　maize

去掉果柄(玉米穗根部与秸秆连接部分)的玉米穗。剥去苞叶的玉米穗称光果穗。

3.2

果穗长度　maize length

去掉苞叶和果柄的玉米穗全长。

3.3

果穗下垂　maize droop

直立植株的果穗前端低于果柄根部。

3.4

植株折弯　plant break curve

在结穗部位以下折弯的植株(断离植株除外)。

3.5

最低结穗高度　minimum maize height

植株最低果穗的果柄根部到所在垄顶面的距离。

3.6

作物倒伏程度　crop lodging degree

作物倒伏程度按不倒伏、中等倒伏和严重倒伏表示。植株与地面垂直线间夹角为倒伏角。倒伏角0°～30°为不倒伏，30°～60°为中等倒伏，60°以上为严重倒伏。

4　技术参数的测定

4.1　外形尺寸

分别测定收获机在田间作业状态和运输状态下整机的最大长度、宽度和高度。

4.2　质量

分别测定收获机在田间作业状态和运输状态下的整机质量。测定时自走式玉米收获机粮箱应卸空，燃油箱加满，驾驶员座位上有75 kg质量。

4.3　最小转弯半径和通过半径

在水平地面上测量，测定应分别在向左转和向右转的工况下进行。收获机(机组)以低速稳定行驶(机组动力不能与农具相碰撞)，将其转向操纵机构移至转向的极限位置，待驶完一个整圆圈后，分别在圆圈3个等分点处测量瞬时回转中心至收获机(机组)纵向中心平面和最外缘的距离，并计算收获机(机组)的最小转弯半径和通过半径。

4.4　离地间隙、最大卸果穗高度和果穗升运器最大通过高度

收获机的离地间隙、最大卸果穗高度和果穗升运器最大通过高度应按GB/T 6979.1—2005的规定进行测定。

5　试验条件与田间调查

5.1　试验地的选择

试验地应符合收获机的适应范围，所选的玉米品种、产量、土质以及地块大小在当地应具有一定代表性，其面积能满足试验项目的测定。

5.2　试验样机

试验收获机与对比样机应在同一条件下交替地进行测定。

5.3　田间调查

在试验区内取有代表性的3点进行测定，每个测点取一个作业幅宽，长1 m。

5.3.1　作物特征

5.3.1.1　按GB/T 5262的规定调查测定作物品种、自然高度、成熟期、最低结穗高度、自然落穗(粒)、百粒质量、株距及每平方米籽粒重，并计算产量。

5.3.1.2　秸秆直径：每点连续测10株，测量距垄顶10 cm非节处的最大直径，求平均值。

5.3.1.3　果穗大端直径：每点连续测10株，分别测定果穗和光果穗大端直径，求平均值。

5.3.1.4　果穗长度：每点连续测10穗，求平均值。

5.3.1.5　植株折弯率：每点连续测50株，求百分比。

5.3.1.6　果穗下垂率：每点连续测50株，求百分比。

5.3.1.7　作物倒伏率：每点连续测50株，求百分比。

5.3.1.8　籽粒、苞叶、果柄根部、秸秆根部(距垄顶约10 cm处)含水率按以下规定取样，所取样品应及时分别称出质量，并按GB/T 5262的规定进行测定。

a)　籽粒：每点取50 g；

b)　秸秆根部：每点取5段，每段长2 cm～3 cm；

c)　苞叶：每点取5个果穗，每个果穗在外、中、内3层苞叶中各取1片；

d)　果柄：每点取5段，每段长2 cm～3 cm。

5.3.2 地表条件

按 GB/T 5262 的规定测定地形、坡度、垄高、垄(行)距、杂草种类及密度。

5.3.3 土壤条件

5.3.3.1 土壤绝对含水率:取 0 cm～10 cm、10 cm～20 cm 两层土壤。

5.3.3.2 土壤坚实度:取 0 cm～10 cm、10 cm～20 cm 两层土壤,用土壤坚实度仪进行测定。

5.3.4 气象条件

按 GB/T 5262 的规定测定,在性能试验时测定气温、空气相对湿度、风速、风向和天气情况。

6 性能试验

6.1 一般要求

6.1.1 性能试验的目的是考核收获机是否达到设计要求,评定作业质量是否满足农业技术要求及与动力配套的合理性。

6.1.2 试验时优先采用对比样机,试验收获机和对比样机均应按制造厂使用说明书的规定进行调整、保养和操作,并调至最佳技术状态下进行测定。

6.1.3 试验区由稳定区、测定区和停车区组成。玉米联合收获机测定区长度应不少于 20 m,其他玉米收获机测定区长度不少于 15 m,测定区前应有不少于 20 m 的稳定区,测定区后应有不少于 10 m 的停车区。

6.1.4 测定前要清除测定区内(包括已割地和未割地 2～4 垄)的自然落粒、落穗、断离植株及结穗高度在 35 cm 以下的果穗。

6.1.5 试验应测定不同前进(作业)速度的 5 个工况。

6.1.6 收获机在稳定区和测定区内不得改变工况。

6.1.7 推荐采用机械接取和处理样品。

6.1.8 试验用测试仪器、设备和工具见附录 A。试验前应对仪器、设备进行检查和校准。

6.1.9 测定数据的准确度

接样时间:准确到 0.1 s;

测定区长度:准确到 0.1 m;

前进(作业)速度:准确到 0.1 m/s;

籽粒样品质量:接取籽粒(果穗籽粒)样品准确到 0.2 kg,夹带籽粒样品、籽粒损失样品准确到 1 g;

粉碎秸秆样品质量:粉碎秸秆还田、粉碎秸秆回收样品准确到 0.5 kg,粉碎秸秆、损失样品准确到 10 g;

苞叶剥净率接取果穗,以个计数,准确到 1 个。

6.2 作业性能的测定

6.2.1 割茬高度的测定

在测定区全部割幅内,等间隔取 3 点,每点连续测 10 株割茬,测量割茬切口至垄顶的高度,求出平均值。

6.2.2 喂入量及机组前进速度的测定

6.2.2.1 喂入量

在测定区内,接取从粉碎秸秆、果穗(苞叶)排出口排出的排出物,分别称其质量,同时记录通过测定区时间。按式(1)计算喂入量。通过测定,确定收获机的最大工作能力。

$$Q = \frac{W}{t} \qquad \cdots\cdots(1)$$

式中:

Q——喂入量,单位为千克每秒(kg/s);

W——通过测试区时，接取的秸秆和果穗（籽粒）总质量，单位为千克（kg）；

t——收获机通过测定区的时间，单位为秒（s）。

6.2.2.2 **收获机前进（作业）速度**

与喂入量同时测定，按式（2）计算收获机前进（作业）速度。

$$v = \frac{L}{t} \qquad \cdots\cdots(2)$$

式中：

v——收获机前进（作业）速度，单位为米每秒（m/s）；

L——测定区长度，单位为米（m）。

6.2.3 **总损失率的测定**

6.2.3.1 **落地籽粒损失率**

在测定区（包括清理区）内，拣起全部落地籽粒（包括秸秆中夹带籽粒）和小于5 cm长的碎果穗，脱净后称出质量，并按式（3）计算籽粒损失率。

$$S_L = \frac{W_L}{W_Z} \times 100 \qquad \cdots\cdots(3)$$

式中：

S_L——籽粒损失率，%；

W_Z——籽粒总质量：$W_Z = W_q + W_L + W_U + W_b$，单位为克（g）；

W_b——苞叶夹带籽粒质量（具有苞叶夹带籽粒回收装置加上此项），单位为克（g）；

W_L——落地籽粒质量，单位为克（g）；

W_q——从果穗升运器接取果穗籽粒和果穗夹带籽粒质量，单位为克（g）；

W_U——漏摘和落地果穗籽粒质量，单位为克（g）。

6.2.3.2 **果穗损失率**

在测定区（包括清理区内），收集漏摘和落地的果穗（包括5 cm以上的果穗段），脱净后称出质量，按式（4）计算果穗损失率。

$$S_U = \frac{W_U}{W_Z} \times 100 \qquad \cdots\cdots(4)$$

式中：

S_U——果穗损失率，%。

6.2.3.3 **苞叶夹带籽粒损失率**（具有苞叶夹带籽粒回收装置无此项）

在测定区内，接取苞叶排出口全部排出物，取出其中夹带籽粒，并称出质量，按式（5）计算损失率。

$$S_b = \frac{W_b}{W_Z} \times 100 \qquad \cdots\cdots(5)$$

式中：

S_b——苞叶夹带籽粒损失率，%。

6.2.4 **苞叶剥净率**（适用于带剥皮功能的玉米收获方式）

在测定区内，从果穗升运器出口接取的果穗中，拣出苞叶多于或等于3片（超过三分之二的整叶算一片）的果穗（未剥净果穗）。按式（6）计算苞叶剥净率。

$$B = \frac{G - G_j}{G} \times 100 \qquad \cdots\cdots(6)$$

式中：

B——苞叶剥净率，%；

G_j——未剥净苞叶果穗数，单位为个；

G——接取果穗总数，单位为个。

6.2.5 **果穗含杂率**(适用于果穗收获的玉米收获方式)

在测定区内,接取果穗升运器排出口的排出物,分别称出接取物总质量及杂物(包括泥土、砂石、茎叶和杂草等)质量,按式(7)计算果穗含杂率。

$$G_n = \frac{W_n}{W_p} \times 100 \qquad \cdots\cdots(7)$$

式中:

G_n——果穗含杂率,%;

W_n——杂物质量,单位为克(g);

W_p——从果穗升运器排出口接取排出物总质量,单位为克(g)。

6.2.6 **籽粒含杂率**(适用于直接脱粒的玉米收获方式)

在测定区内,从接粮口接取约不少于2 000 g的混合籽粒,从中选出杂质质量,分别称出混合籽粒质量及杂质质量,按式(8)计算籽粒含杂率。

$$Z_z = \frac{W_{za}}{W_h} \times 100 \qquad \cdots\cdots(8)$$

式中:

Z_z——籽粒含杂率,%;

W_{za}——杂质质量,单位为克(g);

W_h——混合籽粒质量,单位为克(g)。

6.2.7 **籽粒破碎率**

在测定区内,从果穗升运器排出口或接粮口接取约不少于2 000 g的样品,脱粒清净后,拣出机器损伤、有明显裂纹及破皮的籽粒,分别称出破损籽粒质量及样品籽粒总质量,按式(9)计算籽粒破碎率。

$$Z_s = \frac{W_s}{W_i} \times 100 \qquad \cdots\cdots(9)$$

式中:

Z_s——籽粒破碎率,%;

W_s——破碎籽粒质量,单位为克(g);

W_i——样品籽粒总质量,单位为克(g)。

6.2.8 **秸秆粉碎质量的测定**

6.2.8.1 **秸秆粉碎还田**

秸秆粉碎长度合格率和秸秆抛撒不均匀度按JB/T 6678—2001的规定进行测定。

6.2.8.2 **秸秆粉碎回收**

a) 秸秆切段长度

在测定区内,用取样网从粉碎秸秆抛送筒出口接取不少于1 kg的样品,取5点,求平均值。用饲料切段长度分选机或其他方法进行分级,并绘制切段长度分布曲线。按GB/T 10394.3—2002规定求出平均切段长度、切段长度标准差和切段长度相对误差。

b) 秸秆粉碎损失率

在测定区内,拣起或用齿距不大于50 mm的搂耙搂起收割时损失的秸秆称出质量,求出占其测定区内秸秆总质量的百分比。

6.3 **动力指标测定**

推荐在测定最大持续喂入量同时进行,往返各不少于1次,同时测定收获机的前进(作业)速度、滑移率或滑转率,计算出消耗的总功率。

6.3.1 **牵引式收获机消耗功率的测定**

测定牵引力、前进速度、总传动轴的扭矩和转速,按式(10)~式(12)计算:

a) 牵引功率

$$N_q = P_q v \times 10^{-3} \qquad (10)$$

b) 传动功率

$$N_c = \frac{\pi M_c n_z}{3} \times 10^{-4} \qquad (11)$$

c) 消耗总功率

$$N_{zx} = N_q + N_c \qquad (12)$$

式中：

N_{zx}——消耗总功率，单位为千瓦(kW)；

N_q——牵引功率，单位为千瓦(kW)；

P_q——牵引阻力，单位为牛(N)；

N_c——传动功率，单位为千瓦(kW)；

M_c——工作部件总传动轴的转动扭矩，单位为牛米(N·m)；

n_z——工作部件总传动轴的转速，单位为转每分(r/min)。

6.3.2 悬挂式或自走式收获机消耗功率的测定

测定总传动轴及行走部分扭矩和转速，按式(13)计算消耗总功率：

$$N_{zx} = N_{zn} + N_z = \frac{\pi(M_z n_z + M_x n_x)}{3} \times 10^{-4} \qquad (13)$$

式中：

N_{zn}——工作部件总传动轴的消耗功率，单位为千瓦(kW)；

N_z——行走部分的消耗功率，单位为千瓦(kW)；

M_z——工作部件总传动轴的扭矩，单位为牛米(N·m)；

M_x——行走部分的扭矩，单位为牛米(N·m)；

n_x——行走部分的转速，单位为转每分(r/min)。

6.3.3 滑移率或滑转率的测定

测定时可采用定圈数测距离的方法，测定长度不少于20 m，与动力指标测定同时进行。按式(14)计算滑移率或滑转率。

$$\delta = \pm \frac{l - 2\pi R n}{2\pi R n} \times 100 \qquad (14)$$

式中：

δ——滑移率或滑转率，%；

l——轮子转动的实际距离，单位为米(m)；

R——轮子半径(刚性轮子为轴心至外缘距离，充气轮胎为轴心至地面距离)，单位为米(m)；

n——轮子转动圈数；

+——"正"号为滑移率；

-——"负"号为滑转率。

6.4 噪声测定

噪声测定按JB/T 6268—2005的规定。

6.5 制动性能测定

自走式收获机械制动性能测定按GB/T 14248—2008的规定。

7 生产试验

7.1 生产查定

生产查定时间应不少于3个连续班次，每个班次作业不得少于6 h；应固定专人，认真做好查定记录并及时整理汇总。

7.2 **可靠性试验**

7.2.1 可靠性试验见附录B。

7.2.2 在可靠性试验中，如发现收获机作业质量有显著变化时，应进行作业性能复测。

7.3 **技术经济指标的计算**

7.3.1 **生产率**

生产率按式(15)、式(16)计算：

7.3.1.1 **纯工作小时生产率**

$$E_c = \frac{\sum Q_{cb}}{\sum T_c} \quad \cdots\cdots(15)$$

式中：

E_c——纯工作小时生产率，单位为公顷每小时(hm^2/h)；

Q_{cb}——生产查定的班次作业量，单位为公顷(hm^2)；

T_c——生产查定的班次纯工作时间，单位为小时(h)。

7.3.1.2 **班次小时生产率**

$$E_b = \frac{\sum Q_b}{\sum T_b} \quad \cdots\cdots(16)$$

式中：

E_b——班次小时生产率，单位为公顷每小时(hm^2/h)；

Q_b——生产考核期间班次作业量，单位为公顷(hm^2)；

T_b——生产考核期间班次时间，单位为小时(h)。

7.3.2 **单位燃油消耗量**

单位燃油消耗量按式(17)计算：

$$G_i = \frac{\sum G_{iz}}{\sum Q_{cb}} \quad \cdots\cdots(17)$$

式中：

G_i——单位作业量燃油消耗量，单位为千克每公顷(kg/hm^2)；

G_{iz}——生产查定的班次燃油消耗量，单位为千克(kg)。

7.3.3 **调整保养方便性**

观察记录几个完整班次的调整保养情况，对进行一次调整和完整的保养所花费的人力、时间、保养的周期、调整的方法、使用者的反映等进行综合比较，用文字说明调整保养的方便性。

7.4 **综合观察**

7.4.1 应观察收获机作业量、生产能力，对不同试验条件的适应性及收获机的故障和排除等情况，并在生产试验中、后期进行不少于两次的主要性能指标复测。

7.4.2 发动机功率和冷却系统是否满足要求。

7.4.3 对收获机主要易变形、易磨损件发生变形及磨损情况，应分析其性质和原因。

7.4.4 收获机在正常使用时的安全性和可靠性。

附　录　A
（资料性附录）
试验所需主要仪器、设备及工具

A.1　所需主要仪器、设备及工具如下：

土壤坚实度仪	1台
水分测定仪（或电烘干箱）	1套
天平	1台
电测设备（或拉力仪、扭矩仪、转速表）	1套
耕深测定仪	1台
秒表	1块
标杆	10根
皮尺（50 m）	1个
游标卡尺（200 mm）	1把
钢卷尺	1个
样品接取装置（或帆布和麻袋、绳子、标签等）	1套
盘秤（量程10 kg）	1个
台秤（量程500 kg）	1台
样品处理用具	1个
指挥旗（红、蓝、黄色）	1套
信号发声器（或口哨）	1个
声级计	1台
制动减速度仪	1套

附　录　B
（规范性附录）
玉米收获机械可靠性试验方法

B.1　总则

B.1.1　收获机采用现场可靠性试验时，试验时间不少于一个作业季节。自走式收获机试验时间不少于120 h发动机工作时间，牵引式和悬挂式不得少于100 h纯工作时间。其他目的的可靠性试验时间应适当延长。

B.1.2　产品采用随机抽样，抽样数量为年产量的10%，抽样台数不得少于3台。新产品或为其他目的的可靠性试验台数根据具体情况确定。

B.1.3　试验时，操作人员必须按制造厂提供的产品使用说明书的规定进行操作和维修。

B.1.4　根据试验目的和产品的不同，可以选用不同的可靠性指标。

B.1.5　试验人员应按表B.1认真准确地做好写实记录，并按表B.2、表B.3进行统计和汇总。

B.2　测定时间

B.2.1　采用发动机记时器或循环计数器测定时间。

B.2.2　时间测定准确至0.1 h。

B.3　故障统计判定原则

B.3.1　收获机产品整机、总成（部件）或零件在规定的条件下和规定的时间内，丧失规定功能的事件均称为故障。

B.3.2　与收获机本质失效有关的故障均属关联故障，如危及作业安全、丧失功能以及零部件损坏等故障，在计算可靠性指标值时应计入。

B.3.3　因外界因素造成的收获机的故障均属非关联故障，这类故障不应计入可靠性指标计算。

非关联故障有如下情况：

a)　由于在超出收获机使用说明书、技术条件规定的使用条件下造成的故障；

b)　由于操作人员使用保养不当或误动作造成的故障；

c)　由于维修不当造成的故障。

B.3.4　牵引式和悬挂式收获机配套动力的故障，不应计入关联故障．但因收获机故障引起的配套动力的故障，应计入关联故障。

B.4　故障分类原则

B.4.1　致命故障：导致功能完全丧失、危及作业安全、导致人身伤亡或重要总成（系统）报废、造成重大经济损失的故障。

B.4.2　严重故障：主要零部件损坏或导致功能严重下降，难以正常作业的故障。

B.4.3　一般故障：一般零部件损坏造成功能下降或损失、损伤增加，但通过调整、更换易拆卸的零件、次要小部件后可恢复正常作业的故障。

B.4.4　轻微故障：引起操作人员操作不便，但不影响收获机作业的故障；或在较短时间（30 min）内用随车工具排除、更换外部易损件或采取应急措施修复的故障。

B.5 可靠性指标的计算

可靠性指标按式(B.1)～式(B.5)计算。计算、评定批量生产产品的可靠性指标时，轻微故障除外。

B.5.1 首次故障前平均工作时间

a) 点估计

$$\mathrm{MTTFF}=\frac{\sum t_s+\sum t_0}{r_s} \qquad \text{(B.1)}$$

b) 单边置信区间下限

$$(\mathrm{MTTFF})_L=\frac{2(\sum t_s+\sum t_0)}{X^2(a,2r_s+2)} \qquad \text{(B.2)}$$

式中：

MTTFF——平均首次故障前工作时间(点估计)，单位为小时(h)；

$(\mathrm{MTTFF})_L$——平均首次故障前工作时间(单边置信区间下限)，单位为小时(h)；

r_s——试验期间，发生首次故障的试验收获机台数(当 $r_s=0$ 时，按1计)；

$\sum t_s$——各台试验收获机首次出现故障的工作时间之和，单位为小时(h)；

$\sum t_0$——未出现故障的各台试验收获机工作时间之和，单位为小时(h)；

$X^2(a,2r_s+2)$——置信水平为 a、自由度为 $2rs+2$ 的 X^2 分布的分位数。

B.5.2 平均故障间隔时间

a) 点估计

$$\mathrm{MTBF}=\frac{\sum t_i}{\sum r} \qquad \text{(B.3)}$$

b) 单边置信区间下限

$$(\mathrm{MTBF})_L=\frac{2\sum t_i}{X^2(a,2r+2)} \qquad \text{(B.4)}$$

式中：

MTBF——平均故障间隔时间(点估计)，单位为小时(h)；

$(\mathrm{MTBF})_L$——平均故障间隔时间(单边置信区间下限)，单位为小时(h)；

$\sum t_i$——各台试验收获机累计工作时间之和，单位为小时(h)；

$\sum r$——各台试验收获机的故障之和，单位为个；

$X^2(a,2r+2)$——置信水平为 a、自由度为 $2r+2$ 的 X^2 分布的分位数。

注：根据需要，可分别计算致命故障、严重故障和一般故障的平均故障间隔时间。

B.5.3 有效度

$$A=\frac{\sum t_i}{\sum t_i+\sum t_r}\times 100 \qquad \text{(B.5)}$$

式中：

A——有效度，%；

$\sum t_r$——各台试验收获机故障排除和修复时间之和，单位为小时(h)。

表 B.1 收获机可靠性试验工作日记

年　　月　　日

玉米品种		地表情况		作业条件	
作业面积/hm²		燃油消耗量/kg		记时器读数[a]/h	
故障					
部位	件号和名称	形式、原因和排除方法		发生时间/h	排除、修复时间/(h,min)

a 自走式收获机为发动机工作时间，牵引式和悬挂式收获机为纯工作时间。

表 B.2 收获机可靠性试验数据统计表

机器型号与名称：　　　　试验地点：

制造单位：　　　　出厂编号：

试验编号：

试验日期	工作时间/h	收获面积/hm²	故障					故障类别	说明
			件号	零部件名称	形式、原因和排除方法	累计工作时间/h	排除、修复时间/(h,min)		

整理人：

表 B.3 收获机可靠性试验汇总表

试验日期	试验地点	试验机编号	累计工作时间/h	故障排除、修复时间/h	故障分类数					说明
					合计	其中：				
总计	试验台数/台									
平均首次故障前工作时间/　h										
平均故障间隔时间/　h										
有效度/　%										

整理人：

ICS 65.060.50
B 91

中华人民共和国国家标准

GB/T 21962—2008

玉米收获机械　技术条件

Technical requirements for maize combine harvester

2008-06-10 发布　　2009-01-01 实施

中华人民共和国国家质量监督检验检疫总局
中国国家标准化管理委员会　发布

前　言

本标准由中国机械工业联合会提出。

本标准由全国农业机械标准化技术委员会归口。

本标准起草单位:福田雷沃国际重工股份有限公司、中国农业机械化科学研究院、黑龙江省农业机械试验鉴定站、约翰·迪尔佳联收获机械有限公司、河北农哈哈机械有限公司、山东金亿机械制造有限公司。

本标准主要起草人:朱金光、曹洪国、李晓东、柏玉霞、岳芹、曹文虎、秦英。

玉米收获机械　技术条件

1　范围

本标准规定了玉米果穗收获机和玉米籽粒收获机的安全要求、技术要求、检验规则、标志、包装、运输与贮存。

本标准适用于悬挂式、牵引式和自走式玉米收获机(以下简称收获机),同样适用于各类联合收割机配套(玉米)割台收获玉米果穗和玉米籽粒。

2　规范性引用文件

下列文件中的条款通过本标准的引用而成为本标准的条款,凡是注日期的引用文件,其随后所有的修改单(不包括勘误的内容)或修订版均不适用于本标准,然而,鼓励根据本标准达成协议的各方研究是否可使用这些文件的最新版本。凡是不注日期的引用文件,其最新版本适用于本标准。

GB/T 1147.1—2007　中小功率内燃机　第1部分:通用技术条件

GB/T 4269.1—2000　农林拖拉机和机械、草坪和园艺动力机械　操作者操纵机构和其他显示装置用符号　第1部分:通用符号(idt ISO 3767-1:1991)

GB/T 4269.2—2000　农林拖拉机和机械、草坪和园艺动力机械　操作者操纵机构和其他显示装置用符号　第2部分:农用拖拉机和机械用符号(idt ISO 3767-2:1991)

GB/T 6979.1—2005　收获机械　联合收割机及功能部件　第1部分:词汇(ISO 6689-1:1997,MOD)

GB/T 9480—2001　农林拖拉机和机械、草坪和园艺动力机械　使用说明书编写规则(eqv ISO 3600:1996)

GB 10395.1—2001　农林拖拉机和机械　安全技术要求　第1部分:总则(eqv ISO 4254-1:1989)

GB 10395.7—2006　农林拖拉机和机械　安全技术要求　第7部分:联合收割机、饲料和棉花收获机(ISO 4254-7:1995,MOD)

GB 10396—2006　农林拖拉机和机械、草坪和园艺机械　安全标志和危险图形　总则(ISO 11684:1995,MOD)

GB/T 13306　标牌

GB/T 15370—2004　农业轮式和履带拖拉机　通用技术条件

GB 19997—2005　谷物联合收割机　噪声限值

JB/T 5673—1991　农林拖拉机及机具涂漆　通用技术条件

JB/T 6287　谷物联合收割机　可靠性评定试验方法

JB/T 6678—2001　秸秆粉碎还田机

3　术语和定义

GB/T 6979.1规定的以及下列术语和定义适用于本标准。

3.1

玉米果穗收获机　maize harvester

用来完成玉米摘穗、集穗或同时完成果穗剥皮以及茎秆切碎的机器。

3.2

玉米籽粒收获机　maize grain harvester

能一次完成玉米籽粒收获的机器。

4 安全要求

4.1 产品设计和结构应保证操作人员按制造厂规定的使用说明书操作和维护保养时没有危险。

4.2 使用说明书的编写应符合 GB/T 9480—2001 的规定。使用说明书应给出适当的警示事项和安全标志;指出在工作状态下摘穗区(工作部件)内的喂入装置或摘穗辊处会出现挤压与剪切部位;指出在机器运转时不得进入粮箱;应给出灭火器的使用方法和灭火器放置位置的说明。

4.3 各传动轴、带轮、链轮、传动带和链条等外露运动件应有防护装置,防护装置应符合 GB 10395.1—2001 的规定。对摘穗辊、拉茎辊、输送螺旋等必须外露的功能件,应在其附近固定符合 GB 10396—2006 的安全标志。

4.4 自走式收获机至少应装作业照明灯 2 只,1 只照向割台前方,1 只照向卸粮区。最高行驶速度大于 10 km/h 的自走式收获机还必须装前照灯 2 只、前位灯 2 只、后位灯 2 只、前转向信号灯 2 只、后转向信号灯 2 只、倒车灯 2 只、制动灯 2 只。

4.5 自走式收获机应装行走、倒车喇叭和 2 只后视镜。

4.6 收获机驾驶室玻璃必须采用安全玻璃。

4.7 噪声应符合 GB 19997—2005 的规定。

4.8 自走式玉米收获机以最高行驶速度制动时(最高行驶速度在 20 km/h 以上时,制动初速度为 20 km/h),制动距离不大于 6 m 或制动减速度不小于 2.94 m/s^2;驻车制动器锁定手柄锁定驻车制动器踏板必须可靠,没有外力不能松脱,并能可靠地停在 20%(11°18′)的干硬纵向坡道上。驻车制动控制力,对于手操纵力应不大于 400 N;对于脚操纵力应不大于 600 N。

4.9 其他安全要求应符合 GB 10395.7—2006 的规定。

5 技术要求

5.1 收获机应符合本标准的要求,并按经规定程序批准的产品图样和技术文件制造。

5.2 收获机在标定持续作业量、籽粒含水率为 25%～35%(适用于果穗收获)、籽粒含水率为 15%～25%(适用于直接脱粒收获),植株倒伏率低于 5%、果穗下垂率低于 15%、最低结穗高度大于 35 cm 的条件下收获时,其主要性能指标应符合表 1 的规定。

表 1 主要性能指标

<table>
<tr><th colspan="3">项　目</th><th>指　标</th></tr>
<tr><td colspan="3">生产率/(hm^2/h)</td><td>达到使用说明书最高值 80%的规定</td></tr>
<tr><td colspan="3">总损失率/%</td><td>≤4(适用于果穗收获的玉米收获方式)
≤5(适用于直接脱粒的玉米收获方式)</td></tr>
<tr><td colspan="3">粒籽破碎率/%</td><td>≤1(适用于果穗收获的玉米收获方式)
≤5(适用于直接脱粒的玉米收获方式)</td></tr>
<tr><td colspan="3">果穗含杂率/%</td><td>≤1.5(适用于果穗收获的玉米收获方式)</td></tr>
<tr><td colspan="3">籽粒含杂率/%</td><td>≤3(适用于直接脱粒的玉米收获方式)</td></tr>
<tr><td colspan="3">苞叶剥净率/%</td><td>≥85</td></tr>
<tr><td rowspan="3">秸秆粉碎回收型</td><td rowspan="2">秸秆切段质量</td><td>切段长度标准差/%</td><td>≤2.0</td></tr>
<tr><td>切段长度相对误差/%</td><td>≤13</td></tr>
<tr><td colspan="2">割茬高度/mm</td><td>≤100(地面平整)</td></tr>
<tr><td colspan="3">秸秆粉碎还田型</td><td>按 JB/T 6678—2001 中表 1 或表 2 的规定</td></tr>
</table>

5.3 可靠性

按 JB/T 6287 规定的试验方法，平均故障间隔时间不小于 50 h，有效度不小于 93%。

5.4 配套动力

配套动力必须保证收获机正常作业，并应符合 GB/T 1147.1—2007 的规定；配套用的拖拉机应符合 GB/T 15370—2004 的规定。

发动机起动应顺利平稳，在气温－5℃～35℃时，每次起动时间不大于 30 s。怠速和最高空转转速下，运转平稳，无异响，熄火彻底可靠；在正常工作负荷下，排气烟色正常。

5.5 割台

自走式收获机割台液压升降机构在工作状态下，提升速度应不小于 0.2 m/s。割台升降可靠，不得有卡滞现象，提升到最高位置停留 30 min 后，割台静沉降量应不大于 15 mm。

每对摘穗辊、拉茎辊及摘穗板的间隙应能调整。

5.6 液压系统

5.6.1 液压操纵系统和转向系统应灵活可靠，无卡滞现象。

5.6.2 液压系统各油路油管固定应牢靠，油管表面不允许有裂纹、擦伤和明显压扁等缺陷。

5.6.3 各油路油管和接头应在 1.5 倍的使用压力下做耐压试验，保持压力 2 min，管路不允许渗、漏油。

5.7 传动系统

5.7.1 离合器应保证接合平稳、可靠，分离完全、彻底。

5.7.2 当行走离合器分离时，各挡变速应灵活，无卡滞现象。

5.7.3 在各挡工作时，传动系统的齿轮应正常工作，变速联锁装置应工作可靠。

5.8 电气系统

5.8.1 电气装置及线路应完整无损，安装牢固，不应因振动而松脱、损坏，不应产生短路和断路。

5.8.2 开关、按钮应操作方便，开关自如，不应因振动而自行接通或关闭。

5.8.3 照明和信号装置的任何一条线路出现故障时，不应干扰其他线路的正常工作。

5.8.4 发电机工作良好；蓄电池应保持常压；所有电系导线均需捆扎成束，布置整齐，固定卡紧；接头牢靠并有绝缘封套；导线穿越孔洞时，需设绝缘导管。

5.9 总体装配

5.9.1 收获机的配套件、零部件应符合有关标准的规定；所有自制件必须检验合格；外协件、外购件必须有合格证，并经检验合格后，方可进行装配。

5.9.2 收获机各部分的调整、维修和保养应方便。各调节机构应保证操作方便、可靠。各部件调节范围应能达到规定的极限位置。

5.9.3 各操纵机构应轻便灵活，自动回位的操纵件在操纵力去除后，应能自动回位。

5.9.4 收获机的操作符号应设置在相应操作装置的附近，操作符号应符合 GB/T 4269.1—2000、GB/T 4269.2—2000的规定。

5.9.5 自走式收获机的驾驶室结构应驾驶方便、舒适。

5.9.6 收获机各系统的离合器必须结合平稳、可靠，分离彻底。

5.9.7 变速箱应换挡灵活、工作可靠，不得有乱挡和脱挡现象。

5.9.8 收获机涂漆应符合 JB/T 5673—1991 的规定。

6 检验规则

6.1 出厂检验

6.1.1 每台收获机应经制造厂质量检验部门检验合格，签发合格证后方可出厂。

6.1.2 收获机回转工作部件应按规定的工作转速试运转 10 min。

6.1.3 每台收获机经制造厂检验部门总装检验合格后，在额定转速下进行 30 min 空转试验，试验应满足下列要求：

a) 起动平稳方便，发动机熄火彻底可靠；

b) 各操纵系统操纵灵活、准确、可靠，各部件调节范围应达到设计要求；

c) 收获机运行平稳，不得有卡碰和异常声音；

d) 连接件、紧固件不得松动；

e) 齿轮箱体、轴承座、轴承部位不允许有严重的发热现象，其温升不得超过 25℃；

f) 不允许漏油、漏水、漏气。

6.1.4 每台自走式收获机应进行行走试验。试验应在各挡情况下进行，试验结果应符合本标准 5.6～5.8 的规定，试验时间应符合产品技术条件的规定。

6.1.5 试验中出现不符合上述要求时，应立即停止试验，排除故障后，进行补充试验。

6.2 型式检验

6.2.1 型式检验

收获机遇有下列情况之一时，应进行型式检验：

a) 新产品或老产品转厂生产的试制定型鉴定；

b) 正式生产后，如结构、工艺、材料有较大改变，可能影响产品性能时；

c) 正常生产时，定期或积累一定产量后，应周期性进行一次检验，一般三年进行一次；

d) 产品长期停产后，恢复生产时；

e) 国家质量监督机构提出进行型式检验的要求时。

6.2.2 评定规则

根据表 2 所列检查项目对收获机产品进行逐项考核评定，评定结果按表 3 规定进行判定。表中 AQL 为接收质量限，Ac 为接收数，Re 为拒收数，均按计点法计算。

样本中各类项目不合格数小于或等于接收数 Ac 时，则判该产品为合格，否则判该产品为不合格。

表 2 检验项目分类

类别	项序	检验项目	果穗收获机	籽粒收获机
A	1	防护装置	√	√
	2	灯光照明	√	√
	3	制动性能	√	√
	4	噪声	√	√
	5	总损失率	√	√
	6	安全标志	√	√
B	1	粒籽破碎率	√	√
	2	苞叶剥净率	√	—
	3	生产率	√	√
	4	配套动力	√	√
	5	液压性能	√	√
	6	平均故障间隔时间	√	√
	7	有效度	√	√

表 2（续）

类别	项序	检验项目	果穗收获机	籽粒收获机
C	1	割台升降性能	√	√
	2	果穗含杂率	√	—
	3	籽粒含杂率	—	√
	4	秸秆切段质量	√	√
	5	轴承温升	√	√
	6	涂漆	√	√
	7	使用说明书	√	√

表 3　抽样检验方案

项目类别	A	B	C
样本数		2	
项目数	6	7(6)	6
检查水平		S-1	
AQL	6.5	25	40
Ac　Re	0　1	1　2	2　3
注：括号内数据为籽粒收获机的项目数。			

6.3　抽检

订货单位有权按本标准的规定，对出厂收获机进行抽检。抽检方法由订货单位和制造厂共同商定。

7　标志、包装、运输与贮存

7.1　每台收获机应在明显位置固定永久性产品标牌，标牌内容应符合 GB/T 13306 的规定，并标明下列内容：

a)　产品型号、名称；

b)　主要技术参数；

c)　制造厂名称、地址；

d)　制造日期和出厂编号；

e)　产品执行标准号。

7.2　收获机传动系统主要调节部位应有明显标志，并应有润滑、传动系统示意图。

7.3　出厂的收获机应保证成套性，随机提供的附件、备件、工具和运输时必须拆下的零部件，应保证其完整无损。

7.4　随机文件包括：

a)　装箱清单；

b)　产品质量合格证；

c)　产品使用说明书。

7.5　收获机产品出厂装运，应符合交通部门的有关规定，应保证在正常运输条件下零部件不受损坏。

7.6　收获机产品应贮存在干燥、通风和无腐蚀性气体的仓库内，露天存放时应有防雨、防潮、防碰撞措施。

ICS 65.060
B 90

中华人民共和国国家标准

GB/T 21963—2008

农业机械维修术语

Agricultural machinery maintenance and repair terms

2008-06-10 发布

2009-01-01 实施

中华人民共和国国家质量监督检验检疫总局
中国国家标准化管理委员会 发布

前　言

本标准由中华人民共和国农业部提出。

本标准由全国农业机械标准化技术委员会归口。

本标准起草单位:农业部农业机械维修研究所。

本标准主要起草人:杨金生、乔金友、于志刚、潘超然、张健龙、孙丽颖、张金德。

农业机械维修术语

1 范围

本标准规定了农业机械维修领域中主要术语及其定义。

本标准适用于农业机械维修(以下简称:农机)领域。

2 术语和定义

下列术语和定义适用于本标准。

2.1

农业机械 agricultural machinery

用于农业生产及其产品初加工等相关农事活动的机械、设备。

2.2

农机维修 agricultural machinery maintenance and repair

农机维护和修理的泛称。

2.3

农机维护 technical maintenance of agricultural machinery

为维持农机及其组成部分正常技术状态和工作能力而进行的作业。

2.4

农机可维修性 agricultural machinery maintainability

农机在规定的程序和方法下易于维修的程度。

3 农机维修理论

3.1 磨损规律

3.1.1

磨损规律 wear regularity

农机零件或配合副表面物质的磨损量或工作时间的关系。

3.1.2

磨损过程 wear process

相对运动零件表面的物质,由于相对运动不断损耗的现象。

3.1.2.1

磨屑 wear debris

由于磨损而从零件表面脱落的物质。

3.1.2.2

磨损量 wear quantity

在摩擦中表面材料损失的质量或尺寸。

3.1.2.3

磨损 wear

由于摩擦,工作表面上出现材料损耗的现象。

3.1.2.4

正常磨损　normal wear

农机零件磨损率在设计允许或技术文件规定的范围内。

3.1.2.5

异常磨损　abnormal wear

农机零件磨损率超出设计允许或技术文件规定的范围。

3.1.2.6

极限磨损　limiting wear

导致配合副进入极限状态，又不能保持技术文件规定的工作能力的农机零件磨损量。

3.1.2.7

腐蚀磨损　corrosive wear

在周围介质的作用下，摩擦表面发生的以化学或电化学反应为主的磨损。

3.1.2.8

黏着磨损　adhesive wear

两个固体摩擦表面在相对运动过程中，由于固相焊合作用引起接触点材料由一个表面转移至另一个表面所造成的磨损。

3.1.2.9

允许磨损　permissible wear

技术文件规定的不需修理或更换，仍可继续使用一个修理间隔期的最大磨损量。

3.1.2.10

正常磨损阶段　normal wear period

磨损率处于小而稳定，且平均磨损率可视为常数的正常工作阶段。

3.1.2.11

剧烈磨损阶段　intense wear period

磨损率处于急剧增长的磨损阶段，亦称耗损阶段。

3.1.2.12

磨损特性曲线　curve of wear

表示农机零件或配合副的磨损量随其工作时间的变化的规律曲线。

3.1.2.13

磨损率　wear rate

磨损量与产生磨损的行程或时间之比。

3.1.2.14

耐磨性　wear resistance

在一定摩擦条件下，材料抵抗磨损的能力，其数值等于磨损量的倒数。

3.1.2.14.1

划伤　scoring

摩擦表面上沿滑动方向形成划痕而造成的损坏现象。

3.1.2.14.2

擦伤　smearing

摩擦表面上沿滑动方向形成细而浅的擦痕的现象。

3.1.2.14.3

撕脱　scuffing

由于黏着作用，在摩擦表面上的一方或双方的较深处发生剥落的现象。

3.1.2.14.4

抱死 seizure

摩擦表面局部出现熔焊、黏着，使相对运动中止的现象。

3.1.2.15

穴蚀 cavitation

相对于液体运动的固体表面，因气泡破裂产生局部冲击高压或局部高温所引起的表面凹坑的现象。

3.1.2.15.1

点蚀 pitting

摩擦表面材料由于疲劳脱落，在材料表面形成凹坑的现象。

3.1.2.15.2

剥落 desquamate

材料表面在疲劳磨损中呈片状、块状脱落的现象，其破坏范围通常比点蚀大。

3.1.2.16

相对耐磨性 relative wear resistance

在相同摩擦条件下，标准试件的磨损量与检验试件的磨损量的比值。

3.1.2.17

浸蚀 erosion

含有硬颗粒的流体作用于零件表面引起的磨损。

3.1.3

缺陷 defect

农机零件任一参数不符合技术文件要求的状况。

3.1.3.1

老化 aging

农机零件材料的性能随保管或使用时间的增长而逐渐衰退的现象。

3.1.3.2

疲劳 fatigue

农机零件在变动负荷下，经过较长时间工作而发生强度下降的现象。

3.1.3.3

变形 deformation

农机零件在使用过程中，其零件要素的形状和位置发生的变化。

3.1.3.4

腐蚀 corrosion

农机零件表面与周围环境中某种物质发生化学或电化学反应所引起的耗损现象。

3.1.3.5

断裂 rupture

在外力作用下，零件产生裂纹以致断开的现象。

3.1.3.6

干涉 interfere

运动件之间，运动件与固定件之间发生的不正常碰撞或摩擦的现象。

3.1.3.7

卡滞 out of nimbleness

运动件运动不灵活的现象。

3.1.4

润滑 lubrication

用润滑剂将两摩擦表面隔开，以减少磨损、表面损伤和摩擦力的措施。

3.2 故障

3.2.1

农机故障 agricultural machinery fault

农机完全或部分丧失工作能力的现象。

3.2.2

致命故障 critical failure

导致农机或总成重大损坏的故障。

3.2.3

严重故障 grave failure

导致农机或总成丧失工作能力，且无法排除的故障。

3.2.4

一般故障 ordinary failure

农机运行中能及时排除的故障或不能及时排除的局部故障。

3.2.5

轻微故障 slight failure

不会导致停止工作和能力下降，不需要更换零件，用随车工具在很短时间内能容易排除的故障。

3.2.6

异响 abnormal knocking

农机总成或机构在工作中产生超过技术文件规定的不正常响声。

3.2.7

异味 abnormal smell

农机总成或机构在工作中产生的异常气味。

3.2.8

飞车 run away

发动机超过最高允许转速，导致转速失控的现象。

3.2.9

失调 out of regulation

农机调整不当或工作中原调整关系改变，超过技术文件规定的事件。

3.2.10

窜机油 oil pumping push piston ring

机油窜入燃烧室的现象。

3.2.11

窜气 crank ease air leakage

气缸中的高温、高压气体通过气缸壁与活塞、活塞环之间的间隙窜入曲轴箱或气缸垫损坏窜入相邻气缸的现象。

3.2.12

游车 erratic engine operation

内燃机在运转中，转速作周期性游动，超过技术文件允许的波动范围的现象。

3.2.13

拉缸　cylinder scuffing

活塞环把气缸工作表面造成擦伤或划伤的现象。

4　农机技术状态诊断

4.1　技术状态

4.1.1

技术状态　technical condition

某一时刻农机的外观和性能参数值的总和。

4.1.2

功能　function

农机及其总成的技术用途及其能力。

4.1.3

完好技术状态　all right technical condition

农机完全符合技术文件规定要求的状态。

4.1.4

不良技术状态　badness technical condition

农机不符合技术文件规定的任一要求的状态。

4.1.5

技术状态参数　parameters of technical condition

表征农机技术状态的量。

4.1.6

结构参数　structural parameters

表征农机技术状态的结构尺寸、形状、位置的参数。

4.1.7

极限技术状态　limiting technical condition

农机技术状态参数达到了技术文件规定的极限值的状态。

4.1.8

报废　scrap

农机装备的技术状态或经济性等原因不宜进行修理后继续使用，必须退出服役的技术措施。

4.1.9

禁用　use forbidden

农机不能完成规定的功能、能耗高或污染严重，但可通过修理使其恢复正常，在修理之前禁止使用的规定。

4.2　诊断

4.2.1

诊断　diagnosis

在基本不拆卸的情况下，查明故障部位和原因，确定或预测其技术状态的检查。

4.2.2

诊断标准　diagnostic criterion

定量评定农机技术状态时诊断参数的衡量依据。

4.2.3

振动诊断法　method of vibration diagnosis

利用农机运转时产生的振动信号进行技术状态诊断的方法。

4.2.4

声响诊断法　method of acoustic diagnosis

利用农机运转时发出的声音进行技术状态诊断的方法。

4.2.5

温度诊断法　method of temperature diagnosis

通过测定农机运转时的温度进行技术状态诊断的方法。

4.2.6

油液分析法　method of oil analysis

通过分析农机运转时所使用的润滑油、液压油等进行技术状态诊断的方法。

4.2.7

无负荷测功法　method of unloaded dynamometry

发动机在空负荷情况下来测定其功率的方法。

4.2.8

断缸测功法　method of single cylinder dynamometry

多缸发动机，通过测定单缸工作时的转速来确定发动机功率的方法。

4.2.9

瞬时加速测功法　method of instantaneous accelerated dynamometry

发动机在无外载下突然加速，利用发动机的转动惯量自行给发动机加负载，通过测定发动机加速度或测定它的转速在某一变化区间内所经历的时间来确定发动机功率的方法。

4.2.10

检测　detecting test

确定农机技术状态或工作能力的检查、测试工作。

4.2.11

技术状态监测　technical condition monitored

对农机技术状态参数连续地或周期地测定，并分析资料，以确定其技术状态的作业。

5　农机维修技术

5.1　农机维修工艺

5.1.1

技术检验　technical check

按规定的技术要求对农机、总成及零部件技术状况所实施的检查。

5.1.2

零件检验分类　check and classification of parts

根据修理技术条件，将零件按技术状况分为可用、可修和报废。

5.1.3

检视　inspection

主要凭感官或简单的工具，对农机、总成及零部件技术状态所实施的检查。

5.1.4

工艺规范　technological specification

农机维修作业程序和技术要求的规定。

5.1.5

农机维修方法　method of agricultural machinery maintenance and repair

农机维修作业时所遵循的工艺规范和组织规范的总称。

5.1.6

修理尺寸　repair size

零件磨损表面通过修理，形成符合技术文件规定的大于或小于原设计基本尺寸的修理加工基本尺寸系列。

5.1.7

极限间隙　limiting clearance

达到技术文件规定的极限状态的配合副间隙值。

5.1.8

允许间隙　permissible clearance

小于极限间隙，尚能保持技术文件规定的工作能力，并受经济因素制约的配合副间隙值。

5.1.9

修理基准　datum of repair

在修理时所选择的一个或一组几何元素作为修理加工其他工作面的基准。

5.1.10

农机修理质量标准　quality standard of agricultural machinery repair

技术文件规定的，对不同修理类别的农机修后性能指标应达到的标准。

5.2　零件修复工艺

5.2.1

修理尺寸法　method of repair size

配合件修理时，将配合零件中较贵重的零件按修理尺寸加工恢复其几何形状，而另一零件换用相应修理尺寸的配件，以恢复其配合性质的修理方法。

5.2.2

恢复尺寸法　method of restoration size

配合件修理时，将其磨损部位恢复到标准尺寸，以恢复其配合性质的修理方法。

5.2.3

附加零件法　method of additional parts

将零件的磨损部位进行机械加工，然后镶配一个或几个零件，恢复其原始尺寸或采用修理尺寸以达到技术文件要求的修理方法。

5.2.4

塑性变形修复法　restoration method of plastic deformation

利用外力使磨损零件产生塑性变形，来恢复所要求的尺寸和形状的方法。

5.2.5

金属扣合法　method of metal lock

在垂直于机件裂纹的断面上，加工出若干个一定形状的凹槽，再配以与凹槽形状相同的配合件，用密配、铆击的方法，或者加热扣合件，在冷却后产生的冷缩，使损坏的机件重新牢固地联成一体的方法。

5.2.6

机械矫正　mechanical rectification

利用机械力的作用，使变形的零件在常温或加热的状态下恢复正确形状的工艺方法。

5.2.7

火焰矫正 flame rectification

利用火焰加热变形零件的一定部位，使之恢复正确形状的工艺方法。

5.2.8

覆盖层 coating

以一定工艺将金属或合金金属包覆于零件表面，并与基体相结合的材料层。

6 农机维修管理与技术经济

6.1 维修方式

6.1.1

预防性维修 preventive maintenance and repair

为防止农机性能劣化和降低农机使用中的故障概率，按事先规定的计划和技术要求进行的维修。

6.1.2

视情维修 according to machinery condition maintenance and repair

根据对农机技术检验所提供的信息决定维修内容和实施时间的维修。

6.1.2.1

定期维修 periodic maintenance and repair

按规定的工作量或时间间隔进行的维修。

6.1.2.2

季节维修 seasonal maintenance and repair

为保证农时季节中农机可靠性而有计划按季节安排的维修。

6.1.2.3

故障维修 failure maintenance and repair

农机出现故障后进行的维修。

6.1.2.4

计划维修 planned maintenance and repair

按预先安排的或技术文件规定的时间和内容进行的维修。

6.1.3

维持性修理 keeping running repair

仅以维持被修农机产品的正常运转的修理。

6.1.4

恢复性修理 restoration repair

使被修农机产品(整机、总成、部件)恢复或接近原有工作能力的修理。

6.2 维修制度

6.2.1

农机保养 agricultural machinery maintenance

为维持农机完好技术状态或工作能力而进行的作业。

6.2.1.1

定期保养 periodic maintenance

按技术文件规定的工作时间或完成的工作量进行的技术维护。

6.2.1.2

班保养 shift maintenance

在班前、班后或作业中进行的技术维护。

6.2.1.3

日常保养　daily maintenance

以清洁、补给和安全性能检视为主要内容的维护作业。

6.2.2

试运转　running-in

修复的农机投入使用前逐步增加负荷和速度的运转过程。

6.2.3

技术保管　technical safekeeping

农机存放过程中，保持完好技术状态而进行的技术与组织活动。

6.2.4

农机修理　agricultural machinery repair

为恢复农机完好技术状况(或工作能力)和寿命而进行的维护性作业。

6.2.4.1

农机大修　major repair of agricultural machinery

通过修复或更换农机零部件(包括基础件)，恢复农机完好技术状态和完全(或接近完全)恢复农机寿命的修理。

6.2.4.2

农机小修　minor repair of agricultural machinery

通过修理或更换农机零部件，消除农机在运行过程、维护过程中发生或发现的故障及隐患，恢复农机工作能力的作业。

6.2.4.3

总成修理　unit repair

为恢复农机总成完好技术状态(或工作能力)和寿命而进行的作业。

6.2.4.4

发动机检修　engine tune up

通过检测、试验、调整、清洁、修理或更换某些零部件，恢复发动机性能(动力性、经济性、运转平稳性等)的作业。

6.2.4.5

发动机大修　major repair of engine

通过修理或更换零部件，恢复发动机完好技术状态和完全恢复发动机寿命的修理。

6.2.4.6

零件修理　parts repair

恢复农机零件性能和寿命的作业。

6.2.4.7

视情修理　repair on technical condition

按技术文件规定对农机技术状态进行检测或诊断后，决定作业内容和实施时间的作业。

6.2.4.8

农机再制造　agricultural machinery remanufacture

工业化、商品化的农机大修。再制造的农机以商品形式进入流通领域。

6.2.5

磨合　running-in

农机总成或机构组装后，改善零件摩擦表面几何形状和表面层物理机械性能的运转过程。

6.2.5.1

冷磨合 cold running-in

由外部动力驱动总成或机构的磨合。

6.2.5.2

热磨合 hot running-in

发动机自行运转的磨合。

6.3 农机修理方式

6.3.1

修理生产方式 organization mode of repair

农机修理生产的组织方法。

6.3.2

总成换修法 method of repair with assembly replacement

通过用新的或以修复的备用总成或部件替换有故障的总成或部件来修理农机，换下的总成、部件组织集中修复的生产方式。

6.3.3

就车(原机)修理法 method of original assembly-used repair

进行修理时要求被修理的主要零、部件和总成装回原机的修理组织方法。

6.4 维修形式

6.4.1

自修 self- maintenance

由农机使用人员自己组织并实施的维修。

6.4.2

送修 entreated maintenance

将农机送交维修网点，由专业维修人员进行的维修。

6.4.3

专项维修 specific maintenance and repair

从事单项或以一项为主，兼营几项的农机维修业务。

6.4.4

维修点等级 grade of maintenance place

县级以上农机维修行业主管部门对辖区内农机维修点按规定的技术等级标准进行审定。

6.4.5

职业技能鉴定 appraisal of professional technical ability

按照国家制定的职业标准或任职资格条件，通过政府认定的鉴定评价机构对劳动者的技能水平或职业资格进行客观公正、科学规范的评价和鉴定，对合格者授予相应的国家职业资格证书。

6.4.6

维修网体制 maintenance network system

地方性维修网体系、制造厂维修服务体系和专业化维修体系有机结合的综合性农机维修网体制。

6.5 维修企业管理

6.5.1

农机维修技术规程 technical rules of agricultural machinery maintenance and repair

对农机修理生产工艺所制定的技术规定或行为准则。

6.5.2

设备操作规程　operation rules of equipment

对维修设备的操作、维护保养、检查调整方法及安全注意事项等所制定的规定。

6.5.3

安全技术规程　safety technical rules

对农机维修生产安全所制定的规定。

6.5.4

维修技术档案　technical files of maintenance and repair

承修及送修双方存档备查的关于拖拉机损坏情况、修理情况、修理质量检验及试验结果等记录资料。

6.5.5

维修技术条件　technical rules of maintenance and repair

对农机维修质量技术要求的规定。

6.5.6

农机维修质量　quality of agricultural machinery maintenance and repair

维修后的农机满足农机维修技术条件规定的程度。

6.6　**维修技术经济指标**

6.6.1

修理工时　man-hour of repair

作业人数和作业小时数的乘积。

6.6.2

维修周期　period of maintenance and repair

在用农机相邻两次同类维修之间的时间间隔或完成的工作量。

6.6.3

维修生产工期　production time of maintenance and repair

从农机修前交接开始到修后验收为止，整个修理过程持续的时间。

6.6.4

维修成本　maintenance and repair cost

以货币形式表现的修理生产过程所支出的各项费用的总和。

中 文 索 引

A

B

C

D

F

G

H

J

K

L

M

W

X

Y

Z

英 文 索 引

A

B

C

D

ICS 65.060.01
B 09

GB

中华人民共和国国家标准

GB/T 21964—2008

农业机械修理　安全规范

Repair of agricultural machines—Safety regulations

2008-06-10 发布　　2009-01-01 实施

中华人民共和国国家质量监督检验检疫总局
中 国 国 家 标 准 化 管 理 委 员 会　发 布

前　言

本标准由中华人民共和国农业部提出。

本标准由全国农业机械标准化技术委员会归口。

本标准起草单位:农业部农业机械维修研究所。

本标准主要起草人:孙丽颖、于志刚、杨金生、李树军。

农业机械修理　安全规范

1　范围

本标准规定了农业机械修理作业过程中对环境、作业、设备、人员防护的安全要求。

本标准适用于农业机械修理作业。

2　规范性引用文件

下列文件中的条款通过本标准的引用而成为本标准的条款。凡是注日期的引用文件，其随后所有的修改单(不包括勘误的内容)或修订版均不适用于本标准，然而，鼓励根据本标准达成协议的各方研究是否可使用这些文件的最新版本。凡是不注日期的引用文件，其最新版本适用于本标准。

GB 2894　安全标志(GB 2894—1996，neq ISO 3864:1984)

GB/T 3787　手持式电动工具的管理、使用、检查和维修安全技术规程

GB 4674　磨削机械安全规程

GB/T 6067　起重机械安全规程(GB/T 6067—1985，neq NF E52-122:1975)

GB 9448　焊接与切割安全(GB 9448—1999，eqv ANSI/AWSZ49.1)

GB/T 13869　用电安全导则

GB 15760　金属切削机床　安全防护通用技术条件

NY/T 1138.1　农业机械维修开业技术条件　第1部分:农业机械综合维修点

中华人民共和国消防条例

3　作业环境

3.1　作业场所安全条件应符合 NY/T 1138.1 的规定。

3.2　作业场所的用电线路及电气装置应符合 GB/T 13869 的规定。

3.3　易燃、易爆、有毒及腐蚀性的危险品应存放在规定的安全地点，应有专人管理和出入库手续。

3.4　使用油类清洗剂清洗零件时，严禁吸烟或用明火。工作完毕后要将油类清洗剂放在安全地点，并将装清洗剂容器盖严，挂标示牌，写明"危险"字样。

3.5　储存和使用汽油、柴油、酒精、油漆、制冷剂等易燃易爆物品的场所，应远离火源、电源。

3.6　用过的带油手套、废棉纱、旧抹布等应集中存放在金属容器中统一处理。

3.7　修理产生的废油应统一存放，送到专门的处理工厂进行处理。

3.8　换下的报废零部件应统一存放，按废品处理。

3.9　修理结束后要清点工具，擦洗干净放回原处，将现场清理干净。

3.10　动力机械修理场所内严禁吸烟及明火作业。

3.11　作业场所及设备，凡可能危及人身安全的，应于醒目处设标志牌。安全标志应符合 GB 2894 的规定。

3.12　作业场所消防安全应符合《中华人民共和国消防条例》的规定，备有相应的消防器材和通讯报警装置，并有专人负责。

3.13　试车场所应宽敞、无障碍，满足试车条件。

4　作业过程

4.1　农业机械修理工和其涉及的其他工种均应进行上岗前培训，取得本工种职业技能鉴定证书后方可上岗。

4.2 作业人员应了解所修机具的结构性能、机械性能、材料和质量及修理过程。

4.3 用起重机吊运时，严禁超载。起吊前应检查起吊所使用的器材（如钢丝绳、卡环、吊钩等）的可靠性；注意观察周围情况，起吊中升降回转动作应平稳，空中停留时间不应过长；当部件起吊后，下方严禁人员行走或滞留。

4.4 正确使用拆装工具和设备，严禁使用易造成人身伤害的工具或方法拆装。

4.5 使用千斤顶和其他辅助拆装支撑作业时，应支稳架平，安全可靠。

4.6 活动照明设备应采用低压（36 V 以下）安全灯具。

4.7 使用易松动的工具，应适时检查是否牢固。

4.8 手持式电动工具的使用与管理应符合 GB/T 3787 的规定。

4.9 钳工作业应严格按照操作规程进行。

4.10 修理车间内待修机械周围至少应保持 2 m 间距，以便操作，车间外修理作业不应将修理对象停在道路、消火栓、油库、上下水道口处。

4.11 待修机械修理时，应用方木支垫稳固，先顶起一端，然后再顶起另一端，不应两端同时顶起。

4.12 严禁只用千斤顶顶在车下进行修理作业。禁止在顶起或回落修理对象的同时，在其上下进行修理作业。

4.13 在待修机械下作业时，发动机应熄火；前后轮应垫楔牢固，拉好手刹制动。如须在发动机运转情况下修理，车上应有人看护操作手柄，密切配合，禁止车上车下同时进行修理作业。

4.14 在修理间或车间内热磨合发动机时，检查固定部位状态，运转时应把废气排到室外。

4.15 修理作业时待修机械应断电、熄火。

4.16 农业机械的修理应按相应机械的修理程序进行。

4.17 农药等有害物质机械的修理，应将农药等有害物质处理或释放后在确保对人体和环境无危害的情况下进行修理。

4.18 焊补油箱时，油箱口应敞开。

4.19 机械修后进行试车时，应仔细检查转向、制动、照明、信号装置、仪表和其他设备的可靠性能，在指定的场所试车。

4.20 试车启动前应先检查周围环境情况，运转检查故障时应避免伤人。

4.21 最后离开工作场所人员应切断电源，检查确保无安全隐患后方可离开。

4.22 修理结束后应清点工具，并将废弃物处理后再进行试机。

4.23 在修理中更换零部件时，应使用合格的零部件。

4.24 各类机床及设备应有专人负责，并严格按照操作规程进行作业。

5 设备安全

5.1 磨削机械的使用、管理和维护应符合 GB 4674 的规定。

5.2 起重机械应符合 GB/T 6067 的规定。

5.3 焊接与切割应符合 GB 9448 的规定。

5.4 金属切削机床应符合 GB 15760 的规定。

5.5 金属切削机床的使用、管理和维护应符合其使用说明书的规定。

5.6 修理、调试、检查设备应符合使用说明书的要求。

6 人员防护

6.1 各工种均应按需要配备劳动防护用品。

6.2 有落物危险的工作环境中应戴安全帽；在有旋转部件的机器旁工作，应戴工作帽，长发应放在工作帽内。

6.3 在有强光、飞溅的金属碎屑、强酸、制冷剂场合工作，应戴相应的防护眼镜。

6.4 当工作中产生噪声超过 85 dB(A)以上，应戴护耳器(耳塞或耳罩)。

6.5 在有毒物质场所作业，应戴防毒器具。

6.6 进行拆装及金属焊接、切割等作业时，应戴防护眼镜和防护手套。

6.7 应及时用毛刷等工具清理机械加工产生的金属切屑，不应用手直接清理。

6.8 严禁戴手套直接接触机器的旋转部件。

6.9 不同的工种工作时，各工种应按相关要求穿相应的防护工作鞋和规定的工作服。

ICS 77.140.65
H 49

中华人民共和国国家标准

GB/T 21965—2008
部分代替 GB/T 8706—1988

钢丝绳　验收及缺陷术语

Steel wire ropes—Vocabulary for acceptance and defect

(ISO 2532:1974,Steel wire ropes:Vocabulary,NEQ)

2008-05-30 发布　　2008-12-01 实施

中华人民共和国国家质量监督检验检疫总局
中国国家标准化管理委员会 发布

前　言

本标准与 ISO 2532:1974《钢丝绳——词汇》的一致性程度为非等效。

本标准代替 GB/T 8706—1988《钢丝绳术语》中的“第四篇　验收”和“第五篇　缺陷”。

本标准与 GB/T 8706—1988“第四篇　验收”和“第五篇　缺陷”相比主要变化如下：

——将术语“随机取样”改为“随机抽样”、“化学分析”改为“化学成分分析”、“显微组织缺陷”改为“显微缺陷”，“圆度”改为“不圆度”；

——删去了“周期取样”、“在线取样”、“沟槽或突起”及“表面剥落”等术语；

——增加了术语“不松散性”，钢丝绳破断拉伸试验中增加了“浇注法”和“套压法”；

——修改了“批量”的定义；

——增加了“绳芯挤出”、“钢丝挤出”、“扭结”、“部分被压扁”、“直径变细”、“直径增大”、“弯折”、“锈蚀”、“断丝的局部聚集”及“弹性降低”等术语；

——增加了“术语索引”。

本标准由中国钢铁工业协会提出。

本标准由全国钢标准化技术委员会归口。

本标准起草单位：国家金属制品质量监督检验中心、贵州钢绳股份有限公司、江苏狼山钢绳股份有限公司、冶金工业信息标准研究院。

本标准主要起草人：洪涛、衡俊华、杨红英、邓海燕、王玲君、戴石锋。

本标准所代替标准的历次版本发布情况为：

——GB/T 8706—1988。

钢丝绳　验收及缺陷术语

1　范围

本标准规定了生产和使用中钢丝绳验收、缺陷常用的术语。

本标准适用于钢丝绳验收、缺陷术语的一般规定，当产品标准另有规定时，应按相应标准规定执行。

2　验收术语

2.1

取样　sampling

2.1.1

验收　acceptance

依据有关标准、规范等规定，对产品进行逐个或成批检验而确定的取样数量和检验判定程序。

2.1.2

拒收　rejection

需方对不符合有关标准、规范等规定的产品，不予以接受的现象。

2.1.3

批量　batch

由同一结构、规格、公称抗拉强度级别及表面状态且同时交付验收的单位产品的总量。

2.1.4

试样　sample

2.1.4.1

试样尺寸　size of　sample

2.1.4.2

钢丝试样　sample of wire

2.1.4.3

钢丝绳试样　sample of rope

2.1.4.4

钢丝绳芯试样　sample of core

2.1.5

抽样检验　sampling inspection

根据统计抽样技术，从一批产品的总体中抽取部分单位产品，通过检验部分单位产品来推断该批产品总体的质量。

2.1.6

100%检验(全检)　100% inspection

对交付验收的每个单位产品都进行检验。

2.1.7

随机抽样　random sampling

从检查批中单位产品被抽入样本完全是偶然的抽取样本的方法。

2.1.8

初试　primary test

2.1.9

复试　repeat test

初试不合格时，按标准规定的方法和数量，取样重新试验其不合格项目。

2.2

钢丝检验　inspection of steel wires

2.2.1

试样　sample

2.2.1.1

试样来源　origin

试样来源于钢丝绳。

2.2.1.2

试样矫直　straightening

为了试验准确和便于试验，在不损伤试样表面和不影响试样力学性能的前提下，用手或工具将试样矫直。

2.2.2

化学成分分析　chemical analysis

2.2.2.1

成品分析　product analysis

从钢丝绳中抽取试样，对其进行的化学成分分析。

2.2.2.2

元素含量允许范围　permissible percentage limits for elements

2.2.2.3

成品化学成分允许偏差　permissible tolerances for product analysis

2.2.3

金相检验　micrographic inspection

2.2.3.1

显微组织　microstructure

2.2.3.2

不均匀度　heterogeneity

2.2.3.3

夹杂物　inclusions

2.2.3.4

带状组织　band structure

2.2.3.5

表面脱碳　surface decarburization

2.2.3.6

马氏体　martensite

2.2.3.7

裂纹或裂缝　cracks or fissures

2.2.3.8

折叠　shells

2.2.3.9

偏析　segregation

2.2.4

尺寸检验　dimensional inspection

圆形或异形钢丝横截面尺寸的测定。

2.2.5

拉伸试验　tensile test

钢丝在单向静拉力作用下，测定抗拉强度及伸长率等项目的试验。

2.2.5.1

标距　gauge length

2.2.5.2

试验最少持荷时间　minimum duration of test

2.2.5.3

试验速度　speed of test

2.2.5.4

抗拉强度　tensile strength

钢丝在单向静拉力作用下抵抗破断的最大力与试样原始横截面积之比。

2.2.5.5

打结拉力　knotting force

钢丝打结后的试样在单向静拉力作用下测得的最大力。

2.2.5.6

打结率　ratio of knotting tension

打结破断拉力与该钢丝不打结破断拉力的百分比。

2.2.5.7

伸长率　percentage elonation

试样拉断后，标距部分增加的长度与原始标距长度的百分比。

2.2.6

反复弯曲试验　reverse bend test

将钢丝一端固定，绕规定半径的圆柱支座弯曲90°，再沿相反方向弯曲，检查钢丝承受塑性变形能力的试验。

2.2.6.1

弯曲角度　angle of bend

2.2.6.2

圆柱支座半径　radius of cylindrical supports

2.2.6.3

圆柱支座至拔杆底部距离　distance from top tangential plane of cylindricail supports to the bottom face of guids

2.2.6.4

两圆柱支座轴线所在平面与试样最近接触点距离　distance from a plane, defined by the anes of the cylindrical supports, to the nearest point of contact with the test piece

2.2.6.5

拔杆孔直径　diameter of guide hole

2.2.6.6

张力　tension

为使试样与弯曲圆柱良好接触，用手或特殊装置给试样施加的拉紧力。

2.2.6.7

弯曲速度　rate of bending

2.2.6.8

反复弯曲次数　number of reverse bends

2.2.7

扭转试验　torsion test

检查钢丝在固定或交变方向扭转时的塑性变形性能，并显示不均匀性及内外缺陷的试验。

2.2.7.1

试验类型　type of test

2.2.7.1.1

单向扭转　torsion in one direction

钢丝以自身为轴线，沿一个方向均匀扭转至试样裂断或达到规定扭转次数的试验。

2.2.7.1.2

交变扭转　alternating torsion

钢丝以自身为轴线，向一个方向扭转规定次数后，再向相反方向扭转直至试样断裂或达到规定扭转次数的试验。

2.2.7.2

钳口间距　length between vices

2.2.7.3

张力　tension

为使试样保持平直施加到钢丝上的拉紧力。

2.2.7.4

试验速度　speed of test

2.2.7.5

扭转角度　angle of torsion

2.2.7.6

扭转试样表面　appearance of the twist

2.2.7.7

断口类型　type of fracture

2.2.7.8

扭转次数　number of twists

2.2.8

缠绕（或松懈）试验　wrap（relaxation） test

将钢丝试样在符合相关标准规定直径的芯棒上紧密螺旋缠绕至规定圈数，用于检查试样（有镀层或无镀层）承受缠绕变形能力及镀层牢固性能的试验。

2.2.8.1

芯棒直径　diameter of mandrel

2.2.8.2

缠绕速度　speed of wrap

2.2.8.3

缠绕圈数 number of turns

2.2.9

镀层试验 inspection of coating

检查钢丝单位面积的镀层重量、牢固性及均匀性的试验。

2.2.9.1

镀层重量测定 determination of mass

用气体法或重量法测定单位表面积上的镀层重量。

2.2.9.2

牢固性能试验 adhesion test

用缠绕试验测定镀层结合的牢固性。

2.2.9.3

硫酸铜试验 immersion test

用硫酸铜溶液浸置测定镀层的均匀性。

2.2.9.4

盐雾试验 salt spray test

用硫酸铜溶液浸置测定镀锌层的均匀性。

2.3

钢丝绳检验 inspection of steel wire ropes

2.3.1

外观及尺寸检查 visual and dimensional examination

2.3.1.1

钢丝绳直径(尺寸)偏差 tolerances on the diameter of steel wire ropes

2.3.1.2

不圆度 out-of-roundness

2.3.1.3

捻距 lay pitch

2.3.1.4

捻法 type of lay

2.3.1.5

结构 construction

2.3.1.6

捻制质量 lay quality

2.3.1.7

不松散性 low torsional stresses

2.3.1.8

涂油均匀性 continuity of lubrication

2.3.1.9

平直度 straightness

2.3.1.10

残余扭转 residual torsion

2.3.2

拆股试验 dismantle strand test

钢丝绳股(部分或全部)拆散成单丝进行试验来考核钢丝绳内钢丝破断拉力总和及钢丝绳中钢丝的

性能。

2.3.3

破断拉伸试验　tensile test

钢丝绳试样在单向静拉力作用下，测定其破断拉力及伸长率等项目的试验。

2.3.3.1

试样夹持方法　method of gripping

a)　直接夹持法　method of directly gripping

钢丝绳试样直接夹持在试验机夹具内进行拉伸试验的方法。

b)　浇铸法　method of casting

将钢丝绳试样散头用熔融金属浇铸，冷却到常温后，夹持在试验机夹具座内进行拉伸试验的方法。

c)　缠绕法　method of winding on durm

将钢丝绳试样直接缠绕在试验机缠绕轮上进行拉伸试验的方法。

d)　套压法　method of pressing pipe

将钢丝绳试样用套管压紧，再夹持在试验机夹具内进行拉伸试验的方法。

2.3.3.2

伸长率　percentage elongation

标距的伸长与原始标距的百分比。

a)　弹性伸长率　percentage elastic elongation

标距的弹性伸长与原始标距的百分比。

b)　永久延伸率(残余伸长率)　percentage permanent elongation

试样卸除拉伸力后标距的伸长与原始标距的百分比。

2.3.3.3

实际弹性模量　actual modulus of elasticity

2.3.3.4

破断拉力　breaking force

2.3.3.5

断口位置和形式　position and type of fracture

2.3.4

含油率　oil content

2.3.4.1

钢丝绳含油率　oil content in steel wire ropes

2.3.4.2

芯含油率　oil content in fibre cores

2.3.4.3

股含油率　oil content in strands

2.3.5

疲劳试验　fatigue test

测定钢丝绳试样在规定的交变应力作用下，承受反复弯曲或冲击载荷能力的试验。

2.3.6

旋转性能试验　rotational property test

通过试验观测到的试样单位长度上的旋转角度。

3 缺陷术语

3.1

制造期间 during manufacture

3.1.1

断丝 fracture of wire

钢丝绳股中出现钢丝断裂的现象。

3.1.2

缺丝 short of wire

钢丝绳股中出现缺少钢丝的现象。

3.1.3

混丝 mixture of wire

钢丝绳股中相同公称直径钢丝中出现不同公称直径间隔钢丝的现象。

3.1.4

混强度 mixture of strength

钢丝绳股中相同公称抗拉强度级钢丝中出现不符合本级别抗拉强度范围的钢丝的现象。

3.1.5

钢丝交错 transposition of wires

钢丝绳表面出现钢丝交叉，钢丝不在规定的几何位置的现象。

3.1.6

接头不良 irregular joining of wires

钢丝绳中钢丝接头方法不当、接头中心不正、焊接不良等现象。

3.1.7

裂纹 craze

钢丝表面出现开裂的现象。

3.1.8

镀层开裂 craze of coating

钢丝表面镀层出现裂纹或分层的现象。

3.1.9

镀层脱落 desquamation of coating

钢丝表面镀层出现脱落的现象。

3.1.10

股丝松动 slack of wire in strand

钢丝绳股中钢丝出现松动的现象。

3.1.11

股丝松散 untwisting of wires in strand

钢丝绳端头松懈或截断后，股中钢丝松开不成形的现象。

3.1.12

股松紧不均 relaxation of strands

钢丝绳制造过程中由于张紧力或预变形不均匀造成个别股出现突起或陷落的现象。

3.1.13

股芯外露 discovery of core in strand

股芯从钢丝缝隙间露出的现象。

3.1.14

股间隙不均匀　**discontinuity of strand clearance**

3.1.15

钢丝绳松散　**untwisting of strands in rope**

3.1.16

捻距不均　**variation in pitch**

钢丝绳或股全长或局部出现捻距不均匀的现象。

3.1.17

绳芯外露　**discovery of core in rope**

绳芯从钢丝绳股缝隙间露出的现象。

3.1.18

涂油不良　**irregular greasing**

钢丝绳表面或绳芯的油脂短缺或不均匀的现象。

3.2

运输及使用期间　**transport and period of service time**

3.2.1

表面损伤　**surface damage**

钢丝绳或钢丝表面因与外部接触而产生的挤伤、压伤、碰伤、挂伤、刮伤或钉伤等伤痕。

3.2.2

变形　**deterioration of ropes**

钢丝绳失去正常形状或结构破坏的现象。

3.2.2.1

波浪形　**waviness**

钢丝绳的纵向轴线成螺旋线形状。

3.2.2.2

灯笼形　**bird-caging**

多股钢丝绳的外层股浮起而形成类似灯笼状的形状。

3.2.2.3

绳芯挤出　**extruding of steel wire rope corn**

绳芯从钢丝绳股缝隙间被挤出的现象。

3.2.2.4

钢丝挤出　**extruding of steel wire**

钢丝或钢丝束在钢丝绳一侧拱起成环状的变形。

3.2.2.5

扭结　**kinking**

钢丝绳成环状在不可能绕其轴线转动的情况下被拉紧而造成的变形，钢丝绳局部有加捻或松捻现象。

3.2.2.6

部分被压扁　**flattening of parts**

3.2.2.7

绳径局部减小　**local decrease in diameter**

钢丝绳因机械磨损、绳芯缩细、局部锈蚀、局部扭结及断丝等原因而造成横截面的局部减少。

3.2.2.8

绳径局部增大　local increase in diameter

钢丝绳因绳芯畸变而造成横截面的局部增大。

3.2.2.9

弯折　flex

钢丝绳在外界影响下引起的角度变形。

3.2.3

机械磨损　physical deterioration

3.2.3.1

内部磨损　inter deterioration

钢丝绳因股丝间承受负荷不同，相互挤压形成应力集中而产生的磨损。

3.2.3.2

外部磨损　outside deterioration

钢丝绳因与滑轮、卷筒、地面硬物等接触而产生的钢丝磨损。

3.2.3.3

局部磨损　local damage

钢丝绳因局部挤压、滑轮剧烈震动冲击或因滑轮与卷筒中心偏斜而产生磨损。

3.2.4

白亮层　white-bright layer

钢丝绳外部因剧烈摩擦，使钢丝表面温度瞬间达到淬火临界温度，继而急剧冷却，形成的白亮层。

3.2.5

锈蚀（锈斑、浮锈）　corrosion

钢丝表面（局部或整体）受周围介质化学或电化学腐蚀出现的氧化现象。

3.2.6

麻点　pockmark

钢丝表面由于腐蚀成点状分布的凹状粗糙面，腐蚀进一步发展会形成麻坑甚至麻面。

3.2.7

绳端断丝　fracture of wire in steel wire rope end

由于绳端安装不正确或其他原因而引起钢丝绳绳端或其附近出现断丝。

3.2.8

断丝局部聚集　local conglomeration of fracturing wire

断丝集聚一起的现象。

3.2.9

绳股断裂　fracture of steel wire rope

3.2.10

弹性降低　decrease of elasticity

钢丝绳因绳径减少、捻距伸长或各部分相互挤压等原因而引起的弹性显著减少现象。

中 文 索 引

Y

Z

英 文 索 引

A

B

C

D

E

F

G

H

I

K

L

S

T

ICS 29.220
K 82

中华人民共和国国家标准

GB 21966—2008/IEC 62281:2004

锂原电池和蓄电池在运输中的安全要求

Safety of primary and secondary lithium cells and batteries during transport

(IEC 62281:2004,IDT)

2008-06-18 发布

2009-07-01 实施

中华人民共和国国家质量监督检验检疫总局
中国国家标准化管理委员会 发布

前　　言

本标准的第 4 章、第 5 章、第 6 章、第 9 章为强制性条款，本标准规定的要求不适用于我国法规或相关法规(见 7.3)中有规定可豁免时的情形。

本标准等同采用 IEC 62281:2004《锂原电池和蓄电池在运输中的安全要求》。

本标准由中国轻工业联合会提出。

本标准由全国原电池标准化技术委员会(SAC/TC 176)归口。

本标准主要起草单位：国家轻工业电池质量监督检测中心、常州达立电池有限公司、力佳电源科技(深圳)有限公司、福建南平南孚电池有限公司、江苏出入境检验检疫局机电产品检测中心吴江电池产品检测实验室、深圳市艾博尔新能源有限公司。

本标准参加起草单位：武汉力兴(火炬)电源股份有限公司、广东出入境检验检疫局、成都建中锂电池有限公司、武汉孚安特科技有限公司、武汉昊诚电池科技有限公司、广州市番禺华力电池有限公司。

本标准主要起草人：林佩云、余章华、宋杨、徐平国、王建、张清顺、黄德勇、郭仁宏、王丽、朱志刚、阮红林、张超明。

本标准首次发布。

引　言

在20世纪70年代，锂原电池首先被应用于军事领域。那时候，对锂原电池商品化的兴趣还不大，没有相关的工业标准。因此，虽然联合国危险货物运输专家委员会通常是参考引用工业标准作为检验标准，但由于没有相应的标准可以参考，于是专家委员会就在《试验与标准手册》中增加了一个有关锂原电池运输安全试验的章节。其间，随着对锂原电池和蓄电池商品化的兴趣不断增加，也出现了一些工业标准。但是已有的标准有多种，相互间不能完全协调，而且未必和运输有关，它们不适合作为联合国《规章范本》的参考标准。于是制定了新一类的安全标准，以协调有关锂原电池和蓄电池运输的检验和要求。

本标准适用于锂原电池和蓄电池，锂原电池和蓄电池中所含的锂可以是任何化学形式：锂金属、锂合金或锂离子。锂金属和锂合金原电池的电化学体系分别采用锂金属和锂合金作为负极。锂离子蓄电池的电化学体系则是在正极和负极中使用嵌入化合物（嵌入的锂以离子或准原子的形式存在于电极材料的晶格中）。

本标准也适用于锂聚合物电池，无论该电池被认定是锂金属原电池还是锂离子蓄电池，那只是取决于负极材料的性质。

锂原电池和蓄电池的运输史是值得关注的。自20世纪70年代以来，锂原电池的运输量超过了100亿只。自20世纪90年代初以来，锂离子蓄电池的运输量也已超过了10亿只。由于锂原电池和蓄电池运输量的提高，在本标准中包含了对用于此类产品运输的包装的安全检验是恰当的。

本标准专门针对锂原电池和蓄电池在运输中的安全性及其所用包装的安全性。其他有关锂原电池和蓄电池安全的国际标准和国家标准列于本标准第2章及参考文献中作为参考。这些国际标准和国家标准涉及锂原电池和蓄电池在装卸、使用以及处理中的安全，有专门针对锂原电池的标准（IEC 60086-4、GB 8897.4）和专门针对锂蓄电池的标准（IEC 62133），在这些标准中也包含某些有关运输的检验方法和验收标准。将来，要考虑这些标准与本标准的协调性。

锂原电池和蓄电池在运输中的安全要求

1 范围

本标准规定了锂原电池和蓄电池的检验方法和要求，以确保电池在运输中(而非回收或处理中)的安全。本标准规定的要求不适用于我国法规或相关法规(见7.3)中有规定可豁免时的情形。

2 规范性引用文件

下列文件中的条款通过本标准的引用而成为本标准的条款。凡是注日期的引用文件，其随后所有的修改单(不包括勘误的内容)或修订版均不适用于本标准，然而，鼓励根据本标准达成协议的各方研究是否可使用这些文件的最新版本。凡是不注日期的引用文件，其最新版本适用于本标准。

GB 8897.4 原电池 第4部分：锂电池的安全要求(GB 8897.4—2002,IEC 60086-4:2000,IDT)

IEC 61960 含碱性或其他非酸性电解质的蓄电池——便携式锂蓄电池

3 术语和定义

本标准采用下列术语和定义。

3.1

总锂量 aggregate lithium content

一个电池中包含的所有单体电池的总的锂含量或相当的锂含量。

3.2

电池 battery

由以永久性电连接方式装配在一个外壳中的一个或多个单体电池组成，配有使用时所需的极端、标志和保护装置等。

3.3

扣式[单体]电池 button cell;coin cell

总高度小于直径的圆柱形单体电池，形似钮扣或硬币。

3.4

[单体]电池 cell

把化学能直接转变为电能的基本功能单元，由电极、电解质、容器、极端、通常还有隔离层组成。

3.5

单元电池 component cell

装入一个电池(battery)内的单体电池(cell)。

3.6

(蓄电池的)循环 cycle (of a secondary (rechargeable)cell or battery)

对蓄电池进行的、以相同顺序有规律重复进行的一组操作。

注：该操作可包含在规定条件下的一连串的放电后充电或充电后放电，过程中也可包含搁置。

3.7

圆柱形[单体]电池 cylindrical cell

总高度等于或大于直径的圆柱形状的电池。

3.8

放电深度 depth of discharge;DOD

电池中放出的容量占额定容量的百分比。

3.9

首次循环　first cycle

蓄电池在完成制造、化成和质量控制过程后的初次循环。

3.10

完全充电　fully charged

蓄电池放电深度为0%时的荷电状态。

3.11

完全放电　fully discharged

电池放电深度为100%的荷电状态。

3.12

大电池　large battery

总锂量超过500 g的电池。

3.13

单体大电池　large cell

锂含量或相当锂含量超过12 g的单体电池。

3.14

锂电池(原电池或蓄电池)　lithium cell(primary or secondary(rechargeable))

负极为锂或含锂的非水电解质电池。

注：锂电池可以是原电池或蓄电池，取决于设计所选择的特征。

3.15

锂含量　lithium content

在未放电时即完全荷电状态下金属锂电池或合金锂电池负极中锂的质量。

3.16

相当锂含量　lithium equivalent content

锂离子单体电池或电池中所含锂的相当量。

注：锂离子单体电池的相当锂含量可由下式得出：

$$m_e = 0.3\ g/Ah \times Q_r$$

式中：

m_e——一个锂离子单体电池中的相当锂含量；

Q_r——这个单体电池的额定容量。

锂离子电池的相当锂含量为该电池内所有单元电池的相当锂含量之和。

3.17

开路电压　open-circuit voltage

放电电流为零时电池的电压。

3.18

原电池　primary battery

由原电池单元电池构成的电池。

3.19

[单体]原电池　primary cell

按不可以充电设计的电池。

3.20

矩形(电池)　prismatic (cell or battery)

侧面和底部为矩形的电池或单体电池。

3.21

保护装置　protective devices

诸如保险丝,二极管或其他电的或电子的限流器,用以中断电流、在某一方向阻止电流或限制电路中的电流。

3.22

额定容量　rated capacity

在规定条件下测得的并由制造商标称的电池的容量值。

3.23

蓄电池　secondary (rechargeable) battery

由蓄电池单元电池构成的电池。

3.24

[单体]蓄电池　secondary (rechargeable) cell

按可充电设计的电池。

3.25

小电池　small battery

由小的单体电池组成的电池,其总锂量不超过 500 g。

3.26

单体小电池　small cell

含锂量或相当锂含量不超过 12 g 的单体电池。

3.27

(电池)类型　type (for cells or batteries)

电池特定的电化学体系和外形设计。

3.28

未放电　undischarged

原电池放电深度为 0%时的荷电状态。

4　安全要求

4.1　总则

锂电池按其化学成分(电极、电解质的不同)和内部结构(板式、卷绕式)来分类。锂电池有各种形状。在电池的设计阶段就必须考虑有关安全方面的问题,同时要意识到安全问题存在很大的差异性,这是由其特定的锂体系、功率输出形式和电池结构所决定的。

以下的安全设计概念通用于所有的锂电池:

a)　通过设计防止温度异常升高超过制造商所规定的临界值。

b)　通过设计(例如通过限制电流)来控制电池内温度升高。

c)　锂电池应设计成能释放内部过大的压力,即能避免电池在运输情况下发生爆裂。

d)　锂电池应设计成在正常的运输和预期的使用条件下能防止短路。

e)　锂电池内包含多个单体电池或包含以并联方式连接的一连串单体电池时,应采用有效的方法(或许是必备的方法,例如二极管、保险丝等)来防止危险的反向电流。

4.2　包装

锂电池应适当包装以防止在正常的运输条件下发生外部短路。

注:有关危险物品包装的其他要求见联合国《规章范本》第 6.1 章[1)],同时参见本标准 7.3 中提到的规则。

1)　参见参考文献。

5 型式检验、抽样和重新检验

5.1 型式检验

锂电池有以下差异时：

a) 电极或电解质的质量差大于0.1 g或超过质量的20%，或者

b) 存在某种会明显影响检测结果的差异，

则认为属于不同的类型，应进行所要求的检验。

5.2 电池组(Assembly of batteries)

总锂量超过500 g的电池组在下列情况下无需检验：

a) 它是由已经通过了各项检验的电池(battery)以电连接方式组合在一起的，以及

b) 它配备了具有以下功能的系统：

- 能监控该电池组；
- 能防止该电池组中的电池之间发生短路和过放电；
- 能防止该电池组发生任何过热或过充电现象。

5.3 抽样

每个不同类型的电池都应随机抽取，样品数量见表1。

表1 型式检验所需的电池和单体电池的数量

<table>
<tr><td colspan="7">原电池</td></tr>
<tr><td rowspan="3">用于T-1～T-5检验的样品数</td><td colspan="2">单体电池</td><td colspan="4">电池</td></tr>
<tr><td>未放电的</td><td>完全放电的</td><td colspan="2">未放电的</td><td colspan="2">完全放电的</td></tr>
<tr><td>10个</td><td>10个</td><td colspan="2">4个[a]</td><td colspan="2">4个[a]</td></tr>
<tr><td rowspan="3">用于T-6检验的样品数</td><td colspan="2">单体电池</td><td colspan="4">电池</td></tr>
<tr><td>未放电的</td><td>完全放电的</td><td colspan="2">未放电的</td><td colspan="2">完全放电的</td></tr>
<tr><td>5个(圆柱形电池)
10个(矩形电池)</td><td>5个(圆柱形电池)
10个(矩形电池)</td><td colspan="2">5个单元电池(圆柱形单元电池)
10个单元电池(矩形单元电池)</td><td colspan="2">5个单元电池(圆柱形单元电池)
10个单元电池(矩形单元电池)</td></tr>
<tr><td rowspan="3">用于T-8检验的样品数</td><td colspan="2">单体电池</td><td colspan="4">电池</td></tr>
<tr><td>未放电的</td><td>完全放电的</td><td colspan="4" rowspan="2">电池无需检验，但其单元电池应已通过该项检验。</td></tr>
<tr><td>[b]</td><td>10个</td></tr>
<tr><td colspan="7">蓄电池</td></tr>
<tr><td rowspan="3">用于T-1～T-5检验的样品数</td><td colspan="2">单体电池</td><td colspan="4">电池</td></tr>
<tr><td>首次循环
完全充电的</td><td>首次循环
完全放电的</td><td>首次循环
完全充电的</td><td>首次循环
完全放电的</td><td>50次循环后
完全充电的</td><td>50次循环后
完全放电的</td></tr>
<tr><td>10个</td><td>10个</td><td>4个[a]</td><td>4个[a]</td><td>4个[a]</td><td>4个[a]</td></tr>
<tr><td rowspan="3">用于T-6检验的样品数</td><td colspan="2">单体电池</td><td colspan="4">电池</td></tr>
<tr><td>首次循环
50%的放电深度</td><td>50次循环后
完全放电的</td><td colspan="2">首次循环
50%的放电深度</td><td colspan="2">50次循环后
完全放电的</td></tr>
<tr><td>5个(圆柱形电池)
10个(矩形电池)</td><td>5个(圆柱形电池)
10个(矩形电池)</td><td colspan="2">5个单元电池(圆柱形单元电池)
10个单元电池(矩形单元电池)</td><td colspan="2">5个单元电池(圆柱形单元电池)
10个单元电池(矩形单元电池)</td></tr>
</table>

表 1（续）

<table>
<tr><td colspan="5">蓄电池</td></tr>
<tr><td rowspan="3">用于 T-7 检验的样品数</td><td colspan="2">单体电池</td><td colspan="2">电池</td></tr>
<tr><td colspan="2" rowspan="2">b</td><td>首次循环
完全充电的</td><td>50 次循环后
完全充电的</td></tr>
<tr><td>4 个</td><td>4 个</td></tr>
<tr><td rowspan="3">用于 T-8 检验的样品数</td><td colspan="2">单体电池</td><td colspan="2">电池</td></tr>
<tr><td>首次循环
完全放电的</td><td>50 次循环后
完全放电的</td><td colspan="2" rowspan="2">电池无需检验，但其单元电池应已通过该项检验。</td></tr>
<tr><td>10 个</td><td>10 个</td></tr>
<tr><td colspan="5">原电池或蓄电池的包装</td></tr>
<tr><td>用于 P-1 检验的样品数</td><td colspan="4">1 个用于运输的包装</td></tr>
<tr><td colspan="5">a 在检验电池时，除非它们的单元电池或由这些单元电池组成的电池先前已经检验过，那么被检电池的数量应当这样确定：这些电池中所包含的单元电池的数量至少应等于该检验项目所要求检测的单体电池的数量。
示例 1：假如检验一个内含 2 个单元电池的电池，那么检验所需的电池数为 5，如果这些单元电池或由这些单元电池组成的电池先前已检验过，那么所需检验的电池数为 4。
示例 2：假如检验内含 3 个单元电池的电池，那么检验所需的电池数为 4。
b 不适用。</td></tr>
</table>

5.4 重新检验

如果某种类型的锂原电池或蓄电池不能满足检验要求，那么在重新检验这种类型的电池之前先要采取措施，纠正造成电池不合格的缺陷。

6 检验方法和要求

6.1 通则

6.1.1 安全注意事项

> **注意：**
> **应按有适当防护措施的规程进行检验，否则有可能造成人身伤害。**
> **应由有资格有经验的技术人员在采取适当的防护措施下进行检验。**

6.1.2 环境温度

除非另有规定，检验应在(20±5)℃的环境温度下进行。

6.1.3 参数测量误差

所有控制值的准确度（相对规定值而言）和测量值准确度（相对实际参数而言）应在以下误差范围内：

a) 电压：±1%；

b) 电流：±1%；

c) 温度：±2℃；

d) 时间：±0.1%；

e) 尺寸：±1%；

f) 容量：±1%。

以上的误差由测量仪器、所采用的测量技术以及检验过程中所有其他的误差综合组成。

6.1.4 预放电和预循环

当要求在检验之前预放电时，原电池应使用能获得其额定容量的电阻性负载放电至相应的放电深度，或按制造商规定的电流放电至相应的放电深度。

当要求在检验之前预放电时，蓄电池应按制造商规定的能获得最佳性能和安全的充放电条件进行充放电循环。

6.2 检验结果判别标准评价

6.2.1 移位

在检验中发生一个或多个被检电池从包装中脱出，无法保持其原先方位；或发生不能排除电池会出现外短路或受压变形的情况。

6.2.2 变形

在检验中电池外形尺寸的变化超过10%。

6.2.3 短路

电池在检验后开路电压低于检验前开路电压90%的情况。

此要求不适用于完全放电态的受检电池。

6.2.4 过热

在检验中电池外壳温度升高到170 ℃以上。

6.2.5 泄漏

在检验中电池以非设计预期的形式漏出电解质、气体或其他物质。

6.2.6 质量损失

在检验中电池质量的损失量超过表2所给出的质量损失最大极限值。

电池的质量损失 $\Delta m/m$ 按下式计算：

$$\Delta m/m = \frac{m_1 - m_2}{m_1} \times 100\%$$

式中：

m_1——检验前电池的质量；

m_2——检验后电池的质量。

表2 质量损失最大极限值

电池质量 m	质量损失最大极限（$\Delta m/m$）/%
$m \leqslant 1$ g	0.5
1 g$< m \leqslant 5$ g	0.2
$m > 5$ g	0.1

6.2.7 泄放

在检验中，电池通过专门设计的功能部件泄出气体以释放内部过大的压力。气体中可能裹挟着各种物质。

6.2.8 着火

在检验中被检电池发出火焰。

6.2.9 破裂

在检验中，由于单体电池的容器或电池外壳的机械损伤导致气体排出或液体溢出，但无固体喷出。

6.2.10 爆炸

在检验中，源自电池任何部件的固体物质穿破离电池25 cm的网罩。网罩的网线为直径0.25 mm

的退火铝线;网格密度为 6～7 根铝线/cm。

6.3 检验及要求一览表

运输检验、误用检验、包装检验项目和要求见表 3。

表 3 运输检验、误用检验、包装检验项目和要求

项目分类及代号		项目名称	要　求
运输检验	T-1	高空模拟	无质量损失、不泄漏、不泄放、不短路、不破裂、不爆炸、不着火
	T-2	热冲击	无质量损失、不泄漏、不泄放、不短路、不破裂、不爆炸、不着火
	T-3	振动	无质量损失、不泄漏、不泄放、不短路、不破裂、不爆炸、不着火
	T-4	冲击	无质量损失、不泄漏、不泄放、不短路、不破裂、不爆炸、不着火
	T-5	外部短路	不过热、不破裂、不爆炸、不着火
	T-6	重物撞击	不过热、不爆炸、不着火
误用检验	T-7	过充电	不爆炸、不着火
	T-8	强制放电	不爆炸、不着火
包装检验	P-1	跌落	不移位、不变形、无质量损失、不泄漏、不泄放、不短路、不过热、不破裂、不爆炸、不着火
T-1～T-5 按顺序在同一个电池上进行检验。 检验结果判别标准详见 6.2。			

6.4 运输检验

6.4.1 检验 T-1:高空模拟

a) 目的

模拟低压环境下的空运。

b) 检验步骤

在环境温度下,被检电池应在不大于 11.6 kPa 的压力下至少放置 6 h。

c) 要求

在检验中电池应无质量损失、不泄漏、不泄放、不短路、不破裂、不爆炸、不着火。

6.4.2 检验 T-2:热冲击

a) 目的

通过温度循环的方法来评价电池的整体密封性以及内部的电连接状况。

b) 检验步骤

被检电池应在 75 ℃的检验环境中至少存放 6 h,然后在－40 ℃的检验环境中至少存放 6 h。不同温度间的转换时间应不超过 30 min。每个被检电池进行 10 个循环后,在环境温度下至少存放 24 h。

对于大电池,在各检验温度下存放的时间应为 12 h 而非 6 h。

用做过高空模拟检验的电池来进行该项检验。

c) 要求

在检验中电池应无质量损失、不泄漏、不泄放、不短路、不破裂、不爆炸、不着火。

6.4.3 检验 T-3:振动

a) 目的

模拟民用飞机在运输中的振动。本检验条件基于 ICAO[2](国际民用航空组织)所规定的振动范围。

b) 检验步骤

2) 参见参考文献。

以能如实传递振动但不致电池变形的方式将被检电池牢牢地固定在振动设备的振动平台上。按表 4 的规定对被检电池进行正弦波振动。在三个相互垂直固定的方位上每个方位各进行 12 次循环，每个方位循环时间共计 3 h。其中的一个方位应垂直于电池的极端面。

用做过热冲击检验的电池进行该项检验。

表 4　振动波形(正弦曲线)

频率范围		振动幅度	对数扫描循环时间(7 Hz-200 Hz-7 Hz)	轴向	循环次数
从	至				
$f_1=7$ Hz	f_2	$a_1=1\ g_n$	15 min	X	12
f_2	f_3	$s=0.8$ mm		Y	12
f_3	$f_4=200$ Hz	$a_2=8\ g_n$		Z	12
返回至 $f_1=7$ Hz				总计	36

注：振动幅度是位移或加速度的最大绝对值。例如 0.8 mm 的位移幅度相当于 1.6 mm 的峰峰值位移。

表中：

f_1、f_4——下限、上限频率；

f_2、f_3——交越点频率($f_2\approx17.62$ Hz、$f_3\approx49.84$ Hz)；

a_1、a_2——加速度幅度；

s——位移幅度。

c)　要求

在检验中电池应无质量损失、不泄漏、不泄放、不短路、不破裂、不爆炸、不着火。

6.4.4　检验 T-4：冲击

a)　目的

模拟运输中的粗暴装卸。

b)　检验步骤

用能支撑被检电池所有固定面的刚性支座将被测电池固定在检测设备上。每只被检电池在三个相互垂直固定的方位上每个方位各经受 3 次冲击、共计 18 次。各次冲击的参数见表 5。

表 5　冲击参数

电池类型	波形	峰值加速度	脉冲持续时间	每个半轴冲击次数
小电池	半正弦	150 g_n	6 ms	3
大电池	半正弦	50 g_n	11 ms	3

用做过振动检验的电池进行该项检验。

c)　要求

在检验中电池应无质量损失、不泄漏、不泄放、不短路、不破裂、不爆炸、不着火。

6.4.5　检验 T-5：外部短路

a)　目的

模拟导致外部短路的条件。

b)　检验步骤

在被检电池的外壳温度稳定在 55 ℃后，在此温度下对电池进行外部短路，外电路的总阻值应小于 0.1 Ω，持续短路至电池外壳温度回落到 55 ℃后至少再继续短路 1 h。

继续观察被检样品 6 h。

用做过冲击检验的电池进行该项检验。

c)　要求

电池在检验之中以及在 6 h 的观察期内应不过热、不破裂、不爆炸、不着火。

6.4.6 检验 T-6:重物撞击

a) 目的

模拟电池内部短路。

注:在过去有关电池安全检验的讨论中,IEC 已对该重物撞击检验进行了评估。就指定使用和可预见的误用而言,该检验不适用于模拟电池内部短路的情形。但同时,IEC 赞成进行内部短路检验,因此 IEC 保留研究一种更适合的检验方法的权利。

b) 检验步骤

将被检的单体电池或单元电池放在一平板上,在电池中央横放一根直径为 15.8 mm 的钢棒,使一 9.1 kg 的重物从 61 cm±2.5 cm 的高度落在此钢棒上。

圆柱形或矩形电池在经受重物撞击时,其纵轴应平行于平板,同时又垂直于放在电池上中央位置的钢棒的纵轴。矩形电池还应绕其纵轴旋转 90°,以保证其宽、窄两面均经受重物撞击。扣式电池在经受重物撞击时,其扁平面应平行于平板,钢棒横放在电池的中心。

每个单体电池或单元电池只经受一次重物撞击。

在重物撞击之后应继续观察被检样品 6 h。

用未做过其他运输检验的单体电池或单元电池进行该项检验。

c) 要求

电池在检验之中以及在 6 h 的观察期内应不过热、不爆炸、不着火。

6.5 误用检验

6.5.1 检验 T-7:过充电

a) 目的

评价蓄电池耐过充电的能力。

b) 检验步骤

以两倍于制造商所推荐的最大持续充电电流对电池充电。试验的最小电压为:

1) 当制造商推荐的充电电压不超过 18 V 时,试验的最小电压应为 2 倍于电池的最大充电电压或为 22 V,取二者中较小者。

2) 当制造商推荐的充电电压超过 18 V 时,试验的最小电压应不低于最大充电电压的 1.2 倍。该检验应在环境温度下进行。充电至少应当持续 24 h。在过充电结束后观察被检电池 7 d。

c) 要求

电池在检验之中以及 7 d 的观察期内应不爆炸、不着火。

6.5.2 检验 T-8:强制放电

a) 目的

评价原电池或蓄电池耐强制放电的能力。

b) 检验步骤

电池在环境温度下与 12 V 直流电源串联连接,以电池制造商规定的最大持续放电电流作为初始电流强制放电。

将一个大小和功率合适的负载电阻与被检电池以及直流电源串联以获得规定的放电电流。

每个电池强制放电的时间应等于其额定容量除以其初始放电电流。在强制放电结束后观察被检电池 7 d。

c) 要求

电池在检验之中以及 7 d 的观察期内应不爆炸、不着火。

6.6 包装检验

6.6.1 检验 P-1:跌落

a) 目的

评价在粗暴装卸下包装抗损的能力。

注：危险物品包装的其他检验参见联合国《规章范本》的6.1.5[3]，亦可参见本标准7.3中提到的规则。

b) 检验步骤

将一个要交付运输的装有电池的包装（典型的最终外包装，而非装货的货盘）从1.2 m高处落到水泥地上，外包装的任意一角应先触地。

用未做过其他运输检验的单体电池或电池进行该项检验。

c) 要求

在检验中电池应不移位、不变形、无质量损失、不泄漏、不泄放、不短路、不过热、不破裂、不爆炸、不着火。

6.6.2 本条款无内容。

6.7 相关技术规范中应给出的信息

若相关的技术规范引用本标准，当适用时，应给出以下参数：

	条款和/或次条款
a) 制造商规定的原电池预放电的电流值；	6.1.4
b) 制造商规定的蓄电池能获得最佳性能和安全性的充放电条件；	6.1.4
c) 制造商推荐的最大持续充电电流；	6.5.1
d) 制造商推荐的充电电压；	6.5.1
e) 最大充电电压；	6.5.1
f) 制造商规定的最大持续放电电流。	6.5.2

6.8 评价与报告

发出的检验报告应包含下列内容：

a) 检验机构的名称和地址；

b) 申请者的名称及地址(适用时)；

c) 检验报告的唯一性标识；

d) 检验报告的日期；

e) 包装制造商；

f) 包装设计类型描述(例如：大小、材料、填充物、厚度等)，包括制造方法(例如：吹塑法)，可包括图样和/或照片；

g) 包装的最大容量；

h) 受检电池的特征(见4.1)；

i) 检验情况描述及检验结果，包括6.7提及的参数；

j) 报告签发者的签名及身份；

k) 关于该待运输的包装已受检并符合本标准相关要求以及若使用其他包装方法或组件本报告无效的声明。

7 安全信息

7.1 包装

包装的目的是避免在运输、装卸和堆放过程中的机械损伤。尤其重要的是，包装能防止电池在粗暴装卸时被挤压并防止电池因意外造成的外短路和极端被腐蚀情况的发生。电池被挤压或外部短路会导致电池泄漏、泄放、破裂、爆炸或着火。

3) 参见参考文献。

为了安全起见，建议在运输时锂电池应使用原有的包装或符合 4.2 和 6.6.1 要求的包装。

7.2 电池箱的装卸

应小心装卸电池箱。粗暴装卸会导致电池短路或损坏，从而致使电池泄漏、破裂、爆炸或着火。

7.3 运输

7.3.1 通则

锂电池国际运输规则是在联合国危险货物运输专家委员会的建议下制定的[4]。

运输规则经常修改，因此运输锂电池时应参考下列空运、海运和陆运规则的最新版本。

7.3.2 空运

由国际民航组织（ICAO）发布的《危险货物航空安全运输技术导则》和由国际航空运输协会（IATA）发布的《危险品规则》都对锂电池运输制定了规则[5]。

7.3.3 海运

由国际海事组织（IMO）发布的《国际海运危险货物规则》规定了锂电池的海运规则[6]。

7.3.4 陆运

有关锂电池公路运输和铁路运输的规则都是建立在一国或多国规则基础上的。同时，越来越多的运输规则采用了联合国的《规章范本》，建议在货运之前要查阅当地国家详细的运输规则。

7.4 陈列和贮存

a) 电池应贮存在通风、干燥和凉爽的环境中。

高温或高湿有可能导致电池性能下降和/或电池表面腐蚀。

b) 电池箱堆叠的高度不可超过制造商规定的高度。

假如太多的电池箱堆叠在一起，最下层箱中的电池有可能受损并导致电解质泄漏。

c) 勿将电池陈列或贮存在阳光直射或遭受雨淋之处。

当电池受潮时，电池的绝缘性能会降低，有可能发生电池自放电和腐蚀；高温会导致电池性能下降。

d) 电池应保存在原包装中。

若拆开包装将电池混在一起，电池有可能短路或损坏。

8 运输中的包装和装卸须知

8.1 隔离

如包装被挤坏、戳穿、撕裂而露出里面的物品时不能启运。应将此类包装隔离并征询托运人的意见。如果可行的话，要安排对货物进行检查，重新包装。

9 标志

9.1 锂原电池和蓄电池的标志

锂原电池的标志应符合 GB 8897.4 的要求。锂蓄电池的标志应符合 IEC 61960 的要求。

9.2 包装和货运单据上的标志

每个提交运输的包装箱应标明以下信息（除非相关规则中有规定可免除外）：

- 内装锂电池；
- 应小心装卸；
- 如有损坏，应进行隔离检查，重新包装；
- 联系电话（以便询问）。

---

4) 参见参考文献。

5) 参见参考文献。

6) 参见参考文献。

图1是一个标志示例。

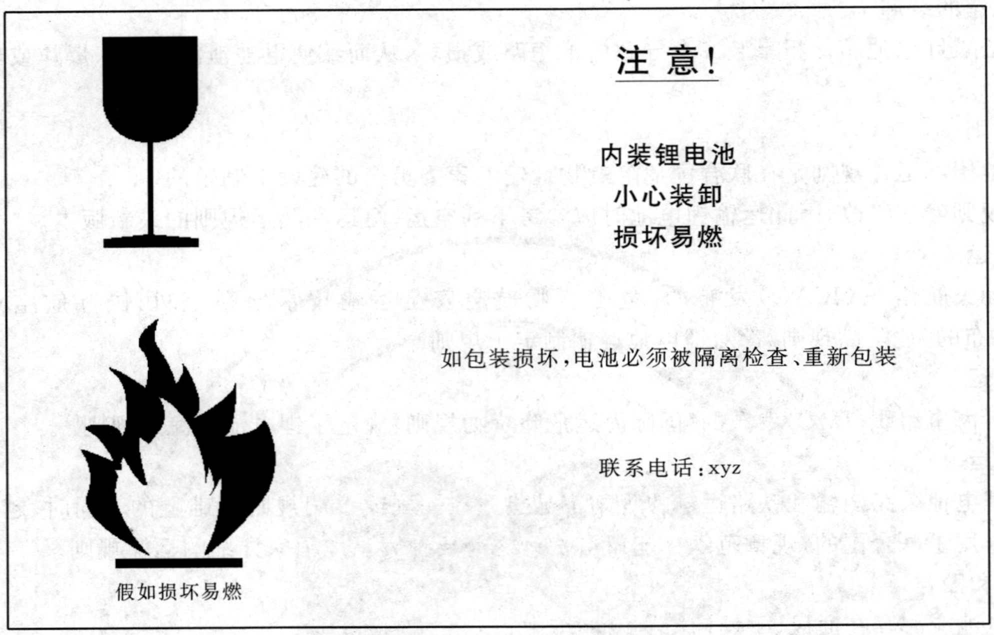

图1 锂原电池或锂蓄电池包装箱标志示例

随附运输的文件(如航运收据,发票)中应有托运人的说明,或者在现有文件上附上一个标签,表明:

- 内装锂电池;
- 应小心装卸;
- 如有损坏,应进行隔离检查,重新包装;
- 联系电话(以便询问)。

参 考 文 献

[1] IEC 60050-482 国际电工词汇——第482部分:原电池和蓄电池.

[2] GB/T 2423.10/IEC 60068-2-6 环境试验 第二部分:试验方法 试验Fc和导则:振动(正弦).

[3] GB/T 2423.5/IEC 60068-2-27 环境试验 第二部分:试验方法 试验Ea和导则:冲击.

[4] IEC 62133 含碱性或其他非酸性电解质的蓄电池——便携式密封单体蓄电池和由这些单体蓄电池组成的电池的安全要求.

[5] ISO/IEC 指南51 安全方面——标准中涉及安全方面内容的编写指南.

[6] 国际航空运输协会(IATA),魁北克:《危险品规则》(每年修订).

[7] 国际民航组织(ICAO),蒙特利尔:《危险货物航空安全运输技术导则》.

[8] 国际海事组织(IMO),伦敦:《国际海运危险货物规则》.

[9] 联合国:《危险货物运输建议 规章范本》.第12版.每两年修订一次.

[10] 联合国:《危险货物运输建议——试验与标准手册》.第3版.第1号修订件:锂电池.

ICS 29.160.30
K 26

中华人民共和国国家标准

GB/T 21967—2008

YBZE、YBZSE 系列起重用隔爆型电磁制动三相异步电动机技术条件

YBZE、YBZSE range three-phase induction motors for crane application flameproof electromagnetic braking technical specifications

2008-06-13 发布

2009-03-01 实施

中华人民共和国国家质量监督检验检疫总局
中国国家标准化管理委员会 发布

前　言

本标准的附录A、附录B为规范性附录。

本标准由中国电器工业协会提出。

本标准由全国旋转电机标准化技术委员会起重冶金和屏蔽电机标准化分技术委员会(SAC/TC 26/SC 3)归口。

本标准起草单位:佳木斯防爆电机研究所、佳木斯电机股份有限公司、南京特种电机厂、重庆特种电机厂。

本标准主要起草人:王晓文、苗峰、刘卫星、胡建兴、尹启文、辛怡、于淑华。

YBZE、YBZSE 系列起重用
隔爆型电磁制动
三相异步电动机技术条件

1 范围

本标准规定了 YBZE、YBZSE 系列起重用隔爆型电磁制动三相异步电动机的型式、基本参数与尺寸、技术要求、检验规则与试验方法以及标志、包装及保用期的要求。

本标准适用于各种起重机械电力传动用隔爆型电磁制动三相异步电动机(以下简称电动机),凡属本系列电动机所派生的各种系列电动机均可参照执行。

本系列电动机防爆性能符合 GB 3836.2—2000 的规定,制成隔爆型。防爆标志为 ExdⅠ、ExdⅡAT4、ExdⅡBT4、ExdⅡCT4。分别适用于煤矿井下设备及工厂ⅡA 级、ⅡB 级、ⅡC 级,引燃温度为 T1～T4 组的可燃性气体或蒸气与空气形成的爆炸性混合物的场所。

2 规范性引用文件

下列文件中的条款通过本标准的引用而成为本标准的条款。凡是注日期的引用文件,其随后所有的修改单(不包括勘误的内容)或修订版均不适用于本标准,然而,鼓励根据本标准达成协议的各方研究是否可使用这些文件的最新版本。凡是不注日期的引用文件,其最新版本适用于本标准。

GB/T 191—2000 包装储运图示标志 (eqv ISO 780:1997)

GB 755—2000 旋转电机 定额和性能 (idt IEC 60034-1:1996)

GB/T 757—1993 旋转电机 圆锥形轴伸

GB/T 997—2003 旋转电机结构及安装型式(IM 代号)(IEC 60034-7:1992 IDT)

GB/T 1032—2005 三相异步电动机试验方法

GB/T 1096—2003 普通型 平键(ASME B18.25.1M:1996, NEQ)

GB/T 1993—1993 旋转电机冷却方法 (eqv IEC 60034-6:1991)

GB/T 2423.4—1993 电工电子产品基本环境试验规程 试验 Db:交变湿热试验方法(eqv IEC 60068-2-30:1980)

GB 3836.1—2000 爆炸性气体环境用电气设备 第 1 部分:通用要求(eqv IEC 60079-0:1998)

GB 3836.2—2000 爆炸性气体环境用电气设备 第 2 部分:隔爆型"d"(eqv IEC 60079-0:1990)

GB/T 4772.1—1999 旋转电机尺寸和输出功率等级 第 1 部分:机座号 56～400 和凸缘号 55～1080(idt IEC 60072-1:1991)

GB/T 4942.1—2006 旋转电机整体结构的防护等级(IP 代码) 分级 (IEC 60034-5:2000, IDT)

GB 10068—2000 轴中心高为 56 mm 及以上电机的机械振动 振动的测量、评定及限值 (idt IEC 60034-14:1996)

GB/T 10069.1—2006 旋转电机噪声测定方法及限值 第 1 部分:旋转电机噪声测定方法 (ISO 1680:1999 ,MOD)

GB 10069.3—2006 旋转电机噪声测定方法及限值 第 3 部分:噪声限值(IEC 60034-9:1997, IDT)

GB/T 12351—1990 热带型旋转电机环境技术要求

GB/T 13306—1991　标牌

GB 20294—2006　隔爆型起重冶金和屏蔽电机安全要求

JB/T 9615.1—2000　交流低压电机散嵌绕组匝间绝缘试验方法

JB/T 9615.2—2000　交流低压电机散嵌绕组匝间绝缘试验限值

JB/T 56105—1999　起重及冶金用三相异步电动机可靠性试验方法

3　型式、基本参数与尺寸

3.1　电动机和制动器的外壳防护等级为 IP44，也可制成 IP54。接线盒防护等级为 IP54（见 GB/T 4942.1—2006）。

3.2　电动机的冷却方法：机座号 112～132 为 IC410；机座号 160～250 为 IC411（见 GB/T 1993—1993）。

3.3　电动机的结构及安装型式为 IM1001、IM1003、IM3001、IM3003、IM3011、IM3013（见 GB/T 997—2003），并按表 1 的规定制造。

表 1

结构及安装型式	代　号	制造范围（机座号）
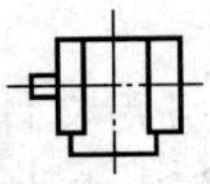	IM 1001	112～160
	IM 1003	180～250
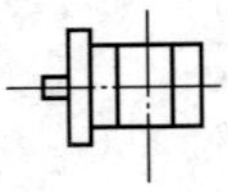	IM 3001	112～160
	IM 3003	180～225
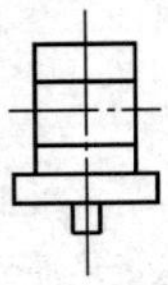	IM 3011	112～160
	IM 3013	180～250

3.4　电动机的工作制分为 S2、S3、S4 及 S5 共四种类型（见 GB 755—2000）。基准工作制：单速为 S3 40%；双速时高速[1)]为 S3 25%，低速[2)]为 S3 15%（即工作制为 S3，基准负载持续率分别为 40%、25%和 15%，每一工作周期为 10 min）。

3.5　电动机的额定频率为 50 Hz，额定电压为 380 V；定子绕组单速时为 Y 接法，双速时为 Y/Y 接法。

3.6　电动机在基准工作制时的额定功率、同步转速（双速时为高、低速）、转动惯量（Jm）及静态制动力矩与机座号的对应关系应符合表 2 的规定。

3.6.1　额定制动力矩的容差为保证值的－10%。

3.6.2　转动惯量的容差为保证值的＋10%。

3.7　电动机的尺寸及公差（见 GB/T 4772.1—1999）。

3.7.1　电动机的安装尺寸及公差应符合图 1～图 3、表 3～表 5 的规定，外形尺寸应不大于图 1～图 3、表 3～表 5 的规定。

1)　高速指同步转速为 750 r/min～1 500 r/min。

2)　低速指同步转速为 300 r/min～375 r/min。

表 2

机座号	同步转速/(r/min)						J_m/kg·m²	额定静制动力矩/N·m	
	1 500	1 000	750	1 500/375	1 000/375	750/300		运行用	起升用
	功率/kW								
112M	2.2	1.5	—	—	0.75/0.2	—	0.022	15	30
132M1	3.7	2.2	—	—	1.5/0.4	—	0.059	30	45
132M2	5.5	3.7	—	—	2.2/0.55	—	0.064	40	45
160M1	7.5	5.5	—	—	3.7/1.0	—	0.117	50	75
160M2	11	7.5	—	5.5/1.5	5.5/1.5	—	0.148	75	100
160L	15	11	7.5	7.5/2.0	7.5/2.0	—	0.198	90	135
180L	—	15	11	11/3.0	11/3.0	—	0.360	—	270
200L	—	22	15	—	—	11/3.7	0.632	—	270
225M	—	30	22	—	—	15/4.5	0.832	—	360
250M	—	37	30	—	—	22/6.3	1.432	—	530
注：M、L后面的1、2分别代表同一机座号和转速下的不同功率。									

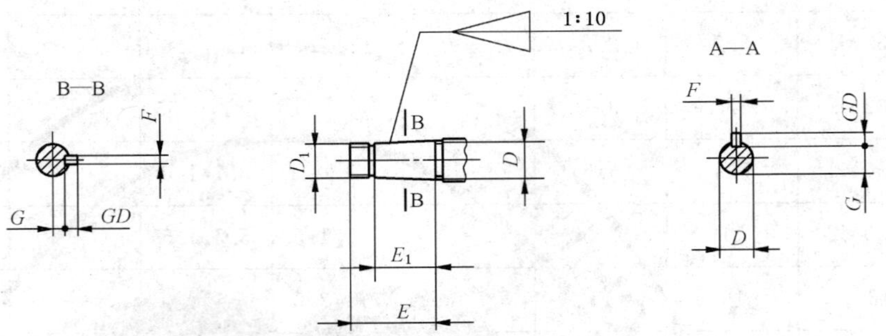

图 1　IM1001 及 IM1003 机座带

表

机座号	安装尺寸														
	A	*A*/2[a]		*B*	*C*[b]		*D*[c]		D_1	*E*		E_1		*F*	
	基本尺寸	基本尺寸	极限偏差	基本尺寸	基本尺寸	极限偏差	基本尺寸	极限偏差		基本尺寸	极限偏差	基本尺寸	极限偏差	基本尺寸	极限偏差
112M	190	95	±0.50	140	70	±2.0	32	+0.018 +0.002	—	80	±0.37	—	—	10	0 −0.036
132M	216	108		178	89		38								
160M	254	127	±0.75	210	108	±3.0	48			110	±0.43			14	0 −0.043
160L				254											
180L	279	139.5		279	121		55	+0.046 0	M36×3			82	0 −0.46		
200L	318	159		305	133		60		M42×3	140	±0.50	105		16	
225M	356	178		311	149	±4.0	65								
250M	406	203	±1.0	349	168		70		M48×3					18	

[a] 如 K 孔的位置度合格，则 *A*/2 可不作考核。

[b] *C* 尺寸的极限偏差包括轴的窜动量。

[c] 圆锥形轴伸按 GB/T 757—1993 的规定进行检查。

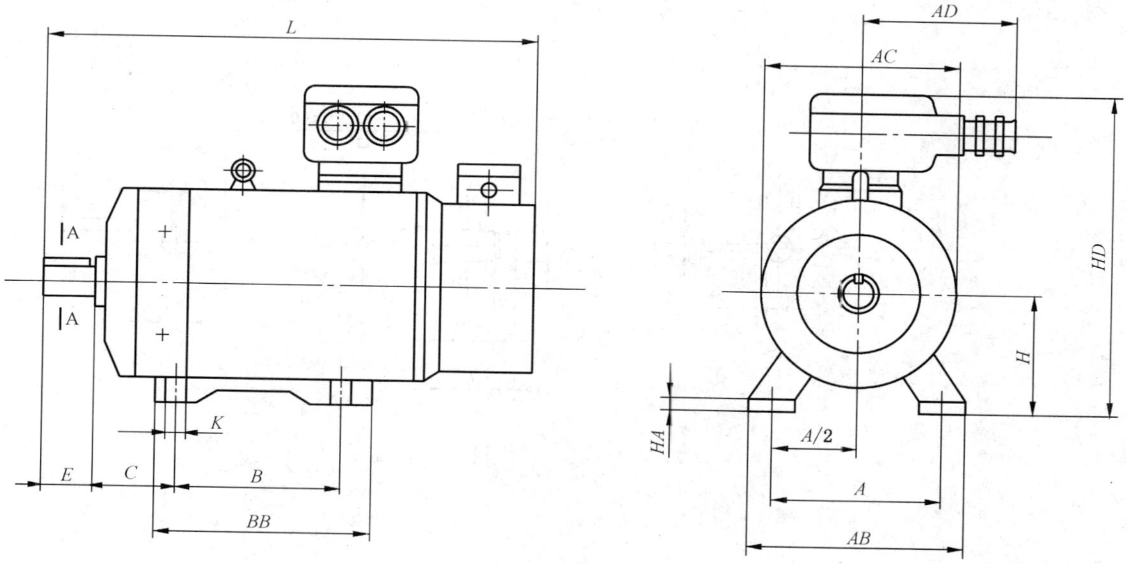

底脚、端盖上无凸缘的电动机

3

单位为毫米

及公差								外形尺寸						
G		*H*		*K*				*AB*	*AC*	*BB*	*HA*	*HD*	*L*	*AD*
基本尺寸	极限偏差	基本尺寸	极限偏差	基本尺寸	极限偏差	位置度公差	螺栓直径							
27	0 −0.2	112	0 −0.5	12	+0.43 0	ϕ1.0Ⓜ	M10	250	245	235	18	430	580	210
33		132						275	285	260	20	440	710	
42.5		160		15		ϕ1.5Ⓜ	M12	330	325	290		455	810	
										335			850	
19.9		180						405	470	380		590	1 060	
21.4		200		19	+0.52 0		M16			400			1 085	250
23.9		225						455	480	410	28	545	1 220	
25.4		250		24		ϕ2.0Ⓜ	M20	515		570	30	675	1 650	285

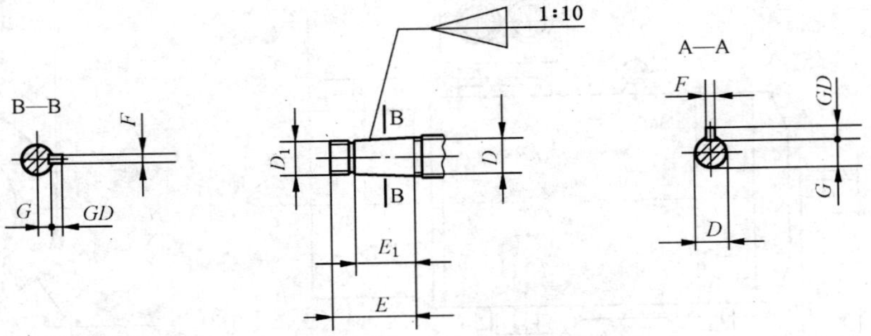

图 2　IM3001 及 IM3003 卧式安装、机座不带

表

机座号	凸缘号	安装尺寸											
		D^a		D_1	E		E_1		F		G		M
		基本尺寸	极限偏差		基本尺寸	极限偏差	基本尺寸	极限偏差	基本尺寸	极限偏差	基本尺寸	极限偏差	
112M	FF215	32	+0.018 +0.002	—	80	±0.37	—	—	10	0 −0.036	27	0 −0.2	215
132M	FF265	38									33		265
160M	FF300	48			110	±0.43			14	0 −0.043	42.5		300
160L													
180L		55	+0.046 0	M36×3			82	0 −0.46			19.9		
200L	FF400	60		M42×3	140	±0.50	105		16		21.4		400
225M		65							18		23.9		

a 圆锥形轴伸按 GB/T 757—1993 的规定进行检查。

b P 尺寸为最大极限尺寸。

c R 为凸缘配合面至轴伸肩的距离，其极限偏差包括轴的窜动。

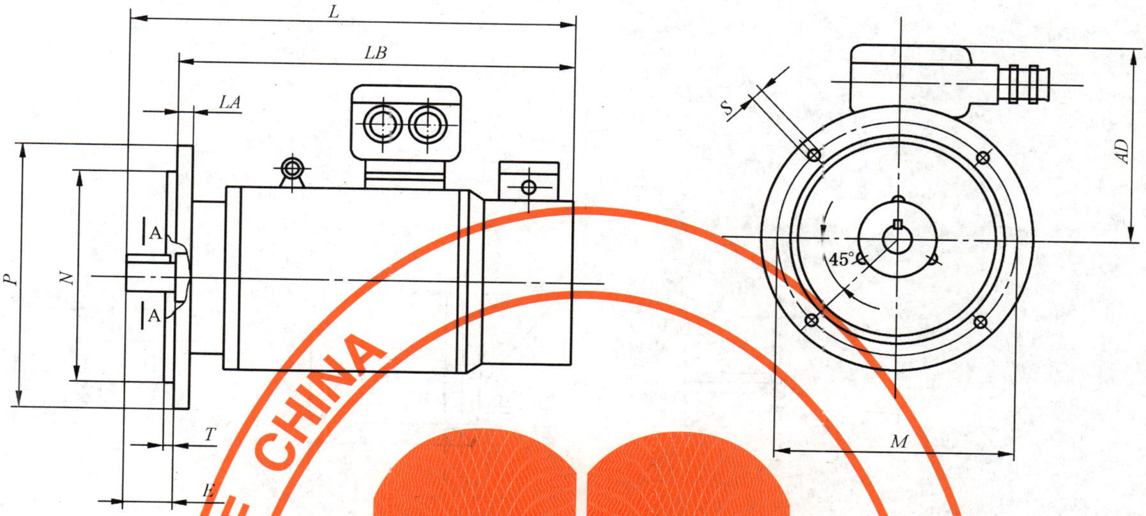

底脚、端盖上有凸缘的电动机

4

单位为毫米

及公差											外形尺寸			
N		P^{b}	R^{c}		S				T	孔数（个）	AD	L	LA	LB
基本尺寸	极限偏差		基本尺寸	极限偏差	基本尺寸	极限偏差	位置度公差	螺栓直径						
180	+0.014 −0.011	250	0	±2.0	15	+0.43 0	ϕ1.5 Ⓜ	M12	4	4	220	580	14	500
230	+0.016 −0.013	300									230	710		630
250		350		±3.0	19	+0.52 0		M16	5		260	880	18	770
												920		810
											280	1 130		1 020
350	±0.018	450								8	320	1 160	20	
				±4.0								1 290		1 150

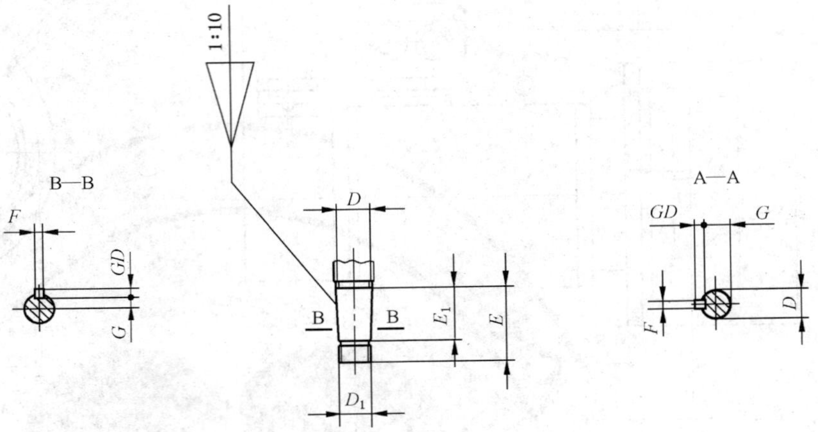

图 3　IM3001 及 IM3003 立式安装、机座不带

表

机座号	凸缘号	D[a] 基本尺寸	D[a] 极限偏差	D_1	E 基本尺寸	E 极限偏差	E_1 基本尺寸	E_1 极限偏差	F 基本尺寸	F 极限偏差	G 基本尺寸	G 极限偏差	M
		安装尺寸											
112M	FF215	32	+0.018 +0.002	—	80	±0.37	—	—	10	0 −0.036	27	0 −0.2	215
132M	FF265	38									33		265
160M	FF300	48			110	±0.43			14	0 −0.043	42.5		300
160L													
180L		55	+0.046 0	M36×3			82	0 −0.46			19.9		
200L	FF400	60		M42×3	140	±0.50	105		16		21.4		400
225M		65									23.9		
250M	FF500	70		M48×3					18		25.4		500

a　圆锥形轴伸按 GB/T 757—1993 的规定进行检查。

b　P 尺寸为最大极限尺寸。

c　R 为凸缘配合面至轴伸肩的距离，其极限偏差包括轴的窜动。

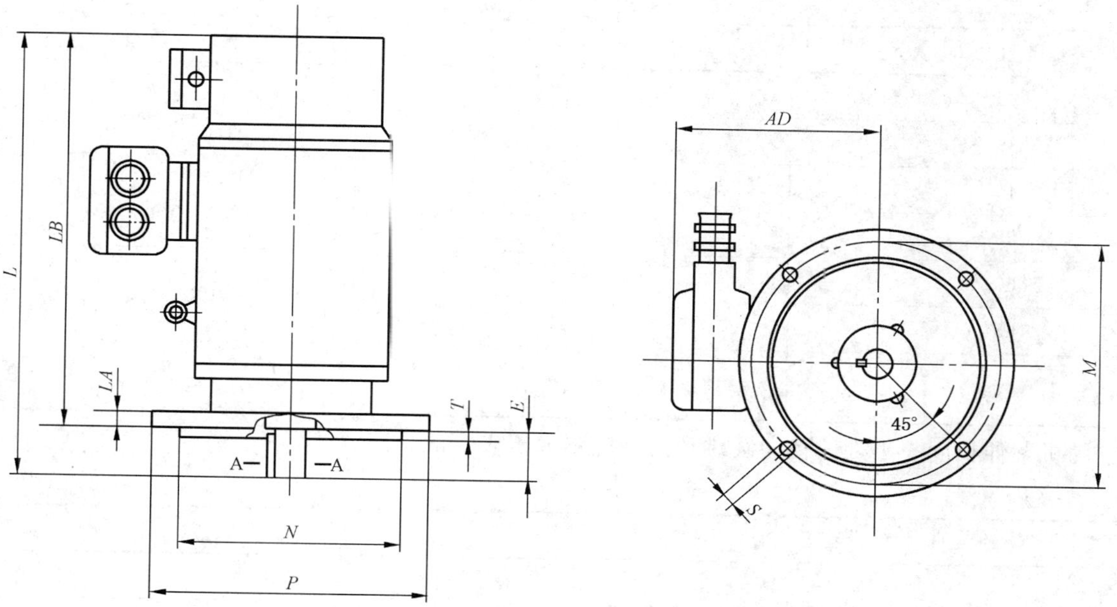

底脚、端盖上有凸缘、轴伸向下的电动机

5

单位为毫米

及公差											外形尺寸			
N		*P*[b]	*R*[c]		*S*				*T*	孔数（个）	*AD*	*L*	*LA*	*LB*
基本尺寸	极限偏差		基本尺寸	极限偏差	基本尺寸	极限偏差	位置度公差	螺栓直径						
180	+0.014 −0.011	250	0	±2.0	15	+0.43 0	ϕ1.5Ⓜ	M12	4	4	220	580	14	500
230	+0.016 −0.013	300									230	710		630
250		350		±3.0	19	+0.52 0		M16	5		260	880	18	770
												920		810
350	±0.018	450									280	1 130		1 020
										8	320	1 160	20	
450	±0.020	550		±4.0								1 290		1 150
											345	1 720	22	1580

3.7.2 电动机轴伸键的尺寸及公差应符合表 6 的规定(见 GB/T 1096—2003)。

表 6

单位为毫米

轴伸直径 D	键 宽 F	键 高 GD
32	$10_{-0.036}^{0}$	$8_{-0.090}^{0}$
38		
40	$14_{-0.043}^{0}$	$9_{-0.090}^{0}$
55		
60	$16_{-0.043}^{0}$	$10_{-0.090}^{0}$
65		
70	$18_{-0.043}^{0}$	$11_{-0.110}^{0}$

3.7.3 电动机轴伸长度一半处的径向圆跳动公差应不大于表 7 的规定。

表 7

单位为毫米

轴 伸 直 径 D	径 向 圆 跳 动 公 差
>30~50	0.050
>50~80	0.060

3.7.4 凸缘止口对电动机轴线的径向圆跳动公差及凸缘配合面对电动机轴线的端面圆跳动公差应不大于表 8 的规定。

表 8

单位为毫米

凸 缘 代 号	径向及端面圆跳动公差
FF215~265	0.100
FF300~500	0.125

3.7.5 电动机轴线对底脚支承平面的平行度公差应不大于 0.50 mm。

3.7.6 电动机底脚支承平面的平面度公差应不大于表 9 的规定。

表 9

单位为毫米

底脚外边缘距离的最大尺寸(AB 或 BB)	平 面 度 公 差
>160~250	0.15
>250~400	0.20
>400~630	0.25

3.7.7 电动机轴伸键槽的对称度公差应不大于表 10 的规定。

表 10

单位为毫米

键 槽 宽 度 F	对 称 度 公 差
10	0.022
14	0.030
16	
18	

4 技术要求

4.1 电动机应符合本标准的要求，并应按照经规定的程序批准的图样及技术文件制造。

4.2 电动机在下列条件下使用时应能额定运行。

4.2.1 海拔不超过 1 000 m，如果电动机指定在海拔超过 1 000 m 使用时，应按 GB 755—2000 的规定处理。

4.2.2 环境空气最高温度随季节而变化，一般环境空气温度不超过 40 ℃，冶金环境空气温度不超过 60 ℃，环境空气最低温度为 −15 ℃。如果电动机指定在环境空气温度高于或低于上述规定使用时，应按 GB 755—2000 的规定处理。

4.2.3 户内使用。

4.2.4 按不同工作制的规定频繁地起动、制动（电气的或机械的）及逆转。

4.2.5 经常地机械震动及冲击。

4.3 电动机可在额定电压下直接起动。

4.4 电动机在额定电压、额定频率下，基准工作制时，最大转矩与堵转转矩对额定转矩之比的保证值应不低于表 11（单速）和表 12（双速）的规定，数值修约间隔为 0.1。

表 11

额定功率/kW	最大转矩/额定转矩	堵转转矩/额定转矩
≤5.5	2.0	2.0
>5.5～11	2.3	2.3
>11	2.5	2.5

表 12

转　速	最大转矩/额定转矩	堵转转矩/额定转矩
高　速	2.2	1.8
低　速	1.8	1.8

4.5 电动机在额定电压、额定频率下，基准工作制时，堵转电流的保证值应不大于表 13 的规定，其数值修约间隔为 0.1。

表 13

机座号	同步转速/(r/min)					
	1 500	1 000	750	1 500/375	1 000/375	750/300
	堵转电流/A					
112M	14.5	20	—	—	18/5	—
132M1	23.6	27	—	—	25/7	—
132M2	32	42	—	—	54/15	—
160M1	42	60	—	—	60/15	—
160M2	58	98	—	74/18	90/18	—
160L	79	140	98	105/25	122/30	—
180L	—	190	130	140/40	178/40	—
200L	—	280	182	—	—	160/45
225M	—	360	275	—	—	220/58
250M	—	486	350	—	—	300/80

4.6 电动机电气性能保证值的容差应符合表14的规定。

4.7 电动机运行期间电源电压和频率与额定值的偏差应符合GB 755—2000的规定。

表 14

电气性能	容差
最大转矩倍数	保证值的−10%
堵转转矩倍数	保证值的−15%
堵转电流	保证值的+15%

4.8 电动机采用联轴器或正齿轮传动，若采用正齿轮传动时，其齿轮节圆直径应不小于轴伸直径的2倍。

4.9 电动机的绝缘等级为F、H级两种。F级绝缘电动机适用于环境空气温度不超过40℃的场所，H级绝缘电动机适用于环境空气温度不超过60℃的场所。当海拔和环境空气温度符合4.2的规定时，电动机各发热部位的温升限值或允许温度应不超过表15的规定，温升或温度数值修约间隔为1。

如果试验地点的海拔或环境空气温度与4.2的规定不同时，温升限值应按GB 755—2000的规定修正。

表 15

电动机发热部位	绝缘等级(热分级) F(155)	绝缘等级(热分级) H(180)
绕组温升(电阻法)IC410 IC411	105K 100K	105K 100K
轴承允许温度(温度计法)	95 ℃	115 ℃
注：轴承允许温度是指在4.2所规定的环境空气温度下的数值，当在低于规定的环境空气温度下测量时，轴承温度应为实测温度加规定的环境空气温度与实际环境空气温度之差。		

4.10 当三相电源平衡时，电动机三相空载电流中的任何一相与三相平均值的偏差应不大于三相平均值的10%。

4.11 电动机绕组的绝缘电阻，在热态下应不低于式(1)所求得的数值。

$$R_1 = \frac{U_1}{1\,000 + P/100} \quad \cdots\cdots(1)$$

式中：

R_1——定子绕组绝缘电阻，单位为兆欧姆(MΩ)；

U_1——定子额定电压，单位为伏特(V)；

P——电动机的额定功率，单位为千瓦特(kW)。

4.12 电磁制动器励磁绕组的绝缘电阻在热态或热试验后应不低于1 MΩ。

4.13 电动机定子绕组和电磁制动器励磁绕组应能承受历时1 min的绝缘耐电压试验而不发生击穿，试验电压的频率为50 Hz，并尽可能为正弦波形的交流电压。当电动机功率大于或等于1 kW时，电压的有效值为1 000 V+2U_1，当电动机功率小于1 kW时，电压的有效值为500 V+2U_1。

4.14 电动机的绕组应能承受匝间耐冲击电压试验而不发生击穿，其冲击电压峰值按JB/T 9615.2—2000的规定。

4.15 电动机在热态和逐渐增加转矩的情况下，应能承受4.4所规定的最大转矩值(双速时指高速下的数值，允许计及容差)的短时过转矩试验，历时15 s而无转速突变、停转及发生有害变形。此时，电压和频率应维持额定值。

4.16　电动机允许的最大转速为高速时同步转速的 2.5 倍。电动机空载时应能承受 1.2 倍最大转速的超速试验，历时 2 min。超速试验后，如无永久性的异常变形和不产生妨碍电动机正常运行的其他缺陷，则为合格。

4.17　电动机与电磁制动器绕组在按 GB/T 2423.4—1993 所规定的 40℃ 交变湿热试验方法进行 6 周期试验后，绝缘电阻应不低于 4.11 和 4.12 的规定，并应能承受 4.13 所规定的耐电压试验而不发生击穿，但试验电压有效值为 4.13 所规定电压的 0.85 倍。

4.18　电动机定转子气隙不均匀度应不大于表 16 的规定。

表 16

δ/mm	0.35	0.40	0.45	0.50	0.55	0.60
δ/ε/%	23.5	23.0	22.0	21.5	20.5	19.7

注：δ——气隙公称值；

ε——不均匀度，其定义为：

$$\varepsilon=\frac{2}{3}\sqrt{\delta_1^2+\delta_2^2+\delta_3^2-\delta_1\delta_2-\delta_2\delta_3-\delta_3\delta_1}$$

式中：δ_1、δ_2、δ_3 为相距 120°测得的气隙值。

4.19　电动机可靠度规定为：在可靠寿命 2.5 年时，可靠度为 0.93（见 JB/T 56105—1999）。

4.20　电动机在空载时测得的振动速度有效值应不超过表 17 的规定，数值修约间隔为 0.1。

表 17

机　座　号	112～225	250
振动速度有效值/(mm/s)	1.8	2.8

4.21　电动机的空载最大 A 计权声功率级，应不超过表 18 所规定的数值（见 GB 10069.3—2006），数值修约间隔为 1。单速电动机负载工况的最大 A 计权声功率级应在表 18 数值的基础上加上 GB 10069.3—2006 规定的增量值。

表 18

功率/kW	同步转速/(r/min)					
	单 速	双 速	单 速	双 速	单 速	双 速
	1 500	1 500/375	1 000	1 000/375	750	750/300
	声功率级/dB(A)					
0.75	71	—	71	76	—	—
1.5	71	—	71	78	—	—
2.2	71	—	71	78	—	—
3.7	76	—	76	82	—	—
5.5	76	86	76	82	—	—
7.5	81	90	80	85	80	—
11	81	90	80	85	80	82
15	88	—	84	—	84	86
22	—	—	84	—	84	86
30	—	—	87	—	87	—
37	—	—	87	—	—	—

4.22 电磁制动器的额定励磁电压为380 V,也可制成220 V。额定励磁电压由电动机接线盒内整流器供给,也可单独施加励磁电压。

4.23 电磁制动器的制动力矩和气隙是可调的。制动器正常工作气隙为0.6 mm~1.5 mm。当最大气隙为1.5 mm,制动器线圈电压降到额定电压的85%时,制动器应能正常工作。

4.24 派生产品

4.24.1 电动机可按GB/T 12351—1990的规定制成湿热带型。

4.24.2 电动机可制成户外型。

4.24.3 电动机可制成额定频率为60 Hz的产品,其额定电压为380 V及440 V两种。

4.24.4 60 Hz的电动机允许最大转速的数值及空载时超速试验与50 Hz时相同。

4.25 电动机定子接线盒位于电动机顶部,制动器接线盒位于制动器顶部,可沿电动机和制动器两侧方向出线。

4.26 电动机接线盒内应设有接地端子,接地端子的连接必须可靠锁紧,应能防止意外转动和电气间隙与爬电距离的减小,且只有用工具才能将其松开。在接地端子附近应有明显的、不可拆卸的永久性接地标志。

4.27 接地端子除作保护接地外,应不兼作它用。

4.28 电动机上各紧固螺栓须有防松措施。

4.29 电动机的安全性能应符合GB 20294—2006的规定。

5 检验规则与试验方法

5.1 电动机应取得防爆检验单位发给的"防爆合格证"。

5.2 每台电动机须经检验合格后方能出厂,并应附有产品合格证。

5.3 每台电动机应经过检查试验,检查试验项目包括:

a) 机械检查(按5.4的规定);
b) 绕组对机壳或轴及绕组相互间绝缘电阻的测定(检查试验时可测量冷态绝缘电阻,但应保证热态绝缘电阻不低于4.11和4.12的规定);
c) 绕组在实际冷却状态下,直流电阻的测定;
d) 匝间绝缘耐冲击电压试验;
e) 空载电流及损耗的测定;
f) 绕组相间和绕组对机壳的耐电压试验。当电动机只有三根引出线时,绕组相间耐电压试验允许在半成品进行;
g) 堵转电流及损耗的测定;
h) 噪声的测定;
i) 振动的测定。

5.4 电动机的机械检查项目包括:

a) 转动检查:电动机转动时,轴承应平稳轻快,无停滞现象,声音均匀和谐而无有害杂音;
b) 外观检查:检查电动机的装配是否完整正确,表面油漆应干燥、均匀,无污损、碰坏、裂纹等现象;
c) 安装尺寸、外形尺寸及键的尺寸检查:安装尺寸及外形尺寸应符合3.7.1的规定,键的尺寸应符合3.7.2的规定;
d) 圆跳动公差、底脚支承平面的平行度公差和平面度公差及键槽对称度公差的检查:圆跳动公差应符合3.7.3和3.7.4的规定;底脚支承平面的平行度公差和平面度公差应符合3.7.5和

3.7.6 的规定；键槽对称度公差应符合 3.7.7 的规定。底脚支承平面的平面度公差和键槽对称度公差允许在零部件上进行检查；

e) 制动器检查。在吸合和释放过程中无卡住现象，制动应迅速、可靠。

5.5 凡遇下列情况之一者，必须进行型式试验：

a) 经鉴定定型后制造厂第一次试制或小批试生产时；

b) 当设计或工艺上的变更足以引起某些性能和参数发生变化时；

c) 当检查试验结果与以前的型式试验结果发生不可允许的偏差时；

d) 成批生产的电动机应定期抽试，其抽试时间应每年一次，当抽试的数量过多时，抽试时间间隔可适当延长，但至少每两年抽试一次。

5.6 电动机的型式试验项目包括：

a) 检查试验的全部项目；

b) 效率、功率因数及转差率的测定；

c) 短时过转矩试验；

d) 最大转矩的测定；

e) 超速试验；

f) 堵转特性曲线和空载特性曲线的测定；

g) 热试验：电动机按基准工作制时的功率进行热试验；

h) 转动惯量的测定；

i) 额定静制动力矩的测定；

j) 空载制动时间的测定；

k) 励磁功率的测定；

l) 励磁绕组热试验；

m) 最高表面温度的测定。

5.7 5.3 中的 b)、c)和 e)～g)项及 5.4 的 a)、b)和 e)项以及 5.6 中的 i)项必须每台检查，5.3 中的 h)、i)项和 5.4 中的 c)、d)项可以进行抽查，抽查办法由制造厂按有关规定制定。

5.8 5.3 中的 b)、c)和 e)～g)项及 5.6 中的 b)～h)项试验按 GB/T 1032—2005 进行，5.3 中的 d)项按 JB/T 9615.1—2000 进行；5.3 的 h)项按 GB/T 10069.1—2006 进行；5.3 中的 i)项按 GB 10068—2000 进行；5.4 中的 c)～f)项按 GB/T 4772.1—1999 进行；5.6 中的 i)和 j)项试验按附录 A(规范性附录)和附录 B(规范性附录)给定的方法进行；5.6 中的 m)项按 GB 3836.1—2000 进行。4.19 可靠性试验方法按 JB/T 56105—1999 进行。

5.9 电动机外壳防护等级的试验，40℃交变湿热试验以及气隙不均匀度检查，可在产品定型或当结构和工艺有较大改变时进行。外壳防护等级的试验方法按 GB/T 4942.1—2006 进行；40℃交变湿热试验方法按 GB/T 2423.4—1993 进行。

5.10 凡遇下列情况之一者必须按 GB 3836.2—2000 的规定进行图样及技术文件审查和防爆性能试验。

a) 未取得"防爆合格证"的产品；

b) 已取得"防爆合格证"的产品，当局部及材料更改涉及防爆性能的有关规定时，则更改部分的图样、文件及说明，应送原检验单位重新审查；

c) 检验单位需要对已发给"防爆合格证"的产品进行复查时；

d) "防爆合格证"有效期满时。

6 标志、包装及保用期

6.1 铭牌材料及铭牌上数据的刻划方法应保证其字迹在电动机整个使用时期内不易磨灭(见GB/T 13306—1991)。外壳明显处应有清晰的永久性凸纹标志“ExdⅠ”或“ExdⅡAT4”或“ExdⅡBT4”或“ExdⅡCT4”字样(对dⅠ类电机还须有安全标志)。

6.2 从轴伸端看,铭牌应固定在电动机的右上半部,应标明的项目如下:

a) 制造厂名称;
b) 电动机名称(起重用隔爆型电磁制动三相异步电动机);
c) 电动机型号;
d) 防爆标志;
e) 额定功率,单位为kW;
f) 额定电压,单位为V;
g) 额定频率,单位为Hz;
h) 额定电流,单位为A;
i) 额定转速,单位为r/min;
j) 接线方法;
k) 工作制;
l) 绝缘等级;
m) 环境空气温度,单位为℃;
n) 外壳防护等级;
o) 转动惯量,单位为kg·m^2;
p) 噪声限值,单位为dB(A);
q) 励磁电压,单位为V;
r) 制动力矩,单位为N·m;
s) 质量,单位为kg;
t) 标准编号;
u) 防爆合格证编号;
v) 生产许可证编号;
w) 出品编号;
x) 出品年、月。

6.3 双速电动机应安装变速指示牌,并标明接线示意图,接线端子和变速指示牌的标志应一致,其标志为1U、1V、1W、2U、2V、2W。

6.4 电动机轴伸平键须绑扎在轴上,并用轴伸保护套将轴伸及键包牢。轴伸及平键表面、凸缘的配合表面均应加防锈措施。

6.5 电动机的轴伸平键、使用说明书(同一用户、同一型号的电动机至少提供一份)及产品合格证应随同电动机供给用户。

6.6 电动机的包装应能保证在正常储运条件下,自发货之日起的一年时间内不致因包装不善而导致受潮与损坏。

6.7 包装箱外壁的文字和标志应清楚整齐,内容如下:

a) 发货站及制造厂名称;
b) 收货站及收货单位名称;

c） 电动机的型号和出品编号；

d） 电动机的净重及连同箱子的毛重；

e） 箱子外形尺寸，并在箱外的适当位置标有“小心轻放”、“怕湿”、“重心”等字样及符号，其图形应符合 GB/T 191—2000 的规定。

6.8 在用户按照使用说明书的规定，正确使用与存放电动机的情况下，制造厂应保证电动机在使用一年内或自制造厂起运的日期不超过两年内能良好地运行，如在此规定的时间内电动机因制造质量不良而发生损坏或不能正常工作时，制造厂应无偿地为用户修理或更换零件或电动机。

附 录 A
（规范性附录）
静态制动力矩的测定

A.1 按图 A.1 在电动机轴伸端固定一杠杆。

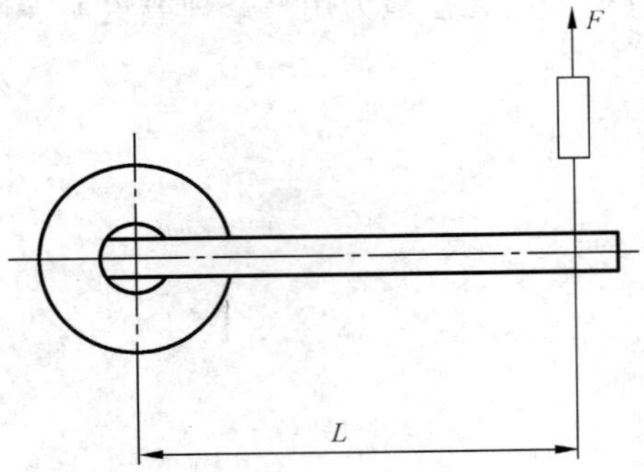

图 A.1 静态制动力矩测试示意图

A.2 在杠杆上距电动机轴线 L 处，通过弹簧秤向与杠杆垂直方向施加力 F，测取电动机滑移瞬间弹簧秤读数。

A.3 制动器释放时，杠杆与大地呈水平条件下，在距离杠杆 L 处测取杠杆重力 W_Z。

A.4 按式(A.1)计算静态制动力矩 M_j：

$$M_j = (F - W_Z) \times L \qquad \text{(A.1)}$$

式中：

M_j——静态制动力矩，单位为牛顿·米(N·m)；

F——弹簧秤读数，单位为牛顿(N)；

W_Z——水平状态条件下，在距离 L 处的杠杆重力，单位为牛顿(N)；

L——杠杆长，单位为米(m)。

附 录 B
（规范性附录）
制动时间的测定

B.1 按图 B.1 接线，电磁制动电动机起动和正常运转后，切断电源，记录输入八线示波器的三个电压信号。

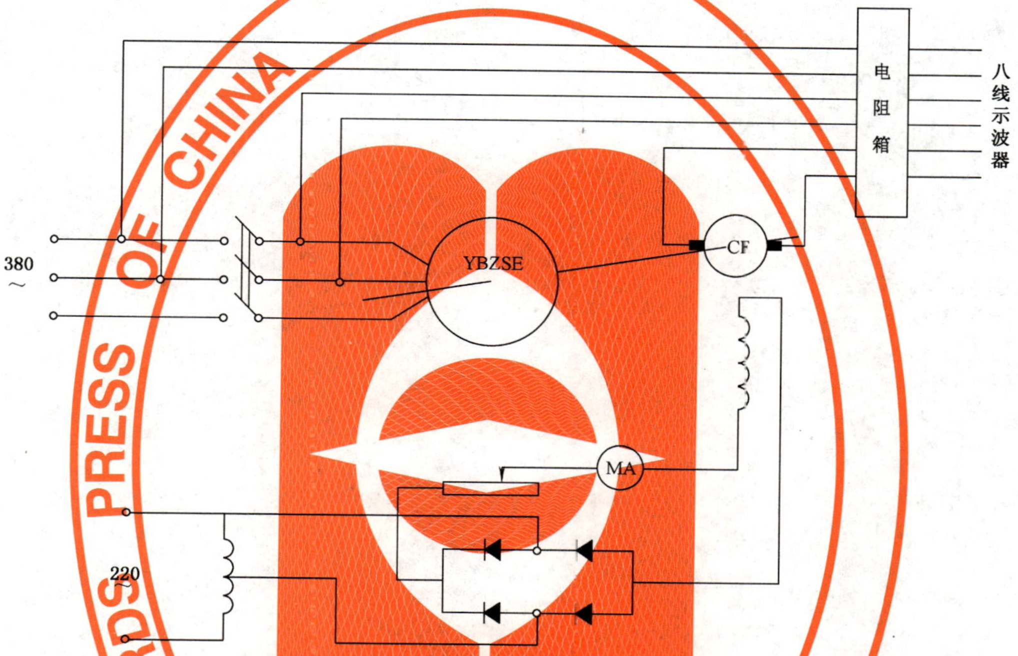

图 B.1 制动时间测量线路图

B.2 直流测速发电机与被测电磁制动机同轴，给出直流电压信号。切断电源后，该信号开始衰减，直至为零，它给出了电动机停止转动时间。

B.3 电动机端点电压信号，当切断电源时其电压信号开始衰减，它给出了切断电源的时间。

B.4 工频电压信号，在示波器中给出了时间标尺。

在示波器所拍胶片上，将端点交流电压信号开始衰减的一点与测速发电机电压为零的点中间所夹线段长与时间标尺比较，即可换算出制动时间。

ICS 29.160.30
K 26

中华人民共和国国家标准

GB/T 21968—2008

YBZS系列起重用隔爆型双速三相异步电动机技术条件

Technical specification for YBZS range of flame-proof double-speed three-phase induction motors for crane application

2008-06-13 发布

2009-03-01 实施

中华人民共和国国家质量监督检验检疫总局
中国国家标准化管理委员会 发布

前　言

本标准由中国电器工业协会提出。

本标准由全国旋转电机标准化技术委员会　起重冶金和屏蔽电机标准化分技术委员会(SAC/TC 26/SC 3)归口。

本标准起草单位:佳木斯防爆电机研究所、佳木斯电机股份有限公司、南京特种电机厂有限公司。

本标准主要起草人:王维越、苗峰、夏亮、胡建兴、李红军、李冬平、王景辉、李刚。

YBZS 系列起重用隔爆型双速三相异步电动机技术条件

1 范围

本标准规定了 YBZS 系列起重用隔爆型双速三相异步电动机的型式、基本参数与尺寸、技术要求、检验规则与试验方法以及标志、包装及保用期的要求。

本标准适用于各种起重机械电力传动用隔爆型双速三相异步电动机(以下简称电动机)。凡属本系列电动机所派生的各种电动机均可参照执行。

本系列电动机防爆性能符合 GB 3836.2—2000 的规定，制成隔爆型。防爆标志为 ExdⅠ、ExdⅡAT4、ExdⅡBT4、ExdⅡCT4。分别适用于煤矿井下设备及工厂ⅡA 级、ⅡB 级、ⅡC 级，引燃温度为 T1～T4 组的可燃性气体或蒸汽与空气形成的爆炸性混合物的场所。

2 规范性引用文件

下列文件中的条款通过本标准的引用而成为本标准的条款。凡是注日期的引用文件，其随后所有的修改单(不包括勘误的内容)或修订版均不适用于本标准，然而，鼓励根据本标准达成协议的各方研究是否可使用这些文件的最新版本。凡是不注日期的引用文件，其最新版本适用于本标准。

GB/T 191—2000　包装储运图示标志(eqv ISO 780:1997)

GB 755—2000　旋转电机　定额和性能(idt IEC 60034-1:1996)

GB/T 757—1993　旋转电机　圆锥形轴伸

GB/T 997—2003　旋转电机结构及安装型式(IM 代号)(IEC 60034-7:1992,IDT)

GB/T 1032—2005　三相异步电动机试验方法

GB/T 1096—2003　普通型　平键(ASME B18.25.1M:1996,NEQ)

GB/T 1993—1993　旋转电机冷却方法

GB/T 2423.4—1993　电工电子产品基本环境试验规程　试验 Db:交变湿热试验方法(eqv IEC 60068-2-30:1980)

GB 3836.1—2000　爆炸性气体环境用电气设备　第 1 部分:通用要求(eqv IEC 60079-0:1998)

GB 3836.2—2000　爆炸性气体环境用电气设备　第 2 部分:隔爆型“d”(eqv IEC 60079-1:1990)

GB/T 4772.1—1999　旋转电机尺寸和输出功率等级　第 1 部分:机座号 56～400 和凸缘号 55～1080 (idt IEC 60072-1:1991)

GB/T 4942.1—2006　旋转电机整体结构的防护等级(IP 代码)分级(IEC 60034-5:2000, IDT)

GB 10068—2000　轴中心高为 56 mm 及以上电机的机械振动　振动的测量、评定及限值(idt IEC 60034-14:1996)

GB/T 10069.1—2006　旋转电机噪声测定方法及限值　第 1 部分:旋转电机噪声测定方法(ISO 1680:1999,MOD)

GB 10069.3—2006　旋转电机噪声测定方法及限值　第 3 部分:噪声限值(IEC 60034-9:1997,IDT)

GB/T 13306—1991　标牌

GB 20294—2006　隔爆型起亘冶金和屏蔽电机安全要求

JB/T 9615.1—2000　交流低压电机散嵌绕组匝间绝缘试验方法

JB/T 9615.2—2000　交流低压电机散嵌绕组匝间绝缘试验限值

JB/T 56105—1999　起重及冶金用三相异步电动机可靠性试验方法

3 型式、基本参数与尺寸

3.1 电动机的外壳防护等级为IP44,接线盒为IP54(见GB/T 4942.1—2006)。

3.2 电动机的冷却方法:机座号112、132为IC410;机座号160~250为IC411(见GB/T 1993—1993)。

3.3 电动机的结构及安装型式为IM1001、IM1002、IM1003、IM1004、IM3001、IM3003、IM3011、IM3013(见GB/T 997—2003),并按表1的规定制造。

表1

结构及安装型式	代 号	制造范围(机座号)
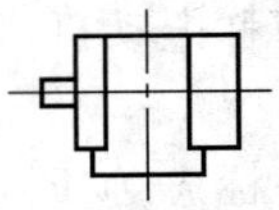	IM1001	112~160
	IM1003	180~250
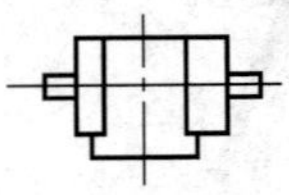	IM1002	112~160
	IM1004	180~250
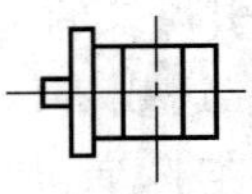	IM3001	112~160
	IM3003	180~225
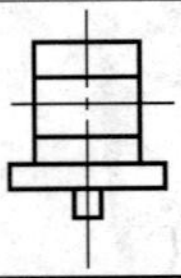	IM3011	112~160
	IM3013	180~250

3.4 电动机在基准工作制时的额定功率应符合表2的规定。非基准工作制时的功率由制造厂另行给定。

表2

机座号	同步转速/(r/min)			J_m/ kg·m^2
	1500/375	1000/375	750/300	
	额定功率/kW			
112M	0.75/0.2	0.75/0.2	—	0.022
132M	1.5/0.4	1.5/0.4	—	0.056
	2.2/0.55	2.2/0.55		
160M1	3.7/1.0	3.7/1.0	—	0.114
160M2	5.5/1.5	5.5/1.5	—	0.143
160L	7.5/2.0	7.5/2.0	—	0.192
180L	11/3.0	11/3.0	—	0.352
200L	—	—	11/3.7	0.622
225M	—	—	15/4.5	0.820
250M	—	—	22/6.3	1.432
250L	—	—	30/10	1.625

3.5 电动机的工作制分为 S2、S3、S4 及 S5 四种类型(见 GB 755—2000)。基准工作制高速[1]为 S3 25%;低速[2]为 S3 15%(即工作制为 S3,基准负载持续率为 25%、15%,每一工作周期为 10 min)。

注:1) 高速指同步转速为 750 r/min~1 500 r/min;

2) 低速指同步转速为 300 r/min~375 r/min。

3.6 电动机的额定频率为 50 Hz,额定电压为 380 V;定子绕组为 Y/Y 接法。

3.7 电动机在基准工作制时的速比,额定功率,转动惯量(J_m)与机座号的对应关系应符合表 2 的规定。

3.8 转动惯量的容差为+10%。

3.9 电动机的尺寸及公差(见 GB/T 4772.1—1999)。

3.9.1 电动机的安装尺寸及其公差应符合图 1~图 3、表 3~表 5 的规定,外形尺寸应不大于图 1~图 3、表 3~表 5 的规定。

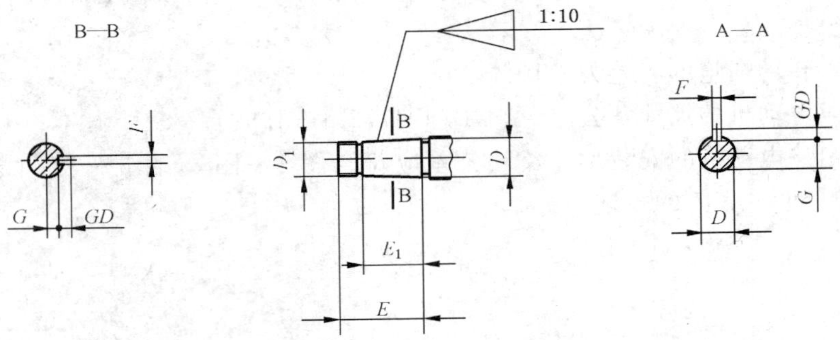

图 1　IM1001、IM1003 及 IM1002、

表

机座号	安装尺寸													
	A	A/2[a]		B	C[b]		CA	D[c]		D_1	E		E_1	
		基本尺寸	极限偏差		基本尺寸	极限偏差		基本尺寸	极限偏差		基本尺寸	极限偏差	基本尺寸	极限偏差
112M	190	95	±0.50	140	70	±2.0	145	32	+0.018 +0.002	—	80	±0.37	—	—
132M	216	108		178	89		190	38						
160M	254	127	±0.75	210	108	±3.0	210	48			110	±0.43		
160L				254										
180L	279	139.5		279	121		240	55	+0.046 0	M36×3			82	0 −0.46
200L	318	159		305	133			60		M42×3	140	±0.50	105	
225M	356	178		311	149	±4.0	258	65						
250M	406	203	±1.0	349	168		385	70		M48×3				
250L				406										

[a] 如 K 孔的位置度合格，则 A/2 可不作考核。

[b] C 尺寸的极限偏差包括轴的窜动。

[c] 圆锥形轴伸按 GB/T 757—1993 的规定检查。

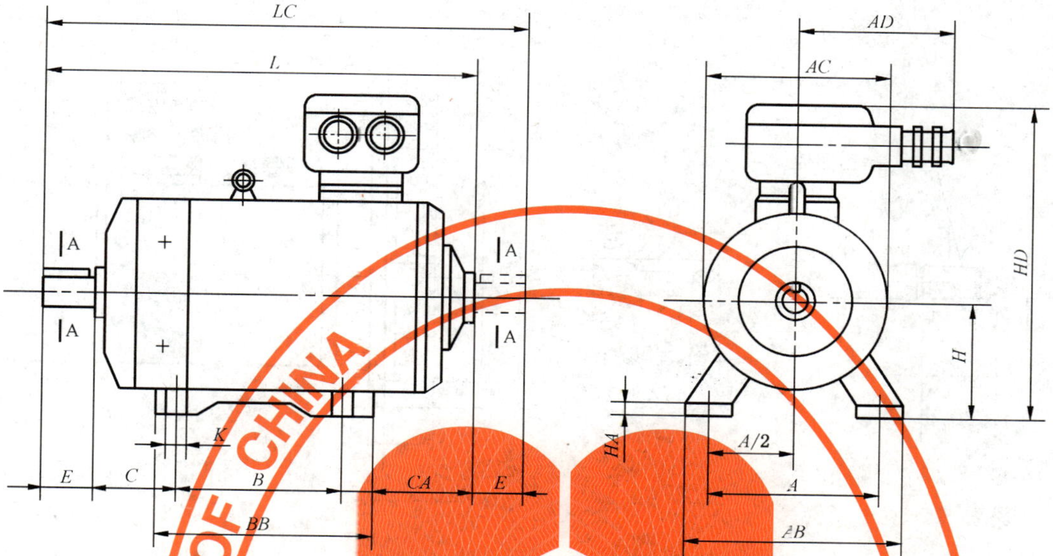

IM1004 机座带底脚、端盖无凸缘的电动机

3

及公差

单位为毫米

F 基本尺寸	F 极限偏差	G 基本尺寸	G 极限偏差	H 基本尺寸	H 极限偏差	K 基本尺寸	K 极限偏差	K 位置度公差	K 螺栓直径	外形尺寸 AB	AC	AD	BB	HA	HD	L	LC
10	0 −0.036	27		112		12		ϕ1.0Ⓜ	M10	240	240	200	230	18	400	440	515
		33		132			+0.43 0			270	270		255	20	440	555	620
14		42.5		160		15			M12	310	310	260	290		480	640	750
													330			665	795
		19.9	0 −0.2	180	0 −0.5			ϕ1.5Ⓜ		355	355		380	25	520	750	860
16	0 −0.043	21.4		200		19			M16	405	405		400		590	830	960
		23.9		225			+0.52 0			450	415	320	410	28	620	900	1 000
18		25.4		250		24		ϕ2.0Ⓜ	M20	510	480		580	30	680	1 050	1 185

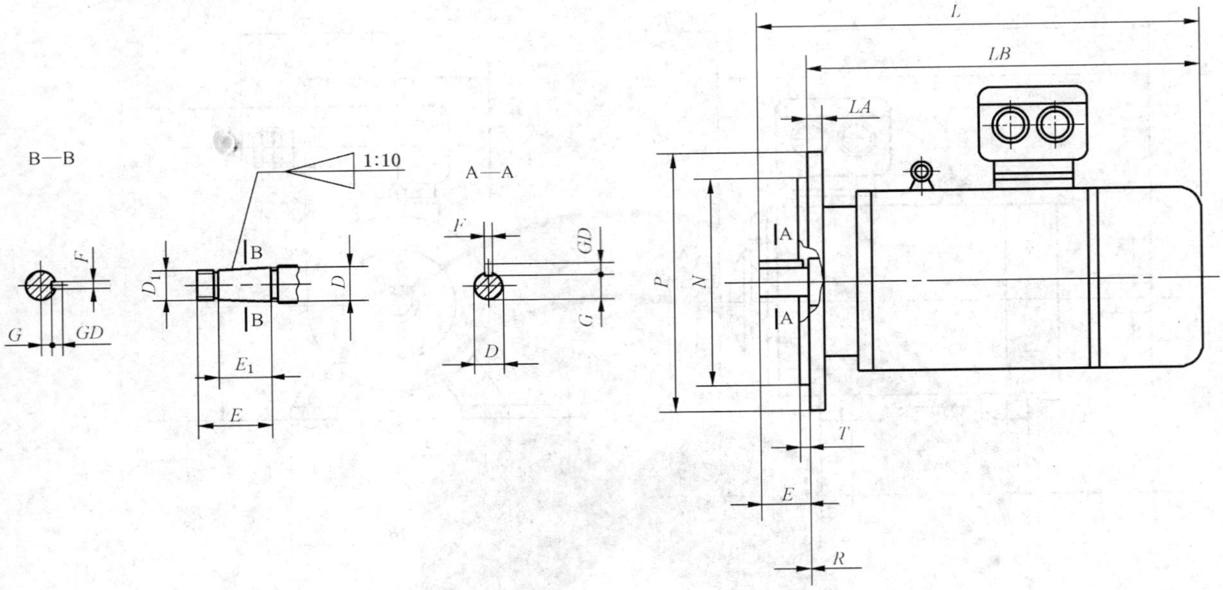

图 2 IM3001 及 IM3003 卧式安

表

机座号	凸缘号	D^a 基本尺寸	D^a 极限偏差	D_1	E 基本尺寸	E 极限偏差	E_1 基本尺寸	E_1 极限偏差	F 基本尺寸	F 极限偏差	G 基本尺寸	G 极限偏差	安装尺寸 M
112M	FF215	32	+0.018 +0.002	—	80	±0.37	—	—	10	0 −0.036	27	0 −0.20	215
132M	FF265	38									33		265
160M	FF300	48			110	±0.43			14	0 −0.043	42.5		300
160L													
180L		55	+0.046 0	M36×3			82	0 −0.46			19.9		
200L	FF400	60		M42×3	140	±0.50	105		16		21.4		400
225M		65									23.9		

[a] 圆锥形轴伸按 GB/T 757—1993 的规定检查。

[b] P 尺寸为最大极限尺寸。

[c] R 为凸缘配合面至轴伸肩的距离，其极限偏差包括轴的窜动。

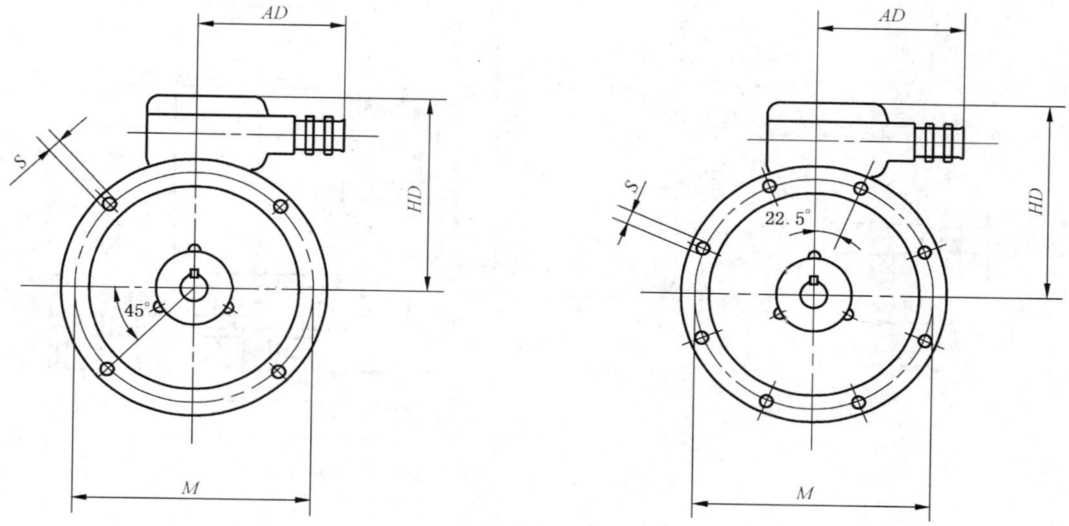

装、机座不带底脚、端盖有凸缘的电动机

4

单位为毫米

及公差											外形尺寸				
N		P^b	R^c		S			螺栓直径	T 最大	孔数（个）	AD	HD	L	LA	LB
基本尺寸	极限偏差		基本尺寸	极限偏差	基本尺寸	极限偏差	位置度公差								
180	+0.014 −0.011	250	0	±2.0	15	+0.43 0	ϕ1.5Ⓜ	M12	4	4	200	290	440	14	360
230	+0.016 −0.013	300										310	555		475
250		350		±3.0	19	+0.52 0		M16	5		260	320	745	18	635
													770		660
												340	880		770
350	±0.018	450		±4.0						8	320	390	1 000	20	860
												400	1 150		1 010

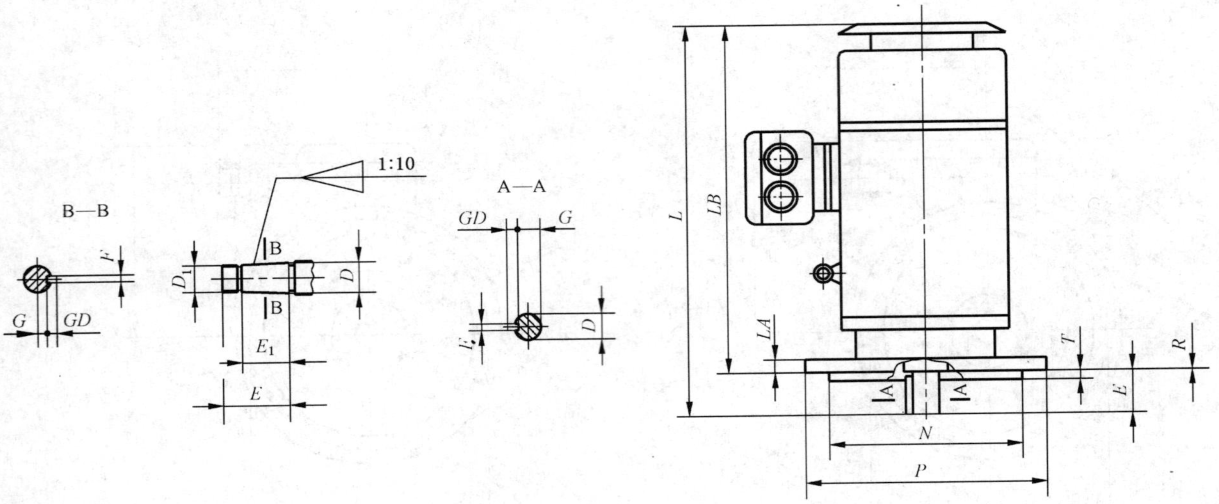

图 3　IM3011 及 IM3013 立式安装、

表

机座号	安装尺寸												
	凸缘号	D[a]		D_1	E		E_1		F		G		M
		基本尺寸	极限偏差		基本尺寸	极限偏差	基本尺寸	极限偏差	基本尺寸	极限偏差	基本尺寸	极限偏差	
112M	FF215	32	+0.018 +0.002	—	80	±0.37	—	—	10	0 −0.036	27	0 −0.20	215
132M	FF265	38									33		265
160M	FF300	48			110	±0.43			14	0 −0.043	42.5		300
160L													
180L		55	+0.046 0	M36×3			82	0 −0.46			19.9		
200L	FF400	60		M42×3	140	±0.50	105		16		21.4		400
225M		65									23.9		
250M	FF500	70		M48×3					18		25.4		500

[a] 圆锥形轴伸按 GB/T 757—1993 的规定检查。

[b] P 尺寸为最大极限尺寸。

[c] R 为凸缘配合面至轴伸肩的距离，其极限偏差包括轴的窜动。

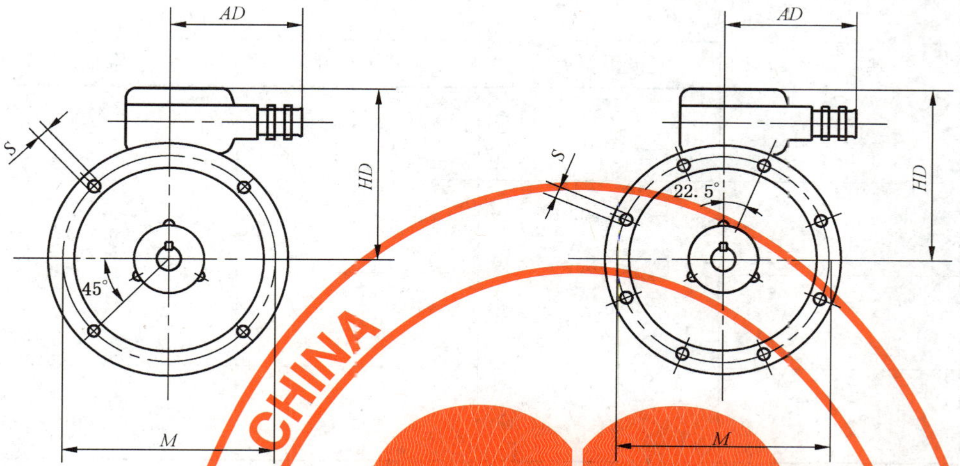

机座不带底脚、端盖有凸缘的电动机

5

单位为毫米

及公差											外形尺寸				
N		P^b	R^c		S										
基本尺寸	极限偏差		基本尺寸	极限偏差	基本尺寸	极限偏差	位置度公差	螺栓直径	T 最大	孔数（个）	AD	HD	L	LA	LB
180	+0.014 −0.011	250		±2.0	15	+0.43 0		M12	4		200	290	440	14	360
230		300										310	555		475
	+0.016 −0.013						ϕ1.5Ⓜ			4		320	830		720
250		350	0	±3.0							260		855	18	745
								M16				340	980		870
350	±0.018	450			19	+0.52 0			5			390	1 110		970
				±4.0						8	320	400	1 190	20	1 050
450	±0.020	550					ϕ2.0Ⓜ	M20				430	1 240	22	1 100

3.9.2 电动机轴伸键的尺寸及公差应符合表6的规定(见GB/T 1096—2003)。

表6

单位为毫米

轴伸直径 D	键宽 F		键高 GD	
	基本尺寸	极限偏差	基本尺寸	极限偏差
32	10	0 −0.036	8	0 −0.090
38				
48	14		9	
55				
60	16	0 −0.043	10	
65				
70	18		11	0 −0.110

3.9.3 电动机轴伸长度一半处的径向圆跳动公差应不大于表7的规定。

表7

单位为毫米

轴伸直径 D	圆跳动公差
>30～50	0.050
>50～80	0.060

3.9.4 电动机轴线对底脚支承平面的平行度公差为0.5 mm。

3.9.5 电动机底脚支承平面的平面度公差应符合表8的规定。

表8

单位为毫米

底脚外边缘距离的最大尺寸(AB或BB)	平面度公差
>160～250	0.15
>250～400	0.20
>400～630	0.25

3.9.6 电动机轴伸键槽的对称度公差应符合表9的规定。

表9

单位为毫米

键槽宽 F	对称度公差
10	0.030
14	0.040
16	
18	

4 技术要求

4.1 电动机应符合本标准的要求,并按照经规定程序批准的图样及技术文件制造。

4.2 电动机在下列条件下使用时应能额定运行。

4.2.1 海拔不超过1 000 m,如果电动机指定在海拔超过1 000 m使用时,应按GB 755—2000的规定处理。

4.2.2 环境空气温度随季节而变化,但最高环境空气温度不超过40 ℃,最低环境空气温度不低于−15 ℃。如果电动机指定在环境空气温度高于或低于上述规定使用时,应按GB 755—2000的规定处理。

4.2.3 户内使用。

4.2.4 按不同工作制的规定，频繁地起动、制动(电气的或机械的)及逆转。

4.2.5 经常地机械震动及冲击。

4.2.6 电动机可在额定电压下直接起动。

4.3 电动机在额定电压、额定频率下，基准工作制时，最大转矩与堵转转矩对额定转矩之比的保证值应符合表10的规定，数值修约间隔为0.1。

表10

转 速	最大转矩/额定转矩	堵转转矩/额定转矩
高速	2.2	1.8
低速	1.8	1.8

4.4 电动机在额定电压、额定频率下，基准工作制时，堵转电流的保证值应符合表11的规定，数值修约间隔为0.1。

表11

机座号	功率/kW	同步转速/(r/min)		
		1500/375	1000/375	750/300
		堵转电流/A		
112M	0.75/0.2	10/5	18/5	—
132M	1.5/0.4	20/10	25/7	—
	2.2/0.55	28/12	54/15	—
160M1	3.7/1.0	34/15	60/15	—
160M2	5.5/1.5	74/18	90/18	—
160L	7.5/2.0	105/25	122/30	—
180L	11/3.0	140/40	178/40	—
200L	11/3.7	—	—	160/45
225M	15/4.5	—	—	220/58
250M	22/6.3	—	—	300/80
250L	30/10	—	—	330/95

4.5 电动机电气性能保证值的容差应符合表12的规定。

表12

名 称	容 差
堵转转矩倍数	保证值的−15%
最大转矩倍数	保证值的−10%
堵转电流	保证值的+15%

4.6 电动机运行期间电源电压和频率与额定值的偏差应符合GB 755—2000的规定。

4.7 电动机采用联轴器或正齿轮传动。采用正齿轮传动时，其齿轮节圆直径应不小于轴伸直径的2倍。

4.8 电动机的绝缘等级为F级，F级绝缘电动机适用于环境空气温度不超过40 ℃的场所。当海拔和环境空气温度符合4.2.1和4.2.2的规定时，电动机各发热部位的温升限值和允许温度应不超过表13

的规定，数值修约间隔为1。

如果试验地点的海拔和环境空气温度与4.2.1和4.2.2的规定不同时，温升限值应按GB 755—2000的规定修正。

表 13

电动机发热部位	绝缘等级(热分级) F(155)
绕组温升(电阻法) IC410 IC411	 105K 100K
轴承允许温度(温度计法)	95 ℃
外壳表面温度(温度计法)	135 ℃
注：轴承允许温度是指在4.2.2所规定的环境空气温度下的数值，当在低于规定的环境空气温度下测量时，轴承温度应为实测温度加规定的环境空气温度与实际环境空气温度之差。	

4.9 当三相电源平衡时，电动机三相空载电流中任何一相与三相平均值的偏差应不大于三相平均值的10%。

4.10 电动机定子绕组的绝缘电阻，在热态下应不低于式(1)所求得的数值。

$$R_1 = \frac{U_1}{1\,000 + P/100} \quad \cdots\cdots(1)$$

式中：

R_1——定子绕组绝缘电阻，单位为兆欧姆(MΩ)；

P——电动机的额定功率，单位为千瓦特(kW)；

U_1——定子额定电压，单位为伏特(V)。

4.11 电动机定子绕组对地应能承受历时1 min的绝缘耐电压试验而不发生击穿。试验电压的频率为50 Hz，并尽可能为正弦波形的交流电压。当电动机功率大于或等于1 kW时，试验电压的有效值为1 000 V+$2U_1$；当电动机功率小于1 kW时，试验电压的有效值为500 V+$2U_1$。

4.12 电动机定子绕组应能承受匝间耐冲击电压试验而不发生击穿，其冲击电压峰值按JB/T 9615.2—2000的规定。

4.13 电动机在热态和逐渐增加转矩的情况下，应能承受4.3所规定的高速时最大转矩值(允许计及容差)，历时15 s的短时过转矩试验而不发生转速突变、停转及有害变形。此时，电压和频率应维持额定值。

4.14 电动机允许的最大转速为高速时对4极电动机，为同步转速的2倍，对于6极、8极电动机，为同步转速的2.5倍，电动机空载时应能承受1.2倍最大转速的超速试验，历时2 min，转子应不发生有害变形。

4.15 电动机定子绕组按GB/T 2423.4—1993规定的40 ℃交变湿热试验方法进行6个周期试验后，绝缘电阻不低于0.38 MΩ，并能承受4.11所规定的耐电压试验而不发生击穿，但电压有效值：当电动机功率小于或等于1 kW时为1 070 V，大于1 kW时为1 500 V。

4.16 电动机气隙不均匀度应不大于表14的规定。

表 14

δ/mm	0.35	0.40	0.45	0.50	0.55	0.60	0.65	0.70
ε/δ/%	23.5	23.0	22.0	21.5	20.5	19.7	19.0	18.5

注：δ——气隙公称值；

ε——气隙不均匀值，其定义为：

$$\varepsilon = \frac{2}{3}\sqrt{\delta_1^2 + \delta_2^2 + \delta_3^2 - \delta_1\delta_2 - \delta_2\delta_3 - \delta_3\delta_1}$$

式中：δ_1、δ_2、δ_3 为相距120°测得的气隙值。

4.17 电动机可靠度的规定：在可靠寿命 2.5 年时，可靠度为 0.93(见 JB/T 56105—1999)。

4.18 电动机在空载时测得的振动速度有效值应不超过表 15 的规定，数值修约间隔为 0.1。

表 15

机　座　号	112～225	250
振动速度有效值/(mm/s)	1.8	2.8

4.19 电动机在高速时空载最大 A 计权声功率级，应不超过表 16 的规定(见 GB 10069.3—2006)，数值修约间隔为 1。

表 16

功率/kW	同步转速/(r/min)		
	1 500	1 000	750
	声功率级/dB(A)		
0.75	—	75	—
1.5	—	78	—
2.2	—	78	—
3.7	—	82	—
5.5	86	82	—
7.5	90	85	—
11	90	85	82
15	—	—	86
22	—	—	86
30	—	—	90

4.20 电动机定子接线盒位于机座顶部，可沿电动机两侧方向出线。接线盒内设有接地螺钉，并应在接地螺钉的附近设有永久性的接地标志。电动机在额定工作状态下，如电缆引入口处温度高于＋70 ℃或电缆芯线分支处的温度高于＋80 ℃时，须在接线盒内设有注明温度的标牌。

4.21 电动机上的各紧固螺栓须有防松措施。

4.22 电动机的安全性能应符合 GB 20294—2006 的规定。

5 检验规则与试验方法

5.1 电动机应取得防爆检验单位发给的“防爆合格证”。

5.2 每台电动机须经检验合格后方能出厂，并应附有产品合格证。

5.3 电动机应经过检查试验，检查试验项目包括：

5.3.1 机械检查

a) 转动检查：电动机运转时，轴承应平稳轻快，无停滞现象，声音均匀和谐而无有害杂音；

b) 外观检查：检查电动机是否装配完整正确，表面油漆应完全干燥，色泽均匀、光滑，无污损、裸红、碰坏、裂纹等缺陷；

c) 安装尺寸、外形尺寸及键的尺寸检查：安装尺寸及外形尺寸应符合 3.9.1 的规定，键的尺寸应符合 3.9.2 的规定；

d) 圆跳动公差、底脚支承平面的平行度公差和平面度公差及键槽对称度公差的检查：圆跳动公差应符合 3.9.3 的规定；底脚支承平面的平行度公差和平面度公差应符合 3.9.4 和 3.9.5 的规定；键槽对称度公差应符合 3.9.6 的规定。底脚支承平面的平面度公差和键槽对称度公差允许在零部件上进行检查。

5.3.2 绕组对地及绕组相互间绝缘电阻的测定。

5.3.3 绕组在实际冷态下直流电阻的测定。

5.3.4 空载电流及损耗的测定。

5.3.5 堵转电流及损耗的测定。

5.3.6 匝间绝缘耐冲击电压试验。

5.3.7 绕组相间和绕组对地耐电压试验(允许在半成品上进行)。

5.3.8 噪声的测定。

5.3.9 振动的测定。

5.4 5.3.1 中的 a)和 b)项必须每台检查，c)、d)项和 5.3.8、5.3.9 可以进行抽查，抽查办法由制造厂按有关规定进行。

5.5 除 5.3 外，电动机及其零部件的检查项目还应包括图样中按 GB 3836.2—2000 规定的检查项目。

5.6 凡遇下列情况之一者，必须进行型式试验。

5.6.1 制造厂第一次试制或小批试生产时；

5.6.2 当设计和工艺或材质的变更足以引起某些性能和参数发生变化时；

5.6.3 当检查试验结果和以前进行的型式试验结果发生不可允许的偏差时；

5.6.4 成批生产的电动机须定期抽试，其抽试时间至少每年一次。

5.7 电动机的型式试验项目包括：

5.7.1 检查试验的全部项目；

5.7.2 效率、功率因数和转差率的测定；

5.7.3 热试验：电动机按基准工作制时的功率进行热试验，非基准工作制时的热试验至少三年进行一次(对 S4 及 S5 工作制仅试验每小时 150 次及 300 次即可)；

5.7.4 超速试验；

5.7.5 短时过转矩试验；

5.7.6 最大转矩的测定；

5.7.7 转矩-转差率曲线的测定；

5.7.8 堵转特性曲线和空载特性曲线的测取；

5.7.9 转动惯量的测定；

5.7.10 最高表面温度的测定。

5.8 5.3 中的 5.3.2～5.3.5、5.3.7 和 5.7 中的 5.7.2～5.7.9 试验按 GB/T 1032—2005 进行；5.3 中的 5.3.6 按 JB/T 9615.1—2000 进行，5.3.8 按 GB/T 10069.1—2006 进行，5.3.9 按 GB 10068—2000 进行；5.3.1 中的 c)、d)项按 GB/T 4772.1—1999 进行；5.3.1 中的 c)项锥轴伸检查按 GB/T 757—1993 进行；5.7 中的 5.7.10 按 GB 3836.1—2000 进行；4.17 可靠性试验方法按 JB/T 56105—1999 进行。

5.9 电动机外壳防护等级的试验，40 ℃交变湿热试验以及气隙不均匀度检查，可在产品定型或当结构和工艺有较大改变时进行。外壳防护等级的试验方法按 GB/T 4942.1—2006 进行；40 ℃交变湿热试验方法按 GB/T 2423.4—1993 进行。

5.10 凡遇下列情况之一者必须按 GB 3836.2—2000 的规定进行图样及技术文件审查和防爆性能试验。

a) 未取得“防爆合格证”的产品；

b) 已取得“防爆合格证”的产品，当局部及材料更改涉及防爆性能的有关规定时，则更改部分的图样、文件及说明，应送原检验单位重新审查；

c) 检验单位需要对已发给“防爆合格证”的产品进行复查时；

d) “防爆合格证”有效期满时。

6 标志、包装及保用期

6.1 铭牌、变速指示牌上的数据应保证其字迹在电动机整个使用期内不易磨灭（见 GB/T 13306—1991）。外壳明显处应有清晰的永久凸纹标志“Exd Ⅰ”或“Exd Ⅱ AT4”或“Exd Ⅱ BT4”或“Exd Ⅱ CT4”字样。

6.2 从风扇端看，铭牌应固定在电动机机座的右上部，应标明的项目如下：

a) 制造厂名称；

b) 电动机名称（起重用隔爆型双速三相异步电动机）；

c) 电动机型号；

d) 防爆标志；

e) 额定功率（高低速应分别给出），单位为 kW；

f) 额定电压，单位为 V；

g) 额定频率，单位为 Hz；

h) 额定电流（高低速应分别给出），单位为 A；

i) 额定转速（高低速应分别给出），单位为 r/min；

j) 工作制（高低速应分别给出）；

k) 接线方法（高低速应分别给出）；

l) 绝缘等级；

m) 外壳防护等级；

n) 转动惯量，单位为 $kg \cdot m^2$；

o) 噪声限值；单位为 dB(A)；

p) 环境空气温度，单位为℃；

q) 质量，单位为 kg；

r) 标准编号；

s) 防爆合格证编号；

t) 出品编号；

u) 出厂年、月。

6.3 电动机应安装变速指示牌，并标明接线示意图，接线端子和变速指示牌的标志应一致，其标志为 1U、1V、1W、2U、2V、2W。

6.4 电动机的轴伸平键，使用说明书（同一用户、同一型号的电动机至少提供一份）及产品合格证应随同电动机供给用户。

6.5 电动机的包装应能保证在正常储运条件下，自发货之日起的一年时间内不致因包装不善而导致受潮与损坏。

6.6 包装箱外壁的文字和标记应清楚整齐，内容如下：

a) 发货站及制造厂名称；

b) 收货站及收货单位名称；

c) 电动机型号和出品编号；

d) 电动机净重及连同箱子的毛重；

e） 包装箱尺寸，并在箱子的外壁适当位置标有“小心轻放”、“怕湿”、“重心”等字样及符号，其图形应符合 GB/T 191—2000 的规定。

6.7 在用户按照使用说明书的规定，正确地使用与存放电动机的情况下，电动机在使用一年内，但自制造厂起运日期不超过两年内，电动机因制造质量不良而发生损坏或不能正常工作时，制造厂应无偿地为用户修理或更换零件或电动机。

ICS 29.160.30
K 26

中华人民共和国国家标准

GB/T 21969—2008

YGP 系列辊道用变频调速三相异步电动机技术条件

Technical specification for YGP series variable-frequency adjustable-speed three-phase induction motors for roll table application

2008-06-13 发布　　2009-03-01 实施

中华人民共和国国家质量监督检验检疫总局
中国国家标准化管理委员会　发布

前　言

本标准由中国电器工业协会提出。

本标准由全国旋转电机标准化技术委员会起重冶金和屏蔽电机标准化分技术委员会(SAC/TC 26 SC 3)归口。

本标准起草单位:佳木斯防爆电机研究所、佳木斯电机股份有限公司、湖南特种电机有限责任公司、江西特种电机股份有限公司、无锡华达电机股份有限公司、山西电机制造有限公司、安徽皖南电机股份有限公司、重庆特种电机厂、天津市起重电机有限公司、中国长江航运集团电机厂、大连伯顿冠力电机有限公司。

本标准主要起草人:苗峰、魏敏、汤松青、吴冬英、王秉恒、陈璞、许洪清、王玉荭、徐春政、唐庆华、李建东、谭玉林。

YGP 系列辊道用变频调速三相异步电动机技术条件

1 范围

本标准规定了 YGP 系列辊道用变频调速三相异步电动机的型式、基本参数与尺寸、技术要求、检验规则、试验方法以及标志、包装及保用期的要求。

本标准适用于各种辊道用变频调速三相异步电动机(以下简称电动机)。凡属本系列电动机所派生的各种系列电动机均可参照执行。

2 规范性引用文件

下列文件中的条款通过本标准的引用而成为本标准的条款。凡是注日期的引用文件,其随后所有的修改单(不包括勘误的内容)或修订版均不适用于本标准,然而,鼓励根据本标准达成协议的各方研究是否可使用这些文件的最新版本。凡是不注日期的引用文件,其最新版本适用于本标准。

GB/T 191—2000 包装储运图示标志(eqv ISO 780:1997)

GB 755—2000 旋转电机 定额和性能(idt IEC 60034-1:1996)

GB/T 997—2003 旋转电机结构及安装型式(IM 代号)(IEC 60034-7:1992,IDT)

GB/T 1032—2005 三相异步电动机试验方法

GB/T 1096—2003 普通型 平键(ASME B18.25.1M:1996,NEQ)

GB/T 1993—1993 旋转电机冷却方法

GB/T 2423.4—1993 电工电子产品基本环境试验规程 试验 Db:交变湿热试验(eqv IEC 60068-2-3:1980)

GB/T 4772.1—1999 旋转电机尺寸和输出功率等级 第 1 部分:机座号 56～400 和凸缘号 55～1 080(idt IEC 60072-1:1991)

GB/T 4942.1—2006 旋转电机整体结构的防护等级(IP 代码)分级(IEC 60034-5:2000,IDT)

GB 10068—2000 轴中心高为 56 mm 及以上电机的机械振动 振动的测量、评定及限值(idt IEC 60034-14:1996)

GB/T 10069.1—2006 旋转电机噪声测定方法及限值 第 1 部分:旋转电机噪声测定方法(ISO 1680:1999,MOD)

GB 10069.3—2006 旋转电机噪声测定方法及限值 第 3 部分:噪声限值(IEC 60034-9:1997,IDT)

GB/T 12351—1990 热带型旋转电机环境技术要求

GB/T 13306—1991 标牌

GB 20237—2006 起重冶金和屏蔽电机安全要求

JB/T 9615.1—2000 交流低压电机散嵌绕组匝间绝缘试验方法

JB/T 9615.2—2000 交流低压电机散嵌绕组匝间绝缘试验限值

3 型式、基本参数与尺寸

3.1 电动机的外壳防护等级为 IP54 或 IP55,接线盒防护等级为 IP55(见 GB/T 4942.1—2006)。

3.2 电动机冷却方法为 IC410(见 GB/T 1993—1993)。

3.3 电动机的结构及安装型式为 IMB3、IMB5、IMB35(见 GB/T 997—2003),制造范围见表 1。

表 1

结构及安装型式	代 号	制造范围(机座号)
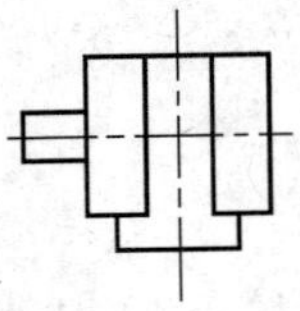	IMB3	112～400
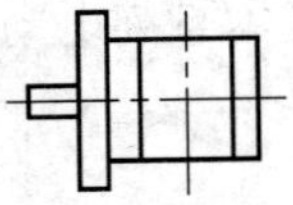	IMB5	112～250
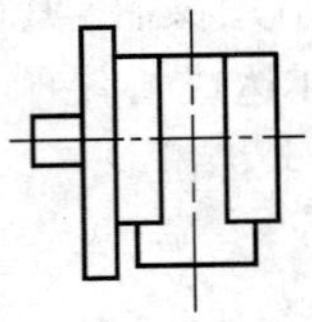	IMB35	112～250

3.4 电动机的额定电压为 380 V,额定频率为 50 Hz。

3.5 电动机的定子绕组为 Y 形接法。根据用户需要也可制成△形接法。

3.6 电动机的极数为 4 极、6 极、8 极。

3.7 电动机适用于各种类型工作制,用于断续工作制时,其基准工作制为 S5 60%,起动次数为 300 次/h(即工作制为 S5,基准负载持续率为 60%,起动次数 300 次/h)。电动机按基准工作制出厂,也可按合同特指的工作制及功率出厂。电动机用于连续工作制时,其温升是在额定频率与电压下,按 S1 工作制时的功率考核。

3.8 电动机在基准工作制时应按下列标称功率制造:1.1 kW、2.2 kW、3 kW、4 kW、5.5 kW、7.5 kW、11 kW、15 kW、18.5 kW 、22 kW、25 kW、30 kW、37 kW、45 kW、55 kW、75 kW、90 kW、110 kW、132 kW、160 kW、185 kW、200 kW、220 kW、250 kW(见 GB/T 4772.1—1999)。

3.9 电动机在基准工作制 S5 60%时,机座号与功率、同步转速、额定转矩及转动惯量的对应关系应符合表 2 的规定。

3.10 电动机的尺寸及公差(见 GB/T 4772.1—1999)。

3.10.1 电动机的安装尺寸及公差应符合图 1～图 3、表 3～表 5 的规定,外形尺寸应不大于图 1～图 3、表 3～表 5 的规定。

表 2

机座号	同步转速/(r/min)									恒转矩调频范围/Hz	恒功率调频范围/Hz
	1 500			1 000			750				
	标称功率/kW	额定转矩/N·m	J_m/kg·m²	标称功率/kW	额定转矩/N·m	J_m/kg·m²	标称功率/kW	额定转矩/N·m	J_m/kg·m²		
112L	2.2	14.0	0.016 5	1.1	10.5	0.016 6	—	—	—	5～50	50～100
132M1	3	19.1	0.025 1	2.2	21.0	0.025 1	—	—	—		
132M2	4	25.5	0.033 3	3	28.7	0.033 3					
160S	5.5	35.0	0.114	4	38.2	0.114	—	—	—		
160L1	7.5	47.8	0.114	5.5	52.5	0.114					
160L2	11	70.0	0.140	7.5	71.6	0.140					
180L	15	95.5	0.294	11	105	0.294	7.5	95.5	0.294		
200L1	18.5	118	0.566	15	143	0.566	11	140	0.566		
200L2	22	140	0.632	18.5	177	0.632	15	191	0.632		
225M	25	159	1.10	22	210	1.10	18.5	236	1.10		
250M1	30	191	2.57	25	239	2.57	22	280	2.57		
250M2	37	236	2.57	30	287	2.57	25	318	2.57		
280L1	45	350	5.12	37	353	5.12	30	382	5.12		
280L2	55	477	6.95	45	430	6.95	37	471	6.95		
315S	75	573	9.60	55	525	9.60	45	573	9.60		
315M1	90	700	11.4	75	716	11.4	55	700	11.4		
315M2	110	840	12.5	90	860	12.5	75	955	12.5		
355L1	132	840	18.6	110	1 051	18.6	90	1 146	18.6		
355L2	160	1 019	22.2	132	1 261	22.2	110	1 401	22.2		
355L3	185	1 178	25.6	160	1 528	25.6	132	1 681	25.6		
400L1	200	1 273	37.1	185	1 767	37.1	160	2 037	37.1		
400L2	220	1 401	42.6	200	1 910	42.6	185	2 356	42.6		
400L3	250	1 592	51.7	220	2 101	51.7	200	2 547	51.7		

注：355～400 机座号 4 极时恒功率调频范围为 50 Hz～75 Hz。

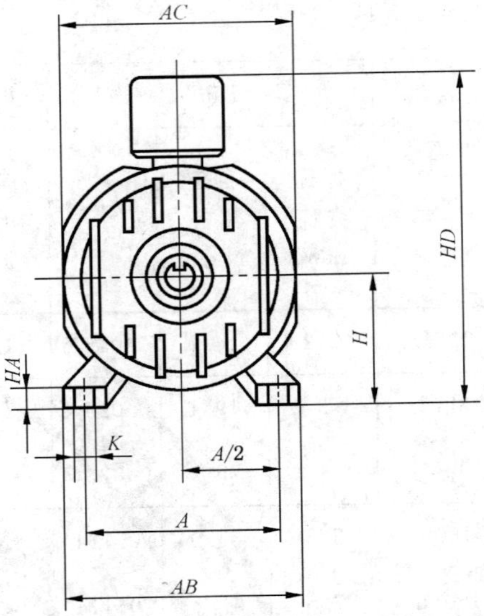

图 1　IMB3 卧式安装的电动机

表

机座号	安装尺寸											
	A	A/2	B	C		D		E		F		
	基本尺寸	基本尺寸	基本尺寸	基本尺寸	极限偏差	基本尺寸	极限偏差	基本尺寸	极限偏差	基本尺寸	极限偏差	
112L	190	95	159	70	±2.0	32	+0.018 +0.002	80	±0.37	10	0 −0.036	
132M	216	108	178	89		38						
160S	254	127		108	±3.0	48		110	±0.43	14	0 −0.043	
160L			254									
180L	279	139.5	279	121		55	+0.030 +0.011			16		
200L	318	159	305	133		65		140	±0.50	18		
225M	356	178	311	149	±4.0	75				20	0 −0.052	
250M	406	203	349	168		80		170		22		
280M	457	228.5	419	190		85	+0.035 +0.013					
280L			457									
315S	508	254	406	216		90				25		
315M			457									
355S	610	305	500	254		100		210	±0.58	28		
355M			560									
355L			630									
400L	686	343	710	280		110						

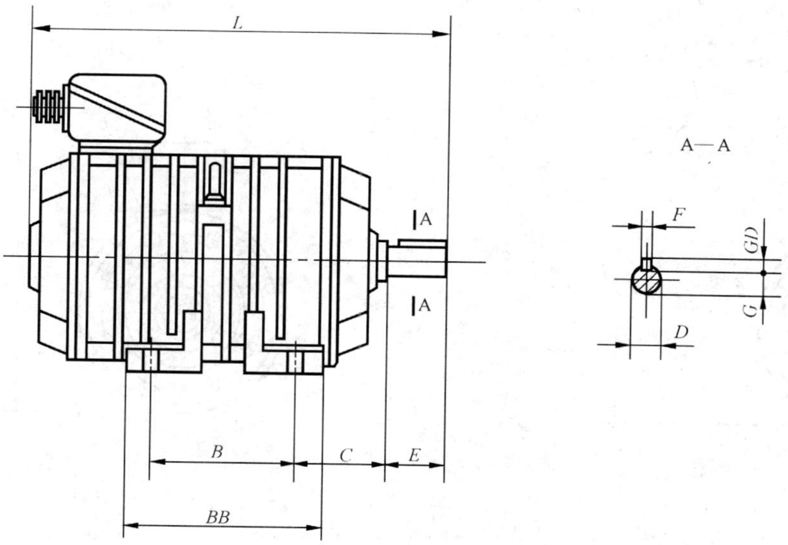

（机座带底脚、端盖无凸缘）

3

单位为毫米

及公差										外形尺寸					
G		GD	H		K			AB	AC	BB	HA	HD	L
基本尺寸	极限偏差	基本尺寸	基本尺寸	极限偏差	基本尺寸	极限偏差	位置度公差						
27	0 −0.20	8	112	0 −0.5	12	+0.43 0	φ1.0Ⓜ	235	240	200	20	330	460
33			132					265	265	236	23	355	520
42.5		9	160		15		φ1.5Ⓜ	315	315	236 310	25	410	650 700
49		10	180					360	360	350	30	500	750
58		11	200		19	+0.52 0		415	415	400	35	570	860
67.5		12	225					470	470	415	35	620	950
71		14	250		24		φ2.0Ⓜ	515	510	450	40	680	990
76			280	0 −1.0				580	580	580	40	720	1 100
81			315		28			640	645	650	44	860	1 160 1 250
90		16	355					740	748	790	45	960	1 400
100			400		35			855	850	920	55	1 040	1 600

机座号 112～180

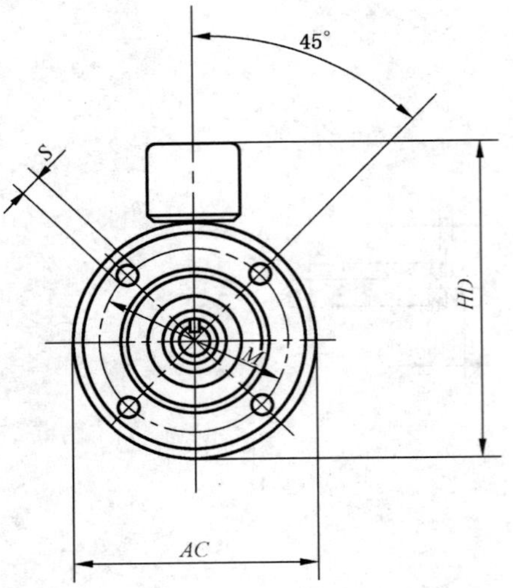

机座号 200～250

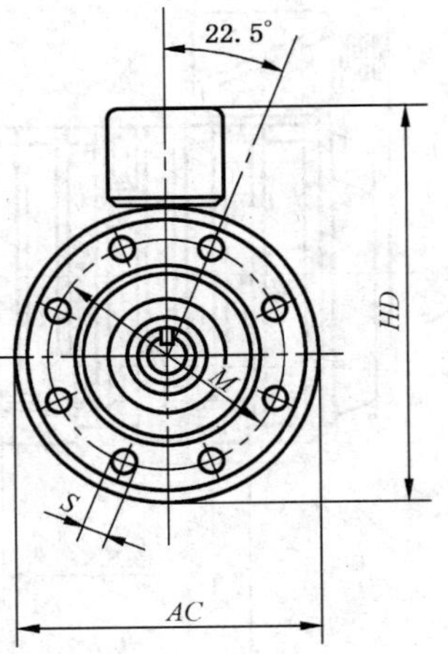

图 2　IMB5 机座不带底脚、

表

机座号	凸缘号	安装尺寸										
		D		E		F		G		GD	M	N
		基本尺寸	极限偏差	基本尺寸	极限偏差	基本尺寸	极限偏差	基本尺寸	极限偏差	基本尺寸	基本尺寸	基本尺寸
112L	FF215	32	+0.018 +0.002	80	±0.37	10	0 −0.036	27	0 −0.20	8	215	180
132M	FF265	38						33			265	230
160S	FF300	48		110	±0.43	14	0 −0.043	42.5		9	300	250
160L												
180L		55	+0.030 +0.011			16		49		10		
200L	FF400	65		140	±0.50	18		58		11	400	350
225M		75				20	0 −0.052	67.5		12		
250M	FF500	80		170		22		71		14	500	450

注 1：*P* 尺寸为最大极限尺寸。

注 2：*R* 为凸缘配合面至轴伸肩的距离，其极限偏差包括轴的窜动。

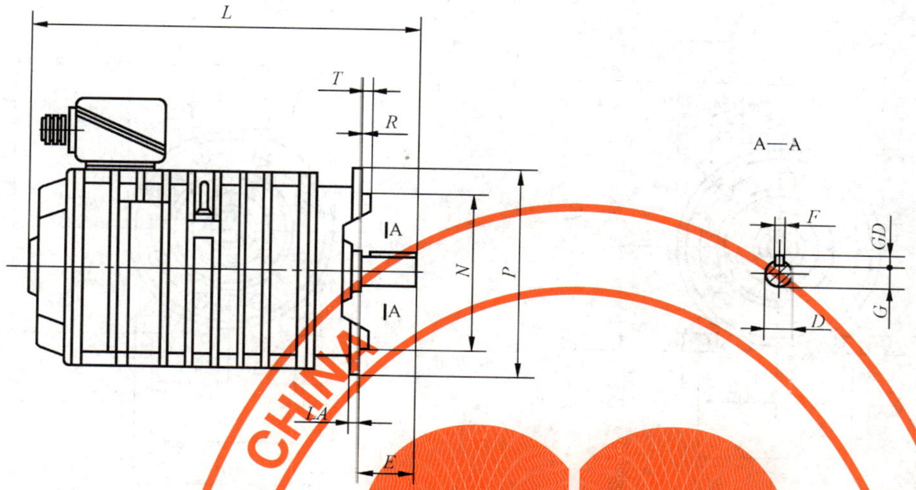

端盖有凸缘的电动机

4

单位为毫米

及 公 差									外形尺寸			
	P	R		S		T		凸缘孔数	AC	HD	LA	L
极限偏差	基本尺寸	基本尺寸	极限偏差	基本尺寸	极限偏差	基本尺寸	极限偏差					
+0.014 −0.011	250	0	±2.0	15	+0.43 0	4.0	0 −0.12	4	250	330	12	460
+0.016 −0.013	300								300	355	12	520
	350		±3.0	19	+0.52 0	5.0			350	410	14	650
												700
									360	500	16	750
±0.018	450		±4.0					8	450	570	18	860
									470	620	18	950
±0.020	550								550	630	22	990

机座号 112～180

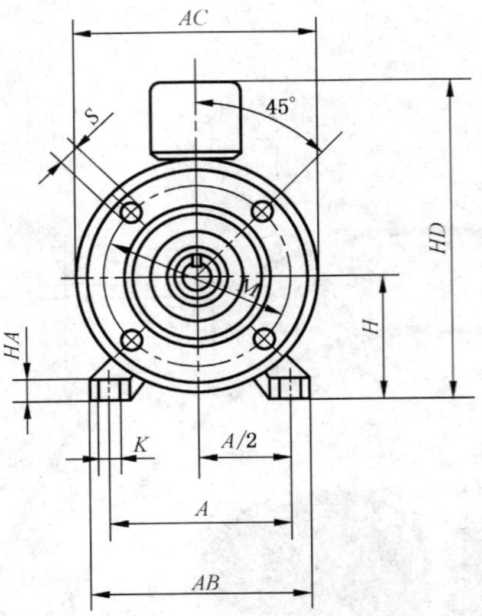

机座号 200～250

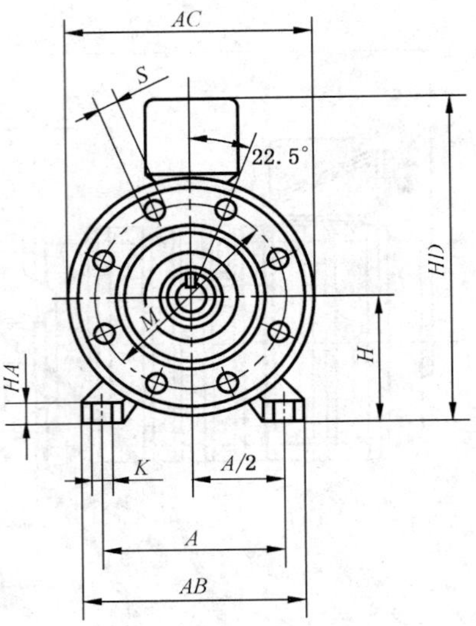

图 3 IMB35 机座带底脚、

表

机座号	凸缘号	安装尺寸															
		A	*B*	*C*		*D*		*E*		*F*		*G*		*GD*	*H*		
		基本尺寸	基本尺寸	基本尺寸	极限偏差	基本尺寸	极限偏差	基本尺寸	极限偏差	基本尺寸	极限偏差	基本尺寸	极限偏差	基本尺寸	基本尺寸	极限偏差	基本尺寸
112M	FF215	190	159	70	±2.0	32	+0.018 +0.002	80	±0.37	10	0 −0.036	27	0 −0.20	8	112	0 −0.5	12
132M	FF265	216	178	89		38						33			132		
160S	FF300	254		108	±3.0	48		110	±0.43	14	0 −0.043	42.5		9	160		15
160L			254														
180L		279	279	121		55	+0.030 +0.011			16		49		10	180		
200L	FF400	318	305	133		65		140	±0.50	18	0 −0.052	58		11	200		19
225M		356	311	149	±4.0	75				20		67.5		12	225		
250M	FF500	406	349	168		80		170		22		71		14	250		24

注 1：*P* 尺寸为最大极限尺寸。

注 2：*R* 为凸缘配合面至轴伸肩的距离，其极限偏差包括轴的窜动。

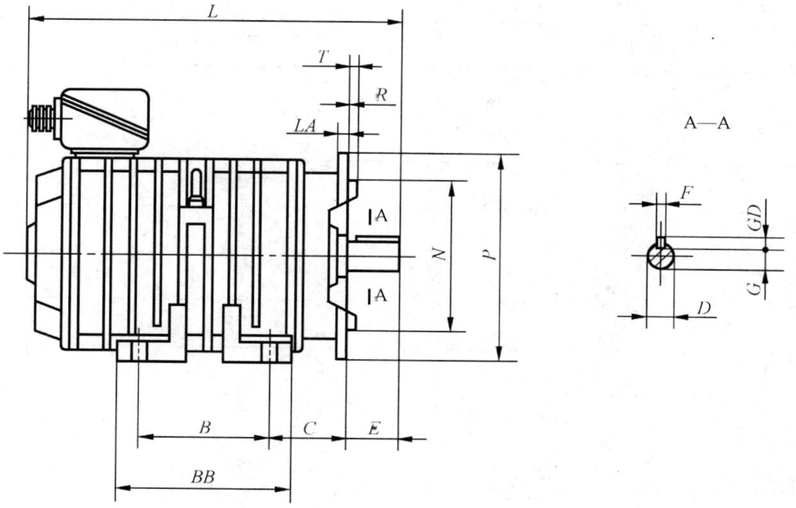

端盖有凸缘的电动机

5

单位为毫米

<table>
<tr><th colspan="12">及 公 差</th><th colspan="7">外形尺寸</th></tr>
<tr><th colspan="2">K</th><th>M</th><th colspan="2">N</th><th>P</th><th colspan="2">R</th><th colspan="2">S</th><th rowspan="2">T
最大</th><th rowspan="2">凸缘
孔数</th><th rowspan="2">AB</th><th rowspan="2">AC</th><th rowspan="2">BB</th><th rowspan="2">HA</th><th rowspan="2">HD</th><th rowspan="2">LA</th><th rowspan="2">L</th></tr>
<tr><th>极限
偏差</th><th>位置度</th><th>基本
尺寸</th><th>基本
尺寸</th><th>极限
偏差</th><th>基本
尺寸</th><th>基本
尺寸</th><th>极限
偏差</th><th>基本
尺寸</th><th>极限
偏差</th></tr>
<tr><td rowspan="2">+0.43
0</td><td rowspan="2">φ1.0Ⓜ</td><td>215</td><td>180</td><td>+0.014
−0.011</td><td>250</td><td rowspan="8">0</td><td rowspan="2">±2.0</td><td rowspan="2">15</td><td rowspan="2">+0.43
0</td><td rowspan="2">4</td><td rowspan="5">4</td><td>235</td><td>250</td><td>200</td><td>20</td><td>330</td><td rowspan="2">12</td><td>460</td></tr>
<tr><td>265</td><td>230</td><td rowspan="4">+0.016
−0.013</td><td>300</td><td>265</td><td>300</td><td rowspan="2">236</td><td>23</td><td>355</td><td>520</td></tr>
<tr><td rowspan="6">+0.52
0</td><td rowspan="5">φ1.5Ⓜ</td><td rowspan="3">300</td><td rowspan="3">250</td><td rowspan="3">350</td><td rowspan="3">±3.0</td><td rowspan="6">19</td><td rowspan="6">+0.52
0</td><td rowspan="6">5</td><td rowspan="2">315</td><td rowspan="2">350</td><td rowspan="2">25</td><td rowspan="2">410</td><td rowspan="2">14</td><td>650</td></tr>
<tr><td>310</td><td>700</td></tr>
<tr><td>360</td><td>360</td><td>350</td><td>30</td><td>500</td><td>16</td><td>750</td></tr>
<tr><td rowspan="2">400</td><td rowspan="2">350</td><td rowspan="2">±0.018</td><td rowspan="2">450</td><td rowspan="3">±4.0</td><td rowspan="3">8</td><td>415</td><td>450</td><td>400</td><td rowspan="2">35</td><td>570</td><td rowspan="2">18</td><td>860</td></tr>
<tr><td>470</td><td>470</td><td>415</td><td>620</td><td>950</td></tr>
<tr><td>φ2.0Ⓜ</td><td>500</td><td>450</td><td>±0.020</td><td>550</td><td>510</td><td>550</td><td>450</td><td>40</td><td>680</td><td>22</td><td>990</td></tr>
</table>

3.10.2 电动机轴伸键的尺寸及公差应符合表6的规定(见GB/T 1096—2003)。

表6

单位为毫米

轴伸直径 D	键宽 F	键高 GD
32	$10_{-0.036}^{\ 0}$	$8_{-0.090}^{\ 0}$
38		
48	$14_{-0.043}^{\ 0}$	$9_{-0.090}^{\ 0}$
55	$16_{-0.043}^{\ 0}$	$10_{-0.090}^{\ 0}$
65	$18_{-0.043}^{\ 0}$	$11_{-0.110}^{\ 0}$
75	$20_{-0.052}^{\ 0}$	$12_{-0.110}^{\ 0}$
80	$22_{-0.052}^{\ 0}$	$14_{-0.110}^{\ 0}$
85		
90	$25_{-0.052}^{\ 0}$	$14_{-0.110}^{\ 0}$
100	$28_{-0.052}^{\ 0}$	$16_{-0.110}^{\ 0}$
110		

3.10.3 电动机轴伸长度一半处的径向圆跳动公差应不大于表7的规定。

表7

单位为毫米

轴伸直径 D	径向圆跳动公差
>30～50	0.05
>50～80	0.06
>80～110	0.07

3.10.4 凸缘止口对电动机轴线的径向圆跳动公差及凸缘配合面对电动机轴线的端面圆跳动公差应不大于表8的规定。

表8

单位为毫米

凸缘代号	圆跳动公差
FF215～FF265	0.100
FF300～FF500	0.125

3.10.5 电动机轴线对底脚支承平面的平行度公差应不大于表9的规定。

表9

单位为毫米

轴中心高	平行度公差
112～250	0.5
280～400	1.0

3.10.6 电动机底脚支承平面的平面度公差应不大于表10的规定。

表10

单位为毫米

底脚外边缘距离的最大尺寸(AB或BB)	平面度公差
>160～250	0.15
>250～400	0.20
>400～630	0.25
>630～1 000	0.30

3.10.7 电动机轴伸键槽的对称度公差应不大于表 11 的规定。

表 11

单位为毫米

键槽宽 F	对称度公差
10	0.030
14	0.040
16	
18	
20	0.050
22	
25	
28	

4 技术要求

4.1 电动机应符合本标准的规定，并按照经规定程序批准的图样及技术文件制造。

4.2 电动机在下列条件下使用时应能额定运行。

4.2.1 海拔不超过 1 000 m，如果电动机指定在海拔超过 1 000 m 使用时，应按 GB 755—2000 的规定处理。

4.2.2 环境空气最高温度随季节变化，一般环境空气温度不超过 40℃，冶金环境空气温度不超过 60℃，环境空气最低温度为－15℃。如果电动机指定在环境空气温度高于或低于上述规定使用时应按 GB 755—2000 的规定处理。

4.2.3 按不同工作制的规定频繁地起动、制动（电气的或机械的）及逆转。

4.2.4 经常地机械震动及冲击。

4.3 电动机应在变频器供电条件下起动。

4.4 电动机应以变频器为供电电源，在规定的频率范围内应能保证恒转矩和恒功率运行。

注：电动机在额定频率以下工作时为恒转矩特性，而在额定频率以上工作时为恒功率特性。

4.5 电动机在额定电压、额定频率下，基准工作制时，最大转矩及堵转转矩对额定转矩之比的保证值应不小于表 12 的规定。数值修约间隔为 0.1。

表 12

功率/kW	最大转矩 T_M/额定转矩 T_N	堵转转矩 T_L/额定转矩 T_N
≤11	2.5	2.2
＞11～250	3.0	2.5

4.6 电动机最大转矩倍数的容差为保证值的－10％，堵转转矩倍数的容差为保证值的－15％。

4.7 电动机在空载运行状态下，在整个变频范围内，其转速应平稳，无停滞、共振现象。

4.8 电动机采用 F 级或 H 级绝缘，F 级绝缘电动机适用于环境空气温度不超过 40℃的场所，H 级绝缘电动机适用于环境空气温度不超过 60℃的场所。当海拔和环境空气温度符合 4.2 的规定时，电动机各发热部位的温升限值或允许温度应不超过表 13 的规定，数值修约间隔为 1。

如果试验地点的海拔或环境空气温度与 4.2 的规定不同时，温升限值应按 GB 755—2000 的规定修正。

表 13

电动机的发热部位	绝缘等级(热分级)F(155)	绝缘等级(热分级)H(180)
绕组温升(电阻法)	110 K	110 K
轴承允许温度(温度计法)	95℃	115℃
注:轴承允许温度是指在4.2所规定的环境空气温度下的数值,当在低于规定的环境空气温度下测量时,轴承温度应为实测温度加规定的环境空气温度与实际环境空气温度之差。		

4.9 电动机的最大转速4极为同步转速的2倍,6极、8极为同步转速的2.5倍。电动机空载时应能承受1.2倍最大转速的超速试验,历时2 min。超速试验后,转子不应发生任何有害变形。

4.10 电动机定子绕组绝缘电阻,在热态时或温升试验后,应不低于0.69 MΩ。

4.11 电动机的定子绕组应能承受为时1 min的耐电压试验而不发生击穿,试验电压的频率为50 Hz并尽可能为正弦波形,电压的有效值为2 070 V。

4.12 电动机定子绕组应能承受匝间耐冲击电压试验而不击穿,其试验冲击电压峰值为2 900 V。

4.13 电动机的定子绕组在按GB/T 2423.4—1993所规定的40℃交变湿热试验方法进行6周期试验后,绝缘电阻应不低于0.69 MΩ,并应能承受4.11所规定的耐电压试验而不发生击穿,但试验电压有效值为1 760 V,试验时间为1 min。

4.14 当三相电源平衡时,电动机三相空载电流中任何一相与三相平均值的偏差应不大于三相平均值的10%。

4.15 电动机在检查试验时,空载电流与堵转电流和损耗应在某一范围之内,该范围应能保证电动机符合4.4~4.8的规定。

4.16 电动机在采用变频器供电条件下空载时测得的振动速度有效值应不超过表14的规定,数值修约间隔为0.1。

表 14

机座号	112~132	160~225	250~400
振动速度有效值/(mm/s)	1.8	2.8	3.5

4.17 电动机在采用变频器供电条件下,空载最大A计权声功率级应不超过表15的规定,数值修约间隔为1。

表 15

功率/kW	同步转速/(r/min)		
	1 500	1 000	750
	声功率级/dB(A)		
1.1	78	76	—
2.2	82	78	—
3	86	82	—
4	86	82	—
5.5	86	82	—
7.5	90	85	82
11	90	85	82
15	94	88	86
18.5	94	88	86

表 15（续）

功率/kW	同步转速/(r/min)		
	1 500	1 000	750
	声功率级/dB(A)		
22	94	88	86
25	98	91	90
30	98	91	90
37	98	91	90
45	100	94	93
55	100	94	93
75	103	98	96
90	103	98	96
110	103	98	96
132	106	102	99
160	106	102	99
185	106	102	99
200	106	102	99
220	106	102	—
250	108	—	—

4.18　电动机定转子气隙不均匀度应不大于表 16 的规定。

表 16

δ/mm	0.35	0.40	0.45	0.50	0.55	0.60	0.65	0.70	0.75	0.80	0.85
ε/δ/%	23.5	23.0	22.0	21.5	20.5	19.7	19.0	18.5	18.0	17.5	17.0
δ/mm	0.90	0.95	1.00	1.05	1.10	1.15	1.20	1.25	1.30	≥1.40	
ε/δ/%	16.0	15.5	15.0	14.5	14.0	13.5	13.0	12.5	12.0	10.0	

注：δ——气隙的基本尺寸值；

ε——气隙的不均匀度，其定义为：

$$\varepsilon=\frac{2}{3}\sqrt{\delta_1^2+\delta_2^2+\delta_3^2-\delta_1\delta_2-\delta_2\delta_3-\delta_3\delta_1}$$

式中：δ_1、δ_2、δ_3 为相距 120°测得的气隙值。

4.19　派生产品

4.19.1　电动机可按 GB/T 12351—1990 的规定制成湿热带型。

4.19.2　电动机为户内型，也可制成户外型。

4.20　电动机接线盒内设有三个接线端子，根据用户需要也可制成其他出线方式，从轴伸端看，接线盒位于电动机顶部，出线口朝向非轴伸端出线。

4.21　电动机的接线盒内应设有接地端子，对额定功率超过 100 kW 的电动机，应在机座上另设一个接地端子，并应在接地端子附近设置接地标志，此标志应保证在电动机的整个使用期内不易磨灭，并且不可拆卸。

4.22 电动机上各紧固螺栓须有防松措施。

4.23 电动机的安全性能应符合 GB 20237—2006 的规定。

5 检验规则

5.1 每台电动机须经检验合格后方能出厂,并应附有产品合格证。

5.2 每台电动机应经过检查试验,检查试验项目包括:

a) 机械检查(按 5.5 和 5.6 的规定);

b) 定子绕组对机壳及绕组相互间绝缘电阻的测定(检查试验时可测量冷态绝缘电阻,但应保证热态绝缘电阻不低于 4.10 的规定);

c) 定子绕组在实际冷却状态下直流电阻的测定;

d) 耐电压试验;

e) 匝间绝缘试验;

f) 空载电流和损耗的测定;

g) 堵转电流和损耗的测定;

h) 噪声的测定;

i) 振动的测定。

5.3 凡遇下列情况之一者,必须进行型式试验。

a) 经鉴定定型后制造厂第一次试制或小批试生产时;

b) 电动机设计或工艺上的变更足以引起某些性能和参数发生变化时;

c) 当检查试验结果与以前的型式试验结果发生不可允许的偏差时;

d) 成批生产的电动机应定期抽试,每年抽试一次。当需要抽试的数量过多时,抽试时间可适当延长,但至少每两年抽试一次。

5.4 电动机的型式试验项目包括:

a) 检查试验的全部项目;

b) 效率、功率因数及转差率的测定;

c) 短时过转矩试验;

d) 最大转矩的测定;

e) 空载特性曲线的测取;

f) 堵转特性曲线的测取;

g) 热试验;

h) 负载特性曲线的测取;

i) 额定转速的测定;

j) 电动机从 0 Hz~100 Hz 空载运行,观察是否有异常振动与噪声的频点;

k) 超速试验。

5.5 电动机的机械检查项目包括:

a) 转动检查:电动机转动时,应平稳轻快、无停滞现象;

b) 外观检查:检查电动机的装配是否完整正确,电动机表面油漆应干燥完整、均匀、无污损、碰坏、裂痕等缺陷;

c) 安装尺寸、外形尺寸及键的尺寸检查:安装尺寸及外形尺寸应符合 3.10.1 的规定;键的尺寸应符合 3.10.2 的规定。

d) 圆跳动、底脚支承平面的平行度和平面度及键槽对称度的检查:圆跳动应符合 3.10.3 和 3.10.4 的规定;底脚支承平面的平行度和平面度应分别符合 3.10.5 和 3.10.6 的规定;键槽对称度应符合 3.10.7 的规定。底脚支承面的平面度和键槽对称度允许在零部件上进行检查。

5.6 本标准 5.2 的 a)~g)和 5.5 的 a)和 b)必须每台检查,5.2 的 h)、i)及 5.5 的 c)和 d)可以抽查,抽

查办法由制造厂制定。

6 试验方法

6.1 5.2和5.4的试验及5.5的检查

5.2(其中的e)、h)和i)除外)和5.4(其中的g)、h)和j)除外)所规定的各项试验,其试验方法按GB/T 1032—2005进行,5.2的e)按JB/T 9615.1—2000进行,5.5所规定的安装尺寸及公差的检查按GB/T 4772.1—1999进行。

6.2 电动机外壳防护等级试验,40℃交变湿热试验

电动机外壳防护等级试验和40℃交变湿热试验,可在产品结构定型或当结构和工艺有较大改变时进行。外壳防护等级的试验方法按GB/T 4942.1—2006进行;40℃交变湿热试验方法按GB/T 2423.4—1993进行。

6.3 5.2中的h)电动机噪声的测定

在变频器供电下,分别在20 Hz、50 Hz和100 Hz三点频率处,测取电动机空载时的最大噪声,即为电动机的噪声值,试验方法按GB/T 10069.1—2006的规定进行。

6.4 5.2中的i)电动机振动的测定

在变频器供电下,分别在20 Hz、50 Hz和100 Hz三点频率处,测取电动机空载时的最大振动速度有效值,即为电动机的振动值,试验方法按GB 10068—2000进行。

6.5 5.4中的g)电动机绕组热试验

6.5.1 50 Hz时电动机的热试验

将变频器频率调至50 Hz,电动机在额定转矩下运行,并用温度计定期测定电动机定子铁心温度,待其温升稳定后,立即停机,测取其定子绕组电阻,其温升计算方法按GB/T 1032—2005进行。

6.5.2 5 Hz时电动机的热试验

在6.5.1的试验后立即重新起动电动机,将变频器频率调至5Hz,使电动机在额定转矩下运行,并用温度计定期测定电动机机座温度,待其温升稳定后,立即停机,测取其定子绕组电阻,其温升计算方法按GB/T 1032—2005进行。

6.6 5.4中的h)电动机的负载特性测定

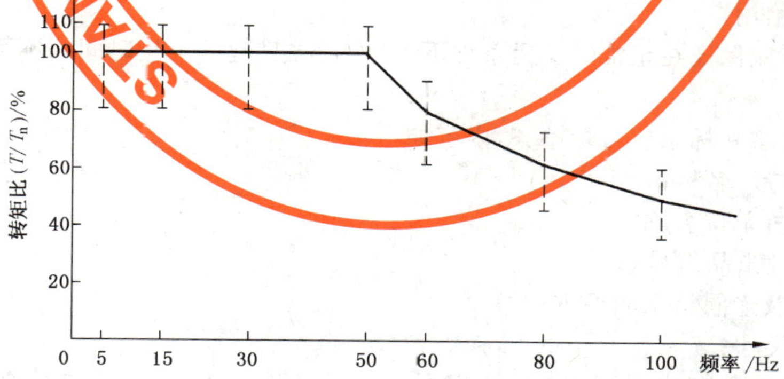

图4

在6.5.2的试验后,重新起动电动机,将变频器频率分别调至5 Hz、15 Hz、30 Hz、50 Hz的频率下测取电动机的额定转矩、110%额定转矩、80%额定转矩,随后分别在60 Hz、80 Hz、100 Hz的频率下测取电动机在标称功率、110%标称功率、80%标称功率各点处的转矩值(此时的标称功率应折算为转矩),然后绘出电动机的负载特性曲线(见图4)。在测试过程中,电动机应平稳运转,无明显转矩脉动现象。

7 标志、包装及保用期

7.1 铭牌材料及铭牌上数据的刻划方法，应保证其字迹在电动机整个使用时期内不易磨灭(见GB/T 13306—1991)。

7.2 铭牌应固定在电动机机座的上半部，应标明项目如下：

a) 制造厂名称；
b) 电动机名称(辊道用变频调速三相异步电动机)；
c) 电动机型号；
d) 额定功率，单位为 kW；
e) 额定电压，单位为 V；
f) 额定频率，单位为 Hz；
g) 工作制；
h) 额定电流，单位为 A；
i) 额定转矩，单位为 N·m；
j) 变频范围；
k) 绝缘等级；
l) 防护等级；
m) 接线方法；
n) 转动惯量，单位为 $kg \cdot m^2$；
o) 环境空气温度，单位为℃；
p) 额定转速，单位为 r/min；
q) 质量，单位为 kg；
r) 标准编号；
s) 出品编号；
t) 出品年、月。

7.3 电动机定子绕组的三个出线端及在接线板的接线位置上均应有相应的标志，并应保证其字迹在电动机整个使用期内不易磨灭。其标志分别用 U、V、W 标志。

7.4 电动机的轴伸平键须绑扎在轴上，轴伸及平键表面、凸缘的配合表面应有防锈及保护措施。

7.5 电动机的轴伸平键、使用说明书(同一用户、同一型号的一批电动机至少提供一份)及产品合格证应随同每台电动机供给用户。

7.6 电动机的包装应能保证在正常的储运条件下，自发货之日起的一年时间内不至因包装不善而导致受潮与损坏。

7.7 包装箱外壁的文字和标志应清楚整齐，内容如下：

a) 发货站及制造厂名称；
b) 收货站及收货单位名称；
c) 电动机型号及出品编号；
d) 电动机净重及连同箱子的毛重；
e) 包装箱外形尺寸；
f) 在包装箱外的适当位置标有“小心轻放”、“怕湿”、“重心”等字样及符号，其图形应符合GB/T 191—2000 的规定。

7.8 用户在按照使用说明书的规定，正确地使用与存放电动机的情况下，制造厂应保证电动机在开始使用一年内，但自制造厂起运的日期不超过两年的时间内能良好地运行。如在此规定时间内电动机因制造质量不良而发生损坏或不能正常工作时，制造厂应无偿地为用户修理或更换零件或电动机。